国家社科基金重大项目"自然语言信息处理的逻辑语义学研究"
（项目批准号10ZD&073）研究成果

# 自然语言信息处理的
# 逻辑语义学研究

## Logical Semantics on
## Natural Language Processing

邹崇理 等／著

科学出版社
北京

**图书在版编目（CIP）数据**

自然语言信息处理的逻辑语义学研究/邹崇理等著 . —北京：科学出版社，2018.9

　ISBN 978-7-03-056318-7

　Ⅰ.①自… Ⅱ.①邹… Ⅲ.①自然语言处理-研究②逻辑-语义学-研究 Ⅳ.①TP391②H030

中国版本图书馆 CIP 数据核字（2018）第 008875 号

责任编辑：刘　溪 / 责任校对：王晓茜
责任印制：张欣秀 / 封面设计：黄华斌

编辑部电话：010-64035853
E-mail：houjunlin@mail. sciencep. com

**斜 学 出 版 社** 出版
北京东黄城根北街 16 号
邮政编码：100717
http://www. sciencep. com
**北京中科印刷有限公司** 印刷
科学出版社发行　各地新华书店经销

\*

2018 年 9 月第 一 版　开本：720×1000　B5
2019 年 1 月第二次印刷　印张：33
字数：558 000
**定价：198.00 元**
（如有印装质量问题，我社负责调换）

# 序　言

　　本书的名称为"自然语言信息处理的逻辑语义学研究"，研究的对象是自然语言，也就是说，本书的内容和语言学有关；同时，本书的成果涉及信息处理，也跟计算机信息领域有联系；本书的研究方法是逻辑语义学，因此，本书自然就具有浓厚的逻辑学味道。

　　实质上，本书传播的最重要信息是逻辑、语言和计算的交叉以及跨学科研究。为什么要交叉研究？交叉意味着嫁接融合。生物学往往通过嫁接已有物种培育新物种，获得的新物种具备更优良的品性。当今我国经济发展的转型也大量采用交叉融合的方式，例如，金融保险＋互联网平台＝众安在线财产保险股份有限公司；中国平安的保险服务融合了阿里巴巴的网络技术诞生了新的行业——网络化的金融保险服务；基于大数据、云计算的互联网技术＋传统生产制造业＝智能化的制造业（工业 4.0）；等等。学术领域的交叉研究导致创新的例证更令人鼓舞！我国著名数学家吴文俊院士认为，中国数学发展的途径、思想方法是算法式的。算法是你做了第一步，就知道第二步该怎么做，做了第二步就知道第三步该怎么做。而西方的现代数学，每一步的证明都要经过思考，走了第一步不知道第二步怎么做。吴院士开创了数学机械化新领域，2000 年荣获首届国家最高科学技术奖，其成果是中国古代数学的算法思想嫁接融合了西方数学的逻辑方法的产物。我国著名计算机科学家唐稚松院士，研究生时期师从逻辑学大师金岳霖先生学习逻辑学，后进入中国科学院计算技术研究所，提出了世界上第一个可执行时序逻辑语言 XYZ/E。作为可执行命令式编程语言和关注程序语义的规范语言的嫁接融合，XYZ/E 是交叉创新的成功案例，荣获国家自然科学奖一等奖。

　　就逻辑和语言的交叉融合而言，本书的研究涉及范畴语法的两个现代版本——范畴类型逻辑 CTL 和组合范畴语法 CCG；就逻辑和计算机信息处理的交叉研究而言，本书构建了汉语 CCG 语料库。汉语 CCG 库之前只有微软和清华大学合作的成果，本书的汉语 CCG 库与之相比独具特色。本书是国家社科基金重大项目"自然语言信息处理的逻辑语义学研究"（项目批准号 10ZD&073）的部分研究成果。该项目的首席专家及其成员均为活跃在我国逻辑学、语言学或计算机科学领域的研究者，他们中有国家级科研机构的研究人员，也有国内外高校的教研人员、在读的博士研究生和在站的博士后。本项目进行期间，共出版专著 3 部，翻译英文专著 2 部，发表论文 70 篇，其中英文论文 9 篇，中文论文 61 篇，多篇论文为中国人民大学复印报刊资料全文转载。本书是在以上阶段性成果的基础上，对逻辑语义学是什么以及逻辑语义学的重要理论——CTL 和 CCG 进行的更加深入细致的探究，也是对汉语 CCG 语料库的构建进行的有益尝试。

本书具体的写作分工如下：

导　论　邹崇理、李可胜

第一编　第 1～2 章　李可胜

第二编　第 3～5，7 章　贾青；第 6、9 章　邹崇理；第 8 章　满海霞

第三编　第 10～15 章　姚丛军；第 16～18 章　陈鹏

在书稿的整个撰写阶段，邹崇理研究员与其他作者反复沟通核准论述内容，在后期统稿阶段，满海霞副教授对全书的字体、术语等格式进行了统一并对全书的语言进行了润色。

本书的出版还离不开科学出版社的编辑刘溪先生。从签订合同、提供审稿意见、再审到出版，整个过程中刘溪先生有问必答，认真严谨的态度常常令我们动容。在这里，我们想特别感谢刘溪先生为书稿的编辑和最终出版所付出的辛劳。

中国社会科学院哲学研究所

四川师范大学逻辑与信息研究所　　邹崇理

2017 年 5 月

# 凡　例

为方便读者阅读并了解要点，本书部分文字以**黑体**和仿宋体表示，含义如下：

（1）**黑体**有两种情况：①第一次出现的重要术语；②需要特别强调的名词或表述。

（2）仿宋体表示对术语、定义等的解释说明、进一步表述以及对理论内容的列举。

下面以节选自本书第 1 章的三段文字为例说明。

"在众多的逻辑理论中，逻辑语义学侧重于揭示和研究自然语言句法语义的组合特性。按照弗雷格的**组合性原则**，一个复合表达式的意义是其部分的意义和合并这些部分的句法运算的语义形成的函项。"（说明："组合性原则"为逻辑语义学最重要原则之一，是第一次出现的重要术语，故改为黑体，后面的仿宋体部分为对"组合性原则"的解释说明和进一步表述。）

"逻辑语义学以自然语言的意义为研究对象，以现代逻辑为研究工具，探索复合表达式的意义如何由其组成部分的意义组合而来。逻辑语义学还认为，语义不是孤立的，语义与句法之间具有同构关系，语义上由小到大的组合，与句法的组合方式也有关系。这就是逻辑语义学中的组合性原则的内容。在逻辑语义学看来，自然语言本身就是一个由规则和要素构成的表意符号系统，而且这个系统本质上与逻辑系统一样，都具有组合性和句法语义的并行推演。也就是说，**对于某种特定自然语言而言，任意一个恰当的表达式及其语义，必然都可以通过递归应用若干规则，分别从初始构成成分和初始语义元组合生成。**因此，自然语言可以采取逻辑系统的方式得到表征。"（说明：黑体是对为什么可以用逻辑方法研究自然语言语义这一问题的着重概括，是需要特别强调的表述。）

"在索绪尔学说的影响下，诞生了结构主义语言学，在 20 世纪上半期成为语言学的主流，结构主义语言学以布拉格学派、哥本哈根学派、美国结构语言学派为代表构成三大学派。"（说明："布拉格学派""哥本哈根学派""美国结构语言学派"用仿宋体，表示希望读者了解结构主义语言学三大流派，是对结构主义语言学分类的列举。）

# 目 录

## 第一编　逻辑语义学研究概论

# 第二编 逻辑语义学的重要理论——范畴类型逻辑 CTL

## 第一部分 范畴类型逻辑 CTL 梳理

## 第二部分 范畴类型逻辑 CTL 应用于汉语的研究

# 第三编　逻辑语义学的重要应用——组合范畴语法 CCG

## 第一部分　组合范畴语法 CCG 梳理

# 图目录

# 表 目 录

# 导　　论

～～～～～～～～～～～～～～～～～～～～～～～

　　1974 年联合国教科文组织规定的七大基础学科依次为数学、逻辑学、天文学和天体物理学、地球科学和空间科学、物理学、化学、生命科学。逻辑学是人文社会科学和自然科学共同的基础学科。所有的科学都采用以概念、判断和推理等逻辑形式作为阐述知识、论证观点的原则和方法。换言之，任何科学都是由概念、判断、推理和论证构成的知识体系，任何科学都必须遵循逻辑学的基本原理。

　　逻辑学是西方文明的重要基石之一，怀特海甚至认为，没有逻辑就没有科学。爱因斯坦也曾说过，科学家的目的是要得到关于自然界的一个逻辑上前后一贯的摹写。他指出："西方科学的发展是以两个伟大的成就为基础，那就是：希腊哲学家发明的逻辑体系（在欧几里得几何学中），以及通过系统的实验发现有可能找出的因果关系（在文艺复兴时期）"（爱因斯坦，1976）[574]。

## 0.1　自然语言的逻辑语义学

### 0.1.1　逻辑语义学与自然语言

　　自然语言的**逻辑语义学**（简称逻辑语义学）就是依据现代逻辑的思想或采用现代逻辑的工具研究自然语言的句法生成尤其是语义组合规律的学科。也就是研究自然语言复合表达式的语义是如何由其构成成分的语义组合而来。**逻辑**和自然语言的关系密不可分，一方面，逻辑研究的对象——思维规律及其推理形式离不开自然语言的表述；另一方面，自然语言是逻辑推理的物质载体。如果说语言是思想表述的载体，那么逻辑就是思想表述的灵魂。从这一角度说，逻辑构成了自然语言的内在骨架。因此，逻辑语义学对自然语言的研究，既是对自然语言规律性的研究，也是对逻辑自身的研究。

　　逻辑语义学可分为狭义和广义两种理解。狭义的逻辑语义学主要指基于模型论的方法，对自然语言语义的形式化研究，如戴维森（Donald Davidson）的真值理论语义学（truth conditional semantics），蒙太格（Richard Montague）的蒙太格语法（Montague grammar），巴维斯（Jon Barwise）和库伯（Robin Cooper）的广义量词理论（generalized quantifier theory，GQT）以及肯普（Hans Kamp）等构建的话语表现理论（discourse representation theory，DRT）等。广义的逻辑语义学则等同于自然语言的逻辑研究，不仅涵盖了对自然语言句法语义的研究，也包括以自然语言为题材的逻辑研究。本书的逻辑语义学研究就属于广义的逻辑语义学研究。

在逻辑语义学看来，自然语言的句法–语义结构都是通过规则的递归应用，由初始元组合生成出来的。逻辑语义学的任务就是揭示和分析自然语言结构的这种组合特征，并提出相应的形式系统来刻画这种组合特征。自然语言是在人类漫长的进化史中自然形成的，与人工逻辑语言相比，有着生动丰富的优点，同时也有隐晦模糊和充满歧义的缺点。尽管如此，在本质上，自然语言的句法–语义结构与具有递归构造的逻辑系统并没有本质的区别。正是基于这样的认知，逻辑语义学才不断地尝试借助逻辑学的精确化特性分析自然语言句法–语义的组合特征。

### 0.1.2 逻辑语义学与信息处理

逻辑语义学的研究是一种基础性研究，是实现自然语言计算机信息处理的先期工作，涉及人工智能领域。2016 年是人工智能正式提出 60 周年的日子。2016 年 3 月，AlphaGo 与韩国围棋高手李世石的对局大战引起学界、产业界和公众的极大关注，人以 1∶4 告负。由此引起思考热议的话题是：电脑的智力是否已超过人脑？人类是否将被机器统治？电脑的博弈功能是对人脑博弈机制的模拟，AlphaGo 在多大程度上模拟了人脑的围棋博弈能力？从逻辑思维认知科学角度看，AlphaGo 的模拟虽然取得了很大成功，但弱点和不足也是显而易见的。

AlphaGo 的工作原理分为线下学习和在线对弈。线下学习显示出 AlphaGo 的超强学习能力。AlphaGo 利用 3 万多专业棋手对局的棋谱来训练策略网络和快速走棋策略，AlphaGo 还通过大量的自我对弈，产生并存储 3000 万盘棋局，用作训练其估值网络。而在线对弈的 5 步流程体现出 AlphaGo 对人脑博弈机制的模拟。AlphaGo 还具有超快的计算速度，其策略网络的走子速度是 3 毫秒一步，而快速走棋策略能达到 2 微秒的走子速度，又提高了 1000 多倍。

与之比较，人脑学习记忆的对局数量远远少于机器，人记不了多少完整对局，仅仅掌握布局阶段的各种定式，收官阶段的计算模式，不过成百上千。人类的走棋速度也比机器慢很多，通常的快棋比赛限于 30 秒一步棋。跟"大数据云计算"时代计算机的存储容量、运算速度和计算准确性相比较，人脑差之甚远！

人脑能与各方面处于强势的机器对决，一定有独特的机制是机器所没有的，或者说是机器暂时没有模拟到的。我们从 AlphaGo 的在线对弈流程中可以看出其弱点：针对当前局面，其策略网络处理黑白对弈下一步的多种可能。由于自我对弈至局部终结的步数多，搜索下去获得的可能数目就非常大。搜索空间急剧加大，得到解的精度就会降低。而人脑的思考则通过选择舍弃绝大部分可能而缩小搜索空间，可以集中思考价值最高的着法，可以思考基于全局意识关联多个局部棋局的着法。人脑思考的取舍性和全局关联性强于机器。人具有独特的选择、关联和全局意识能力，在无穷无尽变化多端的中盘战斗中发挥了巨大作用。人脑的这个机制机器没有完全模拟到。

AlphaGo 的弱点导致：面临多个棋局的交叉关联时，容易出错（这需要全局意识的关联思维）；面对复杂的打劫局面也感困惑（棋局的关联难度进一步加大）。人工智能的专家甚至断言，AlphaGo 没有完全攻克围棋这个难题，并没有具备真正的思维能力。

回到正题，计算机人工智能时代还有另一个重要的任务就是自然语言的计算机信息处理，这个任务也应该受到关注。自然语言的计算机信息处理的情况是类似的，机器需要模拟人脑构造和理解语言的机制。

人工智能提出 60 年来，计算机对人脑构造语言机制的模拟虽然取得很大进展，但这种模拟也存在不少弱点。如 2015 年北京大学某篇博士学位论文（秦一男，2015）所认为：对下述英文复杂句：

**语句 0.1**　That men who were appointed didn't bother the liberals wasn't remarked upon by the press.

（被任命的人没有去惹自由党们（的事实）并没有被新闻界提及。）

**语句 0.2**　That everything you learned about America's history is wrong is known to the public.

（关于美国历史你所学的一切都是错误的是众所周知的。）

当今计算机界公认的两种世界上非常先进的自然语言句法结构的解析装置：伯克利解析器（Berkeley parser）和斯坦福解析器（Stanford parser），直到 2015 年 1 月 25 日 18 时 36 分，给出的仍然是错误的分析。就语句 0.1 而言，其分析是：

①That men didn't bother

　（那个人没有去惹）

②who were appointed

（那个被任命的）

③the liberals wasn't remarked upon by the press

（自由党们没有被报刊提及）

①是全句的核心，核心的主谓搭配。②是定语从句，修饰 men，That 是限定词，修饰 men。③是①的宾语从句。而语句 0.1 的正确分析应该是：把握住 That 导引的主语从句，That men who were appointed didn't bother the liberals 是全句的主语从句，wasn't remarked upon by the press 才是全句的中心谓语。

机器对人脑关于这种语言现象的构造机制的模拟不能令人满意。这类语句的构造生成规则似乎应从主语从句的循环镶嵌机制去考虑：

NP VP

That NP VP VP

That that NP VP VP VP

上述主语从句的循环镶嵌现象是人脑构造语言机制的体现。自然语言中还有多重宾语从句的镶嵌和多重定语从句的叠置也体现了这样的机制，如：

**语句 0.3**　张三知道李四知道张三考上大学。

**语句 0.4**　The man such that he loves a woman such that she hates a boy chants.

（那个爱上某位憎恶某个男孩的妇女的男人发出咏颂声。）

**语句 0.5**　Mary likes a man such that he has a son such that he admires a girl such that she hates a boss.

（玛丽喜欢某位有着某个崇拜某个憎恶某个老板的女孩的儿子的男子。）

说到自然语言的循环镶嵌机制，使人联想到 20 世纪发起语言学界"哥白尼式革命"的美国语言学大师乔姆斯基（Noam Chomsky）的著名思想：人脑先天具有构造生成语言的创造能力。德国学者洪堡特（Wilhelm von Humboldt）早就认为"语言绝不是产品，而是一种创造性活动"，语言实际上是心智不断重复的活动，人类语言知识的本质就是语言知识如何构成的问题，其核心是洪堡特指出的**"有限手段的无限使用"**。人脑构造（表述）和理解语言的机制可以概括成两个特征：

（1）**有穷多**的词条作为出发点；

（2）依据有穷多规则去构造和理解**无穷多**的语句。

人脑具有构造和理解自然语言的机制，**人就能够构造表述从来没有看见过**

的句子，也可以理解从来没有听说过的句子，人脑能够构造或理解的句子是无穷多的。要想机器模拟人脑构造理解自然语言的构造机制，首先需要理论上的先期研究。这就是理论语言学（包括计算语言学）和逻辑语义学的任务。

## 0.2　逻辑语义学研究概述

逻辑语义学探索人脑构造语言机制的特征，其价值作用在于帮助机器更好模拟人脑的语言机制，从而能够正确识别理解自然语言中诸如语句 0.1～语句 0.5 那样的复杂句子。简言之，针对语言构造机制的两个特征，逻辑语义学从 20 世纪 70 年代开始，获得了一系列的成果。我们在最早的蒙太格语法的 PTQ 语句系统、广义量词理论 GQT 的语句系统、话语表现理论 DRT 语句系统以及范畴语法 CG 的兰贝克演算（Lambek calculus）那里，都可以看到对语言构造机制两个特征的刻画，语句系统中的词库表现特征（1），而语句系统中的规则揭示特征（2）。总括如表 0.1 所示。

表 0.1　逻辑语义学系统的语言构造机制特征对比

| 语句系统 | 语言构造机制特征（1） | 语言构造机制特征（2） |
| --- | --- | --- |
| PTQ[①] | 词库：9 类词条 | 17 条规则 |
| GQT[②] | 词库：5 类词条 | 6 条规则 |
| DRT[③] | 词库：24 类词条 | 7 条规则 |
| CG[④] | 词库：9 类词条[⑤] | 4 条规则[⑥] |

我们以逻辑语义学的奠基理论蒙太格语法 MG 为例，按照 MG 对语言构造机制特征（2）的刻画，循环镶嵌句（语句 0.5）的句法构造过程和逻辑语义分别为

[Mary [likes [a [man such that [he [has [a [son such that [he[admires[a [girl such that [she [hates [a [boss]]]]]]]]]]]]]]]。

$\exists u[\mathbf{man}(u)$ & $\exists x[\mathbf{son}(x)$ & $\mathbf{has}(u,x)$ & $\exists y[\mathbf{girl}(y)$ & $\mathbf{admire}(x,y)$ &

---

① MG 中的语句系统 PTQ 限于处理自然语言量化式、命题态度句和内涵动词句（Montague，1970）。
② GQT 的语句系统仅仅限于描述自然语言的量化表达式（Barwise, et al., 1981）。
③ DRT 的语句系统仅仅关注照应回指现象，涉及名词的单数复数，代词的性和数（Kamp, et al., 1993）。
④ CG 表示"范畴语法"，即 categorial grammar。
⑤ 兰贝克演算最初的论文列出 9 类词条作为指派范畴的词库示例（Lambek, 1958）。
⑥ 类型逻辑语义学作为范畴语法的延伸，从兰贝克演算的定理选出 4 条作为推演规则（Carpenter，1997）。

$\exists z[\textbf{boss}(z) \ \& \ \textbf{hate}(y,z)]]] \ \& \ \textbf{like}(m,u)]$

　　应该指出：范畴语法 CG 的做法与前面几种语句系统最大的不同是：用逻辑系统提供的定理替代揭示语言构造机制特征（2）所需要的自然语言句法规则，仅仅 4 条定理对应的规则，就可以据此构造生成无穷多句子，范畴语法"极为深刻"地揭示了自然语言所谓**"有限手段的无限使用"**这个机制。范畴语法（categorial grammar，CG）还最早开启了逻辑语义学面向自然语言计算机处理的研究思路。20 世纪 30～40 年代，波兰逻辑学家爱裘凯维茨（Kazimierz Aj-duciewicz）提出了 CG；50 年代"计算语言学之父"巴-希勒尔（Y. Bar-Hillel）和数学家兰贝克（Joachim Lambek）使 CG 同机器翻译领域关联起来；80 年代至今，CG 的新版本范畴类型逻辑（categorial type logic，CTL）持续发展。

　　CTL 不仅是分析自然语言的句法语义生成过程的工具，更重要的是，CTL 作为传承延伸逻辑理性主义精神的产物，从理论角度深入讨论逻辑工具本身的性质。如 CTL 的公理表述解决系统的可靠性和完全性，CTL 的根岑表述解决系统的可判定性。CTL 的自然推演（natural deduction，ND）表述使得 CTL 的推演对应证明网技术而获得计算机的实现，等等。

　　人脑关于语言构造机制的两个特征是密不可分的，但科学研究却可以对此抽象取舍。从某种角度看，通常语言学和基于统计的计算语言学大都擅长并偏重语言构造机制特征（1）的研究。人类要使用语言，必须掌握构造语言的原子材料——单词或词条，这是我们学习一门语言首先要懂得的知识。一门语言单词常用的有几千条，总数是几万乃至几十万条，语言学在浩如烟海的文献中搜集这些词条，统计它们出现的频率，归纳它们的各种用法含义，编撰各种各样的词典。而基于统计的自然语言计算机处理系统则建立了海量的大型语料数据库。

　　通常语言学的研究对掌握语言机制来说是必要且重要的工作，但是对语言构造机制特征（2）的研究显示出一定程度的缺失。由于句子的数量是无穷多的，句子的意义是开放的，所以无法编撰囊括所有句子意义的"句典"。句子甚至短语的意义都不是给定的，是通过组合推演获得的。怎样组合推演？通常的语言学研究这方面是软肋。

　　尽管如此，比较语言学视角研究取得的成果，我们看到逻辑语义学研究语言机制的短板，对特征（1）的研究很不充分。自然语言中词条的句法使用丰富多彩，多种用法的词比比皆是。逻辑语义学构建的语句系统中的小小词库仅仅是"实验田"性质的样本，无法满足语言学和计算机自然语言系统大规模处理真实文本的要求。如 PTQ 语句系统的微型词库：

$B_{IV} = \{run, walk, talk, rise, change\}$

$B_T = \{John, Mary, Bill, ninety, he_0, he_1, \cdots\}$

$B_{TV} = \{find, lose, eat, love, date, be, seek, conceive\}$

$B_{IV/IV} = \{rapidly, slowly, voluntarily, allegedly\}$

$B_{CN} = \{man, woman, park, fish, pen, unicorn, price, temperature\}$

$B_{t/t} = \{necessarily\}$

$B_{(IV/IV)/T} = \{in, about\}$

$B_{IV/T} = \{believe\ that, assert\ that\}$

$B_{IV//IV} = \{try\ to, wish\ to\}$

$B_e = B_t = \varnothing$

该词库仅仅包含 9 类语词，且一词条只能归入一类，这远远不能覆盖自然语言丰富多样的词条用法。针对这个不足，逻辑语义学需要弥补调整。擅长描述语言构造机制特征（1）的语言学研究跟善于揭示语言构造机制特征（2）的逻辑语义学研究可以互补。"互补"催生了逻辑语义学的新模式组合范畴语法（combinatory categorial grammar，CCG）。

CCG 是作为逻辑语义学重要理论 CG 的另一新版本。为弥补以往逻辑语义学研究的不足，CCG 在探索语言构造机制特征（1）上下了不小的功夫。不仅如此，CCG 还延续了逻辑语义学的演绎精神，成功地揭示了语言构造机制的特征（2）。CCG 目前在自然语言的计算机信息处理领域尤其在国外备受关注。如美国宾夕法尼亚大学的 CCG 库（宾州英语 CCG 树库）[①] 和我国清华大学的 CCG 库（清华汉语 CCG 树库）[②] 关于刻画语言构造机制两个特征的情况分别是：

宾州英语 CCG 树库　　　　　清华汉语 CCG 树库

75669 词条(929552 词例)　　23641 词条(约 350000 词例)

48934 个语句　　　　　　　32737 个句子

宾州英语 CCG 树库提取 75669 个词条和 48934 个语句，涉及 929552 个词例。清华汉语 CCG 树库词条词例和句子的提取来源于包含文学、学术、新闻、应用四大体裁的平衡语料，尽可能多地覆盖了汉语的各种语言现象。[③]

---

① 参见（Hockenmaier, et al. , 2005）。

② 参见（宋彦，等，2012）。

③ 宾州英语 CCG 树库和清华汉语 CCG 树库分别生成的 3 万～4 万语句是转换在先的形式语言学分析树库获得的语句"格式"，这种格式可以用于语料库外的句例分析，其句例的数量是开放的。

本书第三编第 16～18 章完成的成果是：

社科汉语 CCG 树库
46085 词条 （722790 词例）
25694 个句子

首先，CCG 的词汇主义思路关注语言构造机制特征（1）的描述，弥补了大多数逻辑语义学分支如范畴类型逻辑 CTL 在这方面的短板。CCG 挑战逻辑语义学的"一词对应一范畴"的传统做法，在掌握大规模真实文本的基础上提取了作为语言构造出发点的有穷多词条，确定这些词条在各种语境下的多种多样的范畴指派。

宾州英语 CCG 树库：
75669 词条 ⟹ 929552 范畴
清华汉语 CCG 树库：
23641 词条 ⟹ 约 350000 范畴
社科汉语 CCG 树库：
46085 词条 ⟹ 722790 范畴

从词条到词例，即对同一词条进行多范畴的指派。CCG 的词库要描述自然语言词条的多种用法，采用从词条到词例的多范畴指派方法。**本书**关于宾州汉语树库转换成 CCG 树库的工作表明，词条对应范畴数量最多的前 10 名词条（包括辅助符号）如表 0.2 所示。

表 0.2　词条频率前 10 名

| 范畴数量 | 词 | 在树库中出现的次数 |
|---|---|---|
| 181 | 的 | 38354（概率最高） |
| 97 | 在 | 9622 |
| 79 | 是 | 7680 |
| 76 | 一 | 6086 |
| 69 | 到 | 1842 |
| 61 | 有 | 3784 |
| 57 | （ | 935 |
| 53 | 上 | 2232 |
| 52 | 为 | 2366 |
| 51 | 了 | 6164 |

在社科汉语 CCG 词库中，有些词条对应的可能范畴多达百个以上，如上表中"的"词条。对应数十个范畴的词也非常普遍，如"在""是""到""有"等。

清华 CCG 词库采用从词条到词例的多范畴指派方法，对汉语词条"学"就有 7 种不同的范畴指派（表 0.3）。

表 0.3　"学"的范畴

| 词语 | TCT[①]词性标注 | 组合范畴语法范畴 |
|---|---|---|
| 学 | n | np |
| 学 | v | s\np |
| 学 | v | [s\np]/np |
| 学 | v | [s\np]/[s\np] |
| 学 | v | [s\[s\np]]/np |
| 学 | v | [[s\np]/np]/[s\np] |
| 学 | v | [[s\np]\pp]/np |

按照逻辑语义学的传统做法，"学"实际上被分别归入 7 个基本语词类：

$B_{np} = \{\cdots, 学, \cdots\}$

$B_{s\backslash np} = \{\cdots, 学, \cdots\}$

$B_{(s\backslash np)/np} = \{\cdots, 学, \cdots\}$

$B_{(s\backslash np)/(s\backslash np)} = \{\cdots, 学, \cdots\}$

$B_{(s\backslash(s\backslash np))/np} = \{\cdots, 学, \cdots\}$

$B_{((s\backslash np)/np)/(s\backslash np)} = \{\cdots, 学, \cdots\}$

$B_{((s\backslash np)\backslash pp)/np} = \{\cdots, 学, \cdots\}$

宋彦和黄昌宁等（2012）认为：在清华汉语 CCG 的词库中，一共有 10 个原子范畴，包括 M（量词）、MP（数量短语）、NP（名词及名词短语）、SP（方位词及方位短语）、TP（时间短语）、PP（介词短语）、S（句子）等，在此基础上，可以获得共 763 个不同的范畴类型。这样，清华汉语 CCG 的词库总共就有 763 个基本语词类：$B_1$，$B_2$，$\cdots$，$B_{762}$，$B_{763}$。比较蒙太格语法的 PTQ 语句系统的 9 个基本语词类构成的小小词库，CCG 的词库是真够大的！可以覆盖自然语言词条丰富多样的用法。

其次，CCG 基于规则的思路涉及自然语言构造机制特征（2）的描述。CCG 的核心是一系列的函子范畴的组合规则，这些规则对应了 CTL 范畴逻辑的结构公设，是函项运算思想的延续，是 CTL 逻辑定理的延伸。CCG 的主要规则有：

**规则 0.1**（函子范畴的组合规则）

（a）前向组合：$X/Y\ \ Y/Z \rightarrow X/Z$。

（b）前向交叉组合：$X/Y\ \ Y\backslash Z \rightarrow X\backslash Z$。

（c）后向组合：$Y\backslash Z\ \ X\backslash Y \rightarrow X\backslash Z$。

---

① TCT 全称为 Tsinghua Chinese treebank，清华汉语树库。

(d) 后向交叉组合：$Y/Z\quad X\backslash Y\to X\backslash Z$。

**规则 0.2**（类型提升规则）

(a) 前向类型提升：$X\to T/(T\backslash X)$。

(b) 后向类型提升：$X\to T\backslash(T/X)$。

**规则 0.3**（置换规则）

(a) 前向交叉置换：$(X/Y)\backslash Z\quad Y\backslash Z\to X\backslash Z$。

(b) 后向置换：$Y\backslash Z(X\backslash Y)\backslash Z\to X\backslash Z$。

(c) 后向交叉置换：$Y/Z\quad (X\backslash Y)/Z\to X/Z$。

(d) 前向置换：$(X/Y)/Z\quad Y/Z\to X/Z$。

CCG 还根据使用的语境把规则具体化，清华 CCG 库有近 1600 规则例，远比 PTQ 系统的 17 条句法规则多出许多！展现了汉语千姿百态的句法构造现象。

多模态 CCG 的函子范畴前向组合规则和混合 CTL 的结构公设之间具有对应关系，即由混合 CTL 的左右结合公设可推出多模态 CCG 的前向组合规则＞B 和后向组合规则＜B，也就是由 CTL 给 CCG 提供了逻辑的工具：

前向组合规则＞B：$X/Y\quad Y/Z\to X/Z$。

后向组合规则＜B：$Y\backslash Z\quad X\backslash Y\to X\backslash Z$。

以下是＞B 的推出过程（图 0.1）：

$$\dfrac{\dfrac{\dfrac{\Delta\vdash Y/_{\Diamond}Z\quad[Z_1\vdash Z]^1}{\Gamma\vdash X/_{\Diamond}Y\qquad(\Delta\circ_{\Diamond}z_1)\vdash Y}\ {}_{[/_{\Diamond}E]}}{\dfrac{(\Gamma\circ_{\Diamond}(\Delta\circ_{\Diamond}z_1))\vdash X}{((\Gamma\circ_{\Diamond}\Delta)\circ_{\Diamond}z_1)\vdash X}\ {}_{[RA]}}\ {}_{[/_{\Diamond}E]}}{(\Gamma\circ_{\Diamond}\Delta)\vdash X/_{\Diamond}Z}\ {}_{[/_{\Diamond}I]}$$

图 0.1　＞B 的推出过程

从 CTL 那里汲取了逻辑的精神，CCG 也就能够处理涉及语言构造机制特征 (2) 的循环镶嵌句，能够很好地揭示自然语言所谓"**有限手段的无限使用**"的机制。例如，CCG 针对汉语宾语从句循环镶嵌句的推演（图 0.2）。

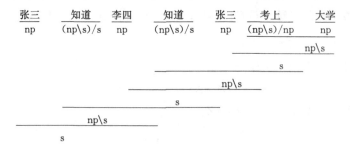

图 0.2　汉语宾语从句循环镶嵌句的推演

更重要的是，CCG 的规则还对自然语言形式理论的“硬核”问题，如语义的形式化进行探索。在 CCG 看来，所有的句法规则都是一定范围内函项的语义运算的透明版本。这一原则来自于范畴语法所具备的句法与语义并行推演这一特点。在 MG 时期范畴与类型之间的对应关系已经提及，此后范本特姆（J. van Benthem）基于范畴与类型之间的对应，为范畴语法增添了配有语义表达的版本，由于 λ 演算的引入，vB 演算就给范畴语法的句法和语义的并行推演提供了理论基础。匹配了语义表达的 CCG 规则如表 0.4 所示。

**表 0.4 匹配语义表达的 CCG 规则**

| 规则类型 | 规则说明 | 形式化描述 |
|---|---|---|
| 基本规则 | 前向应用 | $X/Y{:}f \quad Y{:}a \Rightarrow_{>} \quad X{:}f(a)$ |
| | 后向应用 | $Y{:}a \quad X\backslash Y{:}f \Rightarrow_{<} \quad X{:}f(a)$ |
| 组合规则 | 前向组合 | $X/Y{:}f \quad Y/Z{:}g \Rightarrow_{>B} \quad X/Z{:}\lambda a.f(g(a))$ |
| | 后向组合 | $Y\backslash Z{:}g \quad X\backslash Y{:}f \Rightarrow_{<B} \quad X\backslash Z{:}\lambda a.f(g(a))$ |
| | 前向交叉组合 | $X/Y{:}f \quad Y\backslash Z{:}g \Rightarrow_{>B\times} \quad X\backslash Z{:}\lambda a.f(g(a))$ |
| | 后向交叉组合 | $Y/Z{:}g \quad X\backslash Y{:}f \Rightarrow_{<B\times} \quad X/Z{:}\lambda a.f(g(a))$ |
| | 前向类型提升 | $X{:}a \Rightarrow_{>T} \quad T(T\backslash X){:}\lambda f.f(a)$ |
| | 后向类型提升 | $X{:}a \Rightarrow_{<T} \quad T\backslash(T/X){:}\lambda f.f(a)$ |
| 非组合规则 | 类型转换 | $X \Rightarrow_{T} \quad TOP$ |

据此，英语句 John met and might married Mary 的句法语义并行推演如图 0.3 所示。

| John | met | and | might | married | Mary |
|---|---|---|---|---|---|
| $np{:}john'$ | $(s\backslash np)np{:}meet'$ | $CONJ{:}and'$ | $(s\backslash np)/vp{:}might'$ | $vp/np{:}marry'$ | $np{:}mary'$ |

$$(s\backslash np)/np{:}\lambda x.\lambda y.might'(marry'xy) \quad >B$$

$$(s\backslash np)/np{:}\lambda x.\lambda y.and'(might'(marry'xy))(meet'xy) \quad \langle\Phi\rangle$$

$$s\backslash np{:}\lambda y.and'(might'(marry'mary'y))(meet'mary'y) \quad >$$

$$s{:}and'(might'(marry'mary'john'))(meet'mary'john') \quad <$$

图 0.3 英语句的句法语义并行推演示例

从配备语义的函项应用规则可以看出，句法和语义方面同时进行了组合性的运算。CCG 继承了范畴语法中句法与语义之间的透明接口，句法范畴的运算同时匹配 λ 演算，每一个范畴都对应一个 λ 词项，范畴表示的是句法，λ 词项表示的是语义。

由于 CCG 对语言构造机制两个特征的刻画兼容并举，所以基于 CCG 设计的计算机分析器在诸多形式语言学理论自动分析中是速度最快的。在 2009 年约翰·霍普金斯大学举行的夏季研讨班上，研究人员采用优化的句法分析算法，使 CCG 句法分析在维基百科语料上达到每秒超过 100 句的分析速度，（宋彦，等，2012）而基于中心语驱动语法的计算机处理软件几秒钟才能完成一个语句的分析。CCG 延续了语言学基于真实文本构造大规模词条语料库的风格，解决词条多种用法的问题，又延伸了逻辑语义学的递归组合精神，吸取了逻辑的演绎推导力量。CCG＝语言学视角的词库＋逻辑学视角的规则，CCG 是语言学实践基础上建立的逻辑语义理论。CCG 是兼顾描述语言构造机制特征（1）和特征（2）的产物。

自然语言的计算机信息处理要求电脑对人脑构造或理解语言的机制进行模拟。逻辑语义学各分支不同程度地描述了语言构造机制的两个特征。从语言学视角看，传统的逻辑语义学模式对语言构造机制特征（1）的刻画不够充分。而从逻辑角度看，语言学对语言构造机制特征（2）的描述显得薄弱。于是逻辑语义学和语言学形成互补局面，"互补"的结果是组合范畴语法 CCG，我们从语言构造机制的两个特征来审视 CCG 的兼容并举，同时看出 CCG 对计算机模拟人脑构造语言机制的价值。

## 0.3　本书研究内容简述

我们的研究集中关注 CTL 和 CCG，本书除导言外，分为三编，分别进行了如下探索和探讨，并取得了一定成果。

第一编"逻辑语义学研究概论"主要论述了逻辑语义学的基础学科性质以及逻辑语义学对计算机自然语言处理的理论指导作用。同时概括介绍了课题各个阶段发表的部分论文的研究所得。在附录中给出应用事件语义学方法处理汉语连动句的成果，同时看出传统逻辑语义学的谓词-论元分析模式描述连动句的不足。

第二编"逻辑语义学的重要理论——范畴类型逻辑 CTL"首先回顾梳理了范畴类型逻辑 CTL 的发展历程，在此基础上为汉语反身代词等照应省略现象构造了相应的 CTL 系统。

（1）汉语反身代词"自己"的回指照应。其主要特点有五个：①允许"长距离约束"；②主语倾向性；③语句中约束反身代词的先行语缺失；④"次统领约束"的情况；⑤先行语位后置的情况。

对于①和②，贾格尔（Gerhard Jäger）构建的 LLC 系统容易处理。对于③，其先行语虽然在反身代词所在的语句中不存在，但是向前搜索的话，一般还是能够在其他语句中找到先行语的，即反身代词的先行语与反身代词只是不处于同一语句中而已。这种情况 LLC 也能够处理。

在④中，反身代词所回指的先行语会是一个名词短语中的 NP，如"张三的自大害了他自己"。这一语句中的名词短语"张三的自大"中的"张三"充当了反身代词"他自己"的先行语，这种情况下，由于 LLC 系统未说明｜E 规则中先行语标记所遵循的规则，所以 LLC 系统很难对"次统领"问题进行精确化处理。对于⑤，我们把单方向的竖线算子（只能向前结合）修改为向前搜索的竖线算子｜和向后搜索的竖线算子｜来处理这一情况。

于是，第二编第 7 章扩展构建了前后搜索的（$B_i$）LLC 系统和多模态的 MLLC 系统来描述汉语反身代词"自己"的回指照应的种种特点。

（2）汉语照应省略现象。英汉的空代词使用的情况对比见表 0.5。

表 0.5　英汉空代词使用情况对比

| 英语 | 汉语 |
| --- | --- |
| Did John see Bill yesterday? | 张三看见李四了吗？ |
| Yes, he saw him. | 他看见他了。 |
| * Yes, *e* saw him. | *e* 看见他了。 |
| * Yes, he saw *e*. | 他看见 *e* 了。 |
| * Yes, *e* saw *e*. | *e* 看见 *e* 了。 |
| * Yes, I guess *e* saw *e*. | 我猜 *e* 看见 *e* 了。 |
| * Yes, John said *e* saw *e*. | 张三说 *e* 看见 *e* 了。 |

从第三行到第七行的对比看出，英语中没有像汉语那样多的省略代词的表达，汉语中存在大量的空代词现象。针对汉语这些特有的语缺句，已有范畴类型逻辑工具不能解释其句法生成和语义组合的规律。

我们尝试将贾格尔的照应处理方法应用于汉语中涉及代词、空代词和空谓词的照应省略现象。空代词在使用上的高自由度要求能够刻画自然语言同指照应的范畴类型逻辑机制相应产生变革。从逻辑系统本身来看，贾格尔的 LLC 只允许受限的缩并规则，不允许向前提增加假设的操作，要满足这种特殊需求，就需要向系统添加某种强缩并规则 $W'$，允许补出照应假设的操作，我们希望向贾格尔的 LLC 系统添加：① 标记引入或消去的规则；② 允许向前提引入照应假设的规则。我们在第二编第 8 章中，构造了 LLCW' 系统，可以直接用它来处理汉语中许多需要引入照应假设的空代词现象。

（3）多分法是分析语言形成过程的一种方法。多分法的逻辑学依据是：命题逻辑二元联结词形成复合公式以及一阶逻辑原子公式形成的精细化过程适合于采用多分法；在现代广义量词理论那里，分析自然语言的量化句大都采取多分法的方式。自然语言非连续复合量化句的情况尤其特殊，其生成采用多分法的分析模式显得更为必要。多分法的语言学依据有：格语法的分析方式彰显出多分法的特征；中日合作 MMT 汉语生成组编写的《现代汉语动词大词典》，从格语法的多分法角度对现代汉语的动词句进行分类；现代汉语中还有大量的现象，如多重介词短语句、双宾语动词短语句、非连续的时间句和方位数量顺序句均适用于多分法的分析；宾州汉语树库（Penn Chinese treebank，PCTB）处理现代汉语，其句法规则大量采用多分法。

基于多分法可以构建一种新的范畴类型逻辑：引入多元函子范畴以及左积和右积的概念，确立函子范畴的论元并列所产生的推演规则和刻画函子范畴论元增添的定理，以及框架语义解释中可及关系的多元化。（参见第二编第 9 章）

第三编"逻辑语义学的重要应用——组合范畴语法 CCG"首先梳理了 CCG 的发展历程、CCG 的计算语言学价值以及 CCG 在处理自然语言时所存在的困难和问题。然后针对所涉及的部分汉语现象从扩充规则或词条词库的角度进行处理，从而实现了对汉语中的非连续结构（话题句、兼语句、连动句、复杂谓词并列结构）、特殊句式（把字句、被字句、得字句）、照应省略结构、形容词谓语句等的 CCG 分析。以下以汉语话题句的 CCG 生成来展示这一部分的研究成果。

在汉语的话题句中，话题成分大都由名词担任，而话题成分在不同的话题句中具有不同的句法和语义作用，这里需要采用 CCG 的多范畴指派方法。在第三编 13.3 节那里，我们舍弃斯蒂德曼（Mark Steedman）的话题化规则，根据话题化语句的不同类型，直接在词库中给作为话题成分的名词指派不同的范畴：

（a）无占位代词的宾语提取话题成分：$s_T/(s/np)$；

（b）有占位代词的主、宾语提取话题成分和间接宾语提取话题成分：$s_T/(s|np)$；

（c）无占位代词的双宾语提取话题成分：$s_T/(s/np)$；

（d）复杂主语修饰成分话题成分：$(s_T/(s\backslash np))/n$；

（e）复杂宾语修饰成分话题成分：$((s_T/np)/(s\backslash(np/np)))/np$；

（f）复杂主、宾语中心成分话题成分：$s_T/(s/np)$；

一些特殊句式的推演示例如下（图 0.4～图 0.6）。

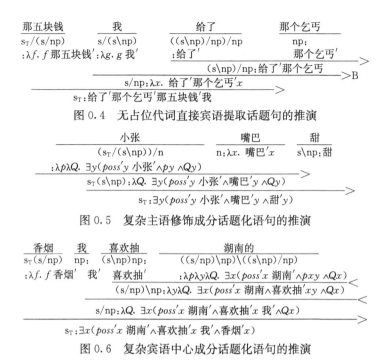

图 0.4　无占位代词直接宾语提取话题句的推演

图 0.5　复杂主语修饰成分话题化语句的推演

图 0.6　复杂宾语中心成分话题化语句的推演

为了描述汉语话题句的丰富多样性，我们采用 CCG 的大词库方式，使得同一名词可能具有多种不同的范畴，体现了 CCG 的词汇主义思路。

此外，本书在第三编的第二部分中还采用 CCG 方法对汉语的一些现象进行句法和语义的并行推演，取得了初步的研究成果。

最后，在第三编的第三部分，我们给出了 CCG 汉语分析的计算机实现。正如国内著名的清华汉语 CCG 树库是清华汉语树库的转换结果一样，本研究则基于宾州汉语树库转换获得了汉语 CCG 树库。

首先，本研究的汉语 CCG 树库更加强调 CCG 的词汇主义思路，对汉语词条在不同语境下的多种句法功能用法给予了更多的关注。如对结构助词"的"，根据它在多种多样语境下的不同表现，就分别指派了 181 个不同的范畴。按照逻辑语义学语句系统的传统做法，"的"就可以归入 181 个不同的基本语词的集合，这突破了**一词一范畴**的观念，获得了极其庞大的 CCG 词库。

其次，本研究的汉语 CCG 树库传承了基于规则的逻辑精神，对汉语 CCG 分析树在 CCG 规则的应用方面，给出了更多规则的应用示例，如下面的分析树图（图 0.7）。

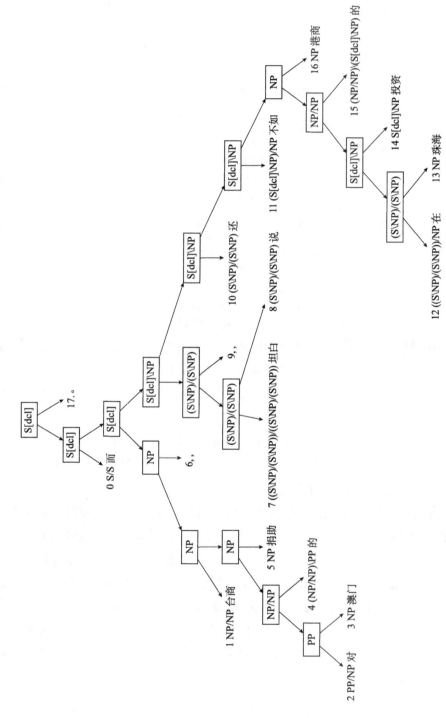

图0.7 更多规则的应用示例

仅仅上图一个汉语句的 CCG 分析就显示出函项应用规则的 12 个规则例，整个 CCG 汉语树库涉及的 CCG 各类规则的规则例超过一千，而经典的 PTQ 语句系统涉及的规则例仅有 17 条。这足以见到我们的 CCG 汉语树库在基于规则研究思路上的进展。

近半个世纪以来，随着研究的深入，人们发现自然语言体系的复杂性远远超出最初想象。实际上，自然语言的复杂性对逻辑语义学来说，既是坏消息，也是好消息。说是坏消息，是指自然语言形式化的整体工作进度滞后。随着逻辑在自然语言研究中的定位越来越精准，需要研究的问题似乎越来越多，越来越细致。整体上，逻辑语义学的研究要滞后于自然语言计算机处理的期待和要求。但是从另一个角度看，这也是好消息，早在 20 世纪五六十年代，人们对自然语言的计算处理（如机器翻译等）非常乐观，关注的重点大多在自然语言的句法结构上，逻辑语义学的研究对自然语言的计算机处理的重要性显示不出来。随着人们的研究越来越深入，自然语言形式化的处理难度由于语义问题远超出了人们的预料，也正因为如此，才凸显出逻辑语义学对自然语言研究的不可替代性。

本书以汉语信息处理为导向，以现代汉语中一些具有典型性的句法-语义现象为研究素材，展开了一系列的逻辑语义学研究。通过揭示这些现象的逻辑语义结构，开展针对汉语独有特征的范畴类型逻辑以及组合范畴语法研究。这些研究一方面可以充实逻辑语义学研究的理论宝库，促进现代逻辑的发展；另一方面也能够为汉语的计算机信息处理提供指导思想。通过把逻辑语义学对自然语言，尤其是对汉语形式化研究的成果应用到汉语的信息处理领域，将拓宽我国计算机自然语言处理的思路，提高其处理的效率。

# 参 考 文 献

爱因斯坦. 1976. 爱因斯坦文集（第1卷）. 许良英, 范岱年编译. 北京: 商务印书馆.

宋彦, 黄昌宁, 揭春雨. 2012. 中文 CCG 树库的构建. 中文信息学报, 26（3）: 3-8.

Barwise J, Cooper R. 1981. Generalized quantifiers and natural language. Linguistics and Philosophy, 4（2）: 159-219.

Carpenter B. 1997. Type-Logical Semantics. Cambridge: MIT Press.

Hockenmaier J, Steedman M. 2005. CCGbank: User's manual. http://repository. upenn. edu/cis _ reports/52 [2016-01-20].

Jäger G. 2005. Anaphora and Type Logical Grammar. Dordrecht: Springer.

Kamp H, Reyle U. 1993. From Discourse to Logic. Dordrecht: Kluwer.

Lambek J. 1958. The mathematics of sentences structure. The American Mathematical Monthly, 65（3）:154-170.

Montague R. 1970. Universal grammar. Theoria, 36: 373-398.

# 第一编

# 逻辑语义学研究概论

# 1

## 逻辑语义学——自然语言的逻辑研究

在众多的逻辑理论中，逻辑语义学侧重于揭示和研究自然语言句法语义的组合特性。按照弗雷格的**组合性原则**，一个复合表达式的意义是其部分的意义和合并这些部分的句法运算的语义形成的函项。组合性原则是逻辑语义学的基本原则，表现为函项贴合运算的思想和句法-语义的对应（邹崇理，2008）。就构造逻辑系统而言，组合原则是一种方法论。当逻辑语义学将研究的对象转换到自然语言上时，组合原则就成了逻辑语义学与自然语言研究的契合面，而且起到一种核心的灵魂作用。原因在于：尽管表面看来，自然语言有着纷繁复杂的结构因素，而且在某些结构细节上，存在一些有违组合性原则的语言现象，但其核心的句法语义结构是符合组合性原则的。正因为如此，采用逻辑的方法揭示自然语言的组合特征才成为可能。

综合（Davidson，1984；Montague，1974；Chomsky，2002）等文献，任意一个合格的句子，其句法构造都是在有限步骤之内，通过递归应用有限规则，从有限数量的初始词项中生成出来的；同时其语义结构（至少那些脱离具体语境而存在的抽象语句的语义结构）也是在有限步骤之内，通过递归应用有限数量的规则，从有限数量的初始语义元中生成出来的。逻辑语义学的核心任务就是揭示和刻画自然语言的这种组合特性，并对自然语言中句法-语义的组合生成过程给出形式化的解释。

自然语言的组合特征是人们可以从逻辑的角度研究自然语言的基础，但是这种组合性却是隐藏在自然语言的深层核心结构中。人们对其的认知经历了一个漫长的过程，尽管洪堡特在 19 世纪上半期就观察到自然语言是"有限手段的无限使用"，但直到 20 世纪五六十年代，才有乔姆斯基和戴维森分别系统地阐明了自然语言句法的组合性和语义的组合性。自此之后，逻辑语义学才开始有了突飞猛进的发展。

## 1.1 作为形式符号系统的自然语言

现代语言学家虽然对自然语言有着不同的界定，但在自然语言是一个符号系统这一点上没有不同意见（潘文国，2001）。如许国璋先生对自然语言的定义："语言是人类特有的一种符号系统，当它作用于人与人的关系的时候，它是表达相互反应的中介；当它作用于人和客观世界的关系的时候，它是认知事物的工具；当它作用于文化的时候，它是文化信息的载体和容器。"许国璋(1986)[15]、徐通锵（1997）[21]则将语言界定为："从语言的性质来说，它是现实的一种编码体系；从功能来说，它是人类最重要的交际工具，而所谓'交际'，其实质就是交流对现实的认知。"

作为一个复杂的结构体系，自然语言的内核是一个具有组合特征的结构机制。通过这一机制，自然语言可以通过有穷数量的初始元和若干结构规则递归生成出数量不可穷尽的命题表达式及其真值条件语义。以此为基础，通过语用机制的调控，这些命题表达式及其真值条件语义被转换成了语言交际中实际使用的句子及其交际信息。这里所说的语用机制是一种简约的说法，除了基本句法因素之外，其他对交际语义具有调控作用的内容都包括在内，主要包括三类：

（a）副语言特征机制。指在言语交际过程中，对交际语义有着修饰作用的语音、语调、语气、停顿和与之对应的书写形式，副语言特征也包括言语交际过程中的肢体语言等。

（b）上下文作用机制。指语篇中的上下文对交际语义的调控作用，如回指、衔接、省略等。

（c）语言交际机制。指在实际语言交际过程中，因为社会背景、交际者的态度和期待等因素而对交际语义的调控作用。

尽管在不同的语言学理论中，对句法和语义的关系还存在诸多争论。如认知语言学将句法看成是语义的一部分，即结构化的语义；而生成句法学则将句法和语义截然分离，强调句法的自主性。但无论如何，自然语言中存在一个句法核心是大家的共识。可以用图（1.）1.1来表示自然语言的整体构造。

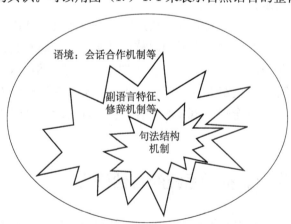

图（1.）1.1　自然语言的整体构造

图（1.）1.1中处于核心位置的是句法结构机制，该机制生成各种命题表达式，通过副语言特征以及修辞机制等，命题表达式变成实际使用的言语，后者在具体的交际语境中，又通过会话合作机制等，完成自然语言的交际活动。逻辑语义学关注的是处于核心地位的结构机制，并且努力地将其刻画成一个由初始元和规则构成的演绎机制，自然语言数量不可穷尽的句子及其语义就是由该机制演绎生成的。

将语言看成是一个独立、自足的表意符号系统，并作为语言研究的对象，这种做法始于结构主义语言学。索绪尔（F. de Saussure）之所以被称为现代语言学之父，就在于他是第一位将**语言**和**言语**区分开的人，并将前者作为一个表意的符号体系加以研究，从而确立了语言学的研究对象。在《普通语言学教程》中，索绪尔提出，语言是一个整体，是由符号表示的规则系统；言语则是说话行为，是说话者对语言的使用和形成的结果，二者的区别如象棋的规则和下棋、交响乐章和演奏①。

以索绪尔的经典比喻"下棋"为例。象棋的棋子和规则可以比喻成语言的要素和规则，它们都是预先存在的要素和规约，下棋者只能遵循而不可随意改变。能变化的只能是单个要素，在象棋中是某个棋子，在语言是某个词的声音或意义。每走一步棋，即每一个要素的变化，都会导致系统出现新的态势，即**共时态**。对于下棋者而言，无论是分析双方实力还是预测未来变化的步骤，所要考虑的就是共时态的局势，而无须考虑此前的行棋过程。对于语言而言，重要的就是共时态的系统。就如同在对弈中，一个棋子的价值取决于它在棋盘中的位置一样。在语言中，不存在孤立的要素，或者说，孤立的要素没有价值可言。因为：①一个要素的价值是由系统赋予的，取决于它与其他要素的对立或关联；②棋子的价值又决定于事前约定的规则。

依据索绪尔的论述，自然语言就是由要素和结构规则构成的表意符号系统。要素是指语言的物质形态，如文字单位或声音单位；规则就是将各个要素组织起来构成体系的约定。当人们在使用自然语言时，无论是面对面的即时信息交流，还是通过写作和阅读等进行的延时信息交流，抑或是自言自语的自我交流，尽管语言交流的信息内容千差万别，就如同象棋对弈中会出现千差万别的局势

---

① 依据（姚小平，2011），索绪尔并不是第一个把语言看成是由相互制约的要素构成的系统，这种认识的萌芽在苏格拉底和柏拉图那里都可以见到，洪堡特也有类似的论述。但是索绪尔确立了符号系统在语言研究中的地位。

一样，但是所使用的规则①和要素的数量是有限的。正是利用了这些有穷数量的规则和要素，操着共同语言的人们可以交流着数量不可穷尽的信息。

作为语言研究的对象，无论是从语言学、逻辑学、哲学还是从心理学的角度，所要研究的就是由这些"要素＋规则"构成的体系（也可以称为结构或者形式）。但是在很长的历史时期，语言研究并没有将抽象的规则当作语言体系的主体进行研究。例如，传统的语义学是从**经验型**的角度考察要素的编码意义；分析哲学主要讨论意义本质和构成。传统的逻辑学和修辞学也对语言进行研究，但前者的目标是语言中的逻辑推理，后者的目标是语言中的修辞，即加强言辞或文句效果的艺术手法，研究的出发点是修饰文章和语言，以唤起和吸引别人的注意力、加深别人的印象、达到抒情效果。即便是西方中世纪的文法，虽然研究的也是语言体系的组织规则，但是目的是为了规范语言，也就是所谓的**规定性**的研究，即规定语言应该是什么样的。

自索绪尔确定了语言学的学科地位之后，语言研究的目标才开始转向探寻自然语言的结构，也就是从体系的角度研究语言现象。在索绪尔学说的影响下，诞生了结构主义语言学，在 20 世纪上半期成为语言学的主流，结构主义语言学以布拉格学派、哥本哈根学派、美国结构语言学派为代表构成三大学派。布拉格学派强调语言内部各成分的功能，强调语言各成分的对比，并通过对比构成总的模式或体系。这一学派在音位与音位区别特征理论方面取得突破，还注意将功能主义原理应用于解释句法和文章结构上。哥本哈根学派主要研究语言的符号性质，以及从符号的角度确定语言在人文科学中的地位，从形式和实体方面来分析语言，给语言的本质以更严密准确的分析，从而形成一个严密的**语符学理论体系**。美国结构语言学派是结构主义语言学中影响最大的一派，特点是重视口语、重视记录实际语言、重视共时描写，尤其强调形式分析。有些结构主义学者甚至排斥语言的意义，只强调句法分布的描写和结构层次的分析。他们在描写中注重分布，并在其基础上对语言各单位进行切分、归并分类和组合，重建了语音和语法相结合的语素音位概念。

尽管结构主义语言学的各个学派在一些具体问题上有不同的看法，但是基本观点是一致的，即语言是一个完整的符号系统，具有分层次的形式结构；在描写语言结构的各个层次时，特别注重分析各种对立成分，据此理清语言符号体系。

在语言研究中，结构主义语言学的贡献在于，让人们认识到自然语言是有

---

① 注意，这里所说的规则，既包括通常意义上的句法规则，也包括语义和语用规则等。

着特定内部结构的符号体系，而不是由一些离散单位构成的聚合体。更重要的是，结构主义语言学提出了很多结构描写的方法，都被后来的语言研究继承。

实际上，把自然语言看成是一个自足的表意符号系统是现代意义上的语言学建立的重要标志。在此之前，西方世界的语言研究往往都是与哲学、逻辑学等交织在一起。例如，直到中世纪，西方语言研究主要集中在**文法**研究上，研究的目的是给出一些规则，使得语言表达更"规范"或更"优雅"。在中国，古代的语言研究主要指**语文学**（文字学、训诂学、音韵学、校勘学），语文学又称作"小学"，是一门未独立的学科，为给古代政治历史文学等方面的经典书面著作做注释，目的是为了帮助人们阅读古籍和语言教学，从而为统治者治理国家或为其他学科的研究而服务。只有把语言作为一个表意的符号系统来研究时，语言学作为一门独立的学科才有了自己的研究对象。所以在《西方语言学史》一书中，姚小平（2011）做出这样的评价："语言学既是一门现代科学，又是一个拥有古老的传统的知识门类。"

## 1.2　自然语言的组合性

逻辑语义学以自然语言的意义为研究对象，以现代逻辑为研究工具，探索复合表达式的意义如何由其组成部分的意义组合而来。逻辑语义学还认为，语义不是孤立的，语义与句法之间具有同构关系，语义上由小到大的组合，与句法的组合方式也有关系。这就是逻辑语义学中的组合性原则的内容。在逻辑语义学看来，自然语言本身就是一个由规则和要素构成的表意符号系统，而且这个系统本质上与逻辑系统一样，都具有组合性和句法语义的并行推演。也就是说，**对于某种特定自然语言而言，任意一个恰当的表达式及其语义，必然都可以通过递归应用若干规则，分别从初始构成成分和初始语义元组合生成**。因此，自然语言可以采取逻辑系统的方式得到表征。

在 20 世纪 50 年代，基于洪堡特的语言观和笛卡儿的理性主义，乔姆斯基系统地阐明了自然语言句法的组合性，提出了转换生成句法学，开启了句法研究的形式化道路（Chomsky，1957）。在此后不久，戴维森提出自然语言语义也具有组合性，即人类的词汇语义是有限的，但用句子表达的语义却是无穷的，因此无穷的句子语义一定是应用规则从有限的词汇语义中组合生成的。据此，戴维森提出了真值条件语义学，将组合性原则引入到自然语言语义理论的构建中，成为自然语言语义形式化研究的核心思想。如果说索绪尔把语言确立为一个表意的符号系统，为现代语言学奠定了基础，那么乔姆斯基将自然语言的句法看成是一个可以递归应用规则的、具有组合性的形式系统，则是语言学研究史上的一次革命（李可胜，2011；李可胜，等，2013b）。而戴维森提出的真值条件语义学以及几乎同时出现的蒙太格语法，则直接导致了自然语言逻辑语义学这门学科的建立。

### 1.2.1  句法生成性

在语言学中，句法的组合性体现在自然语言的"无穷性"问题中，即自然语言的基本词汇是有限的，但是基于这些有限数量的词汇却可以生成无穷数量的句子。这正是乔姆斯基提出生成句法学的基础。在《句法结构》一书中，乔姆斯基将"语言看成是（有限或无限的）句子集合，所有句子的长度都是有限的，且都是从元素的有限集中构造出来的"（Chomsky，2002)[13]。这是一种数学集合论的视角，所有合格句子构成的集合就是语言，这个集合可以是无穷大，因为人类说出的句子是无法穷尽列举的。而造句成分（如音位、语素、词等）构成的集合却是有穷集合，因为造句成分的总量是相对有限的。句子是由造句成分按一定的结构方式（规则）组织起来的线性序列结构。既然无穷大的句子集是由有穷的造句成分集生成的，那么语言学家的任务就是要找出从有穷集中生成无穷集的生成规则。

自然语言是一个具有组合性质的符号系统，这一思想并不是乔姆斯基的首创。实际上，早在19世纪上半期，洪堡特就已经提出"语言绝不是产品（ergon)，而是一种创造性活动（energeria)"，语言实际上是心智不断重复的活动，它使音节得以成为思想的表达。人类语言知识的本质就是语言知识如何构成的问题，其核心是洪堡特指出的"有限手段的无限使用"。乔姆斯基以笛卡儿理性主义哲学思想为指导，把语言知识的本质问题叫作"洪堡特问题"，即语言知识的本质在于人类成员的"心智/大脑"中存在着一套语言认知系统，这个系统表现为由某种有限数量的原则和规则构成的系统。乔姆斯基主张，这些高度抽象的句法元规则构成了语言应用所需要的语言知识，人类实际使用的语言的句法都可以从同一套句法元规则中推演出来，而语言学家的任务，就是从千差万别的人类语言中，通过溯因推理，将这套元规则揭示出来。这就意味着在儿童习得某种特定语言的句法规则之前，大脑中已有了这套元规则。由此推论，这套元规则就不可能是后天习得的，那么唯一合理的解释就是，这套元规则具有生物遗传属性，即人类生而具有某种语言官能，这就是所谓的"语言天赋论"的假说①。

例如，按照生成语言学一般文献，刻画人脑语言能力的句法系统由一个**词库**和一个**推导程序**构成，推导程序又称**计算系统**。推导程序从词库中选择词项，按照一定的推导规则推导出句子结构，然后交给大脑中的其他应用系统进行语音和语义解释，生成实际使用的语句。生成语言学近半个世纪的努力，其目的就是要创造一种可用来认识人脑语言系统的形式工具。这套形式工具就是普遍语法，其实质就是一套句法元规则，通过这些元规则，可以推导出具体存在于人类语言中的所有句法结构。尽管乔姆斯基的生成语言学理论几经变革，但是将自然语言的本质看成是一种由可以递归应用的有限数量的规则和有限数量的初始符号构成的形式系统，这一核心思想一直贯穿始终。

以生成语言学的初期理论等为例，如经典理论和标准理论中就规定：初始的句法成分包括 NP、N、V、Det、VP 等；重写规则包括 S→NP VP；VP→V NP；NP→Det N 等；转换操作规则包括主动→被动的句法转换等。这里的转换操作规则实质就是形式系统的公理，而重写规则就是合适表达式的形成规则，具有原子性和递归性。也就是说，任何一个合格的句法结构都可以通过重写规则，分析出它的**原子结构**——即不可再分的最小结构，像 N、V、Det 等。比如，从起始符号 S 开始，S 重写成 NP 和 VP 两个成分，NP 重写成 Det 和 N 两个原子成分，VP 重写成 V 和 NP 两个成分，而这个新的 NP 可以再重写成 Det 和 N 两个原子成分。这样一个句法结构为 S 的表达式，就分析成了 Det、N 和 V 等原子结构。转换生成语法的这种句法推导充分地体现递归应用的组合思想。

生成语言学中的普遍语法类似于计算科学中的程序语言以及数理逻辑中的逻辑句法。比如，数理逻辑学家构造一个人工谓词逻辑语言，需要先构造逻辑语言的句法部分：

（a）规定一些初始符号，比如用 $a$、$b$、$c$ 表示个体常元，用 $x$、$y$、$z$ 表示个体变元，用 $P$、$Q$ 表示谓词符号，用 ¬、→表示联结词；

（b）规定合式表达式的形成规则。比如，令 $P$ 是 $n$ 元谓词，则 $P(x_1, \cdots, x_n)$ 是公式；令 $\varphi$ 和 $\psi$ 是公式，则 ¬$\varphi$、$\varphi$→$\psi$ 也是公式。

通过这些规定，就能形成数量无限的谓词逻辑表达式。然后再给出初始符

---

① 理论上说，"语言天赋论"只有得到生物遗传学的证据才能成立，而到目前为止，生物遗传学并没有提出被大众所接受的证据。因此，认为人的句法能力具有生物遗传性的"语言天赋论"仍然处于假说阶段。正因为如此，乔姆斯基的理论受到了质疑。

号以及复合符号的语义解释，就得到一个完整的形式系统。对于该系统的任意一个合式表达式，都存在一个从初始符号开始的推演过程。

毫无疑问，乔姆斯基的语言学思想与逻辑学的演绎思想是相通的。如江怡（2007）[2] 指出："建立这种严格精密的语法形式，就是对一切自然语言给出一套预先设定的语言逻辑结构即转换规则和生成规则，并根据这些规则来解释和评价各种不同的语言，这就是一种逻辑的演绎系统。"蔡曙山（2006）[9] 在评论乔姆斯基时也认为："乔姆斯基使用形式化的方法，使自然语言的结构变为逻辑上可推导的。"

但是生成语言学家与数理逻辑学家毕竟不同，数理逻辑学家们要**构造**人工逻辑语言的句法规则，而生成语言学家们要**发现**已经存在的自然语言的句法规则。翻开各种生成句法学的文献，里面讨论着各种各样的规则和假设，而提出并论证这些规则和假设，目的只是为了证明：假定存在一个形式演绎系统，如果能证明该系统可以推演出人类所有合乎语法的句子，则可以证明这个系统就揭示了普遍语法的元规则。如宁春岩（2000）[208] 所说："假定某形式语言学理论系统靠有限的数据型的和操作型的形式手段能够推导出语言的所有 LF-PF（即逻辑表达式与语音表达式的匹配），而不能推导出 LF-PF 之外的东西，那么作为形式推导系统的这个语言学理论在不需要经验证实的条件下便可逻辑地证明为是自足自明的。"

转换生成语法被视为语言学研究中的一次革命，这场革命将**递归应用的组合思想**引入到语言研究中。而在这之前，语言学研究基本上采用**归纳方法**，也就是从观察语言事实出发，通过比较、类推、总结等手段获得对语言系统的认知。这就是结构主义的语言学理论，这种理论方法主要针对语言的形式结构。比如，继承索绪尔传统的结构主义语言学认为，语言形式的实质就是指语音和意义的相互关系。对语言的研究，主要依靠形式上的句法标志，所以结构主义语言学家通过大量调查语言事实，来完成对语言系统的描述。①

生成语言学对 20 世纪后几十年的语言学的影响也是不可估量的。比如，认知语言学虽然反对生成语言学的句法语义分离原则，却继承了生成语言学中由因到果的传统；逻辑语义学进一步应用演绎思想，将自然语言的语义也纳入演绎的形式刻画中。据邹崇理（2002）[18] 介绍，美国数理逻辑学家蒙太格创立蒙太

---

① 1933 年，美国结构主义语言学家布龙菲尔德（Leonard Bloomfield）出版了他的名著《语言论》，成为语言学中的归纳主义顶峰。该书在以后 20 年间成为美国语言学家的必读书。直到 1957 年，乔姆斯基出版了《句法结构》一书，用转换生成语法挑战了结构主义语法，《语言论》的影响才开始衰落。

格语法 MG——逻辑语义学的早期理论，其理论背景之一就是乔姆斯基用演绎方法刻画的自然语言的句法。20 世纪后半期语言学的特点之一就是语言学与自然科学中的心理学、计算机科学、信息科学、神经生理学、数理逻辑等的相互交叉促进，而演绎思想的引入，是语言学与其他自然科学交叉的基础。

### 1.2.2　语义的组合性

逻辑语义学的理论前提是认为自然语言语义具有组合性。最早系统阐述这种组合性的是**戴维森纲领**。从 1965 年到 1970 年，戴维森相继发表三篇重要论文[①]：《意义的理论和可学习的语言》（*Theories of meaning and learnable languages*）（Davidson，1984）[3-16]、《真值与意义》（*Truth and meaning*）（Davidson，1984）[17-36]和《自然语言的意义》（*Semantics of natural language*）（Davidson，1984）[55-64]，核心的内容是围绕句子的真值条件构建具有组合性的自然语言语义理论的设想，史称戴维森纲领。在《真值与意义》一文中，戴维森系统地提出改造塔斯基（Alfred Tarski）的 T 约定来构建自然语言的真值条件语义学理论。之所以选择真值条件构建具有组合性质的语义理论，关键性的因素是在各种语义概念中，只有真值条件可以满足语义理论的组合生成的要求。在戴维森的影响下，1970 年，蒙太格发表了论文《作为形式语言的英语》（*English as a formal language*），采用逻辑的方法，构造严谨缜密的逻辑部分语句系统，从模型论的角度，以组合性的方式给出自然语言语句的真值条件，这是蒙太格语法的最初形式。无论是戴维森纲领还是蒙太格语法，其核心内容都是实现自然语言语义解释的组合性生成。

自然语言语义具有组合性最重要的证据是戴维森在"意义的理论和可学习的语言"中提出的**语言可学习性问题**，即人类所掌握的词汇数量是有限的，但表达思想的句子数量却是无穷的，因此人们理解语言的语义，只能从有限数量词汇语义中运用规则推导出来。对此，威廉·莱肯（William G. Lycan）做了进一步的说明："我们理解复合语义的方式，是从句法的角度，将句子分解成小一级的语义单位，通过将复合语义看成是构成句子的最小语义单位的句法函项，从而计算出句子的语义。"（Lycan，2008）[111]

如果想直接为自然语言语义配上形式表征，即为每一个句子配上一个**现成**的语义表征，这将是一个不可能完成的任务，因为自然语言具有无穷多的句子。

---

[①]　三篇论文都收录在（Thomason，1974）中。

因此从计算的角度考虑，要想得到自然语言所有语句的形式语义表征，唯一的方法就是从让句子的意义表征从词汇意义的表征中生成出来，即给有限数量的词汇都配上相应的语义表征，同时给出若干语义运算规则，使得句子的语义表征式从词汇语义表征式中生成出来。

当然在自然语言语义整体结构符合组合性原则框架下，并不排除在某些局部结构存在一些非组合性成分。更糟糕的是，在大多数情况下，自然语言的句法生成性和语义组合性往往不是一一对应的关系。句法、语义和语用等多重机制往往交互作用，从而使得语义的形式化研究显得困难重重。但也正因为如此，基于组合性原则的自然语言模型论语义学才有了自己的存在价值。

## 1.3    逻辑语义和自然语言语义

逻辑语义学原本是一种逻辑学概念，源于逻辑学家们为逻辑语言提供语义解释的努力。在戴维森纲领和 MG 之后，逻辑语义也被用来刻画自然语言的语义。逻辑语义学中的语义与语言学中的语义是完全不同的两个概念。自然语言语义是人们通过自然语言所表达的思想、概念以及其他相关交际信息，而逻辑语义则是一种基于真值和真值条件语义而人工构造的语义系统。

从不同的角度，逻辑语义可以做不同的理解。

从现代逻辑学的角度看，逻辑语义指类型语义，也就是逻辑表达式的指称类型。由于逻辑语义把真值看成是命题公式的指称，依据组合性原则，命题公式的指称直接依赖于其构成成分的指称，因此就可以依据这些构成成分对真值的贡献确定其指称类型。例如，按照一般的惯例，个体词指称个体，个体类型记作 $e$，命题公式指称真值，真值类型记作 $t$，那么一元一阶谓词的指称是从个体到真值的函项，类型记作 $\langle e, t \rangle$。所以说，类型语义体现了逻辑表达式 $\alpha$ 在命题公式 $\varphi$ 的语义组合过程（即在 $\varphi$ 获得真值过程）中的作用，或者说是 $\alpha$ 对 $\varphi$ 的真值所做的贡献。

但是从自然语言的角度看，尽管理论上，仍然可以将逻辑语义理解成自然语言表达式的类型语义。但是鉴于自然语言语义的复杂性，仅表示真值组合运算的类型语义显然难堪重任。因此一般将自然语言逻辑语义理解成通过真值条件语义刻画出来的自然语言语义。这些真值条件语义重点刻画了自然语言表达式所表示的个体、性质和关系等。

需要注意的是，以真值条件语义为特点的自然语言逻辑语义本身并不是自然语言语义的构成部分，前者只是刻画后者的一种逻辑抽象。按照戴维森（Davidson，1984）[56]的说法，充其量，只是自然语言语义的外显形式。

### 1.3.1　自然语言的语义

#### 1.3.1.1　语义概念

自然语言的语义（或意义）本身就是一个界定模糊、难以把握的概念[①]。从哲学的角度看，观念论者认为，语言表达式的语义就是和语言表达式相联系的观念。指称论者认为，语言表达式的语义就是语言表达式所指称的对象。行为论者认为，语言表达式的语义就是语言表达式所产生的刺激和引起的反应。有些逻辑实证主义者认为，语言表达式的语义就是语言表达式的用法（周礼全，1994）[15]（陈嘉映，2003；徐烈炯，1995；等）。

不同的学者对语义做出了不同的区分，如奥格登（C. R. Ogden）和理查兹（I. A. Richards）的描述语义和感情语义；布勒（K. Bühler）提出了描述语义、表现语义和唤起语义。格赖斯（H. P. Grice）则区别了语句的述说语义和隐含语义。

在奥斯汀（Austin，1962）的**言语行为理论**中，语义与言语行为关联。人们在说话时，实际上同时实施三种行为，即

（a）语谓行为/言内行为，即说出词、短语和分句的行为，这是通过句法、词汇和音位来表达字面意义的行为。

（b）语旨行为/言外行为，即表达说话者意图的行为，这是在说某些话时所实施的行为。

（c）语效行为/言后行为，即通过某些话所实施的行为，或讲某些话所导致的行为，这是话语所产生的后果或所引起的变化，是通过讲某些话所完成的行为。

为了讨论语义这个概念，早在 20 世纪 30 年代，奥格登和理查兹就专门出版过一本专著《意义的意义》（*The Meaning of Meaning*），流传甚广。但是即便到了今天，对语义也没有一个放之四海而皆准的定义。这主要是因为人们对语义的研究，有着不同的目的和角度，因此对语义的理解也就有所不同。

尽管存在众多不同的意义概念，如果把自然语言放在人类社会交际活动的大背景下看，这些意义概念实际上属于不同层次的东西。周礼全（1994）曾依

---

[①]　这里对"意义"和"语义"不做严格区分。一般而言，"语义"是指自然语言的意义。

据在交际过程中的不同作用，系统地提出四层次的交际意义理论，这对从逻辑的视角研究语义有着很好的启发。

#### 1.3.1.2 语义的不同层次

在周礼全看来，意义可以分为四个层次，即"命题→命题态度→意谓→意思"。四层次的意义论与奥斯汀的言语行为理论有着异曲同工之妙，但是更具系统化，也更容易通过形式的方法进行表述，其理论价值在于：由于厘清了意义的逻辑层次，人们在使用逻辑的方法刻画自然语言语义时，可以分层面进行，这样就有着更加明确的刻画对象。

这四个层次的意义分别对应四种语言形式，如表（1.）1.1所示。

**表（1.）1.1　意义与语言形式的对应**

| 语言形式 | 语言形式的形式化表述 | 意义 | 意义的形式化表述 |
|---|---|---|---|
| 抽象语句 | "$A$" | 命题 | $A$ |
| 语句 | "$FA$" | 命题态度 | $FA$ |
| 话语 | "$U(FA)$" | 意谓 | $U(FA)$ |
| 在交际语境中的话语 | $C_R$"$(U(FA))$" | 意思 | $C_R{}^*(U(FA))$ |

按照四层次的意义说，语言形式分为四种：抽象语句、语句、话语和在交际语境中的话语。它们分别表达命题、命题态度、意谓和意思。

抽象语句是根据句法规则由词语构成的有机整体。其中语词表达概念，并且依据所表达的概念，语词指称事物[①]。一个抽象语句表达一个命题，该命题是由抽象语句中语词所表达的概念构成的有机整体。如同一个概念描述事物一样，一个命题描述一个事态，并依据命题的描述，语句指称事态。如图（1.）1.2和图（1.）1.3所示。

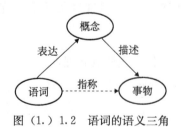

图（1.）1.2　语词的语义三角

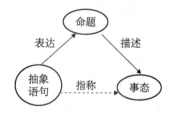

图（1.）1.3　抽象语句的语义三角

很显然，这里所说的**语词的意义**（即概念）和**抽象语句的意义**（即命题）大致相当于通常所说的**内涵**，即弗雷格的涵义（sinn），而语词指称的事物和抽象语

---

[①]（周礼全，1994）中用"指谓"一词，为了与后文一致，这里改成"指称"。

句指称的事态大致相当于通常意义上的外延，即弗雷格的指称（bedeutung）。另外，在上表中，抽象语句记作"A"，抽象语句所表达的命题记作 A。

一个语句，除了包含抽象语句，还包括附在抽象语句中的节律（有时还包含语气助词，如"吗、呢"等），这种节律可以表达说话者对命题的态度，也可以说是对命题所描述的事态的态度，而这种态度是说话者附在命题上的感情，如断定、疑问、要求、愿望、许诺等。显然，周先生所说的**命题态度**相当于奥斯汀所说的语旨行为。如：

**语句 1.1** （a）王莉去买机票。

（b）王莉去买机票？

（c）王莉去买机票！

尽管上面三例有着相同的抽象语句，但不同的节律使其有着不同的命题态度。第一句是直陈句，其节律表达了说话者对"王莉去买机票"这个命题或事态的断定态度。而第二句和第三句分别表达说话者的疑问态度和命令态度。

**节律**记作"F"，因此一个语句就被记作"FA"，一个"FA"中的抽象语句"A"表达命题 A，而其中的节律"F"就表达命题态度，记作 F。这样一个语句所表达的意义就是命题 A 和命题态度 F。

**话语**记作"U（FA）"，其中的"U"表示副语言成分，也就是附加在"命题＋命题态度"之上的、表达思想情感的话语标记。例如，在评价部长工作的会议上，发言者 a 和 b 都说出"部长的工作是有成绩的"这个抽象语句，并且都带有直陈节律。但是 a 是以一种明晰而响亮的声调说出的，而 b 却以一种轻微甚至含糊的声调说出的。那么这两种声调就是副语言成分。前者表达了 a 的明确性或坚定性，而后者表达 b 的敷衍或无可奈何的感情。周礼全将这种"命题＋命题态度＋感情色彩"的意义称为**意谓**，记作 U(FA)。

交际语境中的话语记作 $C_R$"（U(FA)）"，其中的 $C_R$ 是指**交际语境**。说话者说出话语 U(FA) 时，对交际语境 $C_R$ 也有着自己的认知和态度。这种认知和态度也决定了交际中话语的意义。例如，"我明天在这个房间等你"中"我""你""明天"和"这个房间"等都是**指示语词**，需要在具体的语境 $C_R$ 中解读。再如，下面的歧义句。

**语句 1.1′** （a）李莉爱她的孩子甚于她的丈夫。

（b）毛毛在公园里看见几个白头翁。

（c）我明天将到会。

语句 1.1′ 中三个句子都存在歧义。第一个句子存在句法歧义，第二个句子中的词语"白头翁"的语义存在歧义，而第三个句子存在语用歧义，因为既可以表达说话者承诺将到会，也可以表达估计或预测"自己会到会"。

凡此种种，都需要说话者通过对语境 $C_R$ 的解读和判断，并据此形成**语境交际策略**。当然这里所说的交际策略还包括是否遵守奥斯汀所提出的会话合作原则。例如，上级给下级布置工作，如果下级不愿意接受工作，在表达拒绝的意图时，他可以有三种方式：一是找一个能够自认为上级会信以为真的借口；二是找一个自己也知道上级明知道是假的借口；三直接说"不行"。显然这三种话语表达有着不同的交际策略，表明了下级对自己与上级的关系的不同判断。

语境交际策略记作 $C_R^*$，这样话语所表达的意义（即意谓）在语境 $C_R$ 中所表达的意义就是 $C_R^*(U(FA))$，即在特定语境交际策略下的意谓 $U(FA)$。

依据上述讨论，四种语言形式及其所表达的意义构成了语言交际的不同层次。据此，前文的图（1.）1.1 可以换成下面的流程图（图（1.）1.4）。

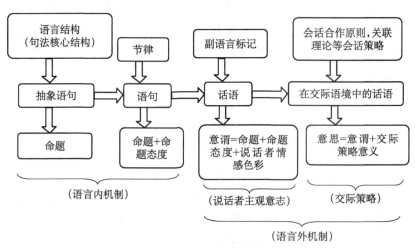

图（1.）1.4　语言交际的不同层次

图（1.）1.4 中的抽象语句和语句属于语言自身结构，其核心是图（1.）1.1 中的句法核心。依据句法结构所生成的只是一种抽象的语句"A"，表达的是命题 A，而命题是对事态的描述。这种事态可以是客观世界真实存在的，也可以是虚构的，如"猪八戒背媳妇"所描述的事态。尽管自然语言交际的信息不仅仅包含事态信息，还包括说话者的命题态度（即对某一事态的交际态度），但是事态信息却构成了自然语言交际信息的核心。命题态度、意谓和意思都是对事态信息进行的层层加工。

以前文提到的"你是我的好朋友"推理为例，即：

**语句 1.2**　　(a) 甲：狗是人类的好朋友。

　　　　　　　(b) 乙：你是我的好朋友。

作为抽象语句"A"、"狗是人类的好朋友"和"你是我的好朋友"表达的命题都表示是"某某与某某具有好朋友关系"。当这两个句子加上陈述节律成为"FA"时，都表示对具有"好朋友"关系的肯定。但是作为一种话语"U(FA)"，两个句子被赋予了说话者的主观情感，如"你是我的好朋友"可以表达说话者对"你我关系"的肯定之意，也可以表达否定之意，甚至其他的主观意义。在实际的交际语境中，如当甲说出"狗是人类的好朋友"之后，乙紧接着说出这样的话语，那么乙所表达的意思，就需要采取会话合作原则、关联理论等会话语用策略才能得到。如两个人都认为双方是真正的好朋友，那么乙的意思就是戏谑；反之，如果双方并非是真正的好朋友，则乙的意思就是嘲讽。

对逻辑语义学而言，抽象的语句"A"及其所表达的命题的形式化研究是基础，也是实现自然语言计算机解析的核心所在。目前阶段的逻辑语义学研究主要针对的是抽象语句"A"及其命题 A。换成意义对应论的视角看，"A"的真值条件语义实际上就是使得"A"为真的最小事态所必须满足的条件。唯一的区别在于，依据弗雷格的理论以及真值条件语义学，抽象语句指称真值，而非命题所描述的事态。据此，图（1.）1.3 的三角形语义关系可以修改成图(1.)1.5 的四边形。

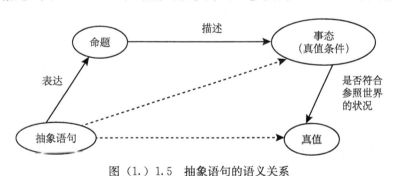

图（1.）1.5　抽象语句的语义关系

图（1.）1.5 中，抽象语句表达命题，命题描述事态，而事态可以看成是使得命题为真的真值条件，依据该事态是否符合参照世界（或模型）的事实状况，抽象语句指称相应的真值。作为逻辑语义学的核心工作，当然不是研究抽象语句是否符合参照世界的状况，而是要研究以组合性的方式使得抽象语句获得真值条件的过程中，语句的构成成分和句法机制是如何运作的。

周礼全的四层次意义理论，有利于清楚地界定逻辑语义学的研究范围。仍以"你是我的好朋友"推理为例，如果将该句子作为抽象语句来研究，即研究其命题语义是依据何种句法运算，从其基本词语的成分中生成出来的，那么这部分语义的形式化工作需要逻辑学和句法学、语义学进行深度合作，一方面需要从逻辑的视角研究句法对形式语义的管控机制，另一方面需要提出可以刻画句法机制和命题意义的逻辑系统。但是如果将该句子作为话语和语境中话语进行研究，则主要是逻辑学与语用学、社会语言学的合作，重点在于如何实现语用交际的形式化问题。在这一领域需要从语用学的角度厘清话语交际的管控机制，另一方面也需要逻辑学针对话语交际的特点提出相应的逻辑系统。实际上，随着自然语言逻辑语义学研究的深入，也出现了很多针对语句"$FA$"，话语"$U(FA)$"，甚至交际语境中的话语 $C_R$ "$(U(FA))$"的形式刻画研究，如形式语用学等。

就现阶段而言，在四种语言形式中，比较成熟的形式化研究主要还是对针对抽象的语句"$A$"和部分类型的语句"$FA$"。从最早的蒙太格模型论语义学到莫特盖特（Mark Moortgat）的 CTL 以及斯蒂德曼（Mark Steedman）等学者的组合范畴语法 CCG 的研究，主要针对脱离实际使用环境的自然语言。

## 1.3.2　逻辑语义：从逻辑语言到自然语言

作为现代逻辑的一个分支，逻辑语义学本质上是逻辑学家们构建的人工形式系统，并以此来解释特定的逻辑语言（即逻辑形式系统）与抽象化的要素之间的对应关系。戴维森纲领和 MG 提出并尝试将逻辑语义用于分析和表征自然语言语义，自此实现自然语言语义的形式刻画就成了逻辑语义学的重要研究内容。需要注意的是，对于逻辑语言而言，逻辑语义学是与逻辑句法学对应的概念，二者共同构成了人工逻辑语言。但是对于自然语言而言，逻辑语义学并不等同于自然语言的语义，也没有与自然语言的句法学形成对应，因为逻辑语义只是用于分析和刻画自然语言语义的一种技术手段。这也就是说，逻辑语义学对于逻辑语言和自然语言有着不同的存在价值。回溯逻辑语义学的发展历程，可以清晰地看到这种差异以及发生转变的基础。

### 1.3.2.1　逻辑语言的逻辑语义

逻辑语义学的诞生源于人们对自然语言模糊性的诟病以及对理想论证表现形式的追求，其源头可以追溯到莱布尼茨（Gottfried Wilhelm Leibniz）构造人工逻辑语言的设想（陈嘉映，2008；隋然，2006）。在莱布尼茨看来，自然语言具有民族性、地域性、模糊性和不规则性等特征，在哲学讨论中，无法用自然语言来明确概念并进行严密的推理，因此他主张在哲学语境中放弃自然语言，而采用严谨的数理逻辑语言。莱布尼茨认为可以构造一种普遍的、没有歧义的语言。通过这种语言，可以把哲学语境中的推理转变为演算。凡有争论发生，就坐下来，拿出纸和笔来计算。这就是莱布尼茨所说的"让我们来计算一下吧"。按照他的设想，逻辑学应该像数学一样，可以拥有一套完美的演算体系。

1879 年，逻辑学家弗雷格发表了著名的《概念文字》。所谓的概念文字，如该书的副标题一样，指的是"模仿算术语言构造的纯思维的形式语言"。按照弗雷格的设想，"最终要做到的是使每一个表达式都有确定而单一的意义，各个表达式之间的各种形式的连接都服从明确表述出来的规则，从而我们可以清楚地了解一个命题的真值条件，即了解这个命题为真要满足哪些条件"（陈嘉映，2003)[18]。在《概念文字》中，弗雷格结合传统逻辑使用的语言和算术思想，成功地构造了一种逻辑语言，并且用这种语言建立了一阶谓词演算体系，从而实践了莱布尼茨的设想。其中的关键性贡献是区分了两个重要概念，即**指称**和**涵义**[①]，并将真值作为命题的指称。

在弗雷格看来，人们通常所说的语义实际应该区分成指称和涵义两类。**指称**是独立于语言之外、被语言表达式所指称的对象，而**涵义**是该对象的指称方式，即"一种标准，依据这一标准可以在不同环境中的确定指称对象"（Gamut，1991)[9]。弗雷格用多条直线的相交点来解释涵义和指称（Frege，1892)[57]，在《逻辑、语言和意义》(*Logic，Language，and Meaning*)第二卷中，弗雷格的这种思想用更具象的方式表示出来，见图（1.）1.6。

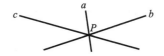

图（1.）1.6　指称方式（Gamut，1991)

如果 $P$ 点被视为一个指称，则"$a$ 与 $b$ 的交点"和"$b$ 与 $c$ 的交点"就是 $P$ 点的不同涵义。例如，将古希腊一个男子视为一个指称对象，则表示该对象的不同词项本身就代表了不同指称方式。"亚里士多德""柏拉图最伟大的学生"和"亚历山大大帝的老师"等词项有着相同的指称，但因指称方式不同，涵义也不同。

抽象语句也有自己的指称和涵义。只不过抽象语句的指称只有两个，即真和假，二者合称为**抽象语句的真值**。但是抽象语句的涵义，即确定真值的条件，却多种多样，不可穷尽。从模型论的角度看，真值也是一种个体对象，与"苏

----

① 由于翻译的原因，人们对这两个术语还存在很多争论，如英语中将 bedeutung 译成 reference，汉语中有人将 bedeutung 译成"意谓""指称"或"所指"。

格拉底"指称的个体对象没有本质区别。如果说"苏格拉底"是普通个体对象的名称，那么抽象语句也可以看成是真值个体对象的名称。例如，"中国是一个文明古国"和"中国是一个大国"，两个抽象语句有着相同的指称，即真。但二者的涵义并不相同。

弗雷格对指称和涵义加以区分，并将抽象语句的指称看成是真值，这为逻辑语义学奠定了基础。不过一般认为，逻辑语义学的发轫是 20 世纪 30 年代塔斯基发表的论文《形式化语言中的真理概念》（Tarski，1935）。在这篇论文中，从逻辑的角度，塔斯基考虑为"句子的真"①做出了精确定义。塔斯基在文章的开头就提到："本文几乎只探讨一个问题——关于真的定义。这篇文章的任务是参照一种给定的语言，建立一个实质上适当、形式上正确的关于'真句子'这个词的定义。"这里所谓"实质上是适当的"是指能成功地抓住或表达被定义语词的日常直觉涵义，能抓住古典的真理定义所蕴涵的内容；所谓"形式上是正确的"是指能将清晰的不会混淆的定义语词精确而无歧义地用于被定义语词的外延。（金岳霖，1995）783-841（朱水林，1994；黄华新，2001）

为此目的，塔斯基提出采用真值条件来定义"真"，也就是所谓的 **T 约定**，即"$s$ 为真当且仅当 $p$"。这里的 $s$ 和 $p$ 都是元语言，其中 $s$ 是对象语言的句子 $s'$ 在元语言中的代表②，而 $p$ 是元语言为 $s'$ 给出表述和定义。T 约定的本意是通过真值条件来对"真"进行界定。在塔斯基看来，一个实质适当、形式有效的真的定义必须蕴涵 T 约定的所有实例（即把 $s$ 和 $p$ 换成元语言的语句而得到的实例）。T 约定的每一个实例，都可看作"真"的部分定义，"真"的普遍定义便是这些部分定义的逻辑合取。不过如黄华新（2001）63指出的，T 约定并不是"真"的真正定义，而是"真"的显见形式，是一个内容适当性条件。这种条件使得它的所有实例都必定被任何一种在内容上适当的关于真的定义所蕴涵。所以，T 约定所确定的不是"真"这个概念的内涵（即意义），而是它的外延（即它所特有的适用范围），或者说，T 约定明确了"真"这一概念的内涵和外延。

约定了"真"的内涵和外延，逻辑语义学也随之而诞生。显然，一个命题公式 $\psi$ 的真值条件是由 $\psi$ 所牵涉的个体以及与这些个体的性质和关系构成的，而这些内容显然是由 $\psi$ 的基本词项和形成规则决定的。据此，就可以为逻辑语言的基本词项和形成规则赋值。

---

　　① 即 truth，但请注意这与通常说的"真理"并不是同一个概念，参见（黄华新，2001），与逻辑学中的"真值"也有区别。

　　② 如"雪是白的"当且仅当"雪是白的"。$s$ 就是"雪是白的"，属于元语言。双引号之中的句子是对象语言的句子 $s'$。

例如，若 $\varphi$ 是由基本的逻辑词项 $\alpha_1,\alpha_2,\cdots,\alpha_n$ 在有限步骤内递归应用了若干形成规则 $s_1,s_2,\cdots,s_k$ 生成的，那么以获得真值为目标，按照对 $\varphi$ 的真值所做的贡献，可以给出 $\alpha_1,\alpha_2,\cdots,\alpha_n$ 的语义类型，同时给出与形成规则 $s_1,s_2,\cdots,s_k$ 对应的语义操作。

塔斯基的 T 约定只是开创了外延逻辑语义学，真正为逻辑语义学建立完整理论体系的是卡尔纳普（Rudolf Carnap）。为了克服了经典逻辑对语言表达式的解释只限于外延的致命弊端，卡尔纳普采用"外延-内涵"方法，构建了一个严格而精妙的语义分析系统，这一系统的基本特征是：不仅从外延，而且还从内涵方面来把握语言的意义，这就从根本上使逻辑学的研究走上了一条既注重外延、更注重内涵的崭新的发展道路。

### 1.3.2.2　真值条件语义学

自然语言的语义模糊而难以界定，它看不见、摸不着，不容易检验，按照戴维森的话说，"是一个无为之概念"（Taylor，1998）[147-151]。好在逻辑语义学研究自然语言侧重的是借助语义进行的思维推理模式，而不是语义概念本身。因此对自然语言语义的刻画，也只需刻画那些**与推理有关的语义**（如连词、限定词、否定词、动词及命题态度词等的语义），对于与逻辑推理关系不大的语义，如普通名词的概念语义，反而可以忽略。因为对于逻辑语义学而言，对词语的语义分析只要能达到确定有关的自然语言推理是否有效即可[①]。正因为如此，原本用于逻辑学的真值和真值条件也就被用来刻画自然语言的语义了。实际上，随着逻辑语义学的发展，作为逻辑语言构成部分的语义分析系统日渐丰富，对自然语言的解释力也越来越强。

在逻辑语义学将研究对象从逻辑语言转变为自然语言的过程中，戴维森的真值条件语义学和蒙太格的 MG 起到里程碑式的作用。

戴维森纲领提出的真值条件语义学并非要在本体论上讨论语义，而是要构建义的形式表征系统。这与此前的哲学家和语言学家们对自然语言语义的研究完全不同。某种意义上，如果将语言学对自然语言的研究看成是一种认识论的研究，那么逻辑语义学的研究则属于工程论的研究。所谓认识论研究，其目标是为了提高人们对自然语言的现象、本质、运作规律等的认识。而工程论的研究，其目标是采用逻辑的方法，构造出能够体现自然语言语义体系的系统。

① 例如，MG 对诸如命题态度词的翻译处理直接服务于所谓"晨星昏星悖论"和"Barbara 疑难推论"等的说明。

换言之，如果说认识论的语言研究是为了能发现自然语言的结构体系，那么工程论的语言研究就是为了能用人工构造的方法表征自然语言的结构体系，包括句法的和语义的结构体系，未来甚至有可能包括语用的结构体系。

**自然语言的真值条件语义学**显然就是一种工程论意义上的语义理论。其目的并不是为了更好地认识语义的本质或构成，也不是揭示自然语言语形-语义的编码规律，而是要构建一种符合组合性原则的形式表征系统，用于揭示和表征自然语言语义的组合生成特征，至于语义是什么这样的本体论问题则超出了其所关注的范围。从本质上看，戴维森纲领中提出构建自然语言真值条件语义学，就是要构造一种能够表征自然语言语义的形式系统。莱波雷（Ernest Lepore）等（Lepore，et al.，2005)[40]就特别指出，戴维森纲领的目标是构建一个满足如下条件的形式系统：①是一个形式理论，在该理论中，②其规则的数量是有穷的，这些规则通过③数量有穷的初始语义元，可以④使得语言使用者能够确定该语言的每一个（需要理解的）句子的意义。

稍微了解一些逻辑的人都能看出，这就是一个可以递归定义的逻辑系统。通过这样的逻辑系统，每一个句子都能通过应用若干规则，从其初始语义元中获得语义形式表征。既然只是语义的一种形式表征，就不要求这种表征一定要完全符合语义在人们心中的概念表征（这也是自然语言真值条件语义招致批评的主要问题之一），只要在某种程度上，这种表征在语言交际活动中能够替代心理表征而传递相关信息即可。

显而易见，要构建这样的语义理论，首要的任务是将隐性的语义显性化，而真值条件语义承担的就是这样的任务。以真值条件为基础构建自然语言的形式语义解释系统，并不影响从其他方面讨论语义的本体性质。更重要的是，真值条件具备了将隐性的语义显性化的条件，因为要"知道一个句子的意义，就是知道在什么条件下该句子为真，在什么条件下该句子为假"（Lepore，et al.，2005)。正是基于此，如蒋严（2010)[17]断言，基于真值条件研究自然语言语义是"绕过词义去研究语义"。

戴维森纲领只是提出了自然语言逻辑语义学的理论框架，真正尝试从技术上实现这一设想的是塔斯基的学生蒙太格。在1970年至1973年之间，蒙太格相继发表了三篇重要论文：《作为形式语言的英语》、《普遍语法》（*Universal grammar*）和《日常英语量化的正确处理方法》（*The proper treatment of quantification in ordinary english*）。这三篇论文所提出的语义形式化方案后来被称为蒙太格语法 MG。

与戴维森一样，蒙太格的目标也是通过真值条件来表征自然语言的语义。他曾写道："像唐纳德·戴维森一样，我认为任何严肃的句法学或语义学的目标，都是构建真值的理论——或者说，在某种人工解释下的更具概括性的真值概念。"作为数理逻辑学家，蒙太格从代数结构及其运算的角度研究自然语言的语义，从而把数理逻辑的方法带进了自然语言的研究领域。在蒙太格看来，逻辑语言可以从元数学角度分为语形（即句法）、语义及语用的不同层面进行分析，自然语言也可以分为这三个层面，并从元数学的角度进行分析。更重要的是，自然语言的内在结构和逻辑语言一样是无歧义语言，因此采用研究逻辑语言所需要的数学方法从结构的角度去描述自然语言是可行的。

蒙太格具体的做法是采用数理逻辑的方法为自然语言配上模型论语义解释，通过语义模型给出自然语言抽象语句的真值条件。所谓的语义**模型**，是指从集合论的角度构建语言所涉及的外部世界的基本框架，即将外部世界的个体、性质及关系等基本要素进行抽象，转换成论域中的个体、集合以及各种关系。"再据此把组成自然语言句子的各种成分同抽象表述出来的外部世界的有关要素对应起来，如名词短语（包括专名）对应个体、不及物动词短语对应性质（个体的集合）。这里，一个外部世界的基本框架，一个从语言表达式到所涉及对象的对应，两方面的内容就形成了模型中的论域及赋值函项的概念，即用来解释语言意义的'模型'的概念由此获得"（邹崇理，2000)[26]。在自然语言逻辑语义学中，一个语句 $S$ 的指称为真，当且仅当 $S$ 在论域中所涉及的各类要素满足了条件 $I$，则 $I$ 就是 $S$ 的语义模型。本质上，$I$ 就是使 $S$ 为真的最小世界的抽象化描述。

### 1.3.3　自然语言的逻辑语义

从语言哲学的角度看，逻辑语义属于唯实主义中的**意义对应论**。意义对应论大都把语言表达式的意义与语言所涉及的对象联系起来，这些对象独立于语言之外，被视为是语言表达式的指称。在逻辑语义学中，语义就是指语言表达式与包含真值和真值条件在内的各种要素的类型或要素之间关系的对应关系。这使得自然语言语义和逻辑语义有着很大不同。前者是人脑对外部信息进行加工所获得的心理表征（或心理概念），后者则是逻辑学家们基于真值条件而构造的形式语义解释。

尽管目前对**自然语言的逻辑语义**还没有一个统一的定义，但是一般而言，应该包含两个方面：一是语言表达式指称的语义类型；二是通过逻辑表达式刻画出来的模型论意义上的性质和关系。前者可以称为**类型语义**，体现了语言表达式对句子真值的贡献；后者可称为**真值条件语义**，体现了语言表达式对句子真值条件的贡献。

在一些文献中，人们把自然语言抽象语句的命题语义称为自然语言的真值条件语义，这种说法并不准确，充其量只能算是一种便利的说法。在逻辑语义学研究的早期，能够用真值条件刻画的自然语言语义仅限于命题语义，但是随着逻辑学的发展，能够用真值条件刻画的语义范围越来越广。例如，DRT 实现了对跨语句指代的真值条件的刻画，而类型逻辑语法（type logical grammar，TLG）对反事实条件句逻辑和祈使句逻辑的研究，使得应用真值条件刻画非事实命题语义和祈使句语义成为可能。

### 1.3.3.1　真值与类型语义

从语言学角度讨论语义时，通常将自然语言表达式与外部世界的形象化心理表征对应，与此相比，逻辑语义要单纯很多。实际上，自然语言逻辑语义与自然语言语义的心理表征没有直接关系，而是将外部世界抽象成个体、性质和关系等基本要素，并创造性地将命题与真值对应起来，并据此将语言表达式与各类要素建立对应关系，不同的对应关系就构成了不同的逻辑类型语义。对于逻辑语言而言，这种对应关系主要体现在逻辑表达式的类型上。按照类型论的一般做法，个体论元和命题分别对应个体和真值，其类型分别记作 $e$ 和 $t$；一元一阶谓词则对应从个体到真值的函项，其类型记作 $\langle e, t \rangle$。从这个角度看，对于逻辑语言而言，逻辑语义就是一种类型语义。

类型语义的逻辑思想，尤其是函子类型语义的逻辑思想，体现了语言（包括逻辑语言和自然语言）的"生成和递归"组合特征。这点可以通过用一个具体的方式加以说明。

在通常情况下，解释某个抽象语句的意思时，会套用"句子 $s$ 的意思是 $p$"的格式。其中 $s$ 是对象语言，也就是需要解释的句子，而 $p$ 是解释 $s$ 的元语言，也就是 $s$ 的语义表征。它可以与 $s$ 属于同一种语言，也可以属于不同的语言（如外语），甚至还可以是一种人工形式化的语言。但是这种解释方式始终存在一个问题，即 $s$ 的数量不可穷尽，所以用以解释 $s$ 的 $p$ 也将是不可穷尽的。

解决这一问题需要让 $p$ 通过某种"演算"规则从 $s$ 的构成成分的意义中演绎而来。假定在某种自然语言中，有穷集 $W = \{w_1, w_2, \cdots, w_n\}$ 是由抽象语句基本构成成分（主要指词汇）组成的，有穷集 $M = \{m_1, m_2, \cdots, m_m\}$ 是由构成成分的语义表达式组成的（考虑到有一词多义和多词同义的情况，$W$ 和 $M$ 的基数一般不会一致）。无穷集 $S=\{s_1,s_2,\cdots\}$ 是由该语言中所有的抽象语句组成，无穷集 $P=\{p_1,p_2,\cdots\}$ 是由所有抽象语句的语义表征组成的。显然，$S$ 中的任意一个 $s$ 都是由 $W$ 中的若干成员通过一定的句法规则获得的，同时 $P$ 中的任意命题 $p$ 也应该是从 $M$ 中的若干成员通过一定的语义运算规则获得的。

为了能做到这点，弗雷格区分指称和涵义，并且将真值作为抽象语句的指称，这就使得抽象语句的指称依赖于其构成成分的指称，从而有了被誉为现代逻辑基石的弗雷格组合性原则。这可以从下面的例子中得到说明。

按照谓词逻辑的通常做法，单称词的指称是个体，类名词的指称是一种集合，抽象语句的指称是真值，用 1 和 0 表示。例如"柏拉图"的指称是一个个体，用 $b$ 表示，"哲学家"的指称是一个集合，用 $Z$ 表示，该集合是由所有哲学家个体构成的。再将"（单称词）＋是＋（类名词）"这种结构的语义作用表示成逻辑中一种函项，记作 $P(x)$，其中个体变元 $x$ 代表单称词的指称，而谓词变元 $P$ 代表类名词的指称。函项 $P(x)$ 的定义域是个体集，如〈柏拉图，苏格拉底，凯撒大帝，秦始皇，…〉，值域是真值的集合，即 $\{0,1\}$。并约定 $P(x)$ 的真值条件是：如果在定义域中选取的个体 $x$ 属于 $P$ 指称的集合，那么 $P(x)$ 的值就是 1，否则是 0。

这样从类型论的角度看，作为"柏拉图""哲学家"和"（单称词）＋是＋（类名词）"的逻辑语义式，$b$、$Z$ 和 $P(x)$ 的指称有着不同类型，并且特定的类型之间存在函项贴合运算的关系。例如，将 $Z$ 和 $b$ 分别代入到函项 $P(x)$ 中，就得到了一个命题表达式 $Z(b)$，同时由 $P(x)$ 的真值条件可以得到 $Z(b)$ 的真值条件：$Z(b)$ 为真当且仅当存在一个个体 $b$，$b$ 属于集合 $Z$。以现实世界为参照，$b$ 属于 $Z$ 所代表的集合中，所以得到了 $Z(b)$ 的指称 1。这样，$Z(b)$ 的指称（即真值）就直接依赖于两点：①$b$ 和 $Z$ 的指称，②句法结构所体现的函项 $P(x)$，这就是所谓的**弗雷格组合性原则**。

如前文所述，自然语言的最根本结构机制是**递归生成**组合机制，而逻辑语言的形成规则中也包含"生成和递归"的思想。因此在最底层的结构上，自然语言和人工语言应该是吻合的。正是基于这样的认知，逻辑语义学相信，借助逻辑语言中的形式语义解释系统以及逻辑语言严格的句法-语义——对应原则，就可以解释和刻画自然语言的语义由小到大的组合生成过程。

例如，按照一般的做法，在应用逻辑语义分析自然语言语义时，通常将周礼全所说的抽象语句与真值对应（即将真值作为抽象语句的指称），并依据构成抽象语句的各类词语对真值的贡献而确定类型。如表（1.）1.2 所示。

表（1.）1.2    语义类型（节选自（Gamut，1991）[81]，稍有调整）

| 类型 | 表达式的种类 | 实例 |
|---|---|---|
| $e$ | 单称词项 | 约翰 |
| $\langle e,t\rangle$ | 一元一阶谓词 | 跑步；红色；喜欢玛丽 |
| $t$ | 句子 | 约翰跑步；约翰喜欢玛丽 |
| $\langle t,t\rangle$ | 句子修饰成分 | 否定词 |
| $\langle\langle e,t\rangle,\langle e,t\rangle\rangle$ | 谓词修饰语 | 迅速地；疯狂地 |
| $\langle e,\langle e,t\rangle\rangle$ | 二元一阶关系谓词 | 喜欢 |

依据表（1.）1.2，就可以将"约翰疯狂地喜欢玛丽"这样的自然语言语句做如图（1.）1.7 的分析。

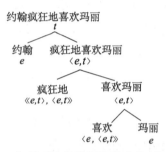

图（1.）1.7    句子"约翰疯狂地喜欢玛丽"的语义分析

在图（1.）1.7 中，汉语表达式下方是相应的类型，随着不同词语不断组合成新的表达式，相应指称的类型（即语义类型）也进行着函项贴合运算，并得到新的类型。如及物动词"喜欢"的指称是由个体到特征函项①的函项，而专名"玛丽"的指称是个体，随着"喜欢"和"玛丽"组合成新词组"喜欢玛丽"，$\langle e,\langle e,t\rangle\rangle$ 和 $e$ 进行贴合运算后，得到新的类型 $\langle e,t\rangle$，这表明"喜欢玛丽"的指称是一个特征函项。随着句法生成的一步步进行，最终得到"约翰疯狂地喜欢玛丽"的指称为真值。

### 1.3.3.2    真值条件和模型论解释

值得注意的是，类型语义只是体现了语义的组合性，虽然这对于逻辑语言已经足够了，但是对于自然语言而言，显然是不够的。自然语言语义不仅在组合性特征上存在差异，在描述各要素之间的性质和关系上也存在重要差异。因此，当人们谈论特定表达式 $\alpha$ 的逻辑语义时，就不仅仅是指 $\alpha$ 指称语义的类型，还应该包括 $\alpha$ 所指称的语义类型与其他表达式所指称的语义类型之间的关系等内容。如果说指称语义的类型反映了语言表达式对句子真值的贡献，那么这些

———————————

①    **特征函项**是指有个体到真值的函项。

内容反映了语言表达式对句子的真值条件的贡献。

例如，按照 MG 的分析方法，英语中的 every，the，a(n) 被分别翻译成表（1.）1.3 中的逻辑表达式。

表（1.）1.3　英语中广义量词的语义类型

| A | B | C |
|---|---|---|
| every | $\lambda P\lambda Q\ \forall x(^{\vee}\boldsymbol{P}(x)\to{}^{\vee}\boldsymbol{Q}(x))$ | $\langle\langle e,t\rangle,\langle\langle e,t\rangle,t\rangle\rangle$ |
| the | $\lambda P\lambda Q\ \exists x(\forall y(^{\vee}\boldsymbol{P}(y)\leftrightarrow x=y)\wedge{}^{\vee}\boldsymbol{Q}(x))$ | $\langle\langle e,t\rangle,\langle\langle e,t\rangle,t\rangle\rangle$ |
| a(n) | $\lambda P\lambda Q\ \exists x(^{\vee}\boldsymbol{P}(x)\wedge{}^{\vee}\boldsymbol{Q}(x))$ | $\langle\langle e,t\rangle,\langle\langle e,t\rangle,t\rangle\rangle$ |

从逻辑学的视角看，英语中的 every，the 和 a(n) 等词汇的指称语义类型都是 $\langle\langle e,t\rangle,\langle\langle e,t\rangle,t\rangle\rangle$，这体现了三个词语对句子指称语义（即真值）的贡献，即它们都需要先后与两个 $\langle e,t\rangle$ 类型的谓词贴合运算才能得到真值，但是这显然并没有充分地刻画出这三个词语的指称差异。从对真值条件贡献的角度分析，可以作如下分析：

**解释 1.1** （a）如果用 every 来表示一个命题，该命题的结构是：每一个具有性质 $\boldsymbol{P}$ 的个体都具有性质 $\boldsymbol{Q}$。

（b）如果用 the 表示一个命题，该命题的结构是：存在一个具有性质 $\boldsymbol{P}$ 的特定个体，该个体具有性质 $\boldsymbol{Q}$。

（c）如果用 a(n) 表示一个命题，该命题的结构是：至少存在一个具有性质 $\boldsymbol{Q}$ 的个体具有性质 $\boldsymbol{P}$。

把 every，the 和 a(n) 放在真实的语言环境中，就可以清晰地看到语义解释 1.1 所显示的差异。例如，Every teacher is here 表示每一个具有性质 teacher 的个体都具有性质 is here；The teacher is coming 表示至少存在一个具有性质 teacher 的特定个体，该个体具有性质 is coming。而 John kisses a unicorn 表示至少存在一个具有性质 unicorn 的个体，该个体同时具有性质 is kissed by John。语义解释 1.1 所显示的差异在表（1.）1.3 中 B 列给出的三个逻辑表达式得到了比较充分地刻画。但是需要注意的是，B 列给出的是三个依据特定逻辑语言给出的逻辑表达式，其本身并不是语义概念。当人们说道 every，the 和 a(n) 的逻辑语义时，实际上指的是这三个逻辑表达式的**模型论解释**，即下面的语义解释 1.2，其中 $\|A\|$ 表示语词 $A$ 的语义值。

**解释 1.2** （a）在个体论域中，至少存在两个个体的集合 $X$ 和 $Y$，满足 $\|\boldsymbol{P}\|=X$，$\|\boldsymbol{Q}\|=Y$ 且 $X\subseteq Y$。

（b）在个体论域中，至少一个个体 $x$ 和两个个体的集合 $X$ 和 $Y$，满足 $\|x\|=x$，$\|\boldsymbol{P}\|=X=\{x\}$，$\|\boldsymbol{Q}\|=Y$，且 $x\in Y$。

　　　　　（c）在个体论域中，至少存在两个个体的集合 $X$ 和 $Y$，满足
　　　　　$\|P\|=X$，$\|Q\|=Y$ 且 $X\cap Y\neq\varnothing$。

　　由于语义解释1.2（a）～（c）分别是B列对应的三个逻辑表达式的模型论解释，而这三个逻辑表达式又是 every，the 和 a(n) 的逻辑语义表征式，因此可以说语义解释1.2（a）～（c）也就是 every，the 和 a(n) 的逻辑语义，即 every 逻辑语义是表示两个个体集合之间的包含关系；the 表示包含至少一个特定个体的集合之集合；a(n) 表示两个个体集合的交集关系。

　　显然，基于语义解释1.2对 every，the 和 a(n) 的语义解释，使得以组合性的方式获得语句1.3中的真值条件成为可能。如解释1.3就是语句1.3的真值条件。

**语句1.3**　（a）Every teacher is here.

　　　　　（b）The teacher is coming.

　　　　　（c）John kisses a unicorn.

**解释1.3**　（a）语句1.3（a）为真　当且仅当　在个体论域中，有 $\|$teacher$\|$ $\subseteq\|$is-here$\|$。

　　　　　（b）语句1.3（b）为真　当且仅当　在个体论域中，至少一个个体 $x$ 和集合 $X$，满足：$\|$teacher$\|$ 是独元集，且 $\|$teacher$\|$＝$X=\{x\}$，且 $x\in\|$is-coming$\|$。

　　　　　（c）语句1.3（c）为真　当且仅当　在个体论域中，有 $\|$unicorn$\|$ $\cap\|$is-kissed-by-John$\|\neq\varnothing$。

　　如解释1.2所示的模型论解释和如解释1.3所示的真值条件都是自然语言语义的逻辑刻画。对照前文对自然语言语义的讨论，这些解释1.2和解释1.3本身都不是哲学和语言学意义上的自然语言语义的一部分，而是通过一定的逻辑技术手段，对自然语言语义进行的一种**形式化表征**。这种表征不是对自然语言语义的简单临摹，而是刻画语言表达式对句子真值和真值条件的贡献，即在获得句子真值和真值条件中，这些表达式所起的作用。

　　在结束本节的讨论之前，还需要特别指出，由于逻辑语义学和语言学都将自然语言作为自己的研究对象，而且都有各自的术语体系和学术传统，因此在讨论自然语言语义时，对语义及其相关的概念往往会产生不同的理解。最有代表性的就是：逻辑语义学就把句子的真值或真值条件看成是句子的意义。

　　例如，在一些语言学文献中，包括国外早期的语言学文献，常常如下评论："戴维森把 '$s$ means $p$' 和 '$s$ is true iff $p$' 看成是一回事，这是不对的。

真值一共只有真和假两个值，而意义却是无穷无尽的，显然不可能把句子的意义和真值一一对应起来。否则所有真的句子意义都相同，所有假的句子意义也都相同……"（徐烈炯，1995）<sup>59-60</sup>。不过这些质疑很多源自对逻辑语义学的目标、任务以及研究方法的误解，甚至对一些基本的概念存在误读，如 2006 年出版的教材《语义学概论》（李福印著）在介绍戴维森的真值条件语义学时，甚至出现了"真值指的就是句子或命题为真的条件"的这种明显荒谬的说法（李福印，2006）<sup>263</sup>。

逻辑学研究的是保真推导的规律，因此通常情况下，逻辑学家们关注的是句子与真值的关系，而非句子的具体内容。传统上，采用逻辑学视角研究自然语言的学者，大多持有意义对应论，即把语义看成是符号对外在事物的指称关系。自弗雷格之后，句子的指称被视为真值，所以在很多时候，逻辑学家们在研究逻辑语句（即逻辑公式）时，并不严格区分真值和意义。

例如，弗雷格就常常将句子的真值直接称为句子的意义。在他的文献中，二者不仅经常混用，甚至使用的术语也存在这种情况。莱昂斯（J. Lyons）（Lyons，1977）<sup>199</sup>就指出："弗雷格选择 bedeutung 作为术语来表示英文中通常用'reference'所表示的东西，他所选择的德文词在非专业性的用法上，表示的常常是英文'meaning'所表示的意思，而这一点毫无疑问应归因于这样的事实，即他与其他哲学家一样，将指称看成是最基本的语义关系。"但从自然语言的角度看，在指称与涵义之间，句子的意义更应该接近后者，即真值条件。所以当戴维森试图构建自然语言语义理论时，他重新解释了塔斯基的 T 约定。在他看来，自然语言语义理论的重点是：在元语言中，如何在得到对象语言的句子 $s'$ 为真时的 $p$，也就是句子的真值条件。

实际上，为了避免误解，戴维森在提出自然语言真值条件语义学时，就专门做出了如下澄清：

因此，如果两个句子有着相同的真值，则它们有着相同的指称。如果句子的语义就是它的指称，则所有真值相同的句子都是同义的——这是难以容忍的结果（Davidson，1984）<sup>19</sup>。

因此，作为逻辑语义学基础的真值条件语义学用以表征自然语言句子语义的是真值条件而非真值。更重要的是，在逻辑语义学看来<sup>①</sup>，真值条件与语义并非完全等同。最为典型的例子是，戴维森本人虽然有时对真值条件和语义两个术语不

---

① 请注意，如果不做特殊说明，书中的逻辑语义学都指自然语言的逻辑语义学。

做严格区分，但他并没有将二者等同。在"自然语言的语义"一文中，他特别做
了澄清："真值条件并不等同于语义；充其量我们只能说，通过给出句子的真值条
件，就给出句子的语义。而且这种说法也还需要做很多澄清。"（Davidson，1984）[56]

实际上，逻辑语义学将真值和真值条件分别视为自然语言句子的指称和语
义的外显形式，这是由逻辑语义的逻辑学属性决定的。

## 1.4　逻辑语义学的研究方向

从戴维森纲领和 MG 提出之后至今，采用逻辑的方法研究自然语言已经获
得了长足发展。但是鉴于自然语言远比人工符号语言（包括逻辑语言、数学语
言及计算机程序语言等设计出来的语言）复杂丰富得多，很难在一个框架内对
它的句法、语义乃至语用的方方面面进行统一处置，也很难在短期内把一个疑
难问题研究透彻。因此在自然语言的逻辑研究中，各派学说林立，多种理论并
存，呈现出多元化的发展态势。这种多元化发展趋势不仅从历史纵向的角度看
如此，从横向角度看，由于受相邻学科的影响，无论是 MG 或 GQT，还是
DRT，其内部呈现出多元化的研究方向。按照邹崇理（2001）的分析，自然语
言的逻辑研究大致可分为三个研究板块：

（1）使用现代逻辑提供的工具对自然语言进行逻辑分析或逻辑语义学处理，
这部分的内容对理论语言学产生了重要影响，并形成了语言学领域中的形式语
义学理论派别；

（2）以自然语言为研究题材，形成具有自然语言特色的逻辑系统，这个板
块是创建新逻辑的研究方向；

（3）直接服务于自然语言计算机信息处理的逻辑语义学研究，提供可用于
自然语言句法-语义的形式分析方法。

尽管各个板块的研究侧重点不同，但都是以自然语言的可计算化分析为总
目标，以逻辑为研究基础。由于逻辑思想贯穿各个板块，因此不同板块的研究
也有着相互的影响。

### 1.4.1　自然语言的逻辑分析

逻辑语义学的研究第一方向是逻辑视角下的自然语言句法-语义研究，也就
是采用逻辑的思想和方法研究自然语言句法-语义结构。逻辑的方法具有精确严
格的特性，自然语言的一些基本性质因此获得比较确切的理解和表征。例如，逻

辑往往具有很强的理论抽象性，其结果往往成为对所有自然语言有关特性的普遍概括。如 GQT 的研究表明：限定词和名词短语所体现的某些语义共性适合于所有的自然语言，自然语言限定词具有的驻留性、同态性等性质也是如此。GQT 要推知自然语言限定词在理论上可能具有的数目，讨论自然语言限定词的表达力问题，等等。这些研究说明自然语言逻辑的处理对象虽是自然语言，并且跟语言学的研究有千丝万缕的联系，但研究的结果从理论角度看在某些方面超越了语言学的眼界，揭示了那些语言学难以说明的有关自然语言语义的普遍特征和普遍规律。

更重要的是，近半个多世纪的研究表明，逻辑的研究思路和方法被引入到语言学研究中，使得语言学研究范围和研究视野得到进一步的拓展。这其中最具代表性的理论包括：始于戴维森分析法的事件语义学理论，本内特（M. Bennett）、帕蒂（Barbara Partee）、道蒂（David Dowty）和范本特姆等的**区间语义学理论**，(Link，1983，1998；Carlson，1977；Landman，1989a，1989b，2000) 等文献对聚合语义的研究，如**代数语义学**和**复数个体**理论。正是基于这些理论的研究，使得在语言学研究中，形成了以帕蒂为代表的**形式语义学**理论流派，即以形式语义的视角研究自然语言的句法结构。

以事件语义学为例。从语言学的角度看，动词是描述事件概念的自然语言表达式。但是事件语义学将事件视为一种模型论意义上的个体，这样动词词组 VP 就有了与名词词组 NP 一样的特征，即都是个体的**广义量词**。就如同"教师"被解释成所有具有"教师"性质的个体集一样，"跑步"也可以被解释成所有具有"跑步"性质的事件个体集。这种视角给自然语言的分析带来的巨大的变化。例如，按照传统的逻辑分析法，语句 1.4 只能做类似解释 1.4（a）和（b）那样的分析，而采取事件语义学之后，则可以分析成解释 1.4（c）。

**语句 1.4** Jones slowly buttered the toast in the bathroom with a knife.

**解释 1.4** (a) butter SLOWLY-IN-WITH$'$(*jones$'$*,*the-toast$'$*,*the-bathroom$'$*, *a-knife$'$*)

(b) (With-*a-knife$'$*(In-*the-bathroom$'$*(SLOWLY(butter$'$))))(*jones$'$*, *the-toast$'$*)

(c) $\exists e \exists t.$ butter$'(e) \wedge \mathrm{Cul}(e,t) \wedge \mathrm{Ag}(e,jones') \wedge \mathrm{Th}(e,the\text{-}toast') \wedge$ Slowly$'(e) \wedge$ With$'(e,a\text{-}knife')$[①]

---

① 这类的 $e$ 表示事件论元，$t$ 表示时间论元，$\mathrm{Cul}(e,t)$ 表示 $e$ 在时间 $t$ 上终止，$\mathrm{Ag}(e,jones)$ 表示 $e$ 与个体 *jones$'$* 有施事关系，$\mathrm{Th}(e,the\text{-}toast')$ 表示 $e$ 与个体 *the-toast$'$* 有客体关系。

解释 1.4（a）将动词及其修饰语合并成一个一阶多元谓词，（b）将 slowly buttered the toast in the bathroom with a knife 分析成一个高阶谓词。尽管从逻辑学的角度看，这两种分析都是可取的，但是这两种逻辑分析很难体现出语义的组合性。依据语义组合性的要求，自然语言的词汇和句法运算都应该有自己的语义表征式（一般表示为 λ 词项），而句子的语义表征式（通常为公式）是通过函项的贴合运算从句子的构成成分和句法运算的语义表征式中生成出来的。例如，语句 1.4 的句法生成可以如图（1.）1.8 所示。

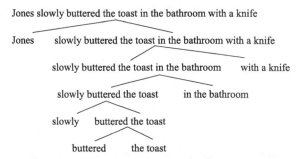

图（1.）1.8　语句 Jones slowly buttered the toast in the bathroom with a knife 的句法生成

依据上图，语句 1.4 是由多个词语按照一定的句法规则逐步生成的，但是显而易见，解释 1.4（a）和（b）都不能体现出这种结构①。解释 1.4（c）是事件语义学中的**新戴维森分析法**，这种分析法将与动词对应的谓词看成是事件个体的性质谓词，主语、宾语以及动词修饰语（包括副词、介词短语等），甚至时间语义等，都是通过逻辑合取的方式引入的。这也就意味着，动词修饰语、句子状语成分，以及句子的事件语义成分等句法成分都变成了对事件个体的量化运算。因此，理论上，自然语言的每一个词语和每一种句法运算，都可以依据其对句子真值的贡献给出 λ 词项作为其语义表征式，从而实现句子语义的组合生成。

自 MG 之后的近半个多世纪里，以事件语义学为代表的自然语言逻辑理论，已经成为形式语义学家们分析研究自然语言结构的利器，在语言学研究中的影响也越来越大。

----

① 例如，解释 1.4（a）的问题在于将动词的修饰语语动词合并为一个多元谓词，但是这将导致无法为动词给出恰当的语义表征式，因为一个动词修饰语的数量是确定的。例如，理论上修饰动词的副词数量可以是很多的。

### 1.4.2　自然语言特色的逻辑推演系统

逻辑语义学的第二个研究板块主要是创建面向自然语言的逻辑推演系统。也就是以自然语言中的一些现象作为素材，构造新的逻辑推演系统，这也体现出自然语言逻辑理论的多元化发展趋势。自然语言经逻辑的形式化处理后，所揭示出来的内在结构很容易显示其中的推演关系。或者说，刻画自然语言句法-语义组合生成的形式演绎系统也为相关的逻辑推演系统准备了条件。并且，从不同的角度关注自然语言就形成了不同的自然语言逻辑方法，也就给逻辑理论的研究提供了新方法和新思路。

传统上，自然语言问题是促进逻辑学发展的主要动因。如自然语言中所谓命题态度句是指包含诸如"知道""相信"之类认知动词的句子，在逻辑语义学看来，这种动词不宜解释成以其宾语子句的真值为论元的真值函项，即不能由"晨星是昏星"的真值来决定"张三相信晨星是昏星"的真值。外延的一阶逻辑无法揭示命题态度句的意义，这就促使逻辑工具的创新，由外延逻辑发展到内涵逻辑 IL，于是产生内涵类型论的逻辑工具 IL。在 IL 的基础上，加林（Gallin, 1975）认为，内涵类型语言没有表示可能世界的变项，所以不能对可能世界等内涵实体直接进行句法运算。要克服内涵类型论的局限，加林（Gallin, 1975）创建了另一种简洁的逻辑理论——**两体类型论**。两体类型论把表示可能世界的类型 $s$ 算作是基本类型，两体类型论的句法语言就有表达可能世界的词项，可能世界的概念由"语义幕后"转到"句法前台"。更有甚者，围绕体现认知心理特点的命题态度句，产生了对传统逻辑语义观念进行挑战的情境语义学，进而催生了所谓情境多体逻辑的诞生。

再如，在经典逻辑那里，合式公式的形成所显示出的层次比较简单，只有原子公式 $R(t_1, \cdots, t_n)$ 的形成和复合公式的形成，原子公式的形成一步就可以到位。而表达式的类型区分也比较单纯，一般只有个体词项、$n$ 元谓词及公式等三种类型。就自然语言而言，情况则变得复杂许多。自然语言表达式具有层次丰富的结构，即便是简单句子，也不是一步到位就能生成的。如前文的图（1.）1.8所示，名词可以与形容词、冠词等限定词组合成 NP，动词和动词修饰语组合形成 VP，最后才由 NP 与 VP 组合形成简单句子。由于这种多层次的结构，自然语言表达式的类型就比逻辑表达式的类型丰富太多。如限定词的类型是 $\langle\langle e,t\rangle,\langle\langle e,t\rangle,t\rangle\rangle$，通名的类型是 $\langle e,t\rangle$，专名的类型是 $\langle\langle e,t\rangle,t\rangle$，副词的类型是 $\langle\langle e,t\rangle,\langle e,t\rangle\rangle$，此外还有介词和各种动词的类型等。自然语言表达式在层次类型方面的多样性，远远超出经典逻辑的表现力，因此创建新的逻辑就成为必要。例如，在 MG 的基础上，进一步发展了高阶类型论。MG 的英语系统中用于语义解释的内涵逻辑语言本质上是一种高阶内涵逻辑。加林（Gallin，1975）继承了蒙太格的工作，给出了内涵逻辑的公理系统。该系统以 λ 算子、外延算子ˇ和内涵算子ˆ为初始词项，据此定义通常的真值联结词、逻辑量词和模态算子。λ 算子、外延算子和内涵算子是描述自然语言的毗连组合、显透语境和晦暗语境的产物，有很强的自然语言特色。

逻辑语义学反哺逻辑学的另外两个经典例子是动态谓词逻辑和广义量词理论 GQT。

经典逻辑的蕴涵联结词→是对自然语言条件句的某种抽象，但实际情况并非如此。在自然语言中，条件句除了现实条件句之外，还有虚拟条件句，如"如果她多用功一点，成绩就能提高"，以及所谓的驴子句，即 if John owns a donkey，then he beats it。以后者为例，因为不定名词短语 a donkey 在句子中表示全称涵义，而后件中的两个代词分别跟前件中的专名和不定名词短语有回指照应关系，这是经典蕴涵概念所无法刻画的。于是诞生了刻画驴子句这一语义特征的话语表现理论 DRT，并且创建了话语所指的可通达性概念，形成了扩展的辖域概念，DRT 的这一思路最终导致了动态谓词逻辑的产生。再如，作为 DRT 直接延续的自然演绎系统 S$_{DRT}$ 也是逻辑语义学对逻辑理论的贡献之一。S$_{DRT}$ 的推理单位是表现自然语言句子语义关系的话语表现结构（discourse representation structure，DRS）框图，而不是逻辑公式。该系统强调从自然语言实际推理到抽象的推演关系的转换，即先由 DRT 英语语句系统生成体现推论的英语句，再由 DRT 构造算法把这些英语句换成若干 DRS，最后由 S$_{DRT}$ 的推演规则来说明这些 DRS 之间体现的推理关系。

在 GQT 的研究那里，自然语言的限定词更是多种多样，把它们添加到一阶逻辑语言中去就可以获得许多广义量词的逻辑系统。对自然语言丰富多样表达式的充分挖掘，可以获得发展具有自然语言特色的逻辑系统的无穷无尽的题材。以量词为例，在经典一阶谓词逻辑中，通常只有两个量词，即全称量词∀和存在量词∃。但是自然语言中却存在异常丰富多样的量词表达式，它们远不是逻辑语言的∀和∃所能定义的。因此广义量词理论提出了多种类型的量词。如类型为⟨1⟩的量词：every(man)，some(boy) 等；类型为⟨1,1⟩的 many，most 等；类型为⟨⟨1,1⟩,2⟩类的量词更多，如 Q(every,different)，Q(every,same)。把这些新类型的量词添加到一阶逻辑语言中，就可以获得许多广义量词的逻辑系统（Does， et al.，1996）。此外，林克（Link，1998）等学者对自然语言 NP 指称语义的研究，增加了新的谓词种类（如具有复数语义特征的谓词），从而扩大了经典谓词逻辑的表现力。

再以类型逻辑语法 TLG 为例。TLG 是语言学领域对范畴类型逻辑 CTL 的另一种称谓，是范畴语法 CG 与类型逻辑语义学联姻的产物，也是因为将自然语言作为处理对象而发展起来的逻辑理论。

TLG 的源头也是 CG。因为 CG 比较单纯，如兰贝克演算（Lambek，1958）主要针对的就是自然语言的句法。但是在逻辑语义学看来，语义才是核心，句法分析的最终目的是得到自然语言表达式的语义解释。因此，在兰贝克演算出现之后，CG 对自然语言句法的形式化研究与类型逻辑对语义的形式化研究逐渐结合起来，并由此而产生了丰富的逻辑理论成果。梳理一下 TLG 的发展，就可以清楚地看到这点。

在 MG 出现前，CG 一直被认为是关于句法范畴的演算，其核心任务始终是利用句法范畴的形式主义特征，为"句法操作"提供原则化的理论。但是蒙太格认为自然语言与逻辑语言在本质上是相通的，所以可以给出自然语言句法的形式构造，并据此通过一一对应的句法和语义规则，得到相应的语义解释。这里，实现句法演算和语义组合对应关系的深层工具，就是句法范畴和语义类型之间的对应。尽管蒙太格似乎无心发展范畴语法理论，但 MG 作为第一个在形式系统中将自然语言的句法和语义结合考虑的理论，既奠定了逻辑语义学的发展基础，也无意中成为第一个较为成熟的类型逻辑语法理论，拓展了类型逻辑语法的研究思路（满海霞，李可胜，2010）。

蒙太格的 MG 无意中成为第一个较为成熟的类型逻辑语法理论，拓展了类型逻辑语法的研究思路。在此之后，1983 年范本特姆在加拿大西蒙弗雷泽大学做了题为"类型语法中的语义变化"（The semantics of variety in categorical grammar）的讲座，将 MG 中的类型转换思想用逻辑的视角实现在范畴语法当中。范本特姆打破了范畴语法作为"句法佣仆"的传统，为 CG 框架建立了语义解释机制——以 λ 词项为类型载体的运算。范本特姆版本的范畴语法由兰贝克演算加上涉及类型转换的吉奇规则和蒙太格规则组成，从而给范畴演算系统构造了用 λ 词项做成的语义解释，并证明了相关的可靠性和完全性。λ 词项在 MG 那里原本是表现自然语言语义的载体，而范本特姆沿着另一条线索进行思考，把 λ 词项看成是解释范畴演算的语义值，并把类型作为 λ 词项间的运算依据，如果两个类型之间作函项消去运算，那么它们对应的 λ 词项之间就作贴合运算，若两个类型之间有函项引入关系，那么它们对应的 λ 词项之间就作 λ 抽象。把两条规则中的"语义类型"投射给"句法范畴"，就得到了代表句法运算的范畴演绎与代表语义解释的 λ 词项间运算的对应。这也从另一角度表明刻画自然语言句法规律的范畴演算跟表现自然语言语义的 λ 词项演算是有严格对应关系的。

近半个多世纪以来，TLG 作为 CG 发展的现代产物，尽管面对的是自然语言，但是 TLG 中深深的兰贝克传统，使得 TLG 专注于 CG 的逻辑理论问题，即把 CG 看成是一个逻辑系统，配备框架语义学，讨论系统的可靠性和完全性，以及系统的可判定性。因此可以说，尽管 TLG 有着浓厚的自然语言情节，但是最终的落脚点是逻辑研究。

### 1.4.3　服务于自然语言的计算机信息处理

逻辑语义学研究的第三个方向是对自然语言句法-语义结构的组合特征进行逻辑刻画，也就是采用逻辑的方法，刻画自然语言的句法和语义演绎生成。这部分的研究工作直接服务于计算机人工智能等信息科学关于自然语言理解的研究工作。某种意义上，自然语言逻辑的强大生命力正是源自于信息时代科学发展的需求。

在对自然语言现象进行逻辑处理时，自然语言逻辑并不满足于零散的分析结果，而是要探讨如何由词或短语的意义组合成句子意义的规律。自然语言逻辑毕竟有很浓厚的逻辑情结，它把自然语言看成是与逻辑语言有相同内在结构的符号系统。逻辑语言具有演绎的特征，逻辑公式可以递归地生成，语义解释可以建立模型。自然语言逻辑就仿照逻辑的惯例，用具有演绎性质的形式系统刻画自然语言句子的组合生成，再配备相应的语义模型，从而实现自然语言的模型论解释。于是，自然语言的一些语义问题的零散分析结果就能在系统中统一体现出来。

逻辑语义学构造的自然语言句法-语义形式演绎系统不同于通常的逻辑推理系统，作为自然语言机器理解的前期工作，这样的形式演绎系统却具有非常重要的应用前景。实际上，人们运用自然语言进行思想交流，推理只是其中的一部分，只分析语言交流中的推理对理解自然语言是不够的。全面理解自然语言要求对句子的句法结构和语义特征进行精确分析，需要对自然语言进行句法、语义和语用等方面的全方位考察。要实现自然语言的机器理解，只对自然语言表达式做零散个别的逻辑分析，而不把这种分析纳入一个逻辑体系中，是很难实现机器对此的仿效模拟。构造自然语言句法-语义的形式演绎系统，可以说是计算机理解自然语言的必然要求，因此也就成为自然语言逻辑语义学中极为重要的研究方向。

计算机人工智能对自然语言的信息处理，采用一种机械的操作过程。开始处于什么状态，最后要达到什么结果，前一步怎样做，后一步做什么，这都需要事先确定算法，并据此给计算机编好程序，所有的操作运行都遵循严格的算法。以往逻辑对自然语言的结构或语义分析，很大程度取决于经验直觉或分析技能。如对英语驴子句（语句 1.5）的逻辑结构分析成解释 1.5。

**语句 1.5** John owns a donkey and he beats it.

**解释 1.5** $\exists x[\mathrm{donkey}'(x) \wedge \mathrm{own}'(john', x) \wedge \mathrm{beat}'(john', x)]$

解释 1.5 的分析符合人们对语句 1.5 的语义特征的直观理解，人们可以凭借经验直觉的帮助来获得这个结果。但怎样从语句 1.5 得到解释 1.5，甚至语句 1.5 本身由词造句的过程是什么样的，机器对此却一筹莫展，不知如何下手。凭经验直觉获得语句 1.5 和解释 1.5 的方式是一种零散个别的处理，从语句 1.5 获得解释 1.5 的途径是不确定的，第一步做什么，第二步怎样做，究竟做多少步才能完成，这些可能因人而异。而计算机做任何事情都需要给出一系列的固定指令，需要一板一眼、按部就班。因此对自然语言的分析必须采取适合于计算机处理的方式，这就是自然语言逻辑所要解决的问题。在逻辑语义学所构造的自然语言句法-语义形式演绎系统中，按照特定的规则，从语词中一步步由小到大生成句子，并遵循语义和句法同构的原则，从语词的语义表征式中一步步生成句子的真值条件。

经过近半个世纪的发展，逻辑语义学中理论纷呈，流派众多。尽管逻辑语义学中的各种理论和流派研究的侧重点不同，但是共同的目标都是要对自然语言的句法和语义提出具有演绎性质的形式化分析。因此都直接和间接地与自然语言的机器理解有关。

从历史的角度看，逻辑语义学与计算机人工智能等信息科学已经产生了互动效应。实际上，早在 20 世纪 50 年代，巴-希勒尔关注并研究范畴语法这一逻辑工具，主要动因就是认为范畴语法可以大大推动自然语言的信息化进程，并会在机器翻译领域有应用前景。当年蒙太格和帕蒂等都是响应自然语言信息处理的需求而设计英语部分语句系统 PTQ 的。在 MG 的 PTQ 系统基础上，人们又构造出许多关于自然语言理解的计算机分析程序。例如，詹森（T. M. V. Janssen）（Janssen，1980）在 20 世纪 80 年代提出的仿照 PTQ 方式的计算机分析程序，这种程序按照 PTQ 的句法规则生成句法结构，然后再把句法结构翻译成内涵逻辑式。

近年来，美国还出现了用于自然语言理解的 DRT 分析程序。从另一个角度看，自然语言的计算处理也反过来影响着逻辑的观念，为逻辑学语义学研究提供了发展动因。例如，动态谓词逻辑就是来源于计算机数据库的信息与状态的变化关系。将新信息引入到计算机的数据库（知识基础）中，会产生三种类型的动态变化：信息的扩张、信息的减除和信息的修正。数据库的变化导致计算机状态的更新。这成为动态谓词逻辑的思想来源，并据此创建了一种从计算机科学的角度思考哲学逻辑模态算子的新方法。不仅如此，动态的思想还渗透到逻辑的其他许多领域，如条件句逻辑、道义逻辑等。甚至为了刻画计算机程序的概念，在动态谓词逻辑的基础上增加了"程序"这样的句法范畴，形成所谓的量化动态逻辑。此外，像加贝（Dov Gabbay）（Gabbay，1996）的加标演绎系统，还有信息流逻辑、组合范畴语法 CCG 等，无一不是与计算有着密切关系的逻辑研究。

半个多世纪以来，尤其在近三十年间，从经典范畴语法到 CCG，无一不是因自然语言特殊结构计算处理的需求而发展起来的。

以 CCG 为例。与类型逻辑语法 TLG 一样，CCG 也是 CG 的延伸版本。不过，自诞生起，CCG 就显示出与 TLG 不同的偏好。TLG 关注的是逻辑学问题，而 CCG 关注自然语言"语境敏感层面"的表达力问题。本质上看，CCG 是基于规则而关注语言事实分析需求的 CG 的扩展现代版本。其研究的重点在于：从语言学和计算语言学的角度探讨基于统计模型的自然语言的自动机处理问题。

为了解决诸如非连续结构、交叉依存、语境依赖等自然语言问题，CCG 将组合逻辑中的组合、置换等组合子引入经典范畴语法。由于 CCG 允许有条件地使用置换规则，从而使经典 CG 被扩展成**适度的**上下文自由文法。此外，CCG 还吸收和借鉴了转换生成语法、广义短语结构语法（generalized phrase structure grammar，GPSG）、树嫁接语法（tree-adjoining grammar，TAG）等诸多语言学、形式语言学理论的成果，对实际语言现象的思考和分析能力远远超出经典范畴语法及其逻辑分支。相比于词汇功能语法（lexical functional grammar，LFG）、中心词驱动短语结构语法（head-driven phrase structure grammar，HPSG）等非逻辑语法，CCG 所能刻画的自然语言现象要深。在评价语句中的语词是否有依存关系、谓词-论元关系等方面，有着得天独厚的优势。事实证明，在自然语言程序化领域，性能要求相同的情况下，CCG 的分析器在由各种语法理论支持的自动语法分析器（包括 GPSG、HPSG、LFG 等）中分析速度最快，且刻画的自然语言结构程度更深。CCG 在国外计算语言学界已得到广泛的使用和验证。

进入 21 世纪后，以 CCG 为代表的范畴语法得到了更多的应用。例如，霍肯麦尔（Julia Hockenmaier）等（Hockenmaier, et al., 2002）将宾州树库转换为 CCG 树库；柯卡西（Cakici, 2005）和霍肯麦尔（Hockenmaier, 2006）分别转换了土耳其语和德语的 CCG 树库；埃尔-塔西尔等（El-taher, et al., 2014）应用 CCG 为阿拉伯语树库中成分标注类型。国内的学者把清华树库（TCT）转换成 CCG 词库（宋彦，等，2012），另外台湾"中央研究院"汉语树库也已被转化成 CCG 树库。在 CCG 词库的应用开发方面，国外也有很多研究，代表性的成果包括：霍肯麦尔等（Hockenmaier, et al., 2007）使用宾州 CCG 树库得到有标注的 CCG 推演和依存结构；特斯（Daniel Tse）等（Tse, et al., 2010）则利用宾州汉语树库中获得有标注的 CCG 推演汉语结构。在 CCG 词库的应用开发方面，中村裕昭（Nakamura, 2014）和舒勒（Schüller, 2013）等应用 CCG 设计了不同的句法分析器或超级标记器，都可承担大规模自然语言处理任务。此外，（Foret, et al., 2010）、（Hefny, et al., 2011）和（Zamansky, et al., 2006）等也是具有代表性的研究成果。

综合本章的讨论，总体上看，逻辑语义的第一研究方向与理论语言学相关；第二方向的探索为逻辑理论的发展提供了新题材新思路；第三方向的研究为计算机关于自然语言的机器处理提供了依据，对计算机人工智能等信息科学产生了影响。

# 面向自然语言信息处理的逻辑语义学

按照一般的定义,"计算"是指在规则的操控下,从状态甲向状态乙的转换过程(Smith,2002;郦全民,2006)。显而易见,自然语言的句法-语义结构的生成过程就是一种计算过程。而这种计算的基础就是自然语言的组合性,即通过递归使用规则,使得自然语言表达式及其语义解释由小到大逐步组合生成。通过逻辑的方法,给出这种组合过程的形式化描述,是实现自然语言计算的先导性工作。

事实上,逻辑语义学的发展离不开信息革命对自然语言计算机处理的需求。自从 20 世纪中叶以来,计算机科学技术的迅猛发展导致席卷全球的信息革命,由于自然语言是信息的重要载体之一,所以自然语言的计算机处理成为信息革命重要组成部分,而对自然语言组合性特征的揭示和刻画是实现自然语言计算机终极处理的必要步骤。正因为如此,使得逻辑学在自然语言研究中有了用武之地,逻辑语义学才得以蓬勃发展,成为逻辑学研究中的重要前沿阵地。

## 2.1 自然语言的计算

"计算"是一个人们再熟悉不过的概念,加减乘除是计算,函数的微分、积分以及方程的求解等也是计算。但是如果说要对"我喜欢逻辑语义学"的语义进行计算,则很多人可能会不理解。这实际上与计算概念的不同理解相关。史密斯(B. C. Smith)(Smith,2002)[28-29]就给出 7 个不同版本的计算概念,即:形式符号运作、能行可计算、算法的执行或规则的遵守、函项演算、数字状态机、信息处理、物理符号系统。所有这些计算概念尽管说法各不相同,应用的对象、范围和领域也有所不同,但都有一个共同特征,**即将计算的过程看成是信息加工或流动的过程**。依据认知科学的基本观念,计算通常是指在认知思维活动中,一个系统在规则支配下的态的迁移过程。郦全民(2006)[84]认为:"计算通常是指一个系统在规则支配下的态的迁移过程,故是一个由态、规则(或规律)和过程所构成的集合体。对于一个系统来说,态表征在某一时刻完全描述它的所有信息，包括输入态、内态和输出态；规则是实现态迁移的映射，实际上是决定信息流动的因果关系网络的体现，而过程则是态的系列。"据此，可以得到计算的三个要素，即输入状态、输出状态和转换规则。某一输入状态在某一转换规则的作用下变成了某一输出状态，就完成了一次计算。

不过，就现阶段的自然语言计算而言，存在两个层面的计算概念。

（a）自然语言信息的计算处理，也就是通常所说计算语言学。

（b）自然语言形式演绎的计算概念。也就是借鉴逻辑符号学的句法、语义规则，公理化策略，递归定义等方法，通过构建形式系统，揭示自然语言的组合特征。

第一个层面的计算实际上就是指自然语言信息处理的计算程序化，即通过建立形式化的数学模型，来分析处理自然语言，并在应用计算机程序，"对人类特有的书面形式和口头形式的自然语言的信息进行各种类型处理和加工的技术。……自然语言处理的目的在于建立各种自然语言处理系统，如机器翻译系统、自然语言理解系统、信息自动检索系统……文字自动识别系统等。"（冯志伟，2012）

第二个层面的计算是指构造数学模型，表现自然语言句法和/或语义结构的组合生成或逆向解析。就目前阶段而言，自然语言的计算主要还是指第一个层面的计算。但是对于逻辑语义学来说，自然语言的计算主要指后者，而且很显然，后者也是前者的发展方向和目标；同时后者所取得的突破将为前者提供发展的动力。

本书所说的自然语言计算指的就是第二个层面上的计算。实际上，句子及其语义的生成过程完全可以看成是在规则控制下的状态的有序转换过程。以"我喜欢逻辑语义学"的语义计算为例。按照语言学的一般分析，该句子有如图（1.）2.1所示的结构。

图（1.）2.1　句子"我喜欢逻辑语义学"的结构

如图（1.）2.1所示，在从词汇到词组再到句子的过程中，句法结构状态和语义状态逐步发生变化。每一次的组合，句法结构就从一种句法状态转变为另一种句法状态，语义结构也随之从一种语义状态转变为另一种语义状态，而且这种转变显然是由特定规则控制的，因此完全有可能将句法和语义的组合过程变成一个计算过程。从逻辑语义学的角度看，这样的计算过程实际就是自然语言的句法-语义结构的组合过程。尽管自然语言句法-语义结构看起来错综复杂，充满了歧义和模糊性，但是在本质上，自然语言是一种形式符号系统，其句法-语义结构都符合组合性原则，即所有合格的表达式以及相应的语义解释都可以通过递归应用规则的组合方法，从初始成分及其语义解释中生成出来的。**逻辑语义学的核心任务就是揭示和刻画自然语言组合性特性**，并对自然语言中句法-语义的组合生成过程给出具有一致性的形式解释，以此为基础，实现自然语言的句法-语义的形式化描述，从而为自然语言的机器处理和理解打下坚实的基础。为达到这一目标所采用的途径，就是把形式语法表示为一个逻辑系统，一个带有一定结构的、与语言资源有关的推理系统（Moortgat，1996）。

据此可见，无论是自然语言的句法还是语义计算，逻辑都是大有可为的。当代著名逻辑学家莫特盖特（Moortgat，1999）提出过一个口号，即认知＝计算；语法＝逻辑；解析＝演绎。这一口号部分地诠释了逻辑语义学的核心任务。

以句法计算为例。句法计算的实质就是依据句子的基本构成成分以及组合规律，解析该句子的结构。尽管句法计算理论中存在很多非逻辑学范围的理论，如 HPSG、TAG 等，但是以逻辑学视角进行的句法计算研究已经显现出巨大的优势，并已产生了越来越大的影响。句法计算的逻辑学研究集中体现在 CG 的发展中。虽然 CG 现在已经发展出了多种版本，但是其共同特征都是将语言学意义上的句法运算转换为逻辑学意义上的范畴概念，通过语词范畴之间类似函项-论元贴合的方式来表现自然语言的句法生成运算。

巴-希勒尔（Bar-Hillel，1953）之所以关注范畴语法这一逻辑工具，正是因为他认为范畴语法可以大大推动自然语言的信息化进程。尽管同时期的乔姆斯基（Chomsky，1956，1957）指出，自然语言可能有时要超出"上下文自由文法"的范畴。但是半个多世纪以来，尤其在近三十年间，如何扩展范畴语法，使其能够应对、生成自然语言中存在的量化、不连续结构、交叉依存等上下文敏感的现象，不断地推动着范畴理论的发展。尤其对类似英语这样的"形合型"语言，因为有着比较严密的句法框架，初始成分和合格语句都有比较明显的判定标准，组词成句的过程也是在相对规范的规则下进行的，因此应用范畴语法的思想研究和刻画自然语言的句法的组合特征已经相对成熟，并且成为自然语言处理中最具应用价值的逻辑语义学研究。

例如，基于组合范畴语法 CCG，学者们不但已实现宾州树库到 CCG 树库的转换，也完成了一些跨语言的尝试，如土耳其语、德语等 CCG 词库的生成（Hockenmaier，2007，2006；Hockenmaier，et al.，2002）；克拉克（Stephen Clark）（Clark，2002）与柯冉（James Curran）等（Curran，et al.，2006）用 C++语言编写和开发的 C&C 组合范畴语法分析器、超级标记器，可承担大规模自然语言处理任务。

自然语言语义同样具有组合性，因此也是可以计算的对象。对自然语言语义计算的逻辑研究主要体现对真值条件语义的研究上。最早系统地阐明自然语言语义计算思想的是美国哲学家戴维森。在他看来：任何一个合格句子的语义（即真值条件）必然是按照一定的构造规则，从其构成成分中生成出来的（Davidson，1984；Lepore，et al.，2005；Lycan，2008），这是自然语言语义具有可计算性的基础。但是相对于句法，自然语言语义更为隐晦复杂，具有多层次性（这点在后文会专门讨论），因此自然语言语义本身不能直接作为计算的对象，只能通过特定的表征系统，将隐晦模糊且界限不清晰的语义概念显现化，通过对这个表征系统进行计算，间接地实现自然语言语义的计算。

就目前的研究而言，构建这样的形式表征系统的唯一备选方案是采用逻辑的方式，以句子的真值为指称，通过刻画句子的真值条件以及句子成分对句子真值的贡献，构造可以表征自然语言语义的逻辑系统。这就是自戴维森纲领和 MG 之后的自然语言逻辑语义的计算之路。蒙太格语法 MG 应用范畴思想实现自然语言的句法计算，同时借助句法语义——对应的并行推演，实现自然语言语义的模型论解释。即通过构造语义模型，将各类词项与模型论域中的各类指称之间建立关联，借助从词项的指称中获得句子的指称（即真值）的过程，揭示和刻画句子从词项语义（即指称）到句子的外显语义（即真值条件）的组合性特征。

自 MG 之后的半个多世纪里，虽然由于自然语言语义处理的高难度，基于逻辑的语义计算在自然语言机器理解和处理中应用范围和深度有限，但在这一方面的研究对语言学等相邻学科产生了重大影响，显示出了强大的生命力。其中最有代表性的研究包括发端于戴维森分析法的事件语义学和以林克等学者提出的刻画自然语言聚合语义理论。

## 2.2　部分语句系统的计算思想

在经典的 MG 中，蒙太格采用了部分语句的方式表征自然语言句法语义的组合性特征。所谓部分语句的方式，就是只针对自然语言的某个局部结构，或在某个受限范围内，对句法语义的组合性特征提出逻辑的处理方式。例如，蒙太格的 PTQ 系统是针对"内涵现象"和"量化意义"而设计的，DRT 系统是为了处理不同句子之间名词和代词的照应关系而提出的。由于自然语言的复杂性，部分语句的方式是一种非常有效的研究方式。因为可以集中精力解决作为研究对象的这些个别语言现象所反映的问题。

以蒙太格的 PTQ 系统为例。由于自然语言的词汇语义和词类往往界定模糊，组词造句的规则也显得松散，句法结构和语义结构也存在很多非对称现象。为了能够揭示英语生成"内涵现象"和"量化意义"的句子及其语义解释的组合过程，蒙太格以"部分与有限"为原则，像定义逻辑语言的初始符号一样，挑出有限的句法范畴中的有限多个基本表达式作为初始成分。再用递归定义的方式确定组词造句的规则①，并且专门设计了一些技术手段处理一些特定的语义难题。由于 PTQ 系统给出的初始成分和范畴都是有限的，总共只有 9 大类句法范畴，每类范畴的基本表达式最多不超过 10 个。同时由基本表达式组合成复合表达式的句法规则也是有限的，总共只有 17 条句法规则。因此这样的系统能生成的句子数量，当然只能是英语所有语句的一部分，所以被称为**部分语句系统**，所生成的语句只能是自然语言的一个**片段**。

部分语句方式的优势在于：由于将个别自然语言现象从语言的整体系统中分隔开来，对自然语言的总体结构并不会产生多大影响，反而可以避免一些无关因素的干扰，在一个比较"纯粹"的环境中，构造形式系统刻画自然语言的部分句法和/或语义结构的组合性特性。对于那些刻画效果满意的形式系统，可以纳入形式系统的大家庭中，从而不断丰富表征自然语言的形式系统。从数理逻辑的角度看，逻辑语义学所获得的自然语言部分语句系统往往呈现出总体的简明协调性。虽然部分语句系统本身有些局部环节在技术处理方面显得深邃复杂，但系统整体则显得紧致优雅。随着这样的系统越来越丰富，逻辑对自然语言的刻画能力也越来越强，直至把整个自然语言系统都表征为形式系统。

事实上，近半个多世纪的逻辑语义学发展历程也说明了这点。在 MG 时期，逻辑语义学的部分语句针对的语言现象，其语义多是类似于"内涵现象"和"量化意义"这样比较基本的语义，而句法结构也属于非常规整的句法结构。但是随着逻辑语义学的发展，学者们研究的问题也越来越深入。从普通意义上的

---

① 这一点与乔姆斯基的最早的生成句法理论是吻合的。

个体量化，到聚合语义的个体量化；从用**单体模型**刻画简单个体之间的关系到应用**多体模型**刻画多种类型个体之间的关系以及对时间和可能世界的量化的自然语言现象（如将同时刻画自然语言中的时和**情态**对事件个体的量化等）。

因此，可以说部分语句系统的计算思想体现了针对当前任务与着眼长远目标的双重价值。就当前任务而言，可以先精确刻画自然语言的一个有限片段，集中精力处理自然语言几个特定的疑难问题。就长远目标而言，可以改进或补充系统中的技术手段，以至于逐步扩展这一片段，尽量去接近自然语言的全貌。这种思想显示除了逻辑的高度严谨与科学的大胆假设相结合的精神。

## 2.3 范畴语法 CG 的计算思想

蒙太格在范畴语法 CG 基础上，采用类似逻辑中公式形成规则的思路，构造了一个可以生成英语部分语句的句法，这种做法有其合理的一面。但是随着自然语言逻辑语义学的发展，研究已经深入到自然语言中很多不合"常规"的结构，人工构造自然语言句法的局限性也凸显出来。实际上，自然语言句法的复杂性不是逻辑学中的公式形成规则所能比拟的。因此，形式语法的另一种思路越来越受到重视，即，将自然语言的句法生成特征与特定的逻辑形式系统关联，利用逻辑系统的演绎来实现自然语言句子的组合生成。在这种研究方式中，最具有代表性质的就是范畴语法 CG。

### 2.3.1 范畴语法 CG 简介

CG 是一种面向自然语言信息处理的逻辑语义学理论。按照这种理论，自然语言是由词构成词组、词组构成语句的符号系统，自然语言的这种构造生成被看成是计算推演的过程。CG 产生于 20 世纪 30~40 年代，50 年代以后逐步走向成熟。在 CG 看来，自然语言句法的组合性体现在毗连生成规律上，即：若 A 和 B 是自然语言符号串，则 AB 连在一起也是自然语言的符号串。在技术层面，CG 采用弗雷格的逻辑思想来刻画自然语言句子的构造过程。基本思路是：自然语言句子构造过程中，起着不同句法作用的词语被赋予不同的范畴，然后借鉴数学中分母消除的规则，使得不同范畴具有可计算的性质。

例如，在范畴 $B/A$ 中，斜线算子/左边的 $B$ 类似于数学分数中的分子，右边的 $A$ 类似分母。如果 $B/A$ 与范畴 $A$ 进行运算，消除"分母"$A$ 之后，就得到范畴 $B$。显然，这种运算体现了数学和逻辑所强调的递归思想。

CG（包括其不同的新版本）借用这一思路，对自然语言的表达式进行分类编码，有些类别作为**函项**，而另一些类别则是函项运算的主目/**论元**。函项范畴结合主目范畴的过程可以类似看成函项运算中函项结合论元的过程。区分这些不同类别的编码就是**范畴**，通过范畴指明哪些句法成分之间具有运算的性质，以及运算后得到的新范畴。据此，实现自然语言的毗连生成或逆向解析。

例如，给专名 John 指派 np，给不及物动词 walks 指派范畴 np\s，给介词 in 指派范畴((np\s)\(np\s))/np，给冠词 the 指派范畴 np/(np\s)，给通名 park 指派范畴 np\s。然后再定义相应的函项运算。按照范本特姆的方式。函子范畴对主目范畴的运算表述为等式规则：

**规则 2.1**　(a)　$B/A+A=B$；
　　　　　　(b)　$A+A\backslash B=B$。

这样，英语句子 John walks in the park 就可以通过范畴之间的逐级运算得到刻画。如图（1.）2.2 所示。

$$\frac{\text{the}}{\text{np/(np\backslash s)}}+\frac{\text{park}}{\text{np\backslash s}}$$
‖　　据规则 2.1(a)

$$\frac{\text{in}}{\text{((np\backslash s)\backslash(np\backslash s))/np}}+\text{np}$$
‖　　据规则 2.1(a)

$$\frac{\text{walks}}{\text{np\backslash s}}+(\text{np\backslash s})\backslash(\text{np\backslash s})$$
‖　　据规则 2.1(b)

$$\frac{\text{John}}{\text{np}}+\text{np\backslash s}$$
‖
s　　据规则 2.1(b)

图（1.）2.2　句子 John walks in the park 的范畴运算

范畴之间的这种函项运算也就是一种逻辑演绎推演：作为函项的范畴和作为主目的范畴是推演的前提，作为函项运算值的范畴是推演的结论。例如，上图中的冠词 the 的范畴 np/(np\s) 和 park 的范畴 np\s 可看成前提，the park 的范畴 np 则可以看成是推演的结论，推演的规则就是规则 2.1（a）的"/"消去规则。

范畴语法（包括各种发展版本）不直接对组成语句的语词予以加工，而是将语词所负载的句法信息和句法特征尽可能地编码到范畴条目中。通过若干条范畴的贴合运算规则，自然语言句法的组合生成过程被刻画成了范畴的演绎推演过程，这便是范畴类型逻辑的基本思想。依据这样的方式，句法变成了一组"/"系列计算规则。某种意义上，可以说类型逻辑语法就是在逻辑程序框架内表述的可计算的句法理论，其对句子的合法性的判断实际上就是一个逻辑的推演过程（或者说逻辑程序的求解过程）。当然，逻辑学家或数学家并不满足于上述结果，在此基础上对范畴运算推演的规律进行抽象提升，形成范畴演算的逻辑系统。

CG 的计算思想体现了德国哲学家莱布尼茨的推理即演算的观念，也诠释了所谓"语法就是逻辑"以及"认知就是计算"的思想原则，同时说明了为什么国际学术界涉及范畴逻辑的论文集、系列丛书以及研究机构的名称为什么总是跟逻辑、语言、计算这些概念有关的缘故。在自然语言逻辑的各种理论中，范畴语法是与计算结合最为紧密的一种理论。这是因为 CG 强调运算和推演的思想，把自然语言的毗连生成与自然语言密切关联的认知过程看成是一种计算和推理活动。因此 CG 描述的自然语言句法结构就很容易通过一定的算法设计来实现自然语言的计算机分析和处理。

总体上看，范畴语法是一种使用运算和推演的手段描述句法的形式化工具，即从逻辑或数学方法的角度给自然语言的生成制定的法则，也是计算机从句法或语义层面分析和理解自然语言所遵循的语法准则。

### 2.3.2　组合范畴语法 CCG：CG 的新发展

CG 坚持自然语言为单层结构的原则，认为语句的意义由其组成部分毗连运算得来。但是由于自然语言存在众多的非连续表达式以及上下文依赖和语境索引等现象，CG 的应用也面临着诸多难题。半个多世纪以来，尤其在近三十年间，如何扩展 CG，使其能够应对、生成自然语言中存在的量化、不连续结构、交叉依存等上下文敏感的现象，一直是推动 CG 理论发展的一个内在动力。

以 20 世纪 80~90 年代开始出现组合范畴语法 CCG 为例。CCG 将组合逻辑中的组合、置换等组合子引入经典范畴语法，是基于规则而关注语言事实分析需求的 CG 的扩展的现代版本。CCG 所能刻画的现象比 LFG、HPSG 等要深，可以更快地评价语句中的语词是否有依存关系、谓词-论元关系等。

CCG 对 CG 扩展的实质在于**组合**，即基于范畴语法增添了**函子范畴的组合运算**，这些组合运算类似数学中函数的复合。邹崇理（2011）将 CCG 的特点概括为三点：

（a）为刻画自然语言词类的丰富句法特征对原子范畴进行加标多样化的设置；

（b）为描述自然语言句法生成的细微之处对斜线算子实行模态化分类，据此确立不同斜线算子范畴的多样组合规则；

（c）基于范畴等级和范畴构造的思想构造 CCG 的证明论系统。这使得 CCG 能更加深入揭示自然语言的语言学特点，全面服务于自然语言的计算机处理需求。

首先，CCG 为刻画丰富多彩的自然语言，其范畴设置比类型逻辑语法 TLG

更加精细化。对原子范畴譬如 N、NP、PP、S 等，可以通过添加数和格等标记进一步多样化，如名词短语范畴根据数的特征分为 $NP_{sg}$ 和 $NP_{pl}$，根据格的特征分为 $NP_{sbj}$ 和 $NP_{obj}$，还有主格复数名词短语范畴 $NP_{pl_{sbj}}$ 等。CCG 是彻底的词汇主义语法理论，词库中甚至还有词缀的范畴指派，如表（1.）2.1 所示。

表（1.）2.1　CCG 的词条

| | |
|---|---|
| $\langle John, NP_{sg} \rangle$ | $\langle girl, N_{sg} \rangle$ |
| $\langle I, NP_{sbj}^{pl} \rangle$ | $\langle me, NP_{obj} \rangle$ |
| $\langle we, NP_{sbj}^{pl} \rangle$ | $\langle us, NP_{obj} \rangle$ |
| $\langle you, NP_{pl} \rangle$ | $\langle he, NP_{sbj}^{sg} \rangle$ |
| $\langle him, NP_{obj} \rangle$ | $\langle they, NP_{sbj}^{pl} \rangle$ |
| $\langle them, NP_{obj} \rangle$ | $\langle love, (S \backslash^{\diamond} NP_{sbj}^{pl}) /_{\diamond} N_{obj} \rangle$ |
| $\langle s, Nom_{pl} \backslash^{\star} N_{sg} \rangle$ | $\langle the, NP_{sg} \backslash_{\star} N_{sg} \rangle$ |
| $\langle s, NP_{pl} \backslash_{\star} N_{pl} \rangle$ | $\langle s, ((S \backslash^{\diamond} NP_{sbj}) /_{\diamond} N_{obj}) \backslash^{\star} ((S \backslash^{\diamond} NP_{pl}) /_{\diamond} NP) \rangle$ |

在表（1.）2.1 中，第一列的第七行就是对名词的复数词缀的范畴指派，第二列第八行就是对第三人称动词词缀的范畴指派。基于这样的词库，CCG 关于动词第三人称词缀和名词复数词缀的推演例子如图（1.）2.3 所示。

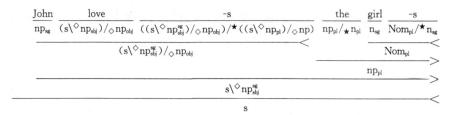

图（1.）2.3　句子 John loves the girls 的 CCG 推演

其次，纯粹的范畴语法限于函项应用于论元的句法贴合规则，这样限制了语境自由文法的表达力。CCG 扩大了语境自由文法的规则集合，添加了基于函子范畴的组合（置换）获得另一函子范畴的那些规则。如：

**规则 2.2**　（a）函子范畴的向前组合(>B)　$X/Y \quad Y/Z \Rightarrow X/Z$

　　　　　　（b）函子范畴的向后组合(<B)　$Y \backslash Z \quad X \backslash Y \Rightarrow X \backslash Z$

　　　　　　（c）函子范畴的向前置换(>S)　$(X/Y)/Z \quad Y/Z \Rightarrow X/Z$

　　　　　　（d）函子范畴的向后置换(<S)　$Y \backslash Z \quad (X \backslash Y) \backslash Z \Rightarrow X \backslash Z$

不仅如此，基于鲍德里奇（J. Baldridge）等的研究[①]，CCG 进一步向多模态

---

① 见鲍德里奇的博士论文《基于词汇标示的 CCG 推演控制》(*Lexically Specified Derivational Control in Combinatory Categorial Grammar*) 以及（Baldridge, et al., 2003）等文献。

的方向发展，即提出函子范畴及其规则的模态化概念，也就是给斜线算子添加下标。CCG 提出四个基本的模态 ∗、◇、×和■作为斜线算子的下标，各种不同下标的斜线算子适用于不同的函子范畴组合规则。具体地说，带下标 ∗ 的斜线算子是最受限的，仅适用于最基本的函项应用规则；带下标◇的斜线算子允许推演中的结合性（即适用于结合但非交换的 L）；带下标×的斜线算子允许推演中的交换性（即适用于交换但非结合的 NLP）；带下标■的斜线算子适用于所有的范畴推演规则（即适用于既允许交换又允许结合的 LP 系统），如表（1.）2.2 所示。

表（1.）2.2  斜线算子的模态下标

|  | 非交换律 | 交换律 |
|---|---|---|
| 非结合律 | ∗ | × |
| 结合律 | ◇ | ■ |

依据表（1.）2.2，带下标 ∗ 的斜线算子适用的规则范围最窄，所以适用于带下标 ∗ 的斜线算子的规则一定也适用于带其他下标的斜线算子。例如，因为带下标 ∗ 的斜线算子适用 CG 的最基本规则（>）和（<），所以带其他下标的斜线算子都适用规则（>）和（<），即对任意 $a \in \{*, \diamond, \times, \blacksquare\}$，$X/_a Y$  $Y \Rightarrow X$ 总能成立。但是反之则不一定成立，如以下组合规则对带■的斜线算子范畴适用，但对 ∗ 不成立。

**规则 2.3**  (a)（>B）  $X/_\diamond Y$  $Y/_\diamond Z \Rightarrow X/_\diamond Z$

(b)（<B）  $Y\backslash_\diamond Z$  $X\backslash_\diamond Y \Rightarrow X\backslash_\diamond Z$

(c)（>B）  $X/_\times Y$  $Y/_\times Z \Rightarrow X/_\times Z$

(d)（<B）  $Y\backslash_\times Z$  $X\backslash_\times Y \Rightarrow X\backslash_\times Z$

这些组合规则由于具有上述限制，可以在词库中对英语连词 and 指派带 ∗ 的斜线算子范畴，以剔除那些不符合英语语法的生成推演，从而指出某些英语词条的排列不合语法性。因为在词库中只要有如 "and⊢(s\_∗ s)/_∗ s" 的指派，而（<B）向后组合规则不适用于带 ∗ 的斜线算子范畴，因此下面的推演就不可能获得结果，这就从 CCG 的角度揭示了 sleeps and he talks 的不合语法性（图（1.）2.4）。

$$\frac{\displaystyle\frac{\text{sleeps}}{s\backslash .\,np} \quad \frac{\text{and}}{(s\backslash_\star s)/_\star s} \quad \frac{\text{he}}{np} \quad \frac{\text{talks}}{s\backslash .\,np}}{\underbrace{\dfrac{\underbrace{\qquad s \qquad}_{<}}{\underbrace{\qquad s \qquad}_{>}}}_{\underbrace{\qquad s\backslash_\star s \qquad}_{\star}}}$$

图（1.）2.4  句子 sleeps and he talks 的 CCG 推演

但是给 and 指派范畴 $(X\backslash_* X)/_* X$ 可以满足英语正常表达式的范畴推演。如图（1.）2.5 所示。

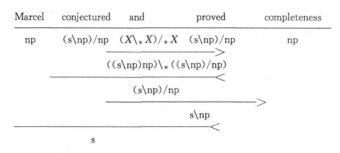

图（1.）2.5　句子 Marcel conjectured and proved completeness 的 CCG 推演

最后，基于范畴等级和范畴构造的概念建立 CCG 的证明论。CCG 的部分语句计算思想与 MG 有所不同。在 MG 中不同的自然语言表达式的区别通过句法规则体现出来，而贯彻词汇主义思路的 CCG 把这些差异放到词库中去。CCG 的证明论也不同于 TLG 的做法，而是从范畴构造的独特视角建立的范畴推演理论。

## 2.4　句法语义并行推演的计算思想

在范畴语法的各种版本中，CCG 的优势之一是采用了彻底的句法和语义对应的原则，其句法语义并行推演的计算思想可以追溯到类型逻辑语法 TLG。在 CCG 这里，自然语言的句法和语义之间有一个透明的、直截了当的接口，CCG 这一特点究其根源有二：其一，CCG 继承了 TLG 的做法，在句法范畴和语义词项之间存在相似和对应关系，这与 MG 中"一条句法原则对应一条语义原则的理论基石"异曲同工，每一条句法规则都是某一语义规则的透明版本。这样，只要相邻语词依据该语法能够进行句法运算，就可以相应保证它们的语义组合，即句法和语义之间的关系是透明的。其二，CCG 新增的规则所对应的组合算子原本在组合逻辑中是用于定义 λ 词项的，根据对应原则，新增规则就是其相应组合算子在语义运算中的透明版本。

对于自然语言来说，CG 仅仅是其句法层面的抽象研究，怎样在自然语言的语义层面有所作为？为解决这个问题，蒙太格在自然语言的句法范畴和逻辑类型论的语义类型之间建立起对应关系，从而创立了自然语言的逻辑语义学领域，并确定了句法范畴与语义表现并行推演的处理原则。

例如，在 MG 的 PTQ 英语语句系统中有这样的对应：

**句法**：若 $\alpha$ 是名词短语且 $\beta$ 是动词短语，则 $F(\alpha,\beta)$ 即 $\alpha\beta$ 是句子。

**语义**：若 $\alpha'$ 是 $\alpha$ 的语义且 $\beta'$ 是 $\beta$ 的语义，则 $G(\alpha',\beta')$ 即 $\alpha'(\beta')$ 是公式，也即 $\alpha\beta$ 的语义。

**应用实例**：令 $\alpha$＝John，$\beta$＝walk，$\alpha'$＝$\lambda P. P(j)$，$\beta'$＝**walk**①。

**句法**：John 是名词短语，walk 是动词短语，则 $F$(John,walk)＝John walks 是句子。

**语义**：$\lambda P. P(j)$ 是 John 的语义，**walk** 是 walk 的语义，则 $G(\lambda P. P(j),$ **walk**) 即 $[\lambda P. P(j)]$ **walk** 即 **walk**$(j)$ 是公式，也即 John walks 的语义。

从逻辑语义学角度看，处理自然语言句法推演规律的范畴运算是一个层面，而表现自然语言语义特征而作为间接语义解释工具的 $\lambda$ 词项演算则是另一层面，两个层面具有对应的关系。这就是句法语义并行推演的原则。

当然，这里所说的 TLG 属于狭义的类型逻辑语法，指**兰贝克演算**与类型逻辑语义学的接口理论，而非兰贝克演算与类型逻辑语义学的接口理论，后者被称为广义的类型逻辑语法，泛指任何范畴语法，如 CCG、兰贝克演算等。具体地说，在 TLG 中，兰贝克演算为类型逻辑语法提供句法演绎依据，类型逻辑语义学为类型逻辑语法提供与兰贝克演算同步的语义运算工具。据此在对自然语言语句进行刻画和形式分析的过程中，实现类型逻辑语法能够展示句法和语义的并行推演。

以英语句子 The tall kid runs 的 TLG 处理为例。一方面，TLG 依据自然语言词条的句法特征指派范畴，同时为每一个词条配上以 $\lambda$ 词项形式出现的语义类型。这样，在 TLG 的词库中，就有如下词条：

$$\frac{the}{\lambda P Q\, \exists x(\forall y(P(y)\leftrightarrow x＝y)\wedge Q(x)):np/n}$$

$$\frac{tall}{\lambda P x.\, \textbf{tall}(x)\wedge P(x):n/n}$$

$$\frac{kid}{\lambda x.\, \textbf{kid}(x):n}$$

$$\frac{runs}{\lambda x.\, \textbf{run}(x):np\backslash s}$$

---

① 在本节（2.4 节）中，下文用加粗字体表示该语词的语义值。此处的 **walk** 在第 1 章记为 walk′。

英语句子 The tall kid runs 的推演如图（1.）2.6 所示。

$$
\begin{array}{cccc}
\underline{\text{the}} & \underline{\text{tall}} & \underline{\text{kid}} & \underline{\text{runs}} \\
\lambda PQ\,\exists x(\forall y(\boldsymbol{P}(y)\leftrightarrow x{=}y)\wedge \boldsymbol{Q}(x)):\text{np/n} & \lambda \boldsymbol{Px}:\boldsymbol{tall}(x)\wedge \boldsymbol{P}(x):\text{n/n} & \lambda x:\boldsymbol{kid}(x):\text{n} & \lambda x:\boldsymbol{run}(x):\text{np\textbackslash s}
\end{array}
$$

$$\lambda x.\,\boldsymbol{tall}(x)\wedge \boldsymbol{kid}(x):\text{n}$$

$$\lambda \boldsymbol{Q}\,\exists x(\forall y(\boldsymbol{tall}(y)\wedge \boldsymbol{kid}(x)\leftrightarrow x{=}y)\wedge \boldsymbol{Q}(x)):\text{np}$$

$$\exists x(\forall y(\boldsymbol{tall}(y)\wedge \boldsymbol{kid}(x)\leftrightarrow x{=}y)\wedge \boldsymbol{run}(x)):\text{s}$$

图（1.）2.6　The tall kid runs 的 TLG 句子推演

在图（1.）2.6 的第一步推演中，tall 与 kid 毗连组合，对应的句法范畴 n/n 和 n 依据 "/" 消去规则，得到推演结果 n，对应的 λ 词项依据 λ 演算规则，进行贴合运算得到 tall kid 的语义词项，即 $\lambda x.\,\boldsymbol{tall}(x)\wedge \boldsymbol{kid}(x)$。第二步，the 与 tall kid 毗连组合，对应的句法范畴 np/n 和 n 依据 "/" 消去规则，得到推演结果 np，对应的 λ 词项进行贴合运算得到代表 the tall kid 的 λ 词项 $\lambda \boldsymbol{Q}\,\exists x(\forall y(\boldsymbol{tall}(y)\wedge \boldsymbol{kid}(y)\leftrightarrow x{=}y)\wedge \boldsymbol{Q}(x))$。第三步，the tall kid 与 runs 毗连组合，相应的范畴运算得到句子的范畴 s，同时进行的 λ 演算得到代表 the tall kid runs 语义的公式 $\exists x(\forall y(\boldsymbol{tall}(y)\wedge \boldsymbol{kid}(y)\leftrightarrow x{=}y)\wedge \boldsymbol{run}(x))$。

显然，在 the tall kid runs 的推演中，无论句法还是语义，每一步的推演都是在规则的控制下进行的，这样可以据此给出算法，并编制成计算机处理自然语言的程序指令。从这一角度看，将自然语言的句法-语义组合生成刻画成具有形式演绎性质的逻辑系统，实际上直接给计算机理解自然语言的工作打下了扎实的基础。计算机要理解自然语言，就要模拟人脑分析自然语言的智力活动，模拟人们理解语言的句法结构及语义特征的全过程。如前文所分析的，自然语言的句法和语义都具有组合性特征，因此构造出能刻画自然语言句法语义组合生成的形式系统实际上就是在模拟人脑对自然语言的理解过程。

类型逻辑语法不仅可以抽象地研究自然语言句法范畴的运行规律，还能够通过引入简单类型的演算工具来展现句法和语义的**并行接口**。这样，古典范畴语法、兰贝克句法演算、类型-逻辑语义学和语法逻辑就构成了完整的范畴类型逻辑理论。古典范畴语法把语言符号串由小到大逐层逐级地生成毗连转换成范畴的运算；兰贝克句法演算基于范畴构成一个形式系统，用其中的定理表示范畴的运算规律；类型-逻辑语义学通过句法范畴和 λ 词项的并行推演，来展示自然语言句法和语义的对应；语法逻辑针对句法范畴的运行规律进行更深刻的抽象，其特色是把函子范畴中的斜线算子和范畴的毗连看作是二元模态算子，从而在类型逻辑语法领域内开辟了多模态系统的研究方向。

## 2.5 结束语

**逻辑语义学**是采用人工逻辑语言去揭示自然语言的句法-语义结构机制,甚至语用机制,其最终目标是自然语言的逻辑刻画。作为人工构造的逻辑语言是一个封闭的系统,结构严谨缜密,有确切的初始符号,有严格的公式形成规则,还有基于句法和语义对应的语义解释。与之相反,作为在人类漫长进化史中自然形成的语言,自然语言是一个开放的系统。人们用自然语言交流时,意义的交流不仅仅依赖词语和句法规则,还受制于各种语境因素,如交际意图、背景知识、语音语调、修辞技巧等。在实际使用中,句法-语义-语用机制相互交织、相互作用,并且对语境存在很高的依赖性,使得自然语言本身呈现出各种非规则的现象,如指称模糊、非连续构造、句法-语义的不对称等。袁毓林(1998)[132-135]将自然语言的不确定性特征总结为三个方面,即①语言范畴的边界不明确,表现在语素、词、词组及句子合格性的界限上;②结构关系难以定义,表现在主语、谓语、宾语等基本语法概念上;③层次不外显,表现在句法结构中不同成分之间组合的优先关系上。

但是自然语言和逻辑语言的这些差异,并不能说明二者之间存在孰优孰劣的问题,二者都可以看成是认知和思维的外显形式,并不存在根本性的区别。如果说有区别的话,则主要体现在精确程度上。由于计算机只能接受、理解和识别界定精准的逻辑语言,所以人工智能技术只得努力将极其复杂的自然语言转换成逻辑语言并输入计算机的程序,从而完成自然语言的机器理解。因此,**逻辑语言和自然语言的关系,是元语言和对象语言的关系**。逻辑语言是一种形式化的元语言,而逻辑语义学的目的就是将对象语言(即自然语言)的句法-语义等结构,通过元语言刻画表征出来。某种意义上,如果说自然语言看成是人脑与人脑的交际工具,那么逻辑语言就是人脑与电脑的交际工具(隋然,2006)。

逻辑语义学所要做的就是用精密的逻辑语言分析错综复杂的自然语言。本书后文从 CCG 和 CTL 的角度研究汉语中的一些典型的、句法-语义不对称的结构问题,就是这样的研究。

# 参考文献

蔡曙山. 2006. 没有乔姆斯基, 世界将会怎样. 社会科学论坛, (6 上): 5 - 18.

陈嘉映. 2003. 语言哲学. 北京: 北京大学出版社.

陈嘉映. 2008. 简论人工语言和逻辑语言. 云南大学学报 (社会科学版), 7 (2): 17 - 19.

冯志伟. 1996. 自然语言的计算机处理. 上海: 上海外语教育出版社.

冯志伟. 2012. 自然语言处理简明教程. 上海: 上海外语教育出版社.

黄华新. 2001. 试论弗雷格求真的方法. 浙江学刊, (3): 43 - 47.

江怡. 2007. 当代语言哲学研究从语形到语义再到语用. 外语学刊, (3): 1 - 9.

蒋严. 2010. 《形式语义学导论》导读. 北京: 世界图书出版公司.

金岳霖. 1995. 金岳霖文集. 兰州: 甘肃人民出版社.

靳光瑾. 2001. 现代汉语动词语义计算理论. 北京: 北京大学出版社.

李福印. 2006. 语义学概论. 北京: 北京大学出版社.

李可胜. 2011. 语言学中的形式语义学. 中国社科院研究生院学报, (2): 112 - 117.

李可胜, 满海霞. 2013a. VP 的有界性和连动式的事件结构. 现代外语, (2): 127 - 134.

李可胜, 邹崇理. 2013b. 从自然语言的真值条件到模型论语义学. 中国社会科学院研究生院
   学报, (4): 110 - 113.

李可胜, 邹崇理. 2013c. 基于句法和语义对应的汉语 CCG 研究. 浙江大学学报 (人文社会科
   学版), (6): 132 - 140.

郦全民. 2006. 关于计算的若干哲学思考. 自然辩证法研究, 22 (8): 19 - 22.

刘丹青. 2011. 语言库藏类型学构想. 当代语言学, (4): 289 - 303.

刘丹青. 2014. 论语言库藏的物尽其用原则. 中国语文, (5): 387 - 401.

满海霞, 李可胜. 2010. 类型逻辑语法. 哲学动态, (10): 103 - 106.

宁春岩. 2000. 形式语言学的纯科学精神. 现代外语, (2): 202 - 20.

潘文国. 2001. 语言的定义. 华东师范大学学报 (哲学社会科学版), 33 (1): 98 - 109, 129.

秦一男. 2015. 一种英文句法结构解析的新方法. 北京: 北京大学博士学位论文.

沈阳. 1997. 名词短语的多重移位形式及把字句的构造过程与语义解释. 中国语文, (6):
   402 - 414.

史维国. 2014. 汉语研究应重视"语言经济原则" http://www.qstheory.cn/zl/bkjx/201404/
   t20140422 _ 342506.htm [2014 - 04 - 22].

宋彦, 黄昌宁, 揭春雨. 2012. 中文 CCG 词库的构建. 中文信息学报, 26 (3): 3 - 21.

隋然. 2006. 自然语言与逻辑语言: 人脑与电脑. 首都师范大学学报 (社会科学版), (s3):

29 – 33.

索绪尔 . 1980. 普通语言学教程 . 高名凯译 . 北京：商务印书馆 .

王力 . 1985. 中国现代语法 . 北京：商务印书馆 .

徐烈炯 . 1995. 语义学 . 北京：语文出版社 .

徐通锵 . 1997. 语言论：语义型语言的结构原理和研究方法 . 长春：东北师范大学出版社 .

许国璋 . 1986. 语言的定义、功能、起源 . 外语教学与研究，（2）：15 – 22.

姚小平 . 2011. 西方语言学史 . 北京：外语教学与研究出版社 .

袁毓林 . 1998. 语言的认知研究和计算分析 . 北京：北京大学出版社 .

周礼全 . 1994. 逻辑：正确思维和成功交际的理论 . 北京：人民出版社 .

朱水林 . 1994. 论逻辑语义学 . 上海社会科学院学术季刊，（4）：73 – 82.

邹崇理 . 2000. 自然语言逻辑研究 . 北京：北京大学出版社 .

邹崇理 . 2001. 自然语言逻辑的多元化发展及对信息科学的影响 . 哲学研究，（1）：48 – 54.

邹崇理 . 2002. 逻辑、语言和信息：逻辑语法研究 . 北京：人民出版社 .

邹崇理 . 2008. 组合原则 . 逻辑学研究，（1）：75 – 83.

邹崇理 . 2011. 关于组合范畴语法 CCG. 重庆理工大学学报（社会科学版），（8）：1 – 5.

Austin J L. 1962. How to do Things with Words. Oxford：Clarendon Press.

Bach E. 1979. Control in Montague grammar. Linguistic Inquiry，10：515 – 553.

Baldridge J，Kruijff G. 2003. Multi-modal combinatory categorial grammar// Proceedings of the Tenth Conference on European Chapter of the Association for Computational Linguistics. Vol. 1：211 – 218.

Bar-Hillel Y. 1953. A quasi-arithmetical notation for syntactic description. Language，29 (1)：47 – 58.

Cakici R. 2005. Automatic induction of a CCG grammar for Turkish. ACL Student Research Workshop，Ann Arbor，MI. http：//www. cs. brandeis. edu/~marc/misc/proceedings/acl-2005/Student/pdf/Student13. pdf [2016 – 01 – 25].

Carlson G N. 1977. A unified analysis of the English bare plural. Linguistics and Philosophy，1：413 – 457.

Carpenter B. 1997. Type Logical Semantics. Cambridge：MIT Press.

Chomsky N. 1956. Three models for the description of language. IRE Transactions on Information Theory，2 (3)：113 – 124.

Chomsky N. 1957. Syntactic Structures. Hague：Mouton.

Chomsky N. 1981. Lectures on Government and Binding. Foris：Dordrecht.

Chomsky N. 2002. Syntactic Structures (2$^{nd}$ ed.). Berlin：Mouton de Gruyter.

Clark S. 2002. Supertagging for combinatory categorial grammar// Proceedings of the 6th International Workshop on Tree Adjoining Grammars and Related Frameworks (TAU＋6)：101 – 106.

Curran J, Clark S, Vadas D. 2006. Mufti-tagging for lexicalized-grammar parsing// Proceedings of the Joint Conference of the International Committee on Computational Linguistics and the Association for Computational Linguistics (COLING/ACI-06): 697-704.

Davidson D. 1984. Inquiries into Truth and Interpretation. Oxford: Oxford University Press.

Does J V D, Eijk J V. 1996. Quantifiers, Logic and Language. Stanford: CSLI Publications.

El-taher A, et al. 2014. An Arabic CCG approach for determining constituent types from Arabic treebank. Journal of King Saud University-Computer and Information Sciences. 26 (4): 441-449.

Foret A, Ferré S. 2010. On categorial grammars as logical information systems//Kwuida L, Sertkaya B, eds. ICFCA 2010, LNAI 5986. Berlin: Springer: 225-240.

Frege G. 1892. On the sense and reference Geach P, Black M, eds. Philosophical Writings of Gottlob Frege. Oxford: Basil Blackwell: 56-78.

Gabbay D. 1996. Labelled Deductive System. Clarendon: Oxford Press.

Gallin D. 1975. Intensional and Higher-Order Modal Logic. Amsterdam: North Holland.

Gamut L T F. 1991. Logic, Language, and Meaning: Intensional Logic and Logical Grammar. Vol. 2. Chicago: University of Chicago Press.

Hefny A, Hassan H, Bahgat M. 2011. Incremental combinatory categorial grammar and its derivations//Gelbukh A F. ed. Computational Linguistics and Intelligent Text Processing: 12th International Conference, CICLing 2011. Berlin: Springer: 96-108.

Heim I, Kratzer A. 1998. Semantics in Generative Grammar. Oxford: Blackwell Publishers.

Hockenmaier J, Steedman M. 2002. Acquiring compact lexicalized grammars from a cleaner treebank// Proceedings of Third International Conference on Language Resources and Evaluation.

Hockenmaier J. 2006. Creating a CCGbank and a wide-coverage CCG lexicon for German// Proceedings of the Joint Conference of the International Committee on Computational Linguistics and the Association for Computational Linguistics COLING/ACL: 505-512.

Hockenmaier J, Steedman M. 2007. CCGbank: a corpus of CCG derivations and dependency structures extracted from the Penn Treebank. Computational Linguistics, 33 (3): 355-396.

Janssen T M V. 1980. Logical investigation on PTQ arising from programming requirements. Synthese, 44 (3): 361-390.

Jäger G. 2005. Anaphora and Type Logical Grammar. Berlin: Springer.

Lambek J. 1958. The mathematics of sentence structure. American Mathematical Monthly, 65: 154-170.

Landman F. 1989a. Group (I). Linguistics and Philosophy, (5): 559-605.

Landman F. 1989b. Group (II). Linguistics and Philosophy, (6): 723-744.

Landman F. 2000. Events and Plurality. Dordrecht: Kluwer.

Langendoen D T, Savin H B. 1971. The projection problem for presuppositions//Charles J. Fillmore D. Terence Langendoen eds. Studies in Linguistic Semantics. New York: Holt, Rinehart & Winston: 54 – 60.

Lepore E, Ludwig K. 2005. Donald Davidson: Meaning, Truth, Language, and Reality. Oxford: Oxford University Press.

Link G. 1983. The logical analysis of plurals and mass term: A lattice-theoretical approach// Bauerle R, Schwarze C, von Stechow A. eds. Meaning, Use and Interpretation of Language. Berlin: de Gruyter: 302 – 323.

Link G. 1998. Algebraic Semantics in Language and Philosophy. Stanford: CSLI Publications.

Lycan W G. 2008. Philosophy of Language: A Contemporary introduction (2$^{nd}$ ed.). New York: Routledge.

Lyons J. 1977. Semantics (I). Cambridge: Cambridge University Press.

Montague R. 1974. English as a formal language//Thomason R H. ed. Formal Philosophy: Selected Papers of Richard Montague. New Haven: Yale University Press: 108 – 221.

Moortgat M. 1996. Categorial type logics//van Benthem J, Alice ter M. eds. Handbook of Logic and Language. North Holland: Elsevier: 93 – 178.

Moortgat M. 1999. Constants of grammatical reasoning//Bouma G, et al. eds. Constraints and Resources in Natural Language Syntax and Semantics. Stanford: CSLI Publications: 1 – 25.

Nakamura H. 2014. A categorial grammar account of information packaging in Japanese//McCready E, et al. eds. Formal Approaches to Semantics and Pragmatics. Berlin: Springer: 181 –203.

OgdenC K, Richards I A. 1923. The Meaning of Meaning. New York: Harcourt, Brace & World, Inc.

Schüller P. 2013. Flexible CCG parsing using the CYK algorithm and answer set programming// Cabalar P, Son T C, eds. Logic Programming and Nonmonotonic Reasoning. Berlin: Springer: 499 – 511.

Smith B C. 2002. The foundation of computing//Scheutz M. ed. Computationalism: New Directions. Cambridge: MIT Press: 23 – 58.

Tarski A. 1935. Der Wahrheitsbegriff in den formalisierten Sprachen. Studia Philosophica, 1: 261 – 405.

Taylor K. 1998. Truth and Meaning: An Introduction to the Philosophy of Language. Oxford: Blackwell.

Thomason R H. 1974. Formal Philosophy: Selected Papers of Richard Montague. New Haven and London: Yale University Press.

Tse D, Curran J. 2010. Chinese CCGbank: Extracting CCG derivations from the Penn Chinese treebank// 23$^{rd}$ International Conference on Computational Linguistics, Beijing.

Zamansky A, Francez N, Winter Y. 2006. A "Natural Logic" Inference System Using the Lambek Calculus. Journal of Logic, Language and Information, 15 (3): 273 – 295.

# 第二编

# 逻辑语义学的重要理论——范畴类型逻辑CTL

# 第一部分  范畴类型逻辑 CTL 梳理

# 3

## CTL 的发展历程

**范畴语法**这一术语由巴-希勒尔引入。巴-希勒尔引入这一术语是为了给出一个足以囊括自己早期工作以及波兰逻辑学家和哲学家工作（Bar-Hillel，1953，1964；Leśniewski，1929；Ajdukiewicz，1967）的名称，以区别于那种建立在短语结构语法基础上的语言分析方法。上述这一系列的工作就构成了当下范畴语法或称范畴逻辑、范畴类型逻辑 CTL 的核心内容。本节中，在梳理范畴语法发展历程的基础上，还将介绍一些新近的发展方向和问题，以便于对范畴语法有一个较为全面的了解。

## 3.1 AB 演算

爱裘凯维茨（Ajdukiewicz，1967）通过递归定义的方式给出了表达式的区分。其工作是建立在不区分方向的类似分数结构的范畴[①]基础上的。爱裘凯维茨将类型为 $\frac{B}{A}$ 的表达式定义如下：当与类型为 $A$ 的表达式结合时，就会得到类型为 $B$ 的表达式。因此可得下面这一消去模式：

**规则 3.1** $\quad \frac{B}{A} \quad A \Rightarrow B$。

在范畴语法中对于特定基础类型的选择并不是一件被严格规定的事。假定表（2.）3.1 所给出的是基础范畴。为了书写的方便，在这里将范畴 $\frac{B}{A}$ 改写为 $B|A$，以便于为表中的语词指派不区分方向的词汇类型。

---

[①] AB演算中的有时会使用 type（类型）来表示句法上的"范畴"概念。本书统一用"范畴"表示句法概念，"类型"表示语义概念。

**表（2.）3.1 范畴语法的基础及衍生范畴**

| 基础范畴 | | 衍生范畴 | | | |
|---|---|---|---|---|---|
| cn | 普通名词 | bow | cn | in | pp\|n |
| n | 名词 | cloud | cn | my | c\|cn |
| pp | 介词短语 | have | (s\|n)\|(s\|n) | set | ((s\|n)\|pp)\|n |
| s | 语句 | I | n | the | n\|cn |

语句 "I have set my bow in the cloud." 的推导就如图（2.）3.1 所示。

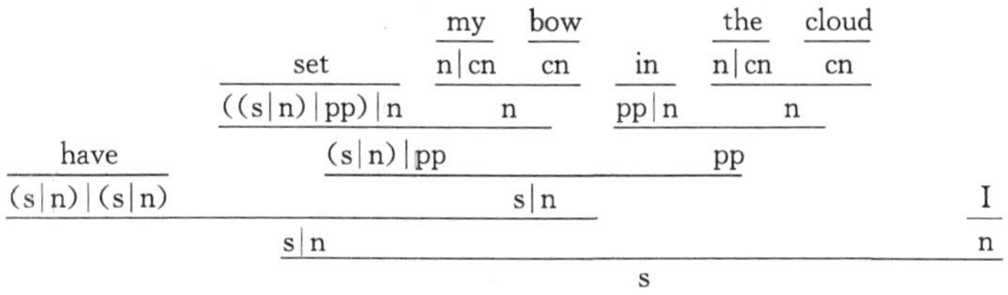

图（2.）3.1 语句 I have set my bow in the cloud 的爱裘凯维茨推演（Moot, et al., 2012）

爱裘凯维茨希望这种句法上的关系能成为语言合适构成的必要条件，但这却不是充分条件，因为这一句法处理没有考虑到词序的问题。20 世纪 50 年代，巴-希勒尔（Bar-Hillel, 1953）向爱裘凯维茨系统引入范畴的方向，而这一修改后的系统取二人的首字母，又被称为 AB 演算。那种在左边结合一个类型为 $A$ 的表达式后就能形成类型为 $B$ 的表达式的表达式类型可以用 $A\backslash B$ 表述；而在右边结合一个类型为 $A$ 的表达式后就能形成类型为 $B$ 的表达式的表达式类型可以用 $B/A$ 表述。因此可得如下消去模式：

**规则 3.2** （a）$A$，$A\backslash B \Rightarrow B$；

（b）$B/A$，$A \Rightarrow B$。

在表（2.）3.1基础上，我们可为其中的语词指派有方向的类型，因而，语句 "I have set my bow in the cloud." 的推导可表述如图（2.）3.2 所示。

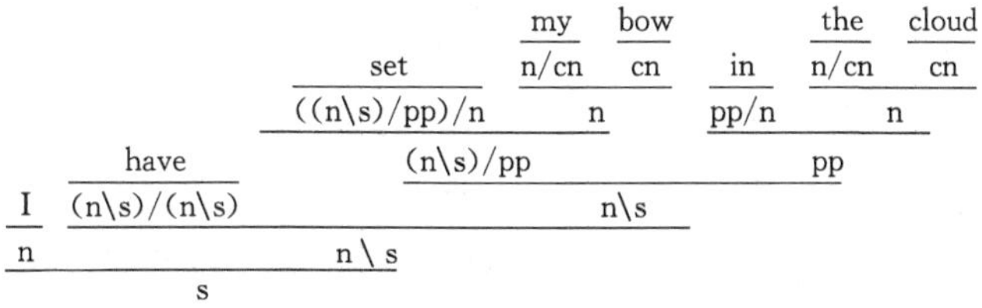

图（2.）3.2 语句 I have set my bow in the cloud 的 AB 演算推演（Moot, et al., 2012）

巴-希勒尔（Bar-Hillel，1953）指出，范畴消去的规则 3.1 类似于代数中的规则 3.3，但是在兰贝克（Lambek，1958）独立发现的范畴语法中，范畴消去规则 3.1 被视为类似于分离规则的逻辑规则 3.4。

**规则 3.3** $\dfrac{B}{A} \times A = B$。

**规则 3.4** $A \to B$，$A \Rightarrow B$。

如果将 / 和 \ 算子分别称为左斜线算子和右斜线算子，那么在兰贝克演算中，这两个算子的引入规则可表述如下：

**规则 3.5** (a) $\dfrac{A,\ \Gamma \Rightarrow B}{\Gamma \Rightarrow A \backslash B}$；

(b) $\dfrac{\Gamma,\ A \Rightarrow B}{\Gamma \Rightarrow B / A}$。

## 3.2 兰贝克的句法演算

**兰贝克演算**又称为兰贝克语法，简称为 L，由兰贝克（Lambek，1958）创立。学者对于兰贝克演算感兴趣的原因主要有三：

（1）AB 语法的局限性和不断出现的对新规则的需求（类型提升规则、吉奇规则等）；

（2）将 AB 语法纳入更为丰富且自然的数学化、形式化研究进路的要求；

（3）句法是由词源的构造促成的，这一状况能被词源敏感的逻辑所处理，而兰贝克演算就是第一个这样的逻辑。

兰贝克演算是用一种与 AB 语法类似的方式来定义的。一个词库 Lex 为每一个词汇提供了一个或者多个范畴，而这些类型则是由初始范畴构成的。兰贝克演算中的范畴与 AB 语法中的范畴唯一的不同，就是它包括一个非交换的积算子 $\otimes$。兰贝克演算的公式 $F$ 可被表述如下：

**定义 3.1** $F = A \mid F \backslash F \mid F / F \mid F \otimes F$。

在介绍 AB 语法的时候，我们已经解释了 $A \backslash B$ 和 $B / A$ 的直观意思。如果一个表达式要向左寻找一个类型为 $A$ 的表达式以形成一个类型为 $B$ 的表达式，那么这个表达式的类型就是 $A \backslash B$；如果一个表达式要向右寻找一个类型为 $A$ 的表达式以形成一个类型为 $B$ 的表达式，那么这一表达式的类型就是 $B / A$；如果一个类型为 $A$ 的表达式后面紧跟着一个类型为 $B$ 的表达式，则得到一个类型为 $A \otimes B$

的表达式。积算子和左右斜线算子的关系可表述如下：

**定义 3.2** $A\backslash(B\backslash X)=(B\otimes A)\backslash X$，$(X/A)/B=X/(B\otimes A)$。

兰贝克演算拥有四种不同的表述方式，分别是自然推演 ND 表述、根岑表述、公理表述和树模式表述，这四种表述方式之间是等价的。限于篇幅原因，本书仅给出兰贝克演算的根岑表述。

**规则 3.6** 兰贝克（Lambek，1958）给出的根岑表述方式如下：

$$\frac{\Gamma,B,\Gamma'\vdash C \quad \Delta\vdash A}{\Gamma,\Delta,A\backslash B,\Gamma'\vdash C}\backslash h \qquad \frac{A,\Gamma\vdash C}{\Gamma\vdash A\backslash C}\backslash i \quad \Gamma\neq\varepsilon$$

$$\frac{\Gamma,B,\Gamma'\vdash C \quad \Delta\vdash A}{\Gamma,B/A,\Delta,\Gamma'\vdash C}/h \qquad \frac{\Gamma,A\vdash C}{\Gamma\vdash C/A}/i \quad \Gamma\neq\varepsilon$$

$$\frac{\Gamma,A,B,\Gamma'\vdash C}{\Gamma,A\cdot B,\Gamma'\vdash C}\cdot h \qquad \frac{\Delta\vdash A \quad \Gamma\vdash B}{\Delta,\Gamma\vdash A\cdot B}\cdot i$$

$$\frac{\Gamma\vdash A \quad \Delta_1,A,\Delta_2\vdash B}{\Delta_1,\Gamma,\Delta_2\vdash B}Cut \qquad \frac{}{A\vdash A}axiom$$

规则 3.6 中，第一行分别是左斜线算子的左引入规则和右引入规则；第二行分别是右斜线算子的左引入规则和右引入规则；第三行则是积算子的左引入规则和右引入规则，第四行是 Cut 规则和同一公理。

## 3.3 蒙太格的语义分析

兰贝克演算是一个基于词库的形式化工作，也就是说，在一个由推导规则构成的集合基础上，通过增加词库，即给出一个函数 $f$ 以为每一个语词指派一个类型的有穷集，就能得到兰贝克语法。这里我们将注意力转移到蒙太格语义与兰贝克演算的关系上去。蒙太格所创立的蒙太格语义是范畴语法的一个重要特征。

蒙太格在内涵逻辑中使用标注类型的 λ 演算作为其系统的语义解释，这一做法被借鉴到兰贝克演算中去后，就出现了句法推导和由兰贝克演算所表述的语义推导同时进行的做法，而这也就成了兰贝克演算最为著名的**句法语义并行推演**的特征。

**定义 3.3 范畴集 CAT(B)** 可递归定义如下：

(1) $B\subseteq CAT(B)$；

（2）如果 $A$，$B \in \mathrm{CAT}(B)$，那么 $A \otimes B$，$A/B$，$A \backslash B \in \mathrm{CAT}(B)$；

（3）除上述两种情况外，不存在其他的范畴属于 $\mathrm{CAT}(B)$。

一般而言，$B = \{\mathrm{NP}, \mathrm{N}, \mathrm{S}\}$。

如果使用 BTYPE 和 TYPE 分别表述基本类型集和类型集，那么类型集被递归定义如下：

**定义 3.4　类型集 TYPE 可定义如下：**

（1）$\mathrm{BTYPE} \subseteq \mathrm{TYPE}$；

（2）如果 $A, B \in \mathrm{TYPE}$，那么 $A \wedge B$，$A \rightarrow B^{①} \in \mathrm{TYPE}$；

（3）除上述两种情况外，不存在其他的类型属于 TYPE。

一般而言，$\mathrm{BTYPE} = \{e, t\}$。

**定义 3.5**（标注类型的 $\lambda$ 演算的语法）

（1）类型 $A$ 中所有的变项都是类型为 $A$ 的项；

（2）如果 $M$：$A \rightarrow B$ 并且 $N$：$A$，那么 $(MN)$：$B$；

（3）如果 $M$：$A$ 并且 $x$：$B$，那么 $\lambda x M$：$B \rightarrow A$；

（4）如果 $M$：$A$ 并且 $N$：$B$，那么 $\langle M, N \rangle$：$A \wedge B$；

（5）如果 $M$：$A \wedge B$ 那么 $(M)_0$：$A$ 且 $(M)_1$：$B$。

**定义 3.6**（范畴与类型的对应）　如果令 $\tau$ 为一个从 $\mathrm{CAT}(B)$ 到 TYPE 的函数，那么 $\tau$ 为一个对应函数当且仅当下面的两个条件被满足：

（1）$\tau(A \otimes B) = \tau(A) \wedge \tau(B)$；

（2）$\tau(B/A) = \tau(A \backslash B) = \langle \tau(A), \tau(B) \rangle$。

CTL 中，通过对范畴匹配 $\lambda$ 词项并在进行语法推导时使用范畴、类型并行推导的方法就能达到句法、语义并行推演的目的。而借助于标注类型的 $\lambda$ 演算的语义还可以进一步给出语法演算的语义解释。

**定义 3.7　语义论域函数 Dom** 是一个语义论域函数，当且仅当满足下面的条件：

（1）Dom 的论域是集合 TYPE；

（2）对于所有属于 TYPE 的 $A$，$\mathrm{Dom}(A)$ 非空；

（3）$\mathrm{Dom}(A \rightarrow B) = \mathrm{Dom}(B)^{\mathrm{Dom}(A)}$；

（4）$\mathrm{Dom}(A \wedge B) = \mathrm{Dom}(A) \bigcap \mathrm{Dom}(B)$。

---

① "$A \rightarrow B$" 也可表述为 $\langle A, B \rangle$。

**定义 3.8**（解释函项）　给定一个变项指派函数 $g$，其为类型 $A$ 中的变项指派 $\mathrm{Dom}(A)$ 中的元素。这一指派 $g$ 能够通过如下的定义而扩充成为所有项的解释函数 $\|\cdot\|$：

(1)　$\|x\|_g = g(x)$；

(2)　$\|(MN)\|_g = \|M\|_g(\|N\|_g)$；

(3)　$\|\lambda x M\|_g = \{\langle a, \|M\|_{g[x\to a]}\rangle \mid x$ 类型为 $A$ 且 $a \in \mathrm{Dom}(A)\}$[①]；

(4)　$\|\langle MN\rangle\|_g = \langle\|M\|_g, \|N\|_g\rangle$；

(5)　$\|(M)_0\|_g =$ 唯一那个满足条件 $\exists b(\|M\|_g = \langle a,b\rangle)$ 的 $a$；

(6)　$\|(M)_1\|_g =$ 唯一那个满足条件 $\exists b(\|M\|_g = \langle b,a\rangle)$ 的 $a$。

**哈里-霍华德对应**定理是子结构逻辑中的一个重要结论。这一定理说明在标注类型的 $\lambda$ 演算与子结构逻辑中不同系统中的内定理推导之间存在一一对应关系。作为子结构逻辑中的一支，结合的兰贝克演算自然也能体现出这一定理的要求。也正因有这一结果的出现，我们才能放心地使用标注类型的 $\lambda$ 演算并达到句法语义的并行推演。在此基础上，我们可以将匹配了 $\lambda$ 词项的兰贝克演算的 ND 表述展示如下。

**规则 3.7**　匹配了 $\lambda$ 词项的兰贝克演算的 ND 表述如下：

$$\frac{}{x{:}A \Rightarrow x{:}A}\,\mathrm{id} \qquad \frac{X\Rightarrow M{:}A \quad Y,x{:}A,Z\Rightarrow N{:}B}{Y,X,Z\Rightarrow N[M/x]{:}B}\,\mathrm{Cut}$$

$$\frac{X\Rightarrow M{:}A \quad Y\Rightarrow N{:}B}{X,Y\Rightarrow\langle M,N\rangle{:}A\otimes B}\,\otimes I \qquad \frac{X\Rightarrow M{:}A\otimes B \quad Y,x{:}A,y{:}B,Z\Rightarrow N{:}C}{Y,X,Z\Rightarrow N[(M)_0/x][(M)_1/y]{:}C}\,\otimes E$$

$$\frac{X,x{:}A\Rightarrow M{:}B}{X\Rightarrow\lambda x M{:}B/A}\,/I \qquad \frac{X\Rightarrow M{:}A/B \quad Y\Rightarrow N{:}B}{X,Y\Rightarrow NM{:}A}\,/E$$

$$\frac{x{:}A,X\Rightarrow M{:}B}{X\Rightarrow\lambda x M{:}A\backslash B}\,\backslash I \qquad \frac{X\Rightarrow M{:}A \quad Y\Rightarrow N{:}A\backslash B}{X,Y\Rightarrow NM{:}B}\,\backslash E$$

以 Cut 规则为例。在这一规则中，右前提中结论 $B$ 所匹配的 $\lambda$ 词项是 $N$，而结论中 $B$ 的所匹配的 $\lambda$ 词项则是 $N\,[M/x]$，这是因为在得到结论的过程中，右前提中的 $A$ 被消去，而 $A$ 所匹配的 $\lambda$ 词项是 $x$，因此需要在结论 $B$ 的 $\lambda$ 词项 $N$ 中用 $M$ 替换 $x$ 的出现。

---

[①]　$g[x/a]$ 表述一个指派函数，除了将 $x$ 指派给 $a$ 外，其与函数 $g$ 相同。

## 3.4　新近的发展方向

张璐（2013）指出，总的说来，范畴语法有两个大的发展方向：①以逻辑学研究方法为主的发展方向，即使用逻辑推导刻画自然语言中语法之间的推演、生成并注重于逻辑系统的构造以及元定理的证明，CTL 以及类型逻辑语法都属于这一方向；②以语言学研究方法为主的发展方向，即以语言学中的知识背景为主，对逻辑学采用实用主义的态度以解决自然语言形式化处理中的若干问题，组合范畴语法 CCG 就属于这一方向。

近年来，由于**多模态 CTL** 的出现，使得范畴语法两个发展方向之间相结合的趋势愈加明显。基于规则的逻辑推导与基于词库的语言学研究也在多模态 CTL 中达到了一定程度的融合。

**对称范畴语法**是 CTL 中最新出现的重要研究成果之一。巴斯顿霍夫（A. Bastenhof）（Bastenhof，2013）指出 CTL 生成能力的提升主要有两种途径：①在系统中添加结构规则；②添加算子，丰富系统的语言。多模态 CTL 是通过第一种途径增加生成能力的，而对称范畴语法则是通过第二条途径增加生成能力。

如果将未添加对偶算子或表述不同性质下标的 CTL 称为传统 CTL 的话，那么这一小节中，我们将简单介绍传统 CTL 中非结合的兰贝克演算（non-associative Lambek calculus，NL）以及结合的兰贝克演算（L）、多模态 CTL 中的多模态兰贝克演算（multi-modal Lambek calculus，ML）以及对称范畴语法中的兰贝克-格里辛演算（Lambek-Grishim calculus，LG），以便于对这三类重要的范畴语法理论有更为直观的了解。

**非结合的兰贝克演算**可简称为 NL。该系统可被视为 CTL 中的一个极小系统，相较于其他传统的 CTL 系统，该系统对其字母表和结构规则都附加了更少的规定。

**定义 3.9**(NL 中的公式 $F$)

$F = A$，$F \otimes F$，$F/F$，$F \backslash F$

NL 字母表（也可称 NL 的范畴）中包括原子范畴（$A$）以及由原子范畴添加算子 $\otimes$、/或 \ 后形成的复合范畴。原子范畴一般包括 S、NP、N，而复合范畴则包括 NP\S、(NP\S)/NP、N$\otimes$(N\S) 等。

我们假定：右斜线算子/向右结合，左斜线算子 \ 向左结合且右斜线算子的结合力强于左斜线算子，积算子的结合力强于右斜线算子。

**定义 3.10**(NL 的公理和推导规则)　如果用大写拉丁字母表述系统 NL 中的任意范畴，用→表述范畴之间的推出关系，那么 NL 中的公理以及推导规则可表述如下：

公理：同一公理（id）：$A{\to}A$。

推导规则：

Cut 规则：从 $A{\to}B$ 和 $B{\to}C$ 可推出 $A{\to}C$。

冗余规则：$A{\otimes}B{\to}C$ 当且仅当 $A{\to}C/B$ 当且仅当 $B{\to}A\backslash C$。

**结合的兰贝克演算**可简称为 L。其是在 NL 的基础上增加如下这两条体现结合性的结构公设得到的。

结构公设（ⅰ）：$A{\otimes}(B{\otimes}C){\to}(A{\otimes}B){\otimes}C$。

结构公设（ⅱ）：$(A{\otimes}B){\otimes}C{\to}A{\otimes}(B{\otimes}C)$。

**多模态兰贝克演算**可简称为 ML。为了获得生成能力更强的系统，人们希望可以将具有不同性质（主要是结合性或交换性）的算子整合到一个或几个逻辑系统中，以使得对自然语言的处理更加精细化，而这类逻辑就被称为**混合**或**多模态 CTL**。

给定一个标记集 $I=\{a,c,na,nc\}$，其中的四个标记分别表述结合、交换、非结合、非交换，那么通过对积算子$\otimes$、右斜线算子/和左斜线算子＼添加标记集中的不同下标就能获得如下图所示的包含不同性质算子的 CTL 系统。

表（2.）3.2 中所列出的这四类算子所分别构成的 CTL 系统中都包含各自独特的结构规则，而将这四类算子混合使用的话就能在一定程度上避免单个系统所具有的局限性且能更好地刻画多变的自然语言现象。除此之外，多模态范畴语法系统中一般还会包含沟通规则以刻画带有不同性质算子的公式之间的推导关系。

**表（2.）3.2　CTL 系统的四类算子**

| 结合 | 交换 | 联结词 | | | CTL 系统 |
|---|---|---|---|---|---|
| 无 | 无 | $\otimes_{na\&nc}$ | $\backslash_{na\&nc}$ | $/_{na\&nc}$ | 非结合非交换的兰贝克演算 |
| 无 | 有 | $\otimes_{na\&c}$ | $\backslash_{na\&c}$ | $/_{na\&c}$ | 结合的兰贝克演算 |
| 有 | 无 | $\otimes_{a\&nc}$ | $\backslash_{a\&nc}$ | $/_{a\&nc}$ | 交换的兰贝克演算 |
| 有 | 有 | $\otimes_{a\&c}$ | $\backslash_{a\&c}$ | $/_{a\&c}$ | 结合且交换的兰贝克演算 |

对于 ML，这里介绍一个巴斯顿霍夫给出的自然推演表述。

**定义 3.11**(ML 的自然推演 ND 表述)　如果用大写拉丁字母表述任意的范畴，用 $I$ 表述某一标记集，那么对于任一 $i\in I$，ML 的自然推演表述如下：

$$\overline{A \vdash A}\ \mathrm{id}$$

$$\frac{\Gamma \vdash A/_i B \quad \Delta \vdash B}{\Gamma \cdot_i \Delta \vdash A}\ /_i E \qquad\qquad \frac{\Gamma \cdot_i B \vdash A}{\Gamma \vdash A/_i B}\ /_i I$$

$$\frac{\Delta \vdash B \quad \Gamma \vdash B\backslash_i A}{\Delta \cdot_i \Gamma \vdash A}\ \backslash_i E \qquad\qquad \frac{B \cdot_i \Gamma \vdash A}{\Gamma \vdash B\backslash_i A}\ \backslash_i I$$

$$\frac{\Delta \vdash A\otimes_i B \quad \Gamma[A \cdot_i B] \vdash C}{\Gamma[\Delta] \vdash C}\ \otimes_i E \qquad \frac{\Gamma \vdash A \quad \Delta \vdash B}{\Gamma \cdot_i \Delta \vdash A\otimes_i B}\ \otimes_i I$$

具体来说，定义 3.11 中的参数 $i$ 就表述非结合非交换、结合、交换或者结合且交换。

**兰贝克-格里辛演算**可简称为 LG。其通过增加算子，即给出积算子、右斜线算子和左斜线算子的对偶算子的方式增加范畴语法的生成能力。

**定义 3.12**（LG 的公式 $F$）　$F = A$，$F\otimes F$，$F\oplus F$，$F/F$，$F\oslash F$，$F\backslash F$，$F\oslash F$

其中，$\oplus$ 是 $\otimes$ 的对偶算子，$\oslash$ 是 / 算子的对偶算子，$\oslash$ 是 \ 的对偶算子。

**定义 3.13**（LG 的公理和推导规则）　与 NL 相比，LG 的公理同样是同一公理和 Cut 公理，而 LG 的推导规则除 NL 的四条外还包含这样一条：$C\oslash A\rightarrow B$ 当且仅当 $C\rightarrow B\oplus A$ 当且仅当 $B\oslash C\rightarrow A$。

LG 中的算子 $\otimes$ 和 $\oplus$ 本身是不具有结合性和交换性的，但是这两个算子的混合使用却可能会在一定程度上允许交换性或结合性的出现。格里辛（V. N. Grishin）曾经讨论过四种类型的公理以体现不同算子所体现出的一定程度上的结合性或交换性，而在 LG 演算的基础上分别添加这四种公理构成的系统就分别被记为 $\mathrm{LG_I}$、$\mathrm{LG_{II}}$、$\mathrm{LG_{III}}$ 和 $\mathrm{LG_{IV}}$。

如果这四种公理中的几组要在同一个演算中作为公理出现，那么这个 LG 演算就可被记为：$\mathrm{LG_{I+IV}}$ 或 $\mathrm{LG_{I+II+IV}}$ 这种形式。未添加这四种公理中任何一组的 LG 演算可记为 $\mathrm{LG_\varnothing}$。

表（2.）3.3 中所给出的就是格里辛所给出的第一种类型的公理和第四种类型的公理。

表（2.）3.3　类型 I 和类型 IV 的公理

| | 类型 I | 类型 IV |
|---|---|---|
| 混合的结合性 | $(A\oplus B)\otimes C\rightarrow A\oplus(B\otimes C)$ | $(A\backslash B)\oslash C\rightarrow A\backslash(B\oslash C)$ |
| | $A\otimes(B\oplus C)\rightarrow(A\otimes B)\oplus C$ | $A\oslash(B/C)\rightarrow(A\oslash B)/C$ |

续表

| | 类型 I | 类型 IV |
|---|---|---|
| 混合的交换性 | $A\backslash(B\oplus C)\rightarrow B\oplus(A\backslash C)$ | $A\oslash(B\backslash C)\rightarrow B\backslash(A\oslash C)$ |
| | $(A\oplus B)\otimes C\rightarrow(A\otimes C)\oplus B$ | $(A/B)\oslash C\rightarrow(A\oslash C)/B$ |

表（2.）3.3 中，类型 I 的前两条公理体现了算子 $\oplus$ 和算子 $\otimes$ 之间的混合的结合性，后两条公理则体现出了两算子间的混合的交换性；类型 IV 的前两条公理体现了算子 \ 和算子 $\oslash$ 之间的混合的结合性，后两条公理则体现出了两算子间的混合的交换性。

# 4

## CTL 的主要理论

### 4.1 传统的 CTL——结合的兰贝克演算

CTL 是逻辑学与语言学的交叉学科，兰贝克（Lambek，1958）首先使用公理表述的方法给出结合的兰贝克演算，即 $L$。本节将分别介绍这一演算的公理表述、根岑表述、自然演绎 ND 表述、树模式表述以及四种表述的等价性证明。

#### 4.1.1 公理表述

**定义 4.1**（$L$ 中的公式 $F$）
$F = A$，$F \otimes F$，$F/F$，$F \backslash F$

$L$ 中原子公式 $A \in \{NP, N, S\}$，而复合公式则是在原子公式的基础上添加不同算子构成的。积算子 $\otimes$ 表述的是公式之间的毗连运算，而右斜线算子/和左斜线算子 \ 所表述的则是一种区分了左右方向的蕴涵关系。如公式 $NP\backslash S$ 所表述的意思就是向左结合一个原子公式 NP 得到原子公式 S，而 $S/NP$ 的意思则是向右结合 NP 得到 S。

**定义 4.2**（$L$ 的公理、推导规则和结构公设）

$L$ 的公理：同一公理（id）：$A \rightarrow A$。

$L$ 的推导规则：Cut 规则：从 $A \rightarrow B$ 和 $B \rightarrow C$ 可推出 $A \rightarrow C$。

冗余规则：$A \otimes B \rightarrow C$ 当且仅当 $A \rightarrow C/B$ 当且仅当 $B \rightarrow A \backslash C$。

$L$ 的结构公设：结合假设（ass）：$A \otimes (B \otimes C) \leftrightarrow (A \otimes B) \otimes C$。

**定义 4.3**（$L$ 的框架 $F_L$）

$L$ 的框架 $F_L$ 是一个二元组 $\langle W_L, R_L \rangle$，其中 $W_L$ 是一个非空且由语言符号串构成的集合，而 $R_L$ 则是 $W_L$ 上的三元关系且对于 $W_L$ 中的任意五个元素 $x$、$y$、$z$、$u$、$v$ 而言，需要满足以下两个条件：

（1）$R_L xyz \wedge R_L zuv \rightarrow \exists w(R_L wyu \wedge R_L xwv)$；

(2) $R_L xyz \wedge R_L yuv \rightarrow \exists w(R_L wvz \wedge R_L xuw)$。

这两个条件所体现的就是框架的结合性，正如图（2.）4.1 所示。

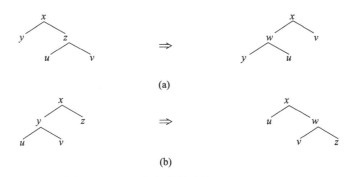

(a)

(b)

图（2.）4.1 框架的结合性（Jäger，2005）

直观上来说，条件（1）说明，如果语言符号串 $x$ 由语言符号串 $y$ 和 $z$ 构成，$y$ 在左 $z$ 在右且 $z$ 由语言符号串 $u$ 和 $v$ 构成，$u$ 在左 $v$ 在右，那么 $x$ 就由语言符号串 $w$ 和 $v$ 构成，$w$ 在左 $v$ 在右而 $w$ 又由 $y$ 和 $u$ 构成，$y$ 在左 $u$ 在右。这正是图（2.）4.1 中（a）所图示的内容。

条件（2）说明如果 $x$ 由 $y$ 和 $z$ 构成，$y$ 在左 $z$ 在右且 $y$ 由 $u$ 和 $v$ 构成，$u$ 在左 $v$ 在右，那么 $x$ 就由 $u$ 和 $w$ 构成，$u$ 在左 $w$ 在右而 $w$ 又由 $v$ 和 $z$ 构成，$v$ 在左 $z$ 在右。这正是图（2.）4.1 中（b）所图示的内容。

**定义 4.4**（$L$ 的模型 $M_L$） $L$ 的模型 $M_L$ 是一个二元组 $\langle F_L, f_L \rangle$，其中 $F_L$ 是 $L$ 的框架，$f_L$ 则是一个从原子公式到 $W_L$ 子集的映射。

**定义 4.5**（模型 $M_L$ 下的解释） 在模型 $M_L$ 的基础上，$f_L$ 能够通过如下的方式被扩充成为对 $L$ 中所有公式的解释：

(1) $\| A \|_{ML} = f_L(A)$ 当且仅当 $A \in \{NP, N, S\}$；

(2) $\| A \otimes B \|_{ML} = \{x \mid \exists y \exists z(y \in \| A \|_{ML} \wedge z \in \| B \|_{ML} \wedge R_L xyz)\}$；

(3) $\| A \backslash B \|_{ML} = \{x \mid \forall y \forall z(y \in \| A \|_{ML} \wedge R_L zyx \rightarrow z \in \| B \|_{ML})\}$；

(4) $\| A / B \|_{ML} = \{x \mid \forall y \forall z(y \in \| B \|_{ML} \wedge R_L zxy \rightarrow z \in \| A \|_{ML})\}$；

(5) $\| A, B \|_{ML} = \{x \mid \exists y \exists z(y \in \| A \|_{ML} \wedge z \in \| B \|_{ML} \wedge R_L xyz)\}$。

**定义 4.6**（有效性） 对于 $L$ 的任意模型 $M_L$ 以及 $L$ 中的任意非空公式集 $X$ 和公式 $A$，$\models X \Rightarrow A$，当且仅当 $\| X \|_{ML} \subseteq \| A \|_{ML}$。

也就是说 $X \Rightarrow A$ 是有效的，当且仅当其永远为真，即相对于模型 $M_L$ 及其中任意的元素 $w$ 而言，如果前提 $X$ 在 $w$ 上为真，那么 $A$ 在 $w$ 上就为真。

道森（Došen，1992）已证明，相对于定义 4.3 中所定义的框架而言，$L$ 既是可靠的也是完全的，其证明过程可被简述如下：

**定理 4.1**（L 的可靠性）　如果 $\vdash_L X\Rightarrow A$，那么 $\vDash X\Rightarrow A$。

**证明**　对 L 公理表述中的推导长度施归纳。

当推导的长度为 1 时，推导所得的就是系统 L 中的公理或结构公设。此时由于同一公理是有效的，由于框架 $F_L$ 中对 $R_L$ 所施加的两个条件而使得结合假设具有有效性，所以此时结论成立。

假设当推导长度为 $n-1$ 时结论成立，现证当推导长度为 $n$ 时结论也成立。

从长度为 $n-1$ 的推导到长度为 $n$ 的推导，可用的规则只有 Cut 规则和冗余规则。现以冗余规则的一部分为例说明推导规则保持有效性。

（1）从 $A\otimes B\to C$ 得到 $A\to C/B$。

假定第 $n-1$ 步得到的是形如 $A\otimes B\to C$ 的公式，那么由归纳假设可得 $\vDash A\otimes B\to C$，即 $\|A\otimes B\|_{ML}\subseteq\|C\|_{ML}$，只要证明 $\vDash A\to C/B$，即 $\|A\|_{ML}\subseteq\|C/B\|_{ML}$ 便可得该规则保持有效性的结论。

假设对于 $W_L$ 中任意的 $y$ 而言，$y\in\|A\|_{ML}$，那么要证 $y\in\|C/B\|_{ML}$，即对于 $W_L$ 中任意的 $z$ 和 $x$ 而言 $z\in\|B\|_{ML}\wedge R_Lxyz\to x\in\|C\|_{ML}$。

由于归纳假设 $\|A\otimes B\|_{ML}\subseteq\|C\|_{ML}$，所以对于 $W_L$ 中任意的 $x$ 而言，若 $\exists y\exists z(y\in\|A\|_{ML}\wedge z\in\|B\|_{ML}\wedge R_Lxyz)$，那么 $x\in\|C\|_{ML}$，根据是命题逻辑的定理：$((p\&(q\&r))\to s)\to(p\to(q\&r\to s))$，再与假设分离可得结论成立。

（2）从 $A\to C/B$ 得到 $A\otimes B\to C$。

假定第 $n-1$ 步得到的是形如 $A\to C/B$ 的公式，那么由归纳假设可得 $\vDash A\to C/B$，即 $\|A\|_{ML}\subseteq\|C/B\|_{ML}$，只要证明 $\vDash A\otimes B\to C$，即 $\|A\otimes B\|_{ML}\subseteq\|C\|_{ML}$ 便可得该规则保持有效性的结论。假定对于 $W_L$ 中任意的 $x$ 而言，$\exists y\exists z(y\in\|A\|_{ML}\wedge z\in\|B\|_{ML}\wedge R_Lxyz)$，那么就要求 $x\in\|C\|_{ML}$。

由于归纳假设 $\|A\|_{ML}\subseteq\|C/B\|_{ML}$，所以对于 $W_L$ 中任意的 $y$ 而言，$y\in\|A\|_{ML}$ 蕴涵 $y\in\|C/B\|_{ML}$，即 $\forall x\forall z(z\in\|B\|_{ML}\wedge R_Lxyz\to x\in\|C\|_{ML})$。有假定 $\exists y\exists z(y\in\|A\|_{ML}\wedge z\in\|B\|_{ML}\wedge R_Lxyz)$ 可得，$y\in\|A\|_{ML}$ 成立，所以 $y\in\|C/B\|_{ML}$，即 $\forall x\forall z(z\in\|B\|_{ML}\wedge R_Lxyz\to x\in\|C\|_{ML})$。又由于 $z\in\|B\|_{ML}\wedge R_Lxyz$ 也成立，所以可得 $x\in\|C\|_{ML}$，即结论成立。

所以，可证的如果 $\vdash_L X\Rightarrow A$，那么 $\vDash X\Rightarrow A$。

**定理 4.2**（L 的完全性）　如果 $\vDash X\Rightarrow A$，那么 $\vdash_L X\Rightarrow A$。

**证明**　首先，构造典范模型 $M_{CML}$，$M_{CML}=\langle W_{CML},R_{CML},f_{CML}\rangle$ 且满足下面

的三个条件：

（1）$W_{CML}$ 是 L 中公式类型构成的集合；

（2）$R_{CML}$ 是 $W_{CML}$ 上的三元关系其满足结合性和下面的条件，即 $R_{CML}ABC$ 当且仅当 $\vdash_L A \Rightarrow B \otimes C$。

（3）函数 $f_{CML}$ 可被定义如下：$f_{CML}(A) = \{B \mid \vdash_L B \Rightarrow A\}$，若 $A \in \{NP, N, S\}$。

其次，证明真值引理，即对于任意公式类型 $A$、$B$，下面的结论成立：$A \in \|B\|$ 当且仅当 $\vdash_L A \Rightarrow B$。

施归纳于 $B$ 中联结词出现的数量。当 $B$ 中联结词出现的数量为 0 时，$B$ 为一原子公式，此时由于函数 $f_{CML}$ 的定义可得结论成立。

假设当 $B$ 中联结词出现的数量为 $n-1$ 时结论成立，求 $B$ 中联结词出现的数量为 $n$ 时结论也成立。此时 $B = E \otimes F$ 或 $B = E \backslash F$ 或 $B = E/F$。以 $B = E \otimes F$ 为例说明此时结论成立。

（1）从左到右。

假设 $A \in \|E \otimes F\|$，则存在 $A'$ 和 $A''$ 满足条件 $A' \in \|E\|_{MCML} \wedge A'' \in \|F\|_{MCML} \wedge R_{CML}AA'A''$，由归纳假设可得 $\vdash_L A' \Rightarrow E$ 且 $\vdash_L A'' \Rightarrow F$，由 $R_{CML}$ 定义可得 $\vdash_L A \Rightarrow A' \otimes A''$。又因为积算子是向上单调的，所以传递可得 $\vdash_L A \Rightarrow E \otimes F$。

（2）从右到左。

假设 $\vdash_L A \Rightarrow E \otimes F$，则由 $R_{CML}$ 定义可得 $R_{CML}AEF$。由归纳假设得 $E \in \|E\|$ 且 $F \in \|F\|$，所以可得 $A \in \|E \otimes F\|$。

最后，证明完全性定理的逆否命题。

先给出积算子 $\otimes$ 的封闭性定义

（a）$\sigma(p) = p$；

（b）$\sigma(X, A) = \sigma(X) \otimes A$。

假设 $\nvdash_L X \Rightarrow A$，那么 $\nvdash_L \sigma(X) \Rightarrow A$，所以 $\sigma(X) \notin \|A\|$。又因为 $\sigma(X) \in \|\sigma(X)\|$，所以 $\sigma(X) \Rightarrow A$ 不是有效的，即 $X \Rightarrow A$ 不是有效的。与前提矛盾，因此完全性定理获证。

## 4.1.2　根岑表述

在 L 的根岑表述、自然推演表述以及树模式表述中，最重要的一个特点就是能够实现句法语义的并行推演，其中语义上的推演是借助于标注类型的 λ 演算来实现的。除此之外，借助 L 的根岑表述，还能得到 L 的可判定性定理，所以在本小节中，首先介绍 L 的只含范畴的根岑表述。

**定义 4.7**（L 的根岑表述）

$$\frac{}{A \Rightarrow A}\ \text{id} \qquad\qquad \frac{X \Rightarrow A \quad Y,A,Z \Rightarrow B}{Y,X,Z \Rightarrow B}\ \text{Cut}$$

$$\frac{X \Rightarrow A \quad Y \Rightarrow B}{X,Y \Rightarrow A \otimes B}\ \otimes R \qquad\qquad \frac{X,A,B,Y \Rightarrow C}{X,A \otimes B,Y \Rightarrow C}\ \otimes L$$

$$\frac{X,A \Rightarrow B}{X \Rightarrow B/A}\ /R \qquad\qquad \frac{X \Rightarrow A \quad Y,B,Z \Rightarrow C}{Y,B/A,X,Z \Rightarrow C}\ /L$$

$$\frac{A,X \Rightarrow B}{X \Rightarrow A \backslash B}\ \backslash R \qquad\qquad \frac{X \Rightarrow A \quad Y,B,Z \Rightarrow C}{Y,X,A \backslash B,Z \Rightarrow C}\ \backslash L$$

$L$ 的根岑表述具有可判定性和有穷可读性两个非常好的性质。下文中将要给出的就是这两个结论的证明概要。

**定理 4.3**（Cut 消去定理）　在 L 的根岑表述中，如果 $X \Rightarrow A$ 可证，那么就会存在 $X \Rightarrow A$ 的一个不使用 Cut 规则的证明。

**证明**　首先定义公式以及公式系列（或公式集）的复杂度。一个公式或公式系列的复杂度就是其中所出现的符号的数量。令 $d$ 表述复杂度，那么公式 $A$ 以及公式序列 $\Gamma$ 的复杂度可被分别表述为 $d(A)$ 和 $d(\Gamma)$，而一个 Cut 规则的复杂度，则是这一规则中所出现的公式或公式序列的复杂度之和。

Cut 消去定理的证明思路是，将应用了 Cut 规则的证明转化为不应用 Cut 规则的证明或者应用了一两个复杂度更低的 Cut 规则的证明。在第二种情况下，由于 Cut 规则的复杂度总是有穷且非负的，所以不断对 Cut 规则的应用进行转化，就能得到不使用 Cut 规则的证明。

其次引入证明中将使用到的术语。Cut 规则中，在前提中出现但在结论中却被消去的公式被称为 Cut 公式；在 $L$ 的根岑表述中，每一条逻辑规则都引入了一个新的公式，而结论中其他的公式则都已经在前提中出现，这一被引入的新公式就被称为新生公式。

最后分情况讨论。在一个使用了 Cut 规则的证明中，总会存在至少这样一个 Cut 规则的应用，其不被其他的 Cut 规则的应用所支配/影响。这样的 Cut 规则的应用被称为主切割规则，我们可以区分主切割规则的如下三种情况进行讨论[①]：

（1）Cut 规则的应用中至少一个前提是同一公理；

（2）Cut 规则的应用中的两个前提都是由逻辑规则应用而得且 Cut 公式在这两个前提中都是新生公式；

---

① 此处已省略了 λ 词项。下面的一些证明中也会存在这种省略 λ 词项的情况。

（3）Cut 规则的应用中的两个前提都是由逻辑规则应用而得且 Cut 公式在一个前提中不是新生公式。

情况（1）：（a）当左前提为同一公理时，证明形式如下：

$$\frac{A{\Rightarrow}A \quad Y,A,Z{\Rightarrow}B}{Y,A,Z{\Rightarrow}B}\ Cut$$

（b）当右前提为同一公理时，证明形式如下：

$$\frac{X{\Rightarrow}A \quad A{\Rightarrow}A}{X{\Rightarrow}A}\ Cut$$

由此可得，在情况（1）中，结论总是前提之一，所以 Cut 规则的应用可直接消去而直接在证明中使用原 Cut 规则的应用中的左前提或右前提即可。对于情况（2），以 Cut 规则应用中左右前提分别使用逻辑规则/R 和/L 以及⊗R 和⊗L 的情况为例进行证明。

（a）当 Cut 规则应用中左前提使用/R 规则且右前提使用/L 规则时，证明如下：

$$\frac{\dfrac{X,A{\Rightarrow}B}{X{\Rightarrow}B/A}\ /R \quad \dfrac{M{\Rightarrow}A \quad Y,B,Z{\Rightarrow}C}{Y,B/A,M,Z{\Rightarrow}C}\ /L}{Y,X,M,Z{\Rightarrow}C}\ Cut$$

可转化为下面的证明：

$$\frac{M{\Rightarrow}A \quad \dfrac{X,A{\Rightarrow}B \quad Y,B,Z{\Rightarrow}C}{Y,X,A,Z{\Rightarrow}C}\ Cut}{Y,X,M,Z{\Rightarrow}C}\ Cut$$

（b）当 Cut 规则应用中左前提使用⊗R 规则得到且右前提使用⊗L 规则得到时，证明如下：

$$\frac{\dfrac{X{\Rightarrow}A \quad Y{\Rightarrow}B}{X,Y{\Rightarrow}A{\otimes}B}\ {\otimes}R \quad \dfrac{N,A,B,M{\Rightarrow}C}{N,A{\otimes}B,M{\Rightarrow}C}\ {\otimes}L}{N,X,Y,M{\Rightarrow}C}\ Cut$$

可转化为下面的证明

$$\frac{X{\Rightarrow}A \quad \dfrac{Y{\Rightarrow}B \quad N,A,B,M{\Rightarrow}C}{N,A,Y,M{\Rightarrow}C}\ Cut}{N,X,Y,M{\Rightarrow}C}\ Cut$$

由公式以及公式序列复杂性的定义可知，在上面的两种情况下证明中原使用的 Cut 规则应用都被转化为了复杂度更低的两个 Cut 规则应用。

至于情况（3），以 Cut 规则应用中右前提中使用了⊗R 规则以及左前提中

使用了 /L 规则的情况为例进行证明。

（a）Cut 规则应用中右前提使用了 ⊗R 规则

$$\cfrac{U\Rightarrow X \quad \cfrac{X\Rightarrow A \quad Y\Rightarrow B}{X,Y\Rightarrow A\otimes B}\ \otimes R}{U,Y\Rightarrow A\otimes B}\ \text{Cut}$$

可转化为下面的证明：

$$\cfrac{\cfrac{U\Rightarrow X \quad X\Rightarrow A}{U\Rightarrow A}\ \text{Cut} \quad Y\Rightarrow B}{U,Y\Rightarrow A\otimes B}\ \otimes R$$

（b）Cut 规则应用中左前提中使用了 /L 规则

$$\cfrac{\cfrac{X\Rightarrow A \quad Y,B,Z\Rightarrow C}{Y,B/A,X,Z\Rightarrow C}\ /L \quad C,M\Rightarrow D}{Y,B/A,X,Z,M\Rightarrow D}\ \text{Cut}$$

可转化为下面的证明：

$$\cfrac{X\Rightarrow A \quad \cfrac{Y,B,Z\Rightarrow C \quad C,M\Rightarrow D}{Y,B,Z,M\Rightarrow D}\ \text{Cut}}{Y,B/A,X,Z,M\Rightarrow D}\ /L$$

由公式以及公式序列复杂性的定义可知，在上面的两种情况下证明中原使用的 Cut 规则应用也都被转化为了复杂度更低的一个 Cut 规则应用。

**定理 4.4**（子公式性）　$L$ 的根岑表述里，Cut 规则除外，出现在逻辑规则前提中的每一个公式都在结论中以某一公式的子公式的身份出现。

**证明**　施归纳于 $L$ 的根岑表述的每条逻辑规则（Cut 规则除外）可得所求结论。

**定理 4.5**（可判定性）　$L$ 的根岑表述是可判定的。

**证明**　这一结论是兰贝克（1958）证得的。任给一公式，只要以其为结论向上搜寻其证明过程即可知道它是否是系统中可证得的。因此，可以说，可判定性（定理 4.5）是定理 4.3 和定理 4.4 的推论。

**推论 4.1**（有穷可读性）　对于一个给定的未加标的 $L$ 的根岑演算，存在其的至多有穷多个哈里霍华德标记。

### 4.1.3　$L$ 的自然演绎 ND 表述与树模式表述

不同于 $L$ 的根岑表述，$L$ 的自然推演表述中每一算子都对应着引入和消去两个规则。$L$ 的树模式表述因为更便于进行语言学上的分析而被语言学家们广泛使用，本小节中我们就将分别给出 $L$ 的自然推演 ND 表述与 $L$ 的树模式表述。

**定义 4.8**（$L$ 的自然推演 ND 表述）

$$\frac{}{x{:}A \Rightarrow x{:}A} \text{ id} \qquad \frac{X \Rightarrow M{:}A \quad Y,x{:}A,Z \Rightarrow N{:}B}{Y,X,Z \Rightarrow N[M/x]{:}B} \text{ Cut}$$

$$\frac{X \Rightarrow M{:}A \quad Y \Rightarrow N{:}B}{X,Y \Rightarrow \langle M,N \rangle{:}A \otimes B} \otimes I \qquad \frac{X \Rightarrow M{:}A \otimes B \quad Y,x{:}A,y{:}B,Z \Rightarrow N{:}C}{Y,X,Z \Rightarrow N[(M)_0/x][(M)_1/y]{:}C} \otimes E$$

$$\frac{X,x{:}A \Rightarrow M{:}B}{X \Rightarrow \lambda xM{:}B/A} /I \qquad \frac{X \Rightarrow M{:}A/B \quad Y \Rightarrow N{:}B}{X,Y \Rightarrow MN{:}A} /E$$

$$\frac{x{:}A,X \Rightarrow M{:}B}{X \Rightarrow \lambda xM{:}A \backslash B} \backslash I \qquad \frac{X \Rightarrow M{:}A \quad Y \Rightarrow N{:}A \backslash B}{X,Y \Rightarrow NM{:}B} \backslash E$$

$$\frac{x{:}A \quad y{:}B}{\langle x,y \rangle{:}A \otimes B} \otimes I \qquad \frac{x{:}A \otimes B}{(x)_0{:}A \quad (x)_1{:}A} \otimes E$$

**定义 4.9**（$L$ 的树模式表述）

$$\frac{\genfrac{}{}{0pt}{}{\dfrac{}{x{:}A \quad {:} \quad {:}}{\begin{matrix} {:} & {:} & {:} \\ {:} & {:} & {:} \end{matrix}}}{M{:}B}{}i$$

$$\frac{M{:}B}{\lambda xM{:}A \backslash B} \backslash I,i \qquad \frac{x{:}A \quad y{:}A \backslash B}{(yx){:}B} \backslash E$$

$$\frac{\dfrac{}{x{:}A}i}{\begin{matrix} {:} & {:} \\ {:} & {:} \\ {:} & {:} \end{matrix}}$$

$$\frac{M{:}B}{\lambda xM{:}B/A} /I,i \qquad \frac{x{:}A/B \quad y{:}B}{(xy){:}B} /E$$

$L$ 的自然推演 ND 表述和树模式表述都是添加了 λ 演算之后的表述方式，更能体现出 CTL 句法语义并行推演的这一特点。

### 4.1.4 四种表述的等价性

$L$ 的公理表述、树模式表述、自然推演表述以及根岑表述之间的等价性证明早已在很多文献中有所提及。本小节将给出这四种表述间的等价性证明的简要说明。

**定理 4.6** $L$ 的公理表述与自然推演表述之间具有等价性。

**证明**

（1）证明 $L$ 的公理表述中的公理、推导规则和结构公设都是 $L$ 的自然推演表述中可证的。

（a）同一公理、Cut 规则本就出现在了 $L$ 的自然推演表述中，结合假设使用 $\otimes$ 的封闭性加 $\otimes I$ 规则可证。

（b）冗余规则分别对应自然推演表述中的斜线算子引入规则和斜线算子消去规则。

（2）证明 $L$ 的自然推导表述中的推导规则都是 $L$ 的公理表述中可证的。

（a）自然推导表述中的 id 规则和 Cut 规则在公理表述中也对应出现。

（b）$\otimes I$ 规则由下面的 $\otimes$ 单调性规则可证，$\otimes E$ 规则由 Cut 公理加 $\otimes$ 封闭性可证。

$$
\cfrac{A{\to}B \quad \cfrac{\cfrac{C{\to}D \quad \cfrac{\cfrac{\rule{2cm}{0.4pt}\ \text{id}}{B{\otimes}D{\to}B{\otimes}D}}{D{\to}B\backslash(B{\otimes}D)}\ \text{冗余规则}}{\cfrac{\cfrac{C{\to}B\backslash(B{\otimes}D)}{B{\otimes}C{\to}B{\otimes}D}\ \text{冗余规则}}{B{\to}(B{\otimes}D)/C}\ \text{冗余规则}}\ \text{Cut}}{\cfrac{A{\to}(B{\otimes}D)/C}{A{\otimes}C{\to}B{\otimes}D}\ \text{冗余规则}}\ \text{Cut}
$$

（c）$/I$ 规则、$\backslash I$ 规则以及 $/E$ 规则、$\backslash E$ 规则分别对应公理表述中的冗余规则以及 $\otimes$ 的运算性质，即 $A/B{\otimes}B{=}A$，$A{\otimes}A\backslash B{=}B$。

**定理 4.7** $L$ 的自然推演表述与根岑表述之间具有等价性。

**证明**

（1）$L$ 的自然推演表述中的推导规则在根岑表述中都可证。

（a）自然推演表述中的同一规则和 Cut 规则在根岑表述中本就存在对应版本。

（b）根岑表述中的 $\otimes R$ 规则、$/R$ 规则以及 $\backslash R$ 规则分别是自然推演表述中的 $\otimes I$ 规则、$/I$ 规则以及 $\backslash I$ 规则的根岑表述对应版本。

（c）自然推演表述中的 $\otimes E$ 规则可在根岑表述中用如下的方法证明。

$$
\cfrac{X{\Rightarrow}A{\otimes}B \quad \cfrac{Y,A,B,Z{\Rightarrow}C}{Y,A{\otimes}B,Z{\Rightarrow}C}\ \otimes L}{Y,X,Z{\Rightarrow}C}\ \text{Cut}
$$

（d）自然推演表述中的 $/E$ 规则和 $\backslash E$ 规则可在根岑表述中用 $\otimes R$ 规则加 $\otimes$ 的运算性质证得。

（2）$L$ 的根岑表述中的推导规则在自然推导表述中都可证。

（a）$L$ 的根岑表述中的同一规则、Cut 规则、$\otimes R$ 规则、$\backslash R$ 规则以及 $/R$ 规则在自然推演表述中都分别存在其对应版本。

（b）根岑表述中的 $\otimes L$ 规则在自然推演表述中可证明如下：

$$\frac{\overline{\hspace{3cm}} \text{ id}}{\dfrac{A{\otimes}B{\Rightarrow}A{\otimes}B \qquad X,A,B,Y{\Rightarrow}C}{X,A{\otimes}B,Y{\Rightarrow}C}}\otimes E$$

（c）根岑表述中的 $\backslash L$ 规则和 $/L$ 规则在自然推演表述中可证明如下：

$$\frac{\dfrac{\dfrac{\overline{\hspace{2cm}}\text{ id}}{\dfrac{B/A{\Rightarrow}B/A \qquad X{\Rightarrow}A}{B/A,X{\Rightarrow}B/A{\otimes}A}}\otimes I}{B/A,X{\Rightarrow}B}\otimes\text{的运算性质} \qquad Y,B,Z{\Rightarrow}C}{Y,B/A,X,Z{\Rightarrow}C}\text{Cut}$$

根岑表述中的 $\backslash L$ 规则在自然推演表述中也可用上述方法证明。

**定理 4.8** $L$ 的树模式表述与自然推演表述之间具有等价性。

**证明** 这一定理的证明较为简单，有兴趣的读者可参见文献（Jäger，2005；Morril，1994）。

**推论 4.2** $L$ 的四种表述方式之间都是等价的。

**证明** 由定理 4.6、定理 4.7 以及定理 4.8 可得。


## 4.2 多模态的 CTL

所谓多模态的 CTL 就是将不同的 CTL 系统（如 NL、L 等）整合到一个逻辑系统当中，这样做有如下两个特点：①可以在传统 CTL 中自由选择生成能力不同的系统来构成一个多模态的 CTL 系统，这种做法不但使得一个系统可以刻画语法和语义上的不同特征，还提升了 CTL 的生成能力（或表达力）。②张璐指出，多模态的 CTL 在处理自然语言现象时允许我们"构建丰富的词库，为词条编码足够进行运算的信息，降低了逻辑系统本身的复杂程度。在具有普遍意义的基本运算的基础上，通过少量词条编码的微调就可以达到'大词库，小规则'的普遍语法目的"。（张璐，2013）

本节将分别介绍多模态 CTL 公理表述和根岑表述中的特点。

### 4.2.1 多模态 CTL 的公理表述

多模态 CTL 是混合 CTL 研究进路上的产物。本质上来说,这一研究进路并没有改变范畴演算中很多的模型论性质和证明论性质,但是却增加了 CTL 在处理语言学问题上的精细程度,即传统 CTL 中不同系统所具有的不同限制在一定程度上都能被克服。例如,非结合的兰贝克演算 NL 所具有的性质最少(既无结合性也无交换性),而结合的兰贝克演算 $L$ 则具有结合性但却不具有交换性,如果将 NL 和 $L$ 混合到一起,那么就能在同一系统中处理不体现结合性的语言现象和体现结合性的语言现象。

在传统的 CTL 当中,构成范畴或公式的算子主要有如下的三个,即积算子 $\otimes$、左斜线算子 \ 和右斜线算子 /。对这三个算子的解释也是在单一语言下的构成规则所给出的,因此传统 CTL 中的系统都是在单一语言下构成的(具有)单一(性质的)系统。在多模态 CTL 当中,我们的研究对象由这些单一的系统转变为这些系统的混合并在这种混合的基础上探索新的语法推导规则以体现这些系统混合后所要具有的沟通方式或互动过程。

在将传统范畴类型中的不同系统整合成为一个多模态 CTL 系统的过程中,这些系统在处理语料时原本所具有的特点都要被原封不动地保留下来。这一要求能够通过将语言学中的构成规则进行相对化处理以体现语料处理中的特殊性来达成。多模态 CTL 系统与构成它的传统范畴逻辑系统相比要具有更强的生成能力。这"多出来的"生成能力是从**沟通假定**中得到的,而沟通假定所体现的就是构成多模态 CTL 的不同系统中的公式之间的推导。

在语法层面,多模态范畴逻辑系统中的范畴或公式能够在原子范畴 $A$ 以及参数集 $I$ 的基础上递归定义如下:

**定义 4.10**(多模态 CTL 中的公式 $F$)  相对于参数集合 $I$ 中的任意元素 $i$ 而言,多模态 CTL 中的公式 $F$ 可被递归定义如下:

$F=A$,$F\otimes_i F$,$F/_i F$,$F\backslash_i F$  $(A\in\{\mathrm{NP},\mathrm{N},\mathrm{S}\})$

多模态 CTL 的框架 $F_{\mathrm{MML}}$ 是一个数组 $\langle W_{\mathrm{MML}},R_i\rangle(i\in I)$,其中 $W_{\mathrm{MML}}$ 是语言符号串构成的非空集,$i$ 是参数集 $I$ 中的元素,$R_i$ 则是 $W_{\mathrm{MML}}$ 上的三元关系。在此基础上,多模态 CTL 的模型 $M_{\mathrm{MML}}$ 可被规定为如下这一数组 $\langle W_{\mathrm{MML}},R_i,\upsilon_{\mathrm{MML}}\rangle$ $(i\in I)$,其中 $\langle W_{\mathrm{MML}},R_i\rangle$ 是多模态 CTL 的框架,$\upsilon_{\mathrm{MML}}$ 则是模型 $M_{\mathrm{MML}}$ 上的赋值函数且可定义如下:

**定义 4.11**(模型 $M_{\mathrm{MML}}$ 上的赋值 $\upsilon_{\mathrm{MML}}$)  在多模态 CTL 的模型 $M_{\mathrm{MML}}$ 中,

$v_{MML}$ 是从原子公式集到 $W_{MML}$ 的子集的函数且 $v_{MML}$ 可以被扩充如下：

(1)  $\| A \|_{MMML} = v_{MML}(A)$ 当且仅当 $A \in \{NP, N, S\}$；

(2)  $\| A \otimes_i B \|_{MMML} = \{ x | \exists y \exists z (y \in \| A \|_{MMML} \wedge z \in \| B \|_{MMML} \wedge R_i xyz) \}$；

(3)  $\| A \backslash_i B \|_{MMML} = \{ x | \forall y \forall z (y \in \| A \|_{MMML} \wedge R_i zyx \rightarrow z \in \| B \|_{MMML}) \}$；

(4)  $\| A /_i B \|_{MMML} = \{ x | \forall y \forall z (y \in \| B \|_{MMML} \wedge R_i zxy \rightarrow z \in \| A \|_{MMML}) \}$。

相对于参数 $i(\in I)$，多模态 CTL 中的推导规则可被规定如下：$A \rightarrow C /_i B$ 当且仅当 $A \otimes_i B \rightarrow C$ 当且仅当 $B \rightarrow A \backslash_i C$。

到目前为止，我们所做的仅仅是将不同的、孤立的系统放到一个多模态 CTL 系统中而已。对于获得更强地推理能力这一目的而言，这种做法也已足够而且这一做法还能避免多模态 CTL 系统坍塌到某一个我们最不想得到的传统 CTL 系统中去的情况。但即使是这样，构成多模态 CTL 的不同系统之间的界限仍然鲜明，而如果要使得这些不同的系统之间能够进行沟通和交流，主要有如下的两个方式可供选择：

（a）包含假设。对于参数集 $I$ 中的任两个参数 $i$ 和 $j$，如果假定带有这两个参数的公式之间在推导能力上有一定的层级性，那么在语法上就能得到类似于 $A \otimes_i B \rightarrow A \otimes_j B$ 这样的公式，而在框架的基础假设中则要相对应地增加 $\forall x \forall y \forall z (R_i xyz \rightarrow R_j xyz)$ 这一规定。

（b）沟通假设。对于参数集 $I$ 中的任两个参数 $i$ 和 $j$，可以在多模态的 CTL 系统中增加 $A \otimes_i (B \otimes_j C) \leftrightarrow B \otimes_j (A \otimes_i C)$ 这样的公式以体现带有这两个参数的公式之间的互动或关联，而在框架的基础假设中则要相对应地增加如下这一规定：对于 $W_{MML}$ 中的任意元素 $u$、$x$、$y$、$z$ 而言，$\exists t \exists t' (R_i uxt \wedge R_j tyz \leftrightarrow R_j uyt' \wedge R_i t'xz)$ 成立。

### 4.2.2  多模态 CTL 的根岑表述

莫特盖特（Moortgat，1995）给出了多模态 CTL 的一个根岑表述版本。本小节首先介绍莫特盖特的这一版本。

**定义 4.12**（多模态 CTL 的根岑表述的结构项 $S$）

$$S = F, (S, S)^i$$

**定义 4.13**（多模态 CTL 的根岑表述的逻辑规则）

$$\frac{(\Gamma, B)^i \Rightarrow A}{\Gamma \Rightarrow A /_i B} [R/_i] \qquad\qquad \frac{\Gamma \Rightarrow B \quad \Delta[A] \Rightarrow C}{\Delta[(A /_i B, \Gamma)^i] \Rightarrow C} [L/_i]$$

$$\frac{(B,\Gamma)^i{\Rightarrow}A}{\Gamma{\Rightarrow}B\backslash_iA}\,[R\backslash_i] \qquad\qquad \frac{\Gamma{\Rightarrow}B \quad \Delta[A]{\Rightarrow}C}{\Delta[(\Gamma,B\backslash_iA)^i]{\Rightarrow}C}\,[L\backslash_i]$$

$$\frac{\Gamma{\Rightarrow}A \quad \Delta{\Rightarrow}B}{(\Gamma,\Delta)^i{\Rightarrow}A\otimes_iB}\,[R\otimes_i] \qquad\qquad \frac{\Gamma[(A,B)^i]{\Rightarrow}C}{\Gamma[(A\otimes B)^i]{\Rightarrow}C}\,[L\otimes_i]$$

由于 id 和 Cut 在兰贝克演算的四个系统（结合且交换、结合且非交换、非结合且交换、非结合且非交换的兰贝克系统）中都会出现，故这两个规则无须加标，可表述如下：

$$\frac{}{A{\Rightarrow}A}\,[\mathrm{id}] \qquad\qquad \frac{\Gamma{\Rightarrow}A \quad \Delta[A]{\Rightarrow}B}{\Delta[\Gamma]{\Rightarrow}B}\,[\mathrm{Cut}]$$

在多模态 CTL 的根岑表述中，结构规则以及沟通假设可表述如下：

**定义 4.14**（多模态 CTL 的结构规则和沟通假设）

结构规则：

$$\frac{\Gamma[(\Delta_1,\Delta_2)^i,\Delta_3]^i{\Rightarrow}A}{\Gamma[\Delta_1,(\Delta_2,\Delta_3)^i]^i{\Rightarrow}A}\,[结合性]$$

$$\frac{\Gamma[\Delta_1,\Delta_2]^i{\Rightarrow}A}{\Gamma[\Delta_2,\Delta_1]^i{\Rightarrow}A}\,[交换性]$$

沟通假设：

$$\frac{\Gamma[(\Delta_2,(\Delta_1,\Delta_3)^i)^j]{\Rightarrow}A}{\Gamma[(\Delta_1,(\Delta_2,\Delta_3)^j)^i]{\Rightarrow}A}\,[混合的交换性 MP]$$

$$\frac{\Gamma[((\Delta_1,\Delta_2)^i,\Delta_3)^j]{\Rightarrow}A}{\Gamma[(\Delta_1,(\Delta_2,\Delta_3)^j)^i]{\Rightarrow}A}\,[混合的结合性 MA]$$

多模态的 CTL 当中，沟通假设的作用就是刻画那些具有不同性质的算子之间联系和区别以起到沟通不同算子之间的桥梁的作用。

## 4.3　对称范畴语法

对称范畴语法是通过丰富兰贝克演算 $L$（特别是非结合的兰贝克演算 NL）的字母表，即在兰贝克演算字母表的基础上分别引入积算子⊗、左斜线算子\和右斜线算子/的对偶算子⊕、⊘和⊘以达到提高表达力目的的 CTL。对称范畴语法以 LG 演算（兰贝克-格里辛演算）为基础，因此本节以 LG 演算为基础说明对称范畴语法在公理表述以及根岑表述中的特点。

### 4.3.1 对称范畴语法公理表述的语法特点

#### 4.3.1.1 不带有伽罗瓦连接的 LG 演算

对于扩充兰贝克演算的问题,格里辛(Grishin,1983)给出了一个与之前都不同的方案。格里辛方案的出发点是构建并体现兰贝克演算的对称性,所以除了兰贝克演算中原本存在的积算子 $\otimes$、左斜线算子 \ 和右斜线算子 / 外,他还引入了这三个算子的对偶算子,分别是余积算子 $\oplus$、左差算子 $\oslash$ 和右差算子 $\oslash$。

LG 演算中的公式可递归定义如下:

**定义 4.15**(LG 的公式 $F$)    $F=A$,$A\in\{\mathrm{NP},\mathrm{N},\mathrm{S}\}$。

$F\otimes F$,$F\backslash F$,$F/F$

$F\oplus F$,$F\oslash F$,$F\oslash F$

对于任意公式 $A$ 和 $B$,在公式 $A\oplus B$ 中余积算子 $\oplus$ 体现的是一种乘法运算。而 $A\oslash B$ 的直观含义则是 $B$ 来自于 $A$,$A\oslash B$ 的直观含义是 $A$ 减去 $B$。

**定义 4.16**(LG 演算的公理表述)

公理:

(refl)    $A\rightarrow A$。

推导规则:

(trans) 从 $A\rightarrow B$ 和 $B\rightarrow C$ 可得 $A\rightarrow C$;

(rp) $A\rightarrow C/B$ 当且仅当 $A\otimes B\rightarrow C$ 当且仅当 $B\rightarrow A\backslash C$;

(drp) $B\oslash C\rightarrow A$ 当且仅当 $C\rightarrow B\oplus A$ 当且仅当 $C\oslash A\rightarrow B$。

其中公理(refl)和规则(trans)所表述的是一种前序规则,而规则(rp)和(drp)所表述的则分别是冗余规则和对偶的冗余规则。也可以说,规则(rp)和(drp)所体现出的就是驻留函数性和对偶的驻留函数性。

仅包含这些公理和规则的 LG 演算称为 **LG 演算中的极小对称系统**,简记为 $\mathrm{LG}_\varnothing$。

$\mathrm{LG}_\varnothing$ 中的规则(rp)和(drp)体现出了如下的这两类对称:

(a) 涉及斜线算子方向以及不同运算的左右对称,可记为 $\cdot^{\bowtie}$。

(b) 涉及驻留函数类以及对偶的驻留函数类,并涉及箭头翻转的对称,可记为 $\cdot^{\infty}$。

对于原子公式 $A$ 而言,$A^{\bowtie}=A=A^{\infty}$。涉及复合公式的这两种对称可分别定义如下:

$$\frac{C/D \quad A\otimes B \quad B\oplus A \quad D\ominus C}{D\backslash C \quad B\otimes A \quad A\oplus B \quad C\oslash D}\bowtie$$

$$\frac{C/B \quad A\otimes B \quad A\backslash C}{B\ominus C \quad B\oplus A \quad C\oslash A}\infty$$

这两类对称的复合运算之间存在如下关系：$A^{\bowtie\infty\bowtie}=A^{\infty}$，$A^{\infty\bowtie\infty}=A^{\bowtie}$。由此可见，相对于推演关系而言，$\cdot^{\bowtie}$具有保序性，而$\cdot^{\infty}$则将顺序翻转过来了，因此不再具有保序性。这一性质可表述为

$A{\to}B$当且仅当$A^{\bowtie}{\to}B^{\bowtie}$当且仅当$B^{\infty}{\to}A^{\infty}$。

令$A\otimes-$表述向左乘以$A$的运算、$A\backslash-$表述向左除以$A$的运算。这两个运算就构成了一个驻留对，即（$A\otimes-$）（$A\backslash-$）表述一种收缩的运算，而（$A\backslash-$）（$A\otimes-$）则表述一种膨胀的运算。由上文中所给出的两类对称性，可以得到下面的这些结论：

$A\otimes(A\backslash B){\to}B{\to}A\backslash(A\otimes B)$ $\qquad$ $(B/A)\otimes A{\to}B{\to}(B\otimes A)/A$

$(B\oplus A)\oslash A{\to}B{\to}(B\oslash A)\otimes A$ $\qquad$ $A\ominus(A\oplus B){\to}B{\to}A\oplus(A\ominus B)$

从冗余规则和对偶的冗余规则出发，还能得到一些与单调性有关的结论，即从$A{\to}B$和$C{\to}D$可得下面的这些结论：

(a) $A\otimes C{\to}B\otimes D$；

(b) $A/D{\to}B/C$；

(c) $D\backslash A{\to}C\backslash B$；

(d) $A\oplus C{\to}B\oplus D$；

(e) $A\oslash D{\to}B\oslash C$；

(f) $D\ominus A{\to}C\ominus B$。

在这里，集合 $\{\otimes, \backslash, /\}$ 可称为积算子类，而集合 $\{\oplus, \ominus, \oslash\}$ 则可称为余积算子类。就积算子类与余积算子类之间的沟通或互动而言，唯一有可能体现出这种交流或互动的只能是规则（trans），所以在$LG_{\varnothing}$中，并不能很清楚地看出两者之间的关系。正因如此在$LG_{\varnothing}$的基础上，格里辛又通过增加其他公理或规则，特别是通过增加分配规则的方法对$LG_{\varnothing}$进行了一系列的扩充。

这种扩充分为两类，一类是能够保持原有结构性的扩充，可被称为结构保持的扩充；另一类则是不再保持原有结构性的扩充，其可被称为非结构保持的扩充。格里辛（Grishin，1983）用分配假设表述积算子类与余积算子类之间的沟通关系并将这些假设增加到$LG_{\varnothing}$，以体现对极小对称系统的扩充。莫特盖特（Moortgat，2009）用推导规则的形式给出了格里辛分配假设的等价表述，这一

表述形式可表述如下：

$$\frac{A\otimes B\rightarrow C\oplus D}{C\bigcirc A\rightarrow D/B}\;(\bigcirc,/)\qquad\qquad \frac{A\otimes B\rightarrow C\oplus D}{B\oslash D\rightarrow A\backslash C}\;(\oslash,\backslash)$$

$$\frac{A\otimes B\rightarrow C\oplus D}{A\oslash D\rightarrow C/B}\;(\oslash,/)\qquad\qquad \frac{A\otimes B\rightarrow C\oplus D}{C\bigcirc B\rightarrow A\backslash D}\;(\bigcirc,\backslash)$$

应用上述的规则，可以得到下面的这些结论：

$(C\oplus D)/B\rightarrow(C/B)\oplus D,\qquad (A\oslash D)\otimes B\rightarrow(A\otimes B)\oslash D$

$A\backslash(C\oplus D)\rightarrow(A\oslash D)\backslash C,\qquad (C/B)\bigcirc A\rightarrow C\bigcirc(A\otimes B)$

格里辛（Grishin，1983）给出了两类沟通原则，第一类沟通原则等价于上文中所介绍的莫特盖特的一系列推导规则；第二类沟通规则则是上述规则的逆，即将规则中的前提和结论调换位置后得到的规则。第二类推导规则中的特征定理或结论可表述如下：

$(C\oplus B)\otimes A\rightarrow C\oplus(B\otimes A),\qquad A\otimes(B\oplus C)\rightarrow(A\otimes B)\oplus C$

$A\otimes(C\oplus B)\rightarrow C\oplus(A\otimes B),\qquad (B\oplus C)\otimes A\rightarrow(B\otimes A)\oplus C$

分别增加这两类沟通规则中的某几条规则后得到的 $LG_\varnothing$ 的扩充都是结构保持的扩充，即不会改变原系统的结构性，但是如果将这两类沟通规则中的某几条规则同时添加到 $LG_\varnothing$ 中，那么得到的系统就是非结构保持的扩充。

对于那些致力于保持原系统结构性的逻辑学者来说，结构保持的扩充是首选，但是对于那些与结构保持这一性质而言，更在乎 $LG_\varnothing$ 在混合的结合性和交换性上的表现的逻辑学者而言，上面的区分所具有的意义就是有限的。巴斯顿霍夫（A. Bastenhof）（Bastenhof，2013）就从体现混合的结核性和交换性的角度出发，梳理了扩充 $LG_\varnothing$ 的四组公理，分别是：

类型Ⅰ：

$A\otimes(B\oplus C)\rightarrow(A\otimes B)\oplus C\,(\alpha_{\mathrm{I}}^1),\qquad (A\oplus B)\otimes C\rightarrow A\oplus(B\otimes C)\,(\alpha_{\mathrm{I}}^2),$

$A\otimes(B\oplus C)\rightarrow B\oplus(A\otimes C)\,(\gamma_{\mathrm{I}}^1),\qquad (A\oplus B)\otimes C\rightarrow(A\otimes C)\oplus B\,(\gamma_{\mathrm{I}}^2);$

类型Ⅱ：

$(A\otimes B)\otimes C\rightarrow A\otimes(B\otimes C)\,(\alpha_{\mathrm{II}}^1),\qquad A\otimes(B\otimes C)\rightarrow(A\otimes B)\otimes C\,(\alpha_{\mathrm{II}}^2),$

$A\otimes(B\otimes C)\rightarrow B\otimes(A\otimes C)\,(\gamma_{\mathrm{II}}^1),\qquad (A\otimes B)\otimes C\rightarrow(A\otimes C)\otimes B\,(\gamma_{\mathrm{II}}^2);$

类型Ⅲ：

$(A\oplus B)\oplus C\rightarrow A\oplus(B\oplus C)\,(\alpha_{\mathrm{III}}^1),\qquad A\oplus(B\oplus C)\rightarrow(A\oplus B)\oplus C\,(\alpha_{\mathrm{III}}^2),$

$A\oplus(B\oplus C)\rightarrow B\oplus(A\oplus C)\,(\gamma_{\mathrm{III}}^1),\qquad (A\oplus B)\oplus C\rightarrow(A\oplus C)\oplus B\,(\gamma_{\mathrm{III}}^2);$

类型Ⅳ：

$$(A \backslash B) \oslash C \rightarrow A \backslash (B \oslash C)(\alpha_{\mathrm{IV}}^1), \qquad A \oslash (B/C) \rightarrow (A \oslash B)/C(\alpha_{\mathrm{IV}}^2),$$

$$A \oslash (B \backslash C) \rightarrow B \backslash (A \oslash C)(\gamma_{\mathrm{IV}}^1), \qquad (A/B) \oslash C \rightarrow (A \oslash C)/B(\gamma_{\mathrm{IV}}^2)。$$

在类型Ⅰ和类型Ⅳ中，$\alpha_{\mathrm{I}}^1$ 和 $\alpha_{\mathrm{I}}^2$ 以及 $\alpha_{\mathrm{IV}}^1$ 和 $\alpha_{\mathrm{IV}}^2$ 体现出了一种混合的结合性，而 $\gamma_{\mathrm{I}}^1$ 和 $\gamma_{\mathrm{I}}^2$ 以及 $\gamma_{\mathrm{IV}}^1$ 和 $\gamma_{\mathrm{IV}}^2$ 则体现出了一种混合交换性。

在类型Ⅱ和类型Ⅲ中，$\alpha_{\mathrm{II}}^1$ 和 $\alpha_{\mathrm{II}}^2$ 以及 $\alpha_{\mathrm{III}}^1$ 和 $\alpha_{\mathrm{III}}^2$ 分别体现出了算子 $\otimes$ 和 $\oplus$ 的结合性，而 $\gamma_{\mathrm{II}}^1$ 和 $\gamma_{\mathrm{II}}^2$ 以及 $\gamma_{\mathrm{III}}^1$ 和 $\gamma_{\mathrm{III}}^2$ 则分别体现出了算子 $\otimes$ 和 $\oplus$ 的交换性。

$\mathrm{LG}_\varnothing$ 加类型Ⅱ或者类型Ⅲ后所得到的系统可记为 $\mathrm{LG}_{\varnothing+\mathrm{II}}$ 或 $\mathrm{LG}_{\varnothing+\mathrm{III}}$。这两个系统因为允许彻底地结合性和交换性，所以在处理语言学问题时很少被用到。一般而言，使用较多的是 $\mathrm{LG}_\varnothing$ 加类型Ⅰ或者类型Ⅳ后所得到的系统，其可分别记为 $\mathrm{LG}_{\varnothing+\mathrm{I}}$ 或 $\mathrm{LG}_{\varnothing+\mathrm{IV}}$。当然，由于系统构建的需要，也可以单独添加某一类型中的某一条或几条规则以形成诸如 $\mathrm{LG}_\varnothing + \alpha_{\mathrm{II}}^1$ 或 $\mathrm{LG}_\varnothing + \alpha_{\mathrm{I}}^1 + \gamma_{\mathrm{III}}^2$ 这样的系统。

当然，还有很多其他学者为 $\mathrm{LG}_\varnothing$ 提供了一系列的扩充公理，或者出于使用方便的需要而给出相同公理的不同表达方式，所以 $\mathrm{LG}_\varnothing$ 的扩充并不限于上述所介绍的几种。

### 4.3.1.2 带伽罗瓦联结的 LG 演算

**定义 4.17**（驻留对、对偶驻留对、伽罗瓦联结、对偶伽罗瓦联结）

令 $(X, \leqslant)$，$(Y, \leqslant')$ 为两个偏序集，$f$ 和 $g$ 为两个映射且 $f: X \rightarrow Y$，$g: Y \rightarrow X$。二元组 $(f, g)$ 称为一个驻留对（rp）当且仅当条件（a）被满足；其是一个对偶驻留对（drp）当且仅当条件（b）被满足；其是一个伽罗瓦联结（gc）当且仅当条件（c）被满足；其是一个对偶的伽罗瓦联结（dgc）当且仅当条件（d）被满足：

(a) (rp)$fx \leqslant' y \Leftrightarrow x \leqslant gy$；

(b) (drp)$y \leqslant' fx \Leftrightarrow gy \leqslant x$；

(c) (gc)$y \leqslant' fx \Leftrightarrow x \leqslant gy$；

(d) (dgc)$fx \leqslant' y \Leftrightarrow gy \leqslant x$。

除了上面的几个条件外，相对于组合性以及等渗性能这两个性质而言，还可以提供如下的条件以供选择：

(rp) $f, g$:单调性 $x \leqslant gfx, fgy \leqslant' y$；

(drp) $f, g$:单调性 $gfx \leqslant x, y \leqslant' fgy$；

(gc) $f, g$:反单调性 $x \leqslant gfx, y \leqslant' fgy$；

(dgc) $f, g$:反单调性 $fgx \leqslant x, gfy \leqslant' y$。

在 CTL 中，我们谈论的是类型以及类型间的推演，因此对于兰贝克演算中的冗余（或称驻留）算子而言，可以将 $f$ 理解为向右乘某一确定类型的运算，将 $g$ 理解为向右除这一确定类型的运算。这样处理后，规则 $fgy \leqslant' y$ 就可被表述为 $(A/B) \otimes B \rightarrow A$ 这一规则。通过 $\cdot^{\bowtie}$ 对称，向左的乘和除也可构成一个驻留对。通过 $\cdot^{\infty}$ 对称下的箭头翻转，就可得到对偶驻留对。

如果在字母表中分别为算子 $\otimes$ 和 $\oplus$ 引入**乘法单元**，那么就得到了相对于这些单元的四个否定，即 $A\backslash 0$、$1 \oslash A$ 和它们的 $\cdot^{\bowtie}$ 对称 $0/A$、$A \obslash 1$。$A\backslash 0$ 和 $1 \oslash A$ 可简记为 $A^0$ 和 $^1A$，$0/A$、$A \obslash 1$ 可简记为 $^0A$ 和 $A^1$。这样处理后，否定就被引入到 LG 演算中来了。

总之，这四类否定可被分别记为 $A^0$（$=A\backslash 0$），$^1A$（$=1 \oslash A$），$^0A$（$=0/A$），$A^1$（$=A \obslash 1$）。这四类否定中 $^0\cdot$ 和 $\cdot^0$ 就是一个体现伽罗瓦连接的对，$^1\cdot$ 和 $\cdot^1$ 则是 $\infty$ 对称的伽罗瓦连接对。这些运算中的伽罗瓦连接能使我们得到下面这样的结论：

$(gc)B \rightarrow A^0 \Leftrightarrow A \rightarrow {}^0B$；

$(dgc)^1B \rightarrow A \Leftrightarrow A^1 \rightarrow B$。

对于 $^0\cdot$ 和 $\cdot^0$ 的复合而言，无论其顺序如何，这种复合都是单调且幂等的。$^1\cdot$ 和 $\cdot^1$ 的复合运算情况也类似。所以可得结论：

$A \rightarrow {}^0(A^0)$，$A \rightarrow ({}^0A)^0$；

$(^1A)^1 \rightarrow A$，$^1(A^1) \rightarrow A$。

此外，莫特盖特还给出了一个扩展版的分配原则以包括体现（对偶）伽罗瓦连接的运算，这一版本的分配原则如下：

（a）由 $A \rightarrow B$，可得如下结论：$^1B \rightarrow A^0$，$^1B \rightarrow {}^0A$，$B^1 \rightarrow A^0$，$B^1 \rightarrow {}^0A$；

（b）由 $A \rightarrow B \oplus C$，可得如下结论：$B^1 \rightarrow A\backslash C$，$B^1 \rightarrow C/A$，$^1C \rightarrow A\backslash B$，$^1C \rightarrow B/A$；

（c）由 $A \otimes B \rightarrow C$，可得如下结论：$C \obslash A \rightarrow {}^0B$，$A \oslash C \rightarrow {}^0B$，$C \obslash B \rightarrow A^0$，$B \oslash C \rightarrow A^0$。

### 4.3.2　对称范畴语法公理表述的语义特点

库特尼那和莫特盖特（Kurtonina, et al., 2010）简单给出了 $\text{LG}_\varnothing$ 的语义解释以及完全性证明。依据其论文中的阐述，可将 $\text{LG}_\varnothing$ 的框架和模型定义如下：

**定义 4.18**（$\text{LG}_\varnothing$ 的框架 $F_{\text{LG}\varnothing}$）　$\text{LG}_\varnothing$ 的框架 $F_{\text{LG}\varnothing}$ 是一个三元组 $\langle W, R_\otimes, R_\oplus \rangle$ 且满足下面的两个条件：

（1）$W$ 是由语言符号串构成的集合；

（2）$R_\otimes$ 和 $R_\oplus$ 是 $W$ 上不同的三元关系。

**定义 4.19**(LG$_\varnothing$ 的模型 $M_{\mathrm{LG}\varnothing}$)  LG$_\varnothing$ 的模型 $M_{\mathrm{LG}\varnothing}$ 是一个四元组 $\langle W, R_\otimes, R_\oplus, f\rangle$ 且满足下面的两个条件:

(1) $\langle W, R_\otimes, R_\oplus\rangle$ 是 LG$_\varnothing$ 的框架;

(2) $f$ 是从原子公式到 $W$ 子集的映射。

**定义 4.20**(模型 $M_{\mathrm{LG}\varnothing}$ 下的赋值函数)  模型 $M_{\mathrm{LG}\varnothing}$ 中的函数 $f$ 可被通过如下方式扩展为从 LG$_\varnothing$ 公式到 $W$ 子集的赋值函数 $\|\cdot\|$:

(1) $\|A\|_{\mathrm{MLG}\varnothing}=f(A)$ 当且仅当 $A\in\{\mathrm{np}, \mathrm{n}, \mathrm{s}\}$;

(2) $\|A\otimes B\|_{\mathrm{MLG}\varnothing}=\{x\,|\,\exists y\,\exists z(y\in\|A\|_{\mathrm{MLG}\varnothing}\wedge z\in\|B\|_{\mathrm{MLG}\varnothing}\wedge R_\otimes xyz)\}$;

(3) $\|A\backslash B\|_{\mathrm{MLG}\varnothing}=\{x\,|\,\forall y\,\forall z(y\in\|A\|_{\mathrm{MLG}\varnothing}\wedge R_\otimes zyx\rightarrow z\in\|B\|_{\mathrm{MLG}\varnothing})\}$;

(4) $\|A/B\|_{\mathrm{MLG}\varnothing}=\{x\,|\,\forall y\,\forall z(y\in\|B\|_{\mathrm{MLG}\varnothing}\wedge R_\otimes zxy\rightarrow z\in\|A\|_{\mathrm{MLG}\varnothing})\}$;

(5) $\|A\oplus B\|_{\mathrm{MLG}\varnothing}=\{x\,|\,\forall y\,\forall z(R_\oplus xyz\rightarrow(y\in\|A\|_{\mathrm{MLG}\varnothing}\vee z\in\|B\|_{\mathrm{MLG}\varnothing}))\}$;

(6) $\|A\oslash B\|_{\mathrm{MLG}\varnothing}=\{x\,|\,\exists y\,\exists z(y\in\|A\|_{\mathrm{MLG}\varnothing}\wedge R_\oplus yxz\wedge z\notin\|B\|_{\mathrm{MLG}\varnothing})\}$;

(7) $\|A\obackslash B\|_{\mathrm{MLG}\varnothing}=\{x\,|\,\exists y\,\exists z(y\notin\|A\|_{\mathrm{MLG}\varnothing}\wedge R_\oplus zyx\wedge z\in\|B\|_{\mathrm{MLG}\varnothing})\}$。

下面简要介绍库特尼那和莫特盖特 (Kurtonina, et al., 2010) 所给出的完全性证明的构造过程。

首先给出**亨金构造**。在亨金构造的背景下,可将如下构造出的滤的集合作为可能世界集。这些滤都是在 $\vdash$ 关系下封闭的公式集,即如果令 $F$ 为定义 4.15 中所定义的公式所构成的集合,那么 $F_\vdash=\{X\in P(F)\,|\,\forall A\,\forall B(A\in X\wedge B\in F\wedge A\vdash B\rightarrow B\in X)\}$。集合 $F_\vdash$ 是在运算 $(\cdot\otimes\cdot)$ 和 $(\cdot\obackslash\cdot)$ 下封闭的,即对于任意 $X\otimes Y$、$X\oslash Y\in F_\vdash$,下面的三个条件要被满足:

(a) $X\otimes Y=\{C\,|\,\exists A\,\exists B(A\in X\wedge B\in Y\wedge A\otimes B\vdash C)\}$;

(b) $X\obackslash Y=\{B\,|\,\exists A\,\exists C(A\notin X\wedge C\in Y\wedge A\obackslash C\vdash B)\}$;或者

(c) $X\oslash Y=\{B\,|\,\exists A\,\exists C(A\notin X\wedge C\in Y\wedge C\vdash A\oplus B)\}$。

为了将形成范畴的运算转变为 $F_\vdash$ 中的对应运算,令 $\lfloor A\rfloor$ 为由 $A$ 生成的主滤(即可令 $\lfloor A\rfloor=\{B\,|\,A\vdash B\}$),令 $\lceil A\rceil$ 为主理想(即可令 $\lceil A\rceil=\{B\,|\,B\vdash A\}$),令 $X^\sim$ 为 $X$ 的补,求证下面的定理:

(a) $\lfloor A\otimes B\rfloor=\lfloor A\rfloor\otimes\lfloor B\rfloor$;

(b) $\lfloor A\obackslash B\rfloor=\lceil A\rceil\obackslash\lfloor C\rfloor$。

**引理 4.1**  由 $A\otimes B\in X$ 可得 $\lfloor A\rfloor\otimes\lfloor B\rfloor\subseteq X$。

**证明**  假设 $C\in\lfloor A\rfloor\otimes\lfloor B\rfloor$,由定义可得 $\exists A'\exists B'(A'\in\lfloor A\rfloor\wedge B'\in\lfloor B\rfloor\wedge A'\otimes B'\vdash C)$,即 $\exists A'\exists B'(A\vdash A'\wedge B\vdash B'\wedge A'\otimes B'\vdash C)$。由积算子的单调性可得 $A\otimes B\vdash A'\otimes B'$,再由 (trans) 可得 $A\otimes B\vdash C$,再由前提 $A\otimes B\in X$ 可得 $C\in X$。

4 CTL 的主要理论 | 109

**引理 4.2** 由 $A \oslash C \in X$ 可得$\lceil A \vdash \oslash \rfloor C \rfloor \subseteq X$。

**证明** 假设 $B \in \lceil A \vdash \oslash \rfloor C \rfloor$，所以$\exists A' \exists C' (A' \notin \lceil A \vdash \wedge C' \in \lfloor C \rfloor \wedge A' \oslash C' \vdash B)$，即$\exists A' \exists C' (A' \vdash A \wedge C' \vdash C \wedge A' \oslash C' \vdash B)$。由积算子的单调性可得 $A \oslash C \vdash A' \oslash C'$，由（trans）可得 $A \oslash C \vdash B$，再由前提 $A \oslash C \in X$ 可得 $B \in X$。

**定理 4.9** $\lfloor A \otimes B \rfloor = \lfloor A \rfloor \underline{\otimes} \lfloor B \rfloor$。

**证明**

(1) $\subseteq$假设 $C \in \lfloor A \otimes B \rfloor$，即 $A \otimes B \vdash C$。取 $A' = A$，$B' = B$，则可得$\exists A' \exists B' (A \vdash A' \wedge B \vdash B' \wedge A' \otimes B' \vdash C)$，即 $C \in \lfloor A \rfloor \underline{\otimes} \lfloor B \rfloor$。

(2) $\supseteq$由定义得 $A \otimes B \in \lfloor A \otimes B \rfloor$，再由引理 4.1 可得$\lfloor A \rfloor \underline{\otimes} \lfloor B \rfloor \subseteq \lfloor A \otimes B \rfloor$。

**定理 4.10** $\lfloor A \oslash B \rfloor = \lceil A \vdash \oslash \rfloor \lfloor C \rfloor$。

**证明** (1) $\subseteq$证明方法同定理 4.9 证明 (1)。

(2) $\supseteq$由引理 4.2 可得。

其次，给出典范模型。

令典范模型为四元组 $M^c = \langle W^c, R^c_\otimes, R^c_\oplus, f^c \rangle$ 且满足下面的四个条件：

(a) $W^c = F_\vdash$；

(b) $R^c_\otimes XYZ$ 当且仅当 $Y \underline{\otimes} Z \subseteq X$；

(c) $R^c_\oplus XYZ$ 当且仅当 $Y \oslash X \subseteq Z$；

(d) $f^c(A) = \{X \in W^c \mid p \in X\}$。

再次，证明真值引理。

**定理 4.11** 对于任意公式 $A \in F$，任意滤 $X \in F_\vdash$，$X \in \| A \|_{M^c}$ 当且仅当 $A \in X$。

**证明** 对 $A$ 的复杂性施归纳。

当 $A$ 为原子公式时，由 $f^c$ 的定义可得结论成立。

假设当 $A$ 中包含的联结词数量为 $n-1$ 时结论成立，求当 $A$ 中包含的联结词数量为 $n$ 时结论也成立。这是要讨论 $A = B \otimes C$、$B/C$、$B \backslash C$、$B \oplus C$、$B \oslash C$、$B \oslash C$ 这六种情况。本小节中以 $A = B \oplus C$ 或 $B \oslash C$ 的情况为例：

(1) $X \in \| B \oplus C \|_{M^c}$ 当且仅当 $B \oplus C \in X$。

从左到右：假设 $X \in \| B \oplus C \|_{M^c}$，由语义定义可得 $\forall Y \forall Z (R^c_\oplus XYZ \rightarrow (Y \in \| B \|_{M^c} \vee Z \in \| C \|_{M^c}))$，即 $\forall Y \forall Z (Y \oslash X \subseteq Z \wedge Y \notin \| B \|_{M^c} \rightarrow Z \in \| C \|_{M^c})$。为使得其前提成立，可令 $Y = \lceil B \vdash$，$Z = Y \oslash X$，由此可得 $Z \in \| C \|_{M^c}$。由归纳假设得 $C \in Z$，即 $C \in \lceil B \vdash \oslash X$。由 $\oslash$ 的定义得 $\exists A_1 \exists A_2 (A_1 \notin \lceil B \vdash \wedge A_2 \in X \wedge A_2 \vdash A_1 \oplus C)$。由 $A_1 \notin \lceil B \vdash$ 可得 $A_1 \vdash B$，再由 $A_2 \vdash A_1 \oplus C$ 通过（trans）可得 $A_2 \vdash B \oplus C$，

因为 $X$ 是个滤，所以从 $A_2 \in X$ 且 $A_2 \vdash B \oplus C$ 可得 $B \oplus C \in X$。

从右到左：假设 $B \oplus C \in X$。求 $X \in \| B \oplus C \|_{M^c}$，即 $\forall Y \forall Z (R_{\oplus}^c XYZ \wedge Y \notin \| B \|_{M^c} \to Z \in \| C \|_{M^c})$，所以假定 $R_{\oplus}^c XYZ \wedge Y \notin \| B \|_{M^c}$ 求 $Z \in \| C \|_{M^c}$。由归纳假设得 $B \notin Y$，再由 $R_{\oplus}^c XYZ$ 和假设 $B \oplus C \in X$ 可得 $B \oslash (B \oplus C) \in Z$。又因为 $B \oslash (B \oplus C) \vdash C$。因为 $Z$ 是一个滤所以 $C \in Z$，由归纳假设得 $Z \in \| C \|_{M^c}$。

(2) $X \in \| B \oslash C \|_{MLG\varnothing}$ 当且仅当 $B \oslash C \in X$。

从左到右：假设 $X \in \| B \oslash C \|_{MLG\varnothing}$ 求 $B \oslash C \in X$。由假设得 $\exists Y \exists Z (R_{\oplus}^c ZYX \wedge Y \notin \| B \|_{MLG\varnothing} \wedge Z \in \| C \|_{MLG\varnothing})$，即 $\exists Y \exists Z (Y \oslash Z \subseteq X \wedge Y \notin \| B \|_{MLG\varnothing} \wedge Z \in \| C \|_{MLG\varnothing})$。由归纳假设得 $B \notin Y$ 且 $C \in Z$。因为 $B \oslash C \vdash B \oslash C$，所以由 $\oslash$ 的定义得 $B \oslash C \in Y \oslash Z$，所以 $B \oslash C \in X$。

从右到左：假设 $B \oslash C \in X$，求 $X \in \| B \oslash C \|_{MLG\varnothing}$，即求 $\exists Y \exists Z (R_{\oplus}^c ZYX \wedge Y \notin \| B \|_{MLG\varnothing} \wedge Z \in \| C \|_{MLG\varnothing})$。由引理 4.2 得 $\lceil B \rceil \oslash \lfloor C \rfloor \subseteq X$，由典范模型的定义可得 $R_{\oplus}^c \lfloor C \rfloor \lceil B \rceil X$。因为 $B \notin \lceil B \rceil$ 且 $C \in \lfloor C \rfloor$，所以由归纳假设得 $X \in \| B \oslash C \|_{MLG\varnothing}$。

最后，证明给出完全性定理。这里要注意的是，$LG_\varnothing$ 中有效性的定义与前文中所定义的相同。

**定理 4.12**（完全性定理） 在 $LG_\varnothing$ 中，如果 $\vDash X \to A$，那么 $\vdash_{LG\varnothing} X \to A$。

**证明** 证明定理的逆否命题。假设 $X \to A$ 在 $LG_\varnothing$ 中不可证，即 $A \notin X$ 则由真值引理得 $X \notin \| A \|_{M^c}$。又因为 $X \in \| X \|_{M^c}$，所以 $X \to A$ 不是有效的。

在 $LG_\varnothing$ 的可靠性定理证明中，只要说明该演算中公理都是有效的且推导规则具有保真性即可。

在 $LG_\varnothing$ 这一极小的对称系统中，三元关系 $R_\otimes$ 和 $R_\oplus$ 是不同的并且也并未对这两个三元关系的互动施加任何限制。但是对于上文所给出的那些对 $LG_\varnothing$ 的扩充系统而言，需要在框架上施加限制条件以刻画并约束 $R_\otimes$ 和 $R_\oplus$ 的解释之间的关系。以公理 $(A \oslash B) \otimes C \to A \oslash (B \otimes C)$ 为例。如果要为 $LG_\varnothing$ 添加了这一公理后得到的系统（可记为 $LG_{\varnothing+G}$）进行语义解释，那么就需要对上文中所给出的语义以及元定理证明做出如下的修改：

（a）增加框架上的限制条件：

$$\forall x \forall y \forall z \forall w \forall u [(R_\otimes xyz \wedge R_{\oplus}^{(-2)} ywu) \Rightarrow \exists t (R_{\oplus}^{(-2)} xwt \wedge R_\otimes tuz)]$$

其中 $R_{\oplus}^{(-2)} xyz = R_\oplus zyx$

（b）重新证明定理 4.9 和定理 4.10 以及真值引理。

具体细节见（Kurtonina, et al., 2010）。这篇论文并没有给出带有伽罗瓦连接的对称演算应该如何给出语义解释的问题。莫特盖特（Moortgat，2009）指出，对于由语言符号串所构成的可能世界集 $W$ 以及 $W$ 上不同的二元关系 $R$，$S$ 而言 $^0A$，$A^0$，$^1A$，$A^1$ 的框架语义解释可定义如下：

$^0A=\{x|\forall y(y\in A\rightarrow Rxy)\}$，$A^0=\{y|\forall x(x\in A\rightarrow Rxy)\}$，

$A^1=\{y|\exists x(Sxy\wedge x\notin A)\}$，$^1A=\{x|\exists y(Sxy\wedge y\notin A)\}$。

除库特尼那和莫特盖特所给出的这种框架语义解释以及元定理证明方法外，还可将这种语义解释与形式语义的定义相结合进而给出对称范畴演算系统的语义解释以及相应的元定理证明。

之所以要将 CTL 中的传统语义解释与形式语义的定义相结合，是因为传统的语义解释中用三元关系 $R$ 表述语言符号串之间的复合构造，从这一三元关系中，我们只能看出语言符号串之间的左右关系，即从 $Rxyz$ 得出 $x$ 由 $y$ 和 $z$ 构成且 $y$ 在左 $z$ 在右。但是在语言学中，语言符号串之间除左右关系外，还有支配关系，而支配关系则无法体现在传统的语义解释当中，所以巴斯顿霍夫（Bastenhof，2013）就将形式语义，特别是上下文无关的形式语法的定义加入到传统的语义解释中去以体现语词之间的支配关系。

前面已经给出了形式语法的定义，在这里还将简要阐述一下与此相关的一些概念。

对于任一四元组 $G=\langle V_N,V_T,S',P\rangle$，其为一个上下文无关语法当且仅当下面的条件被满足：

（a）$V_N$ 是由非终极符号构成的集合，$V_T$ 是由终极符号构成的集合且 $V_N\cap V_T=\varnothing$；

（b）$S'$ 为 $G$ 中的初始符号且 $S'\in V_N$；

（c）$P$ 为 $G$ 中的重写规则集且 $P$ 中的元素都具有 $A\rightarrow\psi$ 这一形式，其中 $A\in V_N$，$\psi\in V^*$，

其中，集合 $V_N$ 和集合 $V_T$ 中的元素可分别使用大写拉丁字母和小写拉丁字母表述。语法 $G$ 的字母表可表述为 $V$ 且 $V=V_N\cup V_T$。由 $V$ 中符号构成的符号串的集合则可表述为 $V^*$（$\varnothing\in V^*$），由 $V_T$ 中终极符号构成的符号串所构成的集合可表述为 $V_T^*$。

巴斯顿霍夫在上下文无关语法定义的基础上，将推导关系"$\Rightarrow^*$"定义如下：

给定一个上下文无关语法 $G=\langle V_N,V_T,S',P\rangle$，推导关系"$\Rightarrow^*$"可递归定义如下：

(1) 如果 $A \in V_N$ 且 $\psi \in V_T^*$，那么 $A \to \psi$ 即 $A \Rightarrow \psi$；

(2) $\Rightarrow^*$ 是 $\Rightarrow$ 的自返传递闭包且箭头右边的符号串属于 $V_T^*$。

**定义 4.21**(LG 的框架 $F_{LG}$)    对于任意上下文无关语法 $G(=\langle V_N, V_T, S', P \rangle)$，LG 的框架 $F_{LG} = \langle W_G, R_G \rangle$ 要满足如下两个条件：

(a) $W_G = \bigcup_{A \in V_N} \{\langle A, w \rangle \mid w \in V_T^* \text{ 且 } A \Rightarrow^* w\}$；

(b) $R_G(\langle A, u \rangle, \langle B, v \rangle, \langle C, w \rangle)$ iff $u = vw$ 且 $A \to BC \in P$。

**定义 4.22**(LG 的模型 $M_{LG}$)    一个二元组 $\langle F_{LG}, f_G \rangle$ 是 LG 的模型 $M_{LG}$ 当且仅当下面的条件被满足：

(a) $F_{LG}$ 是 LG 框架；

(b) $f_G$ 是一个从原子公式到 $W_G$ 子集的函数，

$$f_G(s) = \{\langle S, w \rangle \mid w \in V_T^* \text{ 且 } S \Rightarrow^* w\}$$

$$f_G(n) = \{\langle N, w \rangle \mid w \in V_T^* \text{ 且 } N \Rightarrow^* w\}$$

$$f_G(np) = \{\langle NP, w \rangle \mid w \in V_T^* \text{ 且 } NP \Rightarrow^* w\}$$

其中大写的 S、N 和 NP 表述范畴，它们所对应的小写形式则表述系统中的原子公式。

**定义 4.23**(LG 框架 $F_{LG}$ 上的运算)    给定上下文无关语法 $G(=\langle V_N, V_T, S', P \rangle)$ 以及 $P, Q \subseteq W_G$，可定义框架 $F_{LG}$ 上的运算如下：

(a) $\langle C, u \rangle \in \langle P \otimes Q \rangle$ 当且仅当存在 $\langle A, v \rangle, \langle B, w \rangle \in W_G$ 使得 $C \to AB \in P$，$u = vw$，$\langle A, v \rangle \in P$ 且 $\langle B, w \rangle \in Q$；

(b) $\langle A, v \rangle \in \langle P / Q \rangle$ 当且仅当对于任意 $\langle B, w \rangle, \langle C, vw \rangle \in W_G$ 使得 $C \to AB \in P$ 且如果 $\langle B, w \rangle \in Q$，那么 $\langle C, vw \rangle \in P$；

(c) $\langle B, w \rangle \in \langle Q \backslash P \rangle$ 当且仅当对于任意 $\langle A, v \rangle, \langle C, vw \rangle \in W_G$ 使得 $C \to AB \in P$ 且如果 $\langle A, v \rangle \in Q$，那么 $\langle C, vw \rangle \in P$；

(d) $\langle C, u \rangle \in \langle P \oplus Q \rangle$ 当且仅当对于任意 $\langle A, v \rangle, \langle B, w \rangle \in W_G$ 使得 $C \to AB \in P$，$u = vw$，$\langle A, v \rangle \in P$ 或者 $\langle B, w \rangle \in Q$；

(e) $\langle A, v \rangle \in \langle P \oslash Q \rangle$ 当且仅当存在 $\langle B, w \rangle, \langle C, vw \rangle \in W_G$ 使得 $C \to AB \in P$，$\langle B, w \rangle \notin Q$ 且 $\langle C, vw \rangle \in P$；

(f) $\langle B, w \rangle \in \langle Q \obslash P \rangle$ 当且仅当存在 $\langle A, v \rangle, \langle C, vw \rangle \in W_G$ 使得 $C \to AB \in P$，$\langle A, v \rangle \notin Q$ 且 $\langle C, vw \rangle \in P$。

在定义 4.22 以及定义 4.23 的基础上，函数 $f_G$ 可被扩充成对 LG 中公式的解释以对系统中所有的范畴进行语义赋值。

**定义 4. 24**(LG 模型 $M_{LG}$ 上的解释)

(a)　$\|A\|_{MLG}=f_G(A)$ 当且仅当 $A$ 是原子公式;

(b)　$\|A\otimes B\|_{MLG}=\{x\,|\,\exists y\,\exists z(y\in\|A\|_{MLG}\wedge z\in\|B\|_{MLG}\wedge R_G xyz)\}$;

(c)　$\|A\backslash B\|_{MLG}=\{x\,|\,\forall y\,\forall z(y\in\|A\|_{MLG}\wedge R_G zyx\rightarrow z\in\|B\|_{MLG})\}$;

(d)　$\|A/B\|_{MLG}=\{x\,|\,\forall y\,\forall z(y\in\|B\|_{MLG}\wedge R_G zxy\rightarrow z\in\|A\|_{MLG})\}$;

(e)　$\|A\oplus B\|_{MLG}=\{x\,|\,\forall y\,\forall z(R_G xyz\rightarrow y\in\|A\|_{MLG}\vee z\in\|B\|_{MLG})\}$;

(f)　$\|A\oslash B\|_{MLG}=\{x\,|\,\exists y\,\exists z(y\in\|A\|_{MLG}\wedge R_G yxz\wedge z\notin\|B\|_{MLG})\}$;

(g)　$\|A\obackslash B\|_{MLG}=\{x\,|\,\exists y\,\exists z(y\in\|A\|_{MLG}\wedge R_G zyx\wedge z\in\|B\|_{MLG})\}$。

这里需要注意的是,可能世界集 $W_G$ 中的元素都是形如 $\langle A,w\rangle$ 这样的二元组。

### 4. 3. 3　对称范畴语法根岑表述的语法特点

CTL 根岑表述的一个很重要的特点就是可判定性,而可判定性这一结论的得出则是建立在 Cut 消去规则基础上的。但是阿布鲁斯基(Abrusci,1991)却指出一般的两边的根岑表述是没有 Cut 消去这一结论的。基于相似的原因,LG 系统的根岑表述也是没有 Cut 消去规则的,所以为了在根岑表述中重拾 Cut 消去规则,学者们开始尝试利用展示逻辑或叠置的根岑表述的方式来解决这一问题。本小节中将介绍的就是莫特盖特(Moortgat,2009)利用展示逻辑所给出的对称演算的根岑表述版本。

在给出具体的根岑表述之前,首先给出一些重要的记法和定义:

(a)原子公式以及由 $\otimes$、$\backslash$、$/$、$\oplus$、$\obackslash$、$\oslash$ 这些联结词连接而成的复合公式表述为 $A$,$B$,…。

(b)原子结构(即公式)以及由结构联结词连接而成的复合结构表述为 $X$,$Y$,…。

(c)每一个逻辑联结词都对应着一个结构联结词。本小节中并不对这两种联结词加以区分,但却会用加中间点的方式将构成结构的构成部分区分开来。例如,$C/(A\backslash B)$ 本身是一个公式,它表述的是一个由原子公式 $A$、$B$、$C$ 以及联结词 $\backslash$ 和/所构成的公式。但是 $\cdot C\cdot/\cdot A\backslash B\cdot$ 所表述的则是一个结构,该结构由公式 $\cdot C\cdot$ 和 $\cdot A\backslash B\cdot$ 通过结构的右斜线算子联结词构成。在不会引发歧义的情况下,省略最外层的括号。

**定义 4. 25**(结构)　输入(前提)结构和输出(结论)结构可被递归定义如下:

（a）输入（前提）

$$\mathbf{S}^{\bullet} = \cdot \mathbf{F} \cdot, \ \mathbf{S}^{\bullet} \cdot \otimes \cdot \mathbf{S}^{\bullet}, \ \mathbf{S}^{\circ} \cdot \oslash \cdot \mathbf{S}^{\bullet}, \ \mathbf{S}^{\bullet} \cdot \oslash \cdot \mathbf{S}^{\circ}, \ {}^{1} \cdot \mathbf{S}^{\circ}, \mathbf{S}^{\circ \cdot 1}$$

（b）输出（结论）

$$\mathbf{S}^{\circ} = \cdot \mathbf{F} \cdot, \ \mathbf{S}^{\circ} \cdot \oplus \cdot \mathbf{S}^{\circ}, \ \mathbf{S}^{\bullet} \cdot \backslash \cdot \mathbf{S}^{\circ}, \ \mathbf{S}^{\circ} \cdot / \cdot \mathbf{S}^{\bullet}, \ \mathbf{S}^{\bullet \cdot 0}, \ {}^{0} \cdot \mathbf{S}^{\bullet}$$

那些用以构造结构的公式就是被动公式。一个序列中最多含有一个新生公式。依赖于新生公式出现的次数和位置，可有两种序列：①不含新生公式的序列（当新生公式的出现次数为零时）；②含新生公式的序列，这种情况下又可分为：新生公式出现在结论中的序列和新生公式出现在前提中的序列。

**定义 4.26**(LG 的根岑表述)

公理＋Cut

$$\frac{}{\cdot A \cdot \vdash A} \ \text{axiom}_r \qquad \frac{X \vdash A \quad A \vdash Y}{X \vdash Y} \ \text{Cut} \qquad \frac{}{A \vdash \cdot A \cdot} \ \text{axiom}_l$$

聚焦规则（Focusing）

$$\frac{X \vdash \cdot A \cdot}{X \vdash A} \ \text{focus}_r \qquad \frac{\cdot A \cdot \vdash Y}{A \vdash Y} \ \text{focus}_l$$

（对偶）冗余/驻留律

$$\frac{Y \vdash X \cdot \backslash \cdot Z}{\dfrac{X \cdot \otimes \cdot Y \vdash Z}{X \vdash Z \cdot / \cdot Y}} \ \substack{\text{r} \\ \\ \text{r}} \qquad \frac{Z \cdot \oslash \cdot X \vdash Y}{\dfrac{Z \vdash Y \cdot \oplus \cdot X}{Y \cdot \oslash \cdot Z \vdash X}} \ \substack{\text{dr} \\ \\ \text{dr}}$$

分配律

$$\frac{X \cdot \otimes \cdot Y \vdash Z \cdot \oplus \cdot W}{X \cdot \oslash \cdot W \vdash Z \cdot / \cdot X} \ \text{d}\oslash/ \qquad \frac{X \cdot \otimes \cdot Y \vdash Z \cdot \oplus \cdot W}{Y \cdot \oslash \cdot W \vdash X \cdot \backslash \cdot Z} \ \text{d}\oslash\backslash$$

$$\frac{X \cdot \otimes \cdot Y \vdash Z \cdot \oplus \cdot W}{Z \cdot \oslash \cdot X \vdash W \cdot / \cdot Y} \ \text{d}\oslash/ \qquad \frac{X \cdot \otimes \cdot Y \vdash Z \cdot \oplus \cdot W}{Z \cdot \oslash \cdot Y \vdash X \cdot \backslash \cdot W} \ \text{d}\oslash\backslash$$

联结词引入规则

$$\frac{X \vdash A \quad B \vdash Y}{A \backslash B \vdash X \cdot \backslash \cdot Y} \ \backslash L \qquad \frac{X \vdash A \cdot \backslash \cdot B}{X \vdash A \backslash B} \ \backslash R$$

$$\frac{X \vdash A \quad B \vdash Y}{B \backslash A \vdash Y \cdot / \cdot X} \ / L \qquad \frac{X \vdash B \cdot / \cdot A}{X \vdash B / A} \ / R$$

$$\frac{B \cdot \oslash \cdot A \vdash X}{B \oslash A \vdash X} \ \oslash L \qquad \frac{X \vdash A \quad B \vdash Y}{X \cdot \oslash \cdot Y \vdash A \oslash B} \ \oslash R$$

$$\frac{A \cdot \oslash \cdot B \vdash X}{A \oslash B \vdash X} \ \oslash L \qquad \frac{X \vdash A \quad B \vdash Y}{Y \cdot \oslash \cdot X \vdash B \oslash A} \ \oslash R$$

$$\frac{B \vdash Y \quad A \vdash X}{B \oplus A \vdash Y \cdot \oplus \cdot X} \oplus L \qquad\qquad \frac{X \vdash B \cdot \oplus \cdot A}{X \vdash B \oplus A} \oplus R$$

$$\frac{A \cdot \otimes \cdot B \vdash Y}{A \otimes B \vdash Y} \otimes L \qquad\qquad \frac{X \vdash A \quad Y \vdash B}{X \cdot \otimes \cdot Y \vdash A \otimes B} \otimes R$$

与 CTL 相比, LG 的根岑表述中增加了如下的几类规则: 聚焦规则、(对偶) 冗余/驻留律以及分配律。聚焦规则的作用是从规则得到公式,(对偶) 冗余/驻留律和分配律的作用是体现不同算子, 特别是对偶算子之间的推导关系。

**定理 4.13**(Cut 消去) LG 的根岑表述中, 如果 $X \Rightarrow A$ 可证, 那么就会存在 $X \Rightarrow A$ 的一个不使用 Cut 规则的证明。

**证明** 证明的大体思路与 $L$ 的根岑表述中的 Cut 消去定理相同。主要的区别在于要区分 Cut 公式的如下两种情况:

(a) Cut 公式是在 Cut 规则应用中的两个前提中由联结词引入规则引入的;

(b) Cut 公式是在 Cut 规则应用中的一个前提中由聚焦规则引入的。

在情况 (a) 中, 以左右前提分别是由规则 $\oplus R$ 和 $\oplus L$ 得到的子情况为例:

$$\frac{\dfrac{X \vdash B \cdot \oplus \cdot A}{X \vdash B \oplus A} \oplus R \qquad \dfrac{B \vdash Y \quad A \vdash Z}{B \oplus A \vdash Y \cdot \oplus \cdot Z} \oplus L}{X \vdash Y \cdot \oplus \cdot Z} \text{Cut}$$

可转换为

$$\frac{\dfrac{\dfrac{\dfrac{\dfrac{X \vdash B \cdot \oplus \cdot A}{X \cdot \oslash \cdot A \vdash \cdot B \cdot} dr}{X \cdot \oslash \cdot A \vdash B} \text{focus}_r \quad B \vdash Y}{X \cdot \oslash \cdot A \vdash Y} \text{Cut}}{\dfrac{X \vdash Y \cdot \oplus \cdot A}{\dfrac{Y \cdot \oslash \cdot X \vdash \cdot A \cdot}{Y \cdot \oslash \cdot X \vdash A} \text{focus}_r} dr} \quad A \vdash Z}{\dfrac{Y \cdot \oslash \cdot X \vdash Z}{X \vdash Y \cdot \oplus \cdot Z} dr}} dr \text{Cut}$$

在情况 (b) 中, 以右前提由规则 focus$_l$ 得到的子情况为例:

$$\frac{X \vdash A \qquad \dfrac{\dfrac{\vphantom{\dfrac{}{}}}{\dfrac{\cdot A \cdot \vdash A}{\vdots}\text{axiom}_r}{\dfrac{\cdot A \cdot \vdash Y}{} } \text{focus}_l}{X \vdash Y} \text{Cut}$$

可转换为

$$\frac{\begin{array}{c} X \vdash A \\ \vdots \end{array}}{X \vdash Y}$$

对于带伽罗瓦连接的 LG 而言，还需要增加如下两类规则：

(a)（对偶）伽罗瓦连接律：

$$\frac{X \vdash^0 \cdot A}{A \vdash X \cdot^0} \text{gc} \qquad\qquad \frac{X \cdot^1 \vdash A}{^1 \cdot A \vdash X} \text{dgc}$$

(b) 逻辑联结词的引入规则：

$$\frac{A \cdot^1 \vdash Y}{A^1 \vdash Y} \cdot^1 L \qquad\qquad \frac{A \vdash Y}{Y \cdot^1 \vdash A^1} \cdot^1 R$$

$$\frac{X \vdash^0 \cdot A}{X \vdash^0 A} {}^0 \cdot R \qquad\qquad \frac{X \vdash A}{^0 A \vdash^0 \cdot X} {}^0 \cdot L$$

增加了上述联结词的引入规则后得到的 LG 系统仍然可得 Cut 消去定理。以 Cut 规则的左右前提分别是由规则 ${}^0 \cdot R$ 和 ${}^0 \cdot L$ 而得的子情况为例：

$$\frac{\dfrac{X \vdash^0 \cdot A}{X \vdash^0 A} {}^0 \cdot R \qquad \dfrac{Y \vdash A}{^0 A \vdash^0 \cdot Y} {}^0 \cdot L}{X \vdash^0 \cdot Y} \text{Cut}$$

可转换为

$$\frac{Y \vdash A \qquad \dfrac{\dfrac{X \vdash^0 \cdot A}{A \vdash X \cdot^0} \text{gc}}{Y \vdash X \cdot^0} \text{Cut}}{X \vdash^0 \cdot Y} \text{gc}$$

### 4.3.4　对称范畴语法根岑表述的语义特点

LG 的计算语义采用的是后继传递格式（continuation-passing-style，CPS）的形式以将原逻辑中多结论的推导与 LP（即结合又交换的兰贝克演算）中单结论的推导联系起来。本小节将说明 CPS 在 LG 语义构建上的应用。

#### 4.3.4.1　CPS 简介

在计算机程序语言的理论中，所谓的**后继**是指控制状态，即被执行的计算的未来发展状态。通过将控制状态作为一个参数增加到解释中，一个程序就可能会处理它的后继或者说未来状态，因此具有 $A \to B$ 这种函数类型的表达式将不再被简单视为一个将 $A$ 值转变为 $B$ 值的程序而是要被视为另一种程序，即当 $A$ 值出现时，这个程序就给出一个函数以规定当 $B$ 值在某一求值语境中出现时，这个计算该如何进行下去。通过语境的精确表述，就能在值和它的求值语境交流互动的情况下，区分不同的求值策略。如传值调用策略给出的就是对值进行运算的程序，而传名调用策略给出的则是对求值语境进行运算的程序。

在 CTL 中，多模态的 CTL 以及不连续的兰贝克演算等不连续系统都是通过让句法演算中的组合方式更加灵活的方法获得语义上表达力的提升。而通过将 CPS 作为一种翻译模式将原系统中的句法演算与目标系统中的语义演算结合起来，就能使用 CPS 创造新的意义组合方式以体现句法和语义的接口。

本小节将以范本特姆和默伦（van Benthem, et al., 2011）所提及的一个 CPS 翻译为例来说明 CPS 在 CTL 中的应用。

首先选定 AB 演算为原系统、LP 系统为目标系统。其次对于任意原系统中的公式 $A$，用 $A'$ 表述公式 $A$ 在原系统中所对应的语义类型。对 $A$ 在其原系统中所对应的语义类型进行加标，即都表述为 $A' \to t$ 这一形式。再次在目标系统的语义中，将加标后的原系统语义类型翻译为一个计算，即一个附加在原系统加标语义类型上的函数，如果用 $A''$ 表述这种计算，那么 $A'' = (A' \to t) \to t$。举例来说，对于 AB 系统中的公式 NP 而言，其会在目标系统被翻译为 $(e \to t) \to t$ 这一语义类型，即 $NP'' = (NP' \to t) \to t$。

上文所介绍的还只是对公式的翻译方式，下面以左斜线消去规则和右斜线消去规则为例来说明这种翻译方式对证明的处理方法。

左斜线消去规则：$(A, A \backslash B \vdash_{AB} B)''$
右斜线消去规则：$(B/A, A \vdash_{AB} B)''$ $\Big\}$ $= (A' \to t) \to t, ((A' \to B') \to t) \to t \vdash_{LP} (B' \to t) \to t$

在目标运算 LP 中，前提 $(A' \to t) \to t$ 是论元的 $(\cdot)''$ 像，而 $((A' \to B') \to t) \to t$ 则是函数的 $(\cdot)''$ 像。对于这两个 $(\cdot)''$ 像可以选择不同的求值次序。

（a）首先给出论元的 $(\cdot)''$ 像的值，然后给出函数的 $(\cdot)''$ 像的值；

（b）首先给出函数的 $(\cdot)''$ 像的值，然后给出论元的 $(\cdot)''$ 像的值。

第一种求值次序可表述为 $\cdot^<$，第二种求值次序可表述为 $\cdot^>$。如果用 $M$ 表述斜线消去规则中的函数公式的语义类型，用 $N$ 表述斜线消去规则中的论元公式的语义类型且用 $\cdot'$ 或 $'\cdot$ 标记出论元语义类型的位置，那么 $(M'N)$ 和 $(N'M)$ 就分别表述出了与右斜线消去规则和左斜线消去规则哈里-霍华德对应的证明项。在目标系统 LP 的语言中，可用 $m$、$n$ 分别表述类型 $A' \to B'$ 以及 $A'$ 中的变元，用 $k$ 表述 $B' \to t$ 这一后继类型。在上述两种求值次序下，左右斜线消去规则的 $(\cdot)''$ 像可表述为

（a）$(M'N)^< = (N'M)^< = \lambda k. (N^< \lambda n. (M^< \lambda m. (k(mn))))$；

(b) $(N'M)^> = (M'N)^> = \lambda k. (M^> \lambda m. (N^> \lambda n. (k(mn))))$。

由此可见，通过对·<以及·>这两种求值次序的选择，AB 演算中的很多推演可以在目标系统 LP 中获得不同的解释。以语句 "Everyone loves someone." 为例。这一语句即可表述 "对于所有人而言，都存在一个他喜欢的人。" 也可以表述 "存在某一个人，他被所有人喜欢。" 这两种解释分别可以通过求值次序·<以及·>获得。

(a) $(everyone'(loves'someone))^< = \lambda k. (\forall \lambda x. (\exists \lambda y. k((loves\ y)x)))$；

(b) $(everyone'(loves'someone))^> = \lambda k. (\exists \lambda y. (\forall \lambda x. k((loves\ y)x)))$，

其中，$x$、$y$ 分别表述类型 $everyone'$ 和 $someone'$ 中的变项。

如图（2.）4.2 所示，通过任意一种求值次序，都分别能构建出一个具有组合性的语义解释。相较于句法语义接口中所体现出的函数关系，这里所得到的语义解释更能体现句法语义之间的相对性和关联性。

图（2.）4.2　范畴与语义类型的对应（van Benthem, et al., 2011）

### 4.3.4.2　词项的匹配

由哈里-霍华德对应定理可知，在直觉主义逻辑中，每一个句法推演都会对应着一个 $\lambda$ 演算中的推演，而与 LG 演算中的证明哈里-霍华德对应的词项演算则是 $\bar{\lambda}\mu\tilde{\mu}$ 演算。本小节所使用的 $\bar{\lambda}\mu\tilde{\mu}$ 演算版本是科瑞恩和何柏林（Curien, et al., 2000）所构建的 $\bar{\lambda}\mu\tilde{\mu}$ 演算的一个双线性且有方向的版本。

这一演算是在 $\lambda\mu$ 演算的基础上构建的。在数学和计算机科学中，$\lambda\mu$ 演算是一种 $\lambda$ 演算的扩充以描述经典逻辑中的对应定理。这一扩充是帕里哥特（Parigot, 1992）给出的。帕里哥特在 $\lambda$ 演算的字母表中添加了 $\mu$ 算子以命名或确定任意的子项，这样就能对这些命名加以抽象。

本小节中，我们将注意力集中到 LG 的蕴涵片段上，即将 LG 中的联结词限制到 \、/、⊘、⃠这四种上。在此基础上，再区分三种类型的表达式，即**项**、**语境**和**命令**。

**定义 4.27**（项、语境、命令）

项：$v = x, \mu\alpha. c, v \oslash e, e \oslash v, \lambda(x, \beta). c, \lambda(\beta, x). c$；

命令：$c = \langle v | e \rangle$；

语境：$e = \alpha | \tilde{\mu}x. c | v \backslash e | e / v | \tilde{\lambda}(x, \beta). c | \tilde{\lambda}(\beta. x). c$。

对于任意项 $\mu\alpha.\,c$ 而言，其表述将 $c$ 中的构成部分 $\alpha$ 抽象出来；而 $\tilde{\mu}x.\,c$ 则表述将 $c$ 中的构成部分 $x$ 抽象出来。由于 $\alpha$ 和 $x$ 分别表述语境和项，所以才会使用 $\mu$ 和 $\mu$ 加上横波纹号的方式将这两种抽象区分开来。

命令 $c=\langle v\mid e\rangle$，即一个命令中包含一个项和一个语境，所以项 $\lambda(x,\beta).\,c$ 和 $\lambda(\beta,x).\,c$ 中，算子 $\lambda$ 是附加到命令 $c$ 中的项和语境上的。而如果项 $\lambda(x,\beta).\,c$ 和 $\lambda(\beta,x).\,c$ 的算子 $\lambda$ 上被添加了横波纹号，那么得到的就是语境且该语境对应的是原项所对应的运算的对偶运算。

对应着这三类表达式的类型，存在三种类型的序列，分别是：$X\vdash Y$，$X\vdash^v A$ 和 $A\vdash^e Y$。

在这三类序列中，X 和 Y 表述的是输入（或输出）结构，这些结构由带有变项标记 $x$，$y$，$\cdots$（输入）或余变项标记 $\alpha$，$\beta$，$\cdots$（输出）的被动公式构成。一个序列至多包含一个未加标的新生公式。新生公式确定了证明的类型。而证明项就作为上标位于推演符号 $\vdash$ 的右上方。

这样规定后，对于 LG 的根岑表述中的规则和公理，我们可以为其匹配如下这样的类型。

公理＋Cut

$$\frac{}{x{:}A\vdash^x A}\ \text{axiom}_r \qquad \frac{X\vdash^v A \quad A\vdash^e Y}{X\vdash^{\langle v\mid e\rangle}Y}\text{Cut} \qquad \frac{}{A\vdash^\alpha\cdot\alpha{:}A}\ \text{axiom}_l$$

聚焦规则（Focusing）

$$\frac{X\vdash^c\alpha{:}A}{X\vdash^{\mu\alpha.\,c}A}\text{focus}_r \qquad \frac{x{:}A\vdash^c Y}{A\vdash^{\tilde{\mu}x.\,c}Y}\text{focus}_l$$

联结词的引入规则

$$\frac{X\vdash^v A \quad B\vdash^e Y}{A\backslash B\vdash^{v\backslash e}X\cdot\backslash\cdot Y}\backslash L \qquad \frac{X\vdash^c x{:}A\cdot\backslash\cdot\beta{:}B}{X\vdash^{\lambda(x,\beta).\,c}A\backslash B}\backslash R$$

$$\frac{X\vdash^v A \quad B\vdash^e Y}{B/A\vdash^{e/v}Y\cdot/\cdot X}/L \qquad \frac{X\vdash^c\beta{:}B\cdot/\cdot x{:}A}{X\vdash^{\lambda(\beta,x).\,c}B/A}/R$$

$$\frac{x{:}B\cdot\oslash\cdot\beta{:}A\vdash^c X}{B\oslash A\vdash^{\tilde{\lambda}(x,\beta).\,c}X}\oslash L \qquad \frac{X\vdash^v A \quad B\vdash^e Y}{X\cdot\oslash\cdot Y\vdash^{v\oslash e}A\oslash B}\oslash R$$

$$\frac{\beta{:}A\cdot\oslash\cdot x{:}B\vdash^c X}{A\oslash B\vdash^{\tilde{\lambda}(x,\beta).\,c}X}\oslash L \qquad \frac{X\vdash^v A \quad B\vdash^e Y}{Y\cdot\oslash\cdot X\vdash^{e\oslash v}B\oslash A}\oslash R$$

下面给出一些重要的计算规则，这些规则可被视为 Cut 消去定理的缩影：

(1) $(\backslash)\langle\lambda(x,\beta).\,c\mid v\backslash e\rangle\Rightarrow\langle v\tilde{\mu}\mid x.\,\langle\mu\beta.\,c\mid e\rangle\rangle$；

(2) $(\oslash)\langle v\oslash e\mid\tilde{\lambda}(x,\beta).\,c\rangle\Rightarrow\langle\mu\beta.\,\langle v\mid\tilde{\mu}x.\,c\rangle\mid e\rangle$；

(3) $(\mu)\langle\mu\alpha.\,c\mid e\rangle\Rightarrow c[\alpha\leftarrow e]$；

(4) $(\tilde{\mu})\langle v \,|\, \tilde{\mu}x.\,c \rangle \Rightarrow c[x \leftarrow v]$。

### 4.3.4.3 句法与语义的接口

NL 和 LG 的句法语义对应见图（2.）4.3。

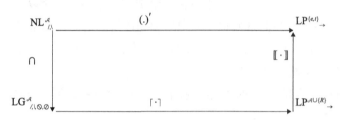

图（2.）4.3　NL 和 LG 的句法语义对应（van Benthem, et al., 2011）

LG 中符号 ⊢ 右边会出现多个结论且这些结论被 ·⊕· 所连接的情况，所以为了获得 LG 中推演在 LP 语义演算中的一个组合性解释，需要如下的这两个步骤：

（a）通过一种双重否定式的翻译将 LG 中含有多个结论的句法推演映射到单结论的、线性、直觉主义的 LP 证明中去。

图（2.）4.3 中 $\mathcal{A}$ 表述类型的集合，映射 $\ulcorner \cdot \urcorner$ 采用 CPS 翻译的形式引入一个被设定好的类型 $R$。类型 $R$ 所反映的是一个计算的类型。在映射的论域或目标演算中，后继就是一个从值到反映值的函数。

（b）通过将 $R$ 映射为 $t$，即真值的类型，图（2.）4.3 中的映射 $[\![\cdot]\!]$ 将 CPS 翻译的输出映射到以 $\{e,t\}$ 为基础构建的语义演算中去。

由图（2.）4.3 可见，NL 是 LG 的一个子逻辑，通过上述的两个步骤，LG 就得到了一个组合性的解释，而这个解释与 NL 通过直接翻译 $(\cdot)'$ 所得的组合解释一样，都是在 $\text{LP}^{\{e,t\}}$ 中得到的。

在步骤（a）中，相对于映射 $\ulcorner \cdot \urcorner$ 而言，任意原类型 $A$ 再经过该映射后，在目标语言中都可能会存在两种不同类型的值[①]，分别是：

（i）后继：$\ulcorner A \urcorner \rightarrow R$，即从值到 $R$ 的函数；

（ii）计算：$(\ulcorner A \urcorner \rightarrow R) \rightarrow R$，即从后继到 $R$ 的函数。

### 定义 4.28（映射 $\ulcorner \cdot \urcorner$）

对于 LG 中的公式而言，其在映射 $\ulcorner \cdot \urcorner$ 下的结论可被递归定义如下：

（1）$\ulcorner A \urcorner = A$，如果 $A$ 是一原子公式。

---

① 前面已经提到，对 CPS 翻译而言，有两种求值策略可供我们选择，分别是传值调用和传名调用。本小节中，我们采用的是《逻辑与语言手册》（*Handbook of Logic and Language*, 2011）中所采用的传值调用这一求值策略。

（2）如果将 $A{\to}R$ 简记为 $A^\perp$，那么可得

（a）$\ulcorner B/A\urcorner=\ulcorner A\backslash B\urcorner=\ulcorner B\urcorner^\perp{\to}\ulcorner A\urcorner^\perp$；

（b）$\ulcorner B\oslash A\urcorner=\ulcorner A\oslash B\urcorner=(\ulcorner B\urcorner^\perp{\to}\ulcorner A\urcorner^\perp)^\perp=\ulcorner A\backslash B\urcorner^\perp$。

由定义 4.28 可见，目标演算是一个无方向的 LP。对于原类型 $A\backslash B$，其被解释为一个从 $B$ 的后继到 $A$ 的后继的函数。**余蕴涵** $A\oslash B$ 的解释则是类型 $A\backslash B$ 的对偶，即 CPS 翻译将类型 $A\oslash B$ 的值等同于类型 $A\backslash B$ 的后继。

从证明的角度看，CPS 翻译是一个组合性的映射，这是因为：

（a）LG 中，类型 $B$ 的一个项 $v$ 的推演可被映射为一个 LP 中的证明，这一证明是从前件结构 X 的输入的值和输出的后继到 $B$ 计算的证明。

（b）LG 中，类型 $A$ 的一个语境 $e$ 的推演可被映射为一个 LP 中的证明，这一证明是从后件结构 $Y$ 的输入的值和输出的后继到 $A$ 后继的证明。

（c）原语言中的命令 $c$ 对应于目标语言中从 $X$、$Y$ 的输入的值和输出的后继到类型 $R$ 的项 $\ulcorner c\urcorner$ 的推演。

从项的角度看，因为项被映射为计算，语境被映射为后继，如图（2.）4.4 所示，所以项的翻译的 $\lambda$ 抽象是附加在后继变项 $k$ 上的；在语境的情况下，$\lambda$ 抽象是附加在相关类型的值上的。可将对应于元语言中 $x$（$\alpha$）的目标语言中的（余）变现写作 $\tilde{x}$（$\tilde{\alpha}$）。

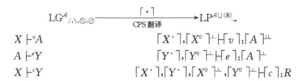

图（2.）4.4　CPS 翻译图示

要注意的是，$\ulcorner v\oslash e\urcorner=\lambda k.(k\ulcorner v\backslash e\urcorner)$ 是 $\ulcorner A\oslash B\urcorner=\ulcorner A\backslash B\urcorner^\perp$ 这一事实所导致的结果。

项：

$$\ulcorner x\urcorner=\lambda k.(k\tilde{x})$$
$$\ulcorner\lambda(x,\beta).c\urcorner=\ulcorner\lambda(\beta,x).c\urcorner=\lambda k.(k\lambda\tilde{\beta}\lambda\tilde{x}.\ulcorner c\urcorner)$$
$$\ulcorner v\oslash e\urcorner=\ulcorner e\oslash v\urcorner=\lambda k.(k\lambda u.(\ulcorner v\urcorner(u\ulcorner e\urcorner)))$$
$$\ulcorner\mu\alpha.c\urcorner=\lambda\tilde{\alpha}.\ulcorner c\urcorner$$

语境：

$$\ulcorner\alpha\urcorner=\tilde{\alpha}\;(=\lambda x.(\tilde{\alpha}x))$$
$$\ulcorner v\backslash e\urcorner=\ulcorner e/v\urcorner=\lambda u.(\ulcorner v\urcorner u(\ulcorner e\urcorner))$$
$$\ulcorner\tilde{\lambda}(x,\beta).c\urcorner=\ulcorner\tilde{\lambda}(\beta,x).c\urcorner=\lambda u.(u\lambda\tilde{\beta}\lambda\tilde{x}.\ulcorner c\urcorner)$$
$$\ulcorner\tilde{\mu}x.c\urcorner=\lambda\tilde{x}.\ulcorner c\urcorner$$

命令：

$$\lceil \langle v|e \rangle \rceil = (\lceil v \rceil \lceil e \rceil)$$

### 4.3.4.4　例示

假定区分有时态的短语（或从句）和无时态的短语（或从句）并用范畴 VP 和 TNS 分别加以表述。那么对于及物动词 kiss 而言，其范畴就是 (NP\VP)/NP。如果将时态因素（如过去时态）也考虑进来，那么 kiss ＋ ed 的范畴就是 (VP⊘TNS)◯(NP\VP)/NP。这是因为在语词 kiss 的范畴基础上，如果经过毗连运算得到 VP，那么就希望能够有一个从 VP 到 TNS 的函数以体现无时态的及物动词转变为有时态的及物动词的这一语言现象，而句法类型指派 VP⊘TNS 就满足这一要求。其使得我们能够从 (john kiss mary)＋ed 这一结构得到 TNS 短语。

具体的推导如下：

$$
\begin{array}{c}
\cdot \text{NP} \cdot \vdash^{\text{john}} \text{NP} \quad \text{VP} \vdash^{a\cdot 1} \cdot \text{VP} \cdot \\
\hline
\text{NP}\backslash\text{VP} \vdash \text{NP} \cdot \backslash \cdot \text{VP} \qquad \cdot \text{NP} \cdot \vdash^{\text{mary}} \text{NP} \\
\hline
(\text{NP}\backslash\text{VP})/\text{NP} \vdash (\text{NP} \cdot \backslash \cdot \text{VP}) \cdot / \cdot \text{NP} \\
\hline
\text{NP} \cdot \otimes \cdot ((\text{NP}\backslash\text{VP})/\text{NP} \cdot \otimes \cdot \text{NP}) \vdash \text{VP} \qquad \text{TNS} \vdash^{a\cdot 0} \cdot \text{TNS} \cdot \\
\hline
(\text{NP} \cdot \otimes \cdot ((\text{NP}\backslash\text{VP})/\text{NP} \cdot \otimes \cdot \text{NP})) \cdot \oslash \cdot \text{TNS} \vdash \text{VP}\oslash\text{TNS} \\
\hline
(\text{VP}\oslash\text{TNS})\bigcirc((\text{NP}\backslash\text{VP})/\text{NP}) \vdash (\text{NP} \cdot \backslash \cdot \text{TNS}) \cdot / \cdot \text{NP} \\
\hline
\text{NP} \cdot \otimes \cdot ((\text{VP}\oslash\text{TNS})\bigcirc((\text{NP}\backslash\text{VP})/\text{NP}) \cdot \otimes \cdot \text{NP}) \vdash \text{TNS}
\end{array}
$$

（右侧标注：\L、/L、r、⊘R、◯L、r）

（底部对齐标注：john　　kiss＋ed　　mary）

上面给出的这一推导可翻译为下面的推演：

$$\mu\alpha_0. \langle \text{kiss}＋\text{ed} | \tilde{\lambda}(\beta, z). \langle (\mu\alpha_1. \langle z | ((\text{john}\backslash\alpha_1)/\text{mary}) \rangle \oslash \alpha_0) | \beta \rangle \rangle$$

通过$\lceil \cdot \rceil$和$[\![ \cdot ]\!]$这两种翻译过程，可由（1）得

$$\lambda\tilde{\alpha_0}. (\text{kiss}＋\text{ed}\lambda\tilde{\beta}. (\lambda\tilde{z}. (\tilde{\beta}\lambda h. ((\tilde{z}\lambda u. ((u(h\tilde{\alpha_0})))\text{john}))\text{mary})))$$

# 5

## CTL 的其他分支

### 5.1 完全的兰贝克演算

本质上来说，剔除掉直觉主义演算中所有结构规则后所得到的就是完全的兰贝克演算，因此完全的兰贝克演算被认为是所有子结构逻辑中最基本的。另外，加贝（Gabbay，1993）指出，鉴于分析信息流问题时子结构逻辑所起到的重要作用，所以包括完全的兰贝克演算在内的那些删去直觉主义演算中不同结构规则而得到的子结构逻辑分支也得到学者们越来越多的关注。因此，本节将分别介绍完全的兰贝克演算的根岑表述和自然推演表述；然后将介绍完全的兰贝克演算的代数语义和关系语义；最后说明完全的兰贝克演算与范畴语法的关系。

#### 5.1.1 完全的兰贝克演算根岑表述

完全的兰贝克演算的基础是完全且非结合的兰贝克演算（full nonassociative Lambek calculus，FNL），这一演算是非结合兰贝克演算 NL 的加算子扩充，即除左斜线算子 \、右斜线算子/和积算子⊗外，FNL 中还添加了合取算子∧和析取算子∨。

**定义 5.1　FNL 的公式集 $F$** 可定义如下：

$F = A \mid F \backslash F \mid F/F \mid F \otimes F \mid F \wedge F \mid F \vee F$，其中 $A$ 是系统中变项构成的集合。

**定义 5.2　FNL 中的公式结构**可递归定义如下：

（1）系统中单个的公式是原子公式结构；

（2）如 $\Gamma$ 和 $\Delta$ 是系统的公式结构，则 $\Gamma * \Delta$ 是系统的公式结构，其中 $* \in \{\backslash, /, \otimes, \wedge, \vee\}$。

**记法说明：**

（a）形如 $\Gamma[-]$ 的记号称为**情景**，表述包含某一特定公式结构"一"的公式结构；$\Gamma[\Delta]$ 则表述用公式结构 $\Delta$ 替换公式结构 "－" 后所得到的公式结构。

（b）FNL 的根岑表述中，$\Gamma$、$\Delta$ 等表述公式结构，$\alpha$、$\beta$ 等表述公式。

**定义 5.3**（FNL 的根岑表述）

$$(\text{Id})\frac{}{\alpha\Rightarrow\alpha}$$

$$(L\otimes)\frac{\Gamma[(\alpha,\beta)]\Rightarrow\gamma}{\Gamma[(\alpha\otimes\beta)]\Rightarrow\gamma}\qquad (R\otimes)\frac{\Gamma\Rightarrow\alpha\quad\Gamma\Rightarrow\beta}{\Gamma\Rightarrow\alpha\otimes\beta}$$

$$(L\backslash)\frac{\Gamma[\beta]\Rightarrow\gamma\quad\Delta\Rightarrow\alpha}{\Gamma[(\Delta,\alpha\backslash\beta)]\Rightarrow\gamma}\qquad (R\backslash)\frac{(\alpha,\Gamma)\Rightarrow\beta}{\Gamma\Rightarrow\alpha\backslash\beta}$$

$$(L/)\frac{\Gamma[\beta]\Rightarrow\gamma\quad\Delta\Rightarrow\alpha}{\Gamma[(\beta/\alpha,\Delta)]\Rightarrow\gamma}\qquad (R/)\frac{(\Gamma,\alpha)\Rightarrow\beta}{\Gamma\Rightarrow\beta/\alpha}$$

$$(L\wedge)\frac{\Gamma[\alpha_i]\Rightarrow\gamma}{\Gamma[\alpha_1\wedge\alpha_2]\Rightarrow\gamma}\qquad (R\wedge)\frac{\Gamma\Rightarrow\alpha\quad\Gamma\Rightarrow\beta}{\Gamma\Rightarrow\alpha\wedge\beta}$$

$$(L\vee)\frac{\Gamma[\alpha]\Rightarrow\gamma}{\Gamma[\alpha\vee\beta]\Rightarrow\gamma}\qquad (R\vee)\frac{\Gamma[\beta]\Rightarrow\gamma\quad\Gamma\Rightarrow\alpha_i}{\Gamma\Rightarrow\alpha_1\vee\alpha_2}$$

$$(\text{Cut})\frac{\Gamma[\alpha]\Rightarrow\beta\quad\Delta\Rightarrow\alpha}{\Gamma[\Delta]\Rightarrow\beta}$$

在 $[L\wedge]$ 和 $[R\vee]$ 中，要么 $\alpha_i=\alpha_1$ 要么 $\alpha_i=\alpha_2$。

如果公式结构中承认空结构 $()$，那么可以假定 $((),\Gamma)=(\Gamma,())=\Gamma$。如果 FNL 中承认空结构 $()$，那么就可被表述为 FNL* 并且 FNL* 并不是 FNL 的保守扩充。

另外，还能在完全且非结合的兰贝克演算中添加常项 1 和 0。与常项 1 有关的规则如下：

$$(L1)\frac{\Gamma[()]\Rightarrow\gamma}{\Gamma[1]\Rightarrow\gamma}\qquad\qquad (R1)\Rightarrow 1$$

其中，$\Rightarrow 1$ 表述常项 1 是可证的。除此之外，还可定义 $\sim\alpha=\alpha\backslash 0$，$\neg\alpha=0/\alpha$。带常项 1（或 1，0）的 FNL* 就被表述为 $\text{FNL}_1$（或 $\text{FNL}_{1,0}$）。

完全的兰贝克演算（FNL，FNL*）剔除掉了直觉主义演算中所有的结构规则，而如果需要重新添加这些结构规则以提高系统推演能力的话，那么根据所添加的结构规则的不同，完全的兰贝克演算可被分别标记如下：

（a）结合规则 $\dfrac{\Gamma[((\Delta_1,\Delta_2),\Delta_3)]\Rightarrow\gamma}{\Gamma[(\Delta_1,(\Delta_2,\Delta_3))]\Rightarrow\gamma}$

（e）交换规则 $\dfrac{\Gamma[(\Delta_1,\Delta_2)]\Rightarrow\gamma}{\Gamma[(\Delta_2,\Delta_1)]\Rightarrow\gamma}$

（i）整合规则 $\dfrac{\Gamma[\Delta_i]\Rightarrow\gamma}{\Gamma[\Delta_1,\Delta_2]\Rightarrow\gamma}$

（c）缩并规则 $\dfrac{\Gamma[(\Delta,\Delta)]\Rightarrow\gamma}{\Gamma[\Delta]\Rightarrow\gamma}$

添加如上四条结构规则中任意 $n$（$1\leqslant n\leqslant 4$）条的 FNL 演算可被视为 $\text{FNL}_x$，$x$ 是集合 $\{(a),(e),(i),(c)\}$ 上的 $n$（$1\leqslant n\leqslant 4$）元组。例如，添加了（a）和（e）后的 FNL 演算就应被表述为 $\text{FNL}_{ae}$，而 $\text{FNL}_a$ 就是所谓的完全的兰贝克演算 FL。

如果将常项 $\bot$ 和 $\top$ 加入到 FNL 当中，那么相关公理可表述如下且常项 $\bot$ 可借由常项 0 定义为 $0=\bot$：

（$L\bot$） $\Gamma[\bot]\Rightarrow\gamma$ （$R\top$）$\top\Rightarrow\top$

**定理 5.1**(Cut 消去定理) 对于 FNL 和 $\text{FNL}^*$ 以及这两个演算的任意加结构规则和常项的扩充，每一个证明序列都有一个不带 Cut 规则的证明（Lambek，1958）。

**推论 5.1**(子公式性) 每一个可证的公式序列 $\Gamma\Rightarrow\gamma$ 都有一个这样的证明，在这一证明中每一个序列都由 $\Gamma\Rightarrow\gamma$ 中的子公式构成。

上面两个结果说明，如果不承认结构规则（c）或者（c）和（i），那么完全的兰贝克演算中的系统就都是可判定的。

### 5.1.2 完全的兰贝克演算自然推演表述

完全的兰贝克演算的自然推演表述中甚至包括了兰贝克演算的加存在量词和全称量词的扩充，但是由于篇幅关系，这里只介绍完全的兰贝克演算命题部分的自然推演表述。

**定义 5.4**(FL 的自然推演表述)

$0 \quad [A]^v$

$$\frac{\vdots}{\dfrac{B}{A\to B}}\to Iv \qquad \dfrac{A \qquad A\to B}{B}\to E$$

$[A]^v \quad 0$

$$\dfrac{\vdots}{\dfrac{B}{B\leftarrow A}}\leftarrow Iv \qquad \dfrac{B\leftarrow A \qquad A}{B}\leftarrow E$$

$$\Gamma[AB\Delta]^{v} \qquad [\Gamma AB]^{v}\Delta$$

$$\vdots \quad \vdots \qquad\qquad \vdots \quad \vdots \qquad\qquad \vdots$$

$$\frac{A \quad B}{A\otimes B}\otimes I \qquad \frac{C \qquad A\otimes B \qquad C}{C}\otimes Ev$$

$$\Gamma \quad [\Gamma]^{v} \qquad\qquad [\Gamma]^{v}\Gamma$$

$$\vdots \qquad\qquad \vdots \quad \vdots \qquad\qquad \vdots \qquad\qquad \vdots$$

$$\frac{A \quad B}{A\wedge B}\wedge Iva \qquad \frac{A \quad B}{A\wedge B}\wedge Ib \qquad \frac{A\wedge B}{A}\wedge Ea \qquad \frac{A\wedge B}{B}\wedge Eb$$

$$\Gamma[A\Delta]^{v} \qquad \Gamma[B]^{v}\Delta$$

$$\vdots \qquad\qquad \vdots \qquad\qquad \vdots \quad \vdots \quad \vdots$$

$$\frac{A}{A\vee B}\vee Ia \qquad \frac{B}{A\vee B}\vee Ib \qquad \frac{C \qquad A\vee B \qquad C}{C}\vee Ev$$

其中，字母 v 标记出前提中为得到结论而假定的前提。这种加标的前提既可以是公式也可以是公式结构。

### 5.1.3 完全的兰贝克演算代数语义

在介绍完全的兰贝克演算的代数模型之前，首先界定一些重要的概念。

**定义 5.5**(驻留半群) 五元组 $(A,\leqslant,\otimes,/,\backslash)$ 是一个**驻留半群**，当且仅当下面的条件被满足：

(1) $(A,\leqslant)$ 是一个偏序集；

(2) $(A,\otimes)$ 是一个半群；

(3) 驻留规则有效，即对于集合 $A$ 中的元素 $a$、$b$、$c$，$a\otimes b\leqslant c$ 当且仅当 $b\leqslant a\backslash c$ 当且仅当 $a\leqslant c/b$。

**定义 5.6**(驻留的幺半群) 六元组 $(A,\leqslant,\otimes,/,\backslash,1)$ 是一个**驻留的幺半群**，当且仅当下面的条件被满足：

(1) 五元组 $(A,\leqslant,\otimes,/,\backslash)$ 是一个驻留半群；

(2) 1 是一个单位元且对于 $A$ 中的元素 $a$，$a\otimes 1=a=1\otimes a$。

**定义 5.7**(驻留格) 一个驻留的幺半群是一个驻留格，当且仅当下面的条件被满足：

(1) 这个驻留的幺半群是一个带有运算 $\bigcap$ 和 $\bigcup$ 的格；

(2) 对于 $A$ 中的元素 $a$、$b$，$a\leqslant b$ 当且仅当 $a\bigcap b=b$。

**定义 5.8**(带 0 的驻留格) 一个 **FL 代数**是一个带 0 的驻留格。

对于兰贝克演算 $L$，其是相对于驻留半群强完全的，即 $\Phi \vdash_L \Gamma \Rightarrow \gamma$ 当且仅当 $\Gamma \Rightarrow \gamma$ 在每一个驻留半群上都为真。

加拉塔斯等（Galatos，et al.，2007）给出了不同的兰贝克演算以及使得这些演算是强完全的代数结构，这些结果可见表（2.）5.1。

表（2.）5.1　兰贝克演算及其变种

| 不同的兰贝克演算 | 代数结构 |
|---|---|
| NL | 驻留广群 |
| NL*，NL$_1$ | 驻留单式广群 |
| FNL | 格序驻留广群 |
| FNL*，FNL$_1$ | 格序驻留单式广群 |
| FL | 格序驻留半群 |
| FL*，FL$_1$ | 驻留格 |
| FL$_{1,0}$ | FL 代数 |
| FL$_{1,0,e}$ | FL$_e$代数，即交换的 FL 代数（$a \otimes b = b \otimes a$） |
| FL$_{1,0,i}$ | FL$_i$ 代数，即累积的 FL 代数（$a \leqslant 1$） |
| FL$_{1,0,w}$ | FL$_w$代数，即累积的 FL 代数且 $0 = \bot$ |

**定义 5.9**（模型 $\mathfrak{M}$）　一个**模型** $\mathfrak{M}$ 是一个二元组（$\mathcal{M}$，$\mu$），其中 $\mathcal{M}$ 是一个代数结构，$\mu$ 是一个从原子类型集到代数结构论域的映射且 $\mu$ 可被唯一的扩充为从类型集到代数结构论域的映射。

例如，$\mu(A \otimes B) = \mu(A) \otimes \mu(B)$，$\mu(A \backslash B) = \mu(A) \backslash \mu(B)$，$\mu(A/B) = \mu(A)/\mu(B)$。

**定义 5.10**（真、有效）　对于序列 $A \Rightarrow B$，如果 $\mu(A) \leqslant \mu(B)$，那么这一序列在模型 $\mathfrak{M}(\mathcal{M}, \mu)$ 上为真；如果对于代数结构 $M$ 上的所有赋值函数 $\mu$，这一序列都为真，那么其就在代数结构 $M$ 上有效；如果其在某一代数类 $C$ 中的代数结构上都有效，那么其就是在代数类 $C$ 上有效的。

下面介绍一种与语言学相关的**标准框架**，即语言的代数。

令 $\Sigma$ 为一非空且有穷的词汇集，$\Sigma^*$ 为 $\Sigma$ 中的有穷串构成的集合，$\ni$ 是空串，$\Sigma^+ = \Sigma^* - \{\ni\}$，$\mathcal{P}(\Sigma^*)$（$\Sigma^*$ 的幂集）表述 $\Sigma$ 上的语言的类，$\mathcal{P}(\Sigma^+)$ 表述 $\Sigma$ 上的非空语言的类。

**定义 5.11**　对于任意的 $L_1$，$L_2 \subseteq \Sigma^+$，运算 $\otimes$、/、\ 定义如下：

(1) $L_1 \otimes L_2 = \{\alpha b：\alpha \in L_1$ 且 $b \in L_2\}$；

(2) $L_1 \backslash L_2 = \{c \in \Sigma^+：L_1 \otimes \{c\} \subseteq L_2\}$；

(3) $L_1/L_2 = \{c \in \Sigma^+：\{c\} \otimes L_2 \subseteq L_1\}$。

$(\mathcal{P}(\Sigma^*),\ \otimes,\ /,\ \backslash,\ \{\ni\},\ \sqsubseteq)$ 是一个驻留的幺半群，而 $(\mathcal{P}(\Sigma^+),$ $\otimes,\ /,\ \backslash,\ \sqsubseteq)$ 则是一个驻留的半群。

**定理 5.2**　在语言模型 $\mathcal{P}(\Sigma^+)$ 下，$L$ 是弱完全的；在语言模型 $\mathcal{P}(\Sigma^*)$ 下，$L^*$ 是弱完全的。（Pentus，1995）

**定理 5.3**　FL[ \，/，∩] 和 FL[ \，/，∩] 是相对于（适当的）语言模型强完全的。（Buszkowski，1982，1986）

### 5.1.4　FNL 的关系语义

麦考尔（MacCaull，1998）给出了完全的兰贝克演算的**关系语义**。其工作是在完全的兰贝克演算的克里普克语义基础上完成的，因此首先给出克里普克框架和模型的定义。

**定义 5.12**（克里普克语义中的结构）　一个克里普克语义中的结构 $D=\langle D,$ $\cap,\ \otimes,\ \varepsilon,\ \omega\rangle$ 是一个半格序的幺半群且满足下面的条件：

(1) $\langle D,\ \cap\rangle$ 有交的半格且由最小元素 $\omega$；

(2) $\langle D,\ \cap,\ \otimes,\ \varepsilon\rangle$ 是一个带有同一元素的幺半群；

(3) 对于 $D$ 中的任意元素 $x$、$y$、$z$，$z\otimes(x\cap y)\otimes\omega=(z\otimes x\otimes\omega)\cap(z\otimes y\otimes\omega)$。

交运算满足条件，对于 $D$ 中任意的 $x$、$y$，$x\leqslant y$ 当且仅当 $x\cap y=x$。另外，如果对于 $D$ 中的任意元素 $x$、$y$ 有 $x\leqslant y$，那么对于 $D$ 中任意 $z$ 都 $x\otimes z\leqslant y\otimes z$ 且 $z\otimes x\leqslant z\otimes y$。

**定义 5.13**（滤）　对于任一结构 $D$，集合 $A$ 是 $D$ 的滤当且仅当下面的条件被满足：

(1) $A$ 是 $D$ 的子集；

(2) 对于 $A$ 中任意元素 $x$、$y$ 以及 $D$ 中任意元素 $z$，$x\cap y\leqslant z$ 蕴涵 $z\in A$。

可令 $F(D)$ 表述 $D$ 中非空滤所构成的集合。

**定义 5.14**（克里普克模型）　一个克里普克模型是一个二元组 $\langle D,\ g\rangle$，其中 $D$ 是一个半格序的幺半群，$g$ 是一个从命题变项和常项 0 到 $F(D)$ 的映射，且对于给定的克里普克模型 $\langle D,\ g\rangle$ 以及 $D$ 中元素 $x$ 以及公式 $\alpha$，$x\vDash\alpha$ 这一关系可被递归定义如下：

(1) 如果 $p$ 是一个命题变项或 0，那么 $x\vDash p$ 当且仅当 $x\in g(p)$；

(2) $x\vDash 1$ 当且仅当 $x\geqslant\varepsilon$；

（3）对于任一 $x$，$x \models \top$；

（4）$x \models \bot$ 当且仅当 $x = \omega$；

（5）$x \models \alpha \bigcap \beta$ 当且仅当对于任意 $y$，$z$，如果 $y \models \alpha$ 且 $x \otimes y \leqslant z$，那么 $z \models \beta$；

（6）$x \models \alpha \vee \beta$ 当且仅当存在 $y$ 和 $z$ 使得 $y \bigcap z \leqslant x$ 且满足（$y \models \alpha$ 或 $y \models \beta$）和（$z \models \alpha$ 或 $z \models \beta$）；

（7）$x \models \alpha \wedge \beta$ 当且仅当 $x \models \alpha$ 且 $x \models \beta$；

（8）$x \models \alpha \otimes \beta$ 当且仅当存在 $y$ 和 $z$，满足 $y \otimes z \leqslant x$ 且 $y \models \alpha$ 且 $z \models \beta$。

**定理 5.4** 对于任意公式 $\alpha$，$\{x \in D \mid x \models \alpha\} \in F(D)$。

**证明** 对公式的类型施加递归证明。

**定义 5.15**（为真条件） 一个公式在模型 $\langle D, g \rangle$ 上为真，当且仅当对于每一个 $x$，如果 $x \geqslant \varepsilon$，那么 $x \models \alpha$；$\alpha$ 在一个克里普克模型类 $K$ 上为真，当且仅当其在 $K$ 中的每一个模型上为真；一个序列 $\Gamma \rightarrow \theta$ 在克里普克模型类 $K$ 上为真，当且仅当公式 $\gamma_1 \otimes \gamma_2 \otimes \cdots \otimes \gamma_n \rightarrow \theta$ 在 $K$ 上为真。

**定理 5.5** 如果令 $\Gamma$ 为 FL 中的一个公式序列 $\alpha$ 为 FL 中的一个公式，那么 $\Gamma \rightarrow \alpha$ 在 FL 中是可证的当且仅当 $\Gamma \rightarrow \alpha$ 在所有的克里普克模型上为真。（Ono，1993）

**定义 5.16**（关系克里普克模型） 一个关系克里普克模型 $\mathcal{M}$ 是一个六元组 $\langle S, \omega, \varepsilon, R, I, g \rangle$ 且满足下面的条件：

（1）$S$ 是一个非空集，其中的元素被称为状态；

（2）$\varepsilon$ 和 $\omega$ 是 $S$ 中的不同元素；

（3）$R$ 和 $I$ 是 $S$ 上的三元关系；

（4）$g$ 是一个从命题变项和 0 到非空的状态集合的函数，$\omega$ 属于任一状态集且 $g$ 满足下面的条件：

如果 $x \in g(p)$、$y \in g(p)$ 且 $Ixyz$，那么 $z \in g(p)$。

对于 $S$ 中的元素 $a$、$b$、$c$，如果 $Rabc$ 成立，那么可理解为 $a \otimes b \leqslant c$；如果 $Iabc$ 成立，那么可理解为 $a \bigcap b \leqslant c$。

除上面的条件外，对于 $S$ 中任意元素 $a$、$b$、$c$、$t$、$u$，还要满足下面的条件：

（c1）$R\varepsilon\varepsilon x$ 且 $R\varepsilon\varepsilon y$ 且 $Ixyz$ 蕴涵 $R\varepsilon\varepsilon z$；

（c2）$I\omega\omega z$ 蕴涵 $R\varepsilon z\omega$ 且 $R\varepsilon\omega z$；

（c3）$Iabx$ 且 $Rxcd$ 蕴涵 $\exists p$，$q(Racp$ 且 $Rbcq$ 且 $Ipqd)$；

（c4）$Iabc$ 蕴涵 $Ibac$；

（c5）$Ia'a''a$ 且 $Ib'b''b$ 且 $Iabx$ 蕴涵 $\exists p,q(Ia'b''p$ 且 $Ia''b'q$ 且 $Ipqx)$；

（c6）$Ib'b''b$ 且 $Iabx$ 蕴涵 $\exists q(Iab'q$ 且 $Iqb''x)$；

（c7）$Ra'a''a$ 且 $Rb'b''b$ 且 $Iabx$ 蕴涵 $\exists p,q(Ia'b'p$ 且 $Ia''b''q$ 且 $Rpqx)$；

（c8）$R\varepsilon ab$ 蕴涵 $Iaab$；

（c9）$Ra\omega b$ 蕴涵 $R\varepsilon b\omega$ 且 $R\varepsilon\omega b$；

（c10）$R\varepsilon aa$；

（c11）$Ra\varepsilon b$ 蕴涵 $R\varepsilon ab$；

（c12）$R\varepsilon ab$ 且 $Rtbu$ 蕴涵 $Rtau$；

（c13）$R\varepsilon ab$ 且 $Rbtu$ 蕴涵 $Ratu$；

（c14）$Raxb$ 且 $Icdx$ 蕴涵 $\exists p,q(Racp$ 且 $Radq$ 且 $Ipqb)$；

（c15）$Razb$ 且 $Rcdz$ 蕴涵 $\exists q(Racq$ 且 $Rqdb)$；

（c16）$Rabz$ 且 $Rzde$ 蕴涵 $\exists q(Rbdq$ 且 $Raqe)$；

（c17）$Ra_1a_2a$ 且 $Ra_3a_4a_1$ 且 $Ra_5a_6a_3$ 蕴涵 $\exists p,q(Ra_6a_4p$ 且 $Ra_5pq$ 且 $Rqa_2a)$。

**定义 5.17**（满足关系）　在关系克里普克模型 $\mathcal{M}$ 中，状态 $x$ 满足公式 $\alpha$，即 $x\models\alpha$ 当且仅当下面的条件被满足：

（1）如果 $p$ 是一个命题变项或 0，那么 $x\models p$ 当且仅当 $x\in g(p)$；

（2）$x\models 1$ 当且仅当 $R\varepsilon\varepsilon x$；

（3）对于任一 $x$，$x\models\top$；

（4）$x\models\bot$ 当且仅当 $x=\omega$；

（5）$x\models\alpha\supset\beta$ 当且仅当对于任意 $y$、$z$，如果 $y\models\alpha$ 且 $Rxyz$，那么 $z\models\beta$；

（6）$x\models\alpha\vee\beta$ 当且仅当存在 $y$ 和 $z$ 使得 $Iyzx$ 且满足（$y\models\alpha$ 或 $y\models\beta$）和（$z\models\alpha$ 或 $z\models\beta$）；

（7）$x\models\alpha\wedge\beta$ 当且仅当 $x\models\alpha$ 且 $x\models\beta$；

（8）$x\models\alpha\otimes\beta$ 当且仅当存在 $y$ 和 $z$，满足 $Ryzx$ 且 $y\models\alpha$ 且 $z\models\beta$。

**定义 5.18**（为真条件）　任一公式 $\alpha$ 在关系克里普克模型 $\mathcal{M}$ 上为真，当且仅当对于任意 $x\in S$，如果 $R\varepsilon\varepsilon x$，那么 $x\models\alpha$。

**定理 5.6**　如果序列 $\Gamma\to\theta$ 在 FL 中可证，当且仅当这一序列就在所有的关系克里普克模型上为真。（MacCaull，1998）

麦考尔（MacCaull，1998）还证明对于 FL 中的任意公式 $\theta$，$\theta$ 在关系克里普克模型上为真，那么 $\theta$ 就在克里普克式模型上为真。

### 5.1.5 完全的兰贝克演算与范畴语法

上文介绍了 FL 的部分内容，而如果将系统中的公式具体化为语词类型，那么就能得到处理自然语言的**类型逻辑**（type logic）。例如可将系统中的原子公式界定为 n、np、s 这三种，再通过联结词的添加刻画其他复杂的类型。而如果在如此形成的类型逻辑的基础上再添加自然语言词条则可构成范畴语法。下面介绍范畴语法的构成。

**定义 5.19**（$\mathcal{L}$语法） 令$\mathcal{L}$为一个类型逻辑（用根岑表述）。一个$\mathcal{L}$上的范畴语法或简称为$\mathcal{L}$**语法**是一个四元组 $G=（\sum，I，A，\mathcal{L}）$且满足下面的条件：

（1）$\sum$是一个非空的有穷字母表；

（2）$I$是一个从有穷的类型集到$\sum$元素的指派；

（3）$A$是一个给定的类型，称为 $G$ 的主类型，一般而言，$A$ 是一个原子类型，一般用 s 表述。

对于任意语法 $G$ 中的字母表、类型指派以及主类型，其可被分别表述为 $\sum_G$、$I_G$ 和 $A_G$。

**定义 5.20**（类型指派） 令 $G$ 为一$\mathcal{L}$语法且令 $x \in (\sum_G)^+$，$x=a_1，a_2，\cdots，a_n$，称 $G$ 指派类型 $A$ 给 $x$（可表述为 $x \to_G A$），如果下面的条件被满足：存在类型 $A_i \in I(a_i)$，$i=1，2，\cdots，n$ 使得 $A_1，A_2，\cdots，A_n \Rightarrow A$ 在$\mathcal{L}$中可证。

**定义 5.21**（语言） 用 $L_G(A)$ 表述满足条件 $x \to_G A$ 的 $(\sum_G)^+$中的 $x$，而 $x$ 就被称为由 $G$ 所决定的类型 $A$ 的范畴；$L_G（A_G）$就被称为 $G$ 的语言，可表述为$L(G)$。

**定义 5.22**（等价关系） 对于任意的两个语法 $G'$ 和 $G''$，如果 $L(G')=L(G'')$，那么这两个语法就是等价的；对于语法类$\mathcal{G}$，可用 $L(\mathcal{G})$ 表述所有属于$\mathcal{G}$的语法 $G$ 所构成的语言 $L(G)$ 构成的类；如果 $L(\mathcal{G}')=L(\mathcal{G}'')$，那么我们说语法类$\mathcal{G}'$和$\mathcal{G}''$等价。

AB 演算或称 AB 语法是范畴语法中最为基础的语法之一，巴-希勒尔（Bar-Hillel，1960）证明 AB 语法等价于不含空符号串的上下文自由语法，而潘特斯（Pentus，1993）则证明 L 语法同样等价于不含空符号串的上下文自由语法。

## 5.2　加一元算子的 CTL

兰贝克演算仅包括积算子⊗、左斜线算子\和右斜线算子/三个算子。如果在兰贝克演算的基础上添加其他一元算子的话，那就能得到加一元算子扩充的CTL系统。本小节以莫瑞尔（Morrill，2011）的**内涵兰贝克演算**为例来介绍兰贝克演算的加一元算子扩充。

内涵的兰贝克演算中公式集 $F$ 包括如下的五类：

$$F = P \,|\, F \otimes F \,|\, F \backslash F \,|\, F/F \,|\, \Box F$$

其中，$P$ 是原子公式集，$F \otimes F$，$F \backslash F$ 和 $F/F$ 是兰贝克演算中已有的复合公式类型。$\Box F$ 则是这系统中的新增公式。

在内涵的兰贝克演算的根岑表述中，涉及内涵算子 $\Box$ 的规则可表述如下：

$$\frac{\Gamma(A) \Rightarrow B}{\Gamma(\Box A) \Rightarrow B} \Box L \qquad \frac{\Box \Gamma \Rightarrow A}{\Box \Gamma \Rightarrow \Box A} \Box R$$

其中，$\Box \Gamma$ 表述一个以 $\Box$ 为主联结词的构造。

**定义 5.23**（类型集 $\tau$）　在基本类型集 $\delta$ 的基础上，内涵兰贝克演算的类型集 $\tau$ 可定义如下：

$$\tau = \delta \,|\, \tau \rightarrow \tau \,|\, \tau \& \tau \,|\, L\tau$$

**定义 5.24**（类型论域集）　在从非空的基本类型论域集到 $\delta$ 和非空集 $W$ 的卡氏集上的指派 $d$ 的基础上，每一类型 $\tau$ 的类型论域集可被定义如下：

(1) 对于任意 $\tau \in \delta$，$D_\tau = d(\tau)$；

(2) 函数的幂　$D_{\tau_1 \rightarrow \tau_2} = D_{\tau_2}{}^{D_{\tau_1}}$；

(3) 卡氏集　$D_{\tau_1 \& \tau_2} = D_{\tau_1} \times D_{\tau_2}$；

(4) $D_{L\tau} = D_\tau{}^W$。

**定义 5.25**（$\tau$ 的项的集合 $\Phi_\tau$）　对于任意类型 $\tau$，在类型 $\tau$ 的常项集 $C_\tau$ 以及不可数无穷的变项集 $V_\tau$ 基础上，$\tau$ 的项的集合 $\Phi_\tau$ 可定义如下：

$$\Phi_\tau ::= C_\tau \,|\, V_\tau \,|\, (\Phi_{\tau' \rightarrow \tau} \Phi_{\tau'}) \,|\, \pi_1 \Phi_{\tau \& \tau'} \,|\, \pi_2 \Phi_{\tau' \& \tau} \,|\, {}^{\vee} \Phi_{L\tau} ;$$

$$\Phi_{\tau \rightarrow \tau'} ::= \lambda V_\tau \Phi_{\tau'} ;$$

$$\Phi_{\tau \& \tau'} ::= (\Phi_\tau, \Phi_{\tau'}) ;$$

$$\Phi_{L\tau} ::= {}^{\wedge} \Phi_\tau 。$$

**定义 5.26**（内涵兰贝克演算的语义）　令 $f$ 为一个从集合 $C_\tau$ 到 $D_\tau$ 的映射；

$g$ 为一个从集合 $V_\tau$ 到 $D_\tau$ 的映射；$i$ 为 $W$ 中的元素，因此内涵兰贝克演算的语义可定义如下：

$$[c]^{g,i} = f(c);$$

$$[x]^{g,i} = g(x);$$

$$[(\phi\psi)]^{g,i} = [\phi]^{g,i}([\psi]^{g,i});$$

$$[\pi_1\phi]^{g,i} = \mathrm{fst}([\phi]^{g,i});$$

$$[\pi_2\phi]^{g,i} = \mathrm{snd}([\phi]^{g,i});$$

$$[^\vee\phi]^{g,i} = [\phi]^{g,i}(i);$$

$$[\lambda x_\tau\phi]^{g,i} = D_\tau \ni d \mapsto [\phi]^{(g-\{(x,g(x))\})\cup\{(x,d)\},i};$$

$$[(\phi,\psi)]^{g,i} = \langle[\phi]^{g,i},[\psi]^{g,i}\rangle;$$

$$[^\wedge\phi]^{g,i} = W \ni j \mapsto [\phi]^{g,i}。$$

**定义 5.27**（内涵兰贝克演算的归约规则）

（1）**$\alpha$ 规约**：如果 $x$ 不在 $\phi$ 中自由且 $x$ 对于 $\phi$ 中的 $y$ 是自由的，那么 $\lambda y\phi = \lambda x(\phi[x/y])$。

（2）**$\beta$ 规约**：如果 $\psi$ 对 $\phi$ 中的 $x$ 自由且对 $\phi$ 中的 $x$ 模态自由[①]，那么 $\lambda x\phi\psi = \phi\{\psi/x\}$。

$$\pi_1(\phi,\psi) = \phi; \pi_2(\phi,\psi) = \psi; {}^\vee{}^\wedge\phi = \phi$$

（3）**$\eta$ 规约**：如果 $x$ 不在 $\phi$ 中自由，那么 $\lambda x(\phi x) = \phi$。

$$(\pi_1\phi, \pi_2\phi) = \phi$$

如果 $\phi$ 不是模态封闭的，那么 ${}^\wedge{}^\vee\phi = \phi$。

**定义 5.28**（内涵兰贝克演算的哈里-霍华德语义解释）

$$[c]^{g,i} = f(c);$$

$$[x]^{g,i} = g(x);$$

$$[(\phi\psi)]^{g,i} = [\phi]^{g,i}([\psi]^{g,i});$$

$$[\pi_1\phi]^{g,i} = \mathrm{fst}([\phi]^{g,i});$$

$$[\pi_2\phi]^{g,i} = \mathrm{snd}([\phi]^{g,i});$$

$$[^\vee\phi]^{g,i} = [\phi]^{g,i}(i);$$

$$[\lambda x_\tau\phi]^{g,i} = D_\tau \ni d \mapsto [\phi]^{(g-\{(x,g(x))\})\cup\{(x,d)\},i};$$

---

① 一个项是**模态封闭**的当且仅当 $^\vee$ 的每一次出现都是在一个 $^\wedge$ 的辖域里。一个项 $\psi$ 是**对 $\phi$ 中的 $x$ 模态自由**的当且仅当 $\psi$ 是模态封闭的或者 $\phi$ 中不存在 $x$ 的自由出现是在 $\wedge$ 的辖域中。

$[\![(\phi,\psi)]\!]^{g,i} = \langle [\![\phi]\!]^{g,i}, [\![\psi]\!]^{g,i} \rangle$；

$[\![{}^{\wedge}\phi]\!]^{g,i} = W \ni j \mapsto [\![\phi]\!]^{g,i}$。

自然推演表述中，与内涵算子相关的规则中所匹配的拉姆达词项可表述如下：

$$\dfrac{\begin{array}{c}\vdots\\ \Box A\text{: } \psi\end{array}}{A\text{: }{}^{\vee}\psi}E\Box$$

$$\dfrac{\begin{array}{c}\vdots\\ A\text{: } \psi\end{array}}{\Box A\text{: }{}^{\wedge}\psi}I\Box$$ 如果每一条从根到开放支的路径上都包含□类型。

根岑表述中，与内涵算子相关的规则中所匹配的 λ 词项可表述如下：

$$\left|\dfrac{\begin{array}{c}\vdots\\ \Gamma(A)\Rightarrow B\end{array}}{\Gamma(\Box A)\Rightarrow B}\Box L\right|_{\mu(\phi)} = \begin{array}{c}\vdots\\ |\ \Gamma(A)\Rightarrow B\ |_{\mu({}^{\vee}\phi)}\end{array}$$

$$\left|\dfrac{\begin{array}{c}\vdots\\ \Box\Gamma\Rightarrow A\end{array}}{\Box\Gamma\Rightarrow\Box A}\Box R\right|_{\mu} = \begin{array}{c}\vdots\\ {}^{\wedge}|\ \Box\Gamma\Rightarrow A\ |_{\mu}\end{array}$$

下面以语句 John walks 为例来说明内涵兰贝克演算对自然语言的处理（图（2.）5.1）。

$$\dfrac{\dfrac{\dfrac{\text{John}}{\Box n\text{: }{}^{\wedge}j}}{n\text{: } j}E\Box \qquad \dfrac{\dfrac{\text{walks}}{\Box(n\setminus s)\text{: } walk}}{n\setminus s\text{: }{}^{\vee}walk}E\Box}{s\text{: }({}^{\vee}walk\ j)}E\setminus$$

图（2.）5.1　语句 John walks 的内涵兰贝克推演

## 5.3　准群语法与抽象的 CTL

一个**准群**是一个结构$\mathcal{M}=(M, \leqslant, \otimes, {}^{l}, {}^{r}, 1)$，其中（$M$，$\leqslant$，$\otimes$，1）是一个偏序的幺半群，$^{l}$和$^{r}$ 是 $M$ 上的运算且满足下面的条件：对于任意 $M$ 中的 $a$，

(Al) $a^{l}a\leqslant 1\leqslant aa^{l}$；

(Ar) $aa^{r}\leqslant 1\leqslant a^{r}a$。

兰贝克（Lambek，1961）引入准群作为偏序群的一种一般化结构。$a^{l}$和 $a^{r}$ 分别被称为 $a$ 的左毗连和右毗连。

假定$\otimes$具有交换性，那么如果 $a^{l}=a^{-1}=a^{r}$，那么可得 $a^{l}a=1=aa^{l}$且 $aa^{r}=$

$1=a^{\mathrm{r}}a$。简单来说，交换的准群就是一个阿尔贝群。由于对交换准群的刻画自然语言能力不满意，兰贝克将注意力放到了下文中将定义出的非交换准群甚至自由准群上去。

首先，给出一些能从（Al）和（Ar）推出的结论：

$1^{\mathrm{l}}=1=1^{\mathrm{r}}$；

$a^{\mathrm{lr}}=a=a^{\mathrm{rl}}$；

$(ab)^{\mathrm{l}}=b^{\mathrm{l}}a^{\mathrm{l}}$；

$(ab)^{\mathrm{r}}=b^{\mathrm{r}}a^{\mathrm{r}}$；

$a\leqslant b$ iff $b^{\mathrm{l}}\leqslant a^{\mathrm{l}}$ iff $b^{\mathrm{r}}\leqslant a^{\mathrm{r}}$。

对于任意准群，要求 $a\backslash b=a^{\mathrm{r}}b$，$a/b=ab^{\mathrm{l}}$ 且可证得驻留规则成立。因此，每一个准群都是一个带有驻留运算的驻留幺半群。进而可得，在这一驻留式的翻译下，L1（即 L 加单位元 1 的扩充）中可证明的所有序列都在准群上有效，但是反过来却是不成立的。

对于任意整数 $n\geqslant 0$，令 $a^{(n)}=a^{\mathrm{rr}\cdots\mathrm{r}}$ 且 $a^{(-n)}=a^{\mathrm{ll}\cdots\mathrm{l}}$ 其中 $n$ 表述毗连算子叠置 $n$ 次，由此可得：对于任意 $n\in\mathbf{Z}$，

$a^{(n)}a^{(n+1)}\leqslant 1\leqslant a^{(n+1)}a^{(n)}$；

$(ab)^{(2n)}=a^{(2n)}b^{(2n)}$，$(ab)^{(2n+1)}=b^{(2n+1)}a^{(2n+1)}$；

$a\leqslant b$ iff $a^{(2n)}\leqslant b^{(2n)}$ iff $b^{(2n+1)}\leqslant a^{(2n+1)}$。

令 $(P,\leqslant)$ 为一个（有穷）偏序集。$P$ 是由原子公式构成的集合且 $P$ 中的原子公式可表述为 $p$，$q$，$r$，$\cdots$。对于任意 $P$ 中的 $p$ 和 $\mathbf{Z}$ 中的 $n$，简单公式是形如 $p^{(n)}$ 这样的公式，而一个项（也被称为类型）则是由简单公式构成的有穷序列。大写的希腊字母可被用来表述项，而 $t$ 则表述简单项。如果 $p\leqslant q$，那么 ①在 $n$ 为偶数的情况下，$p^{(n)}\leqslant q^{(n)}$；②在 $n$ 为奇数的情况下，$q^{(n)}\leqslant p^{(n)}$。项集上最小的自返、传递的二元关系⇒满足下面的条件：

（CON）$\Gamma,p^{(n)},p^{(n+1)},\Delta\Rightarrow\Gamma,\Delta$；

（EXP）$\Gamma,\Delta\Rightarrow\Gamma,p^{(n+1)},p^{(n)},\Delta$；

（IND）如果 $p^{(n)}\leqslant q^{(n)}$，那么 $\Gamma,p^{(n)},\Delta\Rightarrow\Gamma,q^{(n)},\Delta$。

（CON），（EXP）和（IND）分别是缩并规则、扩充规则和归纳步骤。这些规则可被视为一个项的重写系统的规则。$\Gamma\Rightarrow\Delta$ 为真当且仅当通过上述规则的有穷次应用，从 $\Gamma$ 可得到 $\Delta$。这一重写系统就是兰贝克给出的（Lambek，1961）准群语法/逻辑。这一语法又被称为紧致的双线性逻辑。

准群语法是等价于上下文自由语法的，换句话说，跟原来的一些语法相比，

准群逻辑的表达力并无不同。

本小节还将介绍抽象的 CTL 的一个版本。

令 $A$ 为一个原子类型集，那么在 $A$ 上建立起来的线性蕴涵式类型集 $J(A)$ 可递归定义如下：

(a) 如果 $\alpha \in A$，那么 $\alpha \in J(A)$；

(b) 如果 $\alpha$，$\beta \in J(A)$，那么 $(\alpha \text{ю} \beta) \in J(A)$。

记法的说明：

(a) 这里使用 ю 算子的右结合规则；

(b) $\alpha^n \text{ю} \beta$ 表述下面这一公式：

$$\overbrace{\alpha \text{ю} \cdots \text{ю} \alpha \text{ю}}^{n \text{ 个}} \beta$$

一个**高阶线性标记**是三元组 $\Sigma = \langle A, C, \tau \rangle$，其中，

(a) $A$ 是原子类型的有穷集；

(b) $C$ 是常项的有穷集；

(c) $\tau$：$C \to J(A)$ 是一个为 $C$ 中的常项指派 $J(A)$ 中类型的函数。

令 $X$ 为一个 $\lambda$ 变项的无穷可数集。建立在高阶线性标记 $\Sigma = \langle A, C, \tau \rangle$ 上的线性 $\lambda$ 项集 $\Lambda(\Sigma)$ 可递归定义如下：

(1) 如果 $c \in C$，那么 $c \in \Lambda(\Sigma)$；

(2) 如果 $x \in X$，那么 $x \in \Lambda(\Sigma)$；

(3) 如果 $x \in X$，$t \in \Lambda(\Sigma)$ 且 $x$ 在 $t$ 中自由出现一次，那么 $(\lambda x.t) \in \Lambda(\Sigma)$；

(4) 如果 $t$，$u \in \Lambda(\Sigma)$ 且 $t$ 和 $u$ 的自由变项集是不交的，那么 $(tu) \in \Lambda(\Sigma)$。

**定义 5.29**（词库 $\mathcal{L}$） 令 $\Sigma_1 = \langle A_1, C_1, \tau_1 \rangle$，$\Sigma_2 = \langle A_2, C_2, \tau_2 \rangle$ 为两个高阶线性标记。一个从 $\Sigma_1$ 到 $\Sigma_2$ 的词库 $\mathcal{L}$ 可被定义为一个二元组 $\langle F, G \rangle$ 且满足下面的条件：

(1) $F$：$A_1 \to J(A_2)$ 是一个函数且将 $\Sigma_1$ 中的原子类型解释为 $A_2$ 上建立起来的线性蕴涵式类型；

(2) $G$：$C_1 \to \Lambda(\Sigma_2)$ 是一个函数且将 $\Sigma_1$ 中的常项解释为 $\Sigma_2$ 基础上建立起来的线性 $\lambda$ 项；

(3) 对于任意 $c \in C_1$，下面的类型判断是可推出的：

$\vdash_{\Sigma_2} G(c) : \widehat{F}(\tau_1(c))$ 其中 $\widehat{F}$ 是 $F$ 的唯一态射扩充。

**定义 5.30**（抽象的 CTL） 一个抽象的 CTL 是一个四元组 $\vartheta = \langle \Sigma_1, \Sigma_2, \mathcal{L}, s \rangle$ 且满足下面的条件：

（1）$\sum_1$和$\sum_2$是两个高阶线性标记，它们分别被称为抽象的语言和目标语言；

（2）$\mathcal{L}$：$\sum_1 \rightarrow \sum_2$是一个从抽象语言到目标语言的词库；

（3）$s$是一个抽象语言中原子类型，它被称为语法中的重要类型。

德格鲁特等（de Groote，et al.，2004）指出抽象的 CTL 有如下的几个特点：

（a）每一个抽象的 CTL 都会产生两个语言，一个抽象的语言和一个目标语言。抽象的语言可以被视为一个抽象句法结构的集合，而目标语言则可被视为由抽象结构产生出的具体形式的集合。所以，由此就会得到一种分析语法结构的直接工具。

（b）由抽象的 CTL 所产生的语言是线性 λ 项的集合，这些集合一般化了串式语言和树状语言。

（c）抽象的 CTL 是以一个小的数学初始集为基础，然后再通过形成规则构成复杂公式的逻辑，因此其提供了一个更为有弹性的框架。

## 6

## CTL 的类型语义学：
## 兰贝克演算匹配 λ 词项

### 6.1 从经典命题逻辑到兰贝克演算

在范畴语法 CG 中，一个句法范畴的内部结构决定了在什么样的句法环境下，这个范畴的符号才能出现。在基本范畴语法 BCG 中，可以归结到如下结论：

（a）如果范畴 $A/B$ 可以从前件 $X$ 推演出来，那么范畴 $A$ 可以从前件 $X$ 及在 $X$ 右边与 $X$ 毗连的范畴 $B$ 推演出来；

（b）如果范畴 $B\backslash A$ 可以从前件 $X$ 推演出来，那么范畴 $A$ 可以从前件 $X$ 及在 $X$ 左边与 $X$ 毗连的范畴 $B$ 推演出来。

这两条是应用公理的冗长表述，它们给出了把斜线范畴指派给符号的必要条件。不过，条件不充分。如果把条件变成双向条件，得到了使用斜线范畴的充分必要条件，就产生了 1958 年版本的兰贝克演算。在这个系统中，斜线范畴的行为受下面的规则支配：

（a）如果范畴 $A/B$ 可以从前件 $X$ 推演出来，当且仅当范畴 $A$ 可以从前件 $X$ 及在 $X$ 右边与 $X$ 毗连的范畴 $B$ 推演出来；

（b）如果范畴 $B\backslash A$ 可以从前件 $X$ 推演出来，当且仅当范畴 $A$ 可以从前件 $X$ 及在 $X$ 左边与 $X$ 毗连的范畴 $B$ 推演出来。

可使用后承规则格式精确地表达这些规则（图（2.）6.1）。

$$\frac{X\Rightarrow A/B \quad Y\Rightarrow B}{X,Y\Rightarrow A}/E \qquad \frac{X,B\Rightarrow A}{X\Rightarrow A/B}/I$$

$$\frac{X\Rightarrow B \quad Y\Rightarrow B\backslash A}{X,Y\Rightarrow A}\backslash E \qquad \frac{B,X\Rightarrow A}{X\Rightarrow B\backslash A}\backslash I$$

图（2.）6.1 斜线算子的消去和引用规则

一个后承的前件不能为空，这是一个必需的附加条件。左栏的规则形式化了上面的非形式表述由右向左的方向，它们等价于 BCG 的应用公理图示。如果把同一公理作为这里给出的规则的前提，就得到了公理表述。相反，也可以借助 Cut 规则从应用公理推出规则表述。这两个规则消除了一次斜线的出现，因此被称作斜线消除规则，分别简写为 "/E" 和 "\E"。

反之，右边一栏的规则表述了双条件自左向右的方向。它们是假设推理方法的例子：为了从某个前件 $X$ 推出 $A/B$，暂时在前件 $X$ 的右外围增加一个范畴为 $B$ 的假设，并设法推出后件 $A$。如果成功了，就可以解除假设，并得出 $A/B$（对于向后搜索斜线来说是类似的）。这些规则在推演中创造了一个新斜线的出现，因此它们被称作斜线引入规则，分别简写为 "/I" 和 "\I"。

除了两个斜线之外，兰贝克（Lambek，1958）假设了第三个范畴形成联结词：积（记为·）。直观上说，一个语料的范畴为 $A \cdot B$ 当且仅当它由一个范畴为 $A$ 的成分和跟随其后的范畴为 $B$ 的成分组成。因此，像 John introduced Bill to Sue and Harry to Sally 中的论元聚点 Bill to Sue 和 Harry to Sally 的范畴都为 np · pp。换言之，积算子可视为后承前件中的逗号的对应符号。这些可由积算子的消去规则和引入规则刻画（图（2.）6.2）。

$$\frac{X \Rightarrow A \cdot B \quad Y,A,B,Z \Rightarrow C}{Y,X,Z \Rightarrow C} \cdot E \qquad \frac{X \Rightarrow A \quad Y \Rightarrow B}{X,Y \Rightarrow A \cdot B} \cdot I$$

图（2.）6.2　积算子的消去和引入规则

消去和引入规则的使用及假设推理方法使人联想到经典逻辑和直觉主义逻辑的自然演绎系统。范畴斜线类似于有方向的蕴涵（应用规则（即斜线算子消去规则）与分离规则相对应），而积算子与合取相关。这个相似性不是偶然的；兰贝克演算是一个非常简洁的逻辑演算。下面将指出如何从一般的经典命题逻辑得到兰贝克演算，从而使这个联系更清晰。

### 6.1.1　未进入层级的经典命题逻辑

考虑一个标准的经典命题演算的自然演绎系统，如图（2.）6.3 所示的系统。把析取当成一个被定义的运算，省略关于析取的规则。

$$\frac{}{A \Rightarrow A} \text{id} \qquad\qquad \frac{X \Rightarrow A \quad Y,A,Z \Rightarrow B}{Y,X,Z \Rightarrow B} \text{Cut}$$

$$\frac{X \Rightarrow A}{X,B \Rightarrow A} M \qquad\qquad \frac{X \Rightarrow A \wedge B}{X \Rightarrow A} \wedge E(1)$$

$$\frac{X \Rightarrow A \wedge B}{X \Rightarrow B} \wedge E(2) \qquad\qquad \frac{X \Rightarrow A \quad X \Rightarrow B}{X \Rightarrow A \wedge B} \wedge I$$

$$\frac{X \Rightarrow A \rightarrow B \quad X \Rightarrow A}{X \Rightarrow B} \rightarrow E \qquad\qquad \frac{X,A \Rightarrow B}{X \Rightarrow A \rightarrow B} \rightarrow I$$

$$\frac{X \Rightarrow \neg \neg A}{X \Rightarrow A} \neg E \qquad\qquad \frac{X,A \Rightarrow B \quad X,A \Rightarrow \neg B}{X \Rightarrow \neg A} \neg I$$

图（2.）6.3　后承式的经典命题逻辑的自然演绎 ND 系统 1

自然演绎系统（此后称为 ND）一般由三部分组成。第一，像任意的演绎系统一样，它们包括同一公理图示和 Cut 规则。第二，可选择的结构规则，它们是推演规则，这些推演规则不影响所涉及的公式的内部结构，仅仅影响公式的排列顺序。在上述系统中，只有一个这样的规则，也就是单调性规则（简写为 $M$）。直观上讲，这个规则说，在一个有效的推演中，并非每个前件公式都会被使用。前件公式也许是多余的，必要时可以忽略。第三，系统包括逻辑规则，即对每个逻辑联结词的引入规则和消去规则。在经典逻辑的 ND 系统中，前件被含蓄地假定为公式集。线序和单一前件公式的多次使用都无关紧要。

### 6.1.2  进入层级的经典命题逻辑

如果增加两个结构规则，交换规则（$P$）和缩并规则（$C$），就可以把经典逻辑置入基于序列的格式。它们表达了在这个演算中，公式的序和多次使用是无关紧要的（图（2.）6.4）。

$$\frac{}{A \Rightarrow A}\,\text{id} \qquad\qquad \frac{X \Rightarrow A \quad Y,A,Z \Rightarrow B}{Y,X,Z \Rightarrow B}\text{Cut}$$

$$\frac{X \Rightarrow A}{X,B \Rightarrow A}M \qquad\qquad \frac{X \Rightarrow A \wedge B}{X \Rightarrow A}\wedge E(1)$$

$$\frac{X \Rightarrow A \wedge B}{X \Rightarrow B}\wedge E(2) \qquad\qquad \frac{X \Rightarrow A \quad X \Rightarrow B}{X \Rightarrow A \wedge B}\wedge I$$

$$\frac{X \Rightarrow A \rightarrow B \quad X \Rightarrow A}{X \Rightarrow B}\rightarrow E \qquad\qquad \frac{X,\Lambda \Rightarrow B}{X \Rightarrow A \rightarrow B}\rightarrow I$$

$$\frac{X \Rightarrow \neg\neg A}{X \Rightarrow A}\neg E \qquad\qquad \frac{X,A \Rightarrow B \quad X,A \Rightarrow \neg B}{X \Rightarrow \neg A}\neg I$$

$$\frac{X,A,B,Y \Rightarrow C}{X,B,A,Y \Rightarrow C}P \qquad\qquad \frac{X,A,A,Y \Rightarrow B}{X,A,Y \Rightarrow B}C$$

图（2.）6.4  后承式的经典命题逻辑的自然演绎 ND 系统 2

有了 $P$，$C$ 结构规则的存在，可以为合取和蕴涵给出不同但是等价的逻辑规则（蕴涵的引入规则没变），见图（2.）6.5。

$$\frac{X \Rightarrow A \wedge B \quad Y,A,B,Z \Rightarrow C}{Y,X,Z \Rightarrow C}\wedge E' \qquad \frac{X \Rightarrow A \quad Y \Rightarrow B}{X,Y \Rightarrow A \wedge B}\wedge I'$$

$$\frac{X \Rightarrow A \rightarrow B \quad Y \Rightarrow A}{X,Y \Rightarrow B}\rightarrow E' \qquad \frac{X,A \Rightarrow B}{X \Rightarrow A \rightarrow B}\rightarrow I$$

图（2.）6.5  ∧和→的择换规则

可以证明，使用 $C$ 规则和 $P$ 规则，可以从 $\wedge E'$ 推出 $\wedge E(1)$ 和 $\wedge E(2)$；而使用 $C$ 规则和 Cut 规则，也可以从 $\wedge E(1)$ 和 $\wedge E(2)$ 推出 $\wedge E'$。相反，使用 $C$ 规则和 $P$ 规则，可从 $\wedge I'$ 可推出 $\wedge I$，使用 $M$ 规则和 $P$ 规则，可从 $\wedge I$ 可推出 $\wedge I'$。同样地，使用 $P$ 规则、$C$ 规则和 $M$ 规则，蕴涵消去规则的两个版本也是

可以相互推演的。

### 6.1.3　直觉主义逻辑

忽略否定的逻辑规则，我们就得到（正蕴涵的）直觉主义逻辑系统，这个逻辑比经典命题逻辑的肯定片段要弱。直觉主义逻辑仍然允许所有的结构规则，不过，作为其基础的演绎概念不同于经典逻辑：经典逻辑关心柏拉图意义上的命题的真值，演绎基本上是保持真值的；直觉主义逻辑则关心证明，它是一个构造性逻辑，一个演绎是有效的当且仅当从前件的证明中能够构造后件的证明。因此，直觉主义的演绎概念类似于计算概念，并且可以把前件看作计算资源，它是资源自觉的（有资源意识的）逻辑（图（2.）6.6）。

$$\frac{}{A \Rightarrow A}\text{id} \qquad\qquad \frac{X \Rightarrow A \quad Y, A, Z \Rightarrow B}{Y, X, Z \Rightarrow B}\text{Cut}$$

$$\frac{X \Rightarrow A}{X, B \Rightarrow A}M \qquad\qquad \frac{X \Rightarrow A \wedge B}{X \Rightarrow A}\wedge E(1)$$

$$\frac{X \Rightarrow A \wedge B}{X \Rightarrow B}\wedge E(2) \qquad\qquad \frac{X \Rightarrow A \quad X \Rightarrow B}{X \Rightarrow A \wedge B}\wedge I$$

$$\frac{X \Rightarrow A \to B \quad Y \Rightarrow A}{X, Y \Rightarrow B}\to E' \qquad\qquad \frac{X, A \Rightarrow B}{X \Rightarrow A \to B}\to I$$

$$\frac{X, A, B, Y \Rightarrow C}{X, B, A, Y \Rightarrow C}P \qquad\qquad \frac{X, A, A, Y \Rightarrow B}{X, A, Y \Rightarrow B}C$$

图（2.）6.6　后承式的直觉主义逻辑的自然演绎 ND 系统

### 6.1.4　相干逻辑

删掉单调性结构规则，就在考虑计算资源的逻辑方向又前进了一步。没有单调性规则，我们要求在一个计算中要消耗掉所有的资源，即有效推演不允许多余的前件公式，这种方式得到的逻辑是一个相干逻辑版本。

在没有单调性规则的情况下，在经典逻辑和直觉主义逻辑中定义合取的两种方式不再等价。换句话说，直觉主义合取分裂成两个相干逻辑合取词。为避免混淆，我们使用两个不同的符号表述两个相干合取：□、·，□仍然读作合取，但是·读作积，图（2.）6.7 和图（2.）6.8 给出相关的逻辑规则。

$$\frac{X \Rightarrow A \sqcap B}{X \Rightarrow A}\sqcap E(1)$$

$$\frac{X \Rightarrow A \sqcap B}{X \Rightarrow B}\sqcap E(2) \qquad\qquad \frac{X \Rightarrow A \quad X \Rightarrow B}{X \Rightarrow A \sqcap B}\sqcap I$$

$$\frac{X \Rightarrow A \cdot B \quad Y, A, B, Z \Rightarrow C}{Y, X, Z \Rightarrow C}\cdot E \qquad\qquad \frac{X \Rightarrow A \quad Y \Rightarrow B}{X, Y \Rightarrow A \cdot B}\cdot I$$

图（2.）6.7　两类合取规则

$$\frac{}{A\Rightarrow A}\,id$$

$$\frac{X\Rightarrow A\sqcap B}{X\Rightarrow A}\,\sqcap E(1)$$

$$\frac{X\Rightarrow A\sqcap B}{X\Rightarrow B}\,\sqcap E(2)$$

$$\frac{X\Rightarrow A\cdot B \qquad Y,A,B,Z\Rightarrow C}{Y,X,Z\Rightarrow C}\,\cdot E$$

$$\frac{X\Rightarrow A\rightarrow B \qquad Y\Rightarrow A}{X,Y\Rightarrow B}\,\rightarrow E'$$

$$\frac{X,A,B,Y\Rightarrow C}{X,B,A,Y\Rightarrow C}\,P$$

$$\frac{X\Rightarrow A \qquad Y,A,Z\Rightarrow B}{Y,X,Z\Rightarrow B}\,Cut$$

$$\frac{X\Rightarrow A \qquad X\Rightarrow B}{X\Rightarrow A\sqcap B}\,\sqcap I$$

$$\frac{X\Rightarrow A \qquad Y\Rightarrow B}{X,Y\Rightarrow A\cdot B}\,\cdot I$$

$$\frac{X,A\Rightarrow B}{X\Rightarrow A\rightarrow B}\,\rightarrow I$$

$$\frac{X,A,A,Y\Rightarrow B}{X,A,Y\Rightarrow B}\,C$$

图（2.）6.8　后承式的相干逻辑的自然演绎 ND 系统

在相干逻辑中，下面仍然成立：$A\sqcap B\Rightarrow A\cdot B$。但是，$A\cdot B\Rightarrow A\sqcap B$ 是不可推演的。

## 6.1.5　线性逻辑

在相干逻辑中，必须消耗掉一个推演前件中的所有公式，但是可以任意多次地使用一个已知公式。一个更加资源自觉的推演假定，前件公式在推演过程中实际上被消耗掉了（不可多次使用）；因此，提供给推演的一个已知命题的实例的数量是至关重要的。这等于删掉了缩并结构规则，所得到的系统是线性逻辑（直觉主义逻辑的加法-乘法片段，见图（2.）6.9）。

$$\frac{}{A\Rightarrow A}\,id$$

$$\frac{X\Rightarrow A\sqcap B}{X\Rightarrow A}\,\sqcap E(1)$$

$$\frac{X\Rightarrow A\sqcap B}{X\Rightarrow B}\,\sqcap E(2)$$

$$\frac{X\Rightarrow A\cdot B \qquad Y,A,B,Z\Rightarrow C}{Y,X,Z\Rightarrow C}\,\cdot E$$

$$\frac{X\Rightarrow A\rightarrow B \qquad Y\Rightarrow A}{X,Y\Rightarrow B}\,\rightarrow E'$$

$$\frac{X\Rightarrow A \qquad Y,A,Z\Rightarrow B}{Y,X,Z\Rightarrow B}\,Cut$$

$$\frac{X,A,B,Y\Rightarrow C}{X,B,A,Y\Rightarrow C}\,P$$

$$\frac{X\Rightarrow A \qquad X\Rightarrow B}{X\Rightarrow A\sqcap B}\,\sqcap I$$

$$\frac{X\Rightarrow A \qquad Y\Rightarrow B}{X,Y\Rightarrow A\cdot B}\,\cdot I$$

$$\frac{X,A\Rightarrow B}{X\Rightarrow A\rightarrow B}\,\rightarrow I$$

图（2.）6.9　后承式的线性逻辑的自然演绎 ND 系统

在线性逻辑中，积和合取在逻辑上是彼此独立的，现在 $A\sqcap B\Rightarrow A\cdot B$ 也不可推演。

## 6.1.6　兰贝克演算

在线性逻辑中，唯一一个被保留的结构规则是交换规则。如果我们连这个规则也删掉，蕴涵也分裂成两个变体（图（2.）6.10）。

$$\frac{X \Rightarrow A \to B \quad Y \Rightarrow A}{X, Y \Rightarrow B} \to E' \qquad \frac{X, A \Rightarrow B}{X \Rightarrow A \to B} \to I$$

$$\frac{X \Rightarrow A \quad Y \Rightarrow A \to B}{X, Y \Rightarrow B} \to E'' \qquad \frac{A, X \Rightarrow B}{X \Rightarrow A \to B} \to I''$$

图（2.）6.10　两类蕴涵规则

在有交换规则情况下，两个版本是等价的。如果不使用交换规则，就得到包括两个有方向的蕴涵的逻辑（图（2.）6.11）。

$$\frac{}{A \Rightarrow A} \text{id}$$

$$\frac{X \Rightarrow A \sqcap B}{X \Rightarrow A} \sqcap E(1) \qquad \frac{X \Rightarrow A \quad Y, A, Z \Rightarrow B}{Y, X, Z \Rightarrow B} \text{Cut}$$

$$\frac{X \Rightarrow A \sqcap B}{X \Rightarrow B} \sqcap E(2) \qquad \frac{X \Rightarrow A \quad X \Rightarrow B}{X \Rightarrow A \sqcap B} \sqcap I$$

$$\frac{X \Rightarrow A \cdot B \quad Y, A, B, Z \Rightarrow C}{Y, X, Z \Rightarrow C} \cdot E \qquad \frac{X \Rightarrow A \quad Y \Rightarrow B}{X, Y \Rightarrow A \cdot B} \cdot I$$

$$\frac{X \Rightarrow A \to B \quad Y \Rightarrow A}{X, Y \Rightarrow B} \to E' \qquad \frac{X, A \Rightarrow B}{X \Rightarrow A \to B} \to I$$

$$\frac{X \Rightarrow A \quad Y \Rightarrow A \to B}{X, Y \Rightarrow B} \to E'' \qquad \frac{A, X \Rightarrow B}{X \Rightarrow A \to B} \to I''$$

图（2.）6.11　后承式的兰贝克演算的自然演绎 ND 系统 1

如果略掉合取取"□"的规则，增加一个条件，即"后承的左边非空"，就得到原始的兰贝克演算（图（2.）6.12）。

$$\frac{}{A \Rightarrow A} \text{id} \qquad \frac{X \Rightarrow A \quad Y, A, Z \Rightarrow B}{Y, X, Z \Rightarrow B} \text{Cut}$$

$$\frac{X \Rightarrow A \cdot B \quad Y, A, B, Z \Rightarrow C}{Y, X, Z \Rightarrow C} \cdot E \qquad \frac{X \Rightarrow A \quad Y \Rightarrow B}{X, Y \Rightarrow A \cdot B} \cdot I$$

$$\frac{X \Rightarrow A \to B \quad Y \Rightarrow A}{X, Y \Rightarrow B} \to E' \qquad \frac{X, A \Rightarrow B}{X \Rightarrow A \to B} \to I$$

$$\frac{X \Rightarrow A \quad Y \Rightarrow A \to B}{X, Y \Rightarrow B} \to E'' \qquad \frac{A, X \Rightarrow B}{X \Rightarrow A \to B} \to I''$$

图（2.）6.12　后承格式的兰贝克演算的自然演绎 ND 系统 2

注意：上面的记法不精确，延续兰贝克的记法，第一类蕴涵写作"/"，第二类蕴涵写作"\"，所得到的逻辑才是兰贝克演算的版本。

总之，到目前为止，我们这里所考虑的逻辑演算形成了一个强度递减的系统层级，兰贝克演算是这些系统中最弱的系统，经典逻辑是最强的系统。在直觉主义逻辑和兰贝克演算之间，各演算的区别由结构规则的去留决定，这就引出了针对结构规则模式而言的名字"结构层级"，以及针对所有演算而言的"子结构逻辑"，这里的所有演算特指结构规则少于直觉主义逻辑的演算。这个层级概述如表（2.）6.1所示。

表（2.）6.1　子结构逻辑序列

| 系统名称 | 结构规则 |
|---|---|
| 经典逻辑 | $P, C, M$ |
| 直觉主义逻辑 | $P, C, M$ |
| 相干逻辑 | $P, C$ |
| 线性逻辑 | $P$ |
| 兰贝克演算 | — |

# 6.2　λ演算

## 6.2.1　λ演算的由来

每一逻辑演算都是一个公理化的、纯句法的演绎系统，仅仅是一套符号推演系统，没有特定的语义解释。λ演算是一种逻辑演算，由丘奇（Kenneth Charch）提出，具有多种用途，不仅在逻辑学（继而在语言学）方面得到广泛应用，在编制计算机的程序语言方面也发挥着重要作用。λ演算在**逻辑语法**里的应用主要在于通过引入常项建立起高阶谓词逻辑，高阶谓词逻辑是λ演算的一个"应用"、一个"特例"（Carpenter，1997）[49,75]。高阶逻辑是蒙太格语法特别是蒙太格语义学的一个重要理论构件（Dowty, et al.，1981：154）。蒙太格语义学的一个重要特征是把词语组合看成函数应用于论元的计算过程，而λ演算的核心价值就在于可以通过λ算子精确而系统地表达任意复杂的函数。

λ演算分为带类型的和不带类型的两类，其中带类型的又分为简单类型化和多类型化。我们只介绍简单类型化的λ演算。

## 6.2.2　λ演算的句法

先回顾类型化λ演算的句法。我们将把函项类型记作 $a{\rightarrow}b$，另一种记法是 $\langle a, b\rangle$。再者，我们用合取类型扩展简单类型λ演算。因此，类型集就与（正的）直觉主义逻辑的公式集重合。下面给出类型集的定义。

**定义 6.1**（类型）　已知一个基本类型集 BTYPE，类型集 TYPE 是满足下面条件的最小集：

(1) **BTYPE**＝$\{e, t\}$；

(2) **BTYPE**⊆**TYPE**；

(3) 如果 $A, B\in$ **TYPE**，那么 $A{\rightarrow}B\in$ **TYPE**；

（4）如果 $A$，$B\in$ **TYPE**，那么 $A\wedge B\in$ **TYPE**。

函项类型出现在函项应用和 λ 抽象的句法运算中。与合取联结词对应的句法运算是序对构造 $\langle.,.\rangle$、第一投射 $(.)_0$ 和第二投射 $(.)_1$。

假定在 **TYPE** 中，每种类型的变元都是无穷多的。使用字母 $x$，$y$，$z$，…表述变元上的元变元，$M$，$N$，$O$，…表述项上的元变元，把 $M{:}A$ 作为"项 $M$ 的类型为 $A$"的缩写：

**定义 6.2**（类型化 λ 演算的句法）

（1）每个类型为 $A$ 的变元是类型为 $A$ 的项；

（2）如果 $M{:}A\to B$ 和 $N{:}A$，那么 $M(N){:}B$；

（3）如果 $M{:}A$ 和 $x{:}B$，那么 $\lambda xM{:}B\to A$；

（4）如果 $M{:}A$ 和 $N{:}B$，那么 $\langle M，N\rangle{:}A\wedge B$；

（5）如果 $M{:}A\wedge B$，那么 $(M)_0{:}A$ 和 $(M)_1{:}B$。

（1）说类型为 $A$ 的变项是类型为 $A$ 的 λ 词项；（2）即函数应用式：如果 $M$ 是类型为 $A\to B$ 的 λ 词项，$N$ 是类型为 $A$ 的 λ 词项，则 $M(N)$ 是类型为 $B$ 的 λ 词项；（3）即函数抽象式：如果 $M$ 是类型为 $A$ 的 λ 词项，并且 $x$ 是类型为 $B$ 的变项，则 $\lambda x.M$ 是类型为 $B\to A$ 的词项（λ 算子是 λ 演算的唯一约束算子，可约束任意类型的变项）；（4）说如果 $M$ 是类型为 $A$ 的词项，$N$ 是类型为 $B$ 的词项，则序偶式词项 $\langle M，N\rangle$ 是类型为 $A\wedge B$ 的词项；（5）说如果 $M$ 是乘积类型为 $A\wedge B$ 的词项，则求其第一元素的投射函数运算 $(M)_0$ 得到类型为 $A$ 的词项，求其第二元素的投射函数运算 $(M)_1$ 得到类型为 $B$ 的词项。

### 6.2.3　λ 演算的语义

**λ 演算的语义模型**是一个二元组 $\langle F，\|{\cdot}\|\rangle$，$F$ 是一个框架，$\|{\cdot}\|$ 是解释函项，为每一逻辑常项和非逻辑常项赋予一个语义值。框架是由基本类型的论域以及各种派生类型的论域构成。构成基本类型 $e$ 的论域是非空个体集合，$t$ 的论域是由真值 1 和 0 构成的集合。所谓论域就是一类表达式的取值范围，比如人名是类型为 $e$ 的表达式，给定人名"张三"，该名称指谓的对象，也就是"张三"的语义值 $\|$张三$\|$，只能到模型给出的个体论域里面去找。λ 演算的复杂类型由基本类型派生得出，相应的复杂类型的论域也是由基本类型的论域计算得出。下面给出类型域的定义：

**定义 6.3**（类型域）　函项 Dom 是一个从类型到作为类型域的集合的函项当

且仅当

(1) Dom 的定义域是 TYPE；

(2) 对 $\forall A \in$ TYPE，Dom$(A)$ 是一个非空集 $D_A$；

(3) Dom$(A {\to} B) =$ Dom$(B)^{\text{Dom}(A)}$，指数函项，即从 $D_A$ 到 $D_B$ 的所有函项集合；

(4) Dom$(A {\wedge} B) =$ Dom$(A) \times$ Dom$(B)$，笛卡儿乘积，即 $\langle\langle a, b\rangle \mid a \in D_A \& b \in D_B\rangle$。

已知一个变元指派函项 $g$，它给每个类型 $A$ 的变元指派 Dom$(A)$ 中的一个对象，使用记法 $g[x {\to} a]$ 表述一个指派函项，它把 $x$ 映射到 $a$，除此外，它与 $g$ 完全一样。解释函项 $\|\cdot\|$ 把 $g$ 扩展到所有项，赋给每一 $\lambda$ 词项一个适当的语义值，这个语义值称为该词项的**外延/指谓**。解释函数又称赋值函数。下面给出不同类型 $\lambda$ 词项的语义值计算规则：

**定义 6.4**（解释函项）

(1) $\|x\|_g = g(x)$，$x$ 是任意变项；

(2) $\|M(N)\|_g = \|M\|_g(\|N\|_g)$；

(3) $\|\lambda x M\|_g = f$ 使得 $f(a) = \|M\|_{g[x {\to} a]}$，这里 $x$ 的类型为 $A$ 且 $a \in$ Dom$(A)$；

(4) $\|\langle M, N\rangle\|_g = \langle\|M\|_g, \|N\|_g\rangle$；

(5) $\|(M)_0\|_g =$ 一个唯一的 $a$ 使得，对某个 $b$：$\|M\|_g = \langle a, b\rangle$；

(6) $\|(M)_1\|_g =$ 一个唯一的 $b$ 使得，对某个 $a$：$\|M\|_g = \langle a, b\rangle$。

(1) 说如果 $\lambda$ 词项是一个变项 $x$，则它的语义值就是把变项赋值函数应用到它上面得到的值；(2) 说如果词项是一个函数应用式，则它的语义值就是把函数表达式的语义值应用到论元表达式的语义值上得到的结果；(3) 说如果词项是一个函数抽象式，则它的语义值是一个函数运算 $f$，如果变项赋值函数 $g$ 把 $a$ 赋给 $x$，则 $f(a)$ 就是在此赋值下原词项的语义值；(4) 说如果词项是一个序偶，则其语义值就是第一元素的语义值跟第二元素语义值构成的序偶；(5) 说如果一词项的语义值是一序偶 $\langle a, b\rangle$，这意味着该词项本身也是一序偶，投射该序偶第一元素的 $\lambda$ 词项 $(M)_0$，其语义值就是 $\langle a, b\rangle$ 的第一元素 $a$；(6) 说如果一词项的语义值是一序偶 $\langle a, b\rangle$，这意味着该词项本身也是一序偶，投射该序偶第二元素的 $\lambda$ 词项 $(M)_1$，其语义值就是 $\langle a, b\rangle$ 的第二元素 $b$。

这个解释证明了下面 $\lambda$ 项上的化归关系是合理的：

**定义 6.5**（$\lambda$ 项的化归）

$$\lambda x M N \qquad \leadsto_\beta \qquad M[N/x]$$

$$\lambda x(Mx) \quad\quad \rightsquigarrow_\eta \quad\quad M，假设 x 在 M 中不是自由的$$

$$(\langle M,\ N\rangle)_0 \quad\quad \rightsquigarrow_\beta \quad\quad M$$

$$(\langle M,\ N\rangle)_1 \quad\quad \rightsquigarrow_\beta \quad\quad N$$

$$\langle\ (M)_0,\ (M)_1\ \rangle \quad \rightsquigarrow_\eta \quad\quad M$$

第一行的 $\beta$ 化归就是众所周知的 λ 转换，第二行的 $\eta$ 化归表达了外延性。与合取类型相对应的化归自然产生于有序对构造的语义。

另外有所谓的 λ 项上的 $\alpha$ 等价性：

$\lambda y M[y/x] =_\alpha \lambda z M[z/x]$，假设 $y$，$z$ 在 $M$ 中不是自由的。

$\alpha$ 等价性、$\beta$ 化归和 $\eta$ 化归共同组成了 $\alpha\beta\eta$ 等价性：

**定义 6.6**（$\alpha\beta\eta$ 等价性）

"$=_{\alpha\beta\eta}$" 是满足以下条件的最小的自反、对称和传递关系：

(1) 如果 $M =_\alpha N$，那么 $M =_{\alpha\beta\eta} N$，

(2) 如果 $M \rightsquigarrow_\beta N$，那么 $M =_{\alpha\beta\eta} N$，

(3) 如果 $M \rightsquigarrow_\eta N$，那么 $M =_{\alpha\beta\eta} N$。

很容易证明，在任意指派函数下，这个句法上定义的等价性可以衍推出语义等价性。

## 6.3　哈里-霍华德对应

直觉主义逻辑和所有子结构逻辑（包括兰贝克演算）是构造逻辑。后承 $X \Rightarrow A$ 的直观意思就是"存在一个构造，它把前提资源 $X$ 转化为 $A$"。先前讨论的不同演算的区别体现在它们允许的构造方法上，而不是体现在这个整体解释上。因此，一般而言，如果一个后承 $X \Rightarrow A$ 是可以推演的，那么存在一个相对应的从 $X$ 到 $A$ 的可计算的函项。谈论函项的合适语言是 λ 演算。哈里-霍华德对应在构造逻辑和 λ 演算之间建立了了的对应。粗略地说，逻辑告诉我们什么样的构造是可能的，λ 项表达了怎么执行这些构造。

### 6.3.1　哈里-霍华德对应一：直觉主义逻辑和简单类型 λ 演算同构

把 ND 系统的直觉主义部分与类型化的 λ 演算的句法进行对比，可以看出二者具有高度相似性。

第一，λ 词项的类型与蕴涵命题逻辑的公式之间的对应。

令 $A$ 和 $B$ 代表任意语义类，$M$ 和 $N$ 代表任意 λ 项，$\phi$ 和 $\psi$ 代表任意命题：

(a) 语义类为 $A \rightarrow B$ 的 λ 词项 $\lambda x. M$ 跟形如 $\phi \rightarrow \psi$ 的蕴涵命题一一对应；

(b) 语义类为 $A \wedge B$ 的 λ 词项 $\langle M, N \rangle$ 跟形如 $\phi \wedge \psi$ 的合取命题一一对应。

以上表述参见表（2.）6.2。

**表（2.）6.2　直觉主义逻辑公式对应 λ 词项的类型**

| 直觉主义逻辑自然演绎系统 | 类型化 λ 演算 | |
|---|---|---|
| 公式 | 类型 | λ 项 |
| $\phi \rightarrow \psi$ | $A \rightarrow B$ | $\lambda x. M$ |
| $\phi \wedge \psi$ | $A \wedge B$ | $\langle M, N \rangle$ |

第二，推理规则之间的对应。

(a) λ 词项的函数应用运算跟蕴涵命题的分离规则一一对应：给定 $A \rightarrow B$ 类型和 $A$ 类型的两个 λ 词项 $M$、$N$，把前者应用于后者，得到 $B$ 类词项 $MN$；给定 $\phi \rightarrow \psi$ 和 $\phi$ 两个命题，可推出命题 $\psi$，这条命题推理定律称为分离规则，即自然演绎中的蕴涵消去规则 $E \rightarrow$。

(b) λ 词项的函数抽象运算跟蕴涵命题的假设推理一一对应：若 $x$ 是 $A$ 类型变元，$M$ 是 $B$ 类型 λ 词项，经过函数抽象得到的 $\lambda x. M$ 是一个 $A \rightarrow B$ 类型的词项；如果能从前提 $\phi$ 推出 $\psi$，则无须任何前提，$\phi \rightarrow \psi$ 就成立，这称为假设推理，即自然演绎中的蕴涵引入规则 $I \rightarrow$。

(c) 合取类型 λ 词项的投射运算跟合取联结词的消去运算一一对应：给定 $A \wedge B$ 类的 λ 词项 $\langle M, N \rangle$，投射运算 $(\cdot)_0$ 和 $(\cdot)_1$ 分别提取 $A$ 类型词项 $M$ 和 $B$ 类型词项 $N$；给定命题 $\phi \wedge \psi$，消去合取联结词，得到命题 $\phi$ 和 $\psi$。

(d) λ 词项的序偶构造跟合取联结词引入运算一一对应：给定 $A$ 类型词项 $M$ 和 $B$ 类型词项 $N$，经过序偶构造，得到 $A \wedge B$ 类型的词项 $\langle M, N \rangle$；给定命题 $\phi$ 和 $\psi$，经合取联结词引入，得到命题 $\phi \wedge \psi$。对照如表（2.）6.3所示。

**表（2.）6.3　直觉主义逻辑自然演绎规则对应类型化 λ 演算项规则**

| 直觉主义逻辑自然演绎系统 | 类型化 λ 演算 |
|---|---|
| 推理规则 | 项运算规则 |
| $E \rightarrow$ | 函项应用 |
| $I \rightarrow$ | 函项抽象 |
| $E \wedge$ | 投射 |
| $I \wedge$ | 有序对构造 |

第三，λ 演算的化归规则也与自然演绎证明的范式化规则相同。

λ 演算和直觉主义证明论之间的联系允许把结果从一个领域转移到另一个领

域。特别地，项的化归概念可以翻译成证明的范式化概念。当针对某个联结词的引入规则的结论恰好是针对那个联结词的消去规则的一个前提时，$\beta$ 范式化就发生了；当针对某个联结词的消去规则的结论恰好是针对那个联结词的引入规则的一个前提时，$\eta$ 范式化就发生了。针对合取的 $\beta$ 范式化和 $\eta$ 范式化分别如图（2.）6.13 和图（2.）6.14 所示，针对蕴涵的 $\beta$ 范式化和 $\eta$ 范式化分别如图（2.）6.15 和图（2.）6.16 所示。

图（2.）6.13　对合取的 $\beta$ 范式化

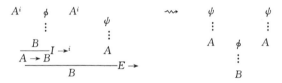

图（2.）6.14　对合取的 $\eta$ 范式化

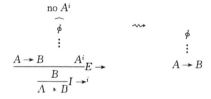

图（2.）6.15　对蕴涵的 $\beta$ 范式化

$$no\ A^i$$

图（2.）6.16　对蕴涵的 $\eta$ 范式化

类型化 λ 项的构造与直觉主义演绎恰好需要相同的推理步骤。关于直觉主义逻辑的那个著名的哈里-霍华德同构准确地揭示了这个对应关系。

**定义 6.7**　令 $\Gamma$ 是一个项集，那么 $|\Gamma| = \{A \in \textbf{TYPE} \mid$ 存在词项 $N \in \Gamma$ 使得 $N : A\}$。

λ 演算的句法定义了类型上的一个后承关系。令 $M$ 是一个类型为 $A$ 的项，$\Gamma$ 是 $M$ 的自由变元集 FV($M$)。那么 $M$ 表述了一种运算，它把具有类型 $|\Gamma|$ 的任意资源

转换成一个类型 $A$ 的对象。根据直觉主义的资源管理，一个推演并非要消耗所有的资源，因此 $M$ 也表述从 $|\Gamma|$ 的超集到 $A$ 的运算。下面的定义刻画了这个演绎概念：

**定义 6.8**　$X \Rightarrow_\lambda A$ 当且仅当存在一个项 $M$，$M$：$A$ 且 $|FV(M)| \subseteq X$。

下面用一个简单的例子来说明这个定义。假设变元 $x$ 的类型为 $e$，变元 $y$ 的类型为 $e \to t$。那么项 $\lambda y. yx$ 的类型为 $(e \to t) \to t$。$x$ 是在这个项中出现的唯一自由变元。因此，$e \Rightarrow_\lambda (e \to t) \to t$ 成立。

为避免符号混乱，如果后承 $X \Rightarrow A$ 在直觉主义逻辑中可推演，写成 $X \Rightarrow_{IL} A$。哈里-霍华德对应的表述如下：

**定理 6.1**（哈里-霍华德对应）　$X \Rightarrow_\lambda A$ 当且仅当 $X \Rightarrow_{IL} A$。

从更一般的视角来看，哈里-霍华德对应在两个完全不相关的数理逻辑的分支（证明论和函项论）之间构建了一个显著的链接。常常使用纲领性口号表达这个对应关系：命题即类型，证明即程序。"类型逻辑"这个术语来自于这个关系；类型逻辑就是允许函项解释的构造逻辑；"类型逻辑语法"就是使用了类型逻辑的语法理论。这里"类型"的用法或多或少地与其前面的"范畴"的用法同义，此后将交替地使用这些术语。

### 6.3.2　兰贝克演算与 $\lambda$ 演算的对应

为了把哈里-霍华德对应扩展到线性逻辑以下层面，必须引入一个能把左右抽象和左右应用区分开来的 $\lambda$ 演算版本。万辛（Wansing, 1993）构造了这样的一个系统。这里不探究这条研究路径，但把线性 $\lambda$ 项作为兰贝克演算中推演的标记。因为兰贝克演算是线性逻辑的子系统，所以每个兰贝克演算的证明对应一个相应的线性 $\lambda$ 项，但是并非每个线性 $\lambda$ 项对应一个兰贝克证明。正式加标的兰贝克演算 $L$ 的 ND 表述如图（2.）6.17 所示。

$$\frac{}{x{:}A \Rightarrow x{:}A}\text{id} \qquad\qquad \frac{X \Rightarrow M{:}A \quad Y, x{:}A, Z \Rightarrow N{:}B}{Y, X, Z \Rightarrow N[M/x]{:}B}\text{Cut}$$

$$\frac{X \Rightarrow M{:}A \quad Y \Rightarrow N{:}B}{X, Y \Rightarrow \langle M, N \rangle {:}A \bullet B} \bullet I \qquad \frac{X \Rightarrow M{:}A \bullet B \quad Y, x{:}A, y{:}B, Z \Rightarrow N{:}C}{Y, X, Z \Rightarrow N[(M)_0/x][(M)_1/y]{:}C} \bullet E$$

$$\frac{X, x{:}A \Rightarrow M{:}B}{X \Rightarrow \lambda x M{:}B/A}/I \qquad\qquad \frac{X \Rightarrow M{:}A/B \quad Y \Rightarrow N{:}B}{X, Y \Rightarrow MN{:}A}/E$$

$$\frac{x{:}A, X \Rightarrow M{:}B}{X \Rightarrow \lambda x M{:}A\backslash B}\backslash I \qquad\qquad \frac{X \Rightarrow M{:}A \quad Y \Rightarrow N{:}A\backslash B}{X, Y \Rightarrow NM{:}B}\backslash E$$

图（2.）6.17　加标的兰贝克演算 $L$ 的自然演绎系统

接下来，将使用如下记法：

$$L \vdash X \Rightarrow M{:}A$$

表述加标后承 $X{\Rightarrow}M$：$A$ 在兰贝克演算 $L$ 中是可推演的。同样地，如果有一个哈里-霍华德标记使得未加标的后承在在兰贝克演算 $L$ 中是可推演的，写作

$$L \vdash X{\Rightarrow}A.$$

在不会引起混乱的情况下，将省略 $\vdash$ 左边的 $L$。

有方向的基础演算和无方向的哈里-霍华德标记之间的差异有一个合理的语言动机。人们原本是想用兰贝克演算描述语法组合。这个过程是多维的；它至少包括句法组合和意义组合。句法组合区分了左方向和右方向，因此一般的语法逻辑一定是非交换的。另一方面，意义是无方向的。哈里-霍华德标记大体上给出了把前件资源组合成后件的证据的方法。对于兰贝克演算的语言应用来说，仅仅描述词汇意义到语句意义的组合。因为意义是无方向的，比语法基础逻辑的辨别力弱的项语言足以达到这个目的。

### 6.3.2.1　兰贝克演算的句法范畴对应 λ 词项的类型

我们把从兰贝克兰演算的句法范畴到 λ 词项的类型的映射 $T$ 称为（语义）类型映射，它满足：

(a) $T(N) = e$；

(b) $T(S) = t$；

(c) $T(A \backslash B) = T(A) \to T(B)$；

(d) $T(B/A) = T(A) \to T(B)$；

(e) $T(A \cdot B) = T(A) \wedge T(B)$。

比如专名 Jack 的范畴为 $N$，它的语义 λ 项是 $J$，$J$ 的类型是什么呢？根据上面的语义映射：$J$ 的类型＝$T(N)$＝$e$；而在现实世界中，专名 Jack 指称个体，而个体的类型恰好为 $e$。再比如，不及物动词 run 的范畴为 $N\backslash S$，它的语义 λ 项是 $\lambda x. run(x)$，根据上面的语义映射：$\lambda x. run(x)$ 的类型＝$T(N\backslash S)$＝$T(N) \to T(S)$＝$e \to t$；而根据 λ 词项的句法定义"c. 如果 $M$：$A$ 和 $x$：$B$，那么 $\lambda x. M$：$B \to A$"可知：$\lambda x. run(x)$ 的类型＝$x$ 的类型$\to run(x)$ 类型，因为 $x$ 是表述个体的词项（类型为 $e$），$run(x)$ 是表述命题的词项（类型为 $t$），所以从 λ 词项的定义也得出：$\lambda x. run(x)$ 的类型＝$x$ 的类型$\to run(x)$ 类型＝$e \to t$。

### 6.3.2.2　兰贝克演算的证明匹配 λ 词项：兰贝克演算的后承演算系统

前面给出的都是自然演绎 ND 系统（包括兰贝克演算），不过是后承格式的自然演绎系统（后面我们还会给出树模式的自然演绎系统）。现在我们针对兰贝克演算，给出后承演算系统，这种系统是根岑创造的。前面给出的后承式的兰贝克自然演绎 ND 系统和图（2.）6.18 给出的兰贝克后承演算系统是等价的。

$$\frac{}{A \Rightarrow A}\text{id} \qquad \frac{\Gamma \Rightarrow A \quad \Delta[A] \Rightarrow B}{\Delta[\Gamma] \Rightarrow B}\text{Cut}$$

$$\frac{\Gamma \Rightarrow A \quad \Delta[C] \Rightarrow D}{\Delta(\Gamma, A\backslash C) \Rightarrow D}\backslash L \qquad \frac{A, \Gamma \Rightarrow C}{\Gamma \Rightarrow A\backslash C}\backslash R$$

$$\frac{\Gamma \Rightarrow B \quad \Delta[C] \Rightarrow D}{\Delta(C/B, \Gamma) \Rightarrow D}/L \qquad \frac{\Gamma, B \Rightarrow C}{\Gamma \Rightarrow B\backslash C}/R$$

$$\frac{\Delta(A, B) \Rightarrow D}{\Delta(A \cdot B) \Rightarrow D}\cdot L \qquad \frac{\Gamma \Rightarrow A \quad \Delta \Rightarrow B}{\Gamma, \Delta \Rightarrow A \cdot B}\cdot R$$

图（2.）6.18　兰贝克后承演算系统

后承式的兰贝克自然演绎 ND 系统针对联结词的消去规则（E）对应这里后承演算系统针对相同联结词的左规则（L），后承格式的兰贝克自然演绎系统针对联结词的引入规则（I）对应这里后承演算系统针对相同联结词的右规则（R）。

下面给出与兰贝克后承演算相对应的语义 λ 项。

### 6.3.2.3　兰贝克演算的语义解读

我们把兰贝克推演的语义解读确切地阐述为从兰贝克后承证明到类型化的 λ 项的一个映射。已知一个映射 $T$ 和 $A_1$，…，$A_n \Rightarrow A$ 的兰贝克后承证明 $\delta$，类型分别为 $T(A_1)$，…，$T(A_n)$ 的变项 $x_1$，…，$x_n$，在同一个上下文中写下一个句法结构 $\Delta(\Gamma)$ 和一个语义表达式序列 $\mu(v)$ 时，需要理解为它们是同步的，使得子结构 $\Gamma$ 和特异子序列 $v$ 出现在同一列表位置（图（2.）6.19）。

$$\left| A \Rightarrow A \right|_\phi = \phi$$

$$\left| \frac{\overset{\delta_1}{\Gamma \Rightarrow A} \quad \overset{\delta_2}{\Delta(C) \Rightarrow D}}{\Delta(\Gamma, A\backslash C) \Rightarrow D}\backslash L \right|_{\mu(v, \phi)} = \left| \overset{\delta_2}{\Delta(C) \Rightarrow D} \right|_{\mu((\phi|\delta 1|v))}$$

$$\left| \frac{\overset{\delta}{A, \Gamma \Rightarrow C}}{\Gamma \Rightarrow A\backslash C}\backslash R \right|_\mu = \lambda x.\left| \overset{\delta}{A, \Gamma \Rightarrow C} \right|_{x, \mu}，这里 x 是类型为 T(A) 的新变元$$

$$\left| \frac{\overset{\delta_1}{\Gamma \Rightarrow B} \quad \overset{\delta_2}{\Delta(C) \Rightarrow D}}{\Delta(C/B, \Gamma) \Rightarrow D}/L \right|_{\mu(\phi, v)} = \left| \overset{\delta_2}{\Delta(C) \Rightarrow D} \right|_{\mu((\phi|\delta 1|v))}$$

$$\left| \frac{\overset{\delta}{\Gamma, B \Rightarrow C}}{\Gamma \Rightarrow C/B}/R \right|_\mu = \lambda x.\left| \overset{\delta}{\Gamma, B \Rightarrow C} \right|_{\mu, x}，这里 x 是类型为 T(B) 的新变元$$

$$\left| \frac{\overset{\delta}{\Gamma(A, B) \Rightarrow D}}{\Gamma(A \cdot B) \Rightarrow D}\cdot L \right|_{\mu(\phi)} = \left| \overset{\delta}{\Gamma(A, B) \Rightarrow D} \right|_{\mu(\pi 1\phi, \pi 2\phi)}$$

$$\left| \frac{\overset{\delta_1}{\Gamma \Rightarrow A} \quad \overset{\delta_2}{\Delta \Rightarrow B}}{\Gamma, \Delta \Rightarrow A \cdot B}\cdot R \right|_{\mu, v} = (\left| \overset{\delta_1}{\Gamma \Rightarrow A} \right|_\mu, \left| \overset{\delta_2}{\Delta \Rightarrow B} \right|_v)$$

$$\left| \frac{\overset{\delta_1}{\Gamma \Rightarrow A} \quad \overset{\delta_2}{\Delta(A) \Rightarrow B}}{\Delta(\Gamma) \Rightarrow B}\text{Cut} \right|_{\mu(v)} = \left| \overset{\delta_2}{\Delta(A) \Rightarrow B} \right|_{\mu(|\overset{\delta_1}{\Gamma \Rightarrow A}|_v)}$$

图（2.）6.19　兰贝克后承演算的语义解读

$|A \Rightarrow A|_{\phi} = \phi$ 表述公理 $A \Rightarrow A$ 的兰贝克后承证明（该证明的前提是空集）到 λ 项的映射，右下标 $\phi$ 表述跟 $A \Rightarrow A$ 中左边的 $A$ 相对应的 λ 项。$|\cdot|_{x_1, \cdots, x_n}$ 的右下标 $x_1$，$\cdots$，$x_n$ 指谓后承前件（公式序列）所对应的语义项。$|A \Rightarrow A|_{\phi} = \phi$ 说明，映射的结果是与 $A$ 相对应的 λ 项 $\phi$，这是对兰贝克公理的语义解释定义。比如，对于个体"张三"来说，其范畴为 $N$，令与之对应的 λ 项为 $\chi_{张三}$，则 $|N \Rightarrow N|_{\chi_{张三}} = \chi_{张三}$。

再看上面规则 \L 的语义映射。$\delta_1$ 表述 $\Gamma \Rightarrow A$ 的兰贝克后承证明，$\delta_2$ 表述 $\Delta(C) \Rightarrow D$ 的兰贝克后承证明。"$=$"左边的 $|\cdot|_{\mu(v,\phi)}$ 表述 $\Delta(\Gamma, A \backslash C) \Rightarrow D$ 的兰贝克后承证明（\L 规则的结论）到一个 λ 项的映射。其中，$\mu$ 指谓与结论前件 $\Delta(\Gamma, A \backslash C)$ 中的 $\Delta$ 相对应的 λ 项序列，$v$ 指谓与 $\Delta(\Gamma, A \backslash C)$ 的子结构 $\Gamma$ 相对应的 λ 项序列，$\phi$ 指谓与 $\Delta(\Gamma, A \backslash C)$ 的子结构 $A \backslash C$ 相对应的 λ 项；$\mu(v, \phi)$ 指称包含 λ 项子序列 $v$，$\phi$ 的 $\mu$。这里语义映射 $|\cdot|_{\mu(v,\phi)}$ 的结果是"$=$"右边的 $|\cdot|_{\mu((\phi | \delta_1 | v))}$。这里 $\mu$ 指谓与 $\Delta(C)$ 中的 $\Delta$ 相对应的 λ 项序列，$(\phi | \delta_1 | v)$ 指谓 $\Delta(C)$ 的子结构 $C$ 相对应的 λ 项，表述 λ 项 $\phi$ 与 λ 项 $|\delta_1|_v$ 毗连而成的 λ 项。$\phi$ 仍然指谓与 $A \backslash C$ 相对应的 λ 项，$|\delta_1|_v$ 表述兰贝克后承证明 $\delta_1$ 经过映射 $|\cdot|_v$ 而得到的 λ 项。$v$ 仍然指谓与 $\Gamma$ 相对应的 λ 项序列。

规则 /L 的语义映射的情况与上面类似，这里略。

接下来看规则 \R 的语义映射。$\delta$ 表述 $A$，$\Gamma \Rightarrow C$ 的兰贝克后承证明。"$=$"左边的 $|\cdot|_{\mu}$ 表述 $\Gamma \Rightarrow A \backslash C$ 的兰贝克后承证明（\R 规则的结论）到 λ 项的映射，其中，$\mu$ 指谓与 $\Gamma \Rightarrow A \backslash C$ 的前件 $\Gamma$ 相对应的 λ 项序列。"$=$"右边说明这是一个经过 λ 抽象的语义表达式，即对前提 $A$，$\Gamma \Rightarrow C$ 的前件中 $A$ 的 λ 项 $x$ 进行 λ 约束，得到

$$\lambda x |A, \Gamma \Rightarrow C|_{x, \mu}^{\delta}$$

这表述对 $A, \Gamma \Rightarrow C$ 的兰贝克后承证明 $\delta$ 映射 λ 项进行 λ 约束的结果，$|\cdot|_{x,\mu}$ 中的 $x$ 是对应 $A$ 的 λ 项，$\mu$ 是对应 $\Gamma$ 的 λ 项序列。

规则 /R 的语义映射的情况与上面类似，这里略。

另外看规则 $\cdot$L 的语义映射。$\delta$ 表述 $\Gamma(A, B) \Rightarrow D$ 的兰贝克后承证明。"$=$"左边的 $|\cdot|_{\mu(\phi)}$ 表述 $\Gamma(A \cdot B) \Rightarrow D$ 的兰贝克后承证明（$\cdot$L 规则的结论）到一个 λ 项的映射，其中，$\mu$ 指谓前件 $\Gamma(A \cdot B)$ 中的 $\Gamma$ 相对应的 λ 项序列，$\mu(\phi)$ 的子序列 $\phi$ 指谓 $\Gamma(A \cdot B)$ 的子结构 $A \cdot B$ 相对应的 λ 项，这个 $\phi$ 是一个有序对。"$=$"右边：即 $\Gamma(A, B) \Rightarrow D$ 的兰贝克后承证明（$\delta$）到一个 λ 项的映射，这个映射是

$|\cdot|_{\mu(\pi_1\phi,\pi_2\phi)}$。这里 $\mu$ 指谓与 $\Gamma(A,B)\Rightarrow D$ 的前件 $\Gamma(A,B)$ 的 $\Gamma$ 相对应的 $\lambda$ 项序列，$\mu(\pi_1\phi,\pi_2\phi)$ 指包含子序列 $\pi_1\phi,\pi_2\phi$ 的 $\mu$。$\pi_1\phi$ 指谓 $\Gamma(A,B)$ 的子结构 $A$ 相对应的 $\lambda$ 项，$\pi_2\phi$ 指谓 $\Gamma(A,B)$ 的子结构 $B$ 相对应的 $\lambda$ 项。$\pi_1$ 和 $\pi_2$ 是两个投影映射，$\pi_1\phi$ 和 $\pi_2\phi$ 分别取 $\phi$ 的第一坐标和第二坐标为值。

还看规则 $\cdot R$ 的语义映射。"＝"左边 $|\cdot|_{\mu,\upsilon}$ 是 $\Gamma,\Delta\Rightarrow A\cdot B$ 的兰贝克后承证明到一个 $\lambda$ 项的映射。$\mu$ 是 $\Gamma$ 相对应的 $\lambda$ 项序列，$\upsilon$ 是 $\Delta$ 相对应的 $\lambda$ 项序列。这个映射的结果是作为有序对的 $\lambda$ 项，有序对的第一坐标是 $\cdot R$ 规则的第一个前提 $\Gamma\Rightarrow A$ 的兰贝克后承证明 $\delta_1$ 所对应的 $\lambda$ 项，有序对的第二坐标是 $\cdot R$ 规则的第二个前提 $\Delta\Rightarrow B$ 的兰贝克后承证明 $\delta_2$ 所对应的 $\lambda$ 项。

最后，对于 Cut 规则的语义映射来说，要注意 $\mu$、$\upsilon$、$\mu(\phi)$ 等都是兰贝克公式结构相对应的 $\lambda$ 项序列。

考虑语句 John loves Mary。令专名的类型为 N，及物动词的类型为 $(N\backslash S)/N$，那么与这个语句相对应的后承式为 N，$(N\backslash S)/N$，$N\Rightarrow S$。在后承演算中，它具有下面的证明（图（2.）6.20）。

$$\frac{N\Rightarrow N \quad \dfrac{N\Rightarrow N \quad S\Rightarrow S}{N,N\backslash S\Rightarrow S}\backslash L}{N,(N\backslash S)/N,N\Rightarrow S}/L$$

图（2.）6.20　John loves Mary 的后承推演

要获得图（2.）6.20 对应的 $\lambda$ 项，先确立图（2.）6.20 关于语义解读的映射如图（2.）6.21 所示。

$$\left|\frac{N\Rightarrow N \quad \dfrac{N\Rightarrow N \quad S\Rightarrow S}{N,N\backslash S\Rightarrow S}\backslash L}{N,(N\backslash S)/N,N\Rightarrow S}/L\right|_{\chi_{John},\chi_{loves},\chi_{Mary}}$$

图（2.）6.21　John loves Mary 的语义解读

句法推演的最后结果是：N，$(N\backslash S)/N$，$N\Rightarrow S$，这里前件有三个范畴公式，最左边公式 N 对应的 $\lambda$ 项是 $\chi_{John}$，中间公式 $(N\backslash S)/N$ 对应的 $\lambda$ 项是 $\chi_{loves}$，后边公式 N 对应的 $\lambda$ 项是 $\chi_{Mary}$。[①]

详细化归过程为：针对图（2.）6.21 来说，$\mu=\chi_{John}$，$\chi_{loves}$，$\chi_{Mary}$，其中，$\upsilon=\chi_{Mary}$ 且 $\phi=\chi_{loves}$。根据 $/L$ 规则的化归：$\Gamma\Rightarrow B$ 就是图（2.）6.21 中 $/L$ 规则的

---

① 严格地讲，N 对应的 $\lambda$ 项应该写成：$\chi_{T(N)}$，即 $\chi_N$。这里为理解方便，才写成 $\chi_{John}$。其他两种情况类似。

左前提 $N \Rightarrow N$；$\Delta(C) \Rightarrow D$ 就是图（2.）6.21 中 $/L$ 规则的右前提 $N$，$N \backslash S \Rightarrow S$。于是，图（2.）6.21 的语义解读等于：

$$\mid N, N \backslash S \Rightarrow S \mid_{\chi_{John}, (\chi_{loves} \mid N \Rightarrow N \mid \chi_{Mary})}$$

根据等同公理的映射，$\mid N \Rightarrow N \mid_{\chi_{Mary}} = \chi_{Mary}$，上述语义解读变为

$$\mid N, N \backslash S \Rightarrow S \mid_{\chi_{John}, (\chi_{loves} \chi_{Mary})}$$

由于 $N$，$N \backslash S \Rightarrow S$ 是使用 $\backslash L$ 规则的结果，所以求上述语义解读就变成求

$$\left| \frac{N \Rightarrow N \qquad S \Rightarrow S}{N, N \backslash S \Rightarrow S} \right|_{\chi_{John}, (\chi_{loves} \chi_{Mary})}$$

的语义解读。此时 $\mu = \chi_{John}, (\chi_{loves} \chi_{Mary})$，$\upsilon = \chi_{John}$，$\phi = \chi_{loves} \chi_{Mary}$。根据 $\backslash L$ 规则的化归获得 $\mid S \Rightarrow S \mid_{(\chi_{loves} \chi_{Mary}) \mid N \Rightarrow N \mid_{\chi_{John}}}$；再根据等同公理的映射，$\mid N \Rightarrow N \mid_{\chi_{John}} = \chi_{John}$，上述语义解读变为 $\mid S \Rightarrow S \mid_{(\chi_{loves} \chi_{Mary}) \chi_{John}}$；再根据等同公理的映射，就获得 $\mid S \Rightarrow S \mid_{(\chi_{loves} \chi_{Mary}) \chi_{John}} = (\chi_{loves} \chi_{Mary}) \chi_{John}$。$((\chi_{loves} \chi_{Mary}) \chi_{John})$ 就是图（2.）6.21，即 $N$，$(N \backslash S)/N$，$N \Rightarrow S$ 的语义解读。

接下来考虑语句 Today it rained amazingly。把 it rained 的类型处理成 S，把修饰语的类型处理成 S/S 和 S\S，与这个语句对应的后承式为 S/S，S，S\S⇒S。

这个语句是有歧义的。它可被视为：今天下雨，而且今天下雨令人惊讶；也可被视为：今天下雨，而且下雨的方式令人惊讶。相应地，它有两个推演（图（2.）6.22～图（2.）6.25）。

$$\frac{S \Rightarrow S \quad \dfrac{\dfrac{S \Rightarrow S \quad S \Rightarrow S}{S, S \backslash S \Rightarrow S} \backslash L}{}}{S/S, S, S \backslash S \Rightarrow S} /L$$

图（2.）6.22　Today it rained amazingly 的后承推演一

$$\left| \frac{S \Rightarrow S \quad \dfrac{\dfrac{S \Rightarrow S \quad S \Rightarrow S}{S, S \backslash S \Rightarrow S} \backslash L}{}}{S/S, S, S \backslash S \Rightarrow S} /L \right|_{\chi_{Tod}, \chi_{it \, rnd}, \chi_{amaz}} = (\chi_{Tod} (\chi_{amaz} \chi_{it \, rnd}))$$

图（2.）6.23　Today it rained amazingly 的后承推演一的语义

$$\frac{S \Rightarrow S \quad \dfrac{\dfrac{S \Rightarrow S \quad S \Rightarrow S}{S/S, S \Rightarrow S} /L}{}}{S/S, S, (S \backslash S) \Rightarrow S} \backslash L$$

图（2.）6.24　Today it rained amazingly 的后承推演二

$$\left| \frac{S \Rightarrow S \quad \dfrac{\dfrac{S \Rightarrow S \quad S \Rightarrow S}{S/S, S \Rightarrow S} /L}{}}{S/S, S, S \backslash S \Rightarrow S} \backslash L \right|_{\chi_{Tod}, \chi_{it \, rnd}, \chi_{amaz}} = (\chi_{amaz} (\chi_{Tod} \chi_{it \, rnd}))$$

图（2.）6.25　Today it rained amazingly 的后承推演二的语义

现在考虑语句 The cat slept。使用明显的类型，与这个语句对应的后承式为 N/CN，CN，N\S⇒S。在后承演算中，它也有两个推演（图（2.）6.26）。

$$\cfrac{CN\Rightarrow CN \quad \cfrac{N\Rightarrow N \quad S\Rightarrow S}{N,N\backslash S\Rightarrow S}\backslash L}{N/CN,CN,N\backslash S\Rightarrow S}/L \qquad \cfrac{\cfrac{CN\Rightarrow CN \quad N\Rightarrow N}{N/CN,CN\Rightarrow N}/L \quad S\Rightarrow S}{N/CN,CN,N\backslash S\Rightarrow S}\backslash L$$

图（2.）6.26　The cat slept 的两个后承推演

然而，这个语句没有歧义。这个推演歧义性是虚假的：两个推演并不对应不同的解读。从下面给出的两个推演语义可以证明此结论（图（2.）6.27）。

$$\left|\cfrac{CN\Rightarrow CN \quad \cfrac{N\Rightarrow N \quad S\Rightarrow S}{N,N\backslash S\Rightarrow S}\backslash L}{N/CN,CN,N\backslash S\Rightarrow S}/L\right|_{\chi_{the},\chi_{cat},\chi_{slept}} = \chi_{slept}(\chi_{the}\,\chi_{cat})$$

$$\left|\cfrac{\cfrac{CN\Rightarrow CN \quad N\Rightarrow N}{N/CN,CN\Rightarrow N}/L \quad S\Rightarrow S}{N/CN,CN,N\backslash S\Rightarrow S}\backslash L\right|_{\chi_{the},\chi_{cat},\chi_{slept}} = \chi_{slept}(\chi_{the}\,\chi_{cat})$$

图（2.）6.27　The cat slept 的两个后承推演的语义

与语句 I have set my bow in the cloud 句法推演的最后结果为 N，(N\S)/(N\S)，(N\S)/(N·PP)，N/CN，CN，PP/N，N/CN，CN⇒S，其后承推演为图（2.）6.28。

$$\cfrac{\cfrac{CN\Rightarrow CN \quad N\Rightarrow N}{N/CN,CN\Rightarrow N}/L \quad \cfrac{CN\Rightarrow CN \quad \cfrac{N\Rightarrow N \quad PP\Rightarrow PP}{PP/N,N\Rightarrow PP}/L}{PP/N,N/CN,CN\Rightarrow PP}/L}{N/CN,CN,PP/N,N/CN,CN\Rightarrow N\cdot PP}\cdot R \quad \cfrac{\cfrac{N\Rightarrow N \quad S\Rightarrow S}{N,N\backslash S\Rightarrow S}\backslash L}{N\backslash S\Rightarrow N\backslash S}\backslash R \quad \cfrac{N\Rightarrow N \quad S\Rightarrow S}{N,N\backslash S\Rightarrow S}\backslash L}{N,(N\backslash S)/(N\backslash S),N\backslash S\Rightarrow S}/L}{N,(N\backslash S)/(N\backslash S),(N\backslash S)/(N\cdot PP),N/CN,CN,PP/N,N/CN,CN\Rightarrow S}/L$$

图（2.）6.28　I have set my bow in the cloud 的后承推演

下面给出它的语义解读（图（2.）6.29）。

以上讨论为哈里-霍华德对应定理提供了佐证。哈里-霍华德对应可以表明：每一个兰贝克后承推演 $X\Rightarrow A$，都能匹配一个对应 $A$ 的 λ 项 $M$，使得 $M$ 中的自由变项的类型集是 $X$ 的子集。以图（2.）6.21 的情况为例：作为图（2.）6.21 语义解读的 λ 项 $M$ 就是 $(\chi_{loves}\chi_{Mary})\chi_{John}$，$M$ 中包含的 3 个自由变元的类型集就是 {N，(N\S)/N，N}，这正是图（2.）6.21 最后推出的后承 N，(N\S)/N，N⇒S 的前件类型集 $X$ 的子集。（范本特姆的研究结果也是如此。）

### 6.3.2.4　基于语义解读和词汇语义的兰贝克演算对应 λ 词项

我们使用一个语义类型为 $T(A)$ 的封闭的高阶逻辑的项表述一个句法类型为 $A$ 的表达式的解读。在前两小节，我们已经看到一个后承 $A_1$，…，$A_n\Rightarrow A$ 的推演如何与一个类型为 $T(A)$ 的（包含类型为 $T(A_1)$，…，$T(A_n)$ 的自由变元）

$$
\cfrac{
  \cfrac{
    \cfrac{
      \cfrac{CN \Rightarrow CN \quad N \Rightarrow N}{N/CN,CN \Rightarrow N}\ /L \quad PP \Rightarrow PP
    }{PP/N,N/CN,CN \Rightarrow PP}\ /L
  }{N/CN,CN,PP/N,N/CN,CN \Rightarrow N \cdot PP}\ \cdot R
  \qquad
  \cfrac{
    \cfrac{
      \cfrac{N \Rightarrow N \quad S \Rightarrow S}{N,N\backslash S \Rightarrow S}\ \backslash L
    }{N\backslash S \Rightarrow N\backslash S}\ \backslash R
    \qquad
    \cfrac{N \Rightarrow N \quad S \Rightarrow S}{N,N\backslash S \Rightarrow S}\ \backslash L
  }{N,(N\backslash S)/(N\backslash S),N\backslash S \Rightarrow S}\ /L
}{
  N,(N\backslash S)/(N\backslash S),(N\backslash S)/(N \cdot PP),N/CN,CN,PP/N,N/CN,CN \Rightarrow S
}\ /L
$$

$$
x_I\,x_{have}\,x_{set}\,x_{my}\,x_{bow}\,x_{in}\,x_{the}\,x_{cloud} = ((x_{have}\,\lambda_x\,((x_{set}\,((x_{my}\,x_{bow}),(x_{in}\,(x_{the}\,x_{cloud}))))x)x)x_I)
$$

图 (2.) 6.29　I have set my bow in the cloud 的语义解读

λ项（指不含常项的 λ 词项）关联起来，即语义解读。词库将把封闭的高阶逻辑的项与基本表达式关联起来，即词汇语义。一个词汇语义"$\alpha$：$A$：$\phi$"由词条 $\alpha$、句法范畴 $A$ 和语义类型为 $T(A)$ 的封闭的高阶词项 $\phi$ 组成。

有时词汇语义是非结构化的，仅仅由非逻辑常项组成，例如，下面的词汇语义：

John：N：$j$

Loves：$(N \backslash S)/N$：$love$

Mary：N：$m$

对于 $A_1$，$\cdots$，$A_n \Rightarrow A$ 的推演来说，词法选择就是词条的选择：$\alpha_1$：$A_1$：$\phi_1$，$\cdots$，$\alpha_n$：$A_n$：$\phi_n$。一个推演加上词法选择决定了这样一种语义：把词汇语义代入推演的语义解读。例如，回想前面给出的推演语义解读（图（2.）6.30）。

$$\left| \frac{N \Rightarrow N \quad \dfrac{N \Rightarrow N \quad S \Rightarrow S}{N, N \backslash S \Rightarrow S}\backslash L}{N, (N \backslash S)/N, N \Rightarrow S}/L \right|_{\chi_{john},\ \chi_{loves},\ \chi_{Mary}} = ((\chi_{loves}\,\chi_{Mary})\,\chi_{John})$$

图（2.）6.30　John loves Mary 的推演语义

然后，用上面给出的非结构化词汇语义代换，John loves Mary 被指派的语义如下：

$$((\chi_{loves}\,\chi_{Mary})\,\chi_{John})\{j/\chi_{John},\ love/\chi_{loves},\ m/\chi_{Mary}\} = ((love\ m)\,j)$$

在使用结构化的项表述词汇语义的情况下，这样的词汇语义编码了词汇表达式的指称限制和逻辑语义性质。例如，下面对一个反身代词的词法指派编码了其自指语义：

himself：$((N\backslash S)/N)\backslash(N\backslash S)$：$\lambda x \lambda y ((xy)y)$

对于 John loves himself 来说，有下面的推演和推演语义解读（图（2.）6.31）。

$$\left| \frac{N \Rightarrow N \quad \dfrac{N \Rightarrow N \quad S \Rightarrow S}{N, N \backslash S \Rightarrow S}\backslash L}{N, (N \backslash S)/N, N \Rightarrow S}/L \right|_{\chi_{john},\ \chi_{loves},\ \chi_{himself}} = ((\chi_{loves}\,\chi_{himself})\,\chi_{John})$$

图（2.）6.31　John loves himself 的推演语义

用词汇语义代入，并简化，得到

$$((\chi_{himself}\,\chi_{loves})\,\chi_{John})\{\lambda x \lambda y ((xy)y)/\chi_{himself},\ love/\chi_{loves},\ j/\chi_{John}\}$$

$$= ((\lambda x \lambda y ((xy)y)\,love)\,j) = (\lambda y ((love\ y)y)\,j) = ((love\ j)\,j)$$

最后，词汇语义可以结构化或包含（可能是逻辑的）常量，例如：

and：$(S\backslash S)/S$：$\wedge$

bachelor：CN：$\lambda x ((\wedge(man\ x))(\neg(married\ x)))$

the：N/CN：$\iota$

简言之，词汇语义的词条选择，就使得兰贝克演算的语义解读具体化，并且给兰贝克证明推出的后承，其前件的公式（范畴）配备了 λ 项。

## 6.4 匹配 λ 词项的兰贝克演算树模式 ND 表述

### 6.4.1 匹配 λ 词项的兰贝克演算树模式 ND 的规则

有了以上工作，我们就可以给兰贝克演算推演的每一环节配备作为语义解读的 λ 项，即使用代表语义解读的 λ 项给一个有序的兰贝克演算树模式 ND 加标，如图（2.）6.32 所示。

$$\frac{A:\phi \quad A\backslash B:\gamma}{B:(\chi_\phi)}E\backslash \qquad \frac{B:\psi}{A\backslash B:\lambda x\psi}\backslash^i$$

$$\frac{B/A:\gamma \quad A:\phi}{B:(\chi_\phi)}E/ \qquad \frac{B:\psi}{B/A:\lambda x\psi}I/^i$$

$$\frac{A:\phi \quad B:\psi}{A\cdot B:(\phi,\psi)}I\bullet$$

图（2.）6.32　匹配了语义的兰贝克演算的树模式 ND 系统

### 6.4.2 匹配 λ 词项的兰贝克演算树模式 ND 的推演

要想在后承演算中标注语义，我们必须先获得整个推演的语义解读，然后代入词汇语义，并且规范化。如果用（不同的）变元标注自然演绎假设，那么在一个证明的根部建立起来的语义标注代表了它的推演语义解读。然而，在自然演绎中，可以用词汇语义标注假设，然后在从叶子到根的推演中建立（和尽可能地规范化）语义解读。例如图（2.）6.33～图（2.）6.35 所示推演。

$$\frac{John \quad \dfrac{loves \quad Mary}{\dfrac{(n\backslash s)/n:love \quad n:m}{n\backslash s:(love\ m)}E/}}{s:((love\ m)j)}E\backslash$$

图（2.）6.33　John loves Mary 的有语义标记的树模式 ND 推演

$$\frac{\dfrac{The \quad cat}{\dfrac{n/cn:\iota \quad cn:cat}{n:(\iota\ cat)}E/} \quad \dfrac{slept}{n\backslash s:slept}}{s:(slept(\iota\ cat))}E\backslash$$

图（2.）6.34　The cat slept 的有语义标记的树模式 ND 推演

$$
\cfrac{
  \text{John} \quad
  \cfrac{
    \overset{\text{loves}}{(n\backslash s)/n:love} \qquad
    \overset{\text{himself}}{((n\backslash s)/n)\backslash(n\backslash s):\lambda x\lambda y((xy)y)}
  }{n\backslash s:\lambda y((love\ y)y)} E/
}{
  \cfrac{n:j}{s:((love\ j)j)} E\backslash
}
$$

图 (2.) 6.35　John loves himself 的有语义标记的树模式 ND 推演

第二部分　范畴类型逻辑 CTL
　　　　　应用于汉语的研究

# 7

## 传统 CTL 对汉语反身代词的研究

### 7.1　带受限缩并规则的兰贝克演算 LLC

命题逻辑中包含如下三条结构规则，分别是

（a）单调规则　　　　　　　　　　　（b）缩并规则

$$\frac{X \Rightarrow A}{X, B \Rightarrow A}M \qquad\qquad \frac{X, A, A, Y \Rightarrow B}{X, A, Y \Rightarrow B}C$$

（c）交换规则

$$\frac{X, A, B, Y \Rightarrow C}{X, B, A, Y \Rightarrow C}P$$

如果将这三条结构规则逐次消去，那么就可以得到如表（2.）7.1 所示的一个逻辑结构层级表。

表（2.）7.1　逻辑系统与结构规则对照表

| 逻辑类型的名称 | 刻画公理 | 结构规则 |
|---|---|---|
| 经典命题逻辑 | $((A \to B) \to A) \to A$ | $P, C, M$ |
| 直觉主义逻辑 | $A \to B \to A$ | $P, C, M$ |
| 相干逻辑 | $(A \to A \to B) \to A \to B$ | $P, C$ |
| 线性逻辑 | $(A \to B \to C) \to B \to A \to C$ | $P$ |
| 兰贝克演算 | — | — |

　　从子结构逻辑的角度看，正如本编前面所谈到，经典命题逻辑包含单调、缩并和交换三条结构规则，但是单调规则、缩并规则以及交换规则都没有出现在兰贝克演算中。在逻辑结构层级中，兰贝克演算也处于层级很低的位置上。而作为 CTL 的基础，兰贝克演算没有缩并规则的直接后果就是不能在句法层面上处理词条的多次使用问题。黑普（Hepple，1992）以及雅各布森（Jacobson，1999，2000）指出这一缺陷就是兰贝克演算本身很难被用来处理照应语的回指照应问题的根本原因之一。

**语句 7.1** （a）张三给自己刮胡子。

（b）张三给张三刮胡子。

在语句 7.1 的语句（a）中，反身代词"自己"的指称就是"张三"这一专名的指称，即张三其人，所以在语句 7.1 的语句（a）中词条"张三"和"自己"实际上指称相同的对象，这一语句也可被改写为语句 7.1 中的语句（b），即张三给张三刮胡子。由此可知，一个代词的意义实际上就是一个同一函数。（Jäger，2005）中也指出一个代词的意义应该就是一个作用在个体上的同一函数。

在这种理解的基础上，我们可以说词条"张三"不但在主语的位置上要与语句的其他成分毗连运算，还被作为反身代词"自己"的先行语使用以给出反身代词的指代，所以这里就涉及了词条的多次使用问题。

不具有缩并规则的兰贝克演算很难被用来处理这种词条多次使用的状况，因此一个自然的想法就是对兰贝克演算进行扩充以容纳缩并规则。但是由于自然语言对于词条出现的顺序以及次数都很敏感，例如语句"张三跑步"就是一个合语法的句子但是"跑步张三"和"张三张三跑步"则不是，因此对兰贝克演算的这种扩充中必须对缩并规则施加一定的限制以符合自然语言的这一特性，而这样处理后所得到的就是带受限缩并规则的兰贝克演算。

### 7.1.1 LLC 的公理表述

LLC 即带受限缩并规则的兰贝克演算的缩写。这一演算是贾戈尔在其 2005 出版的专著《照应与类型逻辑与法》（*Anaphora and Type Logical Grammar*）中给出的。在 LLC 的语言中，贾戈尔增加了竖线算子"｜"，在此基础上，该系统中的公式可被定义如下：

**定义 7.1**（$L$ 中的公式 $F$） $F = A$，$F \otimes F$，$F/F$，$F \backslash F$，$F \mid F$。

$L$ 中原子公式 $A \in \{np, n, s\}$，而复合公式则是在原子公式的基础上添加不同算子构成的。四个算子中竖线算子"｜"结合力最强。

从直观上来说，带有竖线算子的公式就是系统中的回指照应公式。公式 $A \mid B$ 的直观解释就是向前结合一个范畴为 $B$ 的词项之后，词项 $A \mid B$ 的行为方式就像范畴 $A$ 那样。在这种直观解释下，一般反身代词的范畴就可被定义为 NP｜NP，即向前结合一个范畴为 NP 的词项后，词项 NP｜NP 的行为方式就像范畴 NP 那样。

**定义 7.2**（范畴与类型的对应） 如果令 $\tau$ 为一个从 CAT($B$) 到 TYPE 的函数，那么 $\tau$ 为一个对应函数当且仅当下面的两个条件被满足：

(1) $\tau(A \otimes B) = \tau(A) \wedge \tau(B)$；

(2) $\tau(B/A) = \tau(A \backslash B) = \tau(B|A) = \langle \tau(A), \tau(B) \rangle$。

**定义 7.3**（LLC 的公理表述） LLC 的公式表述是在结合的兰贝克演算 $L$ 的公理表述的基础上增加如下这些公理和推导规则得到的。

新增的公理：

$A_1: A \otimes B \mid C \rightarrow (A \otimes B) \mid C$；

$A_2: A \mid B \otimes C \rightarrow (A \otimes C) \mid B$；

$A_3: A \mid C \otimes B \mid C \rightarrow (A \otimes B) \mid C$；

$A_4: A \otimes B \mid A \rightarrow A \otimes B$。

新增的推导规则：

$R_1$：从 $A \rightarrow B$ 可得 $A \mid C \rightarrow B \mid C$。

**定义 7.4**（LLC 的模型 $M_{\text{LLC}}$） LLC 的模型 $M_{\text{LLC}}$ 是一个满足如下条件的六元组 $\langle W_{\text{LLC}}, R_{\text{LLC}}, S_{\text{LLC}}, \sim_{\text{LLC}}, f_{\text{LLC}}, g_{\text{LLC}} \rangle$：

(1) $W_{\text{LLC}}$ 是一个非空且由语言符号串构成的集合。

(2) $R_{\text{LLC}}$ 和 $S_{\text{LLC}}$ 是 $W_{\text{LLC}}$ 上的三元关系且对于 $W_{\text{LLC}}$ 中的任意五个元素 $x$、$y$、$z$、$u$、$v$ 而言，下面两个条件要满足：

(a) $R_{\text{LLC}}xyz \wedge R_{\text{LLC}}zuv \rightarrow \exists w (R_{\text{LLC}}wyu \wedge R_{\text{LLC}}xwv)$；

(b) $R_{\text{LLC}}xyz \wedge R_{\text{LLC}}yuv \rightarrow \exists w (R_{\text{LLC}}wvz \wedge R_{\text{LLC}}xuw)$。

(3) $\sim_{\text{LLC}} \subseteq W_{\text{LLC}} \times W_{\text{LLC}}$。

(4) $f_{\text{LLC}}$ 是一个从原子公式到 $W_{\text{LLC}}$ 子集的函数。

(5) $g_{\text{LLC}}$ 是一个从 LLC 公式到 $W_{\text{LLC}}$ 的函数。

(6) 对于 $W_{\text{LLC}}$ 中的任意五个元素 $x$、$y$、$z$、$w$、$u$ 而言，下面五个条件要被满足：

(a) $R_{\text{LLC}}xyz \wedge S_{\text{LLC}}zwu \rightarrow \exists v(S_{\text{LLC}}xvu \wedge R_{\text{LLC}}vyw)$；

(b) $R_{\text{LLC}}xyz \wedge S_{\text{LLC}}ywu \rightarrow \exists v(S_{\text{LLC}}xvu \wedge R_{\text{LLC}}vwz)$；

(c) $R_{\text{LLC}}xyz \wedge S_{\text{LLC}}ywu \wedge S_{\text{LLC}}zvu \rightarrow \exists r(S_{\text{LLC}}xru \wedge R_{\text{LLC}}rwv)$；

(d) $R_{\text{LLC}}xyz \wedge S_{\text{LLC}}zwu \wedge y \sim_{\text{LLC}} u \rightarrow R_{\text{LLC}}xyw$；

(e) $\forall A(w \in \| A \|_{M_{\text{LLC}}} \rightarrow w \sim_{\text{LLC}} g_{\text{LLC}}(A))$。

如果令 $x$、$y$、$z$ 为集合 $W_{\text{LLC}}$ 中的任意三个元素，那么 $R_{\text{LLC}}xyz$ 所表述的仍然是语言符号串之间的组合关系，即 $x$ 由 $y$ 和 $z$ 构成且 $y$ 在左 $z$ 在右；$S_{\text{LLC}}xyz$ 表述的是假定与 $z$ 类似的某一语言符号串做照应语的先行语出现，那么 $x$ 就能转换成 $y$；$x \sim_{\text{LLC}} y$ 的直观意思是 $x$ 类似于 $y$，要注意的是这一类似关系不需要是自返、传递且对称的。

条件（2）中的子条件（a）和（b）是说关系 $R_{\text{LLC}}$ 要满足结合性；条件（6）中所给出的五个子条件实际上是为了使得 LLC 中新增加的公理具有有效性。以子条件（a）为例，其是说如果 $x$ 由 $y$ 和 $z$ 构成、$y$ 在左 $z$ 在右而且若 $u$ 以照应语的先行语的身份出现，则 $y$ 就可转换为 $w$，那么存在语言符号串 $v$，若 $u$ 以照应语的先行语的身份出现，则 $x$ 就可转换为 $v$ 且 $v$ 由 $y$ 和 $w$ 构成、$y$ 在左 $w$ 在右。这一要求就是要保证新增的第一条公理具有有效性。

**定义 7.5**（模型 $M_{\text{LLC}}$ 下的解释） 模型 $M_{\text{LLC}}$ 下的解释 $\| \cdot \|$ 可被递归定义如下：

（1）$\|A\|_{\text{MLLC}} = f_{\text{LLC}}(A)$ 当且仅当 $A \in \{\text{NP}, \text{N}, \text{S}\}$；

（2）$\|A \otimes B\|_{\text{MLLC}} = \{x \mid \exists y \exists z (y \in \|A\|_{\text{MLLC}} \wedge z \in \|B\|_{\text{MLLC}} \wedge R_{\text{LLC}}xyz)\}$；

（3）$\|A \backslash B\|_{\text{MLLC}} = \{x \mid \forall y \forall z (y \in \|A\|_{\text{MLLC}} \wedge R_{\text{LLC}}zyx \rightarrow z \in \|B\|_{\text{MLLC}})\}$；

（4）$\|A/B\|_{\text{MLLC}} = \{x \mid \forall y \forall z (y \in \|B\|_{\text{MLLC}} \wedge R_{\text{LLC}}zxy \rightarrow z \in \|A\|_{\text{MLLC}})\}$；

（5）$\|A, B\|_{\text{MLLC}} = \{x \mid \exists y \exists z (y \in \|A\|_{\text{MLLC}} \wedge z \in \|B\|_{\text{MLLC}} \wedge R_{\text{LLC}}xyz)\}$；

（6）$\|A|B\|_{\text{MLLC}} = \{x \mid \exists y (y \in \|A\|_{\text{MLLC}} \wedge S_{\text{LLC}}xy g_{\text{LLC}}(B))\}$。

LLC 中有效性的定义与 L 中相同，即对于 LLC 的任意模型 $M_{\text{LLC}}$ 以及 LLC 中的任意非空公式集 $X$ 和公式 $A$，$\models X \Rightarrow A$，当且仅当 $\|X\|_{\text{MLLC}} \subseteq \|A\|_{\text{MLLC}}$。

**定理 7.1**（LLC 的可靠性） 如果 $\vdash X \Rightarrow A$，那么 $\models X \Rightarrow A$。

证明参见（Jäger，2005）。

**定理 7.2**（LLC 的完全性） 如果 $\vdash X \Rightarrow A$，那么 $\models X \Rightarrow A$。

**证明** 首先给出典范模型 $M_{\text{CMLLC}} = \langle W_{\text{CMLLC}}, R_{\text{CMLLC}}, S_{\text{CMLLC}}, \sim_{\text{CMLLC}}, f_{\text{CMLLC}}, g_{\text{CMLLC}} \rangle$ 且满足下面的六个条件：

（1）$W_{\text{CMLLC}}$ 是 LLC 中公式类型（这里的公式指类型或范畴）构成的集合。

（2）$R_{\text{CMLLC}}$ 是 $W_{\text{CMLLC}}$ 上的三元关系且满足结合性和下面的条件：

$R_{CMLLC}ABC$ 当且仅当 $\vdash A \Rightarrow B \otimes C$。

（3）$S_{CMLLC}$ 是 $W_{CMLLC}$ 上的三元关系满足下面的条件：

$S_{CMLLC}ABC$ 当且仅当 $\vdash A \Rightarrow B \mid C$。

（4）函数 $f_{CMLLC}$ 定义如下：

$f_{CMLLC}(A) = \{B \mid \vdash B \Rightarrow A\}$，$A \in \{NP, N, S\}$。

（5）由积算子的结合性可得 $\langle W_{LLC}, R_{LLC} \rangle$ 是一个结合框架。接下来还要证明在典范模型中下述的四个限制条件是成立的：

（a）如果 $\vdash_{LLC} x \Rightarrow y \otimes z$ 且 $\vdash_{LLC} z \Rightarrow w \mid u$，那么由积算子的单调性得 $\vdash_{LLC} x \Rightarrow y \otimes w \mid u$，进而可得 $\vdash_{LLC} x \Rightarrow (y \otimes w) \mid u$；

（b）类似地，如果 $\vdash x \Rightarrow y \otimes z$ 且 $\vdash y \Rightarrow w \mid u$，那么 $\vdash x \Rightarrow w \otimes z \mid u$，进而可得 $\vdash x \Rightarrow (w \otimes z) \mid u$；

（c）如果 $\vdash x \Rightarrow y \otimes z$ 且 $\vdash y \Rightarrow w \mid u$、$\vdash z \Rightarrow v \mid u$，那么 $\vdash x \Rightarrow w \otimes v \mid u$，进而可得 $\vdash x \Rightarrow (w \otimes v) \mid u$；

（d）如果 $\vdash x \Rightarrow y \otimes z$ 且 $\vdash z \Rightarrow w \mid y$，那么 $\vdash x \Rightarrow y \otimes w \mid y$，进而可得 $\vdash x \Rightarrow y \otimes w$。

（6）$A \sim_{CMLLC} B$ 当且仅当 $\vdash A \Rightarrow B$。

（7）$g_{CMLLC}(A) = A$。

其次证明真值引理，即在典范模型 $M_{CMLLC}$ 中，对于任意的公式 $A$、$B$，$A \in \parallel B \parallel_{MCMLLC}$ 当且仅当 $\vdash A \Rightarrow B$。

对 $B$ 中出现的联结词的数目施归纳。当 $B$ 为原子公式时，由典范模型的定义可直接推得结论。假设当 $B$ 中出现的联结词的数目为 $n-1$ 时结论成立，现证明 $B$ 中出现的联结词的数量为 $n$ 时结论也成立。

（a）当 $B = C/D$ 或 $C \backslash D$ 或 $C \otimes D$ 且 $C$、$D$ 中出现的联结词数量和为 $n-1$ 时。可参考定理 4.2 中的证明。

（b）当 $B = C \mid D$ 且 $C$、$D$ 中出现的联结词数量和为 $n-1$ 时。

（ⅰ）从左到右。因为 $A \in \parallel C \mid D \parallel_{MCMLLC}$ 所以存在 $E$ 使得 $E \in \parallel C \parallel_{MCMLLC}$ 且 $S_{CMLLC}AEg_{CMLLC}(D)$。由归纳假设得 $\vdash E \Rightarrow C$，由典范模型的构造得 $\vdash A \Rightarrow E \mid D$。由 LLC 中新增加的推导规则和 Cut 公理得 $\vdash A \Rightarrow C \mid D$。

（ⅱ）从右到左。假定 $\vdash A \Rightarrow C \mid D$，由典范模型的构造可得 $S_{CMLLC}ACD$，进而可得 $S_{CMLLC}ACg_{CMLLC}(D)$。由归纳假设得 $C \in \parallel C \parallel_{MCMLLC}$ 所以 $A \in \parallel C \mid D \parallel_{MCMLLC}$。

最后，证明结论的逆否命题。证明方式同定理 4.2。

### 7.1.2　LLC 的树模式表述和自然推演表述

**定义 7.6**（LLC 的树模式表述）

$$\frac{x:A \quad y:B}{\langle x,y\rangle:A \otimes B} \otimes I \qquad \frac{x:A \otimes B}{(x)_0:A \quad (x)_1:A} \otimes E$$

$$\frac{\begin{array}{ccc} \overline{\quad}\, i \\ x:A & : & : \\ : & : & : \\ : & : & : \\ \hline & M:B & \end{array}}{\lambda xM:A \setminus B}\setminus I,i \qquad \frac{x:A \quad y:A\setminus B}{(yx):B}\setminus E$$

$$\frac{\begin{array}{ccc} & & \overline{\quad}\, i \\ : & : & x:A \\ : & : & : \\ : & : & : \\ \hline & M:B & \end{array}}{\lambda xM:B/A}/I,i \qquad \frac{x:A/B \quad y:B}{(xy):B}/E$$

$$[x:A]i \quad \cdots \quad \frac{y:B \mid A}{yx:B} \mid E,i$$

$$: \frac{x_1:A_1 \mid B}{x_1y:A_1}\, i_1 : \frac{x_2:A_2 \mid B}{x_2y:A_2}\, i_2 : \frac{x_n:A_n \mid B}{x_ny:A_n}\, i_3 :$$

$$\frac{N:C}{\lambda yN:C \mid B} \mid I, i_1, i_2, \cdots, i_n$$

**定义 7.7**（LLC 的自然推演表述）

$$\frac{}{x:A \Rightarrow x:A}\, \text{id} \qquad \frac{X \Rightarrow M:A \quad Y,x:A,Z \Rightarrow N:B}{Y,X,Z \Rightarrow N[M/x]:B}\, \text{Cut}$$

$$\frac{X \Rightarrow M:A \quad Y \Rightarrow N:B}{X,Y \Rightarrow \langle M,N\rangle:A \otimes B} \otimes I \qquad \frac{X \Rightarrow M:A \otimes B \quad Y,x:A,y:B,Z \Rightarrow N:C}{Y,X,Z \Rightarrow N[(M)_0/x][(M)_1/y]:C} \otimes E$$

$$\frac{X,x:A \Rightarrow M:B}{X \Rightarrow \lambda xM:B/A}/I \qquad \frac{X \Rightarrow M:A/B \quad Y \Rightarrow N:B}{X,Y \Rightarrow MN:A}/E$$

$$\frac{x:A,X \Rightarrow M:B}{X \Rightarrow \lambda xM:A \setminus B}\setminus I \qquad \frac{X \Rightarrow M:A \quad Y \Rightarrow N:A \setminus B}{X,Y \Rightarrow NM:B}\setminus E$$

$$\frac{Z_i \Rightarrow N_i:A_i \mid C(1 \leqslant i < n) \quad X,x_1:A_1,Y_1,\cdots,x_n:A_n,Y_n \Rightarrow M:B}{X,Z_1,Y_1,\cdots,Z_n,Y_n \Rightarrow \lambda z.\, M[(N_iz)/x_1]:B \mid C} \mid I$$

$$\frac{X \Rightarrow M:A \quad Y \Rightarrow N:B \mid A \quad Z,x:A,W,y:B,U \Rightarrow O:C}{Z,X,W,Y,U \Rightarrow O[M/x][(NM)/y]:C} \mid E$$

**定理 7.3**　在 LLC 的自然推演表述中，如果 $\vdash X \Rightarrow M:A$，那么就会存在一个 $X \Rightarrow M:A$ 的不带 Cut 规则的自然推演证明。

**证明**　该定理的证明思路与定理 4.3 的证明思路大体相同。最大的不同点是衡量 Cut 规则每一次应用的复杂度的标准不再是其中所出现的符号的多少，而是 Cut 规则应用中结论的哈里-霍华德标记的复杂程度。之所以做这一改变是为了保证每一次 Cut 消去的步骤都能降低 Cut 规则应用的复杂度，而且 LLC 自然推演表述中的 Cut 消去也能保证哈里霍华德标记（或指派）不变。

### 7.1.3　LLC 的根岑表述

**定义 7.8**（LLC 的根岑表述）

$$\frac{}{x:A \Rightarrow x:A} \text{ id} \qquad \frac{X \Rightarrow M:A \quad Y,x:A,Z \Rightarrow N:B}{Y,X,Z \Rightarrow N[M/x]:B} \text{ Cut}$$

$$\frac{X \Rightarrow M:A \quad Y \Rightarrow N:B}{X,Y \Rightarrow \langle M,N \rangle :A \otimes B} \otimes R \qquad \frac{X,x:A,y:B,Y \Rightarrow M:C}{X,z:A \otimes B,Y \Rightarrow M[(z)_0/x][(z)_1/y]:C} \otimes L$$

$$\frac{X,x:A \Rightarrow M:B}{X \Rightarrow \lambda xM:B/A} /R \qquad \frac{X \Rightarrow M:A \quad Y,x:B,Z \Rightarrow N:C}{Y,y:B/A,X,Z \Rightarrow N[(yM)/x]:C} /L$$

$$\frac{x:A,X \Rightarrow M:B}{X \Rightarrow \lambda xM:A \setminus B} \setminus R \qquad \frac{X \Rightarrow M:A \quad Y,x:B,Z \Rightarrow N:C}{Y,X,y:A \setminus B,Z \Rightarrow N[(yM)/x]:C} \setminus L$$

$$\frac{X,x_1:A_1,Y_1,\cdots,x_n:A_n,Y_n \Rightarrow M:B}{X,y_1:A_1 \mid C,Y_1,\cdots,y_n:A_n \mid C,Y_n \Rightarrow \lambda z.\, M[(y_1z)/x_1]\cdots[(y_nz)/x_n]:B \mid C(n>0)} \mid R$$

$$\frac{Y \Rightarrow M:B \quad X,x:B,Z,y:A,W \Rightarrow N:C}{X,Y,Z,z:A \mid B,W \Rightarrow N[M/x][(zM)/y]:C} \mid L$$

**定理 7.4**　在 LLC 的根岑表述中，如果 $\vdash X \Rightarrow A$，那么就会存在 $X \Rightarrow A$ 的一个不带 Cut 规则的证明。

**证明**　这一定理的证明与 L 的根岑表述中 Cut 消去定理的证明思路大体相同。主要的不同在于主 Cut 的第二种情况下（即 Cut 公式在两个前提中都是新生公式的情况下），要增加如下的两种子情况：

（a）Cut 规则的左前提和右前提分别是应用 $\mid R$ 规则和 $\mid L$ 规则得到的。

$$\dfrac{\dfrac{X,A_1,Y_1,\cdots,A_n,Y_n\Rightarrow B}{X,A_1\mid D,Y_1,\cdots,A_n\mid D,Y_n\Rightarrow B\mid D}\,|R \quad \dfrac{U\Rightarrow D \quad V,D,Z,B,W\Rightarrow C}{V,U,Z,B\mid D,W\Rightarrow C}\,|L}{V,U,Z,X,A_1\mid D,Y_1,\cdots,A_n\mid D,Y_n,W\Rightarrow C}\,\text{Cut}$$

可转换为

$$\dfrac{X,A_1,Y_1,\cdots,A_n,Y_n\Rightarrow B \quad V,D,Z,B,W\Rightarrow C}{\dfrac{D\Rightarrow D}{\text{id}}\dfrac{V,D,Z,X,A_1,Y_1,\cdots,A_n,Y_n,W\Rightarrow C}{V,D,Z,X,A_1\mid D,Y_1,\cdots,A_n,Y_n,W\Rightarrow C}\,\text{Cut}}{\quad}\,|L$$

$$\vdots$$
$$\vdots$$

$$\dfrac{\underline{\qquad\qquad\qquad\qquad\qquad\qquad\qquad\qquad\qquad\qquad\qquad}\,|L}{\dfrac{U\Rightarrow D \quad V,D,Z,X,A_1\mid D,Y_1,\cdots,A_{n-1}\mid D,Y_{n-1},A_n,Y_n,W\Rightarrow C}{V,U,Z,X,A_1\mid D,Y_1,\cdots,A_n\mid D,Y_n,W\Rightarrow C}\,|L}$$

（b）Cut 规则的左前提和右前提都是应用 $|R$ 规则得到的。

$$\dfrac{\dfrac{X,A_1,Y_1,\cdots,A_n,Y_n\Rightarrow B_1}{X,A_1\mid D,Y_1,\cdots,A_n\mid D,Y_n\Rightarrow B_1\mid D}\,|R \quad \dfrac{Z,B_1,W_1,\cdots,B_m,W_m\Rightarrow C}{Z,B_1\mid D,W_1,\cdots,B_m\mid D,W_m\Rightarrow C\mid D}\,|R}{Z,X,A_1\mid D,Y_1,\cdots,A_n\mid D,Y_n,W_1,B_2\mid D,W_2,\cdots,B_m\mid D,W_m\Rightarrow C\mid D}\,\text{Cut}$$

可转换为

$$\dfrac{\dfrac{X,A_1,Y_1,\cdots,A_n,Y_n\Rightarrow B_1 \quad Z,B_1,W_1,\cdots,B_m,W_m\Rightarrow C}{Z,X,A_1,Y_1,\cdots,A_n,Y_n,W_1,B_2,W_2,\cdots,B_m,W_m\Rightarrow C}\,\text{Cut}}{Z,X,A_1\mid D,Y_1,\cdots,A_n\mid D,Y_n,W_1,B_2\mid D,W_2,\cdots,B_m\mid D,W_m\Rightarrow C\mid D}\,|R$$

在定理 7.4 的基础上，可直接得到如下的三个推论。

**推论 7.1**　LLC 的根岑表述是可判定的。

**推论 7.2**　LLC 的根岑表述具有子公式性。

**推论 7.3**　LLC 具有有穷可读性。

### 7.1.4　LLC 四种表述之间的等价性

LLC 四种表述之间的等价性证明在（Jäger，2005）中就已给出，这里仅说明等价性证明中的一些关键性步骤。

**定义 7.9**（积算子的封闭性）

（1）$\sigma(p)=p$；

（2）$\sigma(A_1,\cdots,A_n)=A_1\otimes\cdots\otimes A_n$；

（3）$\sigma(X_1,\cdots,X_n)=\sigma(\sigma(X_1),\cdots,\sigma(X_n))$。

如果公式都是带有哈里–霍华德标记的公式，那么积算子的封闭性可被表述如下：

(1) $\sigma(M;p) = M;p$；

(2) $\sigma(M_1:A_1,\cdots,M_n:A_n) = \langle M_1,\cdots,M_n\rangle:A_1\otimes\cdots\otimes A_n$；

(3) $\sigma(X_1,\cdots,X_n) = \sigma(\sigma(X_1),\cdots,\sigma(X_n))$。

**定理 7.5** LLC 的公理表述与自然推演表述之间具有等价性。

**证明**

(a) 证明 LLC 公理表述中的公理和推导规则都是 LLC 的自然推演表述中可证的。以 LLC 中新增的前两条公理为例：

$$\cfrac{\cfrac{}{B\mid C\Rightarrow B\mid C}\,id \quad \cfrac{}{A\otimes B\Rightarrow A\otimes B}\,id}{A\otimes B\mid C\Rightarrow(A\otimes B)\mid C}\mid I$$

$$\cfrac{\cfrac{}{A\mid B\Rightarrow A\mid B}\,id \quad \cfrac{}{A\otimes C\Rightarrow A\otimes C}\,id}{A\mid B\otimes C\Rightarrow(A\otimes C)\mid B}\mid I$$

(b) 证明 LLC 的自然推演表述中的推导规则都是 LLC 的公理表述中可证的。以 $\mid I$ 规则为例：

$$\cfrac{Z_i\rightarrow A_i\mid C(1\leqslant i<n) \quad \cfrac{\cfrac{}{\sigma(X,A_1\mid C,Y_1,\cdots,A_n\mid C,Y_n)\rightarrow\sigma(X,A_1,Y_1,\cdots,A_n,Y_n)\mid C}\,id \quad \cfrac{\sigma(X,A_1,Y_1,\cdots,A_n,Y_n)\rightarrow B}{\sigma(X,A_1,Y_1,\cdots,A_n,Y_n)\mid C\rightarrow B\mid C}\mid I}{\sigma(X,A_1\mid C,Y_1,\cdots,A_n\mid C,Y_n)\rightarrow B\mid C}\,Cut}{Z,X,W,Y,U\rightarrow C}\,Cut$$

(c) LLC 的根岑表述中的推导规则在 LLC 的自然推演表述中都可证。以 $\mid R$ 和 $\mid L$ 规则为例：

$$\cfrac{\cfrac{\cfrac{}{A_1\mid C\Rightarrow A_1\mid C}\,id \quad X,A_1,Y_1,\cdots,A_n,Y_n\Rightarrow B}{X,A_1\mid C,Y_1,\cdots,A_n,Y_n\Rightarrow B\mid C}\mid I\\ \vdots\\ \cfrac{\cfrac{}{A_n\mid C\Rightarrow A_n\mid C}\,id \quad X,A_1\mid C,Y_1,\cdots,A_{n-1}\mid C,Y_{n-1},A_n,Y_n\Rightarrow B\mid C}{}\mid I}{X,\ A_1\mid C,\ Y_1,\ \cdots,\ A_n\mid C,\ Y_n\Rightarrow B\mid C\ (n>0)}\mid I$$

$$\cfrac{Y\Rightarrow B \quad \cfrac{}{A\mid B\Rightarrow A\mid B}\,id \quad X,B,Z,A,W\Rightarrow C}{X,\ Y,\ Z,\ A\mid B,\ W\Rightarrow C}\mid E$$

因此可得 LLC 的公理表述与自然推演表述之间具有等价性。

**定理 7.6**　LLC 的自然推演表述与根岑表述之间具有等价性。

**证明**　LLC 的自然推演表述中的推导规则在根岑表述中都可证。以 $\mid I$ 和 $\mid E$ 规则为例：

$$\cfrac{Z_i \Rightarrow A_i \mid C\,(1 \leqslant i < n)\quad \cfrac{X,A_1,Y_1,\cdots,A_n,Y_n \Rightarrow B}{X,A_1 \mid C,Y_1,\cdots,A_n \mid C,Y_n \Rightarrow B \mid C}\mid R}{X,Z_1,Y_1,\cdots,Z_n,Y_n \Rightarrow B \mid C}\text{Cut(使用 } n \text{ 次)}$$

$$\cfrac{\cfrac{Y \Rightarrow B \mid A \quad \cfrac{X \Rightarrow A \quad Z,A,W,B,U \Rightarrow C}{Z,X,W,B \mid A,U \Rightarrow C}\mid L}{Z,X,W,Y,U \Rightarrow C \quad X,A_1 \mid C,Y_1,\cdots,A_n \mid C,Y_n \Rightarrow B \mid C\ \ (n>0)}\text{Cut}}{\text{———————— id}}$$

$$\cfrac{Y \Rightarrow B \quad A \mid B \Rightarrow A \mid B \quad X,B,Z,A,W \Rightarrow C}{X,Y,Z,A \mid B,W \Rightarrow C}\mid E$$

**定理 7.7**　LLC 的树模式表述与根岑表述之间具有等价性。

**证明**　详见（Jäger，2005）。

**推论 7.4**　LLC 的四种表述方式之间都是等价的。

**证明**　由定理 7.5、定理 7.6 以及定理 7.7 可得。

## 7.2　前后搜索的（Bi）LLC 系统

前后搜索的系统（Bi）LLC 是 LLC 的一个扩展，之所以要这样做是出于处理汉语回指现象的需要，而汉语反身代词回指照应问题主要特点就有如下的五个：

（a）允许"长距离约束"；

（b）主语倾向性；

（c）"次统领约束"问题；

（d）语句中约束反身代词的先行语缺失的问题；

（e）先行语位后置的问题。

针对其中的前两个问题，贾戈尔所构建的 LLC 系统都能够很好的解决，这是因为在（树模式的）竖线算子"｜"消去规则中，添加了下标 $i$ 的先行语就标记出了反身代词所回指照应的先行语，因此在允许"长距离约束"和主语倾向性问题的解决上只要将反身代词回指照应的先行语添加下标以标记出来就可以了，正如语句 7.2 所示，如果语句中的反身代词"自己"回指"张三"这就出现了"长距离约束"的问题，此时就需要将"张三"所对应的范畴加标以便于竖线消去规则的使用即可，而当"自己"回指"王五"时则需对"王五"所对应的范畴加标，所以"长距离约束"的问题在 LLC 中能得到很好地处理。

而在"自己"回指"张三"的情况下还涉及主语倾向性的问题，此时同样对"张三"所对应的范畴加标以便于竖线消去规则使用即可。

对于语句中约束反身代词的先行语缺失的情况而言，其先行语虽然在反身代词所在的语句中不存在，但是向前搜索的话，一般还是能够在其他语句中找到先行语的，即反身代词的先行语与反身代词只是不处于同一语句中而已。如语句 7.3 中，语句"张三被告知她自己走。"中的反身代词"她自己"的先行语不是语句中的"张三"，而为了确定其先行语则需要向前进行跨语句的搜寻以找到先行语。这时该语句的推导就如语句 7.3 中所示，所得到的结果范畴中表述回指照应的竖线算子未被消去，以便于跨语句结合先行语。所以说，这种情况 LLC 完全能够处理。

**语句 7.2** "张三知道王五喜欢自己"的范畴推演如下：

(a)

$$\frac{张三}{张三'}\text{lex} \quad \frac{知道}{知道'}\text{lex} \quad \frac{王五}{王五'}\text{lex} \quad \frac{喜欢}{喜欢'}\text{lex} \quad \frac{自己}{\lambda x.\,x}\text{lex}$$

$$[np]i \qquad (np\backslash s)/s \qquad np \qquad (np\backslash s)/np \qquad \cfrac{\cfrac{np|np}{张三':np}|E,i}{\cfrac{\cfrac{喜欢'(张三'):np\backslash s}{喜欢'(张三')(王五'):s}\backslash E}{\cfrac{知道'(喜欢'(张三')(王五')):np\backslash s}{知道'(喜欢'(张三')(王五'))(张三'):s}\backslash E}/E}$$

(b)

$$\frac{张三}{张三'}\text{lex} \quad \frac{知道}{知道'}\text{lex} \quad \frac{王五}{王五'}\text{lex} \quad \frac{喜欢}{喜欢'}\text{lex} \quad \frac{自己}{\lambda x.\,x}\text{lex}$$

$$np \qquad (np\backslash s)/s \qquad [np]i \qquad (np\backslash s)/np \qquad \cfrac{\cfrac{np|np}{王五':np}|E,i}{\cfrac{\cfrac{喜欢'(王五'):np\backslash s}{喜欢'(王五')(王五'):s}\backslash E}{\cfrac{知道'(喜欢'(王五')(王五')):np\backslash s}{知道'(喜欢'(王五')(王五'))(张三'):s}\backslash E}/E}$$

**语句 7.3** 张三被告知她自己走。

$$\frac{\text{张三}}{\text{张三}':np}lex \quad \frac{\text{被告知}}{\text{被告知}':(np\backslash s)/s}lex \quad \frac{\text{她自己}}{\lambda x.\,x:np|np}lex \quad \frac{\text{走}}{\text{走}':np\backslash s}lex$$

$$\frac{\frac{}{y:np} \quad \text{走}':np\backslash s}{\text{走}'y:s}\backslash E$$

$$\frac{\text{被告知}'(\text{走}'y):np\backslash s}{/E}$$

$$\frac{\text{被告知}'(\text{走}'y)(\text{张三}'):s}{\lambda y.\,\text{被告知}'(\text{走}'y)(\text{张三}'):s|np}|I,i \quad \backslash E$$

在"次统领"问题中,反身代词所回指的先行语会是一个名词短语中的 NP,如"张三的自大害了他自己。"这一语句中的名词短语"张三的自大"中的"张三"充当了反身代词"他自己"的先行语,这种情况下,由于 LLC 系统未说明 $|E$ 规则中先行语标记所遵循的规则,所以 LLC 系统很难对"次统领"问题进行精确化处理。这里我们将引入满海霞(2014)所给出的一元加标算子 $[\,\cdot\,]_i$ 以及相对应的公理或推导规则来处理这种情况。

对于先行语后置的情况。我们认为这一情况出现的原因是在汉语反身代词回指照应的形成上,后于关系所起到的制约作用。正因为如此,本小节中才要将单方向的竖线算子(只能向前结合)修改为向前搜索的竖线算子⌉和向后搜寻的竖线算子⌈以处理这一情况。

### 7.2.1 (Bi) LLC 的公理表述

如果将前后搜索的 LLC 系统表述为(Bi)LLC,那么其中的公式可定义如下:

**定义 7.10**((Bi)LLC 中的公式 $F$)

$$F = A, F \otimes F, F/F, F\backslash F, F\rceil F, F\lceil F, [F]_i$$

其中,$A \in \{NP,\ N,\ S\}$,$\otimes$、$/$、$\backslash$ 分别表述积算子、右斜线算子和左斜线算子。"⌉"和"⌈"则分别表述向前的竖线算子和向后的竖线算子。对于任意公式 $A$ 和 $B$,$A\rceil B$ 的直观解释是向前搜寻到一个范畴为 $B$ 的词项之后,词项 $A\rceil B$ 的行为方式就像范畴 $A$ 那样;$B\lceil A$ 的直观解释是向后搜寻到一个范畴为 $B$ 的词项之后,词项 $B\lceil A$ 的行为方式就像范畴 $A$ 那样。这样处理后,向前结合的反身代词的范畴就可被表述为 $NP\rceil NP$,而向后结合的反身代词的范畴则是 $NP\lceil NP$。公式 $[A]_i$ 表述的是加了标记的范畴 $A$,其中 $[\,\cdot\,]_i$ 是一个一元标记算子。

**定义 7.11**(范畴与类型的对应) 如果令 $\tau$ 为一个从 $CAT(B)$ 到 $TYPE$ 的函数,那么 $\tau$ 为一个对应函数当且仅当下面三个条件中的任意两个被满足:

(1) $\tau(A \otimes B) = \tau(A) \wedge \tau(B)$;

(2) $\tau([A]_i) = \tau(A)$;

(3) $\tau(B/A) = \tau(A \backslash B) = \tau(B \rceil A) = \tau(A \lceil B) = \langle \tau(A), \tau(B) \rangle$。

**定义 7.12** ((Bi) LLC 的公理表述)

公理：

同一公理 (id)：$A \to A$。

$A_1: A \otimes B \rceil C \to (A \otimes B) \rceil C$;

$A_2: A \rceil B \otimes C \to (A \otimes C) \rceil B$;

$A_3: A \rceil C \otimes B \rceil C \to (A \otimes B) \rceil C$;

$A_4: A \otimes B \rceil A \to A \otimes B$;

$A_5: C \lceil B \otimes A \to C \lceil (B \otimes A)$;

$A_6: C \otimes B \lceil A \to B \lceil (C \otimes A)$;

$A_7: C \lceil A \otimes C \lceil B \to C \lceil (A \otimes B)$;

$A_8: A \lceil B \otimes A \to B \otimes A$;

$A_9: B \leftrightarrow [B]_i$。

推导规则：

Cut：从 $A \to B$ 和 $B \to C$ 可得 $A \to C$;

冗余规则：$A \otimes B \to C$ 当且仅当 $A \to C/B$ 当且仅当 $B \to A \backslash C$;

$R_{(Bi)LLC1}$：从 $A \to B$ 可得 $A \rceil C \to B \rceil C$;

$R_{(Bi)LLC2}$：从 $A \to B$ 可得 $C \lceil A \to C \lceil B$。

结构公设：

结合公设 (asso)：$A \otimes (B \otimes C) \leftrightarrow (A \otimes B) \otimes C$。

**定义 7.13** ((Bi)LLC 的模型 $M_{(Bi)LLC}$)  (Bi) LLC 的模型 $M_{(Bi)LLC}$ 是一个满足如下条件的七元组 $\langle W_{(Bi)LLC}, R_{(Bi)LLC}, S_{\rceil(Bi)LLC}, S_{\lceil(Bi)LLC}, \sim_{(Bi)LLC}, f_{(Bi)LLC}, g_{(Bi)LLC} \rangle$：

(1) $W_{(Bi)LLC}$ 是一个非空且由语言符号串构成的集合。

(2) $R_{(Bi)LLC}$ 和 $S_{\rceil(Bi)LLC}$, $S_{\lceil(Bi)LLC}$ 是 $W_{(Bi)LLC}$ 上的三元关系且对于 $W_{(Bi)LLC}$ 中的任意五个元素 $x$、$y$、$z$、$u$、$v$ 而言，下面两个条件要被满足：

(a) $R_{(Bi)LLC} xyz \wedge R_{(Bi)LLC} zuv \to \exists w (R_{(Bi)LLC} wyu \wedge R_{(Bi)LLC} xwv)$;

(b) $R_{(Bi)LLC} xyz \wedge R_{(Bi)LLC} yuv \to \exists w (R_{(Bi)LLC} wvz \wedge R_{(Bi)LLC} xuw)$。

(3) $\sim_{(Bi)LLC} \subseteq W_{(Bi)LLC} \times W_{(Bi)LLC}$。

(4) $f_{(Bi)LLC}$ 是一个从原子公式到 $W_{(Bi)LLC}$ 子集的函数。

（5）$g_{(Bi)LLC}$是一个从（Bi）LLC 公式到 $W_{(Bi)LLC}$ 的函数。

（6）对于 $W_{(Bi)LLC}$ 中的任意五个元素 $x$、$y$、$z$、$w$、$u$ 而言，下面几个条件要被满足：

（a）$R_{(Bi)LLC}xyz \land S_{\urcorner(Bi)LLC}zwu \to \exists v(S_{\urcorner(Bi)LLC}xvu \land R_{(Bi)LLC}vyw)$；

（a'）$R_{(Bi)LLC}xyz \land S_{\ulcorner(Bi)LLC}ywu \to \exists v(S_{\ulcorner(Bi)LLC}xvu \land R_{(Bi)LLC}vwz)$；

（b）$R_{(Bi)LLC}xyz \land S_{\urcorner(Bi)LLC}ywu \to \exists v(S_{\urcorner(Bi)LLC}xvu \land R_{(Bi)LLC}vwz)$；

（b'）$R_{(Bi)LLC}xyz \land S_{\ulcorner(Bi)LLC}zwu \to \exists v(S_{\ulcorner(Bi)LLC}xvu \land R_{(Bi)LLC}vyw)$；

（c）$R_{(Bi)LLC}xyz \land S_{\urcorner(Bi)LLC}ywu \land S_{\urcorner(Bi)LLC}zvu \to \exists r(S_{\urcorner(Bi)LLC}xru \land R_{(Bi)LLC}rwv)$；

（c'）$R_{(Bi)LLC}xyz \land S_{\ulcorner(Bi)LLC}ywu \land S_{\ulcorner(Bi)LLC}zvu \to \exists r(S_{\ulcorner(Bi)LLC}xru \land R_{(Bi)LLC}rwv)$；

（d）$R_{(Bi)LLC}xyz \land S_{\urcorner(Bi)LLC}zwu \land y \sim_{(Bi)LLC}u \to R_{(Bi)LLC}xyw$；

（d'）$R_{(Bi)LLC}xyz \land S_{\ulcorner(Bi)LLC}ywu \land z \sim_{(Bi)LLC}u \to R_{(Bi)LLC}xwz$；

（e）$\forall A(w \in \parallel A \parallel_{M(Bi)LLC} \leftrightarrow w \sim_{(Bi)LLC}g_{(Bi)LLC}(A))$。

如果令 $x$、$y$、$z$ 为集合 $W_{(Bi)LLC}$ 中的任意三个元素，那么 $R_{(Bi)LLC}xyz$ 所表述的仍然是语言符号串之间的组合关系；$S_{\urcorner(Bi)LLC}xyz$ 表述的是假定与 $z$ 类似的某一语言符号串做照应语的先行语在 $x$ 的前面出现，那么 $x$ 就能被转换成 $y$；$S_{\ulcorner(Bi)LLC}xyz$ 表述的是假定与 $z$ 类似的某一语言符号串做照应语的先行语在 $x$ 的后面出现，那么 $x$ 就能被转换成 $y$；$x \sim_{(Bi)LLC}y$ 的直观意思是 $x$ 类似于 $y$（这一关系不需要是自返、传递且对称的）。

条件（2）中的子条件（a）和（b）是说关系 $R_{LLC}$ 要满足结合性；条件（6）中所给出的几个子条件实际上是为了使得（Bi）LLC 中新增加的公理具有有效性。

**定义 7.14**（模型 $M_{(Bi)LLC}$ 下的解释） 模型 $M_{(Bi)LLC}$ 下的解释 $\parallel \cdot \parallel$ 可递归定义如下：

（1）$\parallel A \parallel_{M(Bi)LLC} = f_{(Bi)LLC}(A)$ 当且仅当 $A \in \{NP, N, S\}$；

（2）$\parallel A \otimes B \parallel_{M(Bi)LLC} = \{x \mid \exists y \exists z(y \in \parallel A \parallel_{M(Bi)LLC} \land z \in \parallel B \parallel_{M(Bi)LLC} \land R_{(Bi)LLC}xyz)\}$；

（3）$\parallel A \backslash B \parallel_{M(Bi)LLC} = \{x \mid \forall y \forall z(y \in \parallel A \parallel_{M(Bi)LLC} \land R_{(Bi)LLC}zyx \to z \in \parallel B \parallel_{M(Bi)LLC})\}$；

（4）$\parallel A / B \parallel_{M(Bi)LLC} = \{x \mid \forall y \forall z(y \in \parallel B \parallel_{M(Bi)LLC} \land R_{(Bi)LLC}zxy \to z \in \parallel A \parallel_{M(Bi)LLC})\}$；

（5）$\parallel A, B \parallel_{M(Bi)LLC} = \{x \mid \exists y \exists z(y \in \parallel A \parallel_{M(Bi)LLC} \land z \in \parallel B \parallel_{M(Bi)LLC} \land R_{(Bi)LLC}xyz)\}$；

(6) $\|A \urcorner B\|_{M(Bi)LLC} = \{x \mid \exists y (y \in \|A\|_{M(Bi)LLC} \wedge S_{(Bi)LLC} xyg_{(Bi)LLC}(B))\}$;

(7) $\|A\ulcorner B\|_{M(Bi)LLC} = \{x \mid \exists y(y \in \|B\|_{M(Bi)LLC} \wedge S_{\ulcorner(Bi)LLC} xyg_{(Bi)LLC}(A))\}$;

(8) $\|[A]_i\|_{M(Bi)LLC} = \{x \mid x \sim_{(Bi)LLC} g_{(Bi)LLC}(A))\}$。

（Bi）LLC 中有效性的定义与 $L$ 中相同，即对（Bi）LLC 的任意模型 $M_{(Bi)LLC}$ 以及（Bi）LLC 中的任意非空公式集 $X$ 和公式 $A$，$\models X \Rightarrow A$，当且仅当 $\|X\|_{M(Bi)LLC} \subseteq \|A\|_{M(Bi)LLC}$。

**定理 7.8**（可靠性） 如果 $\vdash_{(Bi)LLC} X \Rightarrow A$，那么 $\models X \Rightarrow A$。

**证明** 对（Bi）LLC 中推导的长度施归纳。

（1）当推导长度为 1 时，我们得到的是（Bi）LLC 中的公理，此时由定义 7.13 和定义 7.14 可得（Bi）LLC 中的公理都是有效的。

以公理 $A_6$ 和 $A_9$ 为例。

$A_6$：求 $\|C \otimes B \ulcorner A\|_{M(Bi)LLC} \subseteq \|B \ulcorner (C \otimes A)\|_{M(Bi)LLC}$。

对于任意 $x(\in W_{(Bi)LLC})$，假定 $x \in \|C \otimes B \ulcorner A\|_{M(Bi)LLC}$，则可得如下结论：

$\exists y \exists z \exists w(y \in \|C\|_{M(Bi)LLC} \wedge w \in \|A\|_{M(Bi)LLC} \wedge S_{\ulcorner(Bi)LLC} zwg_{(Bi)LLC}(B) \wedge R_{(Bi)LLC} xyz)$

由存在量词消去规则得

$y \in \|C\|_{M(Bi)LLC} \wedge w \in \|A\|_{M(Bi)LLC} \wedge S_{\ulcorner(Bi)LLC} zwg_{(Bi)LLC}(B) \wedge R_{(Bi)LLC} xyz$

由定义 7.13（6）（b′）得

$y \in \|C\|_{M(Bi)LLC} \wedge w \in \|A\|_{M(Bi)LLC} \wedge S_{\ulcorner(Bi)LLC} xvg_{(Bi)LLC}(B) \wedge R_{(Bi)LLC} vyw$

由定义 7.14＋存在量词添加规则得

$x \in \|B \ulcorner (C \otimes A)\|_{M(Bi)LLC}$。

$A_9$：求 $\|B\|_{M(Bi)LLC} = \|[B]_i\|_{M(Bi)LLC}$。

（a）$\|B\|_{M(Bi)LLC} \subseteq \|[B]_i\|_{M(Bi)LLC}$。

对于任意 $x(\in W_{(Bi)LLC})$，假定 $x \in \|B\|_{M(Bi)LLC}$ 则由定义 7.13（6）（e）可得 $x \sim_{(Bi)LLC} g_{(Bi)LLC}(B)$，再由定义 7.14（8）可得 $x \in \|[B]_i\|_{M(Bi)LLC}$。

（b）$\|B\|_{M(Bi)LLC} \supseteq \|[B]_i\|_{M(Bi)LLC}$。

对于任意 $x(\in W_{(Bi)LLC})$，假定 $x \in \|[B]_i\|_{M(Bi)LLC}$，则由定义 7.14（8）可得 $x \sim_{(Bi)LLC} g_{(Bi)LLC}(B)$，再由定义 7.13（6）（e）可得 $x \in \|B\|_{M(Bi)LLC}$。

（2）归纳假设：假定当推导长度为 $n-1$ 时结论成立。

（3）求当推导长度为 $n$ 时结论成立。

此时只要证明推导规则具有保真性即可。以 $R_1$ 和 $R_2$ 规则为例：

（a）求 $R_{(Bi)LLC1}$ 具有保真性，即求如果 $\|A\|_{M(Bi)LLC} \subseteq \|B\|_{M(Bi)LLC}$，那么 $\|A \urcorner C\|_{M(Bi)LLC} \subseteq \|B \urcorner C\|_{M(Bi)LLC}$。

由子集关系的定义可得

对于任意的 $x$，$x(\in W_{(Bi)LLC})$，$x\in\|A\|_{M(Bi)LLC}\rightarrow x\in\|B\|_{M(Bi)LLC}$     (A)

假定对于任意 $m$ 和某一 $y$，$y\in\|A\|_{M(Bi)LLC}\wedge S_{\rceil(Bi)LLC}myg_{(Bi)LLC}(C)$   (B)

由（A）可得

$$y\in\|B\|_{M(Bi)LLC}\wedge S_{\rceil(Bi)LLC}myg_{(Bi)LLC}(C) \qquad\qquad (C)$$

由（B）＋（C）＋量词添加规则可得

$$\|A\rceil C\|_{M(Bi)LLC}\subseteq\|B\rceil C\|_{M(Bi)LLC}。$$

（b）求 $R_{(Bi)LLC2}$ 具有保真性，即求如果 $\|A\|_{M(Bi)LLC}\subseteq\|B\|_{M(Bi)LLC}$，那么 $\|C\lceil A\|_{M(Bi)LLC}\subseteq\|C\lceil B\|_{M(Bi)LLC}$。证法同上。

**定理 7.9**（完全性）　如果 $\vDash X\Rightarrow A$，那么 $\vdash_{(Bi)LLC}X\Rightarrow A$。

**证明**　首先给出典范模型 $M_{CM(Bi)LLC}$，$M_{CM(Bi)LLC}=\langle W_{CM(Bi)LLC},R_{CM(Bi)LLC},$ $S_{\rceil CM(Bi)LLC},S_{\lceil CM(Bi)LLC},\sim_{CM(Bi)LLC},f_{CM(Bi)LLC},g_{CM(Bi)LLC}\rangle$ 且满足下面的几个条件：

（1）$W_{CM(Bi)LLC}$ 是 (Bi)LLC 中公式类型构成的集合。

（2）$R_{CM(Bi)LLC}$ 是 $W_{CM(Bi)LLC}$ 上的三元关系其满足结合性和下面的条件，即 $R_{CM(Bi)LLC}ABC$ 当且仅当 $\vdash_{(Bi)LLC}A\Rightarrow B\otimes C$。

（3）$S_{\rceil CM(Bi)LLC}$ 和 $S_{\lceil CM(Bi)LLC}$ 分别是 $W_{CM(Bi)LLC}$ 上的三元关系，其满足下面的条件：

$S_{\rceil CM(Bi)LLC}ABC$ 当且仅当 $\vdash_{CM(Bi)LLC}A\Rightarrow B\rceil C$；

$S_{\lceil CM(Bi)LLC}ABC$ 当且仅当 $\vdash_{CM(Bi)LLC}A\Rightarrow C\lceil B$。

（4）$f_{CM(Bi)LLC}$ 定义如下：$f_{CM(Bi)LLC}(A)=\{B\mid\vdash_{CM(Bi)LLC}B\Rightarrow A\}$，$A\in\{NP,N,S\}$。

（5）由积算子的结合性可得 $\langle W_{CM(Bi)LLC},R_{CM(Bi)LLC}\rangle$ 是结合框架。除此之外，还要证明下面的几个限制条件是在典范模型上为真的：

（a）如果 $\vdash_{CM(Bi)LLC}x\Rightarrow y\otimes z$ 且 $\vdash_{CM(Bi)LLC}z\Rightarrow w\rceil u$，那么由积算子的性质可得 $\vdash_{CM(Bi)LLC}x\Rightarrow y\otimes w\rceil u$，再由定义 7.12 中的公理 $A_1$ 可得 $\vdash_{CM(Bi)LLC}x\Rightarrow(y\otimes w)\rceil u$；

（b）如果 $\vdash_{CM(Bi)LLC}x\Rightarrow y\otimes z$ 且 $\vdash_{CM(Bi)LLC}y\Rightarrow w\rceil u$，那么由积算子的性质可得 $\vdash_{CM(Bi)LLC}x\Rightarrow w\rceil u\otimes z$，再由系统公理可得 $\vdash_{CM(Bi)LLC}x\Rightarrow(w\otimes z)\rceil u$；

下面的限制条件由类似证明方法可得：

（c）如果 $\vdash_{CM(Bi)LLC}x\Rightarrow y\otimes z$ 且 $\vdash_{CM(Bi)LLC}y\Rightarrow w\rceil u$，$\vdash_{CM(Bi)LLC}z\Rightarrow v\rceil u$，那么可得 $\vdash_{CM(Bi)LLC}x\Rightarrow(w\otimes v)\rceil u$；

（d）如果 $\vdash_{CM(Bi)LLC}x\Rightarrow y\otimes z$ 且 $\vdash_{CM(Bi)LLC}z\Rightarrow w\rceil y$，那么可得 $\vdash_{CM(Bi)LLC}x$

$\Rightarrow y \otimes w$；

（e）如果 $\vdash_{\mathrm{CM(Bi)LLC}} x \Rightarrow y \otimes z$ 且 $\vdash_{\mathrm{CM(Bi)LLC}} y \Rightarrow w \ulcorner u$，那么可得 $\vdash_{\mathrm{CM(Bi)LLC}} x \Rightarrow w \ulcorner (u \otimes z)$；

（f）如果 $\vdash_{\mathrm{CM(Bi)LLC}} x \Rightarrow y \otimes z$ 且 $\vdash_{\mathrm{CM(Bi)LLC}} z \Rightarrow w \ulcorner u$，那么可得 $\vdash_{\mathrm{CM(Bi)LLC}} x \Rightarrow w \ulcorner (y \otimes u)$；

（g）如果 $\vdash_{\mathrm{CM(Bi)LLC}} x \Rightarrow y \otimes z$ 且 $\vdash_{\mathrm{CM(Bi)LLC}} y \Rightarrow w \ulcorner u$，$\vdash_{\mathrm{CM(Bi)LLC}} z \Rightarrow w \ulcorner v$，那么可得 $\vdash_{\mathrm{CM(Bi)LLC}} x \Rightarrow w \ulcorner (u \otimes v)$；

（h）如果 $\vdash_{\mathrm{CM(Bi)LLC}} x \Rightarrow y \otimes z$ 且 $\vdash_{\mathrm{CM(Bi)LLC}} y \Rightarrow z \ulcorner u$，那么可得 $\vdash_{\mathrm{CM(Bi)LLC}} x \Rightarrow u \otimes z$。

（6） $A \sim_{\mathrm{CM(Bi)LLC}} B$ 当且仅当 $\vdash_{\mathrm{CM(Bi)LLC}} A \Rightarrow B$ 且 $g_{\mathrm{CM(Bi)LLC}}(A) = A$。

其次证明真值引理，即在典范模型 $M_{\mathrm{CM(Bi)LLC}}$ 中，对于任意的公式 $A$、$B$，$A \in \| B \|_{M\mathrm{CM(Bi)LLC}}$ 当且仅当 $\vdash_{\mathrm{CM(Bi)LLC}} A \Rightarrow B$。

对 $B$ 中出现的联结词的数目施归纳。当 $B$ 为原子公式时，由典范模型的定义可直接推得结论。假设当 $B$ 中出现的联结词的数目为 $n-1$ 时结论成立，现证明 $B$ 中出现的联结词的数量为 $n$ 时结论也成立。

（1）当 $B = C/D$ 或 $C\backslash D$ 或 $C \otimes D$ 且 $C$、$D$ 中出现的联结词数量和为 $n-1$ 时。

（2）当 $B = C \ulcorner D$ 且 $C$、$D$ 中出现的联结词数量和为 $n-1$ 时。

（a）从左到右。因为 $A \in \| C \ulcorner D \|_{M\mathrm{CM(Bi)LL}}$ 所以存在 $E$ 使得 $E \in \| C \|_{M\mathrm{CM(Bi)LLC}}$ 且 $S_{\ulcorner \mathrm{CM(Bi)LLC}} A E g_{\mathrm{CM(Bi)LLC}}(D)$。由归纳假设得 $\vdash_{\mathrm{CM(Bi)LLC}} E \Rightarrow C$，由典范模型的构造得 $\vdash_{\mathrm{CM(Bi)LLC}} A \Rightarrow E \ulcorner D$。由（Bi）LLC 中的推导规则和 Cut 公理得 $\vdash_{\mathrm{CM(Bi)LLC}} A \Rightarrow C \ulcorner D$。

（b）从右到左。假定 $\vdash_{\mathrm{CM(Bi)LLC}} A \Rightarrow C \ulcorner D$，由典范模型的构造可得 $S_{\ulcorner \mathrm{CM(Bi)LLC}} A C D$，进而可得 $S_{\ulcorner \mathrm{CM(Bi)LLC}} A C g_{\mathrm{CM(Bi)LLC}}(D)$。由归纳假设得 $C \in \| C \|_{\mathrm{CM(Bi)LLC}}$ 所以 $A \in \| C \ulcorner D \|_{\mathrm{CM(Bi)LLC}}$。

（3）当 $B = C \ulcorner D$ 且 $C$、$D$ 中出现的联结词数量和为 $n-1$ 时。

（a）从左到右。假设 $A \in \| C \ulcorner D \|_{M\mathrm{CM(Bi)LL}}$ 所以存在 $E$ 使得 $E \in \| D \|_{M\mathrm{CM(Bi)LLC}}$ 且 $S_{\ulcorner \mathrm{CM(Bi)LLC}} A E g_{\mathrm{CM(Bi)LLC}}(C)$。由归纳假设得 $\vdash_{\mathrm{CM(Bi)LLC}} E \Rightarrow D$，由典范模型的构造得 $\vdash_{\mathrm{CM(Bi)LLC}} A \Rightarrow C \ulcorner E$。由（Bi）LLC 中的推导规则和 Cut 公理得 $\vdash_{\mathrm{CM(Bi)LLC}} A \Rightarrow C \ulcorner D$。

（b）从右到左。假定 $\vdash_{\mathrm{CM(Bi)LLC}} A \Rightarrow C \ulcorner D$，由典范模型的构造可得 $S_{\ulcorner \mathrm{CM(Bi)LLC}} A D C$，进而可得 $S_{\ulcorner \mathrm{CM(Bi)LLC}} A D g_{\mathrm{CM(Bi)LLC}}(C)$。由归纳假设得 $D \in \| D \|_{\mathrm{CM(Bi)LLC}}$ 所以 $A \in \| C \ulcorner D \|_{\mathrm{CM(Bi)LLC}}$。

（4） $B = [C]_i$ 且 $C$ 中出现的联结词数量和为 $n-1$ 时。可参考（满海霞，

2014)。

最后，证明结论的逆否命题。

### 7.2.2 (Bi)LLC 的根岑表述

**定义 7.15** ((Bi)LLC 的根岑表述)

$$\frac{}{x:A \Rightarrow x:A}\text{id} \qquad \frac{X \Rightarrow M:A \quad Y,x:A,Z \Rightarrow N:B}{Y,X,Z \Rightarrow N[M/x]:B}\text{Cut}$$

$$\frac{X \Rightarrow M:A \quad Y \Rightarrow N:B}{X,Y \Rightarrow \langle M,N \rangle:A \otimes B}\otimes R \qquad \frac{X,x:A,y:B,Y \Rightarrow M:C}{X,z:A \otimes B,Y \Rightarrow M[(z)_0/x][(z)_1/y]:C}\otimes L$$

$$\frac{X,x:A \Rightarrow M:B}{X \Rightarrow \lambda x M:B/A}/R \qquad \frac{X \Rightarrow M:A \quad Y,x:B,Z \Rightarrow N:C}{Y,y:B/A,X,Z \Rightarrow N[(yM)/x]:C}/L$$

$$\frac{x:A,X \Rightarrow M:B}{X \Rightarrow \lambda x M:A \backslash B}\backslash R \qquad \frac{X \Rightarrow M:A \quad Y,x:B,Z \Rightarrow N:C}{Y,X,y:A \backslash B,Z \Rightarrow N[(yM)/x]:C}\backslash L$$

$$\frac{X,x_1:A_1,Y_1,\cdots,x_n:A_n,Y_n \Rightarrow M:B}{X,y_1:A_1 \rceil C,Y_1,\cdots,y_n:A_n \rceil C,Y_n \Rightarrow \lambda z.M[(y_1z)/x_1]\cdots[(y_nz)/x_n]:B \rceil C \quad (n>0)}\rceil R$$

$$\frac{Y \Rightarrow M:B \quad X,x:B,Z,y:A,W \Rightarrow N:C}{X,Y,Z,z:A \rceil B,W \Rightarrow N[M/x][(zM)/y]:C}\rceil L$$

$$\frac{X,x_1:A_1,Y_1,\cdots,x_n:A_n,Y_n \Rightarrow M:B}{X,y_1:C \lceil A_1,Y_1,\cdots,y_n:C \lceil A_1,Y_n \Rightarrow \lambda z.M[(y_1z)/x_1]\cdots[(y_nz)/x_n]:C \lceil B(n>0)}\lceil R$$

$$\frac{Y \Rightarrow M:A \quad X,x:B,Z,y:A,W \Rightarrow N:C}{X,z:A \lceil B,Z,Y,W \Rightarrow N[M/y][(zM)/x]:C}\lceil L$$

$$\frac{\Gamma \Rightarrow A}{\Gamma \Rightarrow [A]_i}R[]i \qquad \frac{X,A,Y \Rightarrow B}{X,[A]_i,Y \Rightarrow B}L[]i$$

**定理 7.10** 在(Bi)LLC 的根岑表述中，如果 $\vdash_{(\text{Bi})\text{LLC}} X \Rightarrow A$，那么就会存在 $X \Rightarrow A$ 的一个不带 Cut 规则的根岑证明。

**证明** 该定理的证明思路与 LLC 的根岑表述中 Cut 消去定理的证明思路相同，即在如下的三种情况下，消减 Cut 规则每一次应用的复杂度。

（1）Cut 规则中至少一个前提是同一公理；

（2）Cut 规则中的两个前提都是由逻辑规则应用而得且 Cut 公式在这两个前提中都是新生公式；

（3）Cut 规则中的两个前提都是由逻辑规则应用而得且 Cut 公式在一个前提中不是新生公式。

在情况（1）中，结论总是前提之一，所以 Cut 规则可直接消去。

在情况（2）中，仅讨论如下的这几种子情况：

（a）Cut 规则的左前提和右前提分别是应用 $\lceil R$ 规则和 $\lceil L$ 规则得到的。

$$\dfrac{\dfrac{X,A_1,Y_1,\cdots,A_n,Y_n\Rightarrow B}{X,D\lceil A_1,Y_1,\cdots,D\lceil A_n,Y_n\Rightarrow D\lceil B}\lceil R \qquad \dfrac{U\Rightarrow D \qquad V,B,Z,D,W\Rightarrow C}{V,D\lceil B,Z,U,W\Rightarrow C}\lceil L}{V,X,D\lceil A_1,Y_1,\cdots,D\lceil A_n,Y_n,Z,U,W\Rightarrow C}\text{Cut}$$

可转换为

$$\dfrac{\dfrac{}{D\Rightarrow D}\text{id} \qquad \dfrac{X,A_1,Y_1,\cdots,A_n,Y_n\Rightarrow B \quad V,B,Z,D,W\Rightarrow C}{V,X,A_1,Y_1,\cdots,A_n,Y_n,Z,D,W\Rightarrow C}\text{Cut}}{V,X,D\lceil A_1,Y_1,\cdots,A_n,Y_n,Z,D,W\Rightarrow C}\lceil L$$

$$\vdots$$

$$\dfrac{U\Rightarrow D \qquad V,X,D\lceil A_1,Y_1,\cdots,D\lceil A_{n-1},Y_{n-1},A_n,Y_n,Z,D,W\Rightarrow C \ \ \lceil L}{V,X,D\lceil A_1,Y_1,\cdots,D\lceil A_n,Y_n,Z,U,W\Rightarrow C}\lceil L$$

（b）Cut 规则的左前提和右前提都是应用 $\lceil R$ 规则得到的。

$$\dfrac{\dfrac{X,A_1,Y_1,\cdots,A_n,Y_n\Rightarrow B_1}{X,D\lceil A_1,Y_1,\cdots,D\lceil A_n,Y_n\Rightarrow D\lceil B_1}\lceil R \qquad \dfrac{Z,B_1,W_1,\cdots,B_m,W_m\Rightarrow C}{Z,D\lceil B_1,W_1,\cdots,D\lceil B_m,W_m\Rightarrow D\lceil C}\lceil R}{Z,X,D\lceil A_1,Y_1,\cdots,D\lceil A_n,Y_n,W_1,D\lceil B_2,W_2,\cdots,D\lceil B_m,W_m\Rightarrow D\lceil C}\text{Cut}$$

可转换为

$$\dfrac{\dfrac{X,A_1,Y_1,\cdots,A_n,Y_n\Rightarrow B_1 \qquad Z,B_1,W_1,\cdots,B_m,W_m\Rightarrow C}{Z,X,A_1,Y_1,\cdots,A_n,Y_n,W_1,B_2,W_2,\cdots,B_m,W_m\Rightarrow C}\text{Cut}}{Z,X,D\lceil A_1,Y_1,\cdots,D\lceil A_n,Y_n,W_1,D\lceil B_2,W_2,\cdots,D\lceil B_m,W_m\Rightarrow D\lceil C}\lceil R$$

（c）Cut 规则的左前提和右前提分别是应用 $[\ ]iR$ 规则和 $[\ ]iL$ 规则得到的。

$$\dfrac{\dfrac{\Gamma\Rightarrow A}{\Gamma\Rightarrow[A]_i}R[\ ]_i \qquad \dfrac{X,A,Y\Rightarrow B}{X,[A]_i,Y\Rightarrow B}L[\ ]_i}{X,\Gamma,Y\Rightarrow B}\text{Cut}$$

可转换为

$$\dfrac{\Gamma\Rightarrow A \qquad X,A,Y\Rightarrow B}{X,\Gamma,Y\Rightarrow B}\text{Cut}$$

在情况（3）中，讨论如下几种子情况：

（a）Cut 规则的左前提和右前提分别是应用 $\lceil L$ 规则和 $\lceil R$ 规则得到的。

$$\cfrac{\cfrac{Y \Rightarrow A \quad X, x{:}B, Z, y{:}A, W \Rightarrow C \lceil D_1}{X, A \lceil B, Z, Y, W \Rightarrow C \lceil D_1} \lceil L \qquad \cfrac{U, D_1, Y_1, \cdots, D_n, Y_n \Rightarrow E}{U, C \lceil D_1, Y_1, \cdots, C \lceil D_n, Y_n \Rightarrow C \lceil E} \lceil R}{U, X, A \lceil B, Z, Y, W, Y_1, \cdots, C \lceil D_n, Y_n \Rightarrow C \lceil E} \text{Cut}$$

可转换为

$$\cfrac{X, x{:}B, Z, y{:}A, W \Rightarrow C \lceil D_1 \quad \cfrac{\cfrac{U, D_1, Y_1, \cdots, D_n, Y_n \Rightarrow E}{U, C \lceil D_1, Y_1, \cdots, C \lceil D_n, Y_n \Rightarrow C \lceil E} \lceil R}{}}{\cfrac{Y \Rightarrow A \qquad U, X, x{:}B, Z, y{:}A, W, Y_1, \cdots, C \lceil D_n, Y_n \Rightarrow C \lceil E}{U, X, A \lceil B, Z, Y, W, Y_1, \cdots, C \lceil D_n, Y_n \Rightarrow C \lceil E} \lceil L} \text{Cut}$$

（b）Cut 规则的左前提和右前提分别是应用 $L\,[\,]_i$ 规则和 $R\,[\,]_i$ 规则得到的。

$$\cfrac{\cfrac{X, A, Y \Rightarrow B}{X, [A]_i, Y \Rightarrow B} L[\,]_i \qquad \cfrac{B \Rightarrow A}{B \Rightarrow [A]_i} R[\,]_i}{X, [A]_i, Y \Rightarrow [A]_i} \text{Cut}$$

可转换为

$$\cfrac{\cfrac{\cfrac{X, A, Y \Rightarrow B \qquad B \Rightarrow A}{X, A, Y \Rightarrow A} \text{Cut}}{X, [A]_i, Y \Rightarrow A} L[\,]_i}{X, [A]_i, Y \Rightarrow [A]_i} R[\,]_i$$

在定理 7.10 的基础上直接可得如下的三个推论：

**推论 7.5**  (Bi)LLC 的根岑表述是可判定的。

**推论 7.6**  (Bi)LLC 的根岑表述具有子公式性。

**推论 7.7**  (Bi)LLC 具有有穷可读性。

## 7.3  语言学中的应用

在本章开始的部分，我们已经说明了 LLC 对汉语反身代词回指照应中的"长距离约束"问题、主语倾向性问题以及语句中反身代词先行语缺失问题的处理，本节将通过一个具体的例子说明(Bi)LLC 对汉语反身代词回指照应的另外一个问题，即"次统领问题"的解决。

**语句 7.4**  张三的自尊心害了自己。（LLC 生成见图（2.）7.1）

$$\frac{\overline{\text{害了}}}{(np\backslash s)/np:\lambda xy.\ 害了(y,x)} \quad \frac{\overline{\text{自己}}}{np\rceil np:\lambda x.\ x}}{np:张三}$$

$$\frac{}{\text{①} \quad (np\backslash s):\lambda y.\ 害了(y,张三)}$$

(a)[①]

$$\frac{\overline{\text{张三}}}{np:张三} \quad \frac{\overline{\text{的}}}{(np\backslash(s/(np\backslash s)))/(np\backslash s):\lambda P\lambda x\lambda Q\,\exists y[P(y)\&\text{Poss}(x,y)\&Q(y)]} \quad \frac{\overline{\text{自尊心}}}{np\backslash s:自尊心}}{np\backslash(s/(np\backslash s)):\lambda x\lambda Q\,\exists y[自尊心(y)\&\text{Poss}(x,y)\&Q(y)]}$$

$$\frac{s/(np\backslash s):\lambda Q\,\exists y[自尊心(y)\&\text{Poss}(张三,y)\&Q(y)] \quad \text{①}}{s:\exists y[自尊心(y)\&\text{Poss}(张三,y)\&\ 害了(y,张三)]}$$

(b)

图 (2.) 7.1　语句"张三的自尊心害了自己"的 LLC 生成

在语句 7.4 中，作为语句主语的并不是"张三"，而是"张三的自尊心"。在这种情况下就出现了"次统领问题"。由于我们为"自己"所附加的范畴是"np⌐np"，所以通过向前搜索就能找到"自己"的先行语进而展现出完整的句法结构。

---

① 在图 (2.) 7.1 (a) 中，我们用序号①指代此处的推理结果，即指代"(np＼s)：λy. 害了（y，张三)"。这样做是为了在下面的推导（图 (2.) 7.1 (b)) 中减少步骤，简化推导。

# 8

# 汉语照应省略的范畴逻辑分析

传统的**类型逻辑语法**只能够对相邻的词条作毗连运算。但是自然语言中存在大量句法上不相邻、语义上合一的现象，如照应词、不连续介词、不连续动词短语等，均为范畴理论一直努力解决的问题。贾格尔参照莫特盖特、莫瑞尔、黑普和雅各布森等学者提出的处理方案，向兰贝克演算增加了一个可以处理照应现象的竖线算子"｜"，构造出新系统 LLC。关于 LLC 系统的详细介绍，包括其公理表述、树模式表述、自然推演 ND 表述、根岑表述和几种表述之间的等价证明，请参见 6.1 节。

LLC 的方法在处理英语中的照应现象上显出简洁方便、适用性强的特点。但是，仔细研究之后我们发现，竖线算子存在两方面问题：①同指标记的使用缺乏逻辑依据；②汉语中的代词几乎在所有它能够出现的位置上都能够以空代词的形式出现，但因为竖线算子只能赋给有句法表现的语词，对于这种语义上存在但句法上为空的现象则无能为力。空代词在汉语中的重要地位要求一套卓有成效、适宜进行汉语类型逻辑处理的系统能够有办法给予合适的类型逻辑刻画。换言之，需要一个新的机制能够补出被省略的照应词条。

出于以上考虑，本章首先将 LLC 系统应用于刻画汉语中的非连续现象，然后针对研究过程中发现的问题，构造出系统 LLCW′，给出 LLCW′ 系统的四种表述方式。其中，公理表述适合框架语义下的模型论讨论，保证系统的可靠性和完全性可证；根岑表述具有子公式性质，据此可以讨论系统的可判定性；ND 表述便于人们联系自然语言进行类型逻辑推演；而加标树模式表述利用哈里-霍华德对应，使自然语言非连续现象的描述显得直观。我们还分别证明了几种表述相互等价，LLCW′ 在典范模型中是可靠并完全的，其可判定性有解。最后，探讨新系统的特色，并对新系统的应用能力做了语言学检验。

## 8.1 引　言

**类型逻辑语法** TLG 是语言学领域对 CTL 的另一种称谓，是范畴语法与类型逻辑语义学联姻的产物。本章所使用的类型逻辑语法属于狭义的类型逻辑语法，指兰贝克演算与类型逻辑语义学的接口理论。[①]其中，兰贝克演算为类型逻辑语法提供句法演绎依据，类型逻辑语义学为类型逻辑语法提供与兰贝克演算同步的语义运算工具。因此，在对自然语言语句进行刻画和形式分析的过程中，类型逻辑语法能够展示句法和语义的并行推演，如语句 John walks 的类型逻辑语法推演如图（2.）8.1 所示。

$$\dfrac{\dfrac{John}{JOHN':\mathrm{np}} \quad \dfrac{walks}{WALK':\mathrm{np}\backslash \mathrm{s}}}{WALK'(JOHN'):\mathrm{s}} \backslash E$$

图（2.）8.1　John walks 的类型逻辑推演

每个自然语言语词都以〈λ项，范畴〉序对的形式参与运算（这个信息赋值在词库中完成）。句法范畴之间依据兰贝克演算规则进行贴合，代表了语词的句法生成信息，可以判断语句是否为合适公式；λ项之间遵循λ演算进行贴合，展示了语句的语义组合过程，生成语句所对应的语义表达式。（孔繁清，满海霞，2011）[98]

但是，类型逻辑语法还没有实现对自然语言的完全刻画，其中最核心的一个难点就是不连续现象，如照应回指、广义合取、非成分并列等。类型逻辑语法在处理不连续现象上稍微先天不足，这是因为：

其一，TLG 以兰贝克演算为句法系统，而兰贝克演算的联结词集所包含的三个算子左斜线算子＼，右斜线算子／和积算子·只能对相邻范畴进行操作。比如说照应词"他"，"他"本身没有具体指称，需要向外寻找到合适的名词作为其先行词，复制先行词的语义所指作为自己的指称。而这个先行词往往不在照应词的相邻位置上，从而构成了一个类似"先行词……照应词"形式的不连续结构，在兰贝克演算中不能得到刻画。

其二，TLG 有三个最基本假设：①自然语言具有单层结构；②词项的句法行为直接编码在它的词汇范畴中；③语义的生成和句法上的范畴推演都在表层直接进行。这样做虽然既避免了生成语法中所使用的移位、转换等具有破坏性的操作，理论的词汇化特征也更适合信息处理的要求[②]，但是也对理论本身提出

---

① 广义的类型逻辑语法泛指任何范畴语法（如组合范畴语法等），是与类型逻辑语义学的接口理论。

② 莫特盖特用三个等式概括出 CTL 序列的核心思想：语言认知＝数学计算，语法系统＝逻辑系统，分析过程＝演绎过程（邹崇理，2006）。如果自然语言可以在类型逻辑语法中得到合适的生成，就可以为自然语言的信息处理提供元理论指导。

了更大的挑战。只有在单层结构的假设下也可以对不连续结构做出合适的句法推演和语义生成，类型逻辑语法才称得上是一套较为完备的理论，才有更强的理论和实践价值。所以，如何更好地处理以照应回指为代表的不连续现象，一直是类型逻辑语法的一个重要研究课题。

到目前为止，TLG 在自然语言的形式化处理上已经取得了丰硕的成果，尤其对英语中连续和不连续的语言现象都有大量尝试和较为满意的处理结果。相比之下，对汉语的相关研究还处于探索阶段。本章将介绍在对照应现象的刻画非常简洁有效的一种方案—贾格尔提出的 LLC 系统。LLC 系统向兰贝克演算的算子集中添加了一个可以处理照应依存关系的竖线算子｜，这一操作能够很好地刻画英语中含有反身代词、do 类 VP 省略句、缺省句等含有照应关系的现象，但同时，LLC 系统本身以及它在处理汉语一些照应省略现象时存在一定不足。因此，本章将提出新的类型逻辑系统LLCW′。LLCW′语言的联结词集除了包括兰贝克演算中作用在相邻范畴上的左右斜线算子 \ 和/、积算子·和 LLC 系统中提出的可以作用在不相邻范畴上的竖线算子｜，还增加了一个一元复合算子［］，以保证在运算过程中与竖线算子相关的方框标记不会被随意使用。此外，LLCW′在 LLC 系统的基础上确立了能够引入照应假设的受限的强缩并规则 W′，保证在需要空代词之处可以将其引出。文章将根据类型逻辑语法的习惯，为LLCW′系统构造了四种表述方式：公理表述、矢列表述、ND 表述和加标树模式表述。这些表述是等价的，各司其职，缺一不可。最后，基于 LLCW′系统刻画汉语中的空代词和其他一些省略结构。

## 8.2　LLC 系统与汉语照应省略

LLC 系统全称为"含受限缩并规则的兰贝克演算"，它向兰贝克演算添加的缩并规则允许语词资源的重复使用。在 LLC 系统中，照应算子的消去规则预设缩并规则的存在，所以这里添加缩并规则只与竖线算子有关，是受限的缩并规则。LLC 系统的重点是添加了专门处理照应语词的竖线照应算子"｜"，可以处理通常为不连续的照应现象。以下将在 8.2.1 小节基于 LLC 系统集中讨论汉语人称代词和空代词的类型逻辑生成，指出 LLC 系统在推广处理 VP 结构上存在的不足，并在 8.2.2 小节和 8.2.3 小节中给出改进 LLC 系统的想法。

前两章已经介绍过贾格尔构造的 LLC 系统，其特长在于处理涉及语义资源重复使用的现象，如英语中涉及照应回指的现象。本节将把 LLC 系统提供的分析工具用于对汉语中涉及回指、照应、省略等现象的结构，考察 LLC 系统本身存在哪些问题，在进行汉语处理上又存在哪些问题或者不足？从而启发下一章对 LLC 系统的改进。本节讨论分为两部分，分别为对人称代词和对空代词的处理。首先讨论人称代词的情况。

### 8.2.1　三身代词

吕叔湘在《近代汉语指示代词》一书开篇指出，人称代词（吕叔湘称之为三身代词，即表述三种人称的代词）中最具代表性的是"你""我""他"。说话人的自称为"我"，说话人称听话人为"你"，而"你""我"之外的人或物为"他"。当然还有其他变体，如"您""伊"等，但均可分别归入三种人称之内，故不单独讨论。第一、第二人称代词的指代对象主要与说话人及其听众相对，取决于语用因素，也不在本章讨论范围之内。在此仅将第一、第二人称的代词处理为有固定所指、不需要在上下文中寻找指称的表达式，其范畴和 λ 项的序对类似专名，如赋值 8.1 所示。

**赋值 8.1**　我/你 —— 我$'$/你$'$：np。

所以，在三种人称中，只有第三人称代词需要回指上文出现的某个具体个体，其处理方法与英文代词类似。如语句 8.1 乙句中代词"他"回指甲所提到的"小张"，生成过程如图（2.）8.2 所示。

**语句 8.1**　甲：小张$_i$ 今天没来上班。

　　　　　　乙：什么呀，我刚才还看见他$_i$ 坐在办公室。（韩蕾，2009）[39]

$$\cfrac{\cfrac{小张}{[小张':np]_i}\quad \cdots\cfrac{\cfrac{\cfrac{他}{\lambda x.\,x:np|np}|E,i}{小张':np}\quad \cfrac{坐在办公室}{坐在办公室':np\backslash s}}{坐在办公室'(小张'):s}}{}$$

图（2.）8.2　语句 8.1 乙句"他"回指"小张"的生成图

如果语句 8.1 乙中的"他"在上文中没有找到先行词，则"他"指示一个假设，而且在生成完整的树结构之后，还需要使用"｜$I$"规则将假设消去。比如说语句 8.1 句只有"他坐在办公室"这部分，其处理方式如图（2.）8.3 所示。

$$\cfrac{\cfrac{\cfrac{\cfrac{他}{\lambda x.\,x:np|np}|E,i}{y:np}\quad \cfrac{坐在办公室}{坐在办公室':np\backslash s}}{坐在办公室'(y):s}}{\lambda y[坐在办公室'(y)]:s|np}|I,i$$
$$[y:np]_i$$

图（2.）8.3　语句 8.1 乙句"他"的先行词为未知情况的生成图

普通代词的处理与英语代词的处理方式相同，没有问题。不过我们发现，无论在汉语还是英语中，第三人称代词都区别了指称男性和指称女性的用词。如果对于这个事实不采取任何措施，语句 8.2 就有可能得到"他"回指女性"王蕾"的解读，我们希望在能力范围内得到尽可能精确的形式刻画，排除不精确的生成可能。以下将从标记的角度入手考虑解决方案。

**语句 8.2** 张三$_i$认为王蕾$_j$知道李丽$_k$喜欢他$_{i/*j/*k}$。

### 8.2.2 带特征标记的范畴

为了能够区别代词的性别特征，提出以下两个设想：

（1）在词库中就为可以确定所带特征的词项赋以标有特定特征的范畴，如 $[+/-$animate$]$（生命性），$[+/-$place$]$（地点），$[+/-$male$]$（男性）等特征，使得代词在寻找先行词的时候，特征匹配也是标准之一，从而保证找到更合适的先行词。所以我们的第一个设想是对词条加以特征标识，如给一个男性词条 $M$：np 标以 $[\ ]_{male}$ 的特征，从而在词库中令"张三""王蕾""李丽"的〈λ项：范畴〉词条分别为：

**赋值 8.2** 张三— $[张三':np]_{male}$ ；

王蕾— $[王蕾':np]_{female}$ ；

李丽— $[李丽':np]_{female}$ 。

还可以将添加下标法推广到时间、地点等名词的范畴上去，使信息的匹配更精准。但是，对于这一方法，只适用于先行词和照应词之间的索引和查找，完成照应运算之后，有特征下标的表达式就无法与相邻范畴继续进行运算了，如语句 8.3 中"喜欢"对应范畴(np\s)/np，该词则无法与其左右两侧带有下标的范畴 np 毗连，因为从逻辑的角度看，$[\ ]_{male}$、$[\ ]_{female}$ 阻隔了它们跟其他λ项或范畴之间的运算。而且到目前为止，它们的角色还是特征下标，必须有一个函项需要的论元与其完全相同，才能继续运算，而现在的实际情况是，比如"喜欢'：(np\s)/np"，它只要求一个范畴为 np 的词项做其论元，导致生成过程停滞。即使退后一步，我们去掉方括号，将特征标记只标在范畴上，从逻辑的角度看，$np \neq [np]_{female} \neq [np]_{male}$，而范畴(np\s)/np 需要向右结合 np 范畴，$[np]_{female}$ 范畴仍不符合要求：

**语句 8.3** 张三喜欢李丽。

语句 8.3 标注性别下标的类型逻辑生成见图（2.）8.4。

$$\dfrac{[\text{张三}':np]_{male}}{np_{male}} \quad \dfrac{\dfrac{\text{喜欢}':(np\backslash s)/np \quad [\text{李丽}':np]_{female}\ *}{(np\backslash s)/np \quad np_{female}\ *}}{?}$$

图（2.）8.4 "张三喜欢李丽"标注性别下标的类型逻辑生成

这个问题如何解决？代词又是如何与这些带特征下标的名词实现照应的？这就要依靠我们的第二个设想。第二个设想源自 LLC 系统的加标做法。首先来看照应算子的应用规则 8.1（a）、（b）。

**规则 8.1**

(a) $\quad [M:A]_i \cdots \dfrac{N:B \mid A}{N(M):B} \mid E,i$

(b)

$$\dfrac{\dfrac{M_1:A_1 \mid B}{M_1 x:A_1}i_1 \qquad \dfrac{M_2:A_2 \mid B}{M_2 x:A_2}i_2 \qquad \dfrac{M_n:A_n \mid B}{M_n x:A_n}i_n}{\dfrac{N:C}{\lambda x N:C \mid B}} \mid I, i_1, i_2, \cdots, i_n$$

在规则的使用过程中我们看到，照应算子的消去规则 | E 伴随对加了标记的先行词的操作。在这条规则中，标记的使用类似于谓词逻辑中的变元下标，可以区别不同变元，但似乎又超出了变元下标的意义：

一方面在词库中范畴并没有数字标记，是在操作过程中因照应运算的需要才被添加。这种情况在 8.3 节将要讨论的 VP 回指现象中更加明显，因为其中需要加标的 VP 往往是运算的结果，添加的标记是后天的结果，需要有标记添加规则作为依据，完全不同于变元下标。

另一方面，在照应运算结束之后，为保证贴合运算顺利进行，还需要有下标消去规则消去冗余的下标，不管是词库中带出的 male、female 还是运算中添加的 i。

因此，规则 | E 中的标记存在以下三个问题：

（1）被照应的范畴何时加上标记似乎是随意的；

（2）在范畴运算过程中，标记的延续没有能够确切遵循运算规则；

（3）完成照应消去操作之后，加标范畴的标记的消去也没有说明。

雅各布森（Jacobson，1993）认为，不使用变元、将照应现象的约束作用放在句法中去处理的好处之一就是句法里面不像生成语法等理论一样需要加标机制。贾格尔（Jäger，2005）受雅各布森启发，把先行词和照应词之间的约束放在照应算子的句法功能上，的确没有使用奎因意义上的变元，但是，在 LLC 系统中，又是否像雅各布森所说的不需要加标机制呢？或者说，形式上的加标是否只是为了使读者更容易辨识先行词与照应词之间的同指关系？不管答案为"是"或"否"，从逻辑角度看，**任何在系统中出现的标记或操作，都必须有据可依，必须提供执行该操作的逻辑依据。**

所以，对于下标的问题，有两个设想：

（1）**增加下标的引入和消去机制**。因为只要贾格尔在系统中使用了下标标记，就需要增加规则以限定，否则在实际操作中就会出现问题。

（2）对贾格尔的加标方法稍作修改，不在词项整体上加标，**加标操作只针对句法范畴**。

如果能够实现这两个设想，那么范畴进入运算系统之后，在同一个语篇当中，一旦出现照应词，系统能够自动为照应词前面满足它要寻找的先行词范畴按顺序添加编号，这个过程持续循环，直到一个语句的形式生成过程完成。如图（2.）8.2 所示，在进入形式系统之后，因为代词"他"的存在，"张三""王蕾""李丽"会被编码为范畴$[[np]_{male}]_1$、$[[np]_{female}]_1$、$[[np]_{female}]_2$。在照应计算完成之后，所有标号又可以使用标记消去规则消去，消去下标的词条便可以与相邻范畴作毗连运算。这样做相当于从另一个角度表述了规则 8.1（a）中标记出现和消失的原因。

当然这样做也有其风险，比如说作为专有名词的人名，有很多都是男女通用，不能百分之百确定应该带有哪种特征标记。不过对于部分语句系统，词库中词汇的特征完全可以控制，问题不大。关于下标的引入和消去规则，将在 8.4 节构造的 $LLCW'$ 系统中给出。

## 8.3　LLC 系统与空代词

### 8.3.1　汉语中的空代词

除了在句法上有词汇表现的普通代词，汉语中的代词使用还有一个不同于英语的特点：即大量使用空代词。黄正德在"空代词分布与指称"（Huang，1984）一文中对比了英语和汉语的空代词使用情况，如表（2.）8.1 所示。可以看到，英语和汉语的代词省略情况对比鲜明，汉语使用零代词的自由度很大。在该文中黄正德还提到，麦克卢汉（Marshall McLuhan）依据交流过程中需要观众参与的多少将媒体分为"热-冷"等型。（如果交流过程需要很少甚至不需要观众的参与，则为"热"型媒体，反之，如果交流过程需要观众的积极参与，则为"冷"

型媒体）仿照这种分法，罗斯（John Robert Ross）也依据语言中照应成分的使用和听话人的参与情况对自然语言做了"热-冷"的划分。如**英语是"热"型语言**，因为代词一般不能省去，理解句子需要的信息大部分都从直接看到、听到的东西得到；**汉语是"冷"型语言**，合法语句中的代词通常可省，而且比较自然，理解一个语句要求读者和听话人的参与，涉及推理、上下文、对世界的知识等。

　　这一论证至少说明，空代词对于汉语来说是一种经常出现且比较重要的现象。如果忽略这些空代词直接对语句作类型逻辑生成，那么语句必然在语义上不够完整，在句法上往往也不能得到饱和范畴。如图（2.）8.5对表（2.）8.1中的"e看见他了"（他这里指李四，为降低语句的生成复杂度，直接讨论"e看见李四了"）的第一种类型逻辑生成，得到的是一个动词短语。虽然其中表体的"了"我们没有考虑，但是显然这句话表述的是一个已完成的事件，所以这句话在句法上讲应该对应语句范畴。英汉的空代词使用对比如下。

表（2.）8.1　英汉空代词使用对比（Huang, 1984）

| 英语 | 汉语 |
| --- | --- |
| Did John see Bill yesterday? | 张三看见李四了吗？ |
| Yes, he saw him. | 他看见他了。 |
| * Yes, *e* saw him. | *e* 看见他了。 |
| * Yes, he saw *e*. | 他看见 *e* 了。 |
| * Yes, *e* saw *e*. | *e* 看见 *e* 了。 |
| * Yes, I guess *e* saw *e*. | 我猜 *e* 看见 *e* 了。 |
| * Yes, John said *e* saw *e*. | 张三说 *e* 看见 *e* 了。 |

$$\frac{\dfrac{看见}{看见':(np\backslash s)/np} \quad \dfrac{李四}{李四':np}}{看见'(李四'):np\backslash s}$$

图（2.）8.5　"e看见李四了"的第一种类型逻辑生成

　　若换成对含有嵌套从句的"张三说 *e* 看见 *e* 了"作类型逻辑分析，这一问题表现得更加突出，如图（2.）8.5′a所示。（*表述该步生成无法进行，规则前面的问号（?）表述不知应该使用哪条规则）即使在生成过程中引入两个普通假设，作为"看见′"的主宾语，得到的语句在与"说′"毗连之前，也要先使用\I抽象"看见′"左侧的假设，否则如果该假设继续参与运算，则将失去左侧变元的位置，不能使用\I或者/I再被抽象，必将得到不合法的句子。如图（2.）8.5′b所示。

$$\frac{张三}{张三':np} \quad \frac{说}{说':(np\backslash s)/s} \quad \frac{看见}{看见':(np\backslash s)/np}_{?}$$
$$*$$

图（2.）8.5′a　"张三说 *e* 看见 *e* 了"的第一种类型逻辑生成

$$
\cfrac{
\cfrac{
\cfrac{
\cfrac{
\cfrac{
\cfrac{看见}{看见'{:}(np\backslash s)/np} \quad \cfrac{}{x}^{1}
}{看见'(x){:}np\backslash s}
}{看见'(x)(y){:}s}
}{\lambda y[看见'(x)(y)]{:}(np\backslash s)} \backslash I,2
}{\lambda x\lambda y[看见'(x)(y)]{:}(np\backslash s)/np} /I,1
}{*}^{?}
$$

图 (2.) 8.5′b "张三说 e 看见 e 了"引入普通假设的类型逻辑生成

如果按照类型逻辑语法现有的方法来生成"张三说 e 看见 e 了",基本上寸步难行。"说′"要求有一个语句做论元,而在其论元位置上的"看′"本身不具备语句范畴,要求左右各带一个范畴为 np 的论元才能成为一个饱和的语句。那么"看见′"的两个论元是什么呢? 黄正德先生已经给出答案: 是空代词。空代词虽然句法上为空,但仍然具有照应的功能,所以在刻画其类型逻辑生成(句法衍生和语义解释)的时候,需要把代词性的语词补出来。如图 (2.) 8.6 所示。

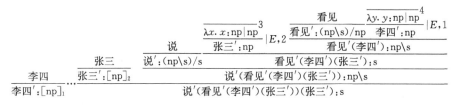

图 (2.) 8.6 "张三说 e 看见 e 了"补出空代词的类型逻辑生成

经过这样的简单处理,就能够给出含有空代词的语句的正确的类型逻辑生成。这种生成效果是使用普通假设所无法得到的,如图 (2.) 8.5′b 所示,因为引入普通假设生成完整的生成树之后,要再使用" \I "或" /I "将假设消去,无论如何引入和消去,都不能得到图 (2.) 8.6 这样满意的结果。除图 (2.) 8.5′b 之外,对变元还有其他引入和消去的方式,感兴趣的读者可以自行尝试。

从子结构逻辑的角度看,如果允许资源的重复使用,其矢列系统则需要添加容许这种操作的结构规则。下面 8.3.2 小节我们还会对需要使用照应假设的情况做推广分析,从而说明,汉语中空代词的广泛存在要求我们的类型逻辑框架有能力处理这种现象。这是即将构造的 LLCW′ 系统所要具备的第二个特色。[①]

本小节讨论了汉语中代词和空代词在 LLC 系统下的生成,揭示了该系统在标记和照应假设上存在的两点问题: ① | E 规则中同指下标的使用和消去没有

---

① 当然,空代词的使用有的时候要与话题留下的语迹加以区分。详细讨论参见(满海霞,2014)第四章。

逻辑依据，且同指下标应标在范畴之上，而非**被照应词项本身**；②汉语中大量的空代词在 LLC 系统中不能得到合适的刻画。

### 8.3.2 谓词缺失现象

除了空代词，汉语中还有谓词缺失的现象，如语句 8.4。

**语句 8.4** 小赵送小明礼物了，妈妈也送了。（李燕惠，2005）

这类谓词缺失现象重复使用了源从句中谓语动词后面的名词。为言说表现更加经济，所重复部分被省略，在句法表层没有对应的语词表现，那么**该如何解决这个问题呢**？首先尝试直接对已有范畴作毗连生成，如图（2.）8.7a 所示。

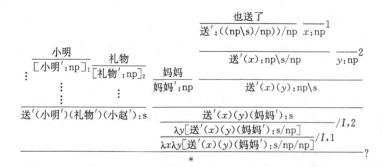

图（2.）8.7a 使用结合律作语句"小赵送小明礼物了，妈妈也送了"的类型逻辑生成

在这一生成过程中，图（2.）8.7a 的源从句可以直接毗连生成范畴为 s 的表达式，而目标从句部分最多只能在承认结合律的系统中令"妈妈′"和"送′"结合，得到 s/np/np 范畴，之后便无法继续前进。

既然目标从句中缺少的是两个宾语，那不妨采用最传统、但也是最直接的方法，在省略部分增添普通的假设，可以帮助目标从句生成语句范畴，有可能实现与源从句的并列。根据假设被消去的时机，可以有两种生成方式，如图（2.）8.7b 和图（2.）8.7c 所示。

图（2.）8.7b 引入普通假设为语句"小赵送小明礼物了，妈妈也送了"作类型逻辑生成的第一种尝试

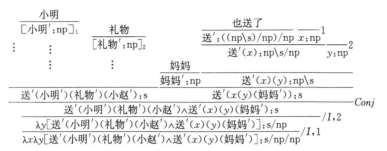

图 (2.) 8.7c 引入普通假设为语句"小赵送小明礼物了，妈妈也送了"作类型逻辑生成的第二种尝试

图 (2.) 8.7b 在目标从句中使用普通假设直接生成完整的树之后，立即使用 "/I" 规则两次将假设消去，得到的结果落入类似图 (2.) 8.7a 的尴尬境地。两个并列部分因没有得到相同范畴而无法作广义合取，所以 b 法也不可取。图(2.) 8.7c 的境遇稍好，在源从句和目标从句作了广义合取之后才消去两个假设，但遗憾的是，所得解读只说明了妈妈送了某人东西，这并非我们希望得到的解读。

到此为止，我们离正确的生成结果已经很近了，至少添加假设的方法能够实现从句表达式间的并列，现在唯一需要的就是想办法不让假设被消去。当然，对于以往的假设这是不可能完成的任务，但是返回来想想，该类语句中重复使用的语词资源是因为重复了源从句中已有的成分，依据交流的经济性原则而被省略。或者说，可以认为在目标从句的 VP"送"之后存在着两个包含省略语词的槽位，在作语义生成时需要将省略的语词补充出来。那么，什么假设有能力补出省略的语词呢？答案是**照应假设**。下面使用照应假设再为语句 8.4 作一次生成，如图 (2.) 8.8 所示。

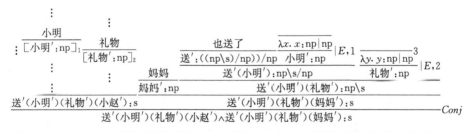

图 (2.) 8.8 引入照应假设为语句"小赵送小明礼物了，妈妈也送了"作类型逻辑生成的尝试

值得注意的是，引入的照应假设因为得到了一个有固定指称的 NP 为其指称，使用 |E 规则消去竖线算子之后，引入的变元就消失了。所以照应假设的引入与其他假设的引入有一个相当大的区别，就是在生成完整的树之后，因为不存在未约束变元，所以假设也不会被消去。但是，补出照应假设超出了 LLC 系统能力所允许的范围，我们将在 8.4 节尝试扩展 LLC 系统，所以我们当前的任

务，就是要看引入照应假设到底能有多大用途。除了上面讨论的空代词和本小节讨论的谓词缺失现象外，是否还有其他可以处理的现象。下面将再把已有成果推广到汉语中多动词单句的回指情况。

### 8.3.3　多动词单句

汉语的多动词单句包括连动句、兼语句、致使句等句式，这些句式同样涉及空代词问题。以下利用语句 8.5 给出的五个句子对这些句式做个大体分析。

**语句 8.5**　（a）小李走去开门。

（b）他喝酒喝怕了。

（c）张三跑步崴了脚。

（d）妈妈送哥哥参军。

（e）小张追得老李直喘气。（荣晶，1989）[83]（李晟宇，2001）[73]

直觉上讲，连动句语句 8.5（a）中的两个动词同用一个主语，可以把它看作是两个动词短语并列、共用一个主语，使用广义布尔合取规则得到的。如图（2.）8.9a 所示。

$$\frac{\text{小李}}{\text{小李}':np} \quad \frac{\frac{\text{走去}}{\text{走去}':np\backslash s} \quad \frac{\text{开门}}{\text{开门}':np\backslash s}}{\lambda x[\text{走去}'(x)\wedge\text{开门}'(x)]:np\backslash s}Conj}{\text{走去}'(\text{小李}')\wedge\text{开门}'(\text{小李}'):s}$$

图（2.）8.9a　使用广义布尔合取规则直接作语句"小李走去开门"的类型逻辑分析

不考虑表达两个动词之间结果语义的情况下，语句 8.5(a)～(c) 都可借助定义 8.1 给出的广义的布尔合取规则生成，但是对于兼语句语句 8.5(d)，得到的就是图（2.）8.9b 所示的错误解读："妈妈送哥哥，而且妈妈参军"。

**定义 8.1**（广义布尔合取）

（a）如果 $\varphi$ 和 $\psi$ 的类型都是 $t$，那么 $\varphi$ 和 $\psi$ 合取的语义结果为 $\varphi\wedge\psi$；

（b）如果 $\varphi$ 和 $\psi$ 都具有广义的布尔类型 $\langle a,b\rangle$，那么 $\varphi$ 与 $\psi$ 合取的语义结果是 $\lambda x_a[\varphi(x)\wedge\psi(x)]$。

$$\frac{\text{妈妈}}{\text{妈妈}':np} \quad \frac{\frac{\frac{\text{送}}{\text{送}':(np\backslash s)/np} \quad \frac{\text{哥哥}}{\text{哥哥}':np}}{\text{送}'(\text{哥哥}'):np\backslash s} \quad \frac{\text{参军}}{\text{参军}':np\backslash s}}{\lambda x[\text{送}'(\text{哥哥}')(x)\wedge\text{参军}'(x)]:np\backslash s}Conj}{\text{送}'(\text{哥哥}')(\text{妈妈}')\wedge\text{参军}'(\text{妈妈}'):s}$$

图（2.）8.9b　使用广义布尔合取规则作语句"妈妈送哥哥参军"的类型逻辑分析

我们发现，语句 8.5 其实与上一节讨论到的动词类型的谓词省略现象有一个相同点，就是省略了重复使用的语义资源。作为兼语句的语句 8.5（d）的完整形式实际上应是"妈妈送哥哥〈哥哥〉参军"，因为"参军"的主语与"送"的宾语相同而被省略。在这种情况下，我们就需要给出一个假设，一个能够复制"哥哥"的照应假设，如图（2.）8.9b′所示。

$$\cfrac{\cfrac{\text{妈妈}}{\text{妈妈}'\text{np}} \quad \cfrac{\cfrac{\text{送}}{\text{送}':(\text{np}\backslash\text{s})/\text{np}} \quad \cfrac{\text{哥哥}}{[\text{哥哥}':\text{np}]_1}}{\text{送}'(\text{哥哥}'):\text{np}\backslash\text{s}}}{\cfrac{\text{送}'(\text{哥哥}')(\text{妈妈}'):\text{s}}{\text{送}'(\text{哥哥}')(\text{妈妈}')\land\text{参军}'(\text{哥哥}'):\text{s}}} \quad \cfrac{\cfrac{\lambda x.\,x:\text{np}|\text{np}}{^{2}}|E,1 \quad \cfrac{\text{参军}}{\text{参军}':\text{np}\backslash\text{s}}}{\text{参军}'(\text{哥哥}'):\text{s}}} \; Conj$$

图（2.）8.9b′ 引入照应假设作语句"妈妈送哥哥参军"的类型逻辑分析

那么，如果不按照图（2.）8.9b′的方法，仍补入一个**普通**假设，根据 ND 推演规则，假设一定要被消去。[①]但如果消去，得到的结果与直接用 *Conj* 规则得到的一样，不是我们希望得到的；如果不消去，最后得到的句法和语义表达又不匹配。因此，引入普通假设是有问题的。

对于致使句语句 8.5（e），吴平（2009）提到它是有歧义的，三种经典解读如语句 8.6 所给：

**语句 8.6** （a）小张追老李〈老李〉直喘气。

（b）小张追老李〈小张〉直喘气。

（c）老李追小张〈老李〉直喘气。

其中（a）和（b）两种解读可以分别使用在省略位置引入照应算子和直接使用广义布尔合取规则得到，生成情况分别类似图（2.）8.9d′和图（2.）8.9a，在此不再给出。第三种解读涉及主题移位，需要借助多模态工具，详细讨论参照（邹崇理，2006）。

此外，本小节给出的几个例句均不同程度地体现了致使含义，目前补出照应假设的做法只保证了语义在组成成分上的完整，语义表达还有进一步精确化的空间，关于致使句做更深入、更精确的类型逻辑刻画，感兴趣读者可参考（孔繁清，等，2011）。

在本章前三小节的讨论中，我们尝试将贾格尔的照应处理方法广泛应用于汉语中涉及代词、空代词和空谓词的照应省略现象。首先对第三人称代词"他"进行了讨论，认为汉语中的代词并没有比较特殊的句法或者语用表现，如果能

---

① 得到的结果与图（2.）8.9b 相同，感兴趣的读者可自行尝试。

够对 LLC 系统的加标原则加以梳理,不但可使竖线算子的应用更符合逻辑要求,还能够从性别上区分代表男性和女性的第三人称单数代词"他"和"她",使生成结果更加精确。其次指出汉语中存在大量的空代词,空代词在使用上的高自由度要求能够刻画汉语照应的类型逻辑机制也有能力刻画空代词。从逻辑系统本身来看,LLC 只允许受限的缩并规则,不允许向前提增加假设的操作,要满足这种特殊需求,就需要向系统添加某种强缩并规则,允许补出照应假设的操作,这是我们对新系统的第二个需求。在继续推广的过程中,我们发现有一些涉及语义资源重复使用的动词现象也不能仅用照应范畴和广义布尔合取规则直接生成,如兼语句和部分致使句。但是照应方法对这些现象也绝非一筹莫展。如果如上面所说允许引入照应假设,就有可能得到正确的生成解读。究其原因,是 LLC 中的照应范畴只为句法上有词汇表现的语词赋值,对于因重复使用而在被省略句法表现的情况,LLC 系统就显得捉襟见肘了。因此,我们希望向贾格尔的 LLC 系统添加:①标记引入或消去的规则;②允许向前提引入照应假设的规则。如果能够证明所构造的新系统可靠并完全,就可以直接用它来处理更多需要引入照应假设的现象。

## 8.4 LLCW' 系统

### 8.4.1 基本想法

在范畴理论的框架下,若要攻克不连续现象的难题,一般有两条出路:①扩大词库所承载信息的容量(词汇法);②添加范畴运算规则以增强系统的解释和生成能力(句法法)。从以往的研究(Szabolsci,1989,1992;Moortgat,1996;Morrill,2000)来看,若把代词的约束特征放在词库中,则需要采用经验的方法,为每一个代词在各个可能出现的位置均赋以相应的、有时是极其复杂的语义表达式和句法范畴,这无疑陷入了归纳方法的困境,也极大地增加了词库的负担,不是解决问题的理想选择。贾格尔提出的 LLC 系统以兰贝克演算为蓝本,向兰贝克演算的句法部分添加了一个可以对不连续成分进行操作和运算的照应算子"|",对英语中涉及代词、代词与量词互指、VP 回指等现象的结构都能给出很好的处理。但是,在仔细研究了 LLC 系统并将竖线算子推广处理汉语照应省略现象(即涉及语义资源重复使用的代词回指、谓词省略、多动词单句等现象)之后,我们发现该系统还存在两方面问题:

其一,竖线算子的消去规则 |E 使用了同指下标,该下标只针对先行词的

范畴，有别于竖线算子引入规则｜$I$ 中做区别用途、类似变元下标的角标。但是，LLC 系统对同指下标的使用未做任何系统内的说明，何时加标、何时消去标记缺乏逻辑依据。严格来说，按照｜$E$ 规则的规定，完成照应词与先行词的照应运算之后，添加下标的先行词范畴由于下标和方括号的缘故，无法与其他范畴继续运算。如果要解决这两个问题，就需要把下标的添加和消去操作提取出来，构成专门的逻辑规则，即在 LLC 系统中增加相对于范畴的标记添加规则和消去规则。

其二，照应范畴在贾格尔那里只能赋给具有词汇表现的语词。但是在汉语中，没有显性词汇表现的空代词占有相当比重，一个对此具有良好功能的类型逻辑系统需要有补出空代词的能力，唯独如此，才能够比较全面地给汉语照应现象在句法和语义两方面以合适的类型逻辑刻画。需要指出，补出的范畴的运算顺序是：其相邻贴合优先右侧的范畴，这一特点需要在规则中予以体现。

因此，以上两方面的问题要求我们对 LLC 系统加以改进和扩展，使得新系统不但能够解决标记添加或去除的理论根据问题，还能够为没有句法表现的空代词做合适的句法语义分析。本节完成逻辑方面的基本讨论之后，8.4 节将会在此基础上重新对 8.1～8.3 节存在异议的例子做推广分析。

前面已经说过，黄正德在"空代词的分布及指称"一文中提到，从照应成分的使用和听话人的参与情况来看，**汉语**是"冷"语言。合法句子中的代词通常可以省略，省掉之后语句依旧比较自然。但是，对这个语句的理解由此要求读者和听话人的参与，涉及推理、上下文、对世界的知识等。因此，如果希望在类型逻辑语法框架下对汉语照应现象做尽可能全面的分析，有必要借助一定的逻辑工具将空代词补出。我们的基本思路是，如果将 LLC 系统扩充，允许能够引入照应范畴的受限的强缩并结构规则 $W'$（图（2.）8.10）将对汉语照应现象的类型逻辑处理具有重大意义。我们因此将新系统命名为 LLCW$'$。

$$\frac{\Gamma, A, (B \mid B, C), \Sigma \Rightarrow \Delta}{\Gamma, A, C, \Sigma \Rightarrow \Delta} W'$$

图（2.）8.10　受限的强缩并结构规则 $W'$

除了包含受限的强缩并结构规则，LLCW$'$ 系统还将配备关于标记添加和消去的规则，以避免竖线算子运算过程中标记使用的不确定性，同时能够对某一范畴的内部做更细致的区分，以使范畴选择更加精确。本节以下部分我们将首先为 LLCW$'$ 构造相应的公理表述及其语义解释，构造其典范模型，证明其可靠性和完全性；然后给出 LLCW$'$ 的根岑表述，证明在基于受限的强缩并结构规则、方框下标的添加和消去规则的 LLCW′ 系统中，Cut 消去定理也是成立的，系统是可判定的，并且根岑表述与公理表述等价；最后给出 ND 表述和加标树模式表述，证明 ND 表述与根岑表述等价。

### 8.4.2　LLCW′的公理表述

#### 8.4.2.1　公理表述

LLCW′系统的形式语言包括原子范畴，四个二元复合范畴和一个一元复合范畴。其形成定义表现为：

**定义 8.2**（LLCW′语言）

$$F ::= A \,|\, F/F \,|\, F\backslash F \,|\, F \cdot F \,|\, F \,|\, F \,|\, [F]_i$$

$A$ 是原子范畴的集合，$F$ 是所有合式范畴的集合，合式范畴的形成是递归的。LLCW′系统的语义解释为：

**定义 8.3**（LLCW′模型）　　LLCW′的模型是一个六元组 $\langle W, R, S, \sim, f, g \rangle$。其中：$W$ 是语言符号串的非空集合；$\sim \subseteq W^2$ 是符号串上的二元关系；$R, S \subseteq W^3$ 是符号串上的三元关系；$f$ 是从原子范畴到 $W$ 子集的赋值函项；$g$ 是从LLCW′范畴到 $W$ 中元素的函项。原子范畴及复合范畴的语义定义如下：

$\| p \|_M = f(p) \subseteq W$；

$\| A \cdot B \|_M = \{ x \,|\, \exists yz [Rxyz \,\&\, y \in \| A \|_M \,\&\, z \in \| B \|_M] \}$；

$\| A\backslash B \|_M = \{ x \,|\, \forall yz [Rzyx \,\&\, y \in \| A \|_M \Rightarrow z \in \| B \|_M] \}$；

$\| A/B \|_M = \{ x \,|\, \forall yz [Rzxy \,\&\, y \in \| B \|_M \Rightarrow z \in \| A \|_M] \}$；

$\| A \,|\, B \|_M = \{ x \,|\, \exists y [Sxyg(B) \,\&\, y \in \| A \|_M] \}$；

$\| [B]_i \|_M = \{ x \,|\, x \sim g(B) \}$。

$\langle W, R, S \rangle$ 的框架性质体现于下列语义公设：

MP1.　$\forall xyzuv [Rxyz \,\&\, Rzuv \Rightarrow \exists w [Rwyu \,\&\, Rxwv]]$；

MP2.　$\forall xyzuv [Rxyz \,\&\, Ryuv \Rightarrow \exists w [Rwvz \,\&\, Rxuw]]$；

MP3.　$\forall xyzwu [Rxyz \,\&\, Szwu \Rightarrow \exists v [Sxvu \,\&\, Rvyw]]$；

MP4.　$\forall xyzwu [Rxyz \,\&\, Sywu \Rightarrow \exists v [Sxvu \,\&\, Rvwz]]$；

MP5.　$\forall xyzwuv [Rxyz \,\&\, Sywu \,\&\, Szvu \Rightarrow \exists r [Rxru \,\&\, Rrwv]]$；

MP6.　$\forall xyzwu [Rxyz \,\&\, Szwu \,\&\, y \sim u \Rightarrow Rxyw]$；

MP7.　$\forall Aw [w \in \| A \|_M \Leftrightarrow w \sim g(A)]$；

MP8.　$\forall xywt [Rxyz \Rightarrow \exists uv [Rxyu \,\&\, Ruvz \,\&\, Svwt \,\&\, w \sim t]]$；

MP9.　$\forall x [Rxxx]$。

为便于理解，我们对定义 8.3 中出现的语义概念给出一些直观解释：$R$ 揭示语言符号串通常的毗连，$Rxyz$ 意味：$x$ 是 $y$ 和 $z$ 毗连的结果。$S$ 是从 LLC 系统中的三元关系，它刻画了与照应有关的情况，$Sxyz$ 表述：如果在周围位置（不一定邻近）有 $z$ 照应的对象，即与 $z$ 相似的对象（设为 $u$），$x$ 就可转换成 $y$，这里的相似用 $z \sim u$ 表述，但不假设此相似关系自反、传递或者对称。$g$ 是从某范畴中取出特异元素的函项，即某范畴的每个对象都可由 $g$ 映射成被照应的对象，$x \sim g$（$B$）表述 $x$ 相似于 $B$ 中被照应回指的对象。

MP1 和 MP2 是两条与结合公理有关的语义公设，MP3～MP6 是 LLC 系统中刻画照应性质的语义公设。在这四条公设中，MP3 和 MP4 要求照应槽能够从较小的符号串传递给较大的符号串，MP5 说明如果存在两个照应槽，可以将它们合并成一个照应槽。MP6 是关于照应消去的：对于一个照应的符号串，如果其左侧符号串是回指的先行词，则可获得左侧的符号串和照应后的符号串。MP7、MP8 与 MP9 一同构成 LLCW$'$ 系统的要点和特色：根据 MP7，符号串 $w$ 属于范畴 $A$ 对应的集合，当且仅当，它相似于该范畴的特定代表 $g$（$A$），即 $w$ 相似于 $A$ 中被照应回指的对象。简言之，$A$ 中的每个对象都可以充当被照应的对象。MP8 涉及受限的强缩并结构性质，意指：若 $x$ 是 $y$ 和 $z$ 的毗连，则存在两个符号串 $u$ 和 $v$，$x$ 可以由 $y$ 和 $u$ 毗连得到，$u$ 是 $v$ 和 $z$ 的毗连结果，$v$ 在搜索到 $t$ 后转换成 $w$，而 $w$ 相似于 $t$。这条语义公设保证在两个相毗连的符号串中间，可以添加一个用于照应的符号串。而添加的符号串，总是与其右侧的符号串先进行相邻毗连。MP9 是对应缩并结构公理的语义假设。

下面给出 LLCW$'$ 系统的公理表述，然后证明 LLCW$'$ 的可靠性和完全性。

**定义 8.4**（LLCW$'$ 的公理表述） LLCW$'$ 的公理表述建立在 LLC 的公理表述基础上，包括 LLC 的公理和规则（其中包括 L 的公理和规则）以及 LLCW$'$ 特有的 4 条公理和 1 条规则，共 11 条公理和 7 条规则：

A1. $A \to A$ 　　　　　　　　　　 等同公理

A2. $A \cdot (B \cdot C) \to (A \cdot B) \cdot C$ 　　 结合的结构公理

A3. $(A \cdot B) \cdot C \to A \cdot (B \cdot C)$ 　　 结合的结构公理

A4. $A \cdot B | C \to (A \cdot B) | C$

A5. $A | B \cdot C \to (A \cdot C) | B$

A6. $A | C \cdot B | C \to (A \cdot B) | C$

A7. $A \cdot B | A \to A \cdot B$

A8. $B \to [B]_i$

A9. $[B]_i \to B$

A10. $A \cdot C \to A \cdot (B | B \cdot C)$ 　　 受限的强缩并结构公理 $W'$

A11. $A \to A \cdot A$ 　　　　　　　　 缩并结构公理

D1. $\dfrac{A \cdot B \twoheadrightarrow C}{A \twoheadrightarrow C/B}$

D2. $\dfrac{A \twoheadrightarrow C/B}{A \cdot B \twoheadrightarrow C}$

D3. $\dfrac{A \cdot B \twoheadrightarrow C}{B \twoheadrightarrow A\backslash C}$

D4. $\dfrac{B \twoheadrightarrow A\backslash C}{A \cdot B \twoheadrightarrow C}$

D5. $\dfrac{A \twoheadrightarrow B \quad B \twoheadrightarrow C}{A \twoheadrightarrow C}$

D6. $\dfrac{A \twoheadrightarrow B}{A\,|\,C \twoheadrightarrow B\,|\,C}$

D7. $\dfrac{A \twoheadrightarrow B}{[A]_i \twoheadrightarrow [B]_i}$

　　在继续讨论之前，我们尝试给出上述公理的简单应用。对于 LLCW′ 新增加的公理 A8～A11：A8 和 A9 可以保证被照应的范畴能够被添加或消去相关的方框下标，A10 是受限的强缩并结构规则 $W'$ 的公理表述，它保证可以在两个范畴中间增补一个需要的照应范畴。A11 是缩并结构公理，保证语义资源重复使用是合法的。仍以兼语句"妈妈送哥哥参军"为例，依据 A8～A10 生成其范畴推演，见图（2.）8.11。[①]

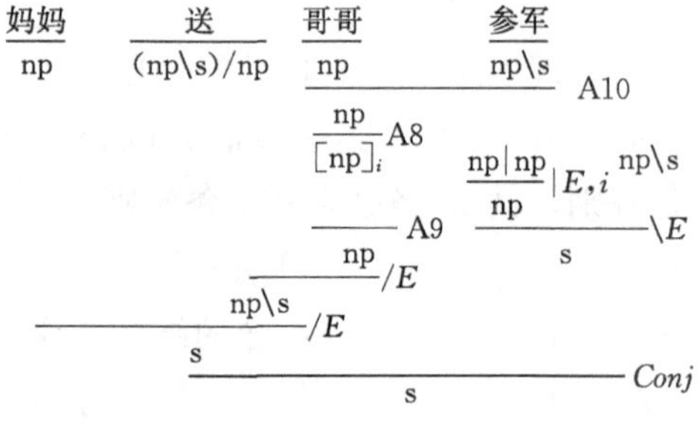

图（2.）8.11　"妈妈送哥哥参军"的推演

　　增加方框下标引入公理 A8 和方框下标消去公理 A9 是必要的。按照 $|E$ 规则，作竖线消去操作时，先行词范畴 np 被标记为 $[np]_i$。如果没有 A9，那么在完成该操作之后，这个下标标记仍然存在。而从逻辑角度严格地讲，$[np]_i$ 不能与其右侧范畴 np\s 相毗连。这一步需要使用 A9 将 $[np]_i$ 转化为 np，保证运算

---

① 下列推演中最后一步所依据的 *Conj* 规则仅限于布尔范畴。参见（Jäger，2005），第 18 页。

可以继续进行。有时，被照应范畴并不是词库中已有词条的范畴，而是运算过程的结果，这种情况对 A8 的需求表现得比较突出。比如语句"小李喜欢宫保鸡丁，小张也是"，其中作为"也是"先行词的 VP"喜欢宫保鸡丁"对应的范畴就是经过运算的结果，这时下标的添加需要依据 A8。

#### 8.4.2.2　可靠性与完全性

下面来证 LLCW′公理系统的可靠性和完全性。

**定理 8.1**(LLCW′的可靠性)　　如果 LLCW′⊢$A{\to}B$,则 $\|A\|_M{\subseteq}\|B\|_M$。

**证明**

A1 的有效性显然。

A2 和 A3 的有效性：令 $x\in\|(A\cdot B)\cdot C\|_M$，于是得 $\exists yz[Rxyz\&y\in\|A\cdot B\|_M\&z\in\|C\|_M]$。取出 $y\in\|A\cdot B\|_M$，有 $\exists wu[Rywu\&w\in\|A\|_M\&u\in\|B\|_M]$。取出 $Rxyz,Rywu$，根据结合框架的语义有 $\exists v[Rvuz\&Rxwv]$。取出 $Rvuz$，$u\in\|B\|_M,z\in\|C\|_M$，根据积算子的语义定义有：得到 $v\in\|B\cdot C\|_M$。因为 $w\in\|A\|_M,Rxwv$，根据积算子的语义定义得 $x\in\|A\cdot(B\cdot C)\|_M$。反方向证明相同。

A4 的有效性：$A\cdot B|C{\to}(A\cdot B)|C$。

令 $x\in\|A\cdot B|C\|_M$，根据积算子的语义定义，有 $\exists yz[Rxyz\&y\in\|A\|_M\&z\in\|B|C\|_M]$，取出 $z\in\|B|C\|_M$，利用竖线算子的语义定义展开有 $\exists w[w\in\|B\|_M\&Szwg(C)]$。取出 $Rxyz\&Szwg(C)$，根据 MP3 分离得 $\exists v[Sxvg(C)\&Rvyw]$。再取出 $y\in\|A\|_M,w\in\|B\|_M$ 和 $Rvyw$，两次使用存在量词添加规则后得 $\exists yw[Rvyw\&y\in\|A\|_M\&w\in\|B\|_M]$，根据积算子的语义定义，有 $v\in\|A\cdot B\|_M$。再取出 $Sxvg(C)$，与 $v\in\|A\cdot B\|_M$，使用存在量词添加规则后得 $\exists v[Sxvg(C)\&v\in\|A\cdot B\|_M]$，根据竖线算子的语义定义，于是 $x\in\|(A\cdot B)|C\|_M$。

A5 的有效性：$A|B\cdot C{\to}(A\cdot C)|B$。

令 $x\in\|A|B\cdot C\|_M$，根据积算子的语义定义，有 $\exists yz[Rxyz\&y\in\|A|B\|_M\&z\in\|C\|_M]$。取出 $y\in\|A|B\|_M$，利用竖线算子的语义定义展开有 $\exists w[w\in\|A\|_M\&Sywg(B)]$。取出 $Rxyz\&Sywg(B)$，根据 MP4 分离得 $\exists v[Sxvg(B)\&Rvwz]$。取出 $Rvwz,z\in\|C\|_M\&w\in\|A\|_M$，两次使用存在量词添加规则得 $\exists wz[Rvwz\&z\in\|C\|_M\&w\in\|A\|_M]$，根据积算子的语义定义，有 $v\in\|A\cdot C\|_M$。取出 $Sxvg(B)$，与 $v\in\|A\cdot C\|_M$，使用存在量词添加规则

后得 $\exists v[Sxvg(B) \& v \in \|A \cdot C\|_M]$，根据竖线算子的语义定义，于是有 $x \in \|(A \cdot C)|B\|_M$。

A6 的有效性：$A|C \cdot B|C \rightarrow (A \cdot B)|C$。

令 $x \in \|A|C \cdot B|C\|_M$，根据积算子的语义定义，有 $\exists yz[Rxyz \& y \in \|A|C\|_M \& z \in \|B|C\|_M]$。再根据竖线算子的语义定义，将该式展开得 $\exists yuvz[Rxyz \& Syug(C) \& Szvg(C) \& u \in \|A\|_M \& v \in \|B\|_M]$。取出 $Rxyz \& Syug(C) \& Szvg(C)$，根据 MP5 分离得 $\exists r[Sxrg(C) \& Rruv]$。再取出 $u \in \|A\|_M \& v \in \|B\|_M$ 和 $Rruv$，两次使用存在量词添加规则后得 $\exists uv[Rruv \& u \in \|A\|_M \& v \in \|B\|_M]$，根据积算子的语义定义，有 $r \in \|A \cdot B\|_M$。取出 $Sxrg(C)$，与 $r \in \|A \cdot B\|_M$，使用存在量词添加规则得 $\exists r[Sxrg(C) \& r \in \|A \cdot B\|_M]$，根据竖线算子的语义定义，于是有 $x \in \|(A \cdot B)|C\|_M$。

A7 的有效性：$A \cdot B|A \rightarrow A \cdot B$。

令 $x \in \|A \cdot B|A\|_M$，根据积算子的语义定义，有 $\exists yz[Rxyz \& y \in \|A\|_M \& z \in \|B|A\|_M]$。根据竖线算子的语义定义展开 $z \in \|B|A\|_M$，原式变为 $\exists yzw[Rxyz \& y \in \|A\|_M \& Szwg(A) \& w \in \|B\|_M]$。取出 $y \in \|A\|_M$，根据 MP7 分离得 $y \sim g(A)$。取出 $Rxyz \& Szwg(A)$，与 $y \sim g(A)$ 一同根据 MP6 分离得 $Rxyw$。取出 $y \in \|A\|_M$ 和 $w \in \|B\|_M$，使用量词添加规则得 $\exists w[Rxyw \& y \in \|A\|_M \& w \in \|B\|_M]$，根据积算子的语义定义，于是有 $x \in \|A \cdot B\|_M$。

A8 的有效性：$B \rightarrow [B]_i$。

令 $x \in \|B\|_M$，据 MP7 得 $x \sim g(B)$，即 $x \in \{x | x \sim g(B)\}$，根据一元模态算子的语义定义，$x \in \|[B]_i\|_M$。

A9 的有效性证明类似。

A10 的有效性：$A \cdot C \rightarrow A \cdot (B|B \cdot C)$。

令 $x \in \|A \cdot C\|_M$，根据积算子的语义定义有 $\exists yz[Rxyz \& y \in \|A\|_M \& z \in \|C\|_M]$。取出 $Rxyz$，根据 MP8 分离得 $Rxyu \& Ruvz \& Svwg(B) \& w \sim g(B)$。取出 $w \sim g(B)$，根据 MP7 推得 $w \in \|B\|_M$。取出 $Svwg(B)$ 和 $w \in \|B\|_M$ 使用存在量词添加规则后得 $\exists w[Svwg(B) \& w \in \|B\|_M]$，即 $v \in \|B|B\|_M$。分别取出 $Ruvz, z \in \|C\|_M$ 和 $v \in \|B|B\|_M$，两次使用存在量词添加规则后得 $\exists vz[Ruvz \& v \in \|B|B\|_M \& z \in \|C\|_M]$，即 $u \in \|B|B \cdot C\|_M$。再取出 $Rxyu$ 和 $y \in \|A\|_M$，与 $u \in \|B|B \cdot C\|_M$ 两次使用存在量词添加规则后得 $\exists yu[Rxyu \& y \in \|A\|_M \& u \in \|B|B \cdot C\|_M]$。根据积算子的语义定义有 $x \in \|A \cdot (B|B \cdot C)\|_M$。

A11 的有效性：$A \rightarrow A \cdot A$。

令 $x\in\|A\|_M$，取 MP9 的 $Rxxx$，使用存在量词添加规则后得 $\exists x[Rxxx\&x\in\|A\|_M\&x\in\|A\|_M]$。根据积算子的语义定义有 $x\in\|A\cdot A\|_M$。

D1 保持有效性：$\dfrac{A\cdot B\to C}{A\to C/B}$。

假设 $\|A\cdot B\|_M\subseteq\|C\|_M$，即

$$\forall xyz[Rxyz\&y\in\|A\|_M\&z\in\|B\|_M\to x\in\|C\|_M] \qquad (8.1)$$

且令结论的前件有效，即有 $w\in\|A\|_M$。因为 $y$ 和 $w$ 均为语义范畴为 $A$ 的点，将式（8.1）中的 $y$ 替换为 $w$，并将条件弱化，得 $\forall xwz[Rxwz\&z\in\|B\|_M\to x\in\|C\|_M]$。则依据"/"的模型论定义，直接有 $w\in\|C/B\|_M$。同理可证得 D3。

D2 保持有效性：$\dfrac{A\to C/B}{A\cdot B\to C}$。

假设 $\|A\|_M\subseteq\|C/B\|_M$，即 $\forall xyz[Rxyz\&y\in\|A\|_M\&z\in\|B\|_M\to x\in\|C\|_M]$。将其弱化得 $\forall x\exists yz[Rxyz\&y\in\|A\|_M\&z\in\|B\|_M\to x\in\|C\|_M]$。令结论的前件有效，令 $u\in\|A\cdot B\|_M$，所以有 $\exists vw[Ruvw\&v\in\|A\|_M\&w\in\|B\|_M]$，置换变元并作 MP 消去，得到 $u\in\|C\|_M$。同理可以证得 D4。

D5$\left(\dfrac{A\to B\quad B\to C}{A\to C}\right)$保持有效性可通过对箭头使用 MP 规则得到。

D6 保持有效性：$\dfrac{A\to B}{A\,|\,C\to B\,|\,C}$。

假设 $\|A\|_M\subseteq\|B\|_M$，令 $x\in\|A\,|\,C\|_M$，根据竖线算子的语义定义，有 $\exists y[Sxyg(C)\&y\in\|A\|_M]$。由 $\|A\|_M\subseteq\|B\|_M$ 有如果 $y\in\|A\|_M$，那么有 $y\in\|B\|_M$。取出 $y\in\|A\|_M$，分离得 $y\in\|B\|_M$。取出 $Sxyg(C)$ 且有 $y\in\|B\|_M$，使用存在量词添加规则得 $\exists y[Sxyg(C)\&y\in\|B\|_M]$。根据竖线算子的定义，有 $x\in\|B\,|\,C\|_M$。

D7 保持有效性：$\dfrac{A\to B}{[A]_i\to[B]_i}$。

假设 $\|A\|_M\subseteq\|B\|_M$，再令 $x\in\|[A]_i\|$。据语义定义，即 $x\in\{x\,|\,x\sim g(A)\}$，即 $x\sim g(A)$，据 MP7 得 $x\in\|A\|_M$。与假设分离得 $x\in\|B\|_M$，据 MP7 得 $x\sim g(B)$，即 $x\in\{x\,|\,x\sim g(B)\}$，依据一元模态算子的语义定义，为 $x\in\|[B]_i\|_M$。即 $\|[A]_i\|_M\subseteq\|[B]_i\|_M$。

所以定理成立。

**定理 8.2**（LLCW′的完全性）　如果 $\|A\|_M \subseteq \|B\|_M$，则 LLCW′ $\vdash A \to B$[①]。

需证明在所有 LLCW′ 模型下的有效式都是 LLCW′ 系统可推出的。首先定义 LLCW′ 的典范模型 $\mathcal{M}=\langle W,R,S,\sim,f,g\rangle$，$W$ 是包含所有 LLCW′ 范畴的集合。

对于所有原子范畴：$f(p)=\{A \mid A \to p\}$。

$RABC$ 当且仅当 $\vdash A \to B \cdot C$。

$SABC$ 当且仅当 $\vdash A \to B \mid C$。

$A \sim B$ 当且仅当 $\vdash A \to B$。

对于所有范畴 $A$：$g(A)=A$。

下面先给出 LLCW′ 系统典范模型的真值引理证明。

**真值引理**　在典范模型 $\mathcal{M}$ 中，对于所有范畴 $A$ 和 $B$，都有 $A \in \|B\|_M$ 当且仅当 $\vdash A \to B$。

**证明**　施归纳于 $B$ 的结构。

**基始**：$B$ 是原子范畴，根据典范模型中原子范畴的定义，引理成立。

**归纳**：$B = C \cdot D$ 的情况：

令 $A \in \|C \cdot D\|_M$，根据积算子的语义定义得 $A \in \{x \mid \exists yz[Rxyz \& y \in \|C\|_M \& z \in \|D\|_M]\}$，即存在 $A_1,A_2$，使得 $RAA_1A_2 \& A_1 \in \|C\|_M \& A_2 \in \|D\|_M$。据归纳假设有 $\vdash A_1 \to C$ 和 $\vdash A_2 \to D$。据积算子的单调律得，$\vdash A_1 \cdot A_2 \to C \cdot D$。据 $RAA_1A_2$ 和 $R$ 在典范模型中的定义有：$\vdash A \to A_1 \cdot A_2$。传递得 $\vdash A \to C \cdot D$。

设 $\vdash A \to C \cdot D$，在典范模型中有 $RACD$。在系统中有 $\vdash C \to C$ 和 $\vdash D \to D$，据归纳假设得 $C \in \|C\|_M$，$D \in \|D\|_M$，根据积算子的语义定义得 $A \in \|C \cdot D\|_M$。

$B = C/D$ 的情况：

令 $A \in \|C/D\|_M$，根据 "/" 的语义定义得 $\forall yz[RzAy \& y \in \|D\|_M \to z \in \|C\|_M]$。即，若 $R(A \cdot D)AD$ 并且 $D \in \|D\|_M$ 则 $A \cdot D \in \|C\|_M$；已知 $\vdash A \cdot D \to A \cdot D$ 和 $\vdash D \to D$，据典范模型的定义得 $R(A \cdot D)AD$，据归纳假设得 $\vdash D \to D$；所以有 $\vdash A \cdot D \to C$；据 L 规则得 $\vdash A \to C/D$。

设 $\vdash A \to C/D$；据 L 规则得 $\vdash A \cdot D \to C$；假设 $ReAd$ 且 $d \in \|D\|_M$，据典范模型定义得 $\vdash e \to A \cdot d$ 和 $\vdash d \to D$。据单调律得 $\vdash A \cdot d \to A \cdot D$。多次传递：$\vdash e \to C$；据归纳假设得 $e \in \|C\|_M$。最后得 $ReAd$ 且 $d \in \|D\|_M \to e \in \|C\|_M$，

---

① 在不引起混淆的情况下，以下的 $\vdash$ 均表述 "LLCW′ $\vdash$"。

根据右斜线算子的语义定义，得 $A\in\parallel C/D\parallel_{\mathcal{M}}$。

$B=C\backslash D$ 的证明类似。

$B=[C]_i$ 的情况。

令 $A\in\parallel[C]_i\parallel_{\mathcal{M}}$，据语义定义得 $A\in\{x\mid x\sim g(C)\}$，即 $A\sim g(C)$，据典范模型的定义得 $\vdash A\to C$。据 A8：$\vdash C\to[C]_i$，传递得 $\vdash A\to[C]_i$。

令 $\vdash A\to[C]_i$，据 A9：$\vdash[C]_i\to C$，传递得 $\vdash A\to C$。据典范模型的定义有 $A\sim g(C)$，即 $A\in\{x\mid x\sim g(C)\}$，据语义定义得 $A\in\parallel[C]_i\parallel_{\mathcal{M}}$。

$B=C\mid D$ 的情况。

令 $A\in\parallel C\mid D\parallel_{\mathcal{M}}$，根据"$\mid$"的语义定义有：$SABg(D)\,\&\,B\in\parallel C\parallel_{\mathcal{M}}$。取出 $B\in\parallel C\parallel_{\mathcal{M}}$，根据归纳假设有 $\vdash B\to C$。据此由 D6 得 $\vdash B\mid D\to C\mid D$。取出 $SABg(D)$，据典范模型的定义有 $\vdash A\to B\mid D$。传递得到 $A\to C\mid D$。

令 $\vdash A\to C\mid D$，据典范模型定义有 $SACD$，即 $SACg(D)$，据等同公理由归纳假设得 $C\in\parallel C\parallel_{\mathcal{M}}$，即有 $SACg(D)\,\&\,C\in\parallel C\parallel_{\mathcal{M}}$，根据"$\mid$"的语义定义，有 $A\in\parallel C\mid D\parallel_{\mathcal{M}}$。

真值引理成立。

其次，证明在典范模型定义下，LLCW$'$ 的语义公设是成立的，即证明上述典范模型满足 LLCW$'$ 语义模型的框架性质 MP1～MP9：

满足 MP1：$\forall xyzuv[Rxyz\,\&\,Rzuv\to\exists w[Rwyu\,\&\,Rxwv]]$。令 $Rxyz$ 与 $Rzuv$ 在典范模型中成立，根据 $R$ 的典范模型定义有 $\vdash x\to y\cdot z$，$\vdash z\to u\cdot v$。后者从积的单调性得 $\vdash y\cdot z\to y\cdot(u\cdot v)$，传递得 $\vdash x\to y\cdot(u\cdot v)$。根据 A2：$\vdash y\cdot(u\cdot v)\to(y\cdot u)\cdot v$。传递得到 $\vdash x\to(y\cdot u)\cdot v$。根据典范模型的定义得 $Rx(y\cdot u)v$，即存在满足 $Rxwv$ 的 $w$，且 $w=y\cdot u$，即有 $Rxwv$ 和 $Rwyu$。

满足 MP2 的证明类似。

满足 MP3：$\forall xyzwu[Rxyz\,\&\,Szwu\Rightarrow\exists v[Sxvu\,\&\,Rvyw]]$。令 $Rxyz$ 与 $Szwu$ 在典范模型中成立，根据 $R$，$S$ 的典范模型定义有 $\vdash x\to y\cdot z$，$\vdash z\to w\mid u$。由后者从积的单调性得 $\vdash y\cdot z\to y\cdot w\mid u$，传递得 $\vdash x\to y\cdot w\mid u$。根据 A4：$\vdash y\cdot w\mid u\to(y\cdot w)\mid u$。传递得到 $\vdash x\to(y\cdot w)\mid u$，据典范模型的定义得 $Sx(y\cdot w)u$，即存在满足 $Sxvu$ 的 $v$ 且 $v=y\cdot w$，即有 $Rvyw$ 和 $Sxvu$。

满足 MP4：$\forall xyzwu[Rxyz\,\&\,Sywu\Rightarrow\exists v[Sxvu\,\&\,Rvwz]]$。令 $Rxyz$ 与 $Sywu$ 在典范模型中成立，根据 $R$，$S$ 的典范模型定义，有 $\vdash x\to y\cdot z$，$\vdash y\to w\mid u$。由后者从积的单调性得 $\vdash y\cdot z\to w\mid u\cdot z$，传递得 $\vdash x\to w\mid u\cdot z$。根据 A5，有 $\vdash w\mid u\cdot z\to(w\cdot z)\mid u$。传递得到 $\vdash x\to(w\cdot z)\mid u$，据典范模型的定义得 $Sx(w\cdot z)u$，

即存在满足 $Sxvu$ 的 $v$ 且 $v = w \cdot z$，即有 $Rvwz$ 和 $Sxvu$。

满足 MP5：$\forall xyzwuv[Rxyz \& Sywu \& Szvu \Rightarrow \exists r[Rxru \& Rrwv]]$。令 $Rxyz$，$Sywu$，$Szvu$ 在典范模型中成立，根据 $R$，$S$ 的典范模型定义有 $\vdash x \to y \cdot z$，$\vdash y \to w|u$，$\vdash z \to v|u$。利用积的单调性从后两者可分别得到 $\vdash y \cdot z \to w|u \cdot z$ 和 $\vdash w|u \cdot z \to w|u \cdot v|u$。两次传递得 $\vdash x \to (w|u) \cdot (v|u)$。根据 A6 传递得到 $\vdash x \to (w \cdot v)|u$，据典范模型的定义得 $Sx(w \cdot v)u$，即存在满足 $Sxru$ 的 $r$ 且 $r = w \cdot v$，即有 $Rrwv$ 和 $Sxru$。

满足 MP6：$\forall xyzwu[Rxyz \& Szwu \& y \sim u \Rightarrow Rxuw]$[①]。令 $Rxyz$，$Szwu$ 和 $y \sim u$ 在典范模型中成立，根据 $R$，$S$ 和 $\sim$ 的典范模型定义有 $\vdash x \to y \cdot z$，$\vdash z \to w|u$，$\vdash y \to u$。由 $\vdash z \to w|u$ 利用积的单调性可得 $\vdash y \cdot z \to y \cdot w|u$，传递得 $\vdash x \to y \cdot w|u$。再由 $\vdash y \to u$ 利用积的单调性得 $\vdash y \cdot w|u \to u \cdot w|u$，传递得 $\vdash x \to u \cdot w|u$。根据 A7：$\vdash u \cdot w|u \to u \cdot w$，传递得到 $\vdash x \to u \cdot w$，据典范模型的定义有 $Rxuw$。

满足 MP7：即真值引理。

满足 MP8：$\forall xywt[Rxyz \Rightarrow \exists uv[Rxyu \& Ruvz \& Svwt \& w \sim t]]$。令 $Rxyz$ 在典范模型中成立，根据 $R$ 的典范模型定义有 $\vdash x \to y \cdot z$，依据 A10：$\vdash y \cdot z \to y \cdot (w|w \cdot z)$，传递得 $\vdash x \to y \cdot (w|w \cdot z)$。据典范模型定义有 $Rxy(w|w \cdot z)$。所以，存在 $u$ 满足 $u = w|w \cdot z$，使得 $Rxyu$ 且 $Ru(w|w)z$。所以，存在 $v$ 满足 $v = w|w$，使得 $Rxyu$ 且 $Ruvz$ 且 $Svvw$。根据典范模型定义得 $Svvg(w)$。即有 $t = g(w)$ 使得 $Svvt$ 且 $g(w) \sim t$。据典范模型定义即得 $w \sim t$。

满足 MP9：$\forall x[Rxxx]$。依据 A11，$\vdash x \to x \cdot x$。依据典范模型定义有 $Rxxx$。

最后证明每一个 LLCW' 有效式都是 LLCW' 可推出的：令 $\|A\|_M \subseteq \|B\|_M$。假设 $A \to B$ 不是 LLCW' 可推出的。据典范模型中的真值引理得 $A \notin \|B\|_M$。由 A1 和真值引理有 $A \in \|A\|_M$。因此并非 $\|A\|_M \subseteq \|B\|_M$，与题设矛盾。所以，$A \to B$ 是 LLCW' 可推出的。

这样就证明 LLCW' 公理表述的可靠性和完全性。

---

① 这是 MP6 的一个弱化版本。MP6 本身应为：$\forall xyzwu[Rxyz \& Szwu \& y \sim u \Rightarrow Rxyw]$。（Jäger，2005）[152] 中的原始证明也不能证出典范模型满足 MP6。以 LLC 系统现有的公理和典范模型定义，只能证明典范模型满足 MP6 的这个弱化版本。在此只证典范模型满足 MP6 的弱化版本，进一步的讨论留待今后。

### 8.4.3 LLCW′的根岑表述

为了使刻画省略现象的类型逻辑系统 LLCW′ 具有可判定性，势必建立与公理表述在推演能力上等价的根岑表述。前面已经提到，我们的系统之所以命名 LLCW′，是因为在研究中我们发现，要证明 LLCW′ 系统的根岑表述与其公理表述的等价，证明根岑表述中的 Cut 消去定理，需要在 LLCW′ 的根岑表述中配备一条受限的强缩并结构规则 $W'$。我们将在根岑表述那里提出受限的强缩并规则 $W'$，方框下标的左引进规则 $[]_i L$ 和右引进规则 $[]_i R$。这样的设置使得 LLCW′ 的根岑表述与其公理表述具有同等的推演表达力。而根岑表述则可以通过 Cut 规则的消去解决判定问题，使得 LLCW′ 系统是可判定的。LLCW′ 的根岑表述的 $[]_i R$ 规则和 $[]_i L$ 规则分别为

$$\frac{\Gamma \Rightarrow B}{\Gamma \Rightarrow [B]_i}[]_i R, \quad \frac{X, B, Y \Rightarrow D}{X, [B]_i, Y \Rightarrow D}[]_i L$$

因此，LLCW′根岑表述的全部规则如下：

**定义 8.5**（LLCW′的根岑表述）

(a) $\dfrac{}{A \Rightarrow A} Ax$

(b) $\dfrac{\Delta \Rightarrow A \quad \Gamma, A, \Gamma' \Rightarrow C}{\Gamma, \Delta, \Gamma' \Rightarrow C}$ Cut

(c) $\dfrac{\Delta, B \Rightarrow A}{\Delta \Rightarrow A/B}/R$

(d) $\dfrac{\Delta \Rightarrow B \quad \Gamma, A, \Gamma' \Rightarrow C}{\Gamma, A/B, \Delta, \Gamma' \Rightarrow C}/L$

(e) $\dfrac{B, \Delta \Rightarrow A}{\Delta \Rightarrow B \backslash A}\backslash R$

(f) $\dfrac{\Delta \Rightarrow B \quad \Gamma, A, \Gamma' \Rightarrow C}{\Gamma, \Delta, B \backslash A, \Gamma' \Rightarrow C}\backslash L$

(g) $\dfrac{\Gamma, A, B, \Gamma' \Rightarrow C}{\Gamma, A \cdot B, \Gamma' \Rightarrow C} \cdot L$

(h) $\dfrac{\Gamma \Rightarrow A \quad \Gamma' \Rightarrow B}{\Gamma, \Gamma' \Rightarrow A \cdot B} \cdot R$

(i) $\dfrac{X, A_1, Y_1, \cdots, A_n, Y_n \Rightarrow B}{X, A_1 \mid C, Y_1, \cdots, A_n \mid C, Y_n \Rightarrow B \mid C} \mid R$

(j) $\dfrac{Y \Rightarrow B \quad X, B, Z, A, W \Rightarrow C}{X, Y, Z, A \mid B, W \Rightarrow C} \mid L$

(k) $\dfrac{\Gamma \Rightarrow B}{\Gamma \Rightarrow [B]_i}\ []_i R$

(l) $\dfrac{X,B,Y \Rightarrow D}{X,[B]_i,Y \Rightarrow D}\ []_i L$

(m) $\dfrac{X,(A,(B \mid B,C)),Y \Rightarrow D}{X,(A,C),Y \Rightarrow D}\ W'$

(n) $\dfrac{X,A,A,Y \Rightarrow D}{X,A,Y \Rightarrow D}\ C$

### 8.4.3.1　LLCW′的根岑表述与公理表述等价

为证明 LLCW′ 系统两种表述的推演能力等价，先确立：

**引理 8.1**　$\sigma(X,A_1 \mid B,Y_1,\cdots,A_n \mid B,Y_n) \rightarrow \sigma(X,A_1,Y_1,\cdots,A_n,Y_n) \mid B$ 在公理表述中成立。

**证明**

归纳基始：$n=1$。要证 $\sigma(X,A_1 \mid B,Y_1) \rightarrow \sigma(X,A_1,Y_1) \mid B$ 在公理表述中成立。设 $\sigma(X,A_1 \mid B,Y_1)$，据"$\sigma$"的定义得 $\sigma(X) \cdot \sigma(A_1 \mid B) \cdot \sigma(Y_1)$。据 A4 和 A5 先后分离得 $(\sigma(X) \cdot A_1 \cdot \sigma(Y_1)) \mid B$，再据"$\sigma$"的定义得 $\sigma(X,A_1,Y_1) \mid B$。

归纳假设 $n=k$ 时引理 8.1 成立，要证 $n=k+1$ 时引理 8.1 成立。

据归纳假设，$\sigma(X,A_1 \mid B,Y_1,Z_1,\cdots,A_k \mid B,Y_k) \rightarrow \sigma(X,A_1,Y_1,\cdots,A_k,Y_k) \mid B$ 在公理表述中成立。根据 A5 和 $\sigma$ 的定义，有 $\sigma(A_{k+1} \mid B,Y_{k+1}) \rightarrow \sigma(A_{k+1},Y_{k+1}) \mid B$。对这两个结果运用 · 的单调律，得

$$\sigma(X,A_1 \mid B,Y_1,\cdots,A_k \mid B,Y_k) \cdot \sigma(A_{k+1} \mid B,Y_{k+1})$$
$$\rightarrow \sigma(X,A_1,Y_1,\cdots,A_k,Y_k) \mid B \cdot \sigma(A_{k+1},Y_{k+1}) \mid B$$

对前件运用 $\sigma$ 的定义，对后件运用 A6 和 $\sigma$ 的定义，最后得

$$\sigma(X,A_1 \mid B,Y_1,\cdots,A_k \mid B,Y_k,A_{k+1} \mid B,Y_{k+1})$$
$$\rightarrow \sigma(X,A_1,Y_1,\cdots,A_k,Y_k,A_{k+1},Y_{k+1}) \mid B$$

引理 8.1 获证。

**定理 8.3**　LLCW′ 的公理表述与根岑表述等价。[①]

$$G \vdash X \Rightarrow A \text{ 当且仅当 } A \vdash_\sigma (X) \rightarrow A$$

从左到右：证明在 $G$ 中运用 14 条规则时断言成立。

LLCW′ 中 L 的 $G$ 的规则满足断言较简单，请读者自证。

---

① 以下用 $G$ 表述根岑表述，用 $A$ 表述公理表述。

假设 $|R$ 规则的前提满足断言，即 $\sigma(X,A_1,Y_1,\cdots,A_n,Y_n)\to A$ 在 $A$ 中成立。根据 D6，有 $\sigma(X,A_1,Y_1,\cdots,A_n,Y_n)|C\to C$。根据引理 8.1：$\sigma(X,A_1|C,Y_1,\cdots,A_n|C,Y_n)\to\sigma(X,A_1,Y_1,\cdots,A_n,Y_n)|C$ 在 $A$ 中成立，传递得 $\sigma(X,A_1|C,Y_1,\cdots,A_n|C,Y_n)\to C$ 在 $A$ 中成立。

假设 $|L$ 规则的两个前提都满足断言，即 $\sigma(Y)\to B$ 和 $\sigma(X,B,Z,A,W)\to C$ 在 $A$ 中成立。根据 A4 和 $\sigma$ 的定义有 $\sigma(Z,A|B)\to\sigma(Z,A)|B$。依据 $|$ 和积算子的单调性，可得 $\sigma(B,Z,A|B)\to\sigma(B,Z,A)$。根据积算子的单调性有：$\sigma(X,B,Z,A|B,W)\to\sigma(X,B,Z,A,W)$。据此由题设 $\sigma(X,B,Z,A,W)\to C$ 传递得 $\sigma(X,B,Z,A|B,W)\to C$。利用积算子的单调性从另一题设 $\sigma(Y)\to B$ 传递得 $\sigma(X,Y,Z,A|B,W)\to\sigma(X,B,Z,A|B,W)$。再经过传递得 $\sigma(X,Y,Z,A|B,W)\to C$。这表明 $|L$ 的结论满足断言。

假设 $[]_iR$ 的前提满足断言，即 $\sigma(\Gamma)\to B$ 在 $A$ 中成立。根据公理规则 A8，有 $B\to[B]_i$，据 $A$ 中的传递规则得 $\sigma(\Gamma)\to[B]_i$。即 $[]_iR$ 的结论也在 $A$ 中成立。

$[]_iL$ 的证明类似。

假设 $W'$ 的前提满足断言，即 $\sigma(X,(A,(B|B,C)),Y)\to D$ 在 $A$ 中成立。要证在 $A$ 中：$\sigma(X,(A,C),Y)\to D$ 也成立。据公理 A10 由 $\cdot$ 的单调律有：$X\cdot(A\cdot C)\cdot Y\to X\cdot(A\cdot(B|B\cdot C))\cdot Y$。根据 $\sigma$ 的定义得 $\sigma(X,(A,C),Y)\to\sigma(X,(A,(B|B,C)),Y)$。用 $A$ 中的传递规则得：$\sigma(X,(A,C),Y)\to D$ 在 $A$ 中成立。

易证 $C$ 规则满足断言。

**从右到左**：证明在 $A$ 中运用 11 条公理和 7 条规则时断言成立。

证明 A1～A3 在 $G$ 中可推出：

A1 的 $\sigma$ 模式为：$A\to A$，要证在 $G$ 中可以推出 $A\Rightarrow A$。从 id 可以直接得到。

A2 的 $\sigma$ 模式为：$\sigma(A\cdot(B\cdot C))\to(A\cdot B)\cdot C$。要证在 $G$ 中可以推出 $A\cdot(B\cdot C)\Rightarrow(A\cdot B)\cdot C$。

$$
\cfrac{\cfrac{\cfrac{\overline{A\Rightarrow A}^{Ax}\quad\overline{B\Rightarrow B}^{Ax}}{A,B\Rightarrow A\cdot B}\cdot R\quad\overline{C\Rightarrow C}^{Ax}}{\cfrac{A,B,C\Rightarrow(A\cdot B)\cdot C}{A,B\cdot C\Rightarrow(A\cdot B)\cdot C}\cdot L}\cdot R}{A\cdot(B\cdot C)\Rightarrow(A\cdot B)\cdot C}\cdot L
$$

这表明 A2 在 $G$ 中成立。

A3 的 $\sigma$ 模式为 $\sigma((A\cdot B)\cdot C)\to A\cdot(B\cdot C)$。要证在 $G$ 中可以推出 $(A\cdot B)\cdot C\Rightarrow A\cdot(B\cdot C)$。

$$\cfrac{\cfrac{}{A{\Rightarrow}A}Ax \quad \cfrac{\cfrac{\overline{B{\Rightarrow}B}Ax \quad \overline{C{\Rightarrow}C}Ax}{B,C{\Rightarrow}B\cdot C}\cdot R}{A,B,C{\Rightarrow}A\cdot(B\cdot C)}\cdot R}{\cfrac{A\cdot B,C{\Rightarrow}A\cdot(B\cdot C)}{(A\cdot B)\cdot C{\Rightarrow}A\cdot(B\cdot C)}\cdot L}\cdot L$$

这表明 A3 在 $G$ 中成立。

A4 的 $\sigma$ 模式为 $\sigma(A\cdot D\,|\,C)\rightarrow(A\cdot D)\,|\,C$，要证在 $G$ 中可以推出 $A,D\,|\,C$ $\Rightarrow(A\cdot D)\,|\,C$。利用 $|\,R$，令前提中 $X=A,A_1=D,Y_1=\cdots=Y_n=A_2=\cdots$ $=A_n=\varnothing$，于是有

$$\cfrac{\cfrac{A{\Rightarrow}A \quad D{\Rightarrow}D}{A,D{\Rightarrow}A\cdot D}\cdot R}{A,D\,|\,C{\Rightarrow}(A\cdot D)\,|\,C}\,|\,R$$

这表明 A4 在 $G$ 中成立。

A5 的 $\sigma$ 模式为 $\sigma(A\,|\,D\cdot C)\rightarrow(A\cdot C)\,|\,D$，要证在 $G$ 中可以推出 $A\,|\,D,C$ $\Rightarrow(A\cdot C)\,|\,D$。利用 $|\,R$，令前提中 $A_1=A,Y_1=D,X=Y_2=\cdots=Y_n=A_2=\cdots$ $=A_n=\varnothing$，于是有

$$\cfrac{\cfrac{A{\Rightarrow}A \quad D{\Rightarrow}D}{A,D{\Rightarrow}A\cdot D}\cdot R}{A\,|\,C,D{\Rightarrow}(A\cdot D)\,|\,C}\,|\,R$$

这表明 A5 在 $G$ 中成立。

A6 的 $\sigma$ 模式为 $\sigma(A\,|\,C\cdot D\,|\,C)\rightarrow(A\cdot D)\,|\,C$，要证在 $G$ 中可以推出 $A\,|\,C,D\,|$ $C\Rightarrow(A\cdot D)\,|\,C$。利用 $|\,R$，令前提中 $A_1=A,A_2=D,X=Y_1=\cdots=Y_n=A_3=\cdots=$ $A_n=\varnothing$，于是有

$$\cfrac{\cfrac{A{\Rightarrow}A \quad D{\Rightarrow}D}{A,D{\Rightarrow}A\cdot D}\cdot R}{A\,|\,C,D\,|\,C{\Rightarrow}(A\cdot D)\,|\,C}\,|\,R$$

这表明 A6 在 $G$ 中成立。

A7 的 $\sigma$ 模式为 $\sigma(E\cdot D\,|\,E)\rightarrow E\cdot D$，要证在 $G$ 中可以推出 $E,D\,|\,E\Rightarrow E\cdot D$。利用 $|\,L$，令前提中 $X=Z=W=\varnothing,Y=B=E,A=D$，于是

$$\cfrac{E{\Rightarrow}E \quad \cfrac{E{\Rightarrow}E \quad D{\Rightarrow}D}{E,D{\Rightarrow}E\cdot D}\cdot R}{E,D\,|\,E{\Rightarrow}E\cdot D}\,|\,L$$

这表明 A7 在 $G$ 中成立。

A8 的 $\sigma$ 模式为 $\sigma(B)\rightarrow[B]_i$，要证在 $G$ 中可推出 $B\Rightarrow[B]_i$。根据 $[\,]_i R$，令

前提中 $\Gamma = B$，于是有

$$\frac{B \Rightarrow B}{B \Rightarrow [B]_i} []_i R$$

这表明 A8 在 $G$ 中成立。

A9 的 $\sigma$ 模式为 $\sigma([B]_i) \to B$。要证在 $G$ 中可以推出 $[B]_i \Rightarrow B$。利用 $[]_i L$，令前提中 $X = Y = \varnothing, D = B$，则有

$$\frac{B \Rightarrow B}{[B]_i \Rightarrow B} []_i L$$

这表明 A9 在 $G$ 中成立。

A10 的 $\sigma$ 模式为 $\sigma(A \cdot C) \to A \cdot (B | B \cdot C)$。要证在 $G$ 中可以推出 $A, C \Rightarrow A \cdot (B | B \cdot C)$。利用 $W'$，令前提中 $X = Y = \varnothing$，则有

$$\frac{A \Rightarrow A \quad \dfrac{B | B \Rightarrow B | B \quad C \Rightarrow C}{B | B, C \Rightarrow B | B \cdot C} \cdot R}{\dfrac{A, (B | B, C) \Rightarrow A \cdot (B | B \cdot C)}{A, C \Rightarrow A \cdot (B | B \cdot C)} W'} \cdot R$$

这表明 A10 在 $G$ 中成立。

A11 的 $\sigma$ 模式为 $\sigma(A) \to A \cdot A$。要证在 $G$ 中可以推出 $A \Rightarrow A \cdot A$。利用 $C$，令前提中 $X = Y = \varnothing$，则有

$$\frac{\dfrac{A \Rightarrow A \quad A \Rightarrow A}{A, A \Rightarrow A \cdot A} \cdot R}{A \Rightarrow A \cdot A} C$$

这表明 A11 在 $G$ 中成立。

再证明使用前提假设和 $[Ax]$ 推出公理表述的推演规则 D1～D5：

推演规则 D1：$\dfrac{A \cdot B \to C}{A \to C/B}$。

$$\frac{\dfrac{\dfrac{\overline{A \Rightarrow A} Ax \quad \overline{B \Rightarrow B} Ax}{A, B \Rightarrow A \cdot B} \cdot R}{A \Rightarrow (A \cdot B)/B} /R \quad \dfrac{A \cdot B \Rightarrow C \quad \overline{B \Rightarrow B} Ax}{(A \cdot B)/B, B \Rightarrow C} /L}{\dfrac{A, B \Rightarrow C}{A \Rightarrow C/B} /R} Cut$$

这表明 D1 在 $G$ 中成立。

推演规则 D3 的证明过程相似。

推演规则 D2：$\dfrac{A \to C/B}{A \cdot B \to C}$。

$$\cfrac{\cfrac{A\Rightarrow C/B \quad \cfrac{}{B\Rightarrow B}Ax}{A,B\Rightarrow (C/B)\cdot B}\cdot R \quad \cfrac{\cfrac{\cfrac{}{B\Rightarrow B}Ax \quad \cfrac{}{C\Rightarrow C}Ax}{C/B,B\Rightarrow C}/L}{(C/B)\cdot B\Rightarrow C}\cdot L}{\cfrac{A,B\Rightarrow C}{A\Rightarrow B\backslash C}\backslash R} Cut$$

这表明 D2 在 $G$ 中成立。

D4 的证明过程相似。

D5 是 Cut 规则在 $\Delta$ 为单一范畴，$\Gamma=\Gamma'=\varnothing$ 时的特例。

推演规则 D6：$\cfrac{A\to B}{A\mid C\to B\mid C}$。假定 D6 的前提满足断言，即 $A\Rightarrow B$ 在 $G$ 中成立。利用 $\mid R$，令前提中 $X=Y_1=\cdots=A_n=Y_n=\varnothing, A_1=A$，则有

$$\cfrac{A\Rightarrow B}{A\mid C\Rightarrow B\mid C}\mid R$$

这表明 D6 在 $G$ 中成立。

推演规则 D7：$\cfrac{B\to C}{[B]_i\to [C]_i}$。假定 D7 的前提满足断言，即 $B\Rightarrow C$ 在 $G$ 中成立。利用 $[]_i L$，令前提中 $X=Y=\varnothing, D=C$，则有

$$\cfrac{\cfrac{B\Rightarrow C}{[B]_i\Rightarrow C}[]_i L}{[B]_i\Rightarrow [C]_i}[]_i R$$

这表明 D7 在 $G$ 中成立。

因此，LLCW′的公理表述与根岑表述等价。

### 8.4.3.2 可判定性

LLCW′是在兰贝克演算基础上扩展得到的逻辑系统，其公理表述包括兰贝克演算的所有公理和推导规则，所以 LLCW′的公理表述自然也承认传递规则，因而导致无法解决判定问题。这就要借助其根岑表述，如果能够证明与传递规则等价的 Cut 规则在其根岑表述中可以消去，就能够为 LLCW′的可判定性找到出路。

下面先来证明 LLCW′系统的 Cut 规则消去定理，说明 LLCW′中的每个推演都可以用不含 Cut 规则的形式表述出来。其中涉及竖线算子规则的两种情况证明是对贾格尔证明的修正版本。①

————————————

① 参考（Jäger，2005）[125-126]的证明，本书对其中的几处错误做了订正。

**定理 8.4**（LLCW$'$的 Cut 消去定理）

若 $X \Rightarrow A$ 在根岑表述中是有效的推演，则在根岑表述中一定存在一个不使用 Cut 规则的 $X \Rightarrow A$ 推演。

**证明** 先给出 Cut 规则的表述如下：

$$\frac{\Delta \Rightarrow A \quad \Gamma, A, \Gamma' \Rightarrow C}{\Gamma, \Delta, \Gamma' \Rightarrow C} \text{Cut}$$

对 Cut 规则的前提通常分为三类情况讨论（其中关于左右斜线和积算子的证明参见（Lambek，1958），在此从略）：

第一类指 Cut 规则的至少一个前提是等同公理$[Ax]$。这种情况易证，这里从略。

第二类指 Cut 规则的左右前提都是运用逻辑联结词规则的结果，且两个前提中的 Cut 公式是含有联结词的活动公式，在这种情况下，两个前提一定是分别使用 $R$ 规则和 $L$ 规则的结果，才能保证将这个含有联结词的活动公式被切割掉。第二类中与$[]_i L$ 和$[]_i R$ 有关的情况为

$$\frac{\dfrac{\Gamma \Rightarrow B}{\Gamma \Rightarrow [B]_i}[]_i R \quad \dfrac{X, B, Y \Rightarrow D}{X, [B]_i, Y \Rightarrow D}[]_i L}{X, \Gamma, Y \Rightarrow D}\text{Cut}$$

$$\Downarrow$$

$$\frac{\Gamma \Rightarrow B \quad X, B, Y \Rightarrow D}{X, \Gamma, Y \Rightarrow D}\text{Cut}$$

可以看出，以$[]_i R$ 和$[]_i L$ 为 Cut 规则两个前提时，化归前的 Cut 规则使用涉及两个含有一元算子$[]_i$ 的范畴，化归后的 Cut 规则使用不再含有$[]_i$ 算子，公式系列的复杂度显然降低。所以 Cut 规则的使用在此情况下可以逐步消去。

与竖线算子有关的情况为

$$\frac{\dfrac{U, D_1, V_1, \cdots, D_n, V_n \Rightarrow A}{U, D_1|B, V_1, \cdots, D_n|B, V_n \Rightarrow A|B}|R \quad \dfrac{Y \Rightarrow B \quad X, B, Z, A, W \Rightarrow C}{X, Y, Z, A|B, W \Rightarrow C}|L}{X, Y, Z, U, D_1|B, V_1, \cdots, D_n|B, V_n, W \Rightarrow C}\text{Cut}$$

$$\Downarrow$$

$$\frac{Y \Rightarrow B \quad \dfrac{\dfrac{B \Rightarrow B}{\quad}\text{id} \quad \dfrac{U, D_1, V_1, \cdots, D_n, V_n \Rightarrow A \quad X, B, Z, A, W \Rightarrow C}{X, B, Z, U, D_1, V_1, \cdots, D_n, V_n, W \Rightarrow C}\text{Cut}}{X, B, Z, U, D_1|B, \cdots, D_{n-1}|B, V_{n-1}, D_n, V_n, W \Rightarrow C}\text{使用 } n-1 \text{ 次} |L}{X, Y, Z, U, D_1|B, V_1, \cdots, D_n|B, V_n, W \Rightarrow C}|L$$

上面的化归表明：以$|R$ 和$|L$ 为 Cut 规则两个前提的情况，化归前 Cut 规则的使用涉及 $2(n+1)$个含有"$|$"的照应范畴，化归后使用 Cut 规则的复杂度明

显比化归前低。继续这个过程，可以消去 Cut 规则的使用。

第三类指 Cut 规则的至少一个前提不是活动公式。这一类中与竖线算子有关的情况是

$$
\cfrac{\cfrac{X,A_1,Y_1,\cdots,A_n,Y_n \Rightarrow B_i}{X,A_1|C,Y_1,\cdots,A_n|C,Y_n \Rightarrow B_i|C}|R \quad \cfrac{Z,B_1,W_1,\cdots,B_m,W_m \Rightarrow D}{Z,B_1|C,W_1,\cdots,B_m|C,W_m \Rightarrow D|C}|R}{Z,B_1|C,W_1,\cdots,X,A_1|C,Y_1,\cdots,A_n|C,Y_n,\cdots,B_m|C,W_m \Rightarrow D|C}\text{Cut}
$$

$$\Downarrow$$

$$
\cfrac{\cfrac{X,A_1,Y_1,\cdots,A_n,Y_n \Rightarrow B_i \quad Z,B_1,W_1,\cdots,B_m,W_m \Rightarrow D}{Z,B_1,W_1,\cdots,X,A_1,Y_1,\cdots,A_n,Y_n,\cdots,B_m,W_m \Rightarrow D}\text{Cut}}{Z,B_1|C,W_1,\cdots,X,A_1|C,Y_1,\cdots,A_n|C,Y_n,W_i,\cdots,B_m|C,W_m \Rightarrow D|C}|R
$$

从结论看，化归后的公式系列比化归前的至少要少 $n+m$ 个竖线算子，复杂度显然已经降低，继续这个过程，Cut 规则的使用最终会被完全消去。

上述每个例证化归后所用的 Cut 规则的复杂度比化归前使用的 Cut 规则的复杂度都要低，继续这个过程，Cut 规则最终将完全被消去。

其次，LLCW$'$ 系统不但在 $|L$ 规则中涉及受限的弱缩并规则 $C$，还包含一条受限的强缩并结构规则 $W'$。从子结构逻辑与结构规则表（2.）8.1 可以看到，因为系统 LLCW$'$ 含有结构规则 $C$ 和 $W'$，应位于经典命题逻辑和兰贝克演算之间，是子结构逻辑家族的一员。由于 $W'$ 的奇特性，在具有结构身份之外，还涉及联结词的出现不满足子公式性质的情况。所以还需证明定理 8.5。

**定理 8.5**（LLCW$'$ 的 $W'$ 消去定理）

**证明**

$$
\cfrac{\cfrac{A \Rightarrow B \quad X,B,B,C,Y \Rightarrow D}{X,A,B|B,C,Y \Rightarrow D}|L}{X,A,C,Y \Rightarrow D}W'
$$

$$\Downarrow$$

$$
\cfrac{A \Rightarrow B \quad \cfrac{X,B,B,C,Y \Rightarrow D}{X,B,C,Y \Rightarrow D}C}{X,A,C,Y \Rightarrow D}\text{Cut}
$$

我们可以把运用 $W'$ 的推演化归成消去 $W'$ 的推演，化归后的推演复杂度显然小于化归前的推演复杂度。

**定理 8.6**（LLCW$'$ 的根岑表述的判定性） 在 LLCW$'$ 中的根岑表述的判定性

是有解的。

**证明** 对于每个不含 $W'$ 规则和 Cut 规则的证明过程来说，结论所包含的联结词总比前提多（因为前提中的每个公式均在结论中作为子公式出现，且每条规则都会引入一个逻辑联结词）。此外，存在有穷多种方法将某条规则的结论与一给定公式系列进行匹配。因此，总是有至多有穷多种选择做自底向上的证明搜索，且每一证明搜索树的分支都是有穷的，即整个证明搜索空间是有穷的。所以在 LLCW$'$ 的根岑表述中，判定性是有解的。

### 8.4.4 LLCW$'$ 的 ND 表述

#### 8.4.4.1 ND 表述

在 LLCW$'$ 系统中，与根岑表述相对应的 ND 表述如定义 8.6 所示。

**定义 8.6**（LLCW$'$ 的 ND 表述）

(a) $\dfrac{}{A \Rightarrow A}$ id

(b) $\dfrac{X \Rightarrow A \quad Y, A, Z \Rightarrow B}{X, Y, Z \Rightarrow B}$ Cut

(c) $\dfrac{X, A \Rightarrow B}{X \Rightarrow B/A}$ $/I$

(d) $\dfrac{X \Rightarrow A/B \quad Y \Rightarrow B}{X, Y \Rightarrow A}$ $/E$

(e) $\dfrac{A, X \Rightarrow B}{X \Rightarrow A \backslash B}$ $\backslash I$

(f) $\dfrac{X \Rightarrow A \quad Y \Rightarrow A \backslash B}{X, Y \Rightarrow B}$ $\backslash E$

(g) $\dfrac{X \Rightarrow A \quad Y \Rightarrow B}{X, Y \Rightarrow A \cdot B}$ $\cdot I$

(h) $\dfrac{X \Rightarrow A \cdot B \quad Y, A, B, Z \Rightarrow C}{Y, X, Z \Rightarrow C}$ $\cdot E$

(i) $1 \leqslant i \leqslant n, \dfrac{Z_i \Rightarrow A_i \mid C \quad X, A_1, Y_1, \cdots, A_n, Y_n \Rightarrow B}{X, Z_1, Y_1, \cdots, Z_n, Y_n \Rightarrow B \mid C}$ $\mid I$

(j) $\dfrac{X \Rightarrow A \quad Y \Rightarrow B \mid A \quad Z, A, W, B, U \Rightarrow C}{Z, X, W, Y, U \Rightarrow C}$ $\mid E$

(k) $\dfrac{X \Rightarrow B}{X \Rightarrow \lceil B \rceil_i}$ $[]_i I$

(l) $\dfrac{X\Rightarrow[B]_i \quad Z,B,Y\Rightarrow C}{Z,X,Y\Rightarrow C}[]_iE$

(m) $\dfrac{X,(A,(B\mid B,C)),Y\Rightarrow D}{X,(A,C),Y\Rightarrow D}W'$

(n) $\dfrac{X,A,A,Y\Rightarrow D}{X,A,Y\Rightarrow D}C$

### 8.4.4.2 LLCW′的 ND 表述及与根岑表述等价

**定理 8.7** LLCW′的 ND 表述与根岑表述等价。

**证明** 依据定义 8.6,LLCW′的 ND 表述共有 14 条规则,ND 表述与根岑表述中的 id 规则相同,而∘I 和∘E 分别对应根岑表述中的∘R 和∘L 规则(∘代表二元联结词·、/和\),所以前 8 条规则在 L 系统中与 L 的根岑表述等价。此外,因为在两种表述中结构规则 $W'$ 和 $C$ 相同,所以若要证 LLCW′的 ND 表述和根岑表述等价,只需证 $|I$ 与 $|R$, $|E$ 与 $|L$, $[]_iR$ 与 $[]_iI$, $[]_iL$ 与 $[]_iE$ 可以互相推出即可。

(1) $|I$ 与 $|R$ 相互推出:

从 $|I$ 推出 $|R$:假设 $|R$ 的前提满足断言,即 $X,A_1,Y_1,\cdots,A_n,Y_n\Rightarrow B$ 在 ND 表述中成立,要证 $X,A_1|C,Y_1,\cdots,A_n|C,Y_n\Rightarrow B|C$ 在 ND 表述中也可以推出。据规则 $|I$,令前提中 $Z_i=A_i|C$,则有

$$\dfrac{\dfrac{}{A_i|C\Rightarrow A_i|C}\text{id} \quad X,A_1,Y_1,\cdots,A_n,Y_n\Rightarrow B}{X,A_1|C,Y_1,\cdots,A_n|C,Y_n\Rightarrow B|C}|I$$

这表明 $|R$ 的结论在 ND 表述中可以推出。

从 $|R$ 推出 $|I$:假设 $|I$ 的两个前提满足断言,即 $Z_i\Rightarrow A_i|C$ 和 $X,A_1,Y_1,\cdots,A_n,Y_n\Rightarrow B$ 在根岑表述中成立,要证 $X,Z_1,Y_1,\cdots,Z_n,Y_n\Rightarrow B|C$ 在根岑表述中也成立。

$$\dfrac{Z_i\Rightarrow A_i|C \quad \dfrac{X,A_1,Y_1,\cdots,A_n,Y_n\Rightarrow B}{X,A_1|C,Y_1,\cdots,A_n|C,Y_n\Rightarrow B|C}|R}{X,Z_1,Y_1,\cdots,Z_n,Y_n\Rightarrow B|C}n\text{ 次使用 Cut 规则}$$

这表明 $|I$ 的结论在根岑表述中可以推出。

(2) $|E$ 与 $|L$ 相互推出:

从 $|E$ 推出 $|L$:假设 $|L$ 的前提满足断言,即 $X\Rightarrow A$ 和 $Z,A,W,B,U\Rightarrow C$ 在 ND 表述中成立,要证 $Z,X,W,B|A,U\Rightarrow C$ 在 ND 表述中也成立。根据 $|E$ 规则,令前提中 $Y=B|A$,则有

$$\cfrac{X{\Rightarrow}A \quad \cfrac{\ }{B\,|\,A{\Rightarrow}B\,|\,A}\mathrm{id} \quad Z,A,W,B,U{\Rightarrow}C}{Z,X,W,B\,|\,A,U{\Rightarrow}C}\,|\,E$$

这表明 $|\,L$ 的结论在 ND 表述中可以推出。

从 $|\,L$ 推出 $|\,E$：假设 $|\,E$ 的前提满足断言，即 $Y{\Rightarrow}B,U{\Rightarrow}A\,|\,B,X,B,Z,A,W$ $\Rightarrow C$ 在根岑表述中成立，要证 $X,Y,Z,U,W{\Rightarrow}C$ 在根岑表述中也成立。使用 $|\,L$ 和 Cut 规则有

$$\cfrac{U{\Rightarrow}A\,|\,B \quad \cfrac{Y{\Rightarrow}B \quad X,B,Z,A,W{\Rightarrow}C}{X,Y,Z,A\,|\,B,W{\Rightarrow}C}\,|\,L}{X,Y,Z,U,W{\Rightarrow}C}\,\mathrm{Cut}$$

这表明 $|\,E$ 的结论在根岑表述中可以推出。

(3) $[\,]_iI$ 和 $[\,]_iR$ 的互推显然。

(4) $[\,]_iE$ 与 $[\,]_iL$ 相互推出：

从 $[\,]_iE$ 推出 $[\,]_iL$：假设 $[\,]_iL$ 的前提满足断言，即 $Z,B,Y{\Rightarrow}D$ 在 ND 表述中成立，要证 $Z,[B]_i,Y{\Rightarrow}D$ 在 ND 表述中也成立。使用 $[\,]_iE$，令前提中 $X=[B]_i$，$C=D$，则有

$$\cfrac{\cfrac{\ }{[B]_i{\Rightarrow}[B]_i}\mathrm{id} \quad Z,B,Y{\Rightarrow}D}{Z,[B]_i,Y{\Rightarrow}D}[\,]_iE$$

这表明 $[\,]_iL$ 的结论在 ND 表述中可以推出。

从 $[\,]_iL$ 推出 $[\,]_iE$：假设 $[\,]_iE$ 的前提满足断言，即 $X{\Rightarrow}[B]_i$ 和 $Z,B,Y{\Rightarrow}C$ 可以在根岑表述中推出，要证 $Z,X,Y{\Rightarrow}C$ 也可以在根岑表述中推出。使用 $[\,]_iL$ 和 Cut 规则有

$$\cfrac{X{\Rightarrow}[B]_i \quad \cfrac{Z,B,Y{\Rightarrow}C}{Z,[B]_i,Y{\Rightarrow}C}[\,]_iL}{Z,X,Y{\Rightarrow}C}\,\mathrm{Cut}$$

这表明 $[\,]_iE$ 的结论在根岑表述中可以推出。

因此，LLCW$'$ 系统的 ND 表述与根岑表述等价。

### 8.4.5 LLCW$'$ 的加标树模式表述

#### 8.4.5.1 加标树模式表述

在 LLCW$'$ 的证明树上，一个 ND 矢列 $X{\Rightarrow}M{:}A$ 在树模式表述中可以推出（其中 $M$ 是 $A$ 的语义表达），当且仅当，存在一个证明树 $\alpha$，$X$ 是 $\alpha$ 未消去的假设前提，$M{:}A$ 是 $\alpha$ 的唯一结论。LLCW$'$ 的 ND 表述可以用树模式的形式表述为定义 8.7 中的形式，这里面的树模式是加标的，每一棵树上都包含三方面信息：

λ词项、对应的范畴和该步运算所依据的规则。

**定义 8.7**（LLCW$'$的加标树模式表述）

LLCW$'$的加标树模式表述是在 L 的加标树模式表述(a)～(i)上增加(j)～(n)五条规则得到的：

(a) (id) 对于每一个标有 $x$：$A$ 的节点，id 是一棵证明树（其中 $x$ 是类型为 $\tau(A)$ 的变元，$A$ 是范畴）。

(b) Cut 规则：如果 $\alpha$ 是一棵以 $M_1$：$A_1$,…,$M_n$：$A_n$ 为结论的证明树，$\beta_1$，…，$\beta_k$ 是以 $X$,$[x_1$：$A_1]_{\text{id}}$,[①…,$[x_n$：$A_n]_{\text{id}}$,$Y$ 为未解除前提的证明树，那么 $\alpha+\beta_1+\cdots+\beta_n$ 也是一棵证明树，其中 $\alpha+\beta_1+\cdots+\beta_n$ 是用 $M_i$ 替换 $\beta_j$ 中 $x_i(1\leqslant i\leqslant n,1\leqslant j\leqslant k)$ 的每次出现且合并相同图表的结果。

(c) (/I) 如果 $\alpha$ 是一棵只以 $M$：$A$ 为结论的证明树，$\alpha$ 具有未解除的前提 $X$，$x$：$B$（其中 $X$ 非空），那么 $\alpha'$ 也是一棵证明树，$\alpha'$ 是用 $\dfrac{}{x:B}$ 替换 $x$：$B$ 且在结论中增加一个以 $M$：$A$ 为唯一前提的新节点$[\lambda x M$：$A/B]_{/I}$的结果。

(d) (/E) 如果 $\alpha$ 是一棵以序列 $X$,$M$：$A/B$,$N$：$B$,$Y$ 为结论的证明树，那么 $\alpha'$ 也是一棵证明树，$\alpha'$ 是在 $\alpha$ 基础上增加了以 $M$：$A/B$ 和 $N$：$B$ 为前提的新节点 $[M(N)$：$A]_{/E}$的结果。

(e) (\I) 如果 $\alpha$ 是一棵仅以 $M$：$A$ 为结论、以 $x$：$B$，$X$ 为未解除前提的证明树（$X$ 非空），那么 $\alpha'$ 也是证明树，$\alpha'$ 是用 $\dfrac{}{x:B}$ 替换 $x$：$B$、且在结论中增加以 $M$：$A$ 为唯一前提的新节点 $[\lambda x M$：$B\backslash A]_{\backslash I}$的结果。

(f) (\E) 如果 $\alpha$ 是以序列 $X$,$M$：$A$,$N$：$A\backslash B$,$Y$ 为结论的证明树，那么 $\alpha'$ 也是一棵证明树，$\alpha'$ 在 $\alpha$ 基础上增加了仅以 $M$：$A$ 和 $N$：$A\backslash B$ 为前提的新节点 $[N(M)$：$B]_{\backslash E}$的结果。

(g) (·I) 如果 $\alpha$ 是仅以序列 $X$,$M$：$A$,$N$：$B$,$Y$ 为结论的证明树，那么 $\alpha'$ 也是一棵证明树，$\alpha'$ 是在 $\alpha$ 基础上增加以 $M$：$A$ 和 $N$：$B$ 为仅有前提的新节点$[\langle M,N\rangle$：$A \cdot B]._I$的结果。

(h) (·E) 如果 $\alpha$ 是以 $X$,$M$：$A$,$N$：$B$,$Y$ 为结论的证明树，那么 $\alpha'$ 也是一棵证明树，$\alpha'$ 是用$[(M)_0$：$A]._E$和$[(M)_1$：$B]._E$两个节点扩展 $\alpha$ 得到的。两个节点均以 $M$：$A \cdot B$ 为唯一前提，第一个节点在第二个节点之前。

(i) 如果 $\alpha$ 和 $\beta$ 是证明树，那么序列 $\alpha$,$\beta$ 也是一棵证明树。其中 $\alpha$ 中的每个

---

① 表述使用规则 id 得到结论 $x$：$A$ 的生成树。

节点都在 $\beta$ 中的节点之前。

(j)（$|I$）令 $\alpha$ 是一棵以序列 $X$，$M_1:A_1\,|\,B$，$Y_1$，$\cdots$，$M_n:A_n\,|\,B$，$Y_n$ 为结论的证明树，$\beta$ 是一棵以序列 $X'$，$x_1:A_1,Y_1'$，$\cdots$，$x_n:A_n,Y_n'$ 为前提、以 $N:C$ 为结论的证明树，（其中 $X'$、$Y_i'$ 对 $X$、$Y_i$ 中所有公式进行了编码）。那么经过以下几步得到的 $\gamma$ 也是一棵证明树：①用 $M_i(y)$ 替换 $\beta$ 中所有 $x_i$ 的出现（$y$ 为范畴为 $B$ 的先行词假设）；②将 $X'$、$Y_i'$ 中所有变元的出现替换为 $X$、$Y_i$ 中的对应项；③将 $\alpha$ 与经过①、②步得到的结果合并，合并同下标的节点，令每一个 $M_i:A_i\,|\,B$ 直接统治 $M_i(y):A_i$；④扩充③步得到的结果，以 $N:C$ 为前提，以 $[\lambda yN:C\,|\,B]_{lI}$ 为结论。

(k)（$|E$）如果 $\alpha$ 是以序列 $X,M:A,Y,N:B\,|\,A,Z$ 为结论的证明树，那么，用 $M:[A]_i$（$i$ 是一个没有使用过的下标）替换 $M:A$ 且以 $N:B\,|\,A$ 为唯一前提、以 $[N(M):[B]_i]_{lE}$ 为结论的 $\alpha'$ 也是一棵证明树。

在此要特别说明的是，在 LLC 系统中，被照应范畴的标记往往添加在整个被照应词条上，比如一个词条 $M:A$，它加标后的形式是 $[M:A]_i$。但是事实上，竖线算子只是对范畴执行操作，所以下标的添加和消去只针对范畴而言，这种操作不影响 $\lambda$ 项之间的 $\lambda$ 运算，因此，自此向下，在加标树模式表述中，一元模态算子 $[\,]_i$ 只标记在范畴之上。

(l)（$[\,]_iI$）如果 $\alpha$ 是一棵以 $M:B$ 为唯一结论的证明树，那么 $\alpha'$ 是也一棵证明树，$\alpha'$ 是以 $M:[B]_i$ 为唯一结论的证明树，$i$ 是未使用过的下标序号。

(m)（$[\,]_iE$）如果 $\alpha$ 是一棵以 $M:[B]_i$ 为唯一结论的证明树，那么，$\alpha'$ 也是一棵证明树，$\alpha'$ 是以 $M:B$ 为唯一结论的证明树。

(n)（$W'$）如果 $\alpha$ 是以 $X,M:A,N:C,Y$ 为结论的证明树，那么 $\alpha$ 的延伸 $\alpha'$ 也是一棵证明树，$\alpha'$ 经过以下两个步骤得到：①扩充 $\alpha$ 的结论，以 $M:A,N:C$ 为前提，以新节点 $[M:A,\lambda x.\,x:B\,|\,B,N:C]_{W'}$ 为结论；②序列 $\lambda x.\,x:B\,|\,B$ 先与 $N:C$ 作贴合运算。

LLCW′ 的加标树模式表述相对其 ND 表述做了两件事情：①增加了表述语义的 $\lambda$ 项，保证句法和语义可以并行推演；②使得语言符号串的横向矢列排列变成了纵向树模式的排列，便于表述非连续现象的推演。两种表述之间存在等价关系：

**定理 8.8**  LLCW′ 的 ND 表述与加标树模式表述等价。

ND 表述与加标树模式的等价证明需要使用 $\alpha\beta\gamma$ 等价以及加标的积算子封闭两个概念，在此不予展开，感兴趣读者可参照 LLC 系统的 ND 表述与加标树模

式的等价证明。(Jäger, 2005)[132-134]

### 8.4.5.2 加标树模式的演绎图示

用演绎图示表述定义 8.5 中的规则，得到 LLCW$'$ 系统的加标树模式规则的演绎图示：

**定义 8.8**（LLCW$'$ 的加标树模式演绎图示）

(a) $\dfrac{M:A/B \quad N:B}{M(N):A}/E$

(b) $\dfrac{\begin{matrix} & & \overline{x:A}^{\,i} \\ \vdots & \vdots & \vdots \\ & M:B & \end{matrix}}{\lambda x M:B/A}/I,i$

(c) $\dfrac{M:A \quad N:A\backslash B}{M(N):B}\backslash E$

(d) $\dfrac{\begin{matrix} \overline{x:A}^{\,i} & & \\ \vdots & \vdots & \vdots \\ M:B & & \end{matrix}}{\lambda x M:A\backslash B}\backslash I,i$

(e) $\dfrac{M:A \quad N:B}{\langle M,N\rangle : A\cdot B}\cdot I$

(f) $\dfrac{M:A\cdot B}{(M)_0:A \quad (M)_1:B}\cdot E$

(g) $M:[A]_i\cdots \dfrac{N:B\mid A}{N(M):B}\mid E,i$

(h) $\dfrac{\dfrac{\dfrac{M_1:A_1\mid B}{M_1x:A_1}i_1}{\vdots} \qquad \dfrac{\dfrac{M_2:A_2\mid B}{M_2x:A_2}i_2}{\vdots} \qquad \dfrac{\dfrac{M_n:A_n\mid B}{M_nx:A_n}i_n}{\vdots}}{\dfrac{N:C}{\lambda x N:C\mid B}\mid I,i_1,i_2,\cdots,i_n}$

(i) $\dfrac{M:B}{M:[B]_i}\,[\,]_i I$

(j) $\dfrac{M:[B]_i}{M:B}\,[\,]_i E$

$$(k) \quad \frac{M \colon A \qquad N \colon C}{M \colon A} W'$$
$$\lambda x.\, x \colon B \mid BN \colon C$$

规则 (i) 和 (j) 是关于方框下标的添加和消去的规则。它们说的是，对于任一范畴，都可以得到其添加方框下标的相应形式，反过来，对于已经有方框下标的范畴，为保证运算可以继续进行，可以使用 (j) 规则将其去掉。可以看出，这两个过程只对范畴进行操作，没有影响到代表语义的 λ 项。如此一来，就为被照应范畴添加了方框下标、范畴运算过程中方框下标的延续、以及消去方框下标继续进行贴合运算等情况给出了统一的理论支撑。换而言之，使得照应范畴以及被照应范畴的方框下标的添加和消去有据可依。规则 (k) 对应受限的强缩并规则，说明在两个生成树之间可以引入一个照应假设，这个新引入的照应假设先与其右侧的词项运算。由于照应假设在句法上可以实现语义资源的重复使用，如果能够利用 $W'$ 引入，则可以看作为代词性语词省略的现象作类型逻辑刻画之福音。

以上构造了 LLCW′ 的完整系统。LLCW′ 系统通过向 LLC 系统添加受限的缩并结构规则 $W'$ 和方框下标的引入与消去规则得到。根据类型逻辑语法的惯例，给出 LLCW′ 的四种表述，并证明这些表述相互等价。我们在公理表述下证明了系统是可靠并完全的，利用根岑表述确立了系统的可判定性，并在 ND 表述的基础上构造了加标树模式的表述，以便于更加直观地描述汉语中的非连续现象。

本节在前几节讨论的基础上，针对 LLC 系统在处理汉语涉及照应回指等现象上的不足，提出了两方面的改进思路：①增加方框下标的添加和消去规则，使得在类型逻辑生成过程中，与照应词所需先行词范畴相似的范畴都可以被编号，运算结束之后再使用方框下标的消去规则，保证范畴运算顺利向下进行；②增加可以补出照应假设的规则 $W'$，保证汉语中广泛存在的空代词也可以在类型逻辑框架下生成。

从子结构逻辑的角度看，如果一个系统满足第二个性质，它需要确立受限版本的强缩并规则。由此，向 LLC 系统增加了受限的强缩并结构规则 $W'$ 和两条关于方框标记的规则 $[\,]L$ 和 $[\,]R$，命名新系统为 LLCW′。本节给出了 LLCW′ 系统的公理表述，构造出 LLCW′ 的框架语义，证明了 LLCW′ 公理表述的可靠性和完全性；构造了与 LLCW′ 的公理表述等价的根岑表述，证明了 $W'$ 规则和 Cut 规则在 LLCW′ 系统中是可以消去的，该系统因此可以判定。此外，还给出了 ND 表述和加标树模式表述，证明了几种表述相互等价。我们将在下一章中从实际分析出发，对新系统所具有的两方面特性进行初步检验，尝试对 LLCW′ 系统的刻画能力做进一步的考察和语言学思考。

## 8.5  LLCW′ 系统的特色及语言学检验

在 8.4 节中，针对 LLC 系统处理汉语涉及照应省略现象上的不足，我们构造了新的系统 LLCW′。LLCW′ 具有两个特色，它专门设立了规则对照应过程中同指下标的添加和消去做更精确的规定，这种做法还有一个优势，就是能够帮助自然语言语词的范畴做更精细划分，提高生成结果的准确度。另一个特色是新增加的受限版本的强缩并规则 W′ 允许补出照应假设，能够刻画汉语中大量存在的空代词现象。本节将详细讨论 LLCW′ 系统的这两大特色，与此同时，讨论过程中会涉及 8.2 节中提到 LLC 系统不能刻画的汉语语言现象，在新系统下给予类型逻辑生成。

### 8.5.1  下标

LLCW′ 系统给出的标记添加和消去规则有两个功能：①区别作为变元编码的下标与作为同指标记的方框下标，弥补照应规则在标记使用上的缺陷；②为进一步细分范畴做准备。

在 LLCW′ 模型中，添加了方框下标的范畴 $[B]_i$ 在语义上被定义为 $\{x \mid x \sim g(B)\}$，所以 $[B]_i$ 就是由与范畴 $B$ 中特定代表相似的那一类对象构成的集合。对比照应范畴 $A \mid B$ 的语义定义 $\|A \mid B\|_M : \{x \mid \exists y[Sxyg(B) \& y \in \|A\|_M]\}$，它指的是由能够找到一个与 $g(B)$ 相似的对象做其先行词的 $x$ 组成的集合。比较两种范畴的语义可以知道，$[B]_i$ 指的就是那些可以做照应先行词的范畴。由此保证方框下标不是随意添加的，只有与照应词所需范畴有相似关系的才会被添加方框下标。而对于有方框下标的范畴，在不需要的时候就可以根据 $[]_i E$ 规则将其消去。

那么现在还有一个问题，**对于方框下标的引入，是否可以更加简化，直接在词库中完成，只保留方框下标的消去规则 $[]_i E$ 呢？** 是否可以在词库中对所有可能做先行词的语词，范畴上都提前编好方框下标呢？答案是否定的。因为照应先行词不一定总是词库中的现成语词，有时是运算的结果，如（李艳惠，2005）中提到的"是"类 VP 省略句：

**语句 8.7**  小明不应该来，小赵也是。（图（2.）8.12）

$$
\frac{
\begin{array}{c}
\frac{\text{小明}}{\text{小明}':np} \quad \frac{\dfrac{\text{不应该}}{\neg应该':vp/vp}}{\dfrac{\neg应该':[np\backslash s]_1}{}} /E, []_1 I \\[2pt]
\hline
\dfrac{(\neg应该'(\text{来}'))(\text{小明}'):s}{}
\end{array}
\quad
\begin{array}{c}
\text{来} \\
\dfrac{\text{来}':np\backslash s}{}
\end{array} \; []_1 E, \backslash E
\quad
\begin{array}{c}
\frac{\text{小赵}}{\text{小赵}':np} \quad \dfrac{\dfrac{\text{也是}}{\lambda P.P:(np\backslash s)|(np\backslash s)}}{\neg应该'(\text{来}'):np\backslash s}|E,1 \\[2pt]
\hline
(\neg应该'(\text{来}'))(\text{小赵}'):s
\end{array}
}{
(\neg应该'(\text{来}'))(\text{小明}')\wedge(\neg应该'(\text{来}'))(\text{小赵}'):s
} Conj
$$

图 (2.) 8.12 语句"小明不应该来,小赵也是"的加标树模式生成

其中做先行词的是"$\neg$应该$'$"和"来$'$"毗连后生成的表达式。因此,下标的引入更需要一个后天机制,可以为在运算中生成、可做照应先行词的范畴添加下标编码。

有了$[]_i I$ 和$[]_i E$,我们可以把方框下标的添加分为两种情况:一种是从词库中出来为运算需要直接使用$[]_i I$ 规则添加方框下标,一种则是运算过程中添加的方框下标。前一种以 John loves himself 为例,对比它在 LLCW$'$和 LLC 框架下的具体分析(图 (2.) 8.13)

$$
\frac{
\begin{array}{c}
\dfrac{\dfrac{\dfrac{John}{JOHN':np}}{JOHN':[np]_i}[]_i I}{JOHN':np}[]_i E
\end{array}
\quad
\frac{
\dfrac{loves}{LOVE':(np\backslash s)/np} \quad \dfrac{\dfrac{himself}{\lambda x.\,x:np|np}}{JOHN':np}|E,i
}{LOVE'(JOHN'):np\backslash s}
}{
LOVE'(JOHN')(JOHN'):s
}
$$

(a) John loves himself 在 LLCW$'$下的分析

$$
\frac{
\dfrac{John}{JOHN':[np]_i}
\quad
\frac{
\dfrac{loves}{LOVE':(np\backslash s)/np} \quad \dfrac{\dfrac{himself}{\lambda x.\,x:np|np}}{JOHN':np}|E,i
}{LOVE'(JOHN'):np\backslash s}
}{
LOVE'(JOHN')(JOHN'):s
}
$$

(b) John loves himself 在 LLC 下的分析

图(2.) 8.13 John loves himself 在 LLCW$'$和 LLC 下的分析

比较图 (2.) 8.13(a)和(b)两个生成图可以发现,前者只比后者多了对先行词进行方框下标添加和消去两步操作,使得在竖线算子进行操作的时候,方框下标的添加和消去可以遵循相应的逻辑规则。本节前面已经指出,如果没有专门的方框下标添加和消去规则,那么在"$|E$"和"$|I$"规则中出现的下标存在三个问题:①如何区分$|E$运算中的同指下标和$|I$规则中类似变元角标的区别下标;②$|E$中同指下标的添加没有逻辑依据;③添加了同指下标的先行词如果没有消去规则,无法与其他词项继续运算。如图 (2.) 8.13 (b)中"$JOHN':[np]_i$"与"$LOVE'(JOHN'):np\backslash s$"由于方框下标的原因,理论上没有办法作运算。更准确地说,图 (2.) 8.13 (a) 是一个理想化的生成过程。

除此之外，在 8.4 节提出了为范畴作进一步细分的想法。根据 LLCW' 系统的规则要求，方框下标类似于一个一元模态算子，需要添加在被照应范畴之上。如语句 8.8，可以通过为基本词条加方框下标 $[\ ]_{\text{female}}$ 或 $[\ ]_{\text{male}}$，进一步规定"他"回指 $M:[np]_{\text{male}}$。对于这样的词条，其对应的照应词相当于要做方框下标引入和消去两步工作，其中"他"有两种选择，即得到两种生成语句 8.8（a）和（b）：

**语句 8.8**　张三认为李四知道李丽喜欢他。

（a）张三$_i$ 认为李四$_j$ 知道李丽$_k$ 喜欢他$_i$。

（b）张三$_i$ 认为李四$_j$ 知道李丽$_k$ 喜欢他$_j$。

8.7（a）的解读的生成如图（2.）8.14，（b）与（a）的生成相似，只需照应词选择"李四':$[[np]_{\text{male}}]_2$"做照应即可。

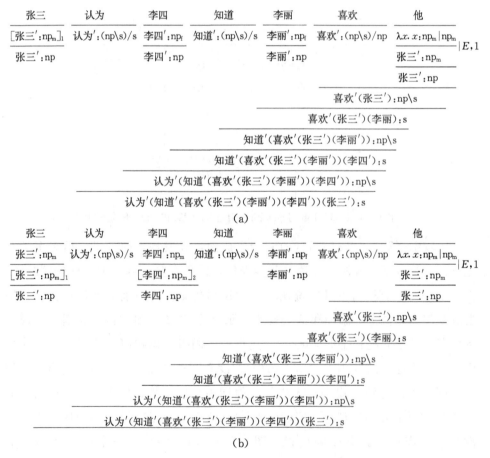

图（2.）8.14　"张三$_i$ 认为李四$_j$ 知道李丽$_k$ 喜欢他$_i$。"的类型逻辑生成

再如，含有"自己"的语句 8.9 如果能够在词库中做 [＋/－animate] 的区分，且有"他自己"需要寻找具有 [＋animate] 特征范畴的词项，就能够排除"他自己"回指范畴也为 np 的"那本书"的情况。具体生成与语句 8.8（a）类似，在此省略。

**语句 8.9**　张三$_i$ 说那本书$_j$ 害了他自己$_{i/*j}$。

## 8.5.2　照应假设的引入

从前面的讨论我们得知，使用规则 $W'$ 引入的合法且合适的假设是照应假设。若果真如此，就可以覆盖自然语言中绝大多数涉及语义资源重复使用的照应现象，无论作为研究对象的自然语言语句中的照应词是否有显性的语词表现。所以，以下我们将在 LLCW$'$ 系统下尝试对 8.3 节提到的几类与引入照应假设有关的语言现象重新做分析。

**语句 8.10**　（a）张三说 $e$ 看见李四了。
　　　　　　　（b）妈妈送哥哥参军。
　　　　　　　（c）小张走去开门。
　　　　　　　（d）小李送小赵礼物了，妈妈也送了。

由于（a）句主语"张三"的前面没有出现被强调的话题，$e$ 在此是空代词，而非话题留下的语迹，所以可以使用 $W'$ 得到完整的生成图（2.）8.15。

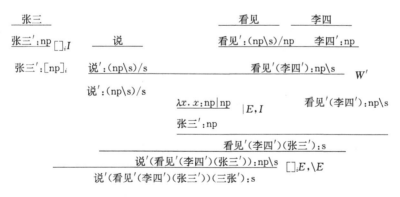

图（2.）8.15　语句"张三说 $e$ 看见李四了"的类型逻辑语法生成图

图（2.）8.16 是使用树模式的 $W'$ 规则对语句 8.10（b）作自然演绎生成。

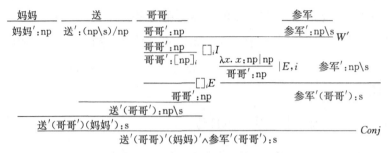

图（2.）8.16 语句"妈妈送哥哥参军"使用 $W'$ 规则的加标树模式生成

考察图（2.）8.16 的生成过程：先使用规则 $W'$ 在"哥哥$'$"和"参军$'$"之间引入一个照应假设，借用 $[\,]_i I$ 为"哥哥$'$：np"编码；接下来的生成分成两股，一边是照应假设与"哥哥$'$"贴合，消去照应算子，得到的词项"哥哥$'$：np"与"参军$'$：np\s"作贴合运算得到范畴为 $s$ 的语句表达式；一边是"送$'$"与其左右两侧的论元结合，生成范畴为 $s$ 的语句表达式，最后两个语句表达式使用广义布尔合取规则作合取，得到最后的结果。

当然，如果认为兼语句中 $V_1$ 位置能够出现的动词应对应范畴(np\s)/np/(np\s)，即认为这时的 $V_1$ 应该是一个带有三个论元——即其后的名词、不及物动词、以及其前的名词的函项，那此处的处理就需要重新考虑了。这种想法冯志伟（2011）[6] 提出过。我们认为避免出现这种分歧的一种方法就是构造一个核心词库，认真考虑词库中每个语词的句法语义赋值。在此基础上可以达到更精确的分析结果，也避免了不必要的分歧。这将是我们下一步的研究内容。

连动句语句 8.10（c）有两种类型逻辑生成方法，除了直接使用广义布尔合取规则对两个并列动词作毗连的方法，还可以使用 $W'$ 补出第二个动词的主语，后者的类型逻辑生成如图（2.）8.17 所示。

$$\frac{\dfrac{\text{小张}}{\dfrac{\text{小张}':\text{np}}{\text{小张}':[\text{np}]_i}}\,[\,]_i I \quad \dfrac{\text{走去}}{\text{走去}':\text{np}\backslash s} \quad \dfrac{\text{开门}}{\text{开门}':\text{np}\backslash s}\,W'}{}$$

$$\frac{\dfrac{}{\text{走去}'(\text{小张}'):s}\,[\,]_i E,\backslash E \quad \dfrac{\lambda x.x:\text{np}|\text{np}}{\text{小张}':\text{np}}\,|E,i \quad \dfrac{\text{开门}':\text{np}\backslash s}{\text{开门}'(\text{小张}'):s}}{\text{走去}'(\text{小张}')\wedge\text{开门}'(\text{小张}'):s}\,Conj$$

图（2.）8.17 语句"小张走去开门"使用 $W'$ 规则的加标树模式生成

由于 VP 省略句 8.9（d）在目标从句中包括两个被省略的代词，所以要使用两次规则 $W'$，且此例中原前提的第二个词项 $N：C$ 为空，如此一来，补出的照应假设在得到先行词赋值之后直接做其左侧函项的论元，如图（2.）8.18

所示。

图（2.）8.18 语句"小李送小赵礼物了，妈妈也送了"使用 $W'$ 规则的加标树模式生成

本节对 LLCW′ 系统的实际应用能力做了检验。检验分为两部分，分别为新系统的两个新特色：方框下标的使用和照应假设的引入。由此，对前面提到的 LLC 系统处理得不妥当的汉语语句、以及不能处理的汉语句式都进行了类型逻辑分析，得到了不错的效果，证实了 LLCW′ 的理论价值。当然，本章限于篇幅，未能穷尽汉语中所有空代词以及照应省略现象，留作日后做进一步的研究与检验。

# 8.6 结束语

本章到此，总体说基本实现了三个问题的讨论：

（1）使用 LLC 系统分析汉语的照应省略现象，发现系统在这方面刻画上的不足；

（2）根据汉语的实际需要，构建一个新的逻辑系统，使类型逻辑工具能够针对汉语照应省略的特点进行分析；

（3）检验新系统的刻画能力，从而扩大了类型逻辑语法可以对汉语非连续现象作形式刻画的范围。

本章的重点和难点，也是创新之处是对以下两个问题的回答：①如何为竖线算子在照应消去过程中引入和消去的下标提供合适的逻辑依据；②如何使系统拥有引入照应假设的能力，从而满足汉语中普遍存在的空代词以及多动词单句在刻画上的要求。我们向含有受限缩并规则的 LLC 系统添加方框下标 $\square_i$ 的引入和消去规则以解决问题①，添加受限的强缩并规则 $W'$ 以解决问题②。

本章为新系统 LLCW′ 构造了四种等价的表述方式。公理表述探讨了系统的可靠性和完全性；根岑表述说明 LLCW′ 承认 Cut 消去定理和 W′ 消去定理，是可以判定的；ND 表述便于人们联系自然语言进行类型逻辑推演；而加标树模式表述则可以使不连续现象的刻画更形象。在对新系统完成逻辑上的讨论之后，我们在 LLCW′ 框架下对相关现象作了尝试性的推广刻画，得到了比较满意的结果。

回顾本章讨论，虽然核心问题都得到了较好的回答，而且汉语照应省略现象不同于英语的部分也基本上得到了满意的刻画，但仍存在一些遗憾和问题需要留待以后继续思考和解决：①LLC 系统的完全性证明存在瑕疵，即只能证出其典范模型满足语义公设（4）的一个弱化版本，这个问题有待进一步思考。②在贾格尔的讨论中，照应范畴以"居前关系"作为先行词和照应的判断标准，但也存在一些情况，先行词在照应词之后出现，如"Near him, Ben always keeps a gun."（Reinhart，1983）[104]，这种问题是否能解决？如何解决？这些都有待在未来的研究中做深入探讨。

# 9

## 基于多分法的 CTL

多分法是分析语言形成过程的一种方法。

（1）逻辑学依据：命题逻辑二元联结词形成复合公式的精细化过程适合于采用多分法；关注语言的量化意义是逻辑的传统，在现代的广义量词理论那里，分析自然语言的量化句大都采取多分法的方式；自然语言非连续复合量化的情况尤其特殊，其生成采用多分法的分析模式显得更为必要。

（2）语言学依据：格语法是乔姆斯基转换生成语法的一个分支，其分析方式彰显出多分法的特征；中日合作 MMT 汉语生成组编写的《现代汉语动词大词典》，从格语法的多分法角度对现代汉语的动词句进行分类；现代汉语中还有大量的现象，如多重介词短语句、双宾语动词短句语、非连续的时间句和方位数量顺序句均适用于多分法的分析；宾州树库处理现代汉语的系统，其中的句法规则大量采用多分法。

（3）多分法对 CTL 产生的影响有：引入多元函子范畴以及左积和右积的概念，确立函子范畴的论元并列所产生的推演规则和刻画函子范畴论元增添的定理，以及框架语义解释中可及关系的多元化，等等。

信息时代的核心技术是计算机信息处理，特别是关于自然语言的信息处理。自然语言信息处理的前提是对自然语言进行形式化分析，20 世纪 60 年代诞生的逻辑语义学（又叫形式语义学）系列学科为此应运而生，蒙太格语法是其开创者，范畴语法中的 CTL 近年来影响很大。

经典的范畴语法基于二分法对自然语言进行分析，多分法作为分析语言形成过程的一种方式，可以拆分为若干二分法的分析，从符号的生成能力看，二者是等价的，本质上没有区别。但是从表述的直观效果和计算机编程角度看，多分法对某些语言现象生成过程的分析显得优越。我国著名计算语言学家冯志伟教授写道："采用多分法的好处是：①可以更加合理解释语言现象。……②可以在编制程序上减少程序量；一些长句子，如果采用二分法，层次会多到十层八层，计算机在处理这样多的多层次的树形图时，需要逐层进行搜索，程序的编写十分复杂，运算量也很大。而采用多分法，大大地减少了层次，提高了计算机处理语言的工作效率"（冯志伟，1996)[33]。构建基于多分法的 CTL 系统是值得尝试的工作。

## 9.1　多分法的逻辑学依据

在经典命题逻辑那里,二元命题联结词形成合适公式的过程是由形成规则来描述的：

Syn1. 若 $\varphi, \psi \in$ Form,则 $(\varphi \rightarrow \psi) \in$ Form；
Syn2. 若 $\varphi, \psi \in$ Form,则 $(\varphi \vee \psi) \in$ Form；
Syn3. 若 $\varphi, \psi \in$ Form,则 $(\varphi \wedge \psi) \in$ Form。

以 Syn3 为例,采用分析树的方式展示形成过程,则如图（2.）9.1 所示。

图（2.）9.1　合取复合公式的形成图

这里略去了二元命题联结词∧的独立存在。这样做是不够精细的,因为在命题逻辑初始符号的清单中,命题联结词是独立的一类符号：

原子命题字母： $p_1$ ， $p_2$ ，…；
命题联结词：∧，∨，→，¬；
辅助符号：（,）。

所以,作为整体的复合公式 $\varphi \wedge \psi$ ,应该是由三部分构成的：公式 $\varphi$ 、公式 $\psi$ 和命题联结词∧。根据三部分形成复合公式,其形成过程的精细展示或者采用两分法或者采用多分法。如图（2.）9.2 所示,显然,下图左边用多分法的分析比右边用二分法分析显得自然简洁：

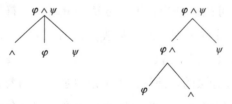

图（2.）9.2　多分法与二分法的对比图

左图的多分法显示：最左端的命题联结词∧具有函子的类型 $\langle\langle t, t\rangle, t\rangle$ ,公

式 $\varphi$ 和公式 $\psi$ 分别具有类型 $t$，一次运算就得复合公式"$\varphi \wedge \psi$"的类型 $t$。右图的两分法除多一层次不够简洁外，$\varphi \wedge$ 的生成结果也不够直观。

现代逻辑的最基础部分是命题逻辑和谓词逻辑，谓词逻辑又叫量词逻辑或量词演算，逻辑学历来关注并且擅长量化分析。经典谓词逻辑中只有 $\forall$ 和 $\exists$ 两个量词且分析表达力有限，自然语言中大量的量化表达式在其视野之外，人们已经证明自然语言的不少量化表达式的含义依据 $\forall$ 和 $\exists$ 是无法定义的，如基数量词（如 most、many、at most infinitely many）和比例量词，等等，于是 20 世纪的逻辑学家提出了广义量词理论。在该理论看来，$\forall$ 和 $\exists$ 仅仅是 $\langle 1 \rangle$ 类型量词的两个特例，对应到自然语言中就是 everything 和 something，自然语言中甚至还有 $\langle 1，1 \rangle$、$\langle 1，1，1 \rangle$ 和 $\langle 1，1，2 \rangle$ 等更多类型的量词，如"not all""more $\cdots$ than $\cdots$""every $\cdots$ a different $\cdots$"，这些量词在经典谓词逻辑那里统统没有考虑。

在广义量词理论 GQT 的领域，对语言尤其是自然语言的量化表达式展开了全面研究。自然语言 $\langle 1，1 \rangle$ 类型的量词有

（单纯的 I 类）some, a (an), the, all, every, each, no, not all, several, most, many, few, neither, both, this, these, my, enough, ten, $\cdots$

（单纯的 II 类）the ten, John's ten, at least ten, more than ten, at most ten, exactly ten, only ten, more than enough, all but ten, half the, infinitely many, about two hundred, almost every, nearly a hundred, too many, not enough, most of John, a third of the, between five and eight, hardly any, $\cdots$

有关的英语例句有语句 9.1。

**语句 9.1** (a)**All** [woman-drivers] [will get salaries].

(b)**Some** [boy] [is looking for his textbook].

(c)**Every** [student] [attended the party].

(d)**Most male and all female** [doctors] [read the New England Journal].

(e)**At least two but not more than ten**[students] [will get scholarships].

这些 $\langle 1，1 \rangle$ 类型的量词在 GQT 中具有各自的集合论定义，这些是通过用描述自然语言上述量化句产生的量化公式的定义来获得的：

**all**$(A)(B)=1$ 当且仅当 $A \subseteq B$；

**some**$(A)(B)=1$ 当且仅当 $A \cap B \neq \varnothing$；

**no**$(A)(B)=1$ 当且仅当 $A\cap B=\varnothing$；

**not all**$(A)(B)=1$ 当且仅当 $A-B\neq\varnothing$；

**exactly one**$(A)(B)=1$ 当且仅当 $|A\cap B|=1$；

**the ten**$(A)(B)=1$ 当且仅当 $|A|=10$ 并且 $A\subseteq B$；

**just finitely many**$(A)(B)=1$ 当且仅当有某个自然数 $n$ 使得：$|A\cap B|=n$。

而这些量化公式 $Q$ $(A)(B)$ 的生成过程采用多分法的分析方式显得有理有据，$A$ 和 $B$ 都是个体集合，类型为 $\langle e,t\rangle$，量词 $Q$ 的类型是 $\langle\langle\langle e,t\rangle,\langle e,t\rangle\rangle,t\rangle$，生成树形图为图（2.）9.3。

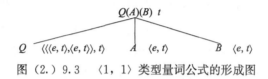

图（2.）9.3　〈1，1〉类型量词公式的形成图

顶端的母节点管辖 3 个子节点，子节点 $Q$ 是起函子作用的成分，子节点 $A$ 和 $B$ 是起论元作用的成分。

而《1，1》，1》类型的量词在自然语言中的表现为

almost as many … as … ，fewer … than … ，not nearly as many … as … ，five more … than … ，more of John's … than … ，a greater percentage of … than … ，proportionately more … than … ，not more than ten times as many … as … ，ten percent fewer … than … .

有关的例句有语句 9.2。

**语句 9.2**　(a)**Almost as many** [teachers] **as** [students] [attended the meeting].

(b)**More of John's** [dogs] **than** [cats] [were inoculated].

(c)**Five more** [students] **than** [teachers] [attended].

其语义解释如：

(**Five more** … **than** … ，… )$(A,B,C)=1$ 当且仅当 $|A\cap C|-|B\cap C|\geqslant 5$。

〈〈1,1〉,1〉类型的量化公式的生成更是 4 个子节点的多分法，如图(2.)9.4 所示。

(**Five more** … **than** … ，… ) $(A, B, C)$

**Five more** … **than** … ，…　　　　$A$　　$B$　　　$C$

图（2.）9.4　Five more … than … ，… 的生成结构

更一般地讲，如 $Q$ 是类型为 $\langle 1,\cdots,1\rangle$（$n$ 个 1，$n\geqslant 1$）的量词，其形式规则是

如果 $A_1$，…，$A_n$ 是集合且 $Q$ 是量词，则 $Q(A_1，…，A_n)$ 是量化公式。显然，这里生成过程的精细分析是 $n+1$ 的多分法。

GQT 对复合量化句尤其是非连续复合量化句的分析结果，其生成过程不得不使用多分法的方式。如汉语中的非连续复合量化句（语句 9.3 和语句 9.4）。

**语句 9.3** 每个学生（都）读不同一本书。

**语句 9.4** 每个学生（都）读同样一本书。

显然，谓词逻辑的分析方式不适合于描述语句 9.3 和语句 9.4 的语义特征。语句 9.3 说的是"学生"集合中的成员依据"读"对应的"书"集合中的成员是不一样的，"读"这种对应是一一对应，学生甲对应的书不同于学生乙对应的书，两个不同学生不能对应同一本书。语句 9.4 说的刚好和语句 9.3 相反，"学生"集合中所有成员对应的"书"集合中的成员是一样的，这种对应是多一对应。用广义量词理论的集合间的对应思想可以揭示语句 9.3 和语句 9.4 的语义特征。

什么是非连续的特征？按照基南（Keenan，1986）的做法，用集合 $A$ 代表"学生"，用集合 $B$ 代表"书"，用二元关系 $R$ 表述"读"，"每个……同样一本"这个复合量词用 $Q_{[每个……同样一本]}$ 表述（其类型为 $\langle 1，1，2 \rangle$），$A$，$B$ 和 $R$ 可以作为这个复合量词的三个论元，刻画语句 9.3 的量化公式为：

**量化公式 9.1** $Q_{[每个……不同一本……]}(A,B,R)$。

对量化公式 9.1 进行语义解释得量化公式 9.2。[①]

**量化解释 9.1** $Q_{[每个……不同一本……]}(A,B,R)=1$ 当且仅当

(a)$\forall a,b \in A$ 且 $a \neq b$：$R_a \cap B \neq R_b \cap B$；

(b)$\forall a \in A$：$|R_a \cap B|=1$。

量化解释 9.1 用两条陈述显示量化公式 9.1 的语义。第（a）条陈述是说：对于任两个不同的学生 $a$ 和 $b$ 来说，$a$ 读的书的集合 $R_a \cap B$ 不同于 $b$ 读的书的集合 $R_b \cap B$；第（b）条陈述意味：每一个学生 $a$ 读的书的集合中只有一个成员，即一本书。这里强调的是，量化公式 9.1 中的复合量词由两个简单量词"每个"和"不同一本"所构成，其量化涵义不是独自分离的，它们必须结合在一起才能确立量化解释 9.1 所显示的两条语义陈述，量化公式 9.1 中的 $Q_{[每个……同样一本……]}$ 其量化语义是一个整体。而语句 9.3 中体现量化语义的句法成分"每个"与"不同一本"却不是毗连相邻的，句法和语义在这里不对应，这就是复合量化句中的

---

① $R_a$ 表述由个体 $a$ 作为 $R$ 的前项决定的 $R$ 的后项的集合。

非连续特征，语句 9.3 和语句 9.4 就叫**非连续的复合量化句**。

自然语言中存在大量的非连续的复合量化句，如汉语中：

**语句 9.5** 每个学生（都）读了同样三本书。

**语句 9.6** 每个学生（都）读了同样一些书。

**语句 9.7** 每个学生（都）读了不同的三本书。

**语句 9.8** 至少两个学生读了同样一些书。

**语句 9.9** 至少两个学生问了那个老师同样一个问题。

基南（Edward Keenan）对非连续复合量化句的语义分析非常到位，颇具影响力。然而在基南那里，没有系统的生成复合量化句的规则，仅仅给出复合量词整体的语义解释，没有给出复合量化句的生成过程。这使我们回想到蒙太格语法当初处理量化句的独特方式，即不单列出量词范畴的做法（Montague，1974），有其独特的精妙之处。把这种方式进一步扩展，对复合量化句的生成是很方便的。我们先来看蒙太格的 PTQ 系统对量化表达式的生成规则：

S2. 若 $\zeta \in P_{CN}$，则 $F_0(\zeta)$，$F_1(\zeta)$，$F_2(\zeta) \in P_T$，其中：

$F_0(\zeta) = $ every $\zeta$

$F_1(\zeta) = $ the $\zeta$

$F_2(\zeta) = $ a $\zeta$ 或 an $\zeta$，依据 $\zeta$ 词头第一个字母是辅音读法还是元音读法。

对应的翻译规则为

TR2. 若 $\alpha \in P_{CN}$，$\alpha$ 翻译成 $\alpha'$，则

$F_0(\alpha) = $ every $\alpha$ 译为 $\lambda Q \forall z [\alpha'(z) \rightarrow Q(z)]$

$F_1(\alpha) = $ a $\alpha$ 译为 $\lambda Q \exists z [\alpha'(z) \wedge Q(z)]$

$F_2(\alpha) = $ the $\alpha$ 译为 $\lambda Q \exists x [\forall y [\alpha'(y) \leftrightarrow y = x] \wedge Q(x)]$

这里，蒙太格生成量化短语的方式非常独特，在句法规则中不把量词当作独立的句法范畴。仅仅通过句法操作 $F$ 把量词插入到通名前而形成量词短语。而对应其句法操作 $F$ 的语义表现的翻译操作也很巧妙，其灵活性也把量词的语义揭示出来，[①]使得蒙太格式的语句系统生成非连续的复合量化句显得非常方便。我们根据蒙太格的思想，做了一些扩展和变通，把生成语句 9.3 的句法规则确立为

Syn1. 若 $\alpha, \beta \in P_{CN}$，$\gamma \in P_{VT}$，则 $F_1(\alpha, \gamma, \beta) = $ 每个 $\alpha$ $\gamma$ 不同一本 $\beta \in P_t$。

相应的翻译规则为

Tr1. 若 $\alpha', \beta'$ 是 $\alpha, \beta$ 的翻译，$\gamma'$ 是 $\gamma$ 的翻译，则 $F_1(\alpha, \gamma, \beta)$ 翻译为

$$Q_{[每个 \cdots\cdots 不同一本 \cdots\cdots]}(\alpha', \gamma', \beta')$$

---

① 通过 $\lambda$ 逆转换，如 every 的翻译就是 $\lambda P \lambda Q \forall z [P(z) \rightarrow Q(z)]$。

这样就获得了语句 9.3 所得到的结果 $Q_{[每个……不同一本……]}$（$\alpha'$，$\gamma'$，$\beta'$）。用蒙太格语法构造语句系统的方式，可以确立生成语句 9.5～语句 9.9 复合量化句的句法规则：

Syn2. 如果 $\alpha,\beta\in P_{CN}$，$\gamma\in P_{VT}$，则 $F_3(\alpha,\gamma,\beta)=$ 每个 $\alpha$ $\gamma$ 同样三本 $\beta\in P_t$。

Syn3. 如果 $\alpha,\beta\in P_{CN}$，$\gamma\in P_{VT}$，则 $F_4(\alpha,\gamma,\beta)=$ 每个 $\alpha$ $\gamma$ 同样一些 $\beta\in P_t$。

Syn4. 如果 $\alpha,\beta\in P_{CN}$，$\gamma\in P_{VT}$，则 $F_2(\alpha,\gamma,\beta)=$ 每个 $\alpha$ $\gamma$ 不同三本 $\beta\in P_t$。

Syn5. 如果 $\alpha,\beta\in P_{CN}$，$\gamma\in P_{VT3}$，则 $F_5(\alpha,\gamma,\beta)=$ 至少两个 $\alpha$ $\gamma$ 同样一些 $\beta\in P_t$。

Syn6. 如果 $\alpha,\beta,\delta\in P_{CN}$，$\gamma\in P_{VT3}$，则 $F_5(\alpha,\gamma,\beta,\delta)=$ 至少两个 $\alpha$ $\gamma$ 那个 $\beta$ 同样一个 $\delta\in P_t$。

对应的翻译规则可以给出自然语言非连续复合量化句的逻辑式，这里从略。

据句法规则 Syn1 对语句 9.3 的分析树是多分法的结果，如图（2.）9.5 所示。

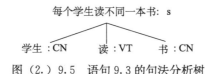

图（2.）9.5　语句 9.3 的句法分析树

多分法步骤简单，从语言直觉看，这里生成非连续复合量化句的方式显得自然。从计算角度看，多分法操作程序简洁。

而对此据 Tr1 获得的量化公式，其生成过程更是不得不采用多分法，如图（2.）9.6 所示。

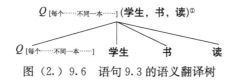

图（2.）9.6　语句 9.3 的语义翻译树

顶端的母节点管辖 4 个子节点，子节点 $Q_{[每个……不同一本……]}$ 是起函子作用的成分，而其他 3 个节点是起论元作用的成分。

## 9.2　多分法的语言学依据

### 9.2.1　格语法

著名计算语言学家黄昌宁教授在《人机通用——现代汉语动词大词典》的

---

①　这里借用黑体汉语词来表述这些汉语词对应的逻辑词项。

序言中写道："自从 1968 年美国语言学家费尔默（C. Fillmore）发表论文《格辨》（*The case for case*）以来，采用动词格框架来表达句意的做法已被越来越多的研究人员所接受，并广泛应用于各国的自然语言系统中"。"从计算机对自然语言的理解和翻译来看，述语动词和形容词是句子句法结构和语义解释的中心，因此如果能在一部电子词典中能对句子中的述语动词及其周围的名词性成分所发生的语义组合关系（即格关系）做出具体详尽的描写，就可以大大提高自然语言理解系统或机器翻译系统的性能。"（林杏光，等，1994)[1]

格语法是 20 世纪 60~70 年代产生的语法理论，和生成语义学类似，是转换语法中分裂出来重视语义的一个分支。其基本做法是：句法分析的目标是自然语言语句的语义底层结构，这个底层结构的格局是：动词统领整个语句，语句的其他部分由动词的论元组成，而动词的论元则由不同格角色的名词担任。这些名词分为：施事格名词、受事格名词、与事格名词、时间格名词、方位格名词和工具格名词等。

格语法的基础部分由一系列规则组成，最基本的有三条：

(a) $S \rightarrow M + P$；

(b) $P \rightarrow V + C_1 + \cdots + C_n$；

(c) $C_i \rightarrow K + NP$。

这里（a）表述一个句子 $S$ 可改写成情态 $M$（否定，时态和体态等）和命题 $P$ 两大部分，（b）表述命题 $P$ 可改写成 $V$ 和若干格 $C_i$，$C_i$ 可进一步改写成格标记 $K$ 和名词短语 NP。在格语法那里，动词是句子底层结构的中心。$V$ 是广义的动词，$C_i$ 为变项，在具体句子中由各个不同的格来担任（如施事格 $A$，受事格 $O$，工具格 $I$ 和方位格 $L$），格标记 $K$ 由介词表述。如英语句：

**语句 9.10** John wrote a letter in the room.

按照格语法的分析，其底层结构如图（2.）9.7 所示（Fillmore，1968)[20]。

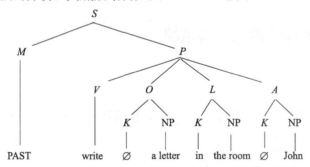

图（2.）9.7 语句 John wrote a letter in the room 的格语法底层结构图

格语法所谓句子的底层结构实际上是一种类似生成语义学所倡导的语义结构。这里如果暂时忽略句子的情态不计，删去作为格标记的介词，语义结构就成为对应动词的 $n$ 元谓词和对应 $n$ 个 NP 的 $n$ 个论元的毗连，图（2.）9.7 归结为图（2.）9.8。

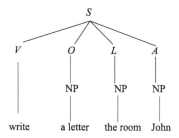

图（2.）9.8　语句 John wrote a letter in the room 的语义结构图

格语法是一种动词中心的语法理论，把动词当作句子的中心成分，把动词周围的名词短语当作句子的非中心成分。格语法的分析模式显然导致语言分析中的多分法。图（2.）9.8 的分析就是一种 4 分法。母节点 $S$ 统领了 $V$、$O$、$L$ 和 $A$ 等 4 个子节点。同时，从图（2.）9.8 可以看到，$V$、$O$、$L$ 和 $A$ 等 4 个子节点的关系不是完全对等的关系。$V$ 对应动词，在格语法看来处于中心成分的地位，而 $O$、$L$ 和 $A$ 分别对应三个名词短语，与 $V$ 比较，处于非中心成分的地位。

多分法比较通常的二分法有什么特点？我们认为，如同前文所述广义量词理论所做的工作，在自然语言的领域，尤其针对一些特定的语言现象，多分法的分析比较二分法显出自然简洁的优势。

按照二分法，英语带有多重介词短语的动词短语 put the key into the box on the table 的分析如图（2.）9.9 所示（Carpenter，1997）[224]：

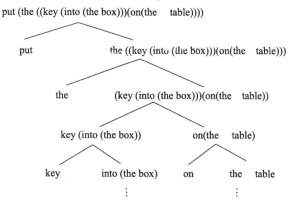

图（2.）9.9　短语 put the key into the box on the table 的句法二分分析图

这种句法分析对应的语义翻译就是如图（2.）9.10所示。

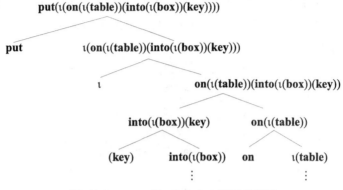

图（2.）9.10　图（2.）9.9的语义翻译

这里基于二分法的生成过程比较烦琐，就人类的认知能力而言，生成的逻辑式也不够直观。如采用基于格语法的多分法句法分析就是如图（2.）9.11所示。

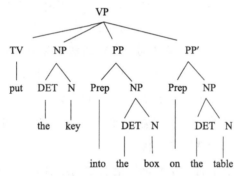

图（2.）9.11　短语 put the key into the box on the table 基于格语法的多分句法分析

在格语法看来，作为格标记的介词需要删去，故上述句法树对应的语义翻译就如图（2.）9.12所示。

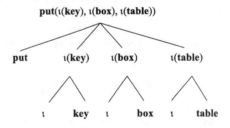

图（2.）9.12　图（2.）9.11对应的语义翻译

格语法对上述动词短语的句法语义分析由于使用多分法，显得比较简洁。[①]

格语法的基于动词中心思想的多分法分析模式在当今与信息有关的其他学说那里不同程度显示出来，情境语义学就是如此。

在情境语义学看来，人周围的环境存在着各种各样的个体及其关系，人具有个体化的认知模式，所以个体和关系的概念就是人对外部世界的最基本的认识。外部环境的个体及其关系就是最基本的可处理数据，因此形成了如下最基本的信息概念：

关系 $R$ 成立或不成立于个体 $a_1,\cdots,a_n$ 之间。

这里 $R$ 是本体论意义上适用于 $n$ 个个体的某个关系，$a_1,\cdots,a_n$ 是本体论意义上适用于关系 $R$ 的各自论元位置上的个体。若 $R$ 是 $n$ 位关系并且 $a_1,\cdots,a_n$ 是适用于 $R$ 的各自论元位置上的个体，则

《$R,a_1,\cdots,a_n,1$》或《$R,a_1,\cdots,a_n,0$》

分别指关系 $R$ 在个体 $a_1,\cdots,a_n$ 中成立或不成立。一般来说：

《$R,a_1,\cdots,a_n,i$》（$i\in\{0,1\}$）

指**信息条目**，严格讲只是简单的信息条目。用德雷斯克（Frederick Irwin Dretske）的术语来说，信息条目就是信息的**数据化**。

信息条目的概念还可进一步扩大，在 $a_1,\cdots,a_n$ 中加入时间的单位与空间（地点）的单位。即广义的个体对象还包括时间单位和空间单位这样的个体。例如关系 selling，假定这是一个六元位置的关系：买方、卖方、被卖的东西、价格、卖的地点和卖的时间。于是

《sells，Jon，David，h，＄350，Palo Alto，1/1/1988，1》

就是一个信息条目。显然，这里"sells"对应作为中心成分的动词，"Jon，David，h，＄350，Palo Alto，1/1/1988"分别对应作为各类非中心成分的个体名词。每一个信息条目包含 $R$ 关系作为中心成分，个体 $a_1,\cdots,a_n$ 作为非中心成分。如果从生成的角度看，每一个信息条目都是多分法的结果。

此外，在格语法那里，中心成分即动词的功能作用经常发生变化。通常引用的英语句有：

**语句 9.11**　(a) The door opened.

(b) The boy opened the door.

① 格语法的简洁处理似乎在语义解读方面失去了自然语言语义的某些精细之处。笔者认为，就此例而言，需要对中心动词 put 进行新的理解，关于这个话题后文将继续讨论。

(c) The boy opened the door with a key.

这里动词 open 在 (a) 是一位动词，在（b）那里是二位动词，在（c）那里是三位动词（从格语法的底层语义结构看）。为此，在格语法那里，动词 open 的格框架特征为

open：$\begin{bmatrix} \underline{\quad\quad} & O & (I) & (A) \end{bmatrix}$

无圆括号的格标记 $O$（对象格）是必选的，圆括号内的格标记 $I$（工具格）和 $A$（施事格）是可选的。俗话说"铁打的营盘流水的兵"，格语法理论所谓作为语句中心成分的动词是不可缺少的"铁打的营盘"，而各种名词性成分是可多可少的"流水的兵"。这就表明：open 作为一位动词可能转变成二位动词或三位动词，其语法功能因此发生变化。从范畴语法的角度看，这里动词 open 所属的范畴随所在的语句不同而改变。

### 9.2.2 格语法的汉语应用

由中日合作 MMT 汉语生成组编写的《现代汉语动词大词典》，从格语法的角度对现代汉语的动词句进行分类，以动词为中心，加上必选格的名词，构成格框架。对 2000 多个动词产生的格框架进行统计和归类，获得的结果是：3 大类（一价格框架、二价格框架和三价格框架），9 中类（一价自动词格框架、一价内动词格框架、二价他动词格框架、二价自动词格框架、二价外动词格框架、二价内动词格框架、二价领属动词格框架、二价系属动词格框架和三价他动词框架），53 小类，其中有：（林杏光，等，1994）[31-34]

1. 施事+$V$。其动词有：爆发、抱歉、奔跑、奔走、蹦等。

2. 当事+$V$。其动词有：变化、残废、堕落、恶化、害羞等。

3. 施事+$V$+受事。其动词有：爱好、爱护、爱惜、安插、安慰、安装等。

4. 施事+$V$+结果。其动词有：出版、创造、发明、建立、建筑等。

    ......

13. 施事+$V$+受事或与事。其动词有：指点、指导等。

14. 施事+$V$+同事。其动词有：联合、联络、配合等。

15. 施事+$V$+原因。其动词有：操心、愁、躲、躲避、算计等。

    ......

21. 施事+$V$+工具。

22. 施事+$V$+时间。

23. 施事＋V＋方式。

24. 施事＋V＋范围。

25. 施事＋V＋处所。其动词有：到达、登、渡、逛、接近等。

26. 施事＋V＋处所或时间。

　　……

43. 分事＋V＋领事。其动词有：属。

44. 当事＋V＋客事。其动词有：是。

45. 当事＋V＋系事。

46. 施事＋V＋与事＋受事。其动词有：补助、答复、讹诈、告诉、贡献等。

　　……

53. 施事＋同事＋V＋结果。其动词有：攀。

从上述基于格框架的汉语句式分类那里，我们明显见到由动词担当的中心成分 V 和由各种格名词担当的非中心成分（施事、受事、当事和与事等）的区别。

《现代汉语动词大词典》把动词所能带的格分为两类：一是必需格，一是可选格。足以描述某个动词的格关系特征而必不可少的格叫作必需格。换句话说，必需格不但可与动词搭配，而且必不可少，缺少了它，就影响语义的自主性。比如："我削了个苹果"，施事"我"和受事"苹果"是必需格。"老师给我一本书"，施事"老师"、受事"一本书"和与事"我"是必需格。可选格虽可与动词搭配，但缺少了它不影响语义的自足性。比如："我用刀子削了个苹果"，工具格"用刀子"是可选格。"连长向窗外探望了一下"，方向格"向窗外"是可选格。

现代汉语以动词为中心的格语句，因为有可选格的情况，动词就可能有时统领两个格名词，有时统领三个甚至四个格名词。动词语法功能发生的这种变化在范畴语法那里的显示就是：给同样一个动词指派的函子范畴可能是 $NP_2 \backslash S$，也可能是 $(NP_1 \backslash S)/NP_2$，还可能是 $(NP_1 \backslash S)/(NP_2, NP_3)$，等等。这些不同范畴之间的变化需要提供新的范畴推演工具来描述。

### 9.2.3　自然语言采用多分法的其他情况

我们在自然语言中看到大量的语言现象需要多分法的分析方式，如多重介词短语句、双宾语句、非连续的时间句、方位数量顺序句，等等。

我们看到汉语中有不少多重介词短语句，如：

**语句 9.12**　（a）张三在餐馆吃牛排。

（b）张三用刀叉吃牛排。

（c）张三在餐馆用刀叉吃牛排。

（d）张三在圣诞节用刀叉在餐馆吃牛排。

（e）张三吃牛排在餐馆。

（f）张三吃牛排在餐馆用刀叉。

我们假定上述汉语句中的介词短语其宾语是表达特定含义的光杆名词，即：牛排意味这份牛排，刀叉意味这把刀叉，餐馆指的是这个餐馆。就（c）而言可以按照格语法的方式可以这样分析（图（2.）9.13）：

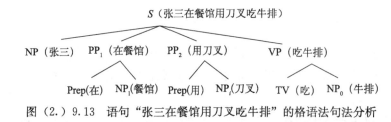

图（2.）9.13　语句"张三在餐馆用刀叉吃牛排"的格语法句法分析

上述分析树的最高节点 $S$ 统领 4 个子节点，采用的是格语法的多分法模式。按照这个模式，删去作为格标记的介词，上述句法树的语义翻译就是如图（2.）9.14 所示。

图（2.）9.14　语句"张三在餐馆用刀叉吃牛排"的格语法多分法语义分析

其语义解读非常简洁，按照范畴语法，给"**吃**"指派函子范畴，其他三个指派论元范畴。

就像上文所举多重介词短语句 9.12(a)～(f) 所呈现的那样。动词语法功能发生的这种变化在范畴语法里的显示就是：给同样一个动词指派的函子范畴可能是 $NP_1\backslash S$，也可能是 $(NP_1\backslash S)/NP_2$，还可能是 $(NP_1\backslash S)/(NP_2,NP_3)$，等等。这些不同的范畴之间应该具有某种关联，我们下文再来讨论这样的问题。

汉语动词双宾结构就是动词后面带两个宾语的构造。传统认为，凡是动词后带有两个名词短语的构造：

$$[V \quad NP_1 \quad NP_2]$$

都被视作动词双宾结构。

对待汉语双宾语动词短语，句法分析采取左边的多分法图（2.）9.15（a），而不是右边的两分法图（2.）9.15（b）：

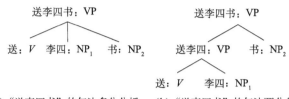

（a）"送李四书"的句法多分分析　　（b）"送李四书"的句法两分分析

图（2.）9.15　"送李四书"的句法多分分析和两分分析

就句法分析配备语义解释而言，左图比右图自然。因为中心动词"送"对应的逻辑式是一个二元谓词，它跟"李四"和"书"对应的个体词一步就构成完整的二元谓词式。而右图中"送李四"节点对应的逻辑式就是二元谓词毗连一个论元的状况，这是一种残缺不全的表述。

我们看到，尤其在汉语中，还存在大量非连续的时间句。即是说，在某些时间句中，表述时间的句法成分是不相邻的，在语义上却是不可分割的整体，如：

**语句 9.13**　张三正在干着活。

**语句 9.14**　李四看过稿件了。

**语句 9.15**　王五喝醉了酒了。

就语句 9.13 而言，跟时间有关的句法表达式是"正在"和"着"，作为一个语义整体，可以把这个整体表述为逻辑的进行体算子 Prog，与之对应的句法生成就是如图（2.）9.16 所示。

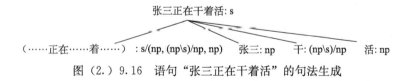

图（2.）9.16　语句"张三正在干着活"的句法生成

这里采纳多分法的句法分析比较自然。如果我们给句法生成匹配上语义，把非连续的时间结构"（……正在……着……）"翻译成含有体态算子 Prog 的 $\lambda x \lambda F \lambda y \left[\mathrm{Prog}(F(x, y))\right]$，则依据多分法再次获得分析时间句的逻辑语义式（图（2.）9.17）。

语句 9.14 和语句 9.15 的情况类似。作为自然语言的计算机分析的结果，把

图（2.）9.17　语句"张三正在干着活"的语义生成

清华树库转换成 CCG 库中有如图（2.）9.18 所示的非连续的时间句例子①（周强，2012）。

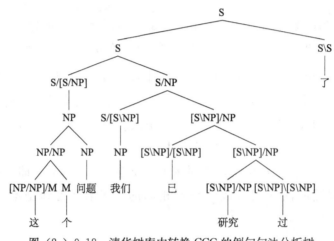

图（2.）9.18　清华树库中转换 CCG 的例句句法分析树

上述句法分析采用了二分法，仅仅从句法角度考虑似乎没有问题。但从时间语义看，对应上述句法分析很难获得满意的语义分析结果。这里"已""过"和"了"体现出一种非连续的时间结构，采取多分法的方式有利于获得所需要的逻辑语义分析结果。

此外，我们感到，自然语言中的方位数量顺序句、汉语中某些框式介词短语，似乎只有采用多分法分析，如：

**语句 9.16**　上海在北京和广州中间。

**语句 9.17**　张三的分数在李四和王五之间。

**语句 9.18**　钥匙在桌子上的盒子里。

就语句 9.16 而言，其多分法的句法分析树如图（2.）9.19 所示。

语句 9.18 似乎是一种复杂的镶嵌的非连续结构，其句法分析更应采用多分法（图（2.）9.20）。

---

①　其中［　］相当于本文前述范畴运算中的（　）。以下引用该文案例均遵循原文语法使用［　］。

图（2.）9.19 语句"上海在北京和广州中间"的多分句法分析树

图（2.）9.20 语句"钥匙在桌子上的盒子里"的多分句法分析树

这样的句法分析才好获得完善的逻辑语义结果。

此外，现代汉语中的话题句及其相关的主宾句有：

**语句 9. 19** （a）书买了——有人买了书。

（b）门开了——有人开了门。

（c）《红楼梦》读了——有人读了《红楼梦》。

同样的动词，从左边的话题句到右边的主宾句，其中动词的语法作用产生了变化，一位动词转化成二位动词，在范畴语法看来，动词发生的这种变化就导致给动词指派的函子范畴也要相应做出改变。如在左边主题句中动词的范畴是 $NP_2 \backslash S$，在右边的主宾句中动词的范畴就变成了 $(NP_1 \backslash S)/NP_2$，我们的 CTL 应该对此提供新的推演工具。

自然语言中有大量的多分法例，美国宾夕法尼亚大学开发的宾州汉语树库是汉语的计算机处理系统，其句法规则大量使用了多分法，下面例举部分：

$VP \Rightarrow VBP$　NP　NP

$VP \Rightarrow VBP$　NP　NP，NP

$VP \Rightarrow VBP$　NP　NP　PP

$VP \Rightarrow VBP$　NP，PP

$VP \Rightarrow VBP$　NP　PP

$VP \Rightarrow VBP$　NP，PP，PP

$VP \Rightarrow VBP$　NP　PP，PP

$VP \Rightarrow VBP$　NP　PP　PP

$VP \Rightarrow VBP$　NP　PP　PP　NP

这里动词短语改写规则意味：母节点 VP 管辖 3～5 个子节点，子节点 VBP 作为中心成分，若干子节点 NP 或 PP 作为非中心成分。

## 9.3　基于多分法的 CTL 系统

多分法的逻辑学依据和语言学依据表明，我们有必要据此确立新的 CTL 系统。多分法对 CTL 产生的影响是：引入多元函子范畴和左积右积的概念，确立函子范畴的论元并列产生的推演规则和刻画函子范畴论元增添的定理，以及框架语义解释中可及关系的多样化等。这样的范畴推演所匹配的 λ 词项的运行还能解释量词的亲缘关系和自然语言中动词从"二位意义"到"三位意义"的演变，这也是 CTL 研究自然语言从句法延伸到语义的需要。

基于多分法，对通常 CTL 的机制做了调整改变，范畴的形成定义为

**定义 9.1**　给定原子范畴的有穷集合 $A$，范畴的集合 $C$ 是满足下列条件的最小集合：

(1) $A \subseteq C$；

(2) 若 $X, Z_1, \cdots, Z_n \in C$，则 $X/(Z_1, \cdots, Z_n)$ 是左函子范畴 $\in C$；

(3) 若 $X, Z_1, \cdots, Z_n \in C$，则 $(Z_1, \cdots, Z_n) \backslash X$ 是右函子范畴 $\in C$；

(4) 若 $Y$ 是左函子范畴 $\in C, Z_1, \cdots, Z_n \in C$，则 $Y, Z_1, \cdots, Z_n$ 是左积范畴 $\in C$；

(5) 若 $Y$ 是右函子范畴 $\in C, Z_1, \cdots, Z_n \in C$，则 $Z_1, \cdots, Z_n, Y$ 是右积范畴 $\in C$；

(6) 封闭性。

与经典的 CTL 的区别是：我们用"左积范畴"和"右积范畴"取代了通常的积范畴。通常积范畴的两个部分不假定主次，即不假定其中一个是函子范畴，另一个是论元范畴。而这里的"左积范畴"则是左边的范畴处于中心地位，由函子范畴担任；而右边的范畴处于非中心地位，是论元范畴。"右积范畴"的情况则是，处于右边的范畴是函子而左边的范畴是论元。如此规定的积范畴在冗余规则的使用上受到限制，在系统中还要预先给出受限的左或右单调规则。[①]

我们提出左积范畴和右积范畴的理由何在？其一，范畴逻辑在实际应用中贯彻的"函项贴合"思想就是：并列的两个范畴推演运算的必要条件是，二者中一个是函子范畴另一个则是论元范畴。这也是范畴逻辑中冗余规则"若 $Y \cdot Z \rightarrow X$ 则 $Y \rightarrow X/Z$"所揭示的规律：如果 $Y$ 和 $Z$ 的毗连能够推出 $X$，那么 $Y$ 就是函子范畴。大多数涉及积运算的定理如"$X/Z \cdot Z \rightarrow X$"表述，积运算毗邻的两

---

① 单调律在通常积范畴的逻辑那里可以由公理和冗余规则推出。但这里受限的冗余规则无法推出单调律，只得作为规则预先给出。

个范畴在很多具体情况下是有主次的，一个是函子范畴，另一个是论元范畴。

组合范畴语法 CCG 对自然语言的分析出现了大量左积或右积的例子，如清华树库转换成 CCG 库的一个分析例子（周强，2012），见图（2.）9.21。

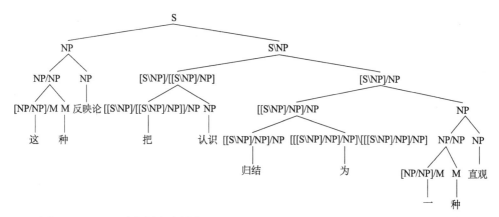

图（2.）9.21　清华树库中转换 CCG 的例句"这种反映论把认识归结为一种直观"

图（2.）9.21 每一个母节点管控的两个子节点，节点上标记的两个范畴为：一个是函子范畴（属于中心节点），另一个是论元范畴（属于非中心节点）。组合范畴语法的创始人斯蒂德曼教授在《CCGbank：用户手册》（*CCGbank：User's Manual*）中讨论宾州树库转换成 CCG 树库时写道（Hockenmaier，Steedman，2005）[34]：如果非中心子节点对应范畴 $Y$，则出现在左边的中心子节点对应范畴 $X/Y$，出现在右边的中心子节点则对应范畴 $X\backslash Y$。这里强调，把宾州树库转换成 CCG 库时惯常的做法就是给宾州分析树中的每个母节点管控的两个子节点确定相应的范畴，一个节点为函子范畴，另一个为论元范畴。两个子节点的关系就是左积（或右积）的关系。

与经典的范畴逻辑的另一区别是，我们用多元左（右）函子范畴的概念取代了通常的左右斜线函子范畴。左右函子范畴的论元是多个并列论元范畴的序列，如右函子范畴"$X/(Z_1,\cdots,Z_n)$"，这样的函子范畴要跟 $n$ 个论元范畴 $Z_1,\cdots,Z_n$ 进行运算，体现出多分法的思想：

$$
\begin{array}{c}
X \\
\diagup \quad \diagdown \\
X/(Z_1,\cdots,Z_n) \quad Z_1,\cdots,Z_n
\end{array}
\quad\text{或者}\quad
\frac{X/(Z_1,\cdots,Z_n) \quad Z_1,\cdots,Z_n}{X}
$$

基于多分法的 CTL，跟通常范畴逻辑的差别还有：系统中确立了两条针对右（或左）函子范畴论元增添（right increasing 或 left increasing）的定理：

（RI）　$X/(Z_1,\cdots,Z_n)\rightarrow X/(Z_1,\cdots,Z_n,Z_{n+1})$；

(LI)　$(Z_1,\cdots,Z_n)\backslash X \rightarrow (Z_1,\cdots,Z_n,Z_{n+1})\backslash X$。

这两条定理的根据是什么？

根据之一：广义量词理论 GQT 中对 $\langle 1\rangle$ 类型的量词进行关联运算就可获得 $\langle 1,1\rangle$ 类型的亲缘量词。在 GQT 那里，$\langle 1\rangle$ 类型的量词和 $\langle 1,1\rangle$ 类型的量词是两类不同的量词，然而，它们之间具有某种关联。换言之对某个 $\langle 1\rangle$ 类型的量词进行亲缘运算，就可以获得一个 $\langle 1,1\rangle$ 类型的亲缘量词，这些配对关系有

$(\forall)^{rel}=$every；

$(\exists)^{rel}=$some；

$(Q_0)^{rel}=$infinitely many；

$(Q_R)^{rel}=$most。

经典一阶逻辑中的 $\forall$ 和 $\exists$ 是 $\langle 1\rangle$ 类型的量词，分别对应自然语言中的 everything 和 something，上面第一和第二等式分别换成

$(everything)^{rel}=$every；

$(something)^{rel}=$some。

于是不难从 $(everything)^{rel}=$every 获得

$(\lambda X_2. everything\ (X_2))^{rel}=\lambda X_1\lambda X_2. every\ (X_1,X_2)$

左方的亲缘量词就是右方，从左方通过亲缘关联可以获得右方，"亲缘关联"就是一种"延伸推出"。按照范畴逻辑看来，$\lambda X_2. everything\ (X_2)$ 的范畴为 s/(np\s)，$\lambda X_1\lambda X_2. every\ (X_1,X_2)$ 的范畴是 s/((np\s)$_1$,(np\s)$_2$)。也即要求从 s/(np\s) 延伸推出 s/((np\s)$_1$,(np\s)$_2$)。这就是 (RI) 应用的佐证之一。

根据之二：在自然语言领域，有许多词性转变的例子，如英语句有：

**语句 9.20**　(a) The boy opened the door.

(b) The boy opened the door with a key.

这里动词 open 在 (a) 是二位动词，在 (b) 那里按照格语法的多分法方式可以分析成三位动词。

(a) 中 open 其范畴是 (np\s)/np，(b) 中的 open 其范畴可以是 (np\s)/(np,np)。从 (a) 中 open 的语法功能延伸到 (b) 中 open 的功能，意味：从 (np\s)/np 推出 (np\s)/(np,np)。这仍是 (RI) 的应用。

汉语中的双宾语句也是这种情况：

**语句 9.21** （a）张三送红包。

（b）张三送李四红包。

同样的动词"送"，从语句 9.21（a）到（b），其中动词的语法作用产生了变化，二位动词转化成三位动词。在范畴语法看来，动词发生的这种变化就导致给动词指派的函子范畴也要相应做出改变，即：给同样一个动词指派的函子范畴可能是$(np\backslash s)/np_1$，还可能是 $(np\backslash s)/(np_1,np_2)$。动词语法作用的延伸，就是从$(np\backslash s)/np_1$推出 $(np\backslash s)/(np_1,np_2)$，这也是（RI）应用的另一佐证。

于是，本节构建的基于多分法的 CTL，其公理系统就有等同公理 1 条、结构公理 2 条（即 2 条受限的缩减公设）：

A1. $A \to A$；

A2. $Y,Z_1,\cdots,Z_n \to Y,Z_1,\cdots,Z_{n-1}$　　（$Y,Z_1,\cdots,Z_n$ 是左积）；

A3. $Z_1,\cdots,Z_n,Y \to Z_1,\cdots,Z_{n-1},Y$　　（$Z_1,\cdots,Z_n,Y$ 是右积）。

推演规则有受限的**冗余规则** 4 条：

$$（Y,Z_1,\cdots,Z_n 是左积）\qquad （Z_1,\cdots,Z_n,Y 是右积）$$

$$\frac{Y,Z_1,\cdots,Z_n \to X}{Y \to X/(Z_1,\cdots,Z_n)} \qquad \frac{Z_1,\cdots,Z_n,Y \to X}{Y \to (Z_1,\cdots,Z_n)\backslash X}$$

**传递规则**：

$$\frac{X \to U \qquad U \to Z}{X \to Z}$$

**左积单调规则**：

$$\frac{Y \to Y' \quad Z_1 \to Z_1' \cdots \quad Z_n \to Z_n'}{Y,Z_1,\cdots,Z_n \to Y',Z_1',\cdots,Z_n'}$$
　　（$Y$ 和 $Y'$ 是左函子范畴）

**右积单调规则**：

$$\frac{Z_1 \to Z_1' \cdots \quad Z_n \to Z_n' \quad Y \to Y'}{Z_1,\cdots,Z_n,Y \to Z_1',\cdots,Z_n',Y'}$$
　　（$Y$ 和 $Y'$ 是右函子范畴）

向前（向后）的函项应用定理由 A1 和冗余规则分别推得

（F）$X/(Z_1,\cdots,Z_n),Z_1,\cdots,Z_n \to X$；

（B）$Z_1,\cdots,Z_n,(Z_1,\cdots,Z_n)\backslash X \to X$。

为了描述自然语言动词词性改变导致的范畴改变，可推出

（RI）$X/(Z_1,\cdots,Z_n) \to X/(Z_1,\cdots,Z_{n+1})$；

（LI）$(Z_1,\cdots,Z_n)\backslash X \to (Z_1,\cdots,Z_{n+1})\backslash X$。

**证明** 据（F）有 $X/(Z_1, \cdots, Z_n)$，$Z_1, \cdots, Z_n \to X$；根据 A2：$X/(Z_1, \cdots, Z_n)$，$Z_1, \cdots, Z_n$，$Z_{n+1} \to X/(Z_1, \cdots, Z_n)$，$Z_1, \cdots, Z_n$；传递得 $X/(Z_1, \cdots, Z_n)$，$Z_1, \cdots, Z_n$，$Z_{n+1} \to X$；再据冗余规则得 $X/(Z_1, \cdots, Z_n) \to X/(Z_1, \cdots, Z_{n+1})$。

在基于多分法的 CTL 这里，为了确立推出（RI）和（LI）的 A2 和 A3 的有效性，必须在框架语义学中增加相应的限制公设：

SP1. $R^{/n+2}xyz_1 \cdots z_n \Rightarrow R^{/n+1}xyz_1 \cdots z_{n-1}$　（$y$ 是中心成分标记，$z_1 \cdots z_n$ 是非中心成分标记）；

SP2. $R^{\backslash n+2}xz_1 \cdots z_n y \Rightarrow R^{\backslash n+1}xz_1 \cdots z_{n-1}y$　（$y$ 是中心成分标记，$z_1 \cdots z_n$ 是非中心成分标记）（$n \geq 1$）。

怎样理解 SP1 和 SP2？它们不同于范畴逻辑通常的框架限制。这里框架语义中可及关系 $R$ 是多样的，为什么？以 SP2 为例进行说明。

这要从 CTL 的框架语义学说起。在自然语言应用领域，模态逻辑的框架语义学的 $W$ 可以具体化为自然语言语言学标记的集合，如 $W = \{$ S，$NP_1$，$\cdots$，$NP_n$，VP，Vt，Vi，$\cdots \}$，可及关系 $R$ 具体化为这些语言学标记构成的分析树的集合，如 $R^{\backslash 3} = \{\langle S, NP_1, Vi \rangle, \cdots\}$，$R^{\backslash 4} = \{\langle S, NP_1, NP_2, Vi \rangle, \cdots\}$。汉语的句法生成规律表明：若由"李四""北京"和"出差"生成语句"李四北京出差"，则可由"李四"和"出差"生成语句"李四出差"，这就是 $R^{\backslash 4}$ 蕴涵 $R^{\backslash 3}$ 的例据，比如：

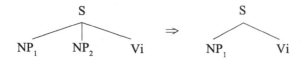

用 $x$ 表述 S，用 $z_1$，$z_2$ 和 $y$ 分别表述 $NP_1$，$NP_2$ 和 Vi，就有

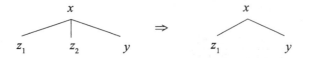

这就是对 $R^{\backslash 4}$ 蕴涵 $R^{\backslash 3}$，即 SP2 的例释。

基于多分法的 CTL 的模型 $M = \langle W, R^{/n+2}, R^{\backslash n+2}, \|\cdot\| \rangle$，其中 $\|\cdot\|$ 的定义如下：

**定义 9.2**（$\|\cdot\|$ 的定义）

$\|p\| \subseteq W$；

$\|Y, Z_1, \cdots, Z_n\| = \{x \mid \exists y z_1 \cdots z_n [R^{/n+2}xyz_1 \cdots z_n \& y \in \|Y\| \& z_1 \in \|Z_1\|$

$$\& \cdots \& z_n \in \| Z_n \| \] \};$$

$$\| Z_1, \cdots, Z_n, Y \| = \{ \, x \mid \exists y z_1 \cdots z_n [ R^{\backslash n+2} x z_1 \cdots z_n y \, \& \, z_1 \in \| Z_1 \| \, \& \cdots \& z_n \in \\ \| Z_n \| \, \& \, y \in \| Y \| \] \};$$

$$\| X/(Z_1, \cdots, Z_n) \| = \{ \, y \mid \forall x z_1 \cdots z_n [ R^{\prime n+2} x y z_1 \cdots z_n \& z_1 \in \| Z_1 \| \, \& \cdots \& z_n \\ \in \| Z_n \| \Rightarrow x \in \| X \| \] \};$$

$$\| (Z_1, \cdots, Z_n) \backslash X \| = \{ \, y \mid \forall x z_1 \cdots z_n [ R^{\backslash n+2} x z_1 \cdots z_n y \& z_1 \in \| Z_1 \| \, \& \cdots \& z_n \\ \in \| Z_n \| \Rightarrow x \in \| X \| \] \}.$$

据此可以证明基于多分法的 CTL 系统是可靠和完全的。

**可靠性**：若 $\vdash A \rightarrow B$，则 $A \rightarrow B$ 是有效的，即 $\| A \| \subseteq \| B \|$。

A1 的有效性显然。

A2 的有效性证明：

题设 $x \in \| Y, Z_1, \cdots, Z_n \|$。根据定义得 $\exists y z_1 \cdots z_n \, [R^{/3} x y z_1 \cdots z_n \& y \in \| Y \| \& z_1 \in \| Z_1 \| \& \cdots \& z_n \in \| Z_n \| ]$。枚举：$R^{/3} x y z_1 \cdots z_n \& y \in \| Y \| \& z_1 \in \| Z_1 \| \& \cdots \& z_n \in \| Z_n \|$，取出 $R^{/3} x y z_1 \cdots z_n$，据 SP1 分离得 $R^{/3} x y z_1 \cdots z_{n-1}$，取出 $z_1 \in \| Z_1 \|, \cdots, z_{n-1} \in \| Z_{n-1} \|$ 与之合取得 $\exists y z_1 \cdots z_n \, [R^{/3} x y z_1 \cdots z_{n-1} \& y \in \| Y \| \& z_1 \in \| Z_1 \| \& \cdots \& z_{n-1} \in \| Z_{n-1} \| ]$。即 $x \in \| Y, Z_1, \cdots, Z_{n-1} \|$。

A3 的有效性证明是类似的。

**冗余规则保持有效性**：

反证：设冗余规则的结论是无效的，即存在 $x$ 满足：$x \in \| Y \|$ 并且 $x \notin \| X/(Z_1, \cdots, Z_n) \|$。即 $x \in \| Y \|$ 并且 $R^{/3} y x z_1 \cdots z_n \& z_1 \in \| Z_1 \| \& \cdots \& z_n \in \| Z_n \| \& y \notin \| X \|$。再设前提是有效的，即若 $y \in \| Y, Z_1, \cdots, Z_n \|$ 则 $y \in \| X \|$。即若 $R^{/3} y x z_1 \cdots z_n \& x \in \| Y \| \& z_1 \in \| Z_1 \| \& \cdots \& z_n \in \| Z_n \|$ 则 $y \in \| X \|$。与上述结果分离得 $y \in \| X \|$，但上述结果已有 $y \notin \| X \|$，矛盾。所以规则的结论是有效的。

其他冗余规则的证明类似。

**左单调规则保持有效性**：

证明：假定 $x \in \| Y, Z_1, \cdots, Z_n \|$，据语义定义得 $R^{/3} x y z_1 \cdots z_n \& y \in \| Y \| \& z_1 \in \| Z_1 \| \& \cdots \& z_n \in \| Z_n \|$。再设单调规则的前提都是有效的，即若 $y \in \| Y \|$，则 $y \in \| Y' \|$，若 $z_1 \in \| Z_1 \|$，则 $z_1 \in \| Z_1' \|$，$\cdots$，若 $z_n \in \| Z_n \|$，则 $z_n \in \| Z_n' \|$。取出 $y \in \| Y \|$，$z_1 \in \| Z_1 \|$，$\cdots$，$z_n \in \| Z_n \|$，分别分离得 $y \in \| Y' \| \& z_1 \in \| Z_1' \|$，$\cdots$，$z_n \in \| Z_n' \|$。再取出 $R^{/3} x y z_1 \cdots z_n$，合取得 $x \in \| Y', Z_1', \cdots, Z_n' \|$。

右单调规则的证明类似。

传递规则的保持有效性易证。

完全性证明所需要的典范模型 $M = \langle W, R^{/n+2}, R^{\backslash n+2}, \|\cdot\| \rangle$ 的定义：

$W$ 是范畴的集合；

$\| p \| = \{ x \mid \vdash x \to p \}$；

$R^{/n+2} x y z_1 \cdots z_n$　当且仅当 $\vdash x \to y, z_1, \cdots, z_n$　（$y, z_1, \cdots, z_n$ 是右积）；

$R^{\backslash n+2} x z_1 \cdots z_n y$　当且仅当 $\vdash x \to z_1, \cdots, z_n, y$（$z_1, \cdots, z_n, y$ 是左积）。

在典范模型那里，满足框架限制 SP1 的证明：

设 $R^{/n+2} x y z_1 \cdots z_n$ 成立。据典范模型的定义得 $x \to y, z_1, z_2, \cdots, z_n$。这里 $y, z_1, \cdots, z_n$ 是右积，依据 A2 和传递规则得 $x \to y, z_2, \cdots, z_{n-1}$。据典范模型的定义得 $R^{/n+1} x y z_1 \cdots z_{n-1}$。SP2 的证明是类似的。

证明**真值引理**：$x \in \| A \|$ 当且仅当 $\vdash x \to A$。

施归纳于 $A$ 的结构。

$A$ 是原子范畴，据典范模型的定义，显然。

$A = Y, Z_1, \cdots, Z_n$。

设 $x \in \| Y, Z_1, \cdots, Z_n \|$，据右积的定义有 $R^{/n+2} x y z_1 \cdots z_n$ & $y \in \| Y \|$ & $z_1 \in \| Z_1 \|$ & $\cdots$ & $z_n \in \| Z_n \|$。取出 $R^{/n+2} x y z_1 \cdots z_n$ 据典范模型定义得 $x \to y, z_1, \cdots, z_n$。取出 $y \in \| Y \|$，$z_1 \in \| Z_1 \|$，$\cdots$，$z_n \in \| Z_n \|$ 据归纳假设得 $y \to Y$，$z_1 \to Z_1$，$\cdots$，$z_n \to Z_n$。据左单调规则得 $y, z_1, \cdots, z_n \to Y, Z_1, \cdots, Z_n$。传递得 $x \to Y, Z_1, \cdots, Z_n$。

不难证明从 $x \to Y, Z_1, \cdots, Z_n$ 推出 $x \in \| Y, Z_1, \cdots, Z_n \|$。

$A = Z_1, \cdots, Z_n, Y$ 的情况是类似的（据右单调规则）。

$A = X / (Z_1, \cdots, Z_n)$。

设 $y \in \| X / (Z_1, \cdots, Z_n) \|$，据右函子范畴的定义，得 $\forall x z_1 \cdots z_n [R^{/n+2} x y z_1 \cdots z_n$ & $z_1 \in \| Z_1 \|$ & $\cdots$ & $z_n \in \| Z_n \| \Rightarrow x \in \| X \| ]$，全称枚举得 $R^{/n+2} (y, Z_1, \cdots, Z_n) y Z_1 \cdots Z_n$ & $Z_1 \in \| Z_1 \|$ & $\cdots$ & $Z_n \in \| Z_n \| \Rightarrow (y, Z_1, \cdots, Z_n) \in \| X \|$。据等同公理有 $y, Z_1, \cdots, Z_n \to y, Z_1, \cdots, Z_n$ 和 $Z_1 \to Z_1, \cdots, Z_n \to Z_n$，据典范模型对 $R^{/n+2}$ 的定义和归纳假设得 $R^{/n+2} (y, Z_1, \cdots, Z_n) y Z_1 \cdots, Z_n, Z_1 \in \| Z_1 \|, \cdots, Z_n \in \| Z_n \|$，与上分离得 $(y, Z_1, \cdots, Z_n) \in \| X \|$。据归纳假设得 $y, Z_1, \cdots, Z_n \to X$。由冗余规则得 $y \to X / (Z_1, \cdots, Z_n)$。

设 $y \to X / (Z_1, \cdots, Z_n)$，据冗余规则得 $y, Z_1, \cdots, Z_n \to X$。假设 $R^{/n+2} x y z_1 \cdots z_n$ & $z_1 \in \| Z_1 \|$ & $\cdots$ & $z_n \in \| Z_n \|$，据典型模型定义和归纳假设有 $x \to y, z_1, \cdots, z_n$ 和

$z_1{\to}Z_1$，…，$z_n{\to}Z_n$。据左右单调规则和传递规则有 $x{\to}y$，$Z_1$，…，$Z_n$。再与题设传递得 $x{\to}X$。由归纳假设得 $x\in\|X\|$。用演绎定理消去假设的前提得 $R'^{n+2}xyz_1{\cdots}z_n\,\&\,z_1\in\|Z_1\|\,\&\cdots\&\,z_n\in\|Z_n\|\Rightarrow x\in\|X\|$。运用量词增添规则得：$\forall xz_1z_2{\cdots}z_n\,[R'^{n+2}xyz_1{\cdots}z_n\,\&\,z_1\in\|Z_1\|\,\&\cdots\&\,z_n\in\|Z_n\|{\to}x\in\|X\|]$。即 $y\in\|X/(Z_1,\cdots,Z_n)\|$。

$A=X\backslash(Z_1,\cdots,Z_n)$ 的情况是类似的。

**完全性**：若 $\|A\|\subseteq\|B\|$ 则 $\vdash A{\to}B$。

设 $\|A\|\subseteq\|B\|$。假设并非 $\vdash A{\to}B$。根据真值引理得 $A\notin\|B\|$。据等同公理和真值引理得 $A\in\|A\|$，于是并非 $\|A\|\subseteq\|B\|$。与前提矛盾。所以 $\vdash A{\to}B$。

## 9.4  匹配 λ 项的工作

CTL 构造的系统关注纯粹范畴之间的推演运算规律。这些规律仅仅属于句法层面的东西，如果把对自然语言句法层面的研究延伸到语义，这就需要在范畴推演运算的规则中嵌入语义的内容，即给每个范畴匹配代表自然语言语义的 λ 项，从而使范畴的推演运算同时伴随 λ 项的组合运算。

给范畴逻辑匹配 λ 项的工作，在传统的范畴语法和组合范畴语法那里已经不陌生，如对向后运算的定理进行匹配就得

$$(B)\,Z:a,Z\backslash X:f\to X:f(a)$$

给基于多分法的范畴逻辑系统匹配 λ 项，针对特色定理（RI）：

$$X/(Z_1,\cdots,Z_n){\to}X/(Z_1,\cdots,Z_{n+1})$$

怎样对此匹配 λ 项？

前文说到广义量词理论中 $\langle1\rangle$ 类型的量词进行关联运算而获得其 $\langle1,1\rangle$ 类型的亲缘量词的情况。在 GQT 那里，$\langle1\rangle$ 类型的量词和 $\langle1,1\rangle$ 类型的量词是两类不同的量词，然而，它们之间具有某种关联。换言之，对某个 $\langle1\rangle$ 类型的量词进行亲缘运算，就可以获得一个 $\langle1,1\rangle$ 类型的亲缘量词。自然语言中的 everything 和 something 是 $\langle1\rangle$ 类型的量词，亲缘运算的配对是

$(everything)^{rel}=every$

$(something)^{rel}=some$

于是有

$$(\lambda X_1.\,everything(X_1))^{rel}=\lambda X_1\lambda X_2.\,every(X_1,X_2)$$

按照范畴逻辑看来，$\lambda X_2.$ everything（$X_2$）的范畴为 s/(np\s)，$\lambda X_1\lambda X_2.$ every（$X_1$，$X_2$）的范畴是 s/((np\s)$_1$，(np\s)$_2$)。由于亲缘关联的作用，可以从 s/(np\s)延伸推出 s/((np\s)$_1$，(np\s)$_2$)。于是有（RI）匹配 λ 项的例证：

s/(np\s)：$\lambda X_1.$ everything（$X_1$）$\rightarrow$ s/((np\s)$_1$，(np\s)$_2$)：$\lambda X_1\lambda X_2.$ (everything)$^{\text{rel}}$（$X_1$，$X_2$）

据此构建的 CTL 句法加语义并行推演的例子如图（2.）9.22 所示。

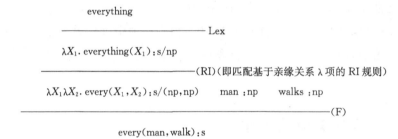

图（2.）9.22 语句 every man walks 的句法语义 CTL 推演

另一个复合量词的生成也是（RI）匹配 λ 项的例子，见图（2.）9.23。

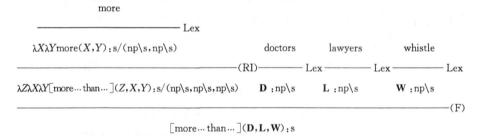

图(2.)9.23 语句 more doctors than lawyers whistle 的句法语义 CTL 推演

以上两个推演的最后一步都是多分法的应用。不妨对上述推演中使用（RI）的例证进行抽象，本系统的特色定理（RI）的语义匹配就是

$$X/(Z_1,\cdots,Z_n):\lambda x_1\cdots x_n.\, f(x_1\cdots x_n)\rightarrow X/(Z_1,\cdots,Z_{n+1}):\lambda x_1\cdots x_{n+1}.\, f^{\text{Rel}}(x_1\cdots x_{n+1})$$

（（LI）的情况类似）

以上是从 GQT 的逻辑学进路来谈基于多分法的范畴逻辑匹配 λ 项的工作。还可从语言学进路讨论这个问题。

首先来看汉语多重介词短语句（语句 9.22）。

**语句 9.22** （a）张三吃饭。

（b）张三在餐馆吃饭。

（c）张三在餐馆用大碗吃饭。

(d) 张三在端午节在餐馆用大碗吃饭。

采用二分法，句法语义分析会比较冗长，如（c）的句法分析树（图（2.）9.24）。

| 张三 | 在 | 餐馆 | 用 | 大碗 | 吃饭 |
|---|---|---|---|---|---|
| NP | $[(NP\backslash S)/(NP\backslash S)]/NP$ | NP | $[(NP\backslash S)/(NP\backslash S)]/NP$ | NP | $NP\backslash S$ |

$$(NP\backslash S)/(NP\backslash S) \qquad\qquad (NP\backslash S)/(NP\backslash S)$$

$$NP\backslash S$$

$$NP\backslash S$$

$$S$$

图(2.)9.24 语句"张三在餐馆用大碗吃饭"的句法分析树

对此配备的语义分析也会比较复杂。为追求简洁，采用基于格语法的多分法方式，删去作为格标记的介词，上述多重介词短语句的语义表达会显得简洁。这些语义表达要涉及动词的语法功能的改变，一位动词的逻辑式变成二位动词的逻辑式，甚至变成三位动词的逻辑式，等等。如：

吃饭₁ ⇒ **吃饭₁**：$NP\backslash S$ 涉及施事的动作

⇒ **吃饭₂**：$(NP_a, NP_p)\backslash S$ 涉及施事和地点的动作

⇒ **吃饭₃**：$(NP_a, NP_p, NP_i)\backslash S$ 涉及施事地点和工具的动作

⇒ **吃饭₄**：$(NP_a, NP_t, NP_i, NP_p)\backslash S$ 涉及施事时间地点和工具的动作

这里，用黑体加下标如"**吃饭**ᵢ"表述不同的逻辑词项。在范畴语法的词库，只需对汉语词"吃饭"一次指派成"**吃饭₁**：$NP_a\backslash S$"，在（b），（c）和（d）的句法语义推演中通过运用（LI）规则推出所需要的"λ项和范畴"的序对。（c）的句法分析树变为图（2.）9.25。

| 张三 | 在 | 餐馆 | 用 | 大碗 | 吃饭 | |
|---|---|---|---|---|---|---|
| 张三：$NP_a$ | $\lambda x.x:NP_p/NP_p$ | 餐馆：$NP_p$ | $\lambda x.x:NP_p/NP_p$ | 大碗：$NP_i$ | **吃饭₁**：$NP_a\backslash S$ | 两次用(LI) |
| | 餐馆：$NP_p$ | | 大碗：$NP_i$ | | **吃饭₃**：$(NP_a, NP_p, NP_i)\backslash S$ | |

$$\textbf{吃饭}_3(\textbf{大碗})(\textbf{餐馆})(\textbf{张三}):S$$

$$即 \ \textbf{吃饭}_3(\textbf{张三},\textbf{餐馆},\textbf{大碗}):S$$

图(2.)9.25 语句"张三在餐馆用大碗吃饭"的句法语义生成

图（2.）9.25 使用（LI）的情况就是

**吃饭₁**：$NP\backslash S$ ⇒ **吃饭₂**：$(NP_a, NP_p)\backslash S$ ⇒ **吃饭₃**：$(NP_a, NP_p, NP_i)\backslash S$

我们借鉴 GQT 的亲缘概念，认为"**吃饭**ₙ"对应的动词是"**吃饭**ₙ₋₁"对应动词的亲缘动词。简单动词仅仅涉及施事，如纯粹的"吃饭"。复合动词是由简单动词＋介词而成，如"在何地吃饭""在何地用何物吃饭"，等等。因此有

吃饭$_1$：NP$_a$\S $\Rightarrow$ (吃饭$_1$)$^{Rel}$：(NP$_a$，NP$_p$)\S$\Rightarrow$((吃饭$_1$)$^{Rel}$)$^{Rel}$：(NP$_a$，NP$_p$，NP$_i$)\S

这就是本系统的特色定理（RI）匹配 $\lambda$ 项的又一应用实例。

## 9.5 结束语

信息时代的核心技术之一是计算机信息处理，特别是关于自然语言的信息处理。自然语言信息处理的前提是对句法语义丰富多样的自然语言进行形式化分析，20 世纪 60 年代诞生的逻辑语义学（又叫形式语义学）系列学科为此应运而生，蒙太格语法奠定了这个学科的基本方向，CTL 是蒙太格语法研究的逻辑抽象或逻辑延伸。

多分法是语言分析的一种方法，就处理自然语言某些现象而言，多分法比较二分法显得简洁自然，多分法分析有利于自然语言的计算机信息处理。多分法的逻辑学依据有：在经典命题逻辑那里，采用二元命题联结词形成复合命题的过程就是多分法的应用；广义量词理论 GQT 所谓〈1，1〉类型量词和〈1，1，1〉类型量词的生成皆是多分法的产物；作为非连续结构的复合量化句来说，用多分法分析显得非常必要。多分法的语言学依据是：格语法的基本框架就是多分法，其要点是：句子结构以动词为中心成分围绕数量不等的格名词而展开，这导致语言表达式的中心成分和非中心成分的区分。自然语言句法语义分析中的多重介词短语句、双宾语动词短语、非连续的时间句和方位数量顺序句等均采用多分法的分析，这是比较合适的。

基于多分法的 CTL 的特色是：引入了左积和右积的概念，确立了函子范畴的论元并列的推演规则和刻画函子范畴论元增添的定理，以及框架语义解释中可及关系的多样化以及这些不同可及关系体现出的框架限制。

CTL 刻画的是纯粹的范畴推演规律，给范畴推演匹配语义是把 CTL 研究从句法延伸到语义的需要。我们从 GQT 中量词的亲缘运算那里受到启发，找到了给基于多分法的范畴逻辑匹配 $\lambda$ 项的思路。

后续研究的设想有：

多分法又叫多叉树，"显然，多叉树比二叉树更具有一般性……'二叉'只不过是当'多叉'的'多'等于'二'时的一种特殊情况罢了"（冯志伟，1996）[332]。但是，基于多分法的范畴逻辑依据语言的中心成分和非中心成分的区分，涉及左积和右积的概念，这样使得经典范畴语法关于"积"的交换公设不起作用，无法生成范畴逻辑通常二元积能够生成的许多情况。就此而言，基于多分法的系统就是一个相对狭小的系统，跟通常兰贝克演算系统究竟是什么关系？直觉上感到，多分法系统的内定理仅仅是两分法系统的一个片段。设置一个从并列逗号到"圆点＋括号"，即从具有并列论元的函子范畴到多层括号的函子范畴的映射，可以证明二者的关系。

# 参 考 文 献

冯志伟．1996．自然语言的计算机处理．上海：上海外语教育出版社．

冯志伟．2011．我与语言学割舍不断的缘分．当代外语研究，(1)：1-19．

韩蕾．2009．"人称代词＋称谓"序列的话题焦点性质．汉语学习，(10)：35-42．

孔繁清，满海霞．2011．类型逻辑语法的词汇主义思想．哲学动态，(2)：98-101．

李晟宇．2001．现代汉语连动式的语义类型．语文学刊，(2)：71-73．

李艳惠．2005．省略与成分缺失．语言科学，(3)：3-19．

李艳惠．2007．空语类理论和汉语空语类的辨识与指称研究．语言科学，(2)：37-47．

林杏光，等．1994．人机通用——现代汉语动词大词典．北京：北京语言学院出版社．

吕叔湘，江蓝生．1983．近代汉语指示代词．上海：学林出版社．

满海霞．2014．汉语照应省略的类型逻辑研究．北京：对外经济贸易大学出版社．

满海霞，李可胜．2010．类型逻辑语法．哲学动态，(10)：103-106．

荣晶．1989．汉语省略、隐含和空语类的区分．新疆大学学报（哲学・人文社会科学版），
(4)：81-87．

张璐．2013．汉语形名结构的范畴语法系统．北京：中国社会科学院研究生院博士学位论文．

周强．2012．组合范畴语法 CCG 和汉语处理．北京：中国社会科学院哲学研究所学术报告．

邹崇理．2006．多模态范畴逻辑研究．哲学研究，(9)：115-124．

Abrusci V M. 1991. Phase semantics and sequent calculus for pure Noncommutative classical linear propositional logic. Journal of Symbolic Logic，56 (4)：1403-1451．

Ajdukiewicz K. 1967. Syntactic connexion//McCall S. Polish Logic. Oxford：Oxford University Press：207-231．

Bar-Hillel Y. 1953. A Quasi-arithmetical notation for syntactic description. Language，29 (1)：47-58．

Bar-Hillel Y. 1960. The present status of automatic translation of languages. Advances in Computers，1：91-163．

Bar-Hillel Y. 1964. Language and Information. Reading：Addison-Wasley．

Bastenhof A. 2013. Categorial symmetry. PhD Dissertation. Universiteit Utrecht．

Buszkowski，W. 1982. Compatibility of a categorial grammar with an associated category system. Mathematical Logic Quarterly，(28)：229-238．

Buszkowski W. 1986. Strong generative capacity of classical categorial grammars. Bulletin of the Section of Logic，(2)：60-65．

Carpenter B. 1997. Type-Logical Semantics. Cambridge：MIT Press．

Curien P L，Herbelin H. 2000. The duality of computation. Acm Sigplan Notices，35（9）：233 –243.

de Groot P，Pogodalla S. 2004. On the expressive power of abstract categorial grammars：representing context-free formalisms. Journal of Logic，Language，and Information，13（4）：421 – 438.

Došen K. 1992. A brief survey of frames for the Lambek calculus. Logik und Grunlagen Mathematik,38：179 – 187.

Dowty D，Wall R，Peters S. 1981. Introduction to Montague Semantics. Reidel：Dordrecht.

Fillmore C. 1968. The case for case//Bach E，Harms R T. eds. Universals in Linguistic Theory. London：Holt，Rinehart and Winston：1 – 88.

Gabbay D. 1993. A general theory of structured consequence relations//Schroeder-Heister P，Dogen K. eds. Studies in Logic and Competition. Oxford：Oxford University Press：109 –151.

Galatos N，Jipsen P，Kowalski T，et al. 2007. Residuated Lattices：An Algebraic Glimpse at Substructural Logics. Amsterdam：Elsevier.

Grishin V N. 1983. On a generalization of the Ajdukiewicz-Lambek system//Mikhailov A I. ed. Studies in Nonclassical Logics and Formal Systems. Moscow Nauka：315 – 334.

Hepple M. 1992. Command and domain constraint in a categorial theory of binding//Dekker P，Stokhof M. eds. Proceedings of the Eighth Amsterdam Colloquium，University of Amsterdam.

Hockenmaier J，Steedman M. 2005. CCGbank：User's Manual Dept. of Computer&Information Science Technical Reports（CIS）.

Huang C T J. 1984. On the distribution and reference of empty pronouns. Linguistic Inquiry. 15（3）:531 – 574.

Jacobson P. 1993. i-within-i effects in a variable Tree semantics and a categorial syntax//Proceedings of the Ninth Amsterdam Colloquium，ITLI.

Jacobson P. 1999. Towards a variable-free semantics. Linguistics and Philosophy，22（2）：117 – 185.

Jacobson P. 2000. Paycheck pronouns，Bach-Peters sentences，and variable free semantics. Natural Language Semantics，8（2）：77 – 155.

Jäger G. 2005. Anaphora and Type Logical Grammar. Netherland：Springer.

Keenan E L，Stavi J. 1986. A semantic characterization of natural language determiners. Linguistic and Philosophy，9：253 – 326.

Kurtonina N，Moortgat M. 2010. Relational semantics for the Lambek-Grishin calculus//Ebert C，Jäger G，Michaelis J. eds. Selected Papers from the 10th and 11th Mathematics of Language Meetings. Heidelberg：Springer：210 – 222.

Lambek J. 1958. On the structure of semi-prime rings and their rings of quotients. Canadian Journal of Mathematics，13：392 – 417.

Lambek J. 1961. The mathematics of sentences strucutre. The American Mathematical Monthly, 65 (3): 154 - 170.

Leśniewski S. 1929. Grundzüge eines neuen Systems der Grundlagen der Mathematik. Fundamenta mathematicae, 14 (1): 1 - 18.

MacCaull W. 1998. Relational semantics and a relational proof system for full Lambek calculus. Journal of Symbolic Logic, 63 (2): 623 - 637.

Montague R. 1974. English as a formal language//Thomason R H. ed. Formal Philosophy: Selected Papers of Richard Montague. New Haven: Yale University Press: 108 - 221.

Moortgat M. 1995. Multimodal linguistic inference. Logic Journal of IGPL, 5 (3): 371 - 401.

Moortgat M. 1996. Generalized quantification and discontinuous type constructors//Wietske S, von Horck A. eds. Discontinuous Constituency. Berlin: De Gruyter.

Moortgat M. 2009. Symmetric categorial grammar. Journal of Philosophical Logic, 38 (6): 681 -710.

Moot R, Retoré C. 2012. The Logic of Categorial Grammars. Berlin: Springer - Verlag.

Morrill G. 1994. Type-logical Grammar: Categorial Logic of Signs. Dordrecht: Kluwer Academic Publishers.

Morrill G 2000. Type-logical anaphora. Report de Recerca LSI-00-77-R, Department de Llenguatges I Sistemes Informatics, Universitat Politecnica de Catalunya.

Morrill G. 2011. Categorial Grammar: Logic Syntax, Semantics, and Processing. Oxford, New York: Oxford University Press.

Ono H. 1993. Semantics for Substructural Logics, Substructural Logics. Oxford: Oxford University Press.

Parigot M. 1992. λμ-calculus: An algorithmic interpretation of classical natural deduction. Lecture Notes in Computer Science, 624: 190 - 201.

Pentus M. 1993. Lambek grammars are context free//Proceedings of the 8th Annual IEEE Symposium on Logic in Computer Science: 429 - 433.

Reinhart T. 1983. Anaphora and Semantic Interpretation. Billing & Sons Limited.

Szabolsci A. 1989. Bound variables in syntax (are there any?) //Bartsch R, van Benthem J, van Emde Boas P. eds. Semantics and Contextual Expressions. Dordrecht: Foris.

Szabolsci A. 1992. On Combinatory grammar and projection from the lexicon//Sag I, Szabolcsi A. eds. Lexical Matters. Standford: CSLI Publications: 241 - 268.

van Benthem J, ter Meulen A. eds. 2011. Handbook of Logic and Language (2nd edition) . Amsterdam: Elsevier.

Wansing H. 1993. The logic of information structures. Lecture Notes in Artificial Intelligence, 681: 1 - 163.

# 第三编

# 逻辑语义学的重要应用
## ——组合范畴语法CCG

# 第一部分　组合范畴语法 CCG 梳理

# 10

## 组合范畴语法 CCG 综述

## 10.1 引　言

### 10.1.1　组合范畴语法的理论起源

范畴语法自 20 世纪 30 年代建立以来，依据其研究目的的不同，其扩展带有明显的倾向性，一个倾向逻辑学，包括范畴类型逻辑 CTL 和类型逻辑语法 TLG，着重研究逻辑系统本身的可判定性、完备性和可靠性；一个则是偏向语言学研究的方向，该方向对逻辑理论采用实用主义的观点，旨在找出对自然语言句法和语义进行机器处理的实用方法，具有较强的应用特征，与计算机科学密切联系。组合范畴语法 CCG 是在古典范畴语法基础上发展起来的现代版本，属于上述两个方向中的后者，其优点在于：它的句法和语义之间有一个**透明的接口**，每个词条的语义表达式和句法范畴都被存放在词库的词项上，尽管范畴标记较为复杂，需要大量人工操作，但它可以保证较为精确的句法与语义之间的匹配；句法范畴跟语义类型、语义最后的表达式都可以基于词库中的范畴指派而生成。对组合范畴语法的多模态研究符合自蒙太格以来，逻辑语义理论对通用语法的探索道路，它所表现出来的生成机制也与计算机处理自然语言的思路十分契合。由于它在句法上和语义上都是一种组合的方式，因此能够满足计算机关于自然语言处理所谓**"大词库、小规则"**（陆俭明，2010）的要求，是自然语言句法和语义处理的一个很好的选择。

较之 20 世纪 50 年代的生成语法理论，组合范畴语法在生成力与解释力方面都更贴近自然语言本身。如何将语言问题形式化，也是自然语言形式语义学领域的学者们长久关注的问题。在《上下文无关语言的代数理论》（*The algebraic theory of context-free language*）中，美国语言学家乔姆斯基将自然语言的语法和各种人工语言的语法放在了同样的位置进行考虑（Chomsky，1961）。1963 年，他再次提到从数学的角度给语言以新的定义，将计算机程序语言与自然语言置于相同的平面，试图用统一的观点对两者进行研究和界定（Chomsky，1963）。乔姆斯基（Chomsky，1959）定义了一种广为人知的语法形式**短语结构语法**，他将语法处理成由重写规则构成的集合。按照重写规则的受限程度，乔姆斯基把语法区分成三种形式，即正则语法、上下文无关语法以及上下文敏感语法。这些形式化语法的生成能力构成了一个连贯的层级，即**乔姆斯基层级**，乔姆斯基层级中的自然语言都可以通过演绎的方式生成，因此，确定了自然语言在这一层级上的位置，就能够为自然语言找到合适的处理方法。

学者们发现，自然语言中的大部分现象都可以在上下文无关语法中得到令人满意的描写（Steedman，2000）。广义短语结构语法 GPSG 也表明，几乎所有的语法现象都可以通过上下文无关的方式得到描述（Gazdar，1981；1982）。但是，也有部分语法现象表明自然语言的语法具有强于上下文无关语法的表达力。例如，荷兰语中的交叉依存现象不符合古典范畴语法的组合规则（Shieber，1985）。所以，我们认为自然语言介乎上下文无关语法与上下文敏感语法之间，它所要求的语法在描写能力上应该是稍强于上下文无关语法，我们希望找到处于上下文自由与上下文敏感之间的形式化手段来刻画自然语言。这种语法形式既要能够表现自然语言语法的严谨，又要能够描述自然语言的灵活性，并且还要能够充分描写出各种不同语法组合结构的差异性。

斯蒂德曼认为符合这种期望的语法应该是一种**适度上下文敏感语法**，他向 AB 演算添加算子及相应的组合规则，将古典范畴语法扩展为前提敏感的语法体系，构建出原生态 CCG 系统，这是对古典范畴语法的词汇化扩展（Steedman，2000）。鲍德里奇（Baldridge，2002a）以斯蒂德曼的原生态 CCG 为基础，吸取了范畴类型逻辑中的多模态思想，对斜线算子增加模态下标，限制了语法规则的使用范围，制止了规则的过度生成力，实现了对原生态 CCG 的多模态扩充。

### 10.1.2　组合范畴语法的研究动态

国际上对于组合范畴语法的讨论已经比较完善，有理论基础方面的讨论（Steedman，2000；McConville 2003）；有关于词库构造的讨论（Bozsahin，2002）；有组合范畴语法语义的构造（Steedman，1999；Baldridge，et al.，2002b）；有 CCG 的计算应用研究：霍肯麦尔（Hockenmaier，Steedman，2007）首先在宾州英语树库上自动转换生成英语 CCG 树库，特斯（D. Tse）等（Tse， et al.，2010）使用霍肯麦尔算法把宾州汉语树库转换成汉语 CCG 树库；还有 CCG 树库的应用开发研究：莱克末尔（Nakamura，2014）和舒勒（Schüller，2013）应用 CCG 设计了可承担大规模自然语言处理任务的句法分析器或超级标记器。此外，（Foret, Ferré, 2010; Hefny, et al., 2011; Zamansky, et al., 2006）等也是具有代表性的研究成果。

近年来，斯蒂德曼（Steedman，2012）在 CCG 框架下提出了一条全新的量词研究思路，只承认全称量词及其亲缘量词的量词地位，其他传统量词均被处理为广义的斯科伦函项，语句的两种歧义由斯科伦项的常元与变元两种取值生成，构造了基于斯科伦项的逻辑系统，巧妙地解决了传统做法所面临的各种问题（如量词辖域歧义句问题），避免了驴子句悖论，语义生成效果理想，开辟了量词辖域研究的新思路。在国内，组合范畴语法研究刚刚开始。几篇引介性文章有（冯志伟，2001；邹崇理，2011；姚从军，2012）；满海霞（2013a，2013b）研究了组合范畴语法的计算性特征并运用组合范畴语法分析汉语的"把"字句和"有"，李可胜等（2013）探讨了汉语 CCG 研究中的句法和语义的对应性；在组合范畴语法的计算应用上，微软亚洲研究院黄昌宁教授和宋彦、周强等在清华汉语树库的基础上，使用标准算法，通过自动转换方式实现了汉语 CCG 树库（CCGbank）的构建，目前已完成第二阶段（提取隐性谓词-论元角色）的工作，相关工作参见（Huang, Song, 2011；宋彦，等，2012；周强，等，2012）。另外，台湾"中央研究院"汉语树库也被转化成 CCG 树库。

关于 CCG 的国内研究，近年来更深入的研究是员姚从军等的工作：一是**处理非连续现象**，汉语有三种非连续现象：非直接成分毗连（non-constituent conjunction，NCC）结构，话题句和复杂及物动词短语 TVP 结构。为处理汉语的话题句，姚从军（2014）扩展了范畴类型，用它们表示不同种类话题成分的范畴，贯彻了范畴语法"大词库、小规则"的原则，体现了范畴语法跨语言不变性特征。二是**在 CCG 框架内处理汉语的照应和省略现象**（姚从军，2014，2015），以及汉语的形容词谓语句（姚从军，邹崇理，2015）和主谓谓语句。三是**在 CCG 句法推演时匹配了语义运算**，一定程度弥补了周强等计算机专家使用 CCG 处理汉语语句时语义运算的缺失。

### 10.1.3 以往研究的局限性

大量非连续的复合量化句中的多元量词问题，各类索引词（自然语言中使用代词等索引词的表达式占全部表达式的 70% 以上）所涉及的各种照应回指现象，都是尚待解决的问题。

现阶段的自然语言处理仅仅利用了 CCG 的句法范畴进行标注和推演，忽视语义类型的标注和推演，这使得 CCG 的句法分析器也难逃"天花板效应"——在语言生成达到 90% 以上之后，指标难以再提高，通往其余 10% 的数据的钥匙，就在被忽略的语义之中。尤其是对于汉语这样的意合型语言，句法上缺少严格的形态标记，语序灵活，对上下文依赖度高，但汉语语义的"意合特性"在某种程度上可以弥补句法的不足。怎样从 CCG 角度描述汉语的意合性，怎样在 CCG 的规则设置上揭示汉语语义对句法的弥补，从而把握汉语独特的句法语义对应规律，都是以往 CCG 研究不足的地方。

就 CCG 的跨语言应用性研究来讲，虽然已有很多有代表性的样本（包括英语、荷兰语、德语、日语等），但从未选取汉藏语系语言为研究和检验对象，更未触及世界上使用者最多、具有上下文敏感特征的汉语。对照汉语丰富多样的句法语义特征，国内学者的工作远远不足，相关研究聊胜于无，距离为汉语做全面的理论构建、实实在在地指导应用之要求差距很大。

黄昌宁教授等完成了清华汉语树库中 32737 个句子的 CCG 树库的转换，有些转换不合理，需要修正；还有 33 个汉语句未能转换，需要提出解决方案；已有汉语 CCG 树库都没有配备语义，有待补充。

### 10.1.4　本研究的意义

语法理论的计算性与其贯彻词汇主义的程度通常是成正比的，组合范畴语法的语料直接来自于自然语言，在延续传统范畴语法的词汇主义做法的基础上，对词库进行了极大地丰富，因而组合范畴语法理论具有极强的计算能力。我们希望通过对组合范畴语法的研究，对于计算机在处理汉语时存在的一些问题给出较为有效的处理办法。

比较语言逻辑的国际前沿，我国的研究差距甚大。对照中文丰富多样的句法语义特征，国内学者的工作显得逊色。研究的目标与中文信息处理的要求脱节，不能为开发中文信息处理应用系统提供足够的理论支持，没有形成研究团队。我们进行了资源整合，组成语言学、计算机科学、逻辑学协同作战的研究团队。依据语言学提供的中文研究成果，针对计算机信息处理的具体任务，综合现代逻辑的方法，进行语言逻辑研究，为中文信息的计算机处理提供理论基础。

我们以 CCG 为主，TLG 为辅，争取在把 CCG 应用于汉语句法语义分析及计算机实现方面做出成果。这是一块既有重大价值又亟待开发的领地，相信本研究对逻辑学、语言学和计算机科学都有着重要的理论意义和实践价值。

注意，在本书第三编中，对于 CCG 来说，函项范畴采用了斯蒂德曼的记法，即论元范畴写在斜线算子的右边，值范畴写在斜线范畴的左边。例如，函项范畴 $X/Y$ 和 $X \backslash Y$ 都表示 $Y$ 为论元范畴，$X$ 为值范畴，前者表示 $X/Y$ 向前与一个范畴 $Y$ 进行贴合运算得到范畴 $X$，后者表示 $X \backslash Y$ 向后与一个范畴 $Y$ 进行贴合运算得到范畴 $X$。

## 10.2　AB 演算的缺陷

目前，在利用组合范畴语法进行研究的资料中，对土耳其语和荷兰语的研究为多数，这两种语言较之英语都具有更加灵活的语序。在对这两种语言进行考察的过程中，人们发现，AB 演算[①]以严谨的代数结构对语言（包括形式语言和自然语言）进行分析，使其具有了可计算的突出优势，但 AB 演算对自然语言的描写能力较弱。即使是对英语这一语法型的语言进行刻画，AB 演算也有不便处理的例子，比如它不可刻画像宾语抽象、非外围抽象、无界依存、词序灵活性、重型 NP 移位、动词毗连、主目毗连、寄生语缺和直接成分的非连续性等现象。比如，在处理自然语言中的句法提取现象时，比较关系从句：

**语句 10.1**　(a) team$_i$ that $t_i$ defeated Germany.

　　　　　　　(b) team$_i$ that Brazil defeated $t_i$.

对于前者我们通常分析为在表达式主语位置抽取一个范畴为 np 的成分，表示为 np defeated Germany；而对于后者，我们习惯分析为在表达式宾语位置提取了一个范畴为 np 的成分，表示为 Brazil defeated np。按照 AB 演算的规则，可以对提取主语和提取宾语的关系代词分别赋予如下范畴：

**词汇范畴 10.1**　(a) 提取主语的 that $\vdash (n \backslash n)/(s \backslash np)$；

　　　　　　　　(b) 提取宾语的 that $\vdash (n \backslash n)/(s/np)$。

在 AB 演算中，可以得到对关系从句的分析（图（3.）10.1）。

---

① **纯范畴语法**是所有形式主义范畴语法的共同起点，它是巴-希勒尔对爱裴凯维茨的句法演算进行方向性修改的产物，一般被称为 AB 演算。

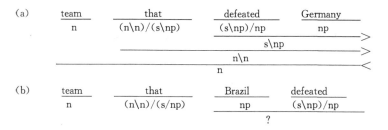

图（3.）10.1　关系从句的 AB 演算分析

英语中，及物动词的范畴为（s ﹨ np）/np，需要先向右寻找一个范畴为 np 的表达式，与之结合，得到表达式范畴为 s ﹨ np，再进行下一步的运算。因此，在通常的 AB 演算中，无法对宾语位置的关系进行提取。

尽管巴-希勒尔（Bar-Hillel，1953）提出，一个语言成分能够被指派一个或多个范畴，在实际操作中选择哪种范畴，要看哪个范畴在运算中能生成合适的句法成分，只通过简单的、类似乘法中的分母消去规则，就可以计算已知语言符号串在上下文中的句法特征。但是多范畴的指派却增加了范畴的模糊性，这种情况恰恰是范畴语法本身尽量避免的。比如，在上例中，可以考虑在对语句10.1（b）进行处理时，为及物动词再指派一个范畴（s/np）﹨ np，令其可以先向左寻找一个论元，这样就可以进行下一步的范畴推演。但是在无界依存现象中，任何数量的干涉语料都能够插入在关系词和它所依赖的表达式之间，如语句10.2 所示，这种处理在此失去了解释力。

**语句 10.2**　（a）team that I thought that Brazil defeated.

（b）team that I thought that you said that Brazil defeated.

（c）team that I thought that you said that John knew…that Brazil defeated.

形如**语句 10.2（a）**这样的句了，其中充当补语从句的补足语成分 that 的范畴一般被认为是 s/s（即与一个句子结合，得到另一个句子）。在 AB 演算中，即使为及物动词赋予了可供选择的范畴，也依旧无法从 I thought that Brazil defeated 推演得到 s/np 范畴，因此无法与前面范畴为（n﹨n）/（s/np）的关系代词 that 进行毗连运算。

还可以比较关系从句（语句10.3）。

**语句 10.3**　（a）the team that Brazil defeated.

（b）which Brazil defeated yesterday.

对于前者，通常分析为由表达式外围的位置提取一个范畴为 np 的成分，表示为 Brazil defeated np；而对于后者，关系代词所对应的范畴为 np 的成分的位置却不是表达式的外围，而是 Brazil defeated np yesterday。对后者的处理因此需要将其前面的动词与后面的时间副词并列组合，在 AB 演算的系统里，无法找到相应的解决办法。要处理这个从句，无疑，可以继续为自然语言中的词条指派针对特定句型的范畴，以满足生成合法表达式的需要，但这无疑加重了语法的负担，也违背了范畴语法力图以简洁的规则体系把握语法可计算特征的初衷。在这种情况下，希望能够对语言推演的前提进行进一步刻画，以前提的敏感获取对生成能力的限制，同时可以增强对自然语言的描写力。

另一个问题来源于自然语言的灵活语序造成的非连续现象，一个小品词可以相对于一个直接宾语发生移位，如下例所示（语句 10.4）。

**语句 10.4**    (a)  Marcos picked up the ball.

(b)  Marcos picked the ball up.

在 AB 演算中，必然要为 picked 提供额外的范畴方能处理。

在自然语言语句中，某些句法成分常常会离开它们的典范位置，英语中典型的例子是重成分 NP 移位，即一个副词插入一个动词和它的直接宾语之间，使这个宾语离开了它的典范位置（语句 10.5）。

**语句 10.5**    Kahn[blocked]$_{(s\backslash np)/np}$[skillfully]$_{(s\backslash np)\backslash(s\backslash np)}$[a powerful shot by Rivaldo]$_{np}$.

基于标准的词汇范畴，在 AB 演算中也无法生成相应的句法推演。

虽然 AB 演算可以处理很多并列组合现象，但是对于某些涉及复杂动词的并列组合问题，它却无能为力，如语句 10.6 所示。

**语句 10.6**    John met and might marry Mary.

在标准分析中，模态动词被指派从不及物动词范畴到不及物动词范畴的函项范畴。然而，为了对此语句实施并列组合，marry 先要与 might 合并，然后才可与 met 进行并列组合。而 AB 演算唯一可用的规则是**函项应用规则**，无法执行这个合并，简约表述如语句 10.7。

**语句 10.7**    [might]$_{(s\backslash np)/(s\backslash np)}$[marry]$_{(s\backslash np)/np}$.

在句法推演中，有时需要使双宾语动词的直接宾语和间接宾语进行毗连，并给它指派范畴，但是 AB 演算对此无可奈何，如语句 10.8。

**语句 10.8** I gave [Mary]$_{np}$[an apple]$_{np}$[and]$_{(x\backslash x)/x}$[John]$_{np}$[a fower]$_{np}$.

还有，AB 演算也无法处理下面的寄生语缺结构，如语句 10.9。

**语句 10.9** John copied，and filed without reading，these articles.

在这个符号串中，一个成分作为 copied 和 without reading 的共同宾语。如果使用标准的范畴指派，显然 AB 演算给不出相应的推演，如语句 10.10。

**语句 10.10** these articles that John [copied]$_{(s\backslash np)/np}$ [without reading]$_{((s\backslash np)\backslash(s\backslash np))/np}$.

AB 演算处理上述现象时的无力主要在于其范畴运算的方向十分有限，这些有限的范畴运算规则不允许结合，也不允许交换。AB 演算无法在单一的范畴赋值条件下处理宾语提取和无界依存。一个简单的解决办法，我们在对关系从句进行描述时已经提及，就是增加词汇范畴。但是，这种无止境地构造范畴本身是缺乏系统性的。自然语言本身具有多样性，比形式语言要灵活得多，任意添加的范畴之间很难建立起联系，这对于按照递归定义来构造理论系统来说是一个大问题。此外，作为上下文无关语法的一种，AB 演算解释力比较弱，前面提到的荷兰语中的无界依存现象要求受限交换作为前提条件方能处理，因此 AB 演算不能给出合适的解释。

无论是范畴运算方面的问题，还是解释力方面的问题，归根究底在于 AB 演算是一种上下文无关语法。对关系从句的处理会引起大量范畴存在，从而导致歧义，其中的主要原因在于 AB 演算是非结合且非交换的，在处理非标准成分并列结构时，即使能够给联结词两边的成分赋予新范畴，AB 演算却无法显示给不同语言表达式中同样的成分赋予不同范畴的内在原因。自然语言中，语序往往是灵活多变的，这种灵活性体现在逻辑系统中就是结合律和交换律的应用，AB 演算却是非结合和非交换的。如何扩展范畴语法，使其能够刻画自然语言现象所具有的结合与交换的性质，处理自然语言中存在的不连续结构、交叉依存等上下文敏感现象，一直是推动范畴理论发展的一个内在动力。范畴语法的上下文敏感扩张大致可分为两支。一个是基于推演系统的偏逻辑方向，主要关注逻辑系统的构造和逻辑系统性质的讨论，以 TLG 为主要代表；另一个是基于特定规则的偏语言学方向，更加关注语言事实的需求，对于逻辑理论仅出于一种实用主义的需要，够用即可，以 CCG（Ades，Steedman，1982；Steedman，1996）为最突出代表。前者注重理论层面的逻辑构造、系统完善，后者强调语言事实的形式化和生成。组合范畴语法的优势在信息处理上：它在句法和语义之间有一个非常透明的接口，每个词条的句法范畴和语义表达式都存放在词库的词条上；它所表现的现象比词汇功能语法、中心语驱动语法等要深，可以更快地评价语句中的语词是否有依存关系、谓词-论元关系等；CCG 分析器在分析速度和准确度上都占优势。

## 10.3　原生态 CCG

如上所述，对范畴语法的扩充有两种方法，其中之一就是基于规则的扩张，即扩大 AB 演算的规则图式以获取更大的组合能力，对逻辑理论采用实用主义的观点，够用即可，旨在找出适于计算机处理自然语言的实际办法，这种方法更符合语言学研究。组合范畴语法 CCG 采用的就是这种方法，它对 AB 演算的扩充是通过向 AB 演算中增加规则图式来获得更强的组合能力，从而将 AB 演算扩展成一种具有更充分推理能力的逻辑体系。这一扩充最初是由吉奇（Geach，1970）以及斯蒂德曼（Steedman，1988）进行的，他们的工作成果就是我们所了解的**基于合一的广义范畴语法**（Unification-Based Generalized Categorial Grammar）和原生态 CCG。斯蒂德曼使用基于组合逻辑（Curry，Feys，1958）的**组合子**的规则扩充 AB 演算，创立了原生态 CCG（即标准的 CCG），旨在解决自然语言中大量存在却在上下文无关语法中不太容易得到解决的现象，如宾语提取、非外围抽象、词序灵活性、重成分 NP 移位、动词毗连、主目毗连、直接成分的非连续性现象和多动词句、无界依存和寄生语缺（Steedman，1987；Steedman，1990）等涉及有界或者无界依存关系的自然语言表达式结构。

### 10.3.1　原生态 CCG 的算子

原生态 CCG 中的算子及其相应的 λ 项表述如下：

**定义 10.1**（原生态 CCG 的组合算子）

(a) 组合算子　　　　　$\mathbf{B}fg \equiv \lambda x.\, f(gx)$；

(b) 类型提升算子　　$\mathbf{T}x \equiv \lambda f.\, fx$；

(c) 置换算子　　　　$\mathbf{S}fg \equiv \lambda x.\, fx(gx)$。

三个算子的记法来自于斯穆里安（Smullyan）寓言中的三种分工不同的鸟类。组合算子 $\mathbf{B}$ 是北美兰鸫的简写，它可以将 $f$ 与 $g$ 的结合转换为一个新的函项，这个新函项的论元应用于内嵌函项 $g$，因此 **B** 是能够对两个函项进行复合运算的组合算子。类型提升算子 **T** 是鸫鸟的简写，它用于将一个论元 $x$ 转变为一个函项，该函项的论元 $f$ 是 $x$ 所应用到的那个函项，也就是说，**T** 是能够将一个变元提升为作用于以该变元为论元的函项的组合算子。置换算子 **S** 是八哥，其作用与 **B** 十分类似，只不过是函项同时将其论元 $x$ 应用到 $f$ 和 $g$ 上，它是能够变换两个函项位置的组合算子。这些算子导致了新规则的引入，而所有的规则都服从斯蒂德曼（Steedman，2000）所述的组合类型透明原则。

**原则 10.1**（组合透明原则）　所有的句法组合规则都是有限范围内的函项上简单语义运算的类型透明版本。

这一原则来自于范畴语法所具备的句法与语义并行推演这一特点。

### 10.3.2　原生态 CCG 的组合规则及运用

在蒙太格语法时期，范畴与类型之间的对应关系已经有所提及，此后范本特姆基于范畴与类型之间的对应，为范畴语法增添了配有语义表达式的版本，获得了 vB 演算系统，这一系统的基本公理和规则都来自兰贝克演算，但是由于 λ 演算的引入，vB 演算就为范畴语法体系下的句法和语义的并行推演提供了理论基础。由此，函项应用规则的带语义版本如下：

**规则 10.1**（带语义解释的函项应用规则）

(a) $X/Y : f \quad Y : a \Rightarrow X : fa$ 　　　　　　　($>$)；

(b) $Y : a \quad X \backslash Y : f \Rightarrow X : fa$ 　　　　　($<$)。

据此，句子 John loves Mary 的句法语义并行推演过程如图（3.）10.2 所示。

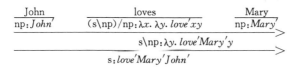

图（3.）10.2　John loves Mary 的句法与语义并行推演过程

从配备语义的函项应用规则可以看出，两个方向的函项应用规则都在句法和语义方面同时进行了组合运算。原生态 CCG 继承了范畴语法中句法与语义之间的透明的接口，句法范畴的运算同时匹配 λ 演算，每一个范畴都对应一个逻辑语义词项，因此，只要句法实现合法运算，组合而得的语义也相应是合法的。

作为原则，句法与语义并行推演的要求是斯蒂德曼提出的。这种处理说明，范畴语法发展到原生态 CCG 阶段，其语义解释的工具已经基本完善；此外，这也是对自乔姆斯基生成语法理论应用到机器翻译领域以来所提出的"语义障"[①]的解决办法。用组合范畴语法理论构造机器翻译程序，将不存在语义障碍。句法与语义并行推演的原生态 CCG 语法理论无疑为机器对自然语言的处理提供了新前景。

斯蒂德曼一方面吸取了 vB 演算为句法和语义的并行推演提供的工具，另一方面还避免了 vB 演算中约束变元的使用。由于约束变元的使用涉及不同环境下的赋值问题，在进行自然语言句法和语义处理时，需要根据不同的使用者和语境分别赋予不同的意义，具有这种函项应用特征的程序语言的构造将会变得烦琐。而原生态 CCG 仅需函项应用规则和少量组合规则，简洁的计算方式更适合机器编程和使用。

英语中的并列结构在形式句法早期（Chomsky，1957）是以下述方式进行处理的：

**规则 10.2**（合并规则一）

$X \quad \text{CONJ} \quad X' \Rightarrow X'' \qquad (\langle \Phi \rangle)$

其中，$X$、$X'$、$X''$ 是句法类型相同而语义表达可能不同的范畴。

斯蒂德曼在原生态 CCG 中为上述句法运算匹配了语义组合运算，如下：

**规则 10.3**（合并规则二）（$\langle \Phi^n \rangle$）

$X : g \quad \text{CONJ} : b \quad X : f \quad \Rightarrow_{\Phi^n} \quad X : \lambda \cdots b(f \cdots)(g \cdots)$

假定谓词的元数至多为四，那么这个合并运算列举如下：

**规则 10.4**（合并规则三）（$\langle \Phi^4 \rangle$）

$\Phi^0 bxy \equiv bxy$；

$\Phi^1 bfg \equiv \lambda x. b(fx)(gx)$；

$\Phi^2 bfg \equiv \lambda x. \lambda y. b(fxy)(gxy)$；

$\Phi^3 bfg \equiv \lambda x. \lambda y. \lambda z. b(fxyz)(gxyz)$；

$\Phi^4 bfg \equiv \lambda x. \lambda y. \lambda z. \lambda w. b(fxyzw)(gxyzw)$。

并列结构的这种处理方式尽管稍显粗糙，无法把握一些语言中特定的合并

---

[①] 语义障（semantic barrier）是 1964 年在美国 ALPAC 报告中所提出的。乔姆斯基的生成语法理论强调的是句法自治、语言天赋，因此早期的机器翻译以生成语法理论为指导，不可避免会遇到句法与语义两极对立的情况，语义问题成为机器翻译中遇到的障碍。

方向。例如，罗斯（Ross，1970）曾指出，在英语中，合并的方向只能向右，而不能向左，合并规则中应该能够体现这种带有"预设"的意味。但上述处理却符合人们进行合并运算的普遍直觉：合并就是将类型相同的两个成分映射成为同类型的第三个成分，也就是说，合并的两个成分在句法范畴上是对称的，而合并的结果也不会产生新的句法范畴。

因此，以句子 John met and married Mary 为例，英语中及物动词的合并可以分析如下，见图（3.）10.3。

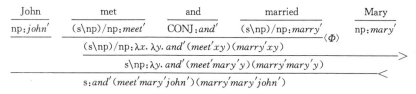

图（3.）10.3 John met and married Mary 对称合并的范畴语法分析

该句中的并列结构是十分规整的，联结词左右两侧毗连的词条在句法上显然属于同样的范畴。但是，自然语言中还存在着大量诸如 met and might marry 这样句法上不对称的并列结构。为了刻画这种不符合传统并列结构的相邻成分，斯蒂德曼对古典范畴语法进行了扩充，即添加组合算子 **B** 及其相应规则，与组合算子 **B** 相应的规则被称之为**函项复合规则**，分为同向复合规则和交叉复合规则。我们先引入同向复合规则，在引入类型提升规则后，再引入交叉复合规则。**B** 算子使得函项之间可以进行复合运算。

**规则 10.5**（向前同向复合规则）（>**B**）

$$X/Y{:}f \quad Y/Z{:}g \Rightarrow_B X/Z{:}\lambda x.\ f(gx)$$

组合子的应用以下标的方式注明在推演规则的箭头右侧，该规则在推演过程中，以 >B 方式标注于推演的相应步骤处。应用这一规则，句子 John met and might married Mary 可以得到如图（3.）10.4 所示的推演。

| John | met | and | might | married | Mary |
|------|-----|-----|-------|---------|------|
| np:*john′* | (s\np)/np:*meet′* | CONJ:*and′* | (s\np)/vp:*might′* | vp/np:*marry′* | np:*mary′* |

$$\text{(s\np)/np}{:}\lambda x.\ \lambda y.\ might'\,(marry'xy) \quad {>}\mathbf{B}$$
$$\langle\varPhi\rangle$$
$$\text{(s\np)/np}{:}\lambda x.\ \lambda y.\ and'\,(might'\,(marry'xy))(meet'xy) \quad >$$
$$\text{s\np}{:}\lambda y.\ and'\,(might'\,(marry'mary'y))(meet'mary'y) \quad <$$
$$\text{s}{:}and'\,(might'\,(marry'mary'john'))(meet'mary'john')$$

图（3.）10.4 John met and might married Mary 非对称并列结构的范畴语法分析

运用向前同向复合规则得到的结果 might marry 与及物动词 met 具有同样的句法范畴 (s\np)/np, 再运用合并规则 〈Φ〉, 就可以得到与传统的并列结构一致的函子-论元结构。作为规则图式, 组合子 >B 实际上能够推广为允许多论元函子范畴进行复合的**广义向前复合规则** (generalized forward composition, 简记作 >**B**ⁿ), 处理更具一般性的常见并列结构, 比如情态词与双及物结构的组合 (如语句 10.11), 或类型提升的主语与双及物动词毗连, 这里不再专门加以描述, 只在以后用到的地方表述出来。

**语句 10.11** I [offered]$_{((s\backslash np)/np)/np}$ and [may]$_{(s\backslash np)/(s\backslash np)}$ [give]$_{((s\backslash np)/np)/np}$ my friend a ticket.

**规则 10.6**(广义的向前同向复合规则)(>**B**ⁿ)

$$X/Y : f \quad (Y/Z)/\$ : \cdots \lambda z. gz \cdots \Rightarrow_{\mathbf{B^n}} \quad (X/Z)/\$ : \cdots \lambda z. f(gz \cdots)$$

此处的 α\$ 代表一系列以 α 为最终结果范畴而具有不同数量论元的函项, 斯蒂德曼 (Steedman, 2000) 将其递归定义如下:

**定义 10.2**(\$ 约定) 对任意范畴 α 而言, {α\$}(分别包括 {α/\$} 和 {α\\$})表示一个集合, 该集合中的元素是 α 和以 α 为最终结果范畴而具有不同数量论元的函项(分别为向左的函项和向右的函项)构成。

其中, {α\$} 既可表示 {α/\$}, 也可以表示 {α\\$}, 也就是说, {α\$} 是无方向的。例如, {s/\$} 可以表示集合 {s, s/np, (s/np)/np, ⋯}, 而 s/\$ 就是该集合中的元素图式。(Y/Z)/\$ 就表示右续 $n$ 个论元的结果为 Y 的函项图式, 其中最后一个论元(从记法上看是最靠近内部的)类型为 $Z$。因此, 实际上规则 10.6 相当于是给出了英语中所有动词范畴相关的规则。

由于在范畴语法中, 毗连运算可以向前, 也可以向后, 因此可以推论复合算子也同样可以进行向后的组合。

**规则 10.7**(向后同向复合规则)(<**B**)

$$Y\backslash Z : g \quad X\backslash Y : f \Rightarrow_{\mathbf{B}} X\backslash Z : \lambda x. f(gx)$$

**规则 10.8**(广义的向后同向复合规则)(<**B**ⁿ)

$$(Y\backslash Z)\backslash \$ : \cdots \lambda z. gz \cdots \quad X\backslash Y : f \Rightarrow_{\mathbf{B^n}} \quad (X\backslash Z)\backslash \$ : \cdots \lambda z. f(gz \cdots)$$

但是, 罗斯已经证明在英语中复合一般都是向前的, 鲜有向后的复合运算,所以对应这一规则的自然语言表达式比较难以找到，后面在对直接宾语和间接宾语的毗连分析中，会看到向后同向复合规则的使用。

类型提升算子 T 最初是蒙太格在其广义量词理论中处理名词短语的一种语义手段。在原生态 CCG 中，为了能够刻画更多更灵活的成分并列，斯蒂德曼也引入了类型提升算子，以保证并列结构中左右两侧不满足传统并列规则要求的那些成分，能够以同样的句法范畴进行并列运算。

**规则 10.9**（类型提升规则）

$(a) X :a \Rightarrow_\mathbf{T} \quad T/(T\backslash X):\lambda f. fa \qquad (>\mathrm{T});$

$(b) X :a \Rightarrow_\mathbf{T} \quad T\backslash(T/X):\lambda f. fa \qquad (<\mathrm{T})_\circ$

$T\backslash X$ 和 $T/X$ 都是语言中的合法范畴。这一规则说明，诸如 np 这样的论元范畴要么可以提升为范畴为 np 的左向运算函项上的右向运算函项，要么可以提升为范畴为 np 的右向运算函项上的左向运算函项，它们分别被称为向前类型提升规则和向后类型提升规则。

向前类型提升规则的一个直接作用是它与向前同向复合规则一起诱导出自然语言语句的结合性。我们有 AB 演算推演的一个择换推演，如图（3.）10.5 所示。

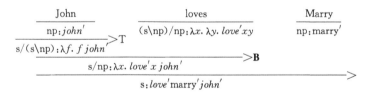

图（3.）10.5　CCG 实现的主语与及物动词毗连的推演

CCG 具有的使主语名词短语与及物动词组合的能力允许它直接解释英语中的宾语提取、无界依存和右节点提升等现象，推演如图（3.）10.6 所示。

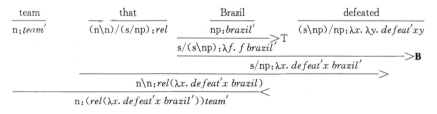

图（3.）10.6　CCG 实现的宾语提取结构的推演

注意，这里的 rel 被定义为 $\lambda V. \lambda P. \lambda x. V(x) \wedge P(x)$，上述表达式的语义可

进一步写成 $\lambda x.\,defeat\,'x\,brazil\,'\wedge team\,'x$（图（3.）10.7）。

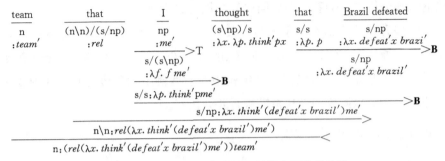

图（3.）10.7　CCG 实现的无界依存结构的推演

此短语的语义可归结为 $\lambda x.\,(think\,'(defeat\,'x\,brazil\,')me\,')\wedge team\,'x$（图
（3.）10.8）。

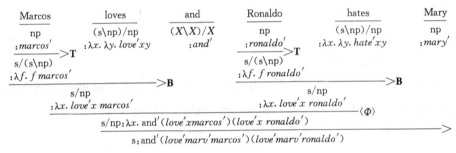

图（3.）10.8　CCG 实现的右节点提升语句的推演

向后类型提升和向后同向复合规则一起可以实现直接宾语和间接宾语的毗
连推演（图（3.）10.9）。

I gave | Mary | an apple | and | John | a flower
(s/np)/np | (s/np)\((s/np)/np) | s\(s/np) | (X\X)/X | (s/np)\((s/np)/np) | s\(s/np)
$:\lambda x.\,\lambda y.\,give\,'xyme\,'$ | $:\lambda f.\,f\,m\,'$ | $:\lambda g.\,g\,apple\,'$ | $:and\,'$ | $:\lambda h.\,hj\,'$ | $:\lambda k.\,k\,flower\,'$

$$\frac{\quad}{s\backslash((s/np)/np)\;:\lambda g.\,g\,apple\,'m\,'}{}^{<B}$$

$$\frac{\quad}{s\backslash((s/np)/np)\;:\lambda k.\,k\,flower\,'i\,'}{}^{<B}$$

$$s\backslash((s/np)/np):\lambda i.\,and\,'(i\,flower\,'j)(i\,apple\,'m\,')\quad{}^{<\Phi>}$$

$$s:and\,'(give\,'flower\,'j\,'me\,')(give\,'apple\,'m\,'me\,')\quad{}^{<}$$

图（3.）10.9　CCG 实现的论元聚点并列组合推演

自然语言的某些成分在语句中可以离开它们的典范位置，比如重成分 NP 移
位，目前所引入的规则都无法解决这一问题，为此 CCG 引入了刻画交换性的交
叉复合规则。

**规则 10.10**（向后交叉复合规则）（<$B_\times$）

$$Y/Z{:}g\quad X\backslash Y{:}f \Rightarrow_B X/Z{:}\lambda x.\,f(gx)$$

使用这个规则,就可以刻画重成分 NP 移位和非外围提取结构 (图 (3.) 10.10 和图 (3.) 10.11)。

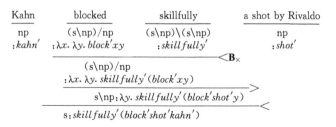

图 (3.) 10.10    CCG 实现的重成分 NP 移位结构的推演

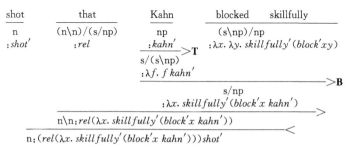

图 (3.) 10.11    CCG 实现的非外围提取结构的推演

此短语的语义可归结为$\lambda x. skill fully'(block'x\ kahn')\wedge shot'x$。

上例显示类型提升、同向复合与交叉复合规则共同导出了结合性和交换性。使用这个规则,可以分析如下的直接成分的非连续现象:

**语句 10.12**    (a) Marcos [picked]$_{((s\backslash np)/np)/prt}$ [up]$_{prt}$ [the ball]$_{np}$.

(b) Marcos [picked]$_{((s\backslash np)/np)/prt}$ [the ball]$_{np}$ [up]$_{prt}$.

假设语句 10.12 (a) 是基本语序,其句法推演显而易见。语句 10.12 (b) 的推演如图 (3.) 10.12 所示。

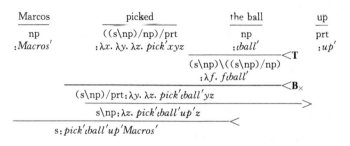

图 (3.) 10.12    CCG 处理离合词结构推演

**规则 10.11**（向前交叉复合规则）（$>\mathbf{B}_\times$）

$$X\backslash Y{:}f \quad Y/Z{:}g \Rightarrow_\mathbf{B} X/Z{:}\lambda x.\,f(gx)$$

向前交叉复合在英语语法中是无效的，它会导致不合语法的加扰词序。不过，它对于分析像土耳其语这样的有更大词序自由度的语言非常重要。

除去组合算子 **B** 和类型提升算子 **T** 之外，原生态 CCG 的第三个算子是置换算子 **S**。**S** 与 **B** 和 **T** 的不同在于，它使一个依存成分能够连接两个不同的函子。对这样一种算子的需要是出于对语言中存在的一类被称作寄生语缺（Ross，1986）的结构。寄生语缺是一种依赖其他语缺而存在的空语类，体现了句法成分之间的特殊关系。从其名称中就能看出，寄生语缺不能独立存在，它必须依赖于另外的句法空缺成分才能够产生。它依赖于真语缺而产生却又不受真语缺统制，故而导致对类语缺在生成机制方面的研究难题。寄生语缺的特点有两个：一是，它涉及的提取存在于多个依存关系中；二是，其中一个依存关系是处于传统语法无法进行提取操作的"孤岛"上的。例如：

**语句 10.13** These articles that John filed without reading.

John 同时是动词 filed 和 without reading 的论元。考察语句 10.13 中的成分，filed 的句法范畴为（s\np）/np，而 without reading 的句法范畴为（（s\np）\（s\np））/np，由于两个成分的范畴不同，在现有的规则下，我们无法处理 filed without reading 这一结构。

斯蒂德曼认为，filed without reading 作为一个独立的结构可以和 filed without reading and copied 这一短语中的及物动词 copied 合并，也就是说 filed without reading 实际上具有及物动词的句法范畴。因此，能够实现这样一种函项组合运算的规则应运而生。

**规则 10.12**（向后交叉置换规则）（$<\mathbf{S}_\times$）

$$Y/Z{:}g \quad (X\backslash Y)/Z{:}f \Rightarrow_\mathbf{S} X/Z{:}\lambda x.\,fx(gx)$$

这里需要注意的是，置换规则与复合规则、类型提升规则不同，它不是兰贝克演算中的定理，它是斯蒂德曼为了满足特定语言现象的处理而出现的一条范畴推演规则。通过这一规则，语句 John copied, and filed without reading, these articles 可以推演如图（3.）10.13 所示。

| John | copied | and | filed | without | reading | these articles |
|---|---|---|---|---|---|---|
| np | vp/np | CONJ: | vp/np | (vp\vp)/vping | vping/np | np |
| :$John'$ | :$copy'$ | $and'$ | $file'$ | :$\lambda p.\,\lambda q.\,\lambda z.\,without'(pz)(qz)$ | :$read'$ | :$articles'$ |

$>$**B**

(vp\vp)/np
:$\lambda x.\,\lambda q.\,\lambda z.\,without'(read'xz)(qz)$

$<$**S**$_\times$

vp/vp
:$\lambda x.\,\lambda z.\,without'(read'xz)(file'xz)$

$\langle\Phi\rangle$

vp/np: $\lambda x.\lambda z.\,and'(without'(read'xz)(file'xz))(copy'xz)$

$>$

vp: $\lambda z.\,and'(without'(read'articles'z)(file'articles'z))(copy'articles'z)$

$<$

s: $and'(without'(read'articles'John')(file'articles'John'))(copy'articles'John')$

图（3.）10.13　CCG 处理寄生语缺结构的推演

**规则 10.13**（向前同向置换规则）（$>$**S**）

$$(X/Y)/Z{:}f\quad Y/Z{:}g \Rightarrow_{\mathrm{s}}\ X/Z{:}\lambda x.fx(gx)$$

这个规则可用来分析下面这类寄生语缺结构，语义略，见图（3.）10.14。

**语句 10.14**　team that I persuaded every detractor of to support.

| team | that | I | persuaded | every detractor of | to support |
|---|---|---|---|---|---|
| | (n\n)/(s/np) | np | ((s\np)/(s\np))/np | np/np | to support |
| | | s/(s\np) | | | (s\np)/np |

$>$**T**

((s\np)/(s\np))/np

$>$**B**

(s\np)/np

$>$**S**

(s\np)/np

$>$**B**

s/np

$>$

n\n

图（3.）10.14　CCG 处理寄生语缺结构的推演

还有两个置换规则，它们是与前面两个规则对应的反向规则：

**规则 10.14**（向后同向置换规则）（$<$**S**）

$$Y\backslash Z{:}f\quad (X\backslash Y)\backslash Z{:}g \Rightarrow_{\mathrm{s}}\ X\backslash Z{:}\lambda x.fx(gx)$$

**规则 10.15**（向前交叉置换规则）（$>$**S**$_\times$）

$$(X/Y)\backslash Z{:}f\quad Y\backslash Z{:}g \Rightarrow_{\mathrm{s}_\times}\ X\backslash Z{:}\lambda x.fx(gx)$$

这两个规则不会被英语语法使用，因为缺乏用作输入的词汇范畴，可以用它们分析其他语言的寄生语缺结构（Baldridge，2002a）[88]。

## 10.3.3　原生态 CCG 的特征

斯蒂德曼通过添加 **B**、**T**、**S** 三种组合算子及其相应规则，使组合范畴语法获得了一个突出优势，即使其能够在一个统一的系统中刻画自然语言中的节点提升、非直接成分组合、语缺等现象。对这些现象来说，在传统语法理论框架下，需要通过移位操作进行跨语言结构的层级的解释，操作比较烦琐。但在原生态 CCG 中我们能够在表层结构中对它们进行统一处理，因此，原生态 CCG 的分析能力大大超越了传统语法理论的生成能力。斯蒂德曼对范畴语法的扩展具有如下特征：

（1）**彻底的词汇主义**。范畴语法本身就具有词汇主义的特征，语法中的重要角色由规则移交给了词库，传统语法中由上下文自由的短语结构规则所表现的信息在范畴语法中交由词库进行处理。比如，英语中一些基本的短语结构规则如下：

**规则 10.16**（短语结构规则）

s→ np vp；

vp→ tv np；

tv→ {loves，married，…}

在范畴语法中，所有的成分都对应一个相应的句法范畴，该范畴或为函子范畴，或为论元范畴。函子范畴的构造，可以表明能够与其进行毗连运算的论元的范畴、运算的方向和运算得到的结果的范畴。例如，汉语中"小王看书"一句中动词"看"的范畴为 (s\np)/np，表明"看"需要先向前运算结合一个范畴为 np 的成分，得到范畴为 s\np 的成分，再向后运算结合一个范畴为 np 的成分，最终得到一个范畴为 s 的句子。有限的基本范畴、运算规则和丰富的词库是范畴语法的重要特征。通过增加组合子及其规则图式，斯蒂德曼在未对函项应用规则进行改动的前提下，丰富了范畴语法的词库。也就是说，在原生态 CCG 中，组合子所反映的句法运算特征，实际上是在词库中进行编码的。因此，原生态 CCG 体现出更加彻底的词汇主义倾向。

（2）**并行推演**。原生态 CCG 的另一特征是句法与语义的并行推演，这一特征也是对范畴语法基本特征的继承。但是，在原生态 CCG 中，这一并行推演不再是范畴语法背后隐现的优势，而是作为指导性的原则出现的，即组合透明原则。这一原则说明，在范畴语法中，句法与语义之间的关系，远不是我们以前认为的那样不同向。原生态 CCG 强调了句法与语义接口的透明性，实际上是对语言学家们的"句法语义接口"问题从本质上提出了变革：尽管句法与语义是语言研究的两个方面，但是，由于两个层面之间是透明到近乎于无的，所以原生态 CCG 坚持对二者的并行考察。自然语言的词条在原生态 CCG 的词库中以"范畴，λ项"的形式完成赋值之后，就以相应的序对的形式参与函项运算。句法范畴之间按照兰贝克演算的规则进行范畴的毗连运算，揭示了语句的生成过程，可以判定自然语言的表达式是否是合式的表达式；λ项则依据组合运算规则进行 λ 演算推演，揭示语义的组合过程，最终生成对应自然语言表达式的语义解释表达式。

### 10.3.4 原生态 CCG 的缺陷

CCG 的同向复合规则和类型提升规则提供了处理一些构造所需要的结合性。然而，如果不加限制的话，就会夸大自然语言的结合性，推出一些不合语法的句子。例如，可推出像 *man that sleeps and he talks 这样的不合语法的表达式（图（3.）10.15）。

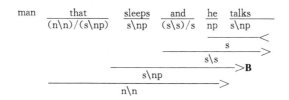

图（3.）10.15  CCG 推出不合语法的并列句

CCG 没有严格区分普通名词和名词词组，这就给关系词范畴的指派带来一定的灵活性，如前面给关系词 that 指定范畴(n\n)/(s\np)和(n\n)/(s/np)。对 CCG 来说，给关系词 that 指定范畴(np\np)/(s\np)和(np\np)/(s/np)也是一种选择。出于计算目的构造的 CCG 词库就采取了后者，在这样的指派下，借助于同向复合规则，可推出像 *The players angrily that came from Spain left 一样的不合语法的语句（图（3.）10.16）（Bierner，2001）[69]。

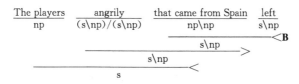

图（3.）10.16  CCG 推出不合语法的移位句

如果使范畴 np 以 np 为根进行类型提升，那么使用同向复合规则，就可以推出像 *goals$_j$ that I saw the players$_i$ that $t_i$ scored $t_j$ 一样的不合语法的双重关系句（图（3.）10.17）。

```
goals   that            I saw   the players   that            scored
np    (np\np)/(s/np)    s/up       up       (np\np)/(s/np)   (s\np)/np
                        ————————————————>T   ——————————————————————————>B
                         np/(up\np)                 (np\np)/np
                                                ———————————————————————>B
                                                        np/np
                        ——————————————————————————————————————————>B
                                          s/np
              —————————————————————————————————————————————————————>
                                   np\np
```

图（3.）10.17  CCG 推出不合语法的双重关系句

动词范畴与介词词组范畴同向复合运算，会推出如下不合语法的语句：

**语句 10.15** * The fan [in the field]$_{np\backslash np}$ [left]$_{s\backslash np}$ and [in the stadium]$_{np\backslash np}$ [stayed]$_{s\backslash np}$.

交叉复合规则提供了系统的交换性，它们对于刻画像重成分 NP 移位这样的语言现象是必不可少。但是，如果不加限制，更易导出不合语法的语句。如下所示，>**B**$_×$ 允许嵌入动词 saw 的主语爬入更高层的子句（图（3.）10.18）。

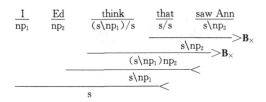

图（3.）10.18 CCG 推出不合语法的加扰词序语句

规则>**B**$_×$ 的无限制使用也会推演出嵌入主语提取的表达式（图（3.）10.19）。

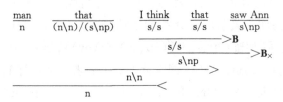

图（3.）10.19 CCG 推出不合语法的嵌入主语提取语句

鲍德里奇等（Baldridge, et al., 2002b）观察到，在自然语言中存在一类被称为"重成分 NP 移位"[①]的现象。要想在原生态 CCG 的框架下解释这类现象，需要使用交叉组合规则 <**B**$_×$ 刻画，但允许 <**B**$_×$ 规则的同时会导致在英语这类语序固定的语言中生成大量不合语法的表达式。例如表达式 * a nice in Edinburgh pub（图（3.）10.20）。

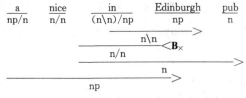

图（3.）10.20 CCG 推出不合语法的乱序语句

---

① 鲍德里奇等称 Ed [saw]$_{(S\backslash NP)/NP}$ [briefly]$_{((S\backslash NP)\backslash(S\backslash NP))}$ his old friend from Skye 这一句型为需要进行重型 NP 移位的句子，句中的副词 briefly 移到动词和宾语之间，要求及物动词在对宾语进行运算之前，先要借助<**B** 进行与副词的结合运算。这种规则使得组合范畴语法获得了一种不需像传统语法那样进行移位操作而得到结果却相同的生成力，因此在生成力方面优于传统语法。

　　为克服 CCG 过强的推导能力,解决的办法之一就是针对不同语言对 CCG 的规则进行不同的取舍和限制。比如在英语中对规则 $<\mathbf{B}_\times$ 的使用添加限制条件,要求 $X$ 和 $Y$ 都是以 $S$ 为目标范畴的函项范畴。添加限制的做法虽然在基于规则的范畴语法分支十分常见,但对于基于词库的范畴语法分支来说,无疑会使其优势变得不明显,不利于体现组合范畴语法本身仅仅由少量规则和丰富词库的搭配带来的简洁高效。除此以外,并不是每种语言都必须用到原生态 CCG 的全部规则,比如规则 $>\mathbf{B}_\times$ 在荷兰语、甚至汉语等语序高度灵活的语言中具有很强的描写力,但在英语中其应用却会导致生成形如上面导出的语序混乱的自然语言表达式。

# 10.4　多模态 CCG

## 10.4.1　多模态 CCG 的模态算子

　　基于上述对原生态 CCG 在实际应用中遇到的问题,鲍德里奇吸取了范畴类型逻辑的多模态思想,对组合范畴语法进行了多模态扩充,即多模态组合范畴语法 MMCCG。他认为,不同的语言现象对句法运算的要求有所不同,有时不必区分语词结合的先后顺序(如主谓宾简单句),有时需要调换两个成分的位置(如重型 NP 移位)。上述现象体现在句法系统中,就是对结合律和交换律有不同要求。如果能够在语法体系内获得对它们比较一致的处理,就实现了对斜线算子的细分。鲍德里奇假定了四种模态算子(表(3.)10.1),可以把它们添加在斜线算子的下方表示满足不同结合律和交换律的函项应用规则。

表(3.)10.1　四种模态算子的定义

| | 非交换 | 交换 |
|---|---|---|
| 非结合 | ★ | × |
| 结合 | ◇ | • |

　　四个算子对应满足不同的结合力与交换力的层级。其中,模态算子★位于层级的最顶端,其含义是,如果当前的运算函子是/★或者\★,那么两个相邻范畴之间既不允许打破函项范畴与其论元范畴之间的原有结合顺序,也不可以交换相互的位置。这意味着,该算子的要求最为严格且要保序。对应到自然语言,算子★所能够适用的语言现象就应该是最没有特殊要求、最普通的那部分。模态算子·位于层级的最底端,以之为下标的斜线算子的结合能力和交换能力与★相反,即:既允许改变函项范畴与论元范畴的结合顺序,也允许位置的调换,

这是适用组合规则的最宽泛的模态算子，对应的自然语言现象十分有限。此外，分属同一层级两侧的模态算子◇和×对应的函项应用分别是允许结合和交换中的一种。★、×、◇和·四种模态算子的层级关系见图（3.）10.21。组合范畴语法的组合规则因而可以进行添加下标的改写。依据所对应的组合规则，四个算子★、×、◇和·分别对应非结合的兰贝克演算 NL、交换的兰贝克演算 NLP、结合非交换的兰贝克演算 L 和结合且交换的兰贝克演算系统 LP。

图（3.）10.21　四种模态算子层级图（邹崇理，2012）

通过对斜线算子添加下标，鲍德里奇将古典的范畴语法扩展为极大地依赖词库的语法体系，体现出彻底的词汇主义倾向。因此，在多模态 CCG 研究基础上，范畴类型逻辑对多模态 CCG 的模拟也就凸显出前提敏感的特征。

## 10.4.2　多模态 CCG 的诞生

前面提到，斯蒂德曼在对英语非对称并列结构的研究中，对古典范畴语法进行了扩充，添加了复合算子 **B** 及其相应规则。这一规则能够处理非对称并列结构的组成部分之间的结合，使得函项之间可以进行复合运算，而合并结构中的连词 and 的处理方式则是延续了乔姆斯基的处理办法。但是，如果我们在组合范畴语法的范围内为 and 赋予范畴的话，由于 and 左右两侧的合取支的范畴相同，则 and 范畴可以假设为：

**词汇范畴 10.2**　and ⊢ (s\s)/s

但是上述范畴赋值在英语中可能导致不合语法的语句生成，因为联结词在进行合并之前可以先与一个论元进行毗连运算。例如，图（3.）10.22 中的不合语法的表达式。

```
man      that      sleeps    and      he    talks
      (n\n)/(s\np)  s\up    (s\s)/s   np    s\np
                                          ──────── <
                                             s
                                   ──────────────── >
                                         s\s
                           ──────────────────── <B
                                   s\np
─────────────────────────────────────────── >
                    n\n
```

图（3.）10.22　CCG 推出不合语法的并列句

为此，我们需要新的合并规则：

**规则 10.17**（〈$\Phi$〉合并）

$X$ CONJ　$X \Rightarrow {}_\Phi X$

该规则保证合取算子两端的论元能够同时进行运算，但是也存在不完善之处。首先，由于该规则是为了刻画合并结构的语言直觉所构建的规则，因此与复合算子 **B**、类型提升算子 **T** 及置换算子 **S** 均没有对应，所以在斯蒂德曼构造的原生态 CCG 系统中，这一规则不满足组合透明原则；其次，这一规则无法刻画合取联结词之间细微的语义差异，比如说，英语中的 and 和 but，以及汉语中的"和"与"或者"；此外，在一些语种中，联结名词词组、联结动词词组和联结句子要用到不同的联结词，比如汉语中的"和"与"并且"。

上述种种现象表明，采取前提敏感的逻辑系统，在词库中对这些差异进行刻画无疑较之通过制定针对某些特定现象的规则更符合计算机处理自然语言句法和语义的做法，同时这也是普遍语法乐于采取的方式。例如，在原生态 CCG 中为 and 的范畴的斜线算子添加下标★，得到如下联结词范畴：

**词汇范畴 10.3**　and$_i = (s \backslash_\star s) /_\star s$。

由于模态算子 ★ 既非结合也非置换的，添加这一模态算子的组合范畴语法系统的推演能力因此相当于非结合的兰贝克演算系统，因此给联结词 and 指派范畴 $(s \backslash_\star s) /_\star s$ 将不会产生图（3.）10.22 那样的不合语法的并列结构，如图（3.）10.23 所示

图（3.）10.23　MMCCG 阻止不合语法的并列结构的生成

"?"表示推理无法进一步继续下去（下同），因为范畴 $s \backslash_\star s$ 只能作为函项应用规则的输入，而函项应用规则在此处无用武之地。规则右上角的 * 表示此处该规则的应用不合法，下同。

为了实现对具有不同结合能力与交换能力的语法体系进行统一处理，原生态 CCG 的斜线算子需要进行进一步细分，获得的系统即为多模态 CCG 系统。鲍德里奇对原生态 CCG 的扩展包括四种模态算子，表现为如下的模态算子集合：

**定义 10.3**（多模态 CCG 的模态算子）

MMCCG＝｛★，◇，◁×，×▷，◁，▷，·｝

其中，模态算子★、·、◇和×在前文中已经有过说明，而结合算子◇具有方向性，可以进一步区分为左结合算子◁和右结合算子▷，而◁和▷又可以与×进行组合以分别刻画自然语言中向左的交换结合与向右的交换结合。由此得到层级图（3.）10.21 的修订（图（3.）10.24）。

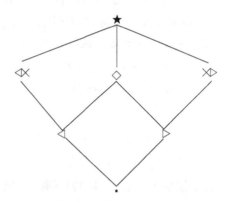

图（3.）10.24　模态算子层级修订图（Baldridge，et al.，2002b）

图（3.）10.24 表明在多模态 CCG 中，模态算子的添加并不是任意的，模态算子之间构成不同的结合力与交换力的层级，层级之间具有一定的联系。范畴类型逻辑系统 CTL 包含四种不同的兰贝克演算；多模态 CCG 则实际上是以给斜线算子添加模态下标的方式，将四种类型的兰贝克演算置于统一的系统当中。具有特定模态算子下标的范畴不仅满足其所处层级的结构规则，同时也满足其上级层级的结构规则。以部分英语词条为例，添加模态算子后，其范畴可以重新定义：

**词汇范畴 10.4**　book $\vdash n$

the $\vdash np/_{\diamond} n$

that $\vdash (n\backslash_\star n)/_\star (s/. np)$

John $\vdash np$

read $\vdash (s\backslash_\triangleleft np)/_\triangleright np$

carefully $\vdash (s\backslash_\triangleleft np)/_\triangleright (s\backslash_\triangleleft np)$

## 10.4.3　多模态 CCG 的组合规则及运用

原生态 CCG 的几种函项运算规则需要进行重新定义。以最简单的函项应用规则为例，添加模态算子★这一既不允许结合也不允许交换的模态算子之后，其表述形式如下：

**规则 10.18**（多模态 CCG 的函项应用规则）

(a) $X/_\star Y{:}f \quad Y{:}a \Rightarrow X{:}fa \qquad (>)$；

(b) $Y{:}a \quad X\backslash_\star Y{:}f \Rightarrow X{:}fa \qquad (<)$。

规则 10.17 中的模态算子为 ★，在层级中属于要求最为严格的模态算子，该模态算子既不允许结合，也不允许交换，处于多模态 CCG 四种模态算子的最顶端。由于多模态 CCG 中的模态算子之间具有可以通达的层级关系，也就意味着以任何其他模态算子为下标的斜线算子都可以作为函项应用规则的输入成分，即函项应用规则可以重新描述为

**规则 10.18′**（多模态 CCG 的函项应用规则）

(a) $Y/_i X{:}f \quad X{:}a \Rightarrow X{:}fa$ 这里 $i \in \{\star, \diamond, \lhd\!\times, \times\!\rhd, \lhd, \rhd, \cdot\}$ $\qquad (>)$；

(b) $Y{:}a \quad X\backslash_i Y{:}f \Rightarrow X{:}fa$ 这里 $i \in \{\star, \diamond, \lhd\!\times, \times\!\rhd, \lhd, \rhd, \cdot\}$ $\qquad (<)$。

需要强调的是，具有模式 ★ 的范畴只能应用于这两个规则。由于此种模式的范畴不可应用于其他规则，我们就可以通过给某些词汇指派此种模式的范畴，达到阻止它输入到其他规则的目的，最终限制 CCG 的某些过强的生成能力。对于英语来说，这种办法主要是阻止同向复合规则把这样的范畴作为输入，达到限制结合性的目的。下面给出一些实例。

如前所述，如果给 and 指派范畴 $(s\backslash_\star s)/_\star s$，就不会出现图（3.）10.22 的推演，因为它吸取右合取支后，无法再与左合取支进行向后同向复合运算。

如果给 that 指派范畴 $(np\backslash_\star np)/_\star(s\backslash np)$，就会阻止不合法语句 * The players angrily that came from Spain left 的推演，因为成分 that came from Spain 的范畴是 $np\backslash_\star np$，这个范畴不能作为同向向后复合规则的输入，简要描述如图（3.）10.25所示。

图（3.）10.25　MMCCG 阻止非法移位句的推演

如果给关系词 that 指派范畴 $(np\backslash_\star np)/_\star(s\backslash.np)$，那么也会阻止不合法的双重关系化语句 goals$_j$ that I saw the players$_i$ that $t_i$ scored $t_j$ 的推演，关系词 that 的范畴斜线上的模态词★阻止了前述该句推演的第一步的产生，如图（3.）

10.26 所示。

$$
\begin{array}{c}
\underbrace{goals}_{np} \quad \underbrace{that}_{(np\backslash_\star np)/_\star(s\backslash.np)} \quad \underbrace{I\ saw}_{s/_\triangleright np} \quad \underbrace{the\ players}_{np} \quad \underbrace{that}_{(np\backslash_\star np)/_\star(s\backslash.np)} \quad \underbrace{scored}_{(s\backslash_\triangleleft up)/_\triangleright np} \\
\overline{\phantom{aaaaaaaaaaaaaaaaaaaaaaaaaaaa}}_{?}>\mathbf{B}
\end{array}
$$

图（3.）10.26　MMCCG 阻止非法双重关系句的推演

通过给介词词组指派这种模式的范畴，如给 in 指派范畴 $(np\backslash_\star np)/_\star np$，也会阻止语句 10.15 这个非法语句的推演，因为不及物动词范畴与介词词组的范畴不能作为同向复合规则的输入范畴，如下所示：

**语句 10.16**　*The fan[in the field]$_{np\backslash_\star np}$[lft]$_{s\backslash_\triangleleft np}$and [in the stadium] $_{np\backslash_\star np}$ [stayed]$_{s\backslash_\triangleleft np}$

以词汇范畴 10.4 为多模态 CCG 的词库，可以得到语句 John carefully read the book 的分析如图（3.）10.27 所示。

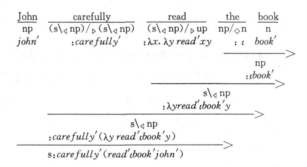

图（3.）10.27　MMCCG 对自然语言的分析

容易看出，在多模态 CCG 中，斜线算子 $\backslash_\triangleleft$ 和 $/_\triangleright$ 与原生态 CCG 中的未添加模态下标的 $\backslash$ 和 $/$ 无异；而 $/_\diamond$ 和 $\backslash_\diamond$ 则与 $/_\times$ 和 $\backslash_\times$ 一致，因此，在后文无须特别强调的地方，采取较为简单的记法。

在英语中，存在有诸如 the book that John read 这样的宾语提前表达式，对这类表达式的处理需要允许结合而非交换的同方向复合算子以及类型提升算子。在多模态 CCG 中，同方向复合规则的模态算子为 $\diamond$：

**规则 10.19**（多模态 CCG 的同方向复合规则）

(a) $X/_\diamond Y{:}f \quad Y/_\diamond Z{:}g \Rightarrow_\mathbf{B} X/_\diamond Z{:}\lambda x.f(gx) \quad (>\mathbf{B})$；

(b) $Y\backslash_\diamond Z{:}g \quad X\backslash_\diamond Y{:}f \Rightarrow_\mathbf{B} X\backslash_\diamond Z{:}\lambda x.f(gx) \quad (<\mathbf{B})$。

所有模式为 $\diamond$ 的范畴可以运用这两个规则。因为 $\cdot$ 是 $\diamond$ 的子类型，所以，具有模式 $\cdot$ 的范畴也可以应用这两个规则，换言之，同向复合规则可重新表述如下：

**规则 10.19′** (多模态 CCG 的同方向复合规则)

(a) $X/_iY{:}f\quad Y/_jZ{:}g{\Rightarrow}_{>\mathbf{B}}\quad X/_jZ$ 这里 $i,j\in\{\Diamond,\bullet\}$ ($>$B);

(b) $Y\backslash_jZ{:}g\quad X\backslash_iY{:}f{\Rightarrow}_{<\mathbf{B}}\quad X\backslash_jZ$ 这里 $i,j\in\{\Diamond,\bullet\}$ ($<$B)。

具有模式 $\Diamond$ 的范畴不可应用于交叉复合规则。因此,可以通过给某些词汇指派模式为 $\Diamond$ 的范畴来阻止该范畴应用于交叉复合规则,这就限制了某些词汇的交换性,从而遏制了 CCG 的某些过强生成能力。例如,如果给补语连词 that 指派范畴 s/$\Diamond$s,就可以阻止不合法语句 *I Ed think that saw Ann 的逻辑生成,如图 (3.) 10.28 所示。

| I | Ed | think | that | saw Ann |
|---|----|-------|------|---------|
| np$_1$ | np$_2$ | (s\$_\Diamond$np$_1$)\$_\Diamond$s | s/$_\Diamond$s | s\$_\Diamond$np$_2$ |

$$\frac{\qquad\qquad\qquad\qquad}{?}{>}\mathbf{B}_\times*$$

图 (3.) 10.28 MMCCG 阻止不合法的爬升语句的推演

给补语连词 that 指派范畴 s/$\Diamond$s 可以阻止嵌入主语提取语句的推演 (图 (3.) 10.29)。

| man | that | I think | that | saw Ann |
|-----|------|---------|------|---------|
| n | (np\$_\star$np)/$_\star$(s\.np) | s/$_\Diamond$s | s/$_\Diamond$s | s\$_\Diamond$np |

$$\frac{\qquad\qquad\qquad}{\text{s/}_\Diamond\text{s}}{>}\mathbf{B}$$
$$\frac{\qquad\qquad\qquad\qquad}{?}{>}\mathbf{B}_\times*$$

图 (3.) 10.29 MMCCG 阻止不合法的嵌入主语提取语句的推演

同样,名词前修饰语使用模式为 $\Diamond$ 的范畴,并且名词后修饰语使用模式为 ★ 的范畴可以阻止规则 $<$B$_\times$ 的使用,从而从词汇角度规定了规则 $<$B$_\times$ 的使用范围,避免了如前所述的不合法的加扰词序表达式的推演 (图 (3.) 10.30)。

| a | nice | in | Edinburgh | pub |
|---|------|-----|-----------|-----|
| np/$_\Diamond$n | n/$_\Diamond$n | (n\$_\star$n)/np | np | n |

$$\frac{\qquad\qquad\qquad}{\text{n\\}_\star\text{n}}{>}\mathbf{B}_\times*$$
$$\frac{\qquad\qquad\qquad\qquad}{?}$$

图 (3.) 10.30 MMCCG 阻止不合法的乱序语句的推演

**规则 10.20** (多模态 CCG 的类型提升规则)

(a) $X{:}a{\Rightarrow}_\mathbf{T}\quad Y/_i(Y\backslash_iX){:}\lambda f.\,fa$ ($>$T);

(b) $X{:}a{\Rightarrow}_\mathbf{T}\quad Y\backslash_i(Y/_iX){:}\lambda f.\,fa$ ($<$T)。

类型提升规则的输入不涉及任何斜线,但输出范畴有两个斜线,这两个斜线上的模式必须相同,这里的 $i$ 可取任意模态词。

使用上述规则，可以对英语宾语提取表达式 the book that John read 进行如图（3.）10.31 所示的分析。

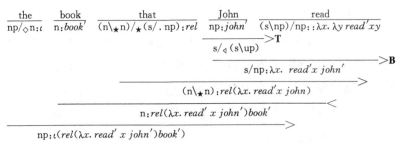

图（3.）10.31　MMCCG 对宾语提取表达式的分析

由图（3.）10.31 可知，使用多模态 CCG 的类型提升规则 **T** 使 John 得到范畴 s/$_◁$(s\np) 之后，可以与类型为（s\np）/np 的 read 进行向前同向复合运算。假如斜线下标的模态算子为★、◁✕ 或者 ✕▷，都无法应用同方向的复合运算规则，因此，多模态 CCG 以斜线算子加模态下标的方式阻止了图（3.）10.28 至图（3.）10.30 所示的不合法表达式的生成。这种前提敏感的处理方式既具有原生态 CCG 的推演能力，又弥补了原生态 CCG 的不足之处。

多模态 CCG 的优势不仅在于其完全具备原生态 CCG 的生成能力，同时还具有更符合当前计算机大规模处理自然语言句法和语义所要求的"普遍语法"特征。以少量简洁的普遍性原则为基础，仅通过个别语言参数的微调，就能够对具体的语言进行充分的描写与解释，这是计算语言学家与逻辑语义学家们自乔姆斯基时代以来就孜孜以求的目标。在原生态 CCG 中，针对个别语言，组合规则常常不会完全被用到，针对语序灵活的汉语进行刻画所需要的规则显然要多于语序相对固定的英语。多模态 CCG 以少量的组合规则作为刻画语法运算的基础，将模态加之于斜线算子，规则的使用限制因此由规则系统转移到了词库，不再需要额外添加对规则的限制条件，这正是普遍语法所要求的。

斯蒂德曼创建的在原生态 CCG 中属于兰贝克演算体系的复合算子、类型提升算子及置换算子都可以通过添加模态算子的方式进行有条件地扩张，例如：

**规则 10.21**（MMCCG 的交叉复合规则）

(a)　$X/_×Y{:}f\quad Y\backslash_×Z{:}g \Rightarrow_\mathbf{B}\quad X\backslash_×Z{:}\lambda x.\,f(gx)\qquad(>\mathbf{B}_×)$；

(b)　$Y/_×Z{:}f\quad X\backslash_×Y{:}g \Rightarrow_\mathbf{B}\quad X/_×Z{:}\lambda x.\,f(gx)\qquad(<\mathbf{B}_×)$。

所有模式为 × 的范畴可以运用这两个规则。因为·是 × 的子类型，所以，具有斜线类型·的范畴也可以应用于这两个规则，故可以把上述规则重新表述如下：

**规则 10.21′**（MMCCG 的交叉复合规则）

(a) $X/_iY:f \quad Y\backslash_jZ:g \Rightarrow_B \quad X\backslash_jZ:\lambda x.\, f(gx)$ 这里 $i,j \in \{\times, \cdot\}$ $\quad$ （$>\mathbf{B}_\times$）；

(b) $Y/_jZ:f \quad X\backslash_iY:g \Rightarrow_B \quad X/_jZ:\lambda x.\, f(gx)$ 这里 $i,j \in \{\times, \cdot\}$ $\quad$ （$<\mathbf{B}_\times$）。

需要强调的是，模式为×的范畴不可作为同向复合规则的输入范畴，因此可以给某些词汇指派模式为 × 的范畴，这就可以限制同向复合规则的使用，达到限制结合力的目的。

前面曾经提到，在英语中存在一类被称为"重型 NP 移位"的语言现象，这种语言现象需要使用带有交换性质的组合规则 <B 进行刻画，但是，在缺乏模态下标的原生态组合范畴语法体系中，允许该规则的同时会导致生成一些不合法的英语语句。比如，前面给出的表达式* a nice in Edinburgh pub 能够由组合规则推出，却是不合法的。英语作为一种语法特征明显的语言，与汉语等语序灵活且意义特征明显的语言在语法规则的使用方面有着很大不同。为了既保持范畴语法作为普遍语法、具有规则较少的优势的同时，又想要增加规则适用的灵活程度，鲍德里奇采用了为斜线算子添加模态下标的方式。这种做法在保持了组合范畴语法体系简洁优美的基础上，一方面可以保持范畴语法广泛的适用性，另一方面也能够根据不同语言的特色要求及时地调整语法体系中的个别参数，增加范畴语法针对个别语言的解释力。再看看图（3.）10.32 的推演过程。

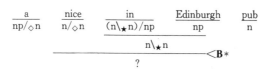

图（3.）10.32　不合语法的句子推演失败

由于 nice 和 in Edinburgh 这两个成分的句法范畴在多模态 CCG 体系下得到了更加精确的刻画，易于看出，在这两个成分的句法范畴中，表示函项应用的斜线算子分别被标注了不同的下标，◇ 不允许交换，而 × 不允许结合，两个范畴无法进行进一步的组合，从而避免了 <B 的不合法使用。

模态算子添加在斜线算子上，能够大大增加斜线的广泛适用力和灵活充分的解释力。一方面，区别各条规则的斜线类型可以满足规则在句法毗连上的不同要求，这部分是组合范畴语法的核心，不因语言不同而变化；另一方面，对于个别语言中的语词进行范畴赋值，所应适用的斜线类型由这一语言所特有的句法特点决定。由于句法范畴的赋值任务在范畴语法的体系内都交由词库进行，范畴运算的规则极为有限，因此，鲍德里奇对组合范畴语法的多模态扩展实际上是贯彻了更加彻底的词汇主义思想，这种做法恰恰迎合了当下计算机处理自然语言句法和语义的要求。在自然语言中存在许多因个别语言而异的语法现象，例如，荷兰语、汉语、土耳其语等对语法的适用能力有较强的要求；英语等基于拉丁语法建立起来的完备体系随着时间的推移和使用上的便利，也存在着大量的特例。乔姆斯基对于具有良好计算特征的普遍语法的希冀是语言学家和逻辑语义学者们的共同愿望。传统语法体系重语法、轻语义，在遇到大量存在却违背传统语法规则的例子时只能通过一一列举的方式进行说明，成为语言理解中的一大障碍。多模态范畴语法无疑提供了一种语言理解的有效理论——由词出发，基于少量的规则进行推演，利于构建简单高效的计算机语言；使用模态算子对个别语言中的独有现象进行刻画，方便通过细微的调整构建适用于特定语言的语法系统。该理论既能够解释语言中跨地域存在的大量共通现象，也能够解释语言中的地区差异。对于试图模拟人脑的计算机人工智能来说，多模态组合范畴语法无疑是处理自然语言句法和语义的一个理想工具。

## 10.5 组合范畴语法与范畴类型逻辑之联系

### 10.5.1 范畴类型逻辑系统

#### 10.5.1.1 范畴类型逻辑的特征

范畴类型逻辑是在范畴语法 CG 基础上发展起来的现代版本，作为语言（包括自然语言与形式语言）分析的形式化工具，以函项运算和逻辑推演的手段，对语言进行分析。函项运算取自代数的概念，推演则是逻辑的根本，所以，范畴语法的这一分支强调对规则的刻画，是一套基于规则的语言描写体系。莫特盖特认为，范畴类型逻辑的主旨即"形式语法即逻辑"（Moortgat，1997），即是说，这一体系应该能够形式化地刻画语料，并据此生成特定语言中合语法的句子，并给予与其之相应的语义解释。出于介绍范畴类型逻辑历时发展的角度，邹崇理（2008）将范畴语法的整个发展历程概括为"范畴类型序列"，包括五个阶段：古典范畴语法、兰贝克句法演算、蒙太格语法、类型逻辑语义学和语法逻辑。本研究则是使用逻辑语义理论作为自然语言分析的形式工具，因此，在对范畴语法系统进行区分时，主要是根据子理论本身所具有的特征，将范畴语法的整体区分为基于规则与基于词汇两类。

范畴类型逻辑是基于规则的范畴语法分支，莫特盖特（Moortgat，1997）在《逻辑与语言手册》（*Handbook of Logic and Language*）一书中对这一分支进行过较为详尽的介绍。范畴类型逻辑的特点是：以兰贝克句法演算为基础，侧重对范畴语法进行逻辑系统的抽象，并构造可能世界的框架语义解释。莫特盖特认为，这一逻辑理论的核心任务就是为自然语言的意义和形式的组合给出一致的演绎解释，而达到这一目的的途径，就是把形式语法表示为一个逻辑系统，一个带有一定结构、与语料有关的推理系统。莫特盖特将范畴类型逻辑的要义概括为："范畴分析＝逻辑推演"和"形式语法＝逻辑系统"。在国内，范畴类型逻辑的研究仍处于介绍阶段。尽管冯志伟（1975）在《计算机应用与应用数学》杂志上介绍过范畴语法，但并未引起学界的重视（孙红举，2008）。邹崇理（2000）在其专著《自然语言逻辑研究》中提到类型逻辑语法的发展。此后，对范畴类型逻辑进行过宏观介绍的包括：冯志伟（2001）、邹崇理（2001）、方立（2003）、张秋成（2007）、邹崇理（2006a）等；其中对这一逻辑系统进行系统地元逻辑性质探讨的有：于江生（2001）、邹崇理（2006b）、夏年喜和邹崇理（2009）；而将这一逻辑语义理论具体应用到计算机程序的实现的有：秦莉娟和周昌乐（2001）、丁胜彬（2009）。但是涉及自然语言句法、语义分析的则寥寥无几，而针对汉语言现象进行分析的就更少。

从范畴类型逻辑的名称来考察"范畴""类型"和"逻辑"，我们可以获得三个更加直观的信息：首先，"范畴"是句法运算的基础。范畴语法的函项运算思想最早源自于弗雷格，他将数学中的函项概念应用到语言研究，将自然语言的表达式区分为"饱和"与"不饱和"，语句由此被视为函项运算的产物。弗雷格认为，自然语言的表达式能够分析为函项与论元之间的关系，以函项对论元进行运算，就是范畴语法中我们常说的毗连运算，具有线性特征。例如，"学生"这一饱和的表达式可以和"学习"这一不饱和的表达式毗连生成"学生学习"。其中"学生"是论元，"学习"是函项，在自然语言中分成不同的类别，因此需要以不同的标记进行区分。范畴就是承担不同毗连运算角色的自然语言表达式的标记，在范畴类型逻辑中，通常以 n 表示普通名词，以 np 表示专名，而以 s 表示语句，这三个范畴是初始范畴；斜线算子 \ / 与初始范畴一起递归生成派生范畴，比如，不及物动词的范畴表示为 s/np 等；此外，积算子·表明范畴之间的毗连运算关系。如此一来，自然语言的生成就表现为范畴的毗连生成。

其次，"类型"是语义解释的基本单位。范畴类型逻辑采用了加标的演绎方式，即在范畴和带类型的语义 λ 项之间建立了一一对应关系，这也就是逻辑学家们所说的哈里-霍华德同构。哈里-霍华德同构在证明论和函项理论这两个原本在数理逻辑中没有关系的分支之间建立起了联系，在计算机程序语言中这种同构被表示为：命题＝类型，证明＝程序（Jäger，2005）。也就是说，假如将范畴类型逻辑看作程序语言，那么它与命题逻辑之间就存在这样的对应关系，比如说，范畴类型逻辑中的斜线算子类似于命题逻辑中的蕴涵。不同之处在于，范畴类型逻辑以范畴为句法运算的基本单位，以类型为语义运算的基本单位，而命题逻辑则以命题为基本运算单位。再次，"范畴"与"类型"并列提出体现了范畴类型逻辑区别于古典范畴语法的突出特点，即通过加标演绎的表述方式，实现了句法推演与语义组合的并行，弥补了范畴语法在 AB 演算时期缺乏语义解释的不足之处。

最后，"逻辑"既是途径，也是本质。范畴类型逻辑的主要思想可以概括为：范畴分析＝逻辑推演，形式语法＝逻辑系统。范畴类型逻辑研究的目的就是建立一套完备的逻辑系统，它一方面满足句法的递归与语义的组合，符合形式化地处理自然语言的要求；另一方面，系统本身所具备的元逻辑性质也是考察的重点。与基于词库的范畴语法分支（比如，组合范畴语法）不同，以范畴类型逻辑 CTL 为核心的范畴类型语法序列以语言学家们对自然语言现象的分析为基础，建立能够对各种语言现象进行分析的规则，并形成范畴类型逻辑的系统之后，其关注的重心是探讨这一逻辑系统作为数理逻辑的重要组成部分所具备的各种抽象性质，比如可靠性、完全性等。对语言的分析是出发点，但是对逻辑的研究才是兴趣所在。

由此可以看出，范畴类型逻辑无疑更为关注推理、证明等传统数理逻辑所进行的工作，而组合范畴语法则更倾向于语言学的分析应用。作为范畴语法的两大组成部分，范畴类型逻辑与组合范畴语法并无本质上的区别，实际上，每条多模态 CCG 规则都有其相应的范畴类型逻辑版本。

范畴类型逻辑的句法运算的核心是兰贝克演算，简单的兰贝克演算系统主要由斜线算子、积算子以及一系列与积算子有关的结构公设构成，其中积算子的基本性质是结合性和交换性。依据对积算子性质的结构限制，可以得到兰贝克演算的四个系统，也就是与前文提到的多模态 CCG 中的四个模态算子相对应的四个系统：NL、L、NLP 、LP。这些系统在语言学分析方面各具特色，但单一来看的话，在自然语言分析方面又各有不足。多模态 CCG 为我们提供了研究范畴类型逻辑的新思路，如果可以将兰贝克演算的四个系统置于统一的框架之下，就会获得更利于灵活处理自然语言现象的有用工具，这一思路在后面会进一步说明。首先，我们给出范畴类型逻辑的公理表述。

注意，在范畴类型逻辑中，对函项范畴的记法不同于组合范畴语法中函项的记法。在范畴类型逻辑中，采用的结果范畴在斜线上、论元范畴在斜线下的方法，比如 $X \backslash Y$ 和 $Y/X$ 都表示 $X$ 是论元范畴，$Y$ 是结果范畴，只不过 $X \backslash Y$ 向左搜索论元范畴 $X$，而 $Y/X$ 是向右搜索论元范畴 $X$。而在组合范畴语法中我们采用的是结果范畴在左，论元范畴靠右的记法，比如 $X \backslash Y$ 和 $X/Y$ 都表示结果范畴是 $X$，论元范畴是 $Y$。

### 10.5.1.2　范畴类型逻辑的公理表述

范畴类型逻辑是基于兰贝克演算的逻辑系统，其句法系统与兰贝克演算无异：句法系统的基本单位是范畴，联结词的集合是 $\{/, \backslash, \cdot\}$，此外还包括一个关系符 $\rightarrow$。

**定义 10.4**（范畴）

给定基本范畴集 $B$，CAT$(B)$ 是满足以下条件的最小集合：

(a) $B \subseteq$ CAT$(B)$；

(b) 如果 $A, B \in$ CAT$(B)$，则 $A/B \in$ CAT$(B)$；

(c) 如果 $A, B \in$ CAT$(B)$，则 $A \backslash B \in$ CAT$(B)$；

(d) 如果 $A, B \in$ CAT$(B)$，则 $A \cdot B \in$ CAT$(B)$。

一般范畴演算的基本范畴集为 $\{s, n, np\}$，s 为语句的范畴，n 为普通名词的范畴，np 为专名的范畴。范畴类型逻辑的句法系统由词库和句法两部分构成，在未考察语义的情况下，它的词库相当于代数中的一个映射，可以将有穷多个范畴赋给某个有穷字符串集中的任一成分。由于一个自然语言语词可能具有多种句法功能，所以，一个自然语言语词就可能对应多个范畴。

**定义 10.5**（兰贝克演算的词库 L[①]）

给定字母表 $\sum$ 和基本范畴集 **B**，一个 L 词库是 $\sum$ 的非空子集与 CAT$(B)$ 之间的有穷关系。

或者说，L 词库是由字符串和范畴组成的序对的集合，可以表示为 $\{\langle T, A \rangle\}$，$T$ 表示自然语言字符串，$A$ 表示 $T$ 所对应的范畴。

以兰贝克演算为句法系统的范畴类型逻辑是由以下公理和规则构成的推演系统：

---

① 这里的词库不是严格意义上的 CTL 词库，因为 CTL 词库中还需加入语义信息，即范畴所对应的 λ 项的信息，因此这个定义只是其句法部分，所以它实际上是兰贝克演算 L 的词库。

**定义 10.6**（范畴类型逻辑的公理系统）

公理：

(a) 同一律：$A \to A$。

(b) 结合律：$(A \cdot B) \cdot C \to A \cdot (B \cdot C)$；

$\qquad\qquad A \cdot (B \cdot C) \to (A \cdot B) \cdot C$。

规则：

(c) $\dfrac{A \cdot B \to C}{A \to C/B}$。

(d) $\dfrac{A \cdot B \to C}{B \to A \backslash C}$。

(e) $\dfrac{A \to C/B}{A \cdot B \to C}$。

(f) $\dfrac{B \to A \backslash C}{A \cdot B \to C}$。

(g) $\dfrac{A \to B \quad B \to C}{A \to C}$。

横线上方是推理的前提，下方是结论。同一律与结合律是这一系统的公理，前者保证同一范畴可以由其自身推出，后者则保证范畴之间贴合运算的结果不会受贴合顺序的影响。规则中的前四条规定了积算子与两个斜线算子之间的转换依据，最后一条则说明范畴之间的推出关系具有传递性。

由定义 10.6 所给出的公理和规则，可以获得一系列的定理，比如斜线算子的消去定理（h）、（i）和结合定理（j）等等。

**定理 10.1**　(h)$(A/B) \cdot B \to A$；　　　(i)$A \cdot (A \backslash B) \to B$；

$\qquad\qquad$(j)$(A \backslash B)/C \leftrightarrow A \backslash (B/C)$；　　(k)$A \to (A \cdot B)/B$；

$\qquad\qquad$(l)$(A/B)/C \leftrightarrow A/(C \cdot B)$；　　(m)$A \to (B/A) \backslash B$；

$\qquad\qquad$(n)$(A/B) \cdot (B/C) \to A/C$；　　(o)$A/B \to (A/C)/(B/C)$。

如果把范畴二元构造算子（斜线算子和积算子）对应为自然语言符号串上的三元关系，就可以利用克里普克的关系语义学为范畴类型逻辑构建一个可能世界的语义框架。多森（Došen, 1992）为兰贝克演算的二元模态算子构造了三元框架类，证明了兰贝克演算及其各类变体在各自不同的三元框架类上均是完全的。

### 10.5.1.3　范畴类型逻辑的框架语义

范畴类型逻辑的语义模型研究句法范畴与语义类型间的关系。在模态逻辑中，$n$ 元算子对应可能世界之间的 $n+1$ 元关系框架，兰贝克演算作为模态逻辑的一种，它所包含的三个算子都是二元关系算子，所以范畴类型逻辑所对应的语义框架 $F$ 由可能世界集 $W$ 以及 $W$ 上的三元关系 $R$ 组成：

**定义 10.7**（范畴类型逻辑的框架）

三元框架 $F=\langle W, R\rangle$，由非空集合 $W$ 与 $W$ 上的三元关系 $R$ 组成，$R\in W^3$。由于范畴类型逻辑的公理系统含有两条结合公理，所以它的语义框架是一种结合框架。

**定义 10.8**（结合框架）

框架 $F=(W,R)$ 是结合框架，当且仅当对于 $W$ 中的元素满足：

$\forall xyzuv[Rxyz \ \& \ Rzuv \Rightarrow \exists w[Rwyu \ \& \ Rxwv]]$，且 $\forall xyzuv[Rxyz \ \& \ Ryuv \Rightarrow \exists w[Rwvz \ \& \ Rxuw]]$。

这里，集合 $W$ 可以看作语词符号的集合，$Rxyz$ 表明：$x$ 可以分解为 $y$ 和 $z$。范畴类型逻辑区分结合运算的左右方向，所以 $y$ 与 $z$ 的顺序是确定的，即 $y$ 必须在 $z$ 前。基于结合框架 $F$ 给出一个解释函项 $f$，便可得到满足范畴类型逻辑的一个模型。

**定义 10.9**（范畴类型逻辑的模型）

范畴类型逻辑的模型是一个三元组 $M=\langle W, R, f\rangle$，其中 $\langle W, R\rangle$ 是结合框架，$W$ 是语言符号串的集合，$R$ 从两个符号串毗连成第三个符号串的三元关系，$R\in W^3$，$f$ 是从基本范畴集到 $W$ 子集上的函项。原子范畴以及复合范畴的语义解释为

$\| p \|_M = f(p) \subseteq W$；

$\| A \cdot B \|_M = \{x | \exists yz[Rxyz \ \& \ y\in \| A \|_M \ \& \ z\in \| B \|_M]\}$；

$\| A\backslash B \|_M = \{z | \exists yx[Rxyz \ \& \ y\in \| A \|_M \Rightarrow x\in \| B \|_M]\}$；

$\| A/B \|_M = \{y | \exists yx[Rxyz \ \& \ z\in \| B \|_M \Rightarrow x\in \| A \|_M]\}$。

有了系统的模型，就可以考虑系统在模型中的可靠性和完全性。就范畴类型逻辑而言，如果系统中的公理在模型中有效，且规则保持有效性，那么系统就是可靠的；而如果模型中有效的公式都是依据系统公理和规则可推出的，那么该系统就是完全的。范畴类型逻辑是既可靠又完全的，证明如下：

**定理 10.2**　范畴类型逻辑系统具有可靠性。

可靠性：如果 $\vdash A\rightarrow B$，则 $\| A \|_M \subseteq \| B \|_M$。

**证明**

定义 10.6 中，公理（a）的有效性可以直接从 $\| A \|_M \subseteq \| A \|_M$ 得到。

定义 10.6 中，公理（b）的有效性。令 $x\in\|(A\cdot B)\cdot C\|_M$，可得 $\exists yz[Rxyz$ & $y\in\|A\cdot B\|_M$ & $z\in\|C\|_M]$。取出 $y\in\|A\cdot B\|_M$，有 $\exists wu[Rywu$ & $w\in\|A\|_M$ & $u\in\|B\|_M]$；取出 $Rxyz,Rywu$，据结合框架的语义有 $\exists v[Rvuz$ & $Rxwv]$；取出 $Rvuz, u\in\|B\|_M, z\in\|C\|_M$，根据积算子的语义定义有 $v\in\|B\cdot C\|_M$。由 $w\in\|A\|_M, Rxwv$，据积算子的语义定义得 $x\in\|A\cdot(B\cdot C)\|_M$。反方向证明类似。

定义 10.6 中的规则（c）保持有效性。令前提有效，即①$\forall xyz[Rxyz$ & $y\in\|A\|_M$ & $z\in\|B\|_M\to x\in\|C\|_M]$，且令结论的前件有效，即有 $w\in\|A\|_M$。因为 $y$ 和 $w$ 都是语义范畴为 $A$ 的点，将①式中的 $y$ 替换为 $w$，并将条件弱化，可得 $\forall xwz[Rxwz$ & $z\in\|B\|_M\to x\in\|C\|_M]$，据 "/" 的模型论定义，得 $w\in\|C/B\|_M$。因此，定义 10.6 中的规则（c）的结论是有效的。

同理可证定义 10.6 中的规则（d）。

定义 10.6 中的规则（e）保持有效性。令前提有效，即 $\forall xyz[Rxyz$ & $y\in\|A\|_M$ & $z\in\|B\|_M\to x\in\|C\|_M]$，将其弱化得 $\forall x\exists yz[Rxyz$ & $y\in\|A\|_M$ & $z\in\|B\|\to x\in\|C\|_M]$。令结论的前件有效，令 $u\in\|A\cdot B\|_M$，所以有 $\exists vw[Ruvw$ & $v\in\|A\|_M$ & $w\in\|B\|]$，置换变元并用分离规则 MP 得到 $u\in\|C\|_M$。因此，规则（e）的结论是有效的。

同理可证定义 10.6 中的规则（f）。

定义 10.6 中的规则（g）保持有效性。令前提有效，即①$\|A\|_M\subseteq\|B\|_M$；②$\|B\|_M\subseteq\|C\|_M$。令结论的前件有效，令 $x\in\|A\|_M$，由①得 $x\in\|B\|_M$。再由①得 $x\in\|C\|_M$。因此，规则 g 的结论是有效的。

综上，范畴类型逻辑系统的可靠性。

**定理 10.3** 范畴类型逻辑系统具有完全性。

完全性：即所有 CTL 模型下的有效式都可在 CTL 的系统中推出。

**证明** 参见前文定理 4.12 的证明。

所以范畴类型逻辑 CTL 的系统是可靠并完全的。

## 10.5.2　混合范畴类型逻辑

### 10.5.2.1　混合范畴类型逻辑的理论起源

混合的范畴类型逻辑兼具组合范畴语法与范畴类型逻辑的特征。首先，作为主题内容的组合范畴语法体系是英国计算语言学家斯蒂德曼（Steedman，

2000）创立的，它是范畴语法的语言学版本。在词汇主义的思路之下，组合范畴语法的每个词条的语义表达式和句法范畴都被存放在词库的词项上，尽管范畴标记较为复杂，需要大量的人工操作，但是它可以保证较为精确的句法与语义之间的匹配。句法范畴跟语义类型、最后的语义表达式都可以基于词库中的范畴指派而生成。这一语法理论所表现出来的生成机制与计算机处理自然语言的思路十分类似。在利用组合范畴语法对自然语言表达式进行研究的过程中，鲍德里奇（Baldridge, 2002a）观察到，对于语序灵活的语言来说，范畴语法的处理方式不够理想。有些语言，比如汉语、荷兰语等，需要灵活的组合规则刻画自然语言表达式构成成分的组合方式的多样性；但是对于英语这样具有较强语法特征的语言来说，这些灵活的组合规则是不必要的，如果在语法体系中添加它们，反而会造成不合语法的过度生成。因此，鲍德里奇通过对斜线算子增加模态下标这一方式，限制了语法规则的使用范围及其过度的生成力，实现了对组合范畴语法的多模态扩充。作为范畴语法的组成部分，多模态组合范畴语法与范畴类型逻辑在规则上并没有太大的差异，唯一的区别仅仅在于二者关注的重点不同：多模态组合范畴语法关注的是语言学的应用，而范畴类型逻辑关注的则是逻辑系统自身所具备的种种性质。

其次，范畴类型逻辑是一种形式化的工具，以函项运算和逻辑推演的手段，对语言（包括形式语言和自然语言）进行分析。函项运算是取自代数的概念，推演则是逻辑的根本，所以，就范畴语法的这一分支来说，在其体现出数学、逻辑学和语言学的跨学科特征的同时，尤为强调对规则的刻画，是一套基于规则的语言描写体系。范畴类型逻辑的研究目的是为自然语言的句法和语义提供一套演绎的刻画系统，莫特盖特（Moortgat, 1997）将其中心思想描述为"形式语法即逻辑"。在多模态组合范畴语法研究的基础上，我们可以向范畴类型逻辑的系统中引入模态算子，将范畴类型逻辑扩展为前提敏感的混合逻辑体系，获得受限的结合力与交换力，同时无须对通用的范畴语法规则进行增删。

鲍德里奇以 ★、◇、× 和·作为斜线算子的基本模态下标，带有各种不同下标的斜线算子适用于不同的推演规则。斜线算子的结合力和交换力在范畴类型逻辑中的对应系统为：带下标 ★ 的斜线算子是最受限的，仅适用于范畴语法中最基本的函项应用规则，相当于 NL 系统；带下标 ◇ 的斜线算子适用于复合函子 B 和置换算子 S 的同向的函项组合规则，相当于 L 系统；带下标×的斜线算子适用于复合函子 B 和置换算子 S 的交叉的函项组合规则，允许推演规则跨越表达式相邻成分的使用，相当于 NLP 系统；带下标 · 的斜线算子适用于所有的范畴推演规则，即对应于 LP 系统。表（3.）10.2 说明多模态组合范畴语法中的不同算子与范畴类型逻辑系统的对应。

表（3.）10.2 多模态组合范畴语法与范畴类型逻辑系统对比图

| 多模态组合范畴语法 | 范畴类型逻辑 |
|---|---|
| · | 既结合又交换的兰贝克演算 LP |
| ◇ | （结合非交换的）兰贝克演算 L |
| × | （非结合但）交换的兰贝克演算 NLP |
| ★ | 既非结合也非交换的兰贝克演算 NL |

在混合范畴类型逻辑系统中给出与多模态组合范畴语法中的斜线算子相应的结构公设（邹崇理，2012）。

**结构公设 10.1**    $(A \cdot_{\star} B) \cdot_{\star} C \neq A \cdot_{\star} (B \cdot_{\star} C)$；

$(A \cdot_{\times} B) \cdot_{\times} C \neq A \cdot_{\times} (B \cdot_{\times} C)$；

$A \cdot_{\star} B \neq B \cdot_{\star} A$；

$A \cdot_{\times} B = B \cdot_{\times} A$；

$(A \cdot_{\diamond} B) \cdot_{\diamond} C = A \cdot_{\diamond} (B \cdot_{\diamond} C)$；

$(A \cdot_{.} B) \cdot_{.} C = A \cdot_{.} (B \cdot_{.} C)$；

$A \cdot_{\diamond} B \neq B \cdot_{\diamond} A$；

$A \cdot_{.} B = B \cdot_{.} A$。

尽管带有不同下标的斜线算子对应范畴类型逻辑中不同的推演规则，但是算子之间正如具有不同结合力的兰贝克演算一样，在一定条件下是具有可导出关系的，因此，这些算子可以在一个系统中存在。对范畴类型逻辑的多模态扩展，使其更加适合处理自然语言的表达式，这种扩展增强了范畴类型逻辑推演过程中的前提敏感性，克服了单一的范畴类型逻辑系统在处理自然语言现象时出现的过强或者过弱生成能力的缺陷，这一思路在黑普（M. Hepple）（Hepple，1994）以及莫特盖特（Moortgat，1997）的文章中已经有所体现。

将各种逻辑系统以矢列的方式表示出来的话，从前提增减的结构角度考察，就能够得到一组包括经典逻辑在内的逻辑系统，这一组逻辑系统就构成了子结构逻辑序列，兰贝克演算是这一逻辑序列中的一个组成部分。经典逻辑包括下述结构规则：

**规则 10.22**    （a）缩并规则（简记作 C）

$$\frac{\Gamma, A, A, \Delta \Rightarrow B}{\Gamma, A, \Delta \Rightarrow B}$$

（b）单调性规则（简记作 M）

$$\frac{\Gamma \Rightarrow A}{\Gamma, B \Rightarrow A}$$

（c）交换规则（简记作 P）

$$\frac{\Gamma, A, B, \Delta \Rightarrow C}{\Gamma, B, A, \Delta \Rightarrow C}$$

缩并规则允许前提的重复使用，即不限制每个前提仅能参与一次运算；单调性规则允许在证明过程中增加冗余的前提，也就是实际上弱化了推演的前提条件；交换规则则是取消了证明过程对前提条件的顺序限制。在实际的逻辑系统中，往往仅需上述结构规则中的一个或者两个，而不需要全部，依据对结构规则的取舍形成的逻辑系统的序列就是子结构逻辑系统。贾格尔（Jäger，2005）给出了子结构逻辑的层级，见表（3.）10.3。

表（3.）10.3　子结构逻辑系统

| 逻辑系统 | 结构规则 |
|---|---|
| 经典逻辑 | P，C，M |
| 直觉主义逻辑 | P，C，M |
| 相干逻辑 | P，C |
| 线性逻辑 | P |
| 兰贝克演算 | — |

就结构规则的含义而言，如果一个逻辑系统不具备上述任何结构规则，就是范畴类型逻辑句法运算的核心——兰贝克演算，兰贝克演算对前提的使用次数和使用顺序都具有严格的限制；如果逻辑系统规定每个前提都只用一次，则得到线性逻辑；而如果逻辑系统不允许冗余的前提出现，得到的就是相干逻辑。子结构逻辑是对前提出现的顺序及次数敏感的逻辑系统，反映到自然语言的句法推演中就是对构成语句的词条所出现的次数及顺序有所限制。

缩并规则、单调性规则以及交换规则表明，矢列在直觉上的有效性可以通过对推演前提进行运算而得到保持。缩并规则说明，重复出现的前提在删去的同时，仍能够保证推演过程的有效性；单调性规则说明，额外的前提可以加入到推演的过程中去而不改变矢列的有效性；交换规则则表明，前提出现的顺序可以自由调整，而不会影响到矢列的有效性。

就范畴语法而言，语法的形式化即逻辑，自然语言中的词条与逻辑中的范畴具有对应关系。词条被赋予相应的范畴，范畴结构本身蕴涵了丰富的句法信息，比如语序要求以及范畴的从属关系等。通过范畴的贴合运算，就可以得到句法的推演。在范畴语法的体系中，有不同的子类，区别就在于它们采取不同的逻辑公理作为推演的依据。通过对参与推演的前提进行区分，范畴语法的推演过程因此与特定的结构规则产生关联，如此一来所形成的较广为人知的范畴语法推演系统包括四种兰贝克演算，四种兰贝克演算对结合的结构规则与交换的结构规则有不同的取舍，从而能够刻画自然语言中特定的语言现象。但由于参与推演的结构规则是受到限制的，这四个系统对自然语言的刻画能力因此也是有着较大的局限性，不利于刻画复杂灵活的自然语言现象。

### 10.5.2.2　黑普的混合子结构范畴逻辑

为了改进单一的兰贝克演算系统所具有的局限性，黑普尝试构造了混合的子结构范畴逻辑，这是一种前提敏感的范畴类型逻辑系统，因此能更好地刻画自然语言的贴合运算。在进行逻辑推演时，不同的逻辑系统对于能够参与推演的前提所具有的自由程度具有不同的要求。如果比较逻辑系统中参与逻辑推演的前提的自由程度，就可以得到的子结构逻辑层级。如前文所述，经典逻辑与直觉主义逻辑允许缩并规则、单调性规则，以及交换规则的使用，所以这两种逻辑系统中的前提所具有的自由程度最高，一些在兰贝克演算中不合法的推演在必要的推演步骤内可以由结构规则进行控制；而兰贝克演算不允许三种结构规则的使用，因此参与推演的前提所具有的自由程度很低。为了对范畴语法进行扩展，使其更加符合自然语言句法、语义运算灵活多样的特点，可以引入结构规则，增加前提的自由度。例如，可以引入一个结构模态词 $\Delta$，表示交换规则 $P$ 的受限使用，这样一来，系统就包含如下的规则。

**规则 10.23**（涉及结构模态词 $\Delta$ 的规则）

$$\frac{\Delta\Gamma\Rightarrow A}{\Delta\Gamma\Rightarrow\Delta A}\quad(\Delta R)\qquad\qquad\frac{\Gamma[B]\Rightarrow A}{\Gamma[\Delta B]\Rightarrow A}\quad(\Delta L)$$

$$\frac{\Gamma[\Delta B,C]\Rightarrow A}{\Gamma[C,\Delta B]\Rightarrow A}\quad(\Delta P)$$

受限的交换规则允许公式 $X$ 与公式 $\Delta X$ 之间进行转换，这就意味着，具有模态词 $\Delta$ 的逻辑系统对带有模态词 $\Delta$ 的前提的出现要求和顺序要求都有所减弱。因为 $L$ 遵循线序，因此 s/np 和 s\np 分别对应了在右外围和左外围缺少一个 np 的语句。然而，在自然语言中，还存在另一类提取，提出的成分处于句子内部，而不是句子的外围，比如在从句 who Kim sent away 中。在增加了模态词的情况下，向兰贝克演算系统 $L$ 添加允许交换的结构模态词 $\Delta$ 及其规则，这样一来，范畴 s/($\Delta$np) 对应于在某个位置缺少一个 np 的语句，这里 np 的提取位置也许出现在一个句子的非外围位置，故提取规则就更具有一般性。例如，who Kim sent away 的推演如图（3.）10.33。

$$
\begin{array}{c}
\dfrac{\text{np}\Rightarrow\text{np} \qquad\qquad \text{s}\Rightarrow\text{s}}{} [\backslash L] \\[2pt]
\dfrac{\text{pp}\Rightarrow\text{pp}(\text{np},\text{np}\backslash\text{s})\dot{}\ \Rightarrow\text{s}}{} [/L] \\[2pt]
\dfrac{\text{np}\Rightarrow\text{np}(\text{np},((\text{np}\backslash\text{s})/\text{pp},\text{pp})\dot{}\ )\dot{}\ \Rightarrow\text{s}}{} [/L] \\[2pt]
\dfrac{(\text{np},((((\text{np}\backslash\text{s})/\text{pp})/\text{np},\text{np})\dot{}\ ,\text{pp})\dot{}\ )\dot{}\ \Rightarrow\text{s}}{} [\Delta L] \\[2pt]
\dfrac{(\text{np},((((\text{np}\backslash\text{s})/\text{pp})/\text{np},\Delta\text{np})\dot{}\ ,\text{pp})\dot{}\ )\dot{}\ \Rightarrow\text{s}}{} [A] \\[2pt]
\dfrac{(\text{np},(((\text{np}\backslash\text{s})/\text{pp})/\text{np},(\Delta\text{np},\text{pp})\dot{}\ )\dot{}\ )\dot{}\ \Rightarrow\text{s}}{} [\Delta P] \\[2pt]
\dfrac{(\text{np},(((\text{np}\backslash\text{s})/\text{pp})/\text{np},(\text{pp},\Delta\text{np})\dot{}\ )\dot{}\ )\dot{}\ \Rightarrow\text{s}}{} [A] \\[2pt]
\dfrac{(\text{np},((((\text{np}\backslash\text{s})/\text{pp})/\text{np},\text{pp})\dot{}\ ,\Delta\text{np})\dot{}\ )\dot{}\ \Rightarrow\text{s}}{} [A] \\[2pt]
\dfrac{((\text{np},(((\text{np}\backslash\text{s})/\text{pp})/\text{np},\text{pp})\dot{}\ )\dot{}\ ,\Delta\text{np})\dot{}\ \Rightarrow\text{s}}{} [/R] \\[2pt]
\dfrac{(\text{np},(((\text{np}\backslash\text{s})/\text{pp})/\text{np},\text{pp})\dot{}\ )\dot{}\ \Rightarrow\text{s}/\Delta\text{np} \qquad \text{rel}\Rightarrow\text{rel}}{(\text{rel}/(\text{s}/\Delta\text{np}),(\text{np},(((\text{np}\backslash\text{s})/\text{pp})/\text{np},\text{pp})\dot{}\ )\dot{}\ )\dot{}\ \Rightarrow\text{rel}} [/L]
\end{array}
$$

图（3.）10.33　结构模态词允许的非外围提取的推演

也可使用其他结构模态词受限引入其他结构规则。在非结合的系统中，一个结合性模态词可用来重新引入结合性。各种问题——理论的、计算的和实际的——因为使用结构模态词而产生。例如，在它们被广泛地使用的地方，会造成解释过度复杂的倾向。句法分析的复杂性倾向于选择需要使用的最高结构层面作为默认逻辑层面。对高层结构层面的选择会丧失语料敏感性，不利于进行充足的语言分析。反映到对自然语言进行刻画描写时，便表现为需要向语法体系中添加大量针对特定语言现象的例外处理方法，这种不自然的做法显然不符合人们使用语言的直觉，而过多的例外则会给人造成该语法刻画能力较弱、解释力不充分的印象。除此以外，对范畴语法的扩展还可以通过合并子结构得到实现。黑普的做法就是后一种，在尽量保持原有结构规则不增加的基础上，黑普构建了混合的子结构范畴逻辑。混合的子结构范畴逻辑，顾名思义，就是以一定的结构规则在兰贝克演算的子系统之间建立起联系，将原先各自独立的兰贝克演算系统合并在一个范畴语法的框架内，建立一个混合的范畴语法系统。混合的范畴语法系统一方面限制了结构规则的添加，另一方面则增加了子结构层级之间的关联规则，这种做法有利于在统一的框架下对不同的语言现象进行刻画，一方面保证了语法的主要运算规则不变，另一方面又能够充分描述不同语言中的特殊现象。

黑普（Hepple，1994）首先对兰贝克演算中的联结词进行了如下改写（表（3.）10.4）。

表（3.）10.4　兰贝克演算的联结词

| 结合 | 交换 | 联结词 | 对应系统 |
|---|---|---|---|
| − | − | ⊙　⌀　⍉ | 非结合性兰贝克演算 NL |
| − | + | ⊖　⊝　⊖ | 交换性兰贝克演算 NLP |
| + | − | ·　\　/ | 结合性兰贝克演算 L |
| + | + | ⊗　⊸　⊸ | 线性逻辑 LP[①] |

其次，他将兰贝克演算的系统合并成一个单一的多模态系统，也就是将不同层面的联结词纳入一个范畴类型逻辑的框架内。这样的多模态系统允许参与推演的前提在范畴的赋予方面有所变化，这种变化体现为：可以依据一定的规则对一个子结构层级上的算子进行重写，变成另一个子结构层级上的算子。如此一来，结构模态词导致的计算和分析上的复杂性就可以得到规避，这种做法体现出子结构逻辑的特征，不同的层级之间通过一定的关联规则建立联系，黑普因此将之称为**混合子结构逻辑。**

范畴语法的基本联结词包括积算子以及左、右斜线算子，黑普将之分别记作∘以及→、←。包含这样一组联结词的逻辑系统至少应包括下述规则，以矢列方式表示如下：

**定义 10.10**（包含积算子以及左、右斜线算子的范畴语法系统）

$$A \Rightarrow A \quad (\text{id})$$

$$\frac{\Phi \Rightarrow B \quad \Gamma[B] \Rightarrow A}{\Gamma[\Phi] \Rightarrow A}[\text{Cut}]$$

$$\frac{(B,\Gamma)^\circ \Rightarrow A}{\Gamma \Rightarrow B \xrightarrow{\circ} A}[\xrightarrow{\circ}R]$$

$$\frac{\Phi \Rightarrow C \quad \Gamma[B] \Rightarrow A}{\Gamma[(\Phi, C \xrightarrow{\circ} B)^\circ] \Rightarrow A}[\xrightarrow{\circ}L]$$

$$\frac{(\Gamma,B)^\circ \Rightarrow A}{\Gamma \Rightarrow A \xrightarrow{\circ} B}[\xleftarrow{\circ}R]$$

$$\frac{\Phi \Rightarrow C \quad \Gamma[B] \Rightarrow A}{\Gamma[(B \xleftarrow{\circ} C, \Phi)^\circ] \Rightarrow A}[\xleftarrow{\circ}L]$$

$$\frac{\Gamma \Rightarrow A \quad \Phi \Rightarrow B}{(\Gamma,\Phi)^\circ \Rightarrow A \circ B}[\circ R]$$

$$\frac{\Gamma[(B,C)^\circ] \Rightarrow A}{\Gamma[B \circ C] \Rightarrow A}[\circ L]$$

在不包含结合规则和交换规则的情况下，我们得到的上述系统就是非结合的兰贝克演算系统 NL，该系统对于参与推演的前提结合的顺序和括号都有所规定，每个前提能且只能参与一次推演。向 NL 系统有选择地添加结合规则和交换规则，就能够进一步获得兰贝克演算另外三个系统。按照黑普的记法，结合规则 $[A]$ 和交换规则 $[P]$ 可以如下表示：

---

① 对比表（3.）10.3 和表（3.）10.4，不难发现既满足结合性又满足交换性的兰贝克演算等价于线性逻辑，因此黑普在论文中直接将其标注为线性逻辑。

**规则 10.24**

（a）结合规则

$$\frac{\Gamma\left[\,(B,\,(C,\,D)^{\circ})^{\circ}\,\right] \Rightarrow A}{\Gamma\left[\,(\,(B,\,C)^{\circ}D)^{\circ}\,\right] \Rightarrow A}\,[A]$$

（b）交换规则

$$\frac{\Gamma\left[\,(B,\,C)^{\circ}\,\right] \Rightarrow A}{\Gamma\left[\,(C,\,B)^{\circ}\,\right] \Rightarrow A}\,[P]$$

添加了结合规则的兰贝克演算系统降低了对前提的结合顺序的要求，得到结合的兰贝克演算 L；在 L 基础上添加了交换规则的兰贝克演算则是线性逻辑 LP；仅包含交换规则，而不含结合规则的兰贝克演算则是 NLP。

然而，仅仅向兰贝克演算 NL 系统有选择地添加结构规则，所获得的结果实际上与传统子结构逻辑添加模态词进行结构控制的做法并没有太大差异。混合子结构范畴逻辑的特点在于它所特有的关联规则（Hepple，1994）：

**规则 10.25**（关联规则）

$$\frac{\Gamma\left[\,(B,\,C)^{\circ_j}\,\right] \Rightarrow A}{\Gamma\left[\,(B,\,C)^{\circ_i}\,\right] \Rightarrow A}\,[<]$$

$<$关系作用于积算子之上，依据不同子结构对前提自由程度的不同要求，在子结构之间建立起联系。对于任意的积算$\circ'$和$\circ$，$\circ'<\circ$当且仅当后者的系统比前者的系统展示了更大的语料使用自由度，即对于$\circ',\circ\in\{\odot,\,\bullet,\,\ominus,\,\otimes\}$，$\circ'<\circ$当且仅当$\langle\circ',\circ\rangle\in\{\langle\odot,\,\bullet\rangle,\,\langle\odot,\,\ominus\rangle,\,\langle\odot,\,\otimes\rangle,\,\langle\bullet,\,\otimes\rangle,\,\langle\ominus,\,\otimes\rangle\}$。关联规则使得下述积算子之间能够进行转换（图（3.）10.34）。

$$\frac{\dfrac{B\Rightarrow B\quad A\Rightarrow A}{(A,B)^{\circ_j}\Rightarrow A\circ_j B}\,[\circ_j R]}{\dfrac{(A,B)^{\circ_i}\Rightarrow A\circ_j B}{A\circ_i B\Rightarrow A\circ_j B}\,[\circ_i L]}\,[<]$$

图（3.）10.34　关联规则促成的积联结词之间的转换

通过关联规则，较强的系统所含有的积联结词公式可以推出相应的弱化版本。使用关联规则，也可以推出不同层面的蕴涵联结词之间的关系（图（3.）10.35）。

$$\frac{\dfrac{A\Rightarrow A\quad B\Rightarrow B}{(A\overset{\circ_j}{\leftarrow}B,B)^{\circ_j}\Rightarrow A}\,[\overset{\circ_j}{\leftarrow}L]}{\dfrac{(A\overset{\circ_j}{\leftarrow}B,B)^{\circ_i}\Rightarrow A}{A\overset{\circ_i}{\leftarrow}B\Rightarrow A\overset{\circ_j}{\leftarrow}B}\,[\overset{\circ_j}{\leftarrow}R]}\,[<]$$

图（3.）10.35　关联规则促成的蕴涵联结词之间的转换

一般地说，类似于图（3.）10.34 和图（3.）10.35 这样的转换对于任意两个具有 $<$ 关系的联结词都是成立的。比如，在子结构范畴逻辑中，子结构层级间具有如定理 10.4 所示的关系。

**定理 10.4** (a) $A \ominus B \Rightarrow A \odot B$

(b) $A \oslash B \Rightarrow A/B$

考虑混合系统的一些其他定理。注意，尽管复合运算命题 10.1（a）在一个非结合层面内是不允许的，但是，假定结果处于结合层面，相同的类型是可以复合的，正如命题 10.1（b）所示，其证明见图（3.）10.36（a）（标记 $[<*]$ 的推理步骤对应了 $[<]$ 的多重使用）。同样地，两个反方向的论元在一个非结合系统中不可重新排序，如命题 10.1（c）所示，但是如果处于一个具有结合性的子结构层面上，它们就能重新排序，例如命题 10.1（d），证明见图（3.）10.36（b）。

**命题 10.1** (a) $^{*}(A \oslash B, B \oslash C)^{\odot} \Rightarrow A \oslash C$；

(b) $(A \oslash B, B \oslash C)^{\cdot} \Rightarrow A/C$；

(c) $^{*}(B \diagup A) \oslash C \Rightarrow B \diagdown (A \oslash C)$；

(d) $(B \diagup A) \oslash C \Rightarrow B \backslash (A/C)$。

$$
\begin{array}{c}
\cfrac{C \Rightarrow C \quad B \Rightarrow B}{\cfrac{(B \oslash C, C)^{\odot} \Rightarrow B \quad A \Rightarrow A}{\cfrac{(A \oslash B, (B \oslash C, C)^{\odot})^{\odot} \Rightarrow A}{\cfrac{(A \oslash B, (B \oslash C, C)^{\cdot})^{\cdot} \Rightarrow A}{\cfrac{((A \oslash B, B \oslash C)^{\cdot}, C)^{\cdot} \Rightarrow A}{(A \oslash B, B \oslash C)^{\cdot} \Rightarrow A/C} [/R]} [A]} [<*]} [\oslash L]} [\oslash L]
\end{array}
$$

$$
\begin{array}{c}
\cfrac{B \Rightarrow B \quad A \Rightarrow A}{\cfrac{C \Rightarrow C \quad (B, B \diagup A)^{\odot} \Rightarrow A}{\cfrac{(B, ((B \diagup A) \oslash C, C)^{\odot})^{\odot} \Rightarrow A}{\cfrac{(B, ((B \diagup A) \oslash C, C)^{\cdot})^{\cdot} \Rightarrow A}{\cfrac{((B, (B \diagup A) \oslash C)^{\cdot}, C)^{\cdot} \Rightarrow A}{\cfrac{(B, (B \diagup A) \oslash C)^{\cdot} \Rightarrow A/C}{(B \diagup A) \oslash C \Rightarrow B \backslash (A/C)} [\backslash R]} [/R]} [A]} [<*]} [\oslash L]} [\oslash L]
\end{array}
$$

(a)             (b)

图（3.）10.36　从非结合层面转换到结合层面的成功推演

到此为止，我们有了构造一个混合范畴类型逻辑系统需要的所有部分。有时不需要把这四个子结构系统组合起来，假定把两个子结构系统 L 和 LP 合并成一个混合范畴类型逻辑系统，那么这个混合系统的联结词集是 $\{\cdot, \backslash, /, \otimes, \multimap, \circ\!\!-\}$，它的公理和规则除包括系统 NL 的公理和规则外，还包含如下规则：

**规则 10.26**（L+LP 系统的结合、交换和关联规则）

$$
\cfrac{\varGamma[(B, (C, D)^{\circ})^{\circ}] \Rightarrow A}{\varGamma[((B, C)^{\circ}, D)^{\circ}] \Rightarrow A} [A] (\circ \in \{\cdot, \otimes\})
$$

$$\frac{\Gamma[(B,C)^{\otimes}]\Rightarrow A}{\Gamma[(C,B)^{\otimes}]\Rightarrow A}[P]$$

$$\frac{\Gamma[(B,C)^{\cdot}]\Rightarrow A}{\Gamma[(B,C)^{\otimes}]\Rightarrow A}[<]$$

现在可证 $A\otimes B\Rightarrow A\bullet B$ 和 $A/B\Rightarrow A\multimap B$ 是这个混合逻辑的合适定理（图(3.) 10.37)。

$$\cfrac{\cfrac{\cfrac{B\Rightarrow B\quad A\Rightarrow A}{(A,B)^{\cdot}\Rightarrow A\bullet B}[\bullet R]}{(A,B)^{\otimes}\Rightarrow A\bullet B}[<]}{A\otimes B\Rightarrow A\bullet B}[\otimes L]
\qquad
\cfrac{\cfrac{\cfrac{A\Rightarrow A\quad B\Rightarrow B}{(A/B,B)^{\cdot}\Rightarrow A}[/L]}{(A/B,B)^{\otimes}\Rightarrow A}[<]}{A/B\Rightarrow A\multimap B}[\multimap R]$$

图（3.）10.37　积联结词和蕴涵联结词的关系之证明

尽管结合性的兰贝克演算 L 具有复合运算性质，但是像命题 10.2（a）一样的交叉复合是不允许的。然而，如果结果处于具有交换性的线性子系统层面，这样的类型是可以复合的，如命题 10.2（b）所示，其证明见图（3.）10.38。

**命题 10.2**　(a)* $(A/B,\ C\backslash B)^{\cdot}\Rightarrow C\backslash A$；

(b) $(A/B,\ C\backslash B)^{\otimes}\Rightarrow A\multimap C$；

(c)* $(A/B,\ C\backslash B)^{\cdot}\Rightarrow A\multimap C$；

(d) $(C\backslash B,\ A/B)^{\otimes}\Rightarrow A\multimap C$。

$$\cfrac{\cfrac{\cfrac{\cfrac{\cfrac{\cfrac{C\Rightarrow C\quad B\Rightarrow B}{(C,C\backslash B)^{\cdot}\Rightarrow B}[\backslash L]\quad A\Rightarrow A}{(A/B,(C,C\backslash B)^{\cdot})^{\cdot}\Rightarrow A}[/L]}{(A/B,(C,C\backslash B)^{\otimes})^{\otimes}\Rightarrow A}[<*]}{(A/B,(C\backslash B,C)^{\otimes})^{\otimes}\Rightarrow A}[P]}{((A/B,C\backslash B)^{\otimes},C)^{\otimes}\Rightarrow A}[A]}{(A/B,C\backslash B)^{\otimes}\Rightarrow A\multimap C}[\multimap R]$$

图（3.）10.38　从非交换层面转向交换层面的成功推演

此例暗示了该混合系统可允许处理非外围提取，例如给关系代词指派类型 rel/(so—np)，这就消除了对交换性结构模态词 Δ 的依赖性（Hepple，1994)。

联系不同子结构层面的进一步规则是交互规则：

**规则 10.27**（交互规则）

$$\frac{\Gamma[(B,(C,D)^{\circ_i})^{\circ_j}]\Rightarrow A}{\Gamma[((B,C)^{\circ_i},D)^{\circ_j}]\Rightarrow A}$$

就范畴语法的扩展而言,前面已经说过,添加结构模态词的做法会给分析过程造成较大的负担。基于添加模态词的方法进行扩展可使人们以较强的逻辑系统为出发点,从而使得前提的敏感性降低,在分析自然语言时,往往不符合人们的直觉。对于混合系统来说,这个问题可以有效地得到避免,混合逻辑系统允许我们自由选择强弱度不同的系统来构造混合的逻辑。反映到自然语言的分析过程中,混合的逻辑系统使得我们可以构建丰富的词库,为词条编码足够多的运算信息,降低了逻辑系统本身的复杂程度。在具有普遍意义的基本运算规则的基础上,通过少量词条编码的微调就可以达到"大词库,小规则"的普遍语法目的。

### 10.5.3 在 CTL 框架内模拟多模态 CCG

前面已经提到,多模态 CCG 的四个模态算子对应于范畴类型逻辑的四个系统,也就是说,实际上多模态 CCG 的每条规则都对应于一条范畴类型逻辑的结构公设,这些结构公设为多模态 CCG 添加的模态提供了充足的逻辑理据。

#### 10.5.3.1 多模态 CCG 的组合规则和 CTL 的结构公设

前面已经给出了多模态 CCG 的一些较为普遍的规则,现在系统地给出多模态 CCG 的规则及其相应的范畴类型逻辑 CTL 的结构公设,略去语义。

**规则 10.28**(多模态 CCG 的组合规则)

(a) 向前函项应用(>)

$X/_\star Y \quad Y \Rightarrow X$。

(b) 向后函项应用(<)

$Y \quad X\backslash_\star Y \Rightarrow X$。

(c) 向前类型提升(>**T**)

$X \Rightarrow_T Y/_i(Y\backslash_i X) \quad$ 其中,$i \in$ MMCCG。

(d) 向后类型提升(<**T**)

$X \Rightarrow_T Y\backslash_i(Y/_i X) \quad$ 其中,$i \in$ MMCCG。

(e) 向前同向复合(>**B**)

$X/_\diamond Y \quad Y/_\diamond Z \Rightarrow_B \quad X/_\diamond Z$。

(f) 向后同向复合(< **B**)

$Y\backslash_\diamond Z \quad X\backslash_\diamond Y \Rightarrow_B \quad X\backslash_\diamond Z$。

(g) 向前交叉复合

$X/_\times Y \quad Y\backslash_\times Z \Rightarrow_B \quad X\backslash_\times Z \quad (>\mathbf{B}_\times)$;

$X/_\times Y \quad Y\backslash_{\lhd\!\lhd} Z_{+\text{ANT}} \Rightarrow_{\mathbf{B}} \quad X\backslash_{\lhd\!\lhd} Z_{+\text{ANT}}$ 其中，＋ANT 表示先行词受限
（$>\mathbf{B}_\times{}^{\text{ANT}}$）；

$X/_{\lhd\!\lhd} Y \quad Y\backslash_{\lhd\!\lhd} Z \Rightarrow_{\mathbf{B}} \quad X\backslash_\times Z_{+\text{ANT}}$ 其中，＋ANT 表示先行词受限（$>\mathbf{B}_\times{}^{\text{ANT}}$）；

$X/_{\lhd\!\lhd} Y \quad Y\backslash_{\lhd\!\lhd} Z_{+\text{ANT}} \Rightarrow_{\mathbf{B}} \quad X\backslash_{\lhd\!\lhd} Z_{+\text{ANT}}$ 其中，＋ANT 表示先行词受限
（$>\mathbf{B}_\times{}^{\text{ANT}}$）。

(h) 向后交叉复合

$Y/_\times Z \quad X\backslash_\times Y \Rightarrow_{\mathbf{B}} \quad X\backslash_\times Z$ （$<\mathbf{B}_\times$）；

$Y/_\times Z_{+\text{ANT}} \quad X\backslash_{\lhd\!\lhd} Y \Rightarrow_{\mathbf{B}} \quad X/_\times Z_{+\text{ANT}}$ 其中，＋ANT 表示先行词受限
（$>\mathbf{B}_\times{}^{\text{ANT}}$）；

$Y/_{\lhd\!\lhd} Z_{+\text{ANT}} \quad X\backslash_\times Y \Rightarrow_{\mathbf{B}} \quad X\backslash_\times Z_{+\text{ANT}}$ 其中，＋ANT 表示先行词受限
（$>\mathbf{B}_\times{}^{\text{ANT}}$）；

$Y/_{\lhd\!\lhd} Z_{+\text{ANT}} \quad X\backslash_{\lhd\!\lhd} Y \Rightarrow_{\mathbf{B}} \quad X\backslash_{\lhd\!\lhd} Z_{+\text{ANT}}$ 其中，＋ANT 表示先行词受限
（$>\mathbf{B}_\times{}^{\text{ANT}}$）。

(i) 向前的同向置换

$(X/_\diamond Y)/_\diamond Z \quad Y/_\diamond Z \Rightarrow_{\mathbf{S}} \quad X/_\diamond Z$ （$>S$）。

(j) 向后的同向置换

$(X\backslash_\diamond Y)\backslash_\diamond Z \quad Y\backslash_\diamond Z \Rightarrow_{\mathbf{S}} \quad X\backslash_\diamond Z$ （$<S$）。

(k) 向前的交叉置换

$(X/_\times Y)\backslash_\times Z \quad Y\backslash_\times Z \Rightarrow_{\mathbf{S}} \quad X\backslash_\times Z$ （$>S_\times$）。

(l) 向后的交叉置换

$Y/_\times Z (X\backslash_\times Y)/_\times Z \Rightarrow_{\mathbf{S}} \quad X\backslash_\times Z$ （$>S_\times$）。

我们能够在范畴类型逻辑 CTL 中为多模态 CCG 的上述规则配备相应的结构规则。范畴类型逻辑与多模态 CCG 之间的主要差异在于：如果向范畴类型逻辑中添加结构公设以得到刻画多模态 CCG 中某个模态算子所具有的推演能力，那么得到的无疑是一个新的兰贝克演算。也就是说，针对一个多模态 CCG 的模态算子构建的范畴类型逻辑系统就是一个新的兰贝克演算。多模态 CCG 具有的所有规则，对应到范畴类型逻辑中不同的结构公设，可以表现为多个不同的范畴类型逻辑系统，但是，这些系统也可以通过一定的手段，合并成为一个混合系统。

在范畴类型逻辑 CTL 中，相应于多模态 CCG 的结构公设如下：

**结构公设 10.2**（结合的结构公设）

（a）右结合 RA

$$\frac{(\Delta a \cdot {}_\Diamond(\Delta b \cdot {}_\Diamond \Delta c)) \vdash X}{((\Delta a \cdot {}_\Diamond \Delta b) \cdot {}_\Diamond \Delta c) \vdash X}$$

（b）左结合 LA

$$\frac{((\Delta a \cdot {}_\Diamond \Delta b) \cdot {}_\Diamond \Delta c) \vdash X}{(\Delta a \cdot {}_\Diamond(\Delta b \cdot {}_\Diamond \Delta c)) \vdash X}$$

这一结构公设取消了范畴类型逻辑 CTL 中结合的方向性限制，有助于区分自然语言中一类被称为"伪歧义"①的现象，语言的结合运算不必受到结合方向的困扰。除上述规则外，还有处理交叉复合及其与先行词受限有关的结构公设：

**结构公设 10.3**（交叉的复合结构公设）

（a）左交换 LP

$$\frac{(\Delta_a \cdot_\gg (\Delta_b \cdot_\ll \Delta_c)) \vdash X}{(\Delta_b \cdot_\ll (\Delta_a \cdot_\gg \Delta_c)) \vdash X}$$

Ⅰ型先行词受限的左交换 AGLP-Ⅰ

$$\frac{(\Delta_a \cdot_\gg(\langle \Delta_b \rangle^{\text{ANT}} \cdot_\gg \Delta_c)) \vdash X}{(\langle \Delta_b \rangle^{\text{ANT}} \cdot_\gg(\Delta_a \cdot_\gg \Delta_c)) \vdash X}$$

Ⅱ型先行词受限的左交换 AGLP-Ⅱ

$$\frac{(\Delta_a \cdot_\ll(\langle \Delta_b \rangle^{\text{ANT}} \cdot_\gg \Delta_c)) \vdash X}{(\langle \Delta_b \rangle^{\text{ANT}} \cdot_\gg(\Delta_a \cdot_\ll \Delta_c)) \vdash X}$$

Ⅲ型先行词受限的左交换 AGLP-Ⅲ

$$\frac{(\Delta_a \cdot_\ll(\langle \Delta_b \rangle^{\text{ANT}} \cdot_\ll \Delta_c)) \vdash X}{(\langle \Delta_b \rangle^{\text{ANT}} \cdot_\ll(\Delta_a \cdot_\ll \Delta_c)) \vdash X}$$

（b）右交换 RP

$$\frac{((\Delta_a \cdot_\gg \Delta_h) \cdot_\ll \Delta_c) \vdash X}{((\Delta_a \cdot_\ll \Delta_c) \cdot_\gg \Delta_b) \vdash X}$$

Ⅰ型先行词受限的右交换 AGRP-Ⅰ

$$\frac{((\Delta_a \cdot_\gg \langle \Delta_b \rangle^{\text{ANT}}) \cdot_\gg \Delta_c) \vdash X}{((\Delta_a \cdot_\gg \Delta_c) \cdot_\gg \langle \Delta_b \rangle^{\text{ANT}}) \vdash X}$$

---

① "伪歧义"，也就是说，这种歧义不是真正意义上导致语义理解出现困难的歧义。比如 John read the book 作范畴分析，则该句既可以分析为 [John [read the book]]，也可以分析为 [ [John read] the book]，二者语义上并无差异，但对于通常的自然语言语法来说，不同的结构分析就会被视为结构上的歧义。而在这里，两种结合方式得到相同的运算结果，并非真正的歧义，因为从逻辑角度看，范畴语法承认结合律。所以这种现象在范畴语法的系统中被称为伪歧义。

Ⅱ型先行词受限的右交换 AGRP-Ⅱ

$$\frac{((\Delta_a \bullet_{\lhd\!\lhd} \langle \Delta_b \rangle^{\mathrm{ANT}}) \bullet_{\lhd\!\rhd} \Delta_c) \vdash X}{((\Delta_a \bullet_{\lhd\!\rhd} \Delta_c) \bullet_{\lhd\!\lhd} \langle \Delta_b \rangle^{\mathrm{ANT}}) \vdash X}$$

Ⅲ型先行词受限的左交换 AGRP-Ⅲ

$$\frac{((\Delta_a \bullet_{\lhd\!\lhd} \Delta_c) \bullet_{\lhd\!\lhd} \langle \Delta_b \rangle^{\mathrm{ANT}}) \vdash X}{((\Delta_a \bullet_{\lhd\!\lhd} \Delta_c) \bullet_{\lhd\!\lhd} \langle \Delta_b \rangle^{\mathrm{ANT}}) \vdash X}$$

**结构公设 10.4**（置换的结构公设）

（a）右置换 RS

$$\frac{(\Delta_a \bullet_{\diamond} \Delta_c) \bullet_{\diamond} (\Delta_b \bullet_{\diamond} \Delta_c)) \vdash X}{((\Delta_a \bullet_{\diamond} \Delta_b) \bullet_{\diamond} \Delta_c) \vdash X}$$

（b）左置换 LS

$$\frac{(\Delta_a \bullet_{\diamond} \Delta_b) \bullet_{\diamond} (\Delta_a \bullet_{\diamond} \Delta_c)) \vdash X}{(\Delta_a \bullet_{\diamond} (\Delta_b \bullet_{\diamond} \Delta_c)) \vdash X}$$

此外，范畴类型逻辑的结构公设还包括向右的交叉置换公设和向左的交叉置换公设，分别相应于多模态 CCG 的向前和向后交叉置换规则：

**结构公设 10.5**　（交叉置换结构公设）

（a）向右的交叉置换 RCS

$$\frac{(\Delta_a \bullet_{\lhd\!\rhd} \Delta_c) \bullet_{\lhd\!\lhd} (\Delta_b \bullet_{\lhd\!\rhd} \Delta_c)) \vdash X}{((\Delta_a \bullet_{\lhd\!\lhd} \Delta_b) \bullet_{\lhd\!\rhd} \Delta_c) \vdash X}$$

（b）向左的交叉置换 LCS

$$\frac{(\Delta_a \bullet_{\lhd\!\lhd} \Delta_b) \bullet_{\lhd\!\rhd} (\Delta_a \bullet_{\lhd\!\lhd} \Delta_c)) \vdash X}{(\Delta_a \bullet_{\lhd\!\lhd} (\Delta_b \bullet_{\lhd\!\rhd} \Delta_c)) \vdash X}$$

除去上述结构规则外，如果想要使得范畴类型逻辑具有与多模态 CCG 同样灵活的生成能力，还需要为范畴类型逻辑 CTL 的系统添加允许结构之间产生联系的规则，从而使得不同系统之间具有层级关系，黑普（Hepple，1995）为强弱不同的模态关系构建了关联规则，构造出一种混合的范畴语法系统，从而使得这一新的范畴类型逻辑具备了子结构逻辑的显著特征。在范畴类型逻辑系统中，可以添加如下关联规则，用以表示 ▷ 既可结合又可交换的特征：

**结构公设 10.6**（关联结构公设）

（a）可结合的关联

$$\frac{(\Delta_a \bullet_{\rhd} \Delta_b) \vdash X}{(\Delta_a \bullet_{\diamond} \Delta_b) \vdash X}$$

（b）可交换的关联

$$\frac{(\Delta_a \bullet_{\triangleright} \Delta_b) \vdash X}{(\Delta_a \bullet_{\diamondsuit} \Delta_b) \vdash X}$$

由此得到的范畴类型系统成为一种混合的范畴类型系统（hybrid categorial type logic，HCTL）。但是，关联规则尽管能够在一定程度上模拟多模态 CCG 的算子之间所具有的层级联系，却也存在一定问题。关联规则一旦在推演过程中被使用，那么得到的模态系统就要么是结合的，要么是交换的，二者不能兼得。例如，如果在推演过程中对范畴 $x/y$ 和 $y/z$ 使用右结合规则，那么得到的需为 $x/_{\diamondsuit}z$ 而不能是 $x/z$，一个简单的解决办法就是通过进一步添加结构公设的做法对右结合规则进行更加细致的刻画，使得算子 $\triangleright$ 与 $\diamondsuit$ 之间的关系更加精细。

### 10.5.3.2　CTL 对多模态 CCG 的模拟

前面给出的模态词层级并不是一般意义上的范畴类型逻辑系统所使用的，但是，毫无疑问，层级图所表示的模态算子在多模态 CCG 中的作用都可以通过相应的结构公设在范畴类型逻辑的一般体系中得到实现。就范畴语法的整体而言，多模态 CCG 将四个模态算子并入一个演算系统；而混合范畴类型逻辑 HCTL 则是经由添加不同的结构公设，形成不同的兰贝克演算系统，而后可以通过关联公设，将不同的系统联系起来。二者之间做法的不同体现了它们作为范畴语法的两个主要分支，研究的侧重点和目的的不同。范畴类型逻辑 CTL 以语言分析为出发点，侧重逻辑系统的抽象；多模态 CCG 则以语言分析为目的，侧重普遍语法的构建，在范畴类型逻辑的扩展系统 HCTL 中，可以实现对多模态 CCG 的模拟。

10.5.3.1 小节主要从逻辑系统方面说明了混合范畴类型逻辑 HCTL 的结构公设与多模态 CCG 的模态算子组合规则之间具有对应关系。本节则从语言分析的角度，给出使用 HCTL 系统进行语法分析的过程，鲍德里奇（Baldridge，2002a）曾在 HCTL 系统中对多模态 CCG 进行了尝试性的模拟。

在推演中，HCTL 往往看起来更为复杂，多模态 CCG 的一条组合规则，往往需要数步 HCTL 的证明，其中多涉及范畴类型逻辑推演中的假言推理、消去规则、引入规则等等。可证明，多模态 CCG 的同向复合规则是 HCTL 的定理（图（3.）10.39 和图（3.）10.40）。

$$\frac{\Gamma \vdash X/_{\diamondsuit}Y \qquad \dfrac{\Delta \vdash Y/_{\diamondsuit}Z \quad [z_1 \vdash Z]^1}{(\Delta o_{\diamondsuit}z_1) \vdash Y}{\small [/_{\diamondsuit}E]}}{\dfrac{\dfrac{(\Gamma o_{\diamondsuit}(\Delta o_{\diamondsuit}z_1)) \vdash X}{((\Gamma o_{\diamondsuit}\Delta)o_{\diamondsuit}z_1) \vdash X}{\small [RA]}}{(\Gamma o_{\diamondsuit}\Delta) \vdash X/_{\diamondsuit}Z}{\small [/_{\diamondsuit}I]^1}} {\small [/_{\diamondsuit}E]}$$

图（3.）10.39　MMCCG 的复合规则 >**B** 与 HCTL 的结构规则 *RA* 的对应性证明

$$\cfrac{\cfrac{[z_1 \vdash Z]^1 \qquad \Delta \vdash Y\backslash_\diamond Z}{(z_1 o_\diamond \Delta) \vdash Y}[\backslash_\diamond E] \qquad \Gamma \vdash X\backslash_\diamond Y}{\cfrac{\cfrac{((z_1 o_\diamond \Delta)o_\diamond \Gamma) \vdash X}{(z_1 o_\diamond (\Delta o_\diamond \Gamma)) \vdash X}[LA]}{(\Delta o_\diamond \Gamma) \vdash X\backslash_\diamond Z}[\backslash_\diamond I]^1}[\backslash_\diamond E]$$

图（3.）10.40  MMCCG 的复合规则<**B** 与 HCTL 的结构规则 *LA* 的对应性证明

还可以证明，多模态 CCG 的交叉复合规则是 HCTL 的定理（图（3.）10.41 和图（3.）10.42）。

$$\cfrac{\cfrac{\Delta \vdash Y/_\times Z \qquad [z_1 \vdash Z]^1}{(\Delta o_\times z_1) \vdash Y}[/_\times E] \qquad \Gamma \vdash X\backslash_\times Y}{\cfrac{\cfrac{((\Delta o_\times z_1)o_\times \Gamma) \vdash X}{((\Delta o_\times \Gamma)o_\times z_1) \vdash X}[RP]}{((\Delta o_\times \Gamma) \vdash X/_\times Z}[/_\times I]^1}[_\times\backslash E]$$

图（3.）10.41  MMCCG 的复合规则>**B**× 与 HCTL 的结构规则 *RP* 的对应性证明

$$\cfrac{\Gamma \vdash X/_\times Y \qquad \cfrac{[z_1 \vdash Z]^1 \quad \Delta \vdash Y\backslash_\times Z}{(z_1 o_\times \Delta) \vdash Y}[\backslash_\times E]}{\cfrac{\cfrac{(\Gamma o_\times (z_1 o_\times \Delta)) \vdash X}{(z_1 o_\times (\Gamma o_\times \Delta)) \vdash X}[LP]}{(\Gamma o_\times \Delta) \vdash X\backslash Z}[/_\times I]^1}[/_\times E]$$

图（3.）10.42  MMCCG 的复合规则<**B**× 与 HCTL 的结构规则 *LP* 的对应性证明

这些证明展示了 HCTL 与多模态 CCG 之间的内在联系。

以自然语言为例，想要刻画 will come 这一情态词与动词结合得到的范畴仍与动词本身的范畴相同，在多模态 CCG 中可以分析见图（3.）10.43。

$$\cfrac{\cfrac{\text{will}}{(s_m\backslash np)/(s_n\backslash np)} \qquad \cfrac{\text{come}}{(s_n\backslash np)/np}}{(s_m\backslash np)/np}>\mathbf{B}$$

图（3.）10.43  多模态 CCG 对自然语言的分析

而在 HCTL 中的分析则繁杂得多，见图（3.）10.44。

$$\cfrac{\text{will} \vdash (s\backslash_1 np)/_1(s\backslash_1 np) \quad \cfrac{\text{come} \vdash (s\backslash_1 np)/_1 np \quad [x_1 \vdash np]}{\text{come} \cdot_1 x_1 \vdash s\backslash_1 np}[/_1 E]}{\cfrac{\cfrac{\text{will} \cdot_1 (\text{come} \cdot_1 x_1) \vdash s\backslash_1 np}{(\text{will} \cdot_1 \text{come}) \cdot_1 x_1 \vdash s\backslash_1 np}[RA]}{\text{will} \cdot 1\text{come} \vdash (s\backslash_1 np)/_1 np}[/I]}[/_1 E]$$

图（3.）10.44  HCTL 对自然语言的分析

通过比较可以看出，HCTL 着眼逻辑系统本身特征的考察，因此更为注意推理过程的完整和理据。通过不同语法组合方式所具有的不同逻辑推理过程，可以得到不同的混合范畴类型逻辑的推理系统，从而对语法中的结合运算与交换运算进行刻画，而这些不同的推理系统通过特定的关联公设，又能够建立起一种联系，从而使得范畴类型逻辑这一基于规则的范畴语法分支也体现出相当程度的前提敏感特征。在处理灵活而纷杂的自然语言现象时，这种混合范畴类型逻辑系统具有很大的优势：一方面，它具有组合范畴语法系统“大词库”的优势；另一方面，还可以对逻辑系统本身进行相关元性质的讨论，为语言分析提供确实的理据。

在对自然语言进行分析时，前提敏感的逻辑系统能够对语料进行更精确细致的区分和组合。与传统的语法理论不同，多模态 CCG 与混合范畴类型逻辑 HCTL 对于自然语言中的特定现象采取的应对措施不是列举或者个别规定这种在一定程度上破坏规则体系的做法，而是将限制生成与保证生成的决定权赋予了词库。词库在理论体系中占据重要的一隅是前提敏感的逻辑系统突出的特点，这种特点保证了语言的分析在语料输入阶段就已经得到较多限制，从而使得规则系统不必过多地被修改，具有普遍语法的特征，满足目前信息时代计算机处理大规模真实文本的要求。

第 12 章～第 15 章将把理论与实际结合起来，对汉语的现象进行分析，通过对汉语特定语言结构的考察，一方面尝试将逻辑理论与语言分析结合起来，从逻辑与语言相结合的视角发掘语言现象中的规律；另一方面，也尝试对逻辑理论做出改进，以期更加符合自然语言分析的需要。

# 11

## CCG 的计算语言学价值与 CCG 树库

## 11.1　CCG 的计算语言学价值

伴随着各种范畴语法形式化的进步，范畴语法的计算应用也有相当大的发展。范畴语法在这些方面的成功很大程度上基于它的高度词汇化和语义透明性。

像许多其他适合计算的框架一样，存在适宜做检测分析的语法发展环境。格瑞系统（Grail system）允许定义且检测 CTL 结构规则包和词库（Moot，2002）；开 CCG 系统支持（多模态）CCG 语法的发展，并且执行语句的分析和实现；它还应用于大范围的对话系统中。CCG 计算运用上的一个主要发展是构造 CCG 树库（Hockenmaier，Steedman，2007），CCG 树库允许创造快而准确的统计型 CCG 分析程序，并通过这样的分析程序生成深层的依存关系（Clark，Curran，2007）。范畴语法的一个关键特征是词汇范畴为整个句法分析提供了大量信息，克拉克等（Clark，Curran，2007）的 C&C CCG 分析程序应用了这个特征，并因此成为速度最快的生成深层依存关系的大范围统计分析程序之一：在语法分析前用一个快速的超级标记器给词汇指派范畴，从而大大减少了在分析中必须考虑的结构歧义性（Clark，Curran，2007）。使用 CCG 树库的其他方式包括：引导一个语法使用开 CCG 树库（Espinosa，et al.，2008）；使用从 CCG 树库获得的超集标记器来提升统计型的机器翻译系统（Hassan，et al.，2007）。

不像 CCG，CTL 在计算应用中作用不大，主要是由于在处理完全逻辑提供的选择时面临着重要挑战，具有代表性的是：与 CCG 的有穷规则集比起来，它允许使用更多的方法给符号串加括号。

上面提到的工作假定我们已经定义了一个语法，或者在某个语法发展情景中明确地加以定义，或者在某个语料库的句子推导中隐含地加以定义。我们能否从信息较少的起点中学到语法范畴是一个有意思的问题。比利亚维森西奥（A. Villavicencio）（Villavicencio，2002）构建了一个基于规则的 CG 词库，这个 CG 语法旨在用于处理以逻辑形式注释的儿童语言。策托莫伊尔 (L. Zettlemoyer) 等 (Zettlemoyer, et al., 2007) 是该方向的另一个最近发展：一个 CCG 分析程序可从标注有逻辑形式的语句中导出；给出了一个标注有抽象的逻辑形式的范畴图示集合，据此可以得到从单词到合适的范畴和语义的映射。

范畴语法具有一个长而间断的历史，把最后 30 年的历史连接起来则提供了自然语言语法的唯一视角。不仅有与组合逻辑与语料敏感的线性逻辑的联系，而且有与范畴理论的联系。CTL 继续探索可以应用于语言学的新构造子，探索它们的逻辑和数学性质；组合范畴语法仍然集中在实际运用，以及集中在从 CCG 树库这样的带标记的资源中和从使用机器学习方法的文本中获得语法。因为这两个传统之间具有内在联系，很容易把一个传统中的创新转换到另一个传统中。随着范畴语法在形式上的发展、计算上的进步及其在语言现象中的应用，通过把标准语言学研究应用于具体语言和结构，以及在文本上或在机器人这样的交际主体内使用机器学习方法作为获得语法的基础，我们对自然语言语法的理解进一步深化。

## 11.2　英语 CCG 树库①

### 11.2.1　英语 CCG 树库概述

英语 CCG 树库是宾州华尔街日报树库的一个版本，由宾州华尔街日报树库的标准树映射到组合范畴语法的标准形式推演而产生。开发 CCG 树库旨在获得一个提取 CCG 语法（特别是覆盖面广的 CCG 词库）和统计型的中心语依存关系模型的资源库，将其应用于一系列基于 CCG 的分析程序之中。CCG 树库的使用旨在提供更加精确且覆盖面广的分析程序，此程序可以构造解释结构（标准的上下文无关树库语法通常不能做到），这些解释结构可应用于问答和总结等应用程序。可用一个常规的方式把 CCG 范畴映射到其他形式化的词汇主义语法系统的词汇范畴类型上，如词汇化的树嫁接语法的初等树、中心语驱动的短语结构语法和词汇功能语法的符号等。因此，与初始树库相比，把 CCG 树库转换成在语法提取和分析程序发展中使用的其他形式语法框架更便利。特别地，为了提取 CCG 语法和词库，解决好原始树库中的许多不一致性和较小错误是必要

---

① 本节主要参考 (Hockenmaier J, et al., 2005)。

的。因此，用语言学的术语来说，CCG 树库是一个改良过的资源库。

在 CCG 中，一个标准形式推演可以非形式地表述成这样的一个推演：仅当没有复合和类型提升组合规则就不可获得由它们生成的解读时方使用这两个规则。对于许多语句来说，这样的标准形式推演在结构上与标准的树库树同构。然而，一些语句，尤其是那些涉及话题化、关系化和在并列组合下的各类简略语句具有非标准树，有时是很不标准的，因为 CCG 不使用经典的移位和删除规则进行运算。在双宾语动词、宾语控制动词和"特殊格标记"中，补语"小句"分析被更加表面的"宾语 XP"分析所取代。因为这些结构中的主语可被提取，这使它们不像真正的主语，假定小句存在会导致词库规模扩大。

CCG 树库是一个典范的 CCG 推演语料库，该语料库经由一个自动翻译程序从宾州树库转换而来，由之可以得到一个准确的且覆盖面广的 CCG 分析程序。由这个分析程序不仅仅可以得到句法推演，还可以获得表现底层谓词-论元结构的词-词依存关系，这一点与覆盖面广的宾州树库分析程序不同。尽管这些谓词-论元结构仅仅近似于语义解释，但是它们对问-答和摘要这些任务很有用，因为 CCG 具有一个透明的句法-语义接口，故 CCG 可可看作构造带语义解释的树库的第一步。巴斯（J. Bos）(Bos, 2005) 证明了在 CCG 树库上训练的分析程序的输出可以成功地翻译成坎普的话语表征理论结构（Kamp, Reyle, 1993）。

句法注释的语料库可以自动翻译成不同的语法系统（如 CCG、TAG、HPSG 或 LFG) 基于一个假设：作为初始注释基础的分析可以直接对应目标系统中的合理分析。仅当在初始语料库中用类似方式处理的所有结构在目标系统中也可以用类似的方式加以处理，这个假设方可成立。夏飞（Xia, 1999）表明这样的对应在大多数情况下成立。尽管当前宾州树库分析程序的输出在语言学上是贫乏的，但是宾州树库注释本身在语言学上不是贫乏的，恰好是其他分析程序忽略的零元素和功能标记呈现的额外信息使得 CCG 树库的创造成为可能。

然而，把宾州树库树翻译成 CCG 推演树仍然存在很多障碍。

平坦的名词短语结构是其中之一：尽管引入一个独立的名词层面是可能的，复合名词仍然有一个平坦的内部结构，这在语义上是不合意的，并且导致 CCG 假定了一个严格的右分支分析（常常是不正确的）。树库标记也使得同位语很难与名词短语区分开来。另外，名词后修饰成分总是毗连 NP 层面，从语义学视角来看，这也是不合意的。

在动词短语层面，存在其他问题。如，所获得的 CCG 词库对于短语动词没有一个准确的分析；补语和辅助成分也很难区分，特别是用 CLR-tag 标记的成分，这样的成分在语料库中的用法很不一致。金耶（A. Kinyon）等（Kinyon, et al.，2002）描述了一个探试程序集，用之区分补语和辅助成分。CCG 树库的未来版本可能利用隐含在宾州树库语义功能标记中的补语-辅助成分的区别，目前正在命题库项目中开发宾州树库语义功能标记（Palmer，et al.，2005）。

还有一些结构，如语缺，宾州树库和 CCG 分析之间的对应性不成立。这些结构变化大，但是很少，使得手工注释更适合于对它们的分析。还如片段和多词表达式等语言现象，CCG 树库缺乏充分的句法分析。

CCG 树库是构造带逻辑形式的语料库的第一步。然而，为获得合理的句法推演，需要做更多的工作。比如，生成解释和谓词-论元结构的方法是有瑕疵的，因为它假定相同的句法范畴使用相同的共指机制表征谓词与论元之间的依存关系。这显然是不正确的，比如，主语控制动词和宾语控制动词虽具有相同的句法范畴，但是具有不同的谓词-论元关系，将来的研究应该解决这个问题。尽管有这些缺点，隐含在 CCG 树库中的语法覆盖了范围广泛的句法和语义现象，CCG 树库是一个宝贵的资源库，它具有广泛的用途。

特别指出，遵循 CCG 树库的原貌，用大写英文字母书写范畴。

### 11. 2. 2　CCG 的非组合规则

CCG 的规则包括组合规则和非组合规则，其组合规则前面已经给出，这里只给出非组合规则：

**规则 11. 1**（针对并列关系的非组合规则）

(a)　conj　X⇒X[conj]；

(b)　,　X⇒X[conj]；

(c)　X　X[conj]⇒X。

**规则 11. 2**（针对谓词的一元类型改变规则）

(a)　S[dcl]/NP⇒NP\NP；

(b)　S[pass]/NP⇒NP\NP；

(c)　S[pss]\NP⇒NP\NP；

(d)　S[adj]\NP⇒NP\NP；

(e)　S[ng]\NP⇒NP\NP；

(f)　S[ng]\NP⇒(S\NP)\(S\NP)。

这些规则适用于谓词做辅助成分的情况，即一个补语范畴转变成一个辅助成分范畴。

规则 **11.3**（针对名词的一元类型改变规则）

N⇒NP

规则 **11.4**（针对 NP 的二元类型改变规则）

（a）NP,⇒S/S；

（b）,NP⇒S\S；

（c）,NP⇒(S\NP)\(S\NP)。

只要有一个无函项标记（如-TMP）的 NP 辅助成分出现在语句或动词短语的外围，并且前或后紧接一个逗号，就要使用这些规则。这些规则仅仅处理同位语与逗号毗连的情况。

规则 **11.5**（非标准规则）

conj $N$⇒$N$

规则 **11.6**（对 UCP（unlike coordinate phrase）的并列组合规则）

conj　$Y$⇒$X$[conj]

规则 **11.7**（处理缺空的特殊的并列组合规则）

$S$　conj　$S$\$X$⇒$S$

## 11.2.3　英文 CCG 树库的构建

宾州树库是目前可以得到的用手工进行句法标注的最大的英语语料库，并被用作英语统计分析的标准考试材料和培训材料。本部分描述如何把一个宾州树库树翻译成标准形式的 CCG 推演树，最后的语料库（CCG 树库）可用来检测和训练统计分析程序。从这个语料库（CCG 树库）可得到一个大的 CCG 词库，该词库可应用于任意的 CCG 分析程序。CCG 推演还有一个对应的语义解释，因此，构造 CCG 推演的语料库可视为构造带逻辑形式的语料库的第一步。

### 11.2.3.1　宾州树库和基本算法

宾州树库的华尔街日报子语料库包含 1989 年收集的被解析和标注的华尔街杂志文本中的 100 万个单词。树库标记把成分放入括号中，使用一个标签指明词类或句法范畴。例如图（3.）11.1。

```
(S(PP-TMP(IN In)
        (NP(DT the)(NN past)(NN decade)))
    (,,)
    (NP-SBJ(JJ Japanese)(NNS manufacturers))
    (VP(VBD concentrated)
        (PP-CLR(IN on)
            (NP(NP(JJ domestics)(NN production))
                (PP(IN for)
                    (NP(NN export)))))))
    (..))
```

图（3.）11.1　宾州树库树例示

在下面的例子中将会省略词类和其他不相关的细节。

除了某些困难的情况之外，比如介词短语，设计树库标记使得补语和辅助成分一般地可以区分出来。然而，补语和辅助成分的区别不一定总是明确地标记出来。CCG 树库使用探试程序进行区别，该探试程序依赖于一个节点及其母节点的标记。把宾州树库翻译成 CCG 推演的基本算法包含三步，每一步都是一个由上到下的递归程序，并且这个算法假定原来的成分分析与期望的 CCG 分析相合。

**算法 11.1**　foreach tree $\tau$

　　　　determineConstituentType($\tau$)

　　　　makeBinary($\tau$)

　　　　assignCategories($\tau$)

首先使用探试程序确定每个节点的成分类型（中心语（h）、补语（c）、辅助成分（a））（图（3.）11.2）。

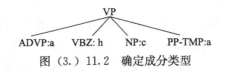

图（3.）11.2　确定成分类型

然后把平坦树转换成二叉树（图（3.）11.3）。

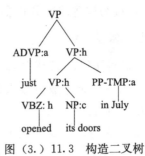

图（3.）11.3　构造二叉树

这个二叉化过程就是在树中插入虚设的节点使得中心语左边的所有孩子以一个右分支树的形式岔开，然后使得中心语右边的所有孩子以一个左分支树的形式岔开（图（3.）11.4）。

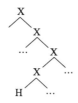

图（3.）11.4 二叉化解析

最后用下列方式把范畴指派给一棵二元树的节点：

**根节点** 每棵树以一个标记为 TOP 的节点为根。这个节点有一个子节点，其范畴由该树根节点的树库标记确定，例如，{S SINV,SQ}→S,{VP}→S\NP。

**补语节点** 一个补语子节点的范畴由一个从树库标记到范畴的拟映射定义。

**辅助成分节点** 已知一个母节点范畴 $X$，如果一个辅助成分子节点是左边的子节点，那么该辅助成分子节点的范畴为 $X'/X'$；如果一个辅助成分子节点是右边的子节点，那么该辅助成分子节点的范畴为 $X'\backslash X'$。

**标点符号** 一般说来，一个标点符号的范畴就是指派给标点符号的词类（part of speech，POS）标签。

**中心语节点** 如果非中心语子节点是一个辅助成分或者标点符号，且母节点范畴为 $X$，那么中心语子节点的范畴也为 $X$。如果非中心语子节点是一个范畴为 $Y$ 的补语，母节点范畴为 $X$，且中心语子节点在非中心语子节点的左边，那么中心语子节点的范畴为 $X/Y$；如果中心语子节点在非中心语子节点的右边，那么中心语子节点的范畴为 $X\backslash Y$（图（3.）11.5）。

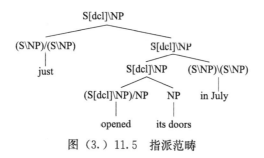

图（3.）11.5 指派范畴

### 11.2.3.2 CCGbank 中的原子范畴和特征

假定原子范畴为 S、NP、N 和 PP，使用特征区分断定句（S [dcl]）、wh

疑问句（S［wq］）、是否疑问句（S［q］）、嵌入断定句（S［emb］）和嵌入问句
（S［qem］）。也区分了不同类型的动词短语（S\NP），比如光杆不定式、to 不定
式、一般过去式中的过去分词、现在分词、被动动词短语中的过去分词。这个
信息作为原子特征编码在范畴上，比如，S［pass］\NP 表示被动动词短语 VP 的
范畴，S［dcl］是断定句的范畴，谓述形容词具有范畴 S［adj］\NP。

**语句特征 11.1**

(a) S［dcl］:表示断定句；

(b) S［wq］:表示 wh 疑问句；

(c) S［q］:表示是否疑问句(Does he leave?)；

(d) S［qem］:表示嵌入问句(worry［whether he left］)；

(e) S［emb］:表示嵌入断定句(he says［that he left］)；

(f) S［bem］:表示虚拟语气中的嵌入句(I demand［that he leave］)；

(g) S［b］:表示虚拟语气中的语句(I demand that［he leave］)；

(h) S［frg］:表示从树库标记 FRAG 推出的语句片段；

(i) S［for］:表示由 for 引导的小子句(［for x to do sth］)；

(j) S［intj］:表示插入成分；

(k) S［inv］:表示省略倒装((as)［does President Bush］)。

**动词短语特征 11.1**

(a) S［b］\NP:表示光杆不定式、虚拟语气形式、祈使语句形式；

(b) S［to］\NP:表示 to 不定式；

(c) S［pass］\NP:表示被动方式中的过去分词；

(d) S［pt］\NP:表示主动方式中使用的过去分词；

(e) S［ng］\NP:表示现在分词；

(f) S［adj］\NP:表示性质形容词短语。

这些特征的主要目的是指定子范畴信息—例如动词 doubt 取嵌入断定句
(doubt that) 和嵌入问句 (doubt whether) 为论元，而 think 仅仅取嵌入断定句
为论元。补语连词取一个断定句为论元，得到一个嵌入断定句：that ⊢
S［dcl］/S［emb］。这些特征被看成是原子的，没标示完整的形态句法信息。例
如，在 to give 和 to be given 中，不定式助词 to 的范畴为 (S［to］\NP)/(S［b］\
NP)，因为它取一个光杆不定式 S［b］\NP 作论元，得到一个不定式动词短语
S［to］\NP。因为在推演中可以得到动词短语是主动还是被动的信息，不需要独

立的词条。特征［dcl］、［b］、［ng］、［pt］和［pass］可以由中心语动词的词类标签和被动语迹确定。［em］、［qem］、［q］、［frg］和［tpc］由树的非终结符标签确定。除形容词修饰语之外的辅助成分不携带特征。这个特征系统是从宾州树库的词类标签中推导而来的，故相当粗糙，例如，它没有编码动词的不同语气：虚拟语气和祈使语气都以光杆不定式动词形式出现，条件句和陈述句都以断定句的形式出现。

像 the 这样的限定词是从名词到名词短语的函项：NP[nb]/N。填补语 it 的范畴为 NP[expl]，填补语 there 的范畴为 NP [thr]。数字的范畴为 N [num]，它表示某一货币的数量（如，在 500 000 000 美元中的 500 000 000）或某月的一天（如在 10 月 30 日中的 30）。在第一种情况下，货币符号取 N [num] 为论元；在第二种情况下，月取天为论元。

对于特殊功能单词和多词表达式，有一些特征，如 S [as]，以及 at least 和 at most 中表示 least 和 most 的范畴 S [as up]\NP。

### 11.2.3.3 从宾州树库到 CCG 推演的转换

1. 基本子句结构

本小节展示如何从基本子句类型的树库注释得到相应的标准 CCG 分析，这样的子句结构包括：简单断定句、不定动词短语、分词动词短语、动名词、祈使句、被动式、支配、提升、小句、是否疑问句、倒装句、省略和片段，以倒装句为例展示如何将宾州树库树转换成 CCG 推演树。

树库把许多没有遵循英语正常模式（SVO）的结构分析成 SINV，包括动词提前、谓词提前、局部倒装、否定倒装、省略倒装、条件倒装、直接引语倒装等。

（1）动词提前。

原树库根据移位分析动词提前和谓词提前（图（3.）11.6）。

```
(SINV(VP-TPC-1(VBG Following)
              (NP the feminist and population-control lead))
      (VP(VBZ has)
         (VP  (VBN been)
              (VP  (-NONE- * T * -1)))))
      (NP-SBJ a generally bovine press)
      (.  .))
```

图（3.）11.6　动词提前语句的宾州树库树

这里标记 NP-SBJ 的名词短语实际上具有宾格形式。因此，假定 NP 是一个宾语，动词短语是主语。改变原树库树使得名词短语成为最内层动词的宾语，除去 VP 语迹（图（3.）11.7）。

```
(SINV(VP-TPC-1(VBG Following)
            (NP the feminist and population-control lead))
    (VP   (VBZ has)
          (VP   (VBN been)
                (NP a generally bovine press))
    (.   .))
```

图（3.）11.7   修改后的动词提前语句的宾州树库树

图（3.）11.8 是该语句的 CCG 推演。

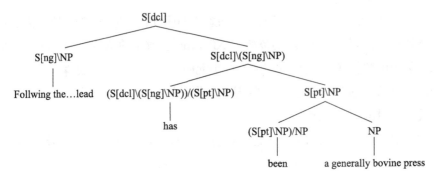

图（3.）11.8   动词提前语句的 CCG 树库树

（2）省略倒装。

某些词（如 so、than、as）取倒装的省略句为论元，所得的成分或者是一个断定句，或者是一个辅助成分。

**语句 11.1**   I attend，and so does a television crew from New York City. 如图（3.）11.9 所示。

```
(SINV   (ADVP-PRD-TPC-1   (RB  so))
        (VP   (VBZ does)
              (ADVP-PRD   (-NONE-*T*-1)))
        (NP-SBJ   a television crew from New York City))
```

图（3.）11.9   省略倒装语句的宾州树库树

树库注释是平坦的。然而，我们修改这棵树使之包括一类特殊的倒装句（图（3.）11.10）。

```
(SINV   (ADVP-PRD-TPC-1   (RB  so))
        (SINVERTED  (VP   (VBZ  does)
              (ADVP-PRD   (-NONE-*T*-1)))
        (NP-SBJ   a television crew from New York City)))
```

图（3.）11.10   修改后的省略倒装语句的宾州树库树

这个倒装的省略句由 do-形式的助词（或模态词）和紧跟其后的主语组成。在 CCG 范畴上使用一类特殊的特征［INV］把这些结构与普通的断定句区分开来（图（3.）11.11）。

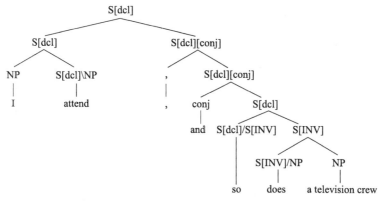

图（3.）11.11　省略倒装语句的 CCG 树库树

（3）直接引语倒装。

树库把直接引语出现在动词之前的语句分析为 SINV（图（3.）11.12）。

```
(SINV  ("  ")
       (S-TPC-1   This conforms to the 'soft landing' scenario)
       ("  ")
       (VP   (VBD   said)
             (S   (-NONE- * T *-1)))
       (NP-SBJ   Elliott Platt)
       (.   .)))
```

图（3.）11.12　直接引语倒装的宾州树库树

　　然而，这是使用直接引语动词才可能出现的词汇现象，相对应的 CCG 分析把这个词序处理成由词库决定的现象，而不是由话题化规则引起的现象（图（3.）11.13）。

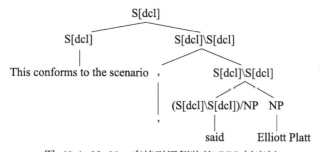

图（3.）11.13　直接引语倒装的 CCG 树库树

## 2. 基本名词短语结构

　　基本名词短语结构包括名词短语 NP、名词 N、同位语、量词短语（简称QP）、所有格等，下面仅以所有格 NP 为例展示该转换。

　　在树库中所有格 NP 有一个平坦结构，其中所有格 's 或 ' 是最后一个子节点

（图（3.）11.14）。

(NP (NP (DT the) (NN company) (POS's))
(NN return))

图（3.）11.14　所有格's结构的宾州树库树

在 CCG 中，所有格's和'被分析成从 NP 到限定词的函子。为了达到这个目的，我们插入了一个新成分 POSSDT，它由最里面的 NP 和所有格's或'组成，最后的结构如图（3.）11.15 所示。

(NP (POSSDT (NP the company)
(POS'))
(NOUN return))

图（3.）11.15　修改后的所有格's结构的宾州树库树

POSSDT 像一个普通的限定词。在 POSSDT 内部，POS 是中心语，NP 是它的论元。如图（3.）11.16 所示。

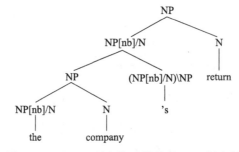

图（3.）11.16　所有格's结构的 CCG 树库树

### 3. 并列关系结构

在并列关系结构中，不止一个中心语子节点，我们需要修改翻译算法。并列关系结构被转换成严格的二元右分支树，在那样的情况中，我们假定：所有的中心语子节点具有相同的范畴，被插入的虚设节点与两个合取支具有相同的范畴，但是额外带有一个特征［conj］（图（3.）11.17）。

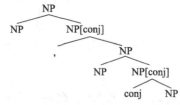

图（3.）11.17　并列关系结构的 CCG 树库树模式

因此，在 CCG 树库中，由下面的二元规则模式所刻画：

**规则 11.8**（处理并列关系的二元规则模式）

(a) conj    $X \Rightarrow X[\text{conj}]$；

(b) ,    $X \Rightarrow X[\text{conj}]$；

(c) $X$    $X[\text{conj}] \Rightarrow X$。

树库把支范畴不同类的并列结构标注为 UCP，见图（3.）11.18 和图（3.）11.19。

```
(NP  (DT  a))
    (UCP  (NN  state))
         (CC  or)
         (JJ  local)
    (NN  utility)
```

图（3.）11.18   UCP 结构的宾州树库树

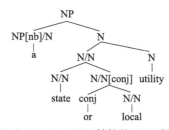

图（3.）11.19   UCP 结构的 CCG 树库树

**4. 同位语外置**

同位语名词短语可以移到语句或动词短语外面。然而，在书面英语中，同位语的前面或者后面需要一个逗号：

**语句 11.2**

(a) *No dummies*，the drivers pointed out they still had space.

(b) factory inventories fell 0.1% in September，*the first decline since February 1987*.

使用二元类型改变规则分析这些结构，这些规则仅适用同位语与逗号毗连的情况：

**规则 11.9**（处理同位语与逗号毗连的规则）

(a) NP, $\Rightarrow$ S/S；

(b) ,NP $\Rightarrow$ S\S；

(c) ,NP $\Rightarrow$ (S\NP)\(S\NP)。

树库分析通常不把名词短语和逗号放在一起，例如图（3.）11.20。

```
(S  (S-ADV  (NP-SBJ  (-NONE-*-1))
                    (NP-PRD  No dummies))
    (,  ,)
    (NP-SBJ-1  the driver)
    (VP  pointed out they still had space...))
```

图（3.）11.20　同位语移位结构的宾州树库树

因此，我们插入一个新成分 XNP，该成分包含 NP 和逗号（图（3.）11.21
和图（3.）11.22）。

```
(S  (XNP     (S-ADV  (NP-SBJ  (-NONE-*-1))
                            (NP-PRD  No dummies))
            (,  ,))
    (NP-SBJ-1  the driver)
    (VP  pointed out they still had space...))
```

图（3.）11.21　修改后的同位语移位结构的宾州树库树

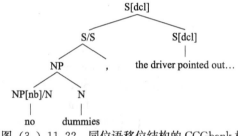

图（3.）11.22　同位语移位结构的 CCGbank 树

5. 针对小句辅助成分的类型转换规则

如图（3.）11.23 所示。

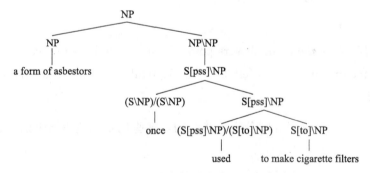

图（3.）11.23　小句辅助成分的 CCG 树库树

在语法中使用图（3.）11.23 使用的类型改变规则很经济。一些最常见的类
型转换规则是：

**规则 11.10**（常见的类型转换）

(a) S[pss]\NP⇒NP\NP

"workers [exposed to it]"

(b) S[adj]\NP⇒NP\NP

"a forum [likely to attention to the problem]"

(c) S[ng]\NP⇒NP\NP

"sign boards [advertising imported cigarettes]"

(d) S[ng]\NP ⇒(S\NP)\(S\NP)

"become chairman,[succeeding Ian Butler]"

(e) S[dcl]/NP⇒ NP\NP

"the millions of dollars [it generate]"

在书面英语中，某些 NP 外置时需要在其前或后加一个逗号。

**语句 11.3**　Factories booked ＄236.74 billion in orders in September, [NPnearly the same as the ＄236.79 billion in August] .

为此，我们使用了下面的二元类型转换规则。

**规则 11.11**（二元类型转换）

(a) NP,⇒S/S;

(b) ,NP⇒S/S;

(c) ,NP⇒(S\NP)/(S\NP)。

**6. 由提取产生的长距离依存关系**

树库根据移位描述了 wh 疑问句、关系从句、补语的话题化语句和 tough 类形容词移位。被移位的成分与插在提取位置的语迹（＊T＊）共指。下面展示如何处理由提取引起的长距离依存关系结构，并且以关系从句为例解释 CCG 算法如何处理 ＊T＊语迹。

（1）关系从句（图（3.）11.24 和图（3.）11.25）。

```
(SBAR  (WHNP-1  (WDT  which))
       (S  (NP-SBJ  (DT  the)  (NN  magazine))
           (VP  (VBZ  has)
               (VP  (VBN  offered)
                   (NP  (NNS  advertisers))
                   (NP  (-NONE- * T *-1)))))))
```

图（3.）11.24　关系从句的宾州树库树

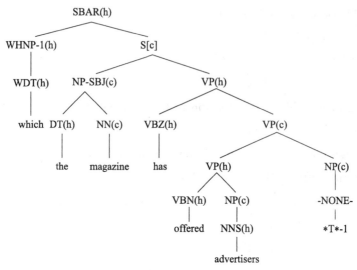

图（3.）11.25 使用成分类型标注的关系从句的二叉树

下面有＊Ｔ＊的 NP 节点是补语语迹。补语语迹的范畴（此处是 NP）在上面描述的递归范畴指派之前由它的标记决定。这个范畴沿着语迹母节点上端的路径渗透到下一个子句投射中。根据语迹节点在局部树中的位置，其范畴被标记为向前（fw）或向后（bw）的论元（图（3.）11.26）。

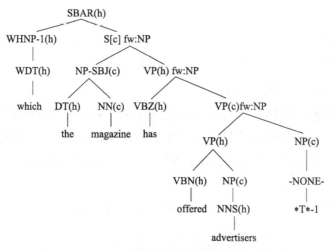

图（3.）11.26 补语语迹弥散的关系从句树库树

S 节点是一个补语，得到范畴 S［dcl］。然而，因为 S 节点还有一个向前的语迹 NP 没有渗透到它的母节点，所以中心语子节点（WHNP）具有不饱和的子范畴 S［dcl］/NP。假定母节点 SBAR 的范畴是 NP\NP，那么 WHNP 具有范畴（NP\NP）/（S［dcl］/NP）（图（3.）11.27）。

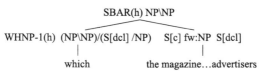

图（3.）11.27　给树库树进行范畴指派的分解步骤一

下一步给 S 节点的子节点指派范畴。NP-SBJ 是一个范畴为 NP 的向后的补语，但是因为 S 节点有一个向前的语迹，所有 NP-SBJ 的范畴类型提升为 S/(S\NP)。向前的语迹也被粘贴到母节点 S 的范畴上，生成 S[dcl]/NP（图（3.）11.28）。

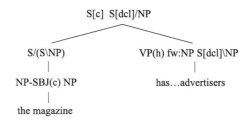

图（3.）11.28　给树库树进行范畴指派的分解步骤二

然后给 VP 节点的子节点指派范畴。VP 子节点有一个范畴为 S[pt]\NP 的补语。因为向前的语迹传递到母节点 VP 上，所以中心语子节点 VBZ 要有一个子范畴 S[pt]\NP，并因此得到范畴(S[dcl]\NP)/(S[pt]\NP)；向前的语迹也被粘贴到母节点 VP 的范畴上（图（3.）11.29）。

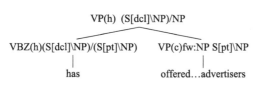

图（3.）11.29　给树库树进行范畴指派的分解步骤三

现在处理 VP 子节点的子节点，NP 语迹是一个向前的论元。VP 子节点得到及物动词范畴（S[pt]\NP)/NP。然而，由于 NP 是一个语迹，这个节点在后处理阶段会从树中删除。现在 VP 母节点的范畴也要变化，从而考虑向前的语迹（图（3.）11.30）。

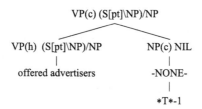

图（3.）11.30　给树库树进行范畴指派的分解步骤四

砍掉语迹和所有的一元投影 X⇒X 后，关系从句的子树如图（3.）11.31 所示。

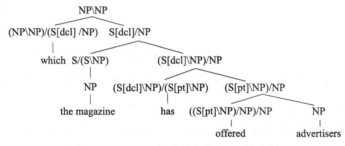

图（3.）11.31 关系从句的 CCG 树库树

（2）wh 疑问句。

＊T＊语迹也用于 wh 疑问句（标记为 SBARQ）的处理中（图（3.）11.32）。

```
(TOP  (SBARQ  (WHNP-1  (WDT  Which)
                       (NNS  cars)
              (SQ  (VBP  do)
                   (NP-SBJ  (NNP  Americans))
                   (VP  (VB  favor)
                        (NP  (-NONE-  ＊T＊-))
                        (ADVP  (RBS  most))
                        (NP-TMP  (DT  these)
                                 (NNS  days))))
              (.  ?)))
```

图（3.）11.32 wh 疑问句的宾州树库树

树库把 wh 疑问句分析成 SBARQ，wh 疑词项在指示语位置上。树库假定了更深的层次 SQ，该层次包括问句的剩余部分。把 ＊T＊语迹向上渗透到 SQ 层面得到期望的 CCG 分析（图（3.）11.33）。

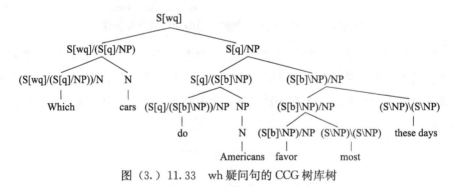

图（3.）11.33 wh 疑问句的 CCG 树库树

（3）tough 类形容词移位。

tough 移位也使用＊T＊语迹进行标注，见图（3.）11.34 和图（3.）11.35。

```
(S  (NP-SBJ  (PRP  It))
    (VP  (VBZ  is)
    (ADJP-PRD  (JJ  difficult)
        (SBAR  (WHNP-1  (-NONE-  0))
            (S  (NP-SBJ  (-NONE- * ))
                (VP  (TO  to)
                    (VP  (VB  justify)
                        (NP-NONE- * T * -1)))))))))
```

图 (3.) 11.34  tough 类形容词移位结构的宾州树库树

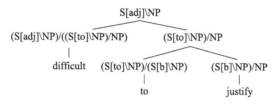

图 (3.) 11.35  tough 类形容词移位结构的 CCG 树库树

（4）话题化。

为了解释名词短语话题化、形容词短语话题化和介词短语话题化，假定英语具有下面的非保序类型提升规则模式（Steedman，1987）。

**规则 11.12**（非保序类型转换规则）

$X{\Rightarrow}S/(S/X)$    $X{\in}\{NP,PP,S[adj]\backslash NP\}$

宾州树库也是使用 * T * 语迹处理话题化的。如果一个成分被话题化，它接受标记-TPC，并且放在语句的顶层。一个共指的 * T * 语迹插在那个成分的典范位置（图 (3.) 11.36）。

```
(S  (NP-TPC  the shah)
    (:  —)
    (NP-SBJ-1  he)
    (VP  (VBD  kept)
        (S  (NP-SBJ  (-NONE- * T * -1))
            (VP  coming back))))
```

图 (3.) 11.36  名词短语话题化宾州树库树

在这些例子中，同样可为动词获得相同的词条，因为只需把 NP-TPC 处理成附加成分（图 (3.) 11.37）。

（5）分裂结构。

在树库中，分裂结构标记为 S-CLF（图 (3.) 11.38）。

CCG 树库把 SBAR 处理成动词的论元。如果分裂结构的焦点是 NP，那么 SBAR 的范畴就是名词短语修饰成分的范畴 NP \ NP（图 (3.) 11.39）。

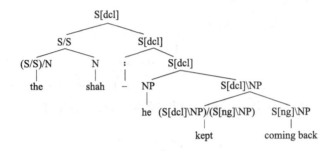

图（3.）11.37 名词短语话题化 CCG 树库树

```
(TOP  (S-CLF  (NP-SBJ  (PRP  It))
            (VP  (VBZ's)
                (NP-PRD  the total relationship)
                (SBAR  (WHNP-2  (WDT  that))
                    (S  (NP-SBJ  (-NONE-＊T＊-2))
                        (VP  (VBZ  is)
                            (ADJP-PRD  (JJ  important))))))
        (.  .)))
```

图（3.）11.38 焦点为名词的分裂结构的宾州树库树

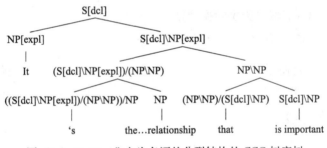

图（3.）11.39 焦点为名词的分裂结构的 CCG 树库树

　　如果分裂结构的焦点是副词，那么 SBAR 仅仅是嵌入断定句，例如图（3.）11.40 和图（3.）11.41。

```
(TOP  (S-CLF  (NP-SBJ  (PRP  It))
            (VP  (VBD  was)
                (RB  not)
                (PP-PRD  until the early 1970s)
                (SBAR  (IN  that)
                    (S  (NP-SBJ-2  Prof. Whittington and two students)
                        (VP  began to publish…))))
        (.  .)))
```

图（3.）11.40 焦点为副词的分裂结构的宾州树库树

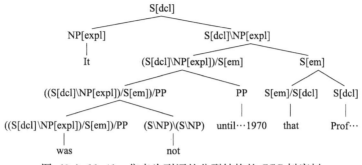

图（3.）11.41　焦点为副词的分裂结构的 CCG 树库树

**7. 由并列组合产生的长距离依存关系**

这样的长距离依存关系主要由（补语、中心语、辅助成分）右节点提升和论元聚点并列组合产生。这里展示 CCG 算法如何处理中心语右节点提升和论元聚点并列组合结构。

（1）中心语的右节点提升。

两个合并的名词短语可能有共同的中心语。

**语句 11.4**　a U. S . and a Soviet naval vessel.（图（3.）11.42）

```
(NP  (NP  (DT  a)
          (NNP  U. S.)
          (NX  (-NONE- * RNR * -1)))
     (CC  and)
     (NP  (DT  a)
          (JJ  Soviet)
          (NX  (-NONE- * RNR * -1)))
     (NX-1  (JJ  naval)
            (NN  vessel)))
```

图（3.）11.42　中心语右节点提升结构的宾州树库树

CCGbank 的算法对这种情况也很管用：首先，确定语迹范畴，并使其在树上向上扩散（图（3.）11.43）。

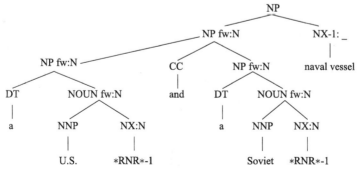

图（3.）11.43　把图（3.）11.42 转换成 CCG 树库树的分解步骤一

在范畴指派中，忽略 NX-1，给其他节点指派范畴，形成如图（3.）11.44 所示的树。

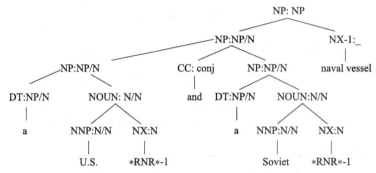

图（3.）11.44　把图（3.）11.42 转换成 CCG 树库树的分解步骤二

把 N 指派给共享成分 NX-1，并把相应的范畴指派给 NX-1 的孩子，剪切 ∗ RNR ∗ 语迹，见图（3.）11.45。

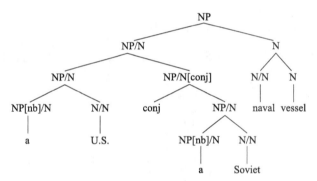

图（3.）11.45　把图（3.）11.42 转换成 CCG 树库树的分解步骤三

（2）论元聚点并列组合。

具有相同中心语的两个 VP 连在一起，则第二个动词可以省略。

**语句 11.5**　He spent ＄325,000 in 1989 and ＄340,000 in 1990.

树库把这些结构编码成 VP 并列组合关系结构，其中第二个 VP 缺少一个动词。第二个合取支的子节点还与第一个合取支中相对应的元素共指，使用＝表示这种共指关系（图（3.）11.46）。

```
(S  (NP-SBJ He)
    (VP  (VP  (VB  spent)
              (NP-1  ＄325,000)
              (PP-2  in 1989))
        (CC  and)
        (VP  (NP=1  ＄340,000)
              (NP=2  in 1990)
    (.  .))
```

图（3.）11.46　论元聚点并列组合结构的宾州树库树

　　在 CCG 的分析中，＄325,000 in 1989 和＄340,000 in 1990 形成了组成成分（论元聚点），然后它们进行并列组合。既然树库成分结构与 CCG 分析不对应，在翻译该树之前就需要对其进行转换。通过创造一个新节点 ARGCL 得到 CCG 成分结构，这个新节点由一个 VP（由第一个合取支中被共指的元素的拷贝组成）、联结词和第二个合取支组合而成（图（3.）11.47）。

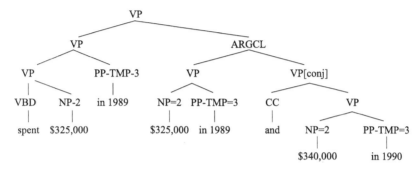

图（3.）11.47　把图（3.）11.46 转换成 CCG 树库树的分解步骤一

　　范畴指派分两个阶段进行：首先，使用标准的方式指派范畴，忽略 ARGCL 树（图（3.）11.48）。

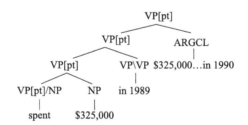

图（3.）11.48　把图（3.）11.46 转换成 CCG 树库树的分解步骤二

　　接下来，给与第一棵树中的元素共指的成分指派范畴，使这些成分取其先驱的范畴，并且第一个合取支中除动词之外的所有节点被剪切（图（3.）11.49）。

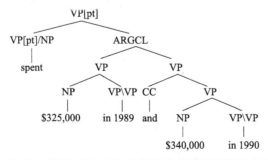

图（3.）11.49　把图（3.）11.46 转换成 CCG 树库树的分解步骤三

然后，对直接宾语进行类型提升（图（3.）11.50）。

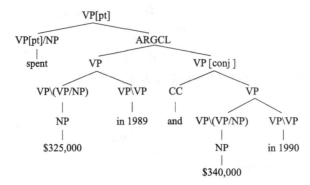

图（3.）11.50 把图（3.）11.46 转换成 CCG 树库树的分解步骤四

然后，范畴指派由底向上继续进行（图（3.）11.51）。

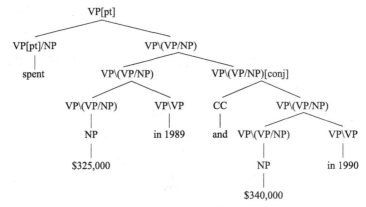

图（3.）11.51 把图（3.）11.46 转换成 CCG 树库树的分解步骤五

用插在第一个合取支中的 * NOT * 零元素表示第二个合取支具有而第一个合取支不具有的元素，像普通成分一样处理，稍后被剪切。

### 11. 2. 4 英语 CCG 树库的词库和语法特征分析

英语 CCG 树库包含了整个宾州树库（00～24 节）49208 个语句中的 48934 个语句（99.44%）。对于剩下的 274 个语句，翻译算法不能提供相应的 CCG 推演。在这些不可推演的语句中，173 个是语缺构造。在其中的 107 个语缺例子中，第二个合取支由主语 NP 和动词的一个论元组成，斯蒂德曼（Steedman, 2000）使用了分解规则进行分析。另外 49 个（非语句）语缺实例可以由翻译算法加以处理。在 274 个缺失的语句中，使用算法对其中的 117 个进行运算，得到的输出不是一个有效的 CCG 推演，其中包括 17 个语缺结构实例。

把句法标注的语料库自动翻译成不同的语法系统基于一个假设：支持初始标注的分析可以直接对应（或至少没有太多额外的工作）目标系统中所期望的分析。换而言之，在初始语料库中用类似的方式处理的所有结构也可在目标系统中用类似的方式进行处理，这样的对应在大多数情况下成立，但语缺结构就没有该对应性。

### 11.2.4.1　英文 CCG 树库的词库特征分析

词库在 CCG 中很关键。从 CCG 树库可得到一个可被任意的 CCG 分析程序、包括非统计程序使用的词库。

**词条数**　从 02～21 节提取的词库有 75669 个词条，涉及 44210 个词型（或者 929552 个词例），每个词样预计的范畴是 19.19，因为一些高频率的功能词有很多范畴（表（3.）11.1）。

表（3.）11.1　具有词汇范畴最多的 20 个词例

| 词汇 | 词汇范畴 | 词汇出现频率 |
|---|---|---|
| as | 130 | 4237 |
| is | 109 | 6893 |
| to | 98 | 22056 |
| than | 90 | 1600 |
| in | 79 | 15085 |
| — | 67 | 2001 |
| 's | 67 | 9249 |
| for | 66 | 7912 |
| at | 63 | 4313 |
| was | 61 | 3875 |
| of | 59 | 22782 |
| that | 55 | 7951 |
| -LRB- | 52 | 1140 |
| not | 50 | 1288 |
| are | 48 | 3662 |
| with | 47 | 4214 |
| so | 47 | 620 |
| if | 47 | 808 |
| on | 46 | 5112 |
| from | 46 | 4437 |

**词汇范畴类型的数量**　词汇范畴有 1287 种，其中 847 种出现了 1 次以上，680 种出现了 2 次以上，556 种出现了 5 次及以上。表（3.）11.2 描述了词汇范畴的频率分布。

表 (3.) 11.2　词汇范畴的频率分布（02~21 节）

| 范畴出现频率 | 范畴数量 |
|---|---|
| $100000 \leqslant f < 220000$ | 2 |
| $10000 \leqslant f < 100000$ | 13 |
| $1000 \leqslant f < 10000$ | 49 |
| $100 \leqslant f < 1000$ | 108 |
| $10 \leqslant f < 100$ | 253 |
| $5 \leqslant f < 10$ | 131 |
| $2 \leqslant f < 5$ | 291 |
| $0 < f \leqslant 1$ | 440 |

**词汇范畴类型的增长**　在 02~21 节中，只出现一次的新范畴持续出现，但是至少出现两次或更多次的范畴数量趋同。在处理了 58% 的训练数据之后，可以看到至少出现 5 次的范畴。在处理了 27% 的数据后，可以看到 95% 的至少出现五次的范畴。对仅仅出现一次的范畴检验表明，许多范畴产生于注释的干扰，不会被分析程序使用。然而，大量的仅仅出现一次的范畴在语言学上是重要的，因为它们包括随迁结构和取填补语为论元的动词，等等。

**词汇覆盖率**　由 02~21 节产生的词库涵盖了 00 节词例 94%（45442 个中的 42707 个）的正确词条。在 00 节出现的 94% 的词例也出现在 02~21 节。952 个看不见的词条（占 35.1%）的范畴为 N，791 个看不见的词条（占 29.1%）的范畴为 N/N。

### 11.2.4.2　英文 CCGbank 的语法特征分析

**语法的规模和增长**　在 02~21 节中，语法具有 3262 个具体的规则例示。在这些规则例示中，1146 个仅仅出现一次，2027 个出现不到五次。然而，这些低频率的规则不一定归于干扰，许多是类型提升、并列组合或标点符号规则的例示。表 (3.) 11.3 列出了出现频率最高的规则例示。规则频率的分布在表 (3.) 11.4 给出。正如词汇范畴的情况，新规则类型持续出现，每个新的词汇范畴至少需要一个新规则。像词汇范畴一样，至少出现两次的规则数量趋同。

表 (3.) 11.3　CCGbank 中出现频率最高的 20 个规则例示（02~21 节）

| 规则 | 频率 |
|---|---|
| N→N/N N | 147622 |
| NP→N | 115516 |
| NP→NP [nb] /N N | 91536 |
| NP→NP NP \ NP | 64404 |
| S [dcl] →NP S [dcl] \ NP | 56909 |
| NP \ NP→ (NP \ NP)/NP NP | 43291 |
| TOP→S [dcl] | 37386 |
| S [dcl] →S [dcl] | 35423 |

续表

| 规则 | 频率 |
|---|---|
| (S\NP)\(S\NP)→((S\NP)\(S\NP))/NP NP | 22184 |
| PP→PP/NP NP | 16969 |
| S[dcl]\NP→S[dcl]\NP (S\NP)\(S\NP) | 16585 |
| S[dcl]\NP→(S[dcl]\NP)/NP NP | 15686 |
| NP→NP NP[conj] | 15293 |
| S[dcl]→S/S S[dcl] | 13847 |
| S[b]\NP→(S[b]\NP)/NP NP | 12669 |
| S[to]\NP→(S[to]\NP)/(S[b]\NP) S[b]\NP | 12519 |
| NP→NP , | 10546 |
| S[dcl]\NP→(S[dcl]\NP)/(S[b]\NP) S[b]\NP | 10504 |
| S[dcl]→, S[dcl] | 9283 |
| NP[nb]/N→NP (NP[nb]/N)\NP | 8184 |

表 (3.) 11.4 CCGbank 中规则频率的分布 (02～21 节)

| 规则频率 $f$ | 规则数 |
|---|---|
| 100000≤$f$<220000 | 2 |
| 10000≤$f$<100000 | 16 |
| 1000≤$f$<10000 | 75 |
| 100≤$f$<1000 | 219 |
| 10≤$f$<100 | 604 |
| 5≤$f$<10 | 319 |
| 2≤$f$<5 | 882 |
| 0<$f$≤1 | 1146 |

**范畴覆盖率** 在 00 节的 91984 个规则例示（对应了 844 个不同的规则类型）中，99.9%（51932）出现在 02～21 节。在 52 个缺失的规则例示中（对应了 38 个规则类型，因为一个规则在一个语句中出现 13 次），6 个涉及并列关系结构，3 个涉及标点符号。一个缺失的规则是置换实例。两个缺失规则是与一个动词进行合并的类型提升论元的实例。

## 11.3 汉语 CCG 树库

**自动句法分析**是自然语言处理的一项基本技术，是迈向语义理解的一道门槛。当前信息处理对于深度文本分析的需求有增无减，不但要求描绘句内各成分间的句法关系，还需要在一定程度上刻画词和词之间的语义联系。组合范畴语法 CCG 可以为这种需求提供一种显式的表达形式，直接将词汇关系映射到各个句法节点的范畴上，为快速句法分析提供了一种有效的形式化描述。在 2009 年约翰·霍普金斯大学举行的夏季研讨班（JHU Summer School，2009 年）上，研究人员采用优化的句法分析算法，使 CCG 句法分析在维基百科语料上达到每秒超过 100 句的分析速度，且抽样显示，其分析精度并未有明显损失，说明 CCG 可以用来进行工业规模的句法分析。本节内容主要参考（宋彦，等，2012）。

实用的句法分析器，特别需要以有监督的机器学习方法加以训练，并需要大量的句法树实例作训练语料。目前很难找到合适的 CCG 树库作此用途，对于中文，此等资源尤其短缺。要将 CCG 应用于中文信息处理，当务之急是构建一个汉语 CCG 树库（CCGbank）。众所周知，从零开始标注一个大规模的句法树库是一项极费人力和资源的工程。考虑到目前已经有一些现成的句法树库，例如宾州英语树库（PTB）、宾州汉语树库（CTB）、德文 TIGER 树库、台湾"中央研究院"西尼卡（Sinica）汉语树库和清华大学汉语树库（TCT）等，把这些资源转化成所需的 CCG 树库，当是一种行之有效的资源建设方案。

CCG 树库的自动转换已有一些工作。前一节已述，霍肯麦尔首先在 PTB 上自动转换生成英语 CCG 树库。该工作使用基本的三步转换流程，同时也针对短语树库设计了很多转换规则，为后来的相关工作提供算法和转换规则的标准。霍肯麦尔在 TIGER 树库上的工作则针对德文的特点，提出了一些非常规的处理方案，包括词序的链接关系、提取类型、并列结构等特殊情况，第一次将英语之外的句法资源转换为 CCG 树库。特斯使用霍肯麦尔算法，从宾州汉语树库转换出汉语 CCG 树库，在预处理时把一些难以转换的汉语句型作为特殊结构进行处理，例如，话题句、主语省略、非动词谓语结构等。此外，特斯还采用后处理方式来完善输出的 CCG 句法树，包括整理主、宾语提取结构和更正修饰词的范畴等。宋彦、黄昌宁等在清华汉语树库 TCT 的基础上，针对中文句法和句型的特点，通过自动转换方式实现了汉语 CCG 树库的构建。由于清华树库没有空语类和同指索引等标记，他们提出一种识别谓词-论元关系的简单方法，识别出句子中每个谓词的词汇范畴及其相关的论元，并将识别结果直接标注到相应的 CCG 句法树上。他们还给出所构建的 CCG 树库的统计数据，并使用人工标注的 200 句测试集验证了树库构建方法的有效性。本节旨在介绍宋彦、黄昌宁等把 TCT 转换成汉语 CCG 树库的方法。

## 11.3.1　中文 CCG 树库的构建

### 11.3.1.1　中文 CCG 树库的转换算法

1. 确定句法成分类型

这是树库转换的第一步，目标是将一棵子树中的中心语、补语和附加语区分出来，便于后续的二叉化和范畴指派工作。TCT 句法树中每个短语的中心语已经被显式标示，需要小心加以区分的主要是补足语和附加语。其中，补语一般都是可以充当动词核心论元的成分，如 NP、SP、S 等，通常用原子范畴表示，并进入与之相应的谓语动词的组合范畴。一般来说，除中心语和补语以外其他语法成分都属于附加语。

2. 句法树二叉化

**二叉化**是将多叉树（平坦结构）重组成二叉结构，从而把整棵句法树统一为标准二叉树，以便按照句法成分类型来描述每棵子树中两个子节点之间的关系。二叉化遵循以下原则：①中心语左边的节点，一律往右分叉；②中心语右边的节点，一律往左分叉。这样，二叉化以后，整个结构的节点间关系并不改变，中心语左边的成分仍在其左，右边的仍在其右。图（3.）11.52 给出了一个平坦结构二叉化的示例，其中 h 表示 P 的中心语。

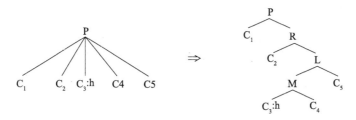

图（3.）11.52　二叉化示例（宋彦，等，2012）

3. 范畴指派

句法树二叉化以后，就可以自上而下对其节点指派范畴。对中心语与补语、中心语与附加语两种不同的语法关系，指派范畴时应分别遵循以下规则（箭头左边表示一棵子树的根节点，右边是它的两个子结点）。

**规则 11.13**（给二叉树节点指派范畴的规则）

(a) $R \rightarrow R/C + C$　（其中 $R/C$ 是中心语，$C$ 是补足语）；

(b) $R \rightarrow R + R\backslash R$　（其中 $R$ 是中心语，$R\backslash R$ 是附加语）。

一般来说，补语用其自身的原子范畴来描述，如 NP、S 等；而附加语则用它所修饰的中心语的范畴来描述，以确保其母节点与中心语的范畴相同。除这两条规则之外，他们还针对并列结构中的联结词、标点符号等使用非组合规则：$R \rightarrow R + p$，中心语直接继承根节点的范畴。

**11.3.1.2　汉语动词及其论元的提取**

对谓词-论元关系的描写是 CCG 区别于传统上下文无关文法的一个显著特

性。与宾州英语树库 PTB 和宾州汉语树库 CTB 不同，TCT 树库并未提供句法移位的完整标注，应用转换算法难以单独完成合理的谓词-论元关系指派。为此，他们设计了一个轻量级的动词子范畴框架抽取算法。为了保证其可靠性，该算法仅对动词进行处理，其基本运作基于以下三个假设：①大量句子的表述方式遵从正常的 SVO（主语-谓语-宾语）架构；②非正常移位（因而形成长距离依存关系）的论元主要是受事论元，它们在正常结构中应该直接跟随在相应的及物动词之后；③如果在整个语料库中某个动词没有携带宾语的证据，就把该动词归为不及物动词。通过统计 TCT 中动词后面直接携带的句法成分，判定一个动词是否及物，以及它可以携带何种类型的补语。他们认为短语 np、vp、mp、sp、tp 和句子 s 可以充当动词的补语成分，其他成分则标注为附加语。最终，他们从 TCT 中得到一个动词子范畴框架的数据库，其中包含所有被标注出来的及物动词及其携带的补语，包括该补语出现的频度。通过动词子范畴框架数据库来判断一个动词是否存在补语，以及该补语是否以长距离依存关系出现，弥补了标准转换算法的不足。

### 11.3.1.3 中文特殊句型的 CCG 推导

针对特定树库资源的 CCG 转换过程与语言类型以及语料标注格式紧密相关，前述的标准转换算法难于覆盖 TCT 的全部句法树。同时，考虑到中文表达的灵活性，很多特殊的句法结构较难得到正确的分析结果。他们列出树库中 10 种典型的句法结构，包括"的"字结构、并列结构、非动词谓语句（如名词谓语句、形容词谓语句和主谓谓语句）、谓词性宾语、兼语句、连动句、被动结构、无主（语）句、存在句以及独立成分等，并针对每种句型设计了专门的转换方案。下面例示"的"字结构的处理方案。

"的"字结构一直以来都是中文处理的一个难题，不但由于它具有灵活的表示形式，更由于其内部复杂的依存关系。总的来说，绝大多数"的"字结构都是名词短语，在 TCT 树库中标注为一个平坦的句法结构，符合 [X 的] 或者 [X 的 Y] 这样的形式。针对前者，他们将助词"的"视为整个结构的中心语，X 是它的补语；对于后者，则将 [X 的] 当作一个定语语块，而 Y 是定语语块所修饰的中心语（即名词短语 [X 的 Y] 的中心语）；助词"的"仍是定语语块的中心语，如果定语语块中的 X 是一个动词短语（VP）或小句（S），就需要进一步判断以下两种情况：

（a）如果 Y 是定语从句 X 中的谓语动词 $v$ 的一个论元（如宾语或主语），就要给动词 $v$ 和 Y 建立相应的谓词-论元关系，并指派合适的范畴，如图（3.）11.53

所示。为了实现 CCG 的句法树推导，这里需要对 $X$ 中的主语 NP 进行类型提升，以便它与动词先组合，然后整个 $X$ 部分表示成一个需要寻找宾语的范畴。

（b）否则，定语语块整体作为 $Y$ 的附加语，如图（3.）11.54 所示。仍根据前述的动词子范畴框架来判断动词类型及其相应的补语。图（3.）11.53 、图（3.）11.54 的下标指示对应的论元，用于区分谓语动词所带的具有相同范畴的不同论元。例如，图（3.）11.53 中的论元"问题"具有范畴 NP，同时被标注为 $z$，并成为谓语动词"关心"的宾语。同时，"代表们"也具有范畴 NP，但它是"关心"的主语，因此用下标 $y$ 标示出来，同时也在"关心"的范畴中用对应的下标字母标示出它所带的主语和宾语论元的位置。下标指示系统在 CCG 的分析中可以直接描述出谓词和论元的依存关系。

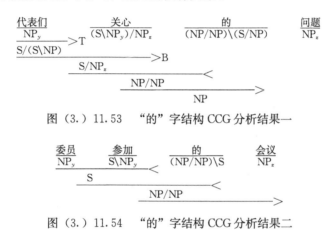

图（3.）11.53　"的"字结构 CCG 分析结果一

图（3.）11.54　"的"字结构 CCG 分析结果二

## 11.3.2　中文 CCG 树库的特征分析及可靠性验证

### 11.3.2.1　中文 CCG 树库的特征分析

宋彦、黄昌宁等用以上方法完成了 TCT 树库中 32737 个句子的 CCG 转换，句子覆盖率达到 99.9％，余下的 33 句因为特殊标记或者非正常的句型结构而超出了他们给出的算法的处理能力。在构造的 CCG 树库中，有 10 个原子范畴，共得到了 763 个不同的范畴类型，其中 208 个出现的频度超过 10 次，279 个仅仅出现一次。他们也统计了这些范畴在树库中的组合规则，有近 1600 条，超过400 条出现了 10 次以上。这些统计符合一般语法的观点，即：有限的重要范畴及组合规则集中且大量地使用。

在词汇方面，一共在 23641 个词上得到了 41733 个词汇范畴，其中一部分词有为数众多的不同范畴，承担不同的句法功能，而一些词仅有一个范畴，在整个语料中扮演固定的句法成分。

### 11.3.2.2 汉语 CCG 树库的可靠性验证

为了检验转换而来的汉语 CCGbank 的质量，他们在整个句库中抽取出一部分句子进行了人工 CCG 标注，然后作为标准与自动转换的结果进行比较，评估自动转换结果。该工作相当于直接比较两个句子的句法分析结果，他们使用已被广泛采用的自动句法分析评测方法，即通过计算两个句子中正确的句法成分及其覆盖的范围是否一致，从而得到定量的评价结果，以惯常的准确率、召回率以及基于这两个指标的 $F$ 值来体现。为了保证选取的评测数据具有代表性，他们对整个语料库按照长度进行了统计，发现 20 词以下的句子占总数的 90% 以上，于是从中选取总共 200 句，按长度分两类，各 100 句，作为测试语料。测试结果如表（3）11.5 所示。

表 (3.) 11.5　基于人工标注测试语料的评价结果（宋彦，等，2012）

| 类别 | 方法 | 准确率 | 召回率 | $F$ 值 | 词汇范畴正确率 |
|------|------|--------|--------|--------|----------------|
| 第一类 1～10 词 | 标准转换 | 0.9427 | 0.9458 | 0.9443 | 0.9201 |
| | ＋动词子范畴 | 0.9607 | 0.9639 | 0.9623 | 0.9418 |
| 第二类 11～20 词 | 标准转换 | 0.9566 | 0.9479 | 0.9523 | 0.9573 |
| | ＋动词子范畴 | 0.9882 | 0.9818 | 0.9850 | 0.9855 |

"＋动词子范畴"表示在标准转换的基础上使用动词子范畴框架帮助识别动词及其论元。可以看出，使用了动词子范畴框架以后，转换的质量得到了明显提高，在两类测试集中的各个指标上分别提升了约 2% 和 3%，特别在词汇范畴的准确度上也有更明显的提高。这 200 句的分析结果一定程度上反映出，整体的转换质量较为可靠。后经人工检查，发现拥有完全正确的 CCG 句法树的句子超过了 70%，也证实该转换算法的有效性以及得到的 CCG 树库的可靠性。

# 12

## CCG 处理自然语言存在的困难和问题

## 12.1 CCG 处理自然语言的局限

### 12.1.1 CCG 分析平坦的名词短语结构存在局限

尽管引入一个独立的名词层面是可能的，复合名词仍然有一个平坦的内部结构，这在语义上是不合意的，且导致 CCG 假定了一个严格的右分支分析（常常是不正确的），如图（3.）12.1 所示。

> (NP (JJR lower) (NN rate) (NNS increases))
> (NP (JJ only) (JJ French) (NN history) (NNS questions))
>
> 图（3.）12.1 复合名词的宾州树库树

为了得到合适的分析，需要重新进行手工标注。但是，在目前的项目中手工标注被认为是行不通的。因此，复合名词被简单地翻译成严格的右分支树。对于复合名词内部的联结词来说，这是很有问题的（图（3.）12.2）。

> (NP (DT this))
> (NN consumer)
> (NNS electronics)
> (CC and)
> (NNS appliances)
> (NN retailing)
> (NN chain)
>
> 图（3.）12.2 内含联结词的复合名词的宾州树库树

CCG 语法包括如下非标准规则：

**规则 12.1**（非标准规则）

conj  $N \Rightarrow N$

这个规则允许我们翻译上面的树如图（3.）12.3。

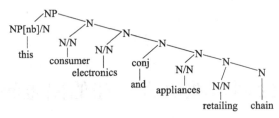

图（3.）12.3　内含联结词的复合名词的 CCGbank 树

树库标记也使得同位语很难与具有并列关系性质的名词短语区分开来。
就同位语本身而论，它在词库中未被标记出来，见图（3.）12.4。

```
(NP  (NP  Elsevier  N. V.)
     (,  ,)
     (NP  the  Dutch  publishing  group))
(NP-SBJ-1  (NP  his son)
     (,  ,)
     (NP  Zwelakhe)
     (,  ,)
     (NP  a newspaper editor)
     (,  ,))
```

图（3.）12.4　同位语的宾州树库树

同位语标记与下图 NP 并列关系标记不可区分，见图（3.）12.5～图（3.）12.7。

```
(NP-SBJ  (NP  Government press releases)
     (,  ,)
     (NP  speeches)
     (,  ,)
     (NP  briefings)
     (,  ,)
     (NP  tours of military facilities)
     (,  ,)
     (NP  publications))
```

图（3.）12.5　NP 并列短语的宾州树库树

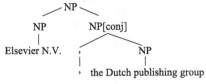

图（3.）12.6　同位语的 CCGbank 树

因此，CCG 没有把 NP 并列关系和 NP 同位语关系区分开来，这虽导致了语法中歧义的减少，但是语义上是不合意的，因为同位语事实上应该分析为修饰成分。

另外，名词后修饰成分总是连接在 NP 层面，从语义学视角来看，这也是不合意的。比如，从语义上来说，它没有把限定性关系从句和非限定性关系从句区分开来。

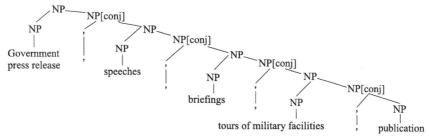

图 (3.) 12.7　NP 并列短语的 CCGbank 树

## 12.1.2　CCG 分析在动词短语和语句层面存在的问题

例如，所获得的 CCGbank 对于短语动词（如 pick up）没有一个准确的分析。

短语动词很难放到树库的某个特定位置，因为小品词可能标记为 PRT、ADV-CLR 和 ADVP。因此，在 CCG 中，短语动词没有小品词这个子范畴。

补语和辅助成分同样很难区分出来，特别是对于用 CLR-tag 标记的成分，这样的成分在语料库中的使用是相当不一致的。

在 CCG 中，介词短语 PP 通常作辅助成分，修饰语句或谓语，比如表时间、地点或方式的介词短语等。另外被动动词短语中的 by-PP 被分析为一个辅助成分，而不是被动式过去分词的论元。然而，在谓词倒装句中，被提前的介词短语 PP 是动词的论元，即补语，见图 (3.) 12.8。

```
(SINV (PP-LOC-PRD-TPC-1 (IN  Among)
                        (NP   the leading products)))
      (VP (VBZ  is)
          (PP-LOC-PRD (-NONE- * T * -1)))
      (NP-SBJ (NP  a flu shot))
              (PP  forhorses)
      (.   .)
```

图 (3.) 12.8　谓词倒装语句的宾州树库树

被提前的副词和主语都是动词的论元（图 (3.) 12.9）。

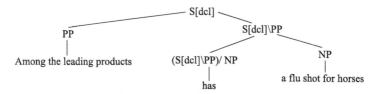

图 (3.) 12.9　CCG 对前置介词短语 PP 的分析

在重型 NP 移位中，to-PP 也被分析成补语（图 (3.) 12.10）。

```
(S  (NP-SBJ  The  surge))
   (VP  (VBZ  brings)
        (PP-CLR  to nearly  50)
        (NP  (NP  the number)
             (PP  (IN  of)
                  (NP  country funds
                       that are or soon will be listed in New York or London))))
   (.  .)))
```

图（3.）12.10　重型 NP 移位结构的宾州树库树

由这棵树得到如图（3.）12.11 所示的 CCG 翻译，它与斯蒂德曼的分析不一致。

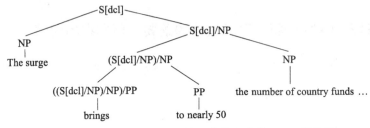

图（3.）12.11　CCG 对重型 NP 移位句中的 to-PP 的分析

相反，在 CCG 中，名词短语 NP 通常作补语。但是，具有标记-TPC 的 NP
不可视为补语，而作辅助成分，如图（3.）12.12 所示。

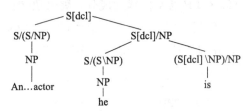

图（3.）12.12　CCG 对话题成分 NP 的分析

## 12.1.3　"Unlike" 并列关系结构导致的一些问题

UCP 作为一个修饰成分的中心语不是一个问题，因为修饰成分的 CCG 范畴
仅仅依赖于中心语的 CCG 范畴。当 UCP 作为论元时给翻译算法带来了一个问
题，因为论元的 CCG 范畴由它们的树库标记确定（图（3.）12.13）。

```
(S  (NP-SBJ  Compound  yields))
   (VP  (VBP  assume))
        (UCP  (NP  reinvestment of dividends))
              (CC  and)
              (SBAR  (IN  that))
                     (S  (NP-SBJ  the current yields))
                        (VP  continues for a year))
   (.  .))
```

图（3.）12.13　UCP 作论元的并列关系结构的宾州树库树

为了说明这些情况，就要增加特殊的并列组合规则：

**规则 12.2**（特殊的并列组合规则）

conj   Y⇒X［conj］。

这个规则使我们可以分析前面的一个语句（图（3.）12.14）。

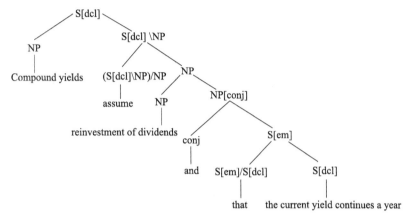

图（3.）12.14   UCP 作论元的并列关系结构的 CCGbank 树

## 12.1.4   否定倒装的识别困难

在否定倒装中，否定元素通常是一个语句的修饰部分，因此很难识别（图（3.）12.15）。

```
(SINV (ADVP-TMP  Never  once)
      (VBD  did )
      (NP-SBJ  (PRP  she))
      (VP  (VP  gasp for air)
           (CC  or)
           (VP  mop her brow))
      (.  .))
```

图（3.）12.15   否定倒装语句的宾州树库树

否定词后面的词序如同是非疑问句。在 CCG 中，可以通过让否定词范畴具有一个是非疑问句子范畴来刻画这个倒装句（图（3.）12.16）。

$$
\frac{\underset{(S\backslash S)/S[q]}{nor} \quad \underset{S[q]}{will\ it\ say}}{S\backslash S} >
$$

图（3.）12.16   CCG 对否定倒装的分析

这个分析仅仅适用于具有 nor 的否定倒装，因为在其他情况下，根据树库标签，否定词很难查出。

### 12.1.5 插入成分导致的困难

标记 PRN 指示一个插入元素。许多插入成分由一个破折号和一个紧跟的成分组成，或者由括在括号中的一个成分组成，例如图（3.）12.17。

```
(PRN （: -)
      (NP  (NP   the third-highest)
           (PP-LOC   (IN  in)
                     (NP  the developing world))))
```

图（3.）12.17　插入成分的宾州树库树

把左括号、破折号或冒号处理成一个函子，取紧随的成分为论元，生成一个修饰语，见图（3.）12.18。

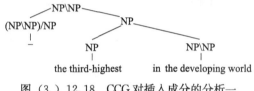

图（3.）12.18　CCG 对插入成分的分析一

然而，如果括号里的成分本身是一个修饰成分，那么这个成分就是插入成分的中心语，并且与其不出现在 PRN 下被指派相同的范畴，见图（3.）12.19。

```
(PRN （: -)
      (PP  (IN  as)
           (NP  (NN  translator))))
```

图（3.）12.19　插入成分作修饰语的宾州树库树

这里，PP 是一个修饰语范畴；因此，相对应的 CCG 推演如图（3.）12.20 所示。

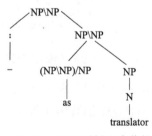

图（3.）12.20　CCG 对插入成分的分析二

这里，破折号就像一个普通的标点符号一样处理，它的范畴由其词类（POS）标记（:）确定。

再例如：

**语句 12.1**　Hong Kong's uneasy relationship with China will constrainthough not inhibit-long term economics growth（图（3.）12.21）。

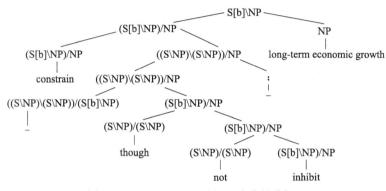

图（3.）12.21　CCG 对插入成分的分析三

如何根据具体的语境来给破折号指派不同范畴，似乎没有机械的方法。

### 12.1.6　宾州树库分析与 CCG 分析不对应的结构

语缺属于这样的结构，对此采用了与论元聚点并列组合类似的注释，见图（3.）12.22。

```
(S  (S  (NP-SBJ-1 Only the assistant manager)
        (VP  (MD   can)
             (VP  (VB   talk)
                  (PP-CLR-2  (IN   to)
                             (NP   the manager))))
    (CC   and)
    (S  (NP-SBJ=1  the manager)
        (PP-CLR=2  (TO   to)
                   (NP   the general manager)))))
```

图（3.）12.22　语缺结构的宾州树库树

使用 CCG 的标准组合规则无法处理这一结构，斯蒂德曼（Steedman，2000）使用分解规则分析此类语缺结构，这是一个不基于组合逻辑的规则（图（3.）12.23）。

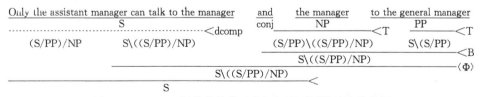

图（3.）12.23　斯蒂德曼借助分解规则对语缺结构的分析

然而，对于当前的目的来说，这个分析是有问题的。因为这个推演不再是一棵树，并且被分解的成分没有对应表层符号串的实际成分，这个推演很难在树库中表述出来。也不好给予语义解释。

这些语句现在不能翻译成 CCG 树。然而，使用形如以下一套特殊的并列组合规则：

**规则 12.3**（特殊的并列组合规则）

$$S \quad \text{conj} \quad S \backslash X \Rightarrow S$$

可以在句法上推出上面的语句，见图（3.）12.24。

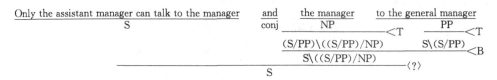

图（3.）12.24　CCG 对语缺结构的分析

然而，如果不加限制，这个规则会导致过度生成性，且能否得到合直觉的语义表达式也是有疑问的。

## 12.1.7　语句片段或多词表达式

对于这样的语言现象，在源语料库中缺乏一个充分的句法分析，所以对这些结构来说，缺乏正确的 CCG 分析。除了一些特例外（because of...，instead of...，as if...，as though...，so X that...，too ADJ to...，at least /most X...），对多词表达式的分析目前还没有尝试过。

## 12.1.8　小句作辅助成分导致的问题

图（3.）12.25 例示了 CCG 的基本算法怎么导致了辅助成分范畴的渗透。例如，像"used"这样的过去分词依据它是出现在缩略关系子句还是出现在主动词短语中而接受不同的范畴指派。结果，used 的修饰成分依赖于 used 的范畴而接受相应的范畴。这是不合意的，这是因为：如果看到分词（和它们的所有修饰成分）出现在所有可能的表层位置，我们仅仅保证获得一个完全的词库。

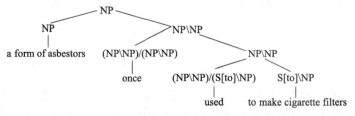

图（3.）12.25　CCG 对作辅助成分的谓词的分析

为了分析谓词作辅助成分的用法，就要引入非组合规则。

### 12.1.9　向后交叉复合规则导致的过度生成性问题

斯蒂德曼（Steedman，1996，2000）使用向后交叉复合规则解释英语中某些介词流落现象，然而，如果对此规则不加以限制，则会导致过度生成性问题。为了避免这种过度生成性，斯蒂德曼提倡在词汇函子范畴的论元上使用两个特征：SHIFT 和 ANT。目前，这样的特征无法从宾州树库中导出。作为 CCG-bank 基础的语法仅仅由具体的规则例示组成，因此也许不会导致过度生成性问题。这样的特征对于仅仅由规则例示组成的 CCG 来说是否是必要的，以及如何得到这样的特征，这些问题需要进一步研究。

### 12.1.10　CCG 生成解释以及谓词-论元结构方法的瑕疵

因为这种方法（本质上是有缺点的）假定：具有相同句法类型的所有词汇范畴投射相同的依存关系。这个假定的不正确性在控制动词的情况下最明显：promise 和 persuade 的句法范畴都为$((S\backslash NP)/(S[to]/NP))/NP$，对于 persuade 来说，to-VP 的主语应该与宾语 NP 共指，然而对 promise 来说，to-VP 的主语应该与主语共指。

### 12.1.11　CCG 使用的特征系统本身具有的缺陷

这个特征系统是从宾州树库的词类标签中推导而来的，相当粗糙。例如，它没有编码动词的不同语气：虚拟语气和祈使语气都以光杆不定式动词形式出现，而条件句和陈述句都以断定句的形式出现。某些助词和模态词（had，should 等）能够引入一个倒装句，该倒装句起条件句的作用，比如图（3.）12.26。

```
(S  (PP  On the other hand)
    (,  ,)
    (SBAR-ADV  (SINV  (VBD  had)
                      (NP-SBJ  (PRP  it))
                      (VP  (VBN  existed)
                           (ADVP-TMP  (RB  then)))))
    (,  ,)
    (NP-SBJ  Cray  Computer)
    (VP  (MD  would)
         (VP  (VB  have)
              (VP  (VBN  incurred)
                   (NP  a $ 20.5 million loss))))
    (.  .)
```

图（3.）12.26　起条件作用的倒装句的宾州树库树

这个结构由助词引起，我们把助词处理成辅助成分的中心语，这就导致了图（3.）12.27 的推演。

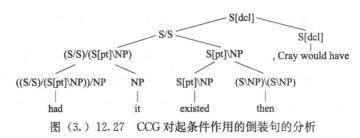

图（3.）12.27　CCG 对起条件作用的倒装句的分析

CCG 的语法特征无法将条件语气和陈述语气区分开来，因此不能编码这样的一个信息：这个结构需要主句中的条件。

### 12.1.12　算法本身的问题

目前的算法不能给予下例一个 CCG 推演，因为仅当 from-PP 是 go 的一个论元和 to-PP 是一个辅助成分时，置换规则才奏效。然而，它们具有相同的功能标记，-DIR（图（3.）12.28）。

```
(S-TPC-3  (NP-SBJ-1  they)
      (VP  (MD  'll)
          (VP  (VB  go)
              (PP-DIR  (IN  from)
                      (S-NOM  (NP-SBJ  (-NONE- * -1)
                              (VP  (VBG  being)
                                  (NP-PRD  (NP  one)
                                      (PP  (IN  of)
                                          (NP  (DT  the)
                                              (ADJP    least leveraged)
                                              (NP  (-NONE- * RNR * -2)))))))))
              (PP-DIR  (TO  to)
                      (NP  (NP  one)
                          (PP  (IN  of)
                              (NP  (DT  the)
                                  (ADJP    least leveraged)
                                  (NP  (-NONE- * RNR * -2)))))
              (NP-2  casino companies))))
```

图（3.）12.28　from-PP⋯to-PP 结构的宾州树库树

我们相信，CCG 树库是构造带逻辑形式的语料库的第一步。然而，正如上面所概述的，为获得合意的句法推演，需要做更多的工作。

## 12.2　使用 CCG 分析自然语言语义面临的困境

在 CCG 中，谓词-论元结构这个术语指的是 CCG 推演所定义的词项之间、局部的或长距离的依存关系，两个词项之间的依存关系近似于深层的逻辑形式。

CCG 树库中的依存关系主要来自语言学动机，并且大多数是正确的，但是还存在许多问题，概述如下。

### 12.2.1　句法推演导致的问题

CCG 树库的一些句法分析在语义上是不合意的或不正确的，因为宾州树库的注释没有提供充分的语言学结构，需要额外的手工注释来获得正确的分析。

（1）复杂名词的内部结构在宾州树库中是平坦的，这多半是明显错误的。

（2）在 CCG 树库中，许多 NP 并列关系实际上是同位语关系，因为这两种结构在宾州树库中是无法区分的，这在语义上是不合意的。

（3）像关系从句这样的所有名词后修饰成分被连接在 NP 层面，从语义上来说，这是有问题的，因为它没有把限定性关系从句和非限定性关系从句区分开来。

（4）补语和辅助成分的区分有点不一致，特别是对于 PP、to-VP 和其他情况。这些不一致体现在 CCG 的词汇范畴上。

### 12.2.2　词汇范畴共指存在的问题

为了获得由控制、提升、提取和其他结构产生的非局部依存关系，词汇范畴的共指是必不可少的，但是

（1）CCG 树库用一个完全相同的方式给相同类型的所有词汇范畴提供共指标记，应该逐词进行才严谨；

（2）补语-辅助成分之间区分的不一致性也反映在 CCG 的词条中。

另外，在代词和量化名词短语范畴指派上也存在问题。比如，代词（this，you）和量化名词短语（something，anything，nothing，somebody 等）被指派范畴 NP，无法处理照应问题，因而无法在语义上反映相应的共指关系。

### 12.2.3　表述本身存在的问题

CCG 树库中的词-词依存关系只是近似于深层的谓词-论元结构，它们本身不是逻辑形式，这个问题在 VP 并列组合的情况下最明显。

（1）对于语句 I was early yesterday and late today，CCG 分析可以表述 yesterday 和 today 修饰 was，而 early 和 late 都是 was 的补语，但不能表述这是一个关于两个不同事件的陈述。

（2）CCG 的处理方法也不能刻画论元聚点并列组合中的控制依存关系，比如语句 I want you to go and him to stay 中 you 和 go 之间、him 和 stay 之间的依存关系。

### 12.2.4 处理被动句、动词提前和谓词倒装结构存在的问题

在被动句中，CCG 在句法上把开始的成分分析成语句的主语，语义上应该是宾语。按照句法和语义并行推演的原则，这会导致语义上的反直观性。

被动句的表层主语与出现在过去分词后面直接宾语位置上的零 * 元素共指，例如图（3.）12.29 所示。

```
(S(NP-SBJ-1 John)
  (VP(VBD was)
    (VP(VBN hit)
      (NP(-NONE- * -1)
      (PP(IN by)
        (NP-LGS a ball)))))
```

图（3.）12.29　被动句的宾州树库树

在 CCG 中，was 的词汇范畴是(S[dcl]\NP)/(S[pss]\NP)，hit 的词汇范畴是 S[pss]\NP，被动动词短语中的 by-PP 被分析成一个辅助成分。

在动词提前语句的分析中，CCG 假定 NP 是最内层动词的一个宾语，动词短语是主语，在深层语义上，情况并非如此，按照句法和语义并行推演的原则得到的语义表述也会反直观，例如图（3.）12.30 所示。

```
(SINV(VP-TPC-1(VBG Following)
              (NP the feminist and population-control lead))
     (VP   (VBZ has)
           (VP   (VBN been)
                 (NP a generally bovine press)))
     (.   .))
```

图（3.）12.30　动词提前语句的宾州树库树

图（3.）12.31 是相应的 CCG 推演。

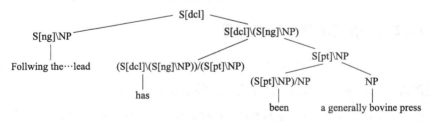

图（3.）12.31　CCG 对动词提前语句的分析

在谓词倒装语句的分析中，情况类似，这里略。

## 12.3　添加 CCG 句法分析树缺失的语义表述存在的困难

黄昌宁、宋彦等使用标准算法完成了清华汉语树库（TCT）中 32737 个句子的 CCG 转换，句子覆盖率达到 99.9%，余下的 33 句因为特殊标记或者非正常的句型结构而超出了标准算法的处理能力范围。

在所得到的 CCG 树库中，一共有 10 个原子范畴，包括：M（量词）、MP（数量短语）、NP（名词及名词短语）、SP（方位词及方位短语）、TP（时间短语）、PP（介词短语）、S（句子）、conj（联结词或连接标记）、p（标点符号）以及 dlc（独立语标记），其中 dlc 直接来自 TCT 的标记。在此基础上，一共得到了 763 个不同的范畴类型，其中 208 个出现的频度超过 10 次，279 个仅仅出现一次。它们在树库中的组合规则，有近 1600 条，其中超过 400 条出现了 10 次以上。这些统计表明有限的重要范畴及其组合规则在集中大量地使用，符合一般语法的观点。在词汇方面，在 23641 个词上得到了 41733 个词汇范畴，其中一部分词有为数众多的不同范畴，承担不同的句法功能，而一些词仅有一个范畴，在整个语料中扮演固定的句法成分。

### 12.3.1　非组合规则导致语义匹配困难

**规则 12.4**（针对并列关系的非组合规则）

（a）conj　$X \Rightarrow X[\text{conj}]$；

（b），　$X \Rightarrow X[\text{conj}]$；

（c）$X$　$X[\text{conj}] \Rightarrow X$。

见图（3.）12.32 和图（3.）12.33。

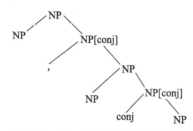

图（3.）12.32　针对并列关系的非组合规则图示

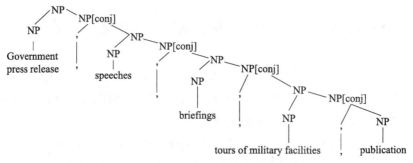

图（3.）12.33　CCG 对并列关系的处理

**规则 12.5**（针对谓词的一元类型改变规则）

(a) S[dcl]/NP⇒NP\NP　　　"the shares John bought"

(b) S[pass]/NP⇒NP\NP　　"the shares bought by John"

(c) S[pss]\NP⇒NP\NP　　　"workers [exposed to it]"

(d) S[adj]\NP⇒NP\NP　　　"a forum [likely to attention to the problem]"

(e) S[ng]\NP⇒NP\NP　　　"signboards [advertising imported cigarettes]"

(f) S[ng]\NP⇒(S\NP)\(S\NP)　"become chairman,[succeeding Ian Butler]"

这些规则适用于谓词作辅助成分的情况，即把补语范畴转变成辅助成分范畴（图（3.）12.34）。

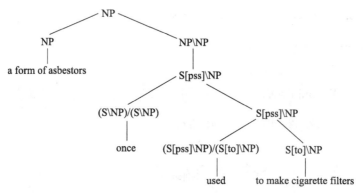

图（3.）12.34　CCG 对谓词作辅助成分的语句的处理

**规则 12.6**（针对名词的一元类型改变规则）

N⇒NP

见图（3.）12.35 和图（3.）12.36。

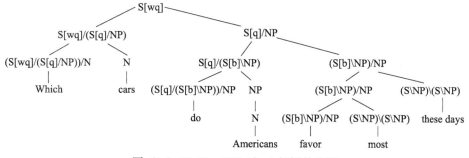

图（3.）12.35 CCG 对 wh 问语的处理

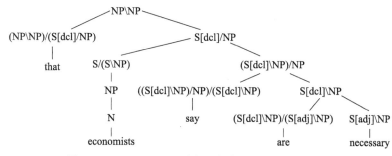

图（3.）12.36 CCG 对嵌入句中的主语提取的处理

**规则 12.7**（针对 NP 的二元类型改变规则）

（a）NP,⇒S/S；

（b）,NP⇒S\S；

（c）,NP⇒(S\NP)\(S\NP)。

规则 12.7(b) 的运用见图(3.)12.37。

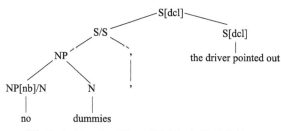

图（3.）12.37 CCG 对同位语句外置的处理

**规则 12.8**（非标准规则）

conj  *N*⇒*N*

见图（3.）12.38。

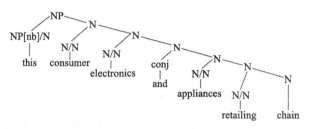

图（3.）12.38　CCG对复合名词的处理

**规则 12.9**（特殊的并列组合规则）

conj　$Y \Rightarrow X[conj]$

见图（3.）12.39。

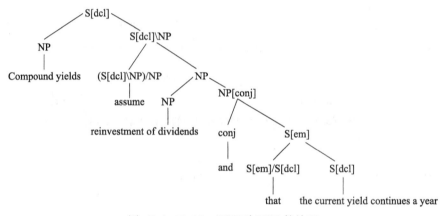

图（3.）12.39　CCG对UCP的处理

**规则 12.10**（处理缺空结构的特殊并列组合规则）

$S$　conj　$S \backslash X \Rightarrow S$

斯蒂德曼（Steedman，2000）使用分解规则对语缺的处理，因为这个推演不再是一棵树，并且被分解的成分没有对应表层符号串的实际成分，这个推演很难在树库中表述出来，因此CCG采用上述特殊规则，见图（3.）12.40。

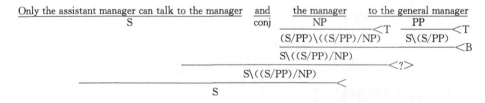

图（3.）12.40　CCG使用特殊的并列组合规则处理语缺

这个处理很难补上语义，实现句法和语义的并行推演。

### 12.3.2　纯粹句法分析导致的语义解释困难

关于 CCG 的问题，周强明确表示：CCG 汉语树库需要得到完善，这就需要逻辑语义学研究者协助做这项工作。就汉语 CCG 处理而言，国外语义处理可以借鉴的理论工具有：基于λ演算的高阶谓词逻辑表述、由话题表述结构 DRS 和 VerbNet 的论旨角色表示的复杂事件语义、混合逻辑形式依赖关系语义（hybrid logic dependency semantics，HLDS）表述等。如何针对汉语文本的描述特点提炼出适合汉语的深层语义表述体系，需要进行大量的研究工作。

为说明汉语 CCG 研究语义滞后所带来的问题，下面以涉及时间的汉语动词句为例，可发现纯粹的句法分析存在问题。如关于宾语前置现象，周强就绘制了一个分析树图，见图（3.）12.41。

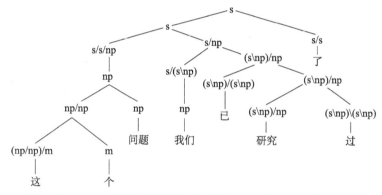

图（3.）12.41　周强对宾语前置句的分析图（李可胜，等，2013）

"上图中的'已'和'过'都是与时间有关的词条，尽管所体现的时间逻辑语义是一个整体，即当两者同时出现时，构成了表示过去式或现在完成时的时间算子。但图（3.）12.41 的分析却为它们指派了不同的范畴以方便计算。这种'间隔'的分析很难表现它们在语义上是作为一个整体的事实，因而上图的处理方式是为了方便句法范畴的计算而忽略语义理解的简单处理。在自然语言其他类型的表达式那里，这种句法分离而语义凝聚的非连续现象比比皆是。"（李可胜，等，2013）另外，专门给出量词的范畴也有点欠妥，一是汉语量词很多，没有实际意义，这样不好给它们分别匹配不同的语义以示区别；二是英语中的可数名词用数词就表示数量了，这样在数量方面英汉就需要不同的处理方法，使语法变得复杂。这些欠妥之处似乎都是因为忽略语义、仅仅从句法进行处理而导致的结果。

# 第二部分　组合范畴语法 CCG 研究

# 13

## CCG 对汉语非连续结构的处理

### 13.1 概　　述[①]

　　语言当中的非连续现象是理论语言学研究的核心课题，在当代句法理论中扮演着重要的角色，具有非常重要的理论意义。斯蒂德曼（Steedman，1988）认为：范畴语法以及其他各种语法理论的中心问题应当是如何表达自然语言当中的非连续结构或非连续现象，而他本人也确实在这方面做出了突出的贡献。实际上转换生成语法的语迹和最简方案的特征核查、移位激发因素等核心理论的提出都是为了更好地（在深层结构中）保证在句法成分连续性的基础上解决表层结构的非连续问题，因此斯蒂德曼的提法是不为过的。

　　句子的表层形式与语义结构中"谓词-论元"模型并不总是相对应的，因而常常显得杂乱无序，有些成分甚至完全被抑制，而这些结构形式又不是任意性的，这样就给语言研究带来了一系列难题。转换生成语法的深层结构正是出于对这种现状的无奈而提出的一种理想模型，这是一个不同于表层结构的自治的层面，在这个层面，表层结构中那些模糊不清的东西可以被清晰而直接地表达出来。转换生成语法建立了一系列原则及规则使深层结构与表层结构相对应，用移位理论来描写句子成分与意义之间的依存关系，对于这些原则和规则的描写和解释构成了句法研究的主题。实际上乔姆斯基的文献（Chomsky，1957）中首次提到的移位现象被认为是非连续现象研究的起源。

　　移位，或者更宽泛地说是依存关系，有两种类型。一种是有界依存关系，有关的成分处于一个动词或其论元（包括不定式补足语）所构成的一个局部域中，英语中的反身代词和动词论元之间的控制关系及其不定式补足语就是一个例子。另一种移位或者说是无界依存关系，相关的成分不是处于一个单一的中

---

[①]　本节主要参考（韩玉国，2005）[17-21]。

心词域内，并且可以穿过很多限制依存关系的巢式域，如英语中的关系代词（提取的关系化名词）及在语义表达中将这些关系代词作为论元的动词，以及在一些并列结构中的依存关系。这两种移位或者依存关系至少表面上看起来是很不相同的，它们从另一个方面推动了语法理论的发展。

无界依存及相关的结构最引人注目的是它们维护了语言中的标准线性次序；有界依存最引人注目的是依存关系直接体现在语义表达层面。转换生成语法刻画了语言的一种强烈的倾向性：维护语句中标准的词或者成分的顺序，而其余的被当作是配位上的删除、语缺或者节点提升等操作，这种倾向性具有跨语言的普遍性。

### 13.1.1 非连续结构的定义

以下先给出**直接成分**的概念。布龙菲尔德（Bloomfield，1933）这样定义直接成分：直接成分是两个或多个复杂语言形式的共同部分。从语感上说，如果两种语言形式具有恰当的并且在语音、语义方面一致的组成部分，那么这两种语言形式必然是相似的。比如在 the boy ran 和 the boy fell 这两个语言形式中，the boy 就是它们的直接成分，这显然是从聚合的角度来定义直接成分。下面给出形式化的定义：

如果一个语音串 $C$ 在句子 $S_1$，$S_2$，$\cdots$，$S_n$ 中都表达一个恒定的语义内容，那么 $C$ 是句子 $S_i$ 的**直接成分**，其中 $1 \leqslant i \leqslant n$。

在转换生成语法当中，**直接成分关系**是通过树形图表达出来的：在一个句子 $s$ 的树形图 $T$ 中，如果一个节点**绝对支配**子节点 $C_1$，$C_2$，$\cdots$，$C_N$，那么 $C_1$，$C_2$，$\cdots$，$C_N$ 就组成了 $s$ 的直接成分。

从直接成分的定义出发，威尔斯（Wells，1947）提出，如果某语境中的一个非连续的语串有相应的连续语串，这个连续语串是一个结构的直接成分，并在语义上与相应的非连续语串一致，那么该非连续语串也是一个（非连续的）直接成分。这里他比照连续的直接成分来说明非连续的直接成分。

除了威尔斯提出不连续的直接成分外，还有学者在上下文自由语法的树形图中定义非连续结构。

如果上下文无关语法树形图中的两个节点成分具有直接的语义组合关系，但是在树形图中却没有中心词-姐妹节点关系，那么这两个成分构成非连续结构。反之，如果两个成分在句法上是中心词-姐妹节点关系，但在语义上却并没有直接的组合关系，鉴于语义上的不连续，我们也视其为非连续结构。用下面这个非连续结构——话题句的上下文无关语法树形图（图（3.）13.1）可说明这个定义。

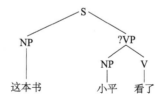

图（3.）13.1　话题句的上下文自由语法树形图

"小平看了"一般不被认为是一个直接成分，但在上面这个上下文无关语法树形图中只能这样毗连，由于无法定名这个语串，我们用"？VP"表示。从这个树形图中看到，具有直接语义组合关系的 V "看了"和 NP "这本书"不是中心词-姐妹节点的关系，也就是说它们没有一个直接的共同母节点，因此，在句法上我们断定这是一个非连续结构。

在非连续结构的定义中有三点非常重要：①非中心词-姐妹节点的两个节点之间存在一个明确的联系并且可以码化；②非连续成分之间具有直接的语义组合关系；③非连续结构是句法结构层面上的稳定结构或句式，而不是话语层面的动态变化的形式。可以把以上三点作为甄别汉语非连续结构的标准。

范畴语法严格遵守语义的组合性原则。同时，语义解释是基于句法结构的，也就是说句法结构为语义解释提供基础，因此，所谓的规则对规则原则只能是语义规则对应句法规则而不是相反。在所谓的非连续结构当中，为了使具有直接的语义组合关系而句法上却处于分离状态的成分直接组合起来以维护语义的组合性原则，在句法上它们就必须被看成是非连续结构（不连续的直接成分，如 pick it up 中的 pick up），使得句法分析与语义分析相一致，从而体现规则对规则原则；具有语义组合关系的两个成分如果不能在句法上被分析为不连续的直接成分，也应该在范畴描写上为其语义的组合性提供解释（如话题句）；同时，范畴语法出于生成的需要，将语缺句和 NCC 结构中两个语义上没有直接组合关系的成分分析为一个直接成分，这也造成了句法和语义的不对应——直接成分的两个组成部分在语义上是不相连续的，因此这种情形也被看成是非连续结构。

### 13.1.2　非连续结构的类型

范畴语法对于非连续结构的定义有严式和宽式两种，前者仅将两个同序并列结构融合而成的语缺句和 NCC 结构作为非连续结构（Dowty，1982），而后者还包括不连续的直接成分。针对汉语而言，人们对非连续结构的理解更是仁者见仁，智者见智，比如汉语的各种代词照应结构、空代词结构和动词省略结构等也被很多学者纳入非连续结构的范围。根据上一节对非连续结构的定义，本章主要处理如下两种类型的汉语非连续结构。

1）语义组合而句法不组合的非连续结构——话题句

话题句是一种体现无界依存关系的非连续结构。话题在树形图中远离了与其具有密切语义组合关系的动词成分，形成了典型的非连续句法结构，话题 NP 作为动词的常规论元在现实句子中出现在非常规位置上（相对于"谓词-论元"结构而言）。

2）句法组合而语义不组合的非连续结构——语缺句和 NCC 结构

这类非连续结构是由两个同序且同构的小句在融合为一个句子的过程中形成的。从树形图上看，这类非连续结构往往采用共用某些节点的方式生成，被共用的节点既可以在树形图位置上得到组合语义学解释，又可以同其他节点有组合关系。这两种句子的共同特点是：为了句子的成功生成而将语义上没有直接组合关系的两个成分（如主语和宾语、主语和状语、宾语和状语、直接宾语和间接宾语等）以动词为语义中介捏合在一起，成为一个直接组成成分。

虽然同为非连续结构，但上面两种类型是有本质区别的。话题句与语缺句、NCC 结构二者对立互补：尽管话题与谓语动词具有语义的组合性，但由于在句法上经历话题化操作，不再被分析为一个直接成分，也就是在句法上没有直接的组合性，只是通过范畴描写间接地体现话题成分与动词的语义组合性；语缺句与 NCC 结构虽然在句法分析上是具有句法组合性的直接成分，但在语义上却不具备直接的组合性。两种类型的关系如表（3.）13.1 所示。

表（3.）13.1　两种非连续结构的比较

| 非连续结构 ＼ 组合性 | 句法组合性 | 语义组合性 |
|---|---|---|
| 话题句 | － | ＋ |
| 语缺句和 NCC 结构 | ＋ | － |

### 13.1.3　范畴语法对非连续结构的解决方案

恰恰是因为对非连续结构的无能为力才使巴-希勒尔对范畴语法产生了怀疑，古典范畴语法就此截止于巴-希勒尔。当代范畴语法发展出两种解决方案：一种是在保留相邻性的基础上扩展规则系统，对于汉语的语缺句与狭义 NCC 句，我们采取这种解决方案——采用复合规则生成 NCC 成分；另一种是放弃相邻性，而保留更为简单的二元和一元规则，且增加一些操作，对于话题句，一些学者常常采取这种方案进行描写，具体方法是分别增加话题化操作（话题提取）和内包操作。本书对于话题句的处理与这些学者不同：使用第一种方案处理话题句，只是会增加范畴类型，如 $s_T/(s/np)$，$s_T/(s\mid np)$，$s_T/(s/np)$，$(s_T/(s\backslash np))/n$，$((s_T/np)/(s\backslash(np/np)))/np$，$s_T/(s/np)$，$s_T/(s\backslash(vp/vp))$ 等，用它们表示不同种类话题成分的范畴。

总之，范畴语法对于非连续结构的处理突破了结构主义理论中直接成分的藩篱（如"有名无实的组合"），其解决方式完全没有任何外来的干涉机制（如删除规则、移位规则、复制规则等）。本章的核心内容就是在范畴语法的理论框架内严格遵循语义组合性规则及规则对规则假设，以非转换手段解决汉语中的非连续结构问题。

## 13.2　CCG 对汉语 NCC 结构的处理

范畴语法中的 NCC 是 "non-constituent conjunction" 的缩写，也就是非直接成分的组合。广义的 NCC 现象是由两个同序并且同构的小句合并为一个句子的过程中形成的。按照其构成方式的不同又可以分为两种——语缺句和狭义 NCC 句，本书重点介绍后者，但为了保持论述的完整性，先对前者即语缺句作简要介绍。

### 13.2.1　汉语语缺句的分析及处理

两个小句结构、语序相同，后小句通过缺失动词与前小句合并为一个句子，这样的句子叫**语缺句**，如：

张三学英语（而）李四（是）法语、赵英（是）日语。

张三吃苹果（而）李四（是）香蕉。

张三让李四写小说（而）王五（是）剧本。

张三星期三吃中餐（而）星期四（是）西餐。

可以看出汉语的语缺句通常是"而……是……"连接的一种紧缩复句。对于后小句动词的缺失，范畴语法避免使用"省略"这种说法，一方面因为范畴语法认为"删除"是一种破坏性机制而予以回避，另一方面，范畴语法能够在不使用"省略"或"删除"的前提下很好地解决问题，成功地生成句子。

对于这种现象，范畴语法先后出现了三种处理方案，其中斯蒂德曼（Steedman，1991）的方法比较成功。他的分析分为两步：第一步，分析带有语缺的小句有什么样的范畴，这一步需要向后同向复合规则。第二步，在第一个完全句中找到有这样范畴的结构，这一步要运用分解操作，具体分解为什么样的范畴要视后小句的范畴而定。

可以给出汉语语缺句"张三吃苹果（而）李四（是）香蕉"一个完整的生成模式，见图（3.）13.2。

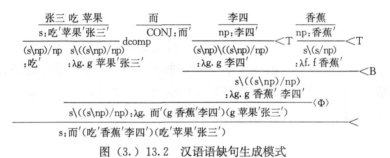

图（3.）13.2　汉语语缺句生成模式

虽然操作是成功的，但这种复杂数学方法的运用导致了心理现实性的缺失——这也是整个范畴语法理论体系多受诟病之处。

### 13.2.2　汉语狭义 NCC 结构的分析及处理

两个不是直接成分的甚至不是同一层次上的语符串连接成 NCC 的一个成分，这在范畴语法当中是被允许的，这也正是范畴语法的特征之一：突破了直接成分的概念而更注重可能的"语言片段"。CCG 以解决这方面的问题见长，但却没有区分语缺句与狭义 NCC 构造，也就是说，CCG 把这两种现象合并为广义的 NCC 结构。语缺句必然与它前面的一个严谨的表达相联系，并以此获得语义解释，而 NCC 则在各种表达中都是十分自然的；语缺句有明显的韵律特征而 NCC 则不然。汉语 NCC 结构有以下几种类型：

**语句 13.1**（主语与状语结合为一个语言片段）

(a)［小海经常而小虎很少］喝酒。

（b）［张三高兴地而李四沮丧地］走了出来。

这种句子只能用"而"连接，其生成模式见图（3.）13.3。

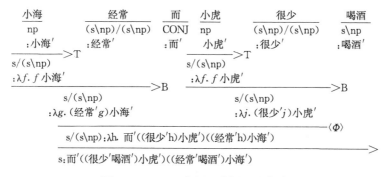

图（3.）13.3  主语和状语毗连推演

**语句 13.2**（宾语与后置状语结合为一个语言片段）

（a）小红喝［红牛很快啤酒很慢］。

（b）张三吃［米饭很多面食很少］。

（c）张三学［日语很早英语很晚］。

这种 NCC 结构只能用"而"连接，不能用"而……是"连接。其生成模式见图（3.）13.4。

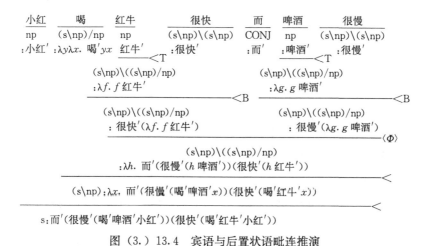

图（3.）13.4  宾语与后置状语毗连推演

**语句 13.3**（直接宾语和间接宾语结合为一个语言片段）

（a）妈妈给了［女儿一块糖（和）儿子一块饼干］。

（b）张三给了［李四一本书（而）王五（是）一盒磁带］。

这种类型可以用"而……是"连接，其生成模式见图（3.）13.5。

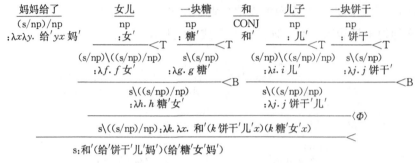

图（3.）13.5　直接宾语和间接宾语的毗连推演

**语句 13.4**（主语与谓语动词结合为一个语言片段）

［小坤喜欢而小东讨厌］那个歌手。

这种类型只能用"而"连接，其生成模式见图（3.）13.6。

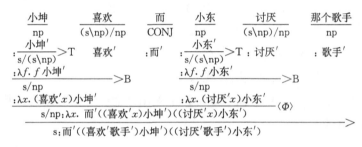

图（3.）13.6　主语和及物动词毗连推演

## 13.3　CCG 对汉语话题句的处理

话题化是斯蒂德曼在函项复合方案（Ades, et al., 1982；Steedman, 1988）基础上提出的一种句法操作。斯蒂德曼（Steedman, 1988）的话题化表达式是：

**规则 13.1**（话题化规则）

$T_{top}: X \rightarrow S_T/(S/X)$。

有了这个表达式，就可以实现一些简单的话题句推演，如图（3.）13.7所示。

作业　　　　我　　　　写完了
np　　　　 np　　　　(s\np)/np
:作业′　　　　:我′　　　　:λyλx. (写完′x)y
──────T_top　──────>T
s_T/(s/np)　 s/(s\np)
λf. f 作业′　 :λg. g 我′
　　　　　　　　　　　　──────────────
　　　　　　　　　s/np:λx. (写完′x)我′　　>
　　　　　　　　──────────────────
　　　　　　　　s_T: (写′作业′)我′　　>

图（3.）13.7　无占位代词的宾语提取话题句的推演

对这个句子当中的主语"我"进行了提升，然后与动词进行向前的同向函项复合运算，再与话题进行向前的函项应用运算，生成话题句范畴 $s_T$。从这个句子的生成过程可以看到：①函项复合使得主语和及物动词成为一个语言片段，它与直接成分完全不同，而在范畴语法当中这却成为解决话题问题的关键——没有主语和及物动词的组合性就不可能以组合的方式生成话题句；②话题是一个函项范畴，它使得缺失某个句法成分的句子成为述题。从话题范畴的表达方式 $s_T/(s/np)$ 来看，不难看出它与原句保持了语义联系，即：它是动词所蕴涵的宾语，因而与动词保持了语义的组合性。

斯蒂德曼对话题句的处理方法很具有启发性，但是笔者认为有两点不太令人满意：一是这种处理方法增加了一条句法规则，这样似乎与 CCG 规则的"跨语言不变性"有所出入；二是话题化语句有好几种类型，此条规则对许多其他类型的话题句无能为力。既然 CCG 规则是跨语言不变的，它将不同语言的区别仅仅保留在词库中，因此可以从词项的范畴指派上寻找出路。英语 CCG 对词项的范畴指派比较灵活，比如同是 that，由于它在语句中充当的句法成分不一样，英语词库就给出了不同的范畴指派：that 充当主语提取句的关系词时，其范畴被指派为 $(np\backslash np)/(s\backslash np)$；充当宾语提取句的关系词时，其范畴为 $(np\backslash np)/(s/np)$；充当补语连词时，其范畴为 $s/s$，等等。我们将尝试性地给具有不同句法功能的名词词组指派不同的范畴，以期可以对后面所示的汉语特殊句法结构进行正确地处理。

除了图（3.）13.7 所示的无占位代词的宾语提取话题化语句外，还有像"小龙女杨过爱她"这样的有占位代词的宾语提取话题化语句，像"雷锋他将永垂不朽"这样的有占位代词的主语提取话题化语句，像"那个乞丐我给了他五块钱"这样的有占位代词的间接宾语提取话题化语句，像"那五块钱我给那个乞丐了"这样的无占位代词的直接宾语提取话题化语句，像"那个乞丐我给了五块钱"这样的无占位代词的间接宾语提取话题化语句，像"小张眼光不错"这样的复杂主语的修饰成分话题化语句，像"你们班我最喜欢杨凡"这样的复杂宾语修饰成分话题化语句，像"孩子他们的听话"这样的复杂主语中心成分话题化语句和像"手机我喜欢用华为的"这样的复杂宾语中心成分话题化语句等。如果给这些语句中被提取的名词短语一律指派范畴 $s_T/(s/np)$，不一定都能得出正确的推理。本书舍弃斯蒂德曼的话题化规则，根据话题化语句的不同类型，直接在词库中给话题成分指派不同的范畴（对于有占位代词的话题化语句，要

用到姚从军（2015）构建的组合范畴语法 CCG|中的照应范畴 s|np 和照应算子抽象规则|λ，CCG|是 CCG 的扩展）：

**词汇范畴 13.1**（话题成分的范畴指派）

（a）无占位代词的宾语提取话题成分：$s_T/(s/np)$；

（b）有占位代词的主、宾语提取话题成分和间接宾语提取话题成分：$s_T/(s|np)$；

（c）无占位代词的双宾语提取话题成分：$s_T/(s/np)$；

（d）复杂主语修饰成分话题成分：$(s_T/(s\backslash np))/n$；

（e）复杂宾语修饰成分话题成分：$((s_T/np)/(s\backslash(np/np)))/np$；

（f）复杂主、宾语中心成分话题成分：$s_T/(s/np)$。

### 13.3.1　汉语主谓句主、宾语话题化结构的分析处理

图（3.）13.7 给出了无占位代词的宾语话题化语句的推演，这里不再重复。我们同意袁毓林的观点，即受事格的话题化比较自由。需要特别说明的是，如果主语和宾语都是指人的名词短语，那么提取后在原位置应该出现占位代词，旨在标明语法关系以避免引起歧义。例如图（3.）13.8。

$$\frac{\dfrac{小龙女}{s_T/(s|np):\lambda f.\,f\,小龙女'}\qquad \dfrac{\dfrac{杨过爱她}{s:爱'x\,杨过'}}{s|np:\lambda x.\,爱'x\,杨过'}|\lambda}{s_T:爱'小龙女'杨过'}>$$

图（3.）13.8　有占位代词的宾语提取话题句的推演

再来看主语的话题化情况（图（3.）13.9）。

$$\frac{\dfrac{雷锋}{s_T/(s|np):\lambda f.\,f\,雷锋'}\qquad \dfrac{\dfrac{他将永垂不朽}{s:永垂不朽'x}}{s|np:\lambda x.\,永垂不朽'x}|\lambda}{s_T:永垂不朽'雷锋'}>$$

图（3.）13.9　有占位代词的主语提取话题句的推演

### 13.3.2　汉语双宾句宾语话题化结构的分析与处理

出现占位代词的双宾句宾语话题化语句的生成过程与 13.3.1 小节中出现占位代词的主、宾语话题化语句的生成过程相同，见图（3.）13.10。

$$\frac{\overline{\text{那个乞丐}}\quad\quad\overline{\text{我给了他五块钱}}}{s_T/(s\,|\,np):\lambda f.\,f\,\text{那个乞丐}\quad\quad\dfrac{\dfrac{s:\text{给了}'x\,\text{五块钱}'\text{我}'}{s\,|\,np:\lambda x.\,\text{给了}'x\,\text{五块钱}'\text{我}'}\Big|\lambda}{}}$$
$$s_T:\text{给了}'\text{那个乞丐}'\text{五块钱}'\text{我}'$$

图（3.）13.10　有占位代词的间接宾语提取话题句的推演

不存在有占位代词的直接宾语提取的话题句。

无占位代词的双宾句宾语话题化语句情况如图（3.）13.11 和图（3.）13.12 所示。

$$\frac{\overline{\begin{array}{c}\text{那五块钱}\\ s_T/(s/np)\\ :\lambda f.\,f\,\text{那五块钱}'\end{array}}\quad\overline{\begin{array}{c}\text{我}\\ s/(s\backslash np)\\ :\lambda g.\,g\,\text{我}'\end{array}}\quad\dfrac{\overline{\begin{array}{c}\text{给了}\\ ((s\backslash np)/np)/np\\ :\text{给了}'\end{array}}\quad\overline{\begin{array}{c}\text{那个乞丐}\\ np\\ \text{那个乞丐}'\end{array}}}{(s\backslash np)/np:\text{给了}'\text{那个乞丐}'}{}}$$
$$\frac{}{s/np:\lambda x.\,\text{给了}'\text{那个乞丐}'x\,\text{我}'}>B$$
$$s_T:\text{给了}'\text{那个乞丐}'\text{那五块钱}'\text{我}$$

图（3.）13.11　无占位代词的直接宾语提取话题句的推演

$$\frac{\overline{\begin{array}{c}\text{那个乞丐}\\ s_T/(s/np)\\ :\lambda f.\,f\,\text{那个乞丐}'\end{array}}\quad\overline{\begin{array}{c}\text{我}\\ s/(s\backslash np)\\ :\lambda g.\,g\,\text{我}'\end{array}}\quad\dfrac{\overline{\begin{array}{c}\text{给了}\\ ((s\backslash np)/np)/np\\ :\text{给了}'\end{array}}\quad\overline{\begin{array}{c}\text{五块钱}\\ np\\ :\text{五块钱}'\end{array}}}{(s\backslash np)/np:\text{给了}'\text{五块钱}'}{}}$$
$$\frac{}{s/np:\lambda x.\,\text{给了}'\text{那五块钱}'x\,\text{我}'}>B$$
$$s_T:\text{给了}'\text{五块钱}'\text{那个乞丐}'\text{我}'$$

图（3.）13.12　无占位代词的间接宾语提取话题句的推演

### 13.3.3　汉语复杂主、宾语话题化结构的分析与处理

复杂主语和宾语是指由带修饰成分的偏正短语充当主语和宾语，其修饰成分和中心词都有话题化的可能。

#### 13.3.3.1　主、宾语修饰语话题化结构的分析与处理

如图（3.）13.13 所示。

$$\frac{\overline{\begin{array}{c}\text{小张}\\ (s_T/(s\backslash np))/n\\ :\lambda P\lambda Q.\,\exists y(poss'y\,\text{小张}'\wedge Py\wedge Qy)\end{array}}\quad\overline{\begin{array}{c}\text{嘴巴}\\ n:\lambda x.\,\text{嘴巴}'x\end{array}}\quad\overline{\begin{array}{c}\text{甜}\\ s\backslash np:\text{甜}'\end{array}}}{s_T/(s\backslash np):\lambda Q.\,\exists y(poss'y\,\text{小张}'\wedge\text{嘴巴}'y\wedge Qy)}{}}$$
$$s_T:\exists y(poss'y\,\text{小张}'\wedge\text{嘴巴}'y\wedge\text{甜}'y)$$

图（3.）13.13　复杂主语修饰成分话题化语句的推演

这个句子的话题范畴（$s_T/(s\backslash np))/n$ 表明话题成分是由一个定语成分提取而来，见图（3.）13.14。

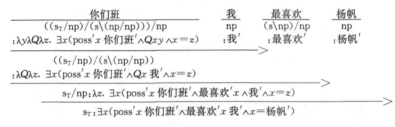

图（3.）13.14　复杂宾语修饰成分话题化语句的推演

### 13.3.3.2　主、宾语中心语话题化结构的分析与处理

下面给出复杂主语中心成分话题化语句和复杂宾语中心成分话题化语句的推演实例，见图（3.）13.15 和图（3.）13.16。

图（3.）13.15　复杂主语中心成分话题化语句的推演

图（3.）13.16　语句"手机我喜欢用华为的"的推演

## 13.4　汉语连动句和复杂谓词并列结构的处理尝试

汉语是意合型语言，很多时候并列的结构之间不需要使用联结词，而是借助于语序、词性等信息传达成分之间的并列关系，如汉语连动句和复杂谓词并列句中的谓词与谓词之间往往省略并列联结词，并且这样的语句也可以看成是一种非连续结构，因为几个谓词共用一个主语可以视为省略了某些谓词的主语。具有汉语言文化背景的人在理解这样的语句时，根据一种言语习惯和语言常识自然就能明白其意义和关系。但是对于把汉语作为第二语言的人或者计算机来说，无疑会产生识读上的困难，这就需要我们借助范畴语法的手段来进行分析和解读。使用 CCG 处理汉语连动句和复杂谓词并列结构句，有必要对原生态CCG进行扩展，即增加下面一条规则，称为**谓词合并规则**：

**规则 13.2**（谓词合并规则模式）

$X：g \quad X：f \quad \Rightarrow_{\varnothing^n} \quad X：\lambda\cdots（f\cdots）\wedge（g\cdots）$（$X$ 是谓词范畴）

**规则 13.3**（谓词合并规则）

(a) $\varnothing^0 xy \equiv x \wedge y$；

(b) $\varnothing^1 fg \equiv \lambda x.（fx）\wedge（gx）$；

(c) $\varnothing^2 fg \equiv \lambda x\lambda y.（fxy）\wedge（gxy）$；

(d) $\varnothing^3 fg \equiv \lambda x\lambda y\lambda z.（fxyz）\wedge（gxyz）$；

(e) $\varnothing^4 fg \equiv \lambda x\lambda y\lambda z\lambda w.（fxyzw）\wedge（gxyzw）$。

### 13.4.1    汉语连动句及其处理

汉语中存在大量非连续现象，也包括连动句，句子中一个主语和多个动词构成主谓关系，主语一般只出现一次。多个动词共用一个主语时，后面动词根据承前省略原则，在形式上都省去了主语，它们是按事理顺序进行线性排列而成，动词和动词之间往往不使用联结词，如"小李走出去开门"。"走出去"和"开门"并列且共用主语，但是未出现联结词。在原生态 CCG 中，我们无法处理这个语句，使用上面的谓词合并规则对原生态 CCG 扩展后，很容易给出它们的范畴推演。

连动句"小李走出去开门"中的两个动词共用同一个主语，我们可以认为该语句是"小李走去（小李）开门"，即两个动词分别有一个主语，因为相同而进行了删略。也可以把它看作是两个动词短语并列共用一个主语。针对目前对原生态组合范畴语法的扩展，我们采取后一种解读方式，并给出"小李走出去开门"的推演如图（3.）13.17 所示。

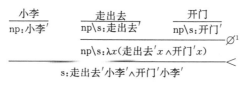

图（3.）13.17    连动句的生成模式

借助姚从军（2015）构建的组合范畴语法 CCG| 中的省略槽规则，针对连动句也可以实施上述解读的推演。

### 13.4.2    汉语复杂谓词并列结构及其处理

所谓复杂谓词就是由两个及以上的动词短语联结而成的谓词短语，它们不一定是连动句的谓语，这些组成部分之间往往没有联结词，比如语句"他提出了意见、阐明了理论、总结了规律""专家们深入研究分析了这个方案""小型木材加工厂忙着制作各种木制品"等。在原生态 CCG 中，同样无法处理这样的语句，但是使用上面的谓词合并规则对原生态 CCG 进行扩展后，很容易给出它们的范畴推演，见图（3.）13.18 和图（3.）13.19。

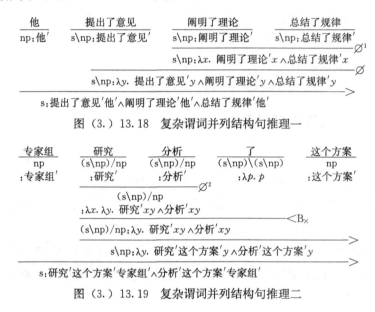

图（3.）13.18　复杂谓词并列结构句推理一

图（3.）13.19　复杂谓词并列结构句推理二

# 14

## 组合范畴语法对汉语形容词谓语句的处理

### 14.1　汉语形容词谓语句的定义和分类

形容词常常充当名词的修饰语，如"可爱的人""红色的玫瑰"等；形容词还可作句子的谓语，如"花儿红了，树儿绿了""沿海发达，内地落后""张三聪明绝顶""我们的老师真好""心里堵得慌""李四高兴得合不拢嘴""王五气得七窍生烟"等。形容词谓语句就是形容词或形容词短语作谓语的句子。

作谓语的形容词或形容词短语旨在对某个对象进行描写和判定，形容词谓语句主要用于断定某对象具有某种属性。如在"花红"中，"红"是对"花"的某一属性的描写，而整个句子断定花具有红的属性。

汉语形容词谓语句是汉语十大典型的句型之一，因此对汉语形容词谓语句进行形式处理是中文信息处理的重要组成部分。为了系统和准确地刻画汉语形容词谓语句，需要对汉语形容词谓语句进行细分，从而把握不同形容词谓语句的特征。根据汉语形容词谓语句中谓语的结构特征，首先可将其分为光杆形容词谓语句和复杂形容词谓语句两种。光杆形容词作谓语的形容词谓语句就是单个形容词作谓语，如"胳膊长""西施的皮肤白""心胸狭窄"等；形容词短语作谓语的语句称为复杂形容词谓语句，按照形容词短语的类型，这样的语句可以分为"副词/数量词组/介宾短语（状语）＋形容词"作谓语的形容词谓语句，"形容词＋单个副词/（得＋副词）/短语/小句（补语）"作谓语的形容词谓语句，"副词/数量词组/介宾短语（状语）＋形容词＋单个副词/（得＋副词）/短语/小句（补语）"作谓语的形容词谓语句，等等。例如，"他的腿很粗""嘴巴甜得很""这个问题真是难死了"等。复杂形容词谓语句比光杆形容词谓语句的结构要复杂得多，分析的难度也大得多。补语问题尤为复杂，形式刻画较难，需要仔细琢磨。

### 14.2　汉语光杆形容词谓语句的组合范畴语法分析

光杆形容词谓语句的形容词分为性质形容词和状态形容词两种，性质形容词最为典型。本书不区分光杆形容词是性质形容词还是状态形容词，根据光杆形容词谓语句的主语类别，对光杆形容词谓语句进行讨论。

### 14.2.1　主语是专名或限定摹状词

如图（3.）14.1 所示。

$$\frac{\dfrac{\text{西施}}{\text{np}:\text{西施}'}\quad\dfrac{\text{漂亮}}{\text{s}\backslash\text{np}:\text{漂亮}'}}{\text{s}:\text{漂亮}'\text{西施}'}<$$

图（3.）14.1　主语是专名的光杆形容词谓语句的 CCG 分析

因为形容词作谓语，所以给其指派范畴 s\np，而不是指派名词修饰语范畴 n/n 或 np/np（图（3.）14.2）。

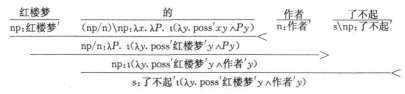

图（3.）14.2　主语是限定摹状词的光杆形容词谓语句的 CCG 分析

限定摹状词作主语，不仅给谓语形容词指派范畴 s\np，还给主语词组中表示所有格的"的"指派词条"（np/n）\np：$\lambda x.\lambda P.\ \iota(\lambda y.\text{poss}'xy\wedge Py)$"（图（3.）14.3）。

$$\frac{\dfrac{\dfrac{\text{那个}}{\text{np}/\text{n}:\iota}\quad\dfrac{\text{孩子}}{\text{n}:\text{孩子}'}}{\text{np}:\iota(\text{孩子}')}>\quad\dfrac{\text{聪明}}{\text{s}\backslash\text{np}:\text{聪明}'}}{\text{s}:\text{聪明}'\iota(\text{孩子}')}<$$

图（3.）14.3　主语是数量摹状词的光杆形容词谓语句的 CCG 分析

这里指示代词和普通名词构成限定摹状词，指示代词被指派词条"np/n：$\iota$"。

### 14.2.2　主语是受量词修饰的名词短语

如图（3.）14.4 和图（3.）14.5 所示。

$$\frac{\dfrac{\dfrac{\text{有的}}{(\text{s}/(\text{s}\backslash\text{np}))/\text{n}:\lambda P.\ \lambda Q.\ \exists x(Px\wedge Qx)}\quad\dfrac{\text{村子}}{\text{n}:\text{村子}'}}{\text{s}/(\text{s}\backslash\text{np}):\lambda Q.\ \exists x(\text{村子}'x\wedge Qx)}>\quad\dfrac{\text{穷}}{\text{s}\backslash\text{np}:\text{穷}'}}{\text{s}:\exists x(\text{村子}'x\wedge\text{穷}'x)}>$$

图（3.）14.4　主语是存在名词短语的光杆形容词谓语句的 CCG 分析

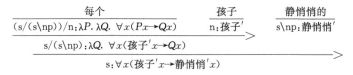

图（3.）14.5　主语是全称名词短语的光杆形容词谓语句的 CCG 分析

# 14.3　汉语复杂形容词谓语句的组合范畴语法分析

　　形容词通常要在前面加上修饰语（如副词、数量词组、介宾短语等）或后面加上补足语（如单个副词、得＋副词、短语、小句等）才能更恰当地充当句子的谓语。与光杆形容词谓语句相比，形容词的复杂形式充当谓语的情况更加常见，可分为三种情况。如前所述，本书只处理前两种情况，因为第三种情况的处理方法是前两种处理方法的综合。

## 14.3.1　"副词/数量词组/介宾短语（状语）＋形容词"充当谓语

　　这类形容词谓语句又叫状中形容词谓语句，根据可作形容词的状语的词类，可把状中形容词谓语句分为这样几类："程度副词＋形容词"充当谓语、"数量词组＋形容词"充当谓语、"介宾短语＋形容词"充当谓语，现在一一进行分析。

### 14.3.1.1　"程度副词＋形容词"充当谓语

　　在"程度副词＋形容词"充当谓语的状中形容词谓语句中，程度副词旨在刻画形容词具有的程度，程度义是形容词谓语句的一个重要语义特征。下面给出一个分析示范，见图（3.）14.6。

图（3.）14.6　"程度副词＋形容词"的形容词谓语句的 CCG 分析

### 14.3.1.2　"数量词组＋形容词"充当谓语

　　"数量词组＋形容词"充当谓语的形容词谓语句也很常见，如"骨头半斤重""1 号线 15 公里长""心里一团糟"等，下面给出对该类形容词谓语句进行分析的示范，见图（3.）14.7。

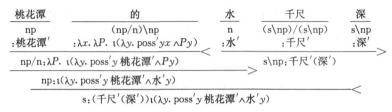

图（3.）14.7　"数量词组＋形容词"的形容词谓语句的CCG分析

### 14.3.1.3　"介宾短语＋形容词"充当谓语

对于"介宾短语＋形容词"的形容词谓语句而言，充当状语的介宾短语有"比"字短语、"对"字短语、"和"字短语等。例如，"他比我大""张老师对学生好""你和他一样重"。下面来分析语句"刘胡兰对党忠诚"。这个语句的主语是专名"刘胡兰"，谓语由介宾短语"对党"和形容词"忠诚"组合而成的复杂形容词充当。"对党"只是对谓词"忠诚"进行了说明，因此并没改变其谓词功能。这和"西施好美"相似，无非"西施好美"的"好"修饰程度，而这里的"对党"说明"刘胡兰忠诚"的指向。该句的句法推演如图（3.）14.8所示。

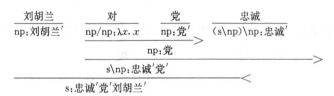

图（3.）14.8　"介宾短语＋形容词"的形容词谓语句的CCG分析

## 14.3.2　"形容词＋（得）单个副词（补语）/短语/小句"充当谓语

"形容词＋（得）副词（或补语）/短语/小句"充当谓语的也叫形补谓语句。根据补语的情况，大致分为四种：单个副词作补语的形补谓语句、加"得"字的形补谓语句、短语作补语的形补谓语句以及小句作补语的形补谓语句，下面逐类进行分析。

### 14.3.2.1　"形容词＋（得）副词（或补语）"充当谓语

对于此类形补谓语句来说，"极、死、坏、透、无比、透顶"等是可作补语的副词，现在我们分析语句"张家界美极了"。这个语句的主语是专名"张家界"；谓词由形容词"美"和单个副词"极了"组合而成的复杂形容词充当，"极了"是用来补充说明"美"的程度的，"美极了"是用来说明主语"张家界"的。分析这个形容词谓语句的关键是要准确地刻画"极了"。假定100为最大值，对美的程度进行数字化分级："有点美"表示程度不深，表示为|美|＜30％；程

度一般表示为 $30\% \leqslant |美| < 60\%$；程度较好表示为 $60\% \leqslant |美| < 80\%$；"很美" 表示为 $80\% \leqslant |美| < 90\%$；"美极了" 表示为 $90\% \leqslant |美| \leqslant 100\%$。"极了" 词条：极了 $\vdash (s\backslash np)\backslash(s\backslash np):\lambda P\lambda x.\,Px \wedge 90\% \leqslant |P| \leqslant 100\%$，见图 $(3.)\,14.9$。

| 张家界 | 美 | 极了 |
|---|---|---|
| $np:张家界'$ | $s\backslash np:美'$ | $(s\backslash np)\backslash(s\backslash np):\lambda P.\,\lambda x.\,P(x) \wedge (90\% \leqslant |P| \leqslant 100\%)$ |

$$s\backslash np\,\lambda x.\,美'x \wedge 90\% \leqslant |美'| \leqslant 100\%$$

$$s:美'张家界' \wedge 90\% \leqslant |美'| \leqslant 100\%$$

图 $(3.)\,14.9$ "形容词＋单个副词" 的形容词谓语句的 CCG 分析

再如，语句 "这件事烦死了"。这个案例与上面类似，给 "死了" 指派词条如图 $(3.)\,14.10$ 所示。

$$死了 \vdash (s\backslash np)\backslash(s\backslash np):\lambda P\lambda x.\,Px \wedge 90\% \leqslant |P| \leqslant 100\%$$

| 这件 | 事 | 烦 | 死了 |
|---|---|---|---|
| $np/n:\iota$ | $n:事'$ | $s\backslash np:烦'$ | $(s\backslash np)\backslash(s\backslash np):\lambda P\lambda x.\,Px \wedge (90\% \leqslant |P| \leqslant 100\%)$ |

$$np:\iota(事')$$

$$s\backslash np:\lambda x.\,烦'x \wedge 90\% \leqslant |烦'| \leqslant 100\%$$

$$s:烦'\iota(事') \wedge 90\% \leqslant |烦'| \leqslant 100\%$$

图 $(3.)\,14.10$ CCG 对 "形容词＋补语" 的形容词谓语句的逻辑生成图

还比如，语句 "诸葛亮聪明绝顶"。这个案例也与上面类似，给 "绝顶" 指派词条如图 $(3.)\,14.11$ 所示。

$$极了 \vdash (s\backslash np)\backslash(s\backslash np):\lambda P\lambda x.\,Px \wedge 90\% \leqslant |P| \leqslant 100\%$$

| 诸葛亮 | 聪明 | 绝顶 |
|---|---|---|
| $np:诸葛亮'$ | $s\backslash np:聪明'$ | $(np\backslash s)\backslash(np\backslash s):\lambda P\lambda x.\,Px \wedge (90\% \leqslant |P| \leqslant 100\%)$ |

$$s\backslash np:\lambda x.\,聪明'x \wedge 90\% \leqslant |聪明'| \leqslant 100\%$$

$$s:聪明'诸葛亮' \wedge 90\% \leqslant |聪明'| \leqslant 100\%$$

图 $(3.)\,14.11$ CCG 对 "形容词＋补语" 的形容词谓语句的逻辑生成图

有些副词要借助于结构助词 "得" 才能作补语，比如副词 "慌" "多" "出奇" "要死" "不轻" "不行" "不得了" 等，下面举两例进行分析。首先分析语句 "李四高兴得不得了"。

此例与单个副词作补语的情况类似。主语是专名 "李四"，形容词 "高兴" 作谓词，而 "得" 是补语的标记，可以把 "高兴得" 视为整体，其词条与 "高兴" 的词条相同；"不得了" 则是补语，修饰 "高兴"，说明高兴的程度。下面给 "不得了" 指派词条，见图 $(3.)\,14.12$。

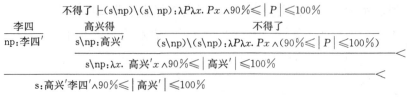

图（3.）14.12 "李四高兴得不得了"的CCG分析

再来分析语句"心里闷得慌"。这个语句与上一个语句有所不同，这里的补语"慌"是说明"心里"慌，而不是修饰"闷"的，即它的语义是心里闷和心里慌，因此这里的"慌"修饰个体，应指派词条"s\np：慌′"，但"心里闷"和"心里慌"有因果关系，前者导致后者。给出两种处理方式，一是在CCG框架内处理，为反映"心里闷"和"心里慌"之间的致使关系，指派"得"词条：得⊢((s\np)/(s\np))\(s\np)：$\lambda Q\lambda P\lambda x. \mathrm{RES}(Px)(Qx))$。这里RES表示致使的意思，也就是"得"字使两状态事件之间发生致使关系，语句"心里闷得慌"在CCG下的生成图如图（3.）14.13所示。

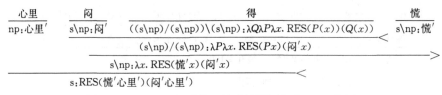

图（3.）14.13 加"得"的形补谓语句的CCG分析

二是借助姚从军（2015）构建的组合范畴语法CCG|处理语句"心里闷得慌"，利用CCG|的省略槽规则（el）和照应范畴向后应用规则（<|）进行推演。为揭示"心里闷"和"心里慌"之间的致使关系，这时指派"得"词条，见图（3.）14.14。

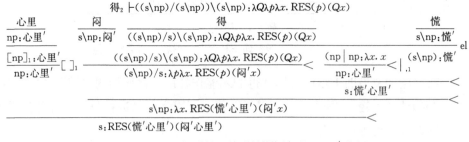

图（3.）14.14 加"得"的形补谓语句的CCG|分析

可以看出，两种方法殊途同归。

### 14.3.2.2 "形容词＋短语"充当谓语

名词短语、形容词短语、动词短语等都可作形容词的补语，但是这些短语必须借助于"得"才能和左相邻的作谓语的形容词组合。下面举两例进行分析。先看语句"花生糕甜得清脆爽口",它的主语"花生糕"专指一类食品,可作专名看待;"甜"作谓语,而"清脆爽口"是形容词短语接在"得"后作了补语,用来补充说明"甜"的情况(图(3.)14.15)。

图(3.)14.15  形容词短语作补语的形补谓语句的 CCG 分析

看语句"小李高兴得流下了眼泪"。这一语句和上一语句不一样。"小李"是整个语句的主语,"高兴"是整个语句的谓语,"得"是补语标记语,"流下了眼泪"是一个动词短语作了补语,补充说明高兴的结果。这里,"流下了眼泪"是小李流下了眼泪,"高兴"也是小李高兴,所以流下眼泪并不是修饰高兴的,但是高兴是流下眼泪的致使事件,这里没有涉及高阶谓词。下面给出两种处理方式,一是在 CCG 框架内处理,为刻画"小李高兴"和"小李流下了眼泪"之间的致使关系,这时给予"得"字词条(图(3.)14.16)。

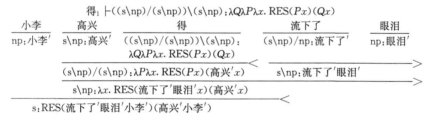

图(3.)14.16  动词短语作补语的形补谓语句的 CCG 分析

二是借助姚从军(2015)构建的组合范畴语法 CCG│处理该语句,利用该系统的省略槽规则(el)和照应范畴向后应用规则(<│)进行推演。为刻画"小李高兴"和"小李流下了眼泪"之间的致使关系,故给予"得"字词条:得$_2 \vdash ((s\backslash np)/(s\backslash np))\backslash (s\backslash np):\lambda Q\lambda p\lambda x.\,\text{RES}(p)(Qx)$,见图(3.)14.17。

图(3.)14.17  动词短语作补语的形补谓语句的 CCG│分析

### 14.3.2.3 "形容词＋小句" 充当谓语

在形容词谓句中作补语的是一个小句，这种情况也比较常见，如 "燕飞高兴得眼睛眯成一条缝"。补语 "眼睛眯成一条缝" 是在描述主语 "燕飞" 的情况，是她的眼睛眯成一条缝，而不是描述谓词 "高兴" 的。但燕飞高兴导致了燕飞的眼睛眯成一条缝，因而对 "高兴" 作了补充说明。此处特别要注意对于像 "眼睛" 这样的指称身体某一部位的名词的词条指派。为了使这样的名词可以与一个具体的人或物联系起来，我们给 "眼睛" 指派词条：眼睛 $\vdash$ np\np:$\lambda x.\iota$ $(\lambda y.\,\mathrm{poss}'\,yx \wedge 眼睛'\,y)$。为了在推演中达到这一目的，必须借助于借助姚从军 (2015) 构建的组合范畴语法 CCG| 的省略槽规则和照应算子应用规则，在 CCG 中无法实现这个语句的推理，见图 (3.) 14.18。

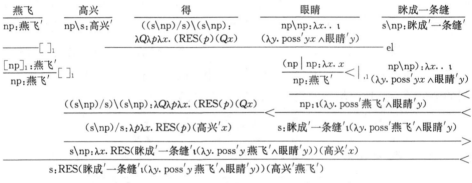

图 (3.) 14.18　小句作补语的形补谓语句的 CCG| 分析

还有 "副词/数量词组/介宾短语（状语）＋形容词＋单个副词/（得＋副词）/短语/小句（补语）" 作谓语的形容词谓语句，此种情况是前述情况的合并，此不赘述！

# 15

## 组合范畴语法对汉语主谓谓语句的处理

**主谓谓语句**是汉语独具特色的一种句型，具有较强的造句功能，对汉语主谓谓语句的处理是中文信息处理的重要任务之一。根据充当大小主语以及谓语的成分差异，可以概括出主谓谓语句的主要类型。使用组合范畴语法 CCG 可以处理大多数汉语主谓谓语句，部分汉语主谓谓语句还需借助于 CCG 的扩展系统 CCG| 方可处理。

## 15.1　汉语主谓谓语句的语法结构及语法特征

主谓谓语句是主谓短语充当句子谓语的一种结构，如"今天阳光灿烂""张三心胸狭窄""春节她回家"等，它是汉语独具特色的一种句型，具有较强的造句功能。主谓谓语句的常见格式可以表示为：$S_1 +（S_2 + P）$，其中，$S_1$ 是全句主语，叫大主语，如例句中"今天""张三""春节"等；$S_2$ 是充当句子谓语的那个主谓短语的主语，叫小主语，如例中的"阳光""心胸""她"；$（S_2 + P）$整体充当句子的谓语，P 则称为小谓语，由动词或者形容词等承担。

主谓谓语句的大小主语在主谓谓语句中有不同的作用：大主语是主谓谓语评论、叙述、描绘的对象，即大主语就是话题，小主语则是小谓语描述的对象，它与大主语可有领属、施受、复指等多种关系。主谓谓语句的语法特征之一就是：$S_1$ 是 $S_2 + P$ 的陈述对象，主谓之间允许较大停顿；主谓谓语句的语法特征之二是：大主语与小主语之间能插进状语，如果是复句，还可以插进关联词语。如"张三（一直）心胸宽阔"。

## 15.2　汉语主谓谓语句的组合范畴语法分析

### 15.2.1　大主语 $S_1$ 和小主语 $S_2$ 是领属关系的主谓谓语句

**语句 15.1**　貂蝉皮肤白。

　　这是一个大主语和小主语有领属关系的主谓谓语句，其语义为：貂蝉有皮肤，且皮肤白。"皮肤"是类名词，涉及存在量词的使用。此语义的逻辑形式为：$\exists x(Px \wedge \mathrm{poss}'xa \wedge Qx)$。其中，$P$ 解释为"是皮肤"，$a=$貂蝉，$\mathrm{poss}'$ 解释为"领有"，$Q$ 解释为"白"。整个公式解释为：存在 $x$，$x$ 是皮肤，貂蝉有皮肤且貂蝉的皮肤白。

　　从句法上来看，"貂蝉"是大主语 $S_1$，词条为"np：貂蝉$'$"。"皮肤"是小主语 $S_2$，两者之间构成领属关系，可以通过添加"的"字表现为"貂蝉的皮肤"。"白"是小谓语 P，修饰说明小主语情况，然后与小主语合成主谓短语"皮肤白"共同充当句子的谓语。给"皮肤"和"白"进行范畴和语义指派需要仔细推敲。既然主谓短语"皮肤白"共同充当句子的谓语，那么"皮肤白"的范畴就应该为 s\np；又因为"皮肤"这个小主语 $S_2$ 与"貂蝉"这个大主语 $S_1$ 具有领属关系，所以"皮肤白"的语义逻辑形式应该为：$\lambda y. \exists x(皮肤'x \wedge \mathrm{poss}'xy \wedge 白'x)$。所以，"皮肤白"的词条如下：

　　皮肤白 $\vdash$ s\np：$\lambda y. \exists x(皮肤'x \wedge \mathrm{poss}'xy \wedge 白'x)$

　　如何给"皮肤"和"白"指派范畴和语义表达式？给谁的范畴指派函项范畴，给谁的范畴指派论元范畴？我们知道，"皮肤"这个小主语 $S_2$ 不仅与"貂蝉"这个大主语 $S_1$ 具有领属关系，还与小谓语"白"具有谓述关系，所以以小主语 $S_2$ "皮肤"为函项范畴容易建立这两个关系。如果给"白"指派常规范畴 s\np，那么"皮肤"的范畴就可以为（s\np）/（s\np）。如何构造它们的语义表达式呢？特别是，不仅"皮肤"与小谓语"白"具有的谓述关系要通过语义表达式表达出来，而且"皮肤"与大主语"貂蝉"具有的领属关系更要通过语义表达式表达出来。我们采用回溯方法。已知"皮肤白"的语义表达式为 $\lambda y. \exists x(皮肤'x \wedge \mathrm{poss}'xy \wedge 白'x)$，而 $\lambda y. \exists x(皮肤'x \wedge \mathrm{poss}'xy \wedge 白'x) = \lambda P \lambda y. \exists x(皮肤'x \wedge \mathrm{poss}'xy \wedge Px)$ 白$'$，所以"皮肤"和"白"的词条分别如下所示：

　　皮肤 $\vdash$（s\np）/（s\np）：$\lambda P \lambda y. \exists x(皮肤'x \wedge \mathrm{poss}'xy \wedge Px)$；白 $\vdash$ s\np：白$'$

　　语句"貂蝉皮肤白"在 CCG 中的推演如图（3.）15.1 所示。

图（3.）15.1　$S_1$ 和 $S_2$ 是领属关系的主谓谓语句在 CCG 中的逻辑生成图

### 15.2.2　大主语 $S_1$ 和小主语 $S_2$ 是施受关系的主谓谓语句

大主语 $S_1$ 与小主语 $S_2$ 是施受关系的情况主要有三种：大主语 $S_1$ 是小谓语 P 的受事，小主语 $S_2$ 是小谓语 P 的施事，如：伟人人人都崇拜；大主语 $S_1$ 是施事，小主语 $S_2$ 是受事，如：他一个字都不说；大主语 $S_1$ 是施事，小主语 $S_2$ 受事，不仅表达了 $S_1$ 做了 $S_2$，还进一步说明了 $S_1$ 把 $S_2$ 干得怎么样，如：郭富城舞跳得好。下面针对三种情况各举一例说明：

**语句 15.2**　这本书，小张读过。①

这个语句属于第一种情况。"小张读过"是这个语句的大谓语，所以它的范畴为 s\np。因为大小主语都与小谓语相联系，所以给"读过"指派函项范畴更容易建立这两个联系，这里给"读过"指派范畴"(s\np)\np"，该语句各成分的词条如下：

这本├np/n:ι；书├n:书′；小张├np：小张′；读过├(s\np)\np:$\lambda x \lambda y$. 读过′$yx$

该语句在 CCG 下的推演如图（3.）15.2 所示。

图（3.）15.2　$S_1$ 为受事、$S_2$ 为施事的主谓谓语句在 CCG 中的逻辑生成图

**语句 15.3**　小王任何消息也不透露。

此句中，"小王"为大主语 $S_1$，是小谓语"不透露"的施事；"任何消息"是小主语 $S_2$，是小谓语"不透露"的受事；语气助词"也"无语法意义。在小主语中，"消息"是主语中心语，"任何"作"消息"的定语，强调普遍性。各成分的词条指派如图（3.）15.3 所示。

图（3.）15.3　$S_1$ 为施事、$S_2$ 为受事的主谓谓语句在 CCG 中的逻辑生成图

---

① 这样的语句也可以用话题化操作进行处理。

**语句 15.4** 张三舞跳得好。

这是一个带补语的主谓谓语句。"张三"是大主语 $S_1$,它是小谓语中心词"跳"的施事;"舞"为小主语 $S_2$,是小谓语中心词"跳"的结果;"得"是补语标记,形容词"好"为补语,补充说明张三跳舞跳得怎么样。该语句各成分的词条指派如图(3.)15.4 所示。

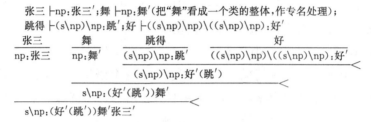

图(3.)15.4 $S_1$ 为施事、$S_2$ 为受事且带补语的主谓谓语句的在 CCG 中的生成图

### 15.2.3 大主语 $S_1$ 同谓语的某一成分是复指关系的主谓谓语句

大主语 $S_1$ 与谓语中的某一成分构成复指关系的情况大体有两种:大主语 $S_1$ 与小主语 $S_2$ 构成复指关系,如:"深圳,它是内地学习的标杆";大主语 $S_1$ 与小谓语 P 的某一成分构成复指关系,如:"毛泽东,老人都崇拜他"。下面通过例句来具体分析。

**语句 15.5** 毛泽东,老人崇拜他。

在这个语句中,"毛泽东"是大主语 $S_1$,"老人崇拜他"是主谓谓语句的谓语部分。其中,"毛泽东"与"他"有复指关系。各成分的词条指派如图(3.)15.5 所示。

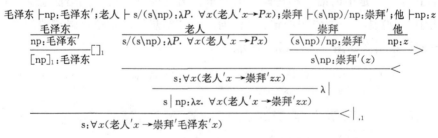

图(3.)15.5 P 的受事与 $S_1$ 构成复指关系的主谓谓语句在 CCG|中的生成图

本推理的关键是,在推出开语句"老人都崇拜他"之后,使用姚从军(2015)构建的组合范畴语法 CCG|的照应算子抽象规则 $\lambda$|,使之转换成类型为 $\langle e, t \rangle$ 的范畴 s|np,显然这是一个谓词类型,与其自身是主谓谓语句的谓语身份一致。

### 15.2.4 谓语是主谓短语的主谓谓语句

**语句 15.6** 杨过、小龙女，心$_1$连着心$_2$。

在这个语句中，"杨过和小龙女"为大主语 S$_1$，"心连着心"是主谓谓语句的谓语部分。其中，第一个"心"为小主语 S$_2$，"连着"为小谓语的中心动词，第二个"心"为小谓语中心动词的宾语成分。此句中的两个"心"与大主语之间是领属关系，不妨设前者领属于"杨过"，后者领属于"小龙女"。①各成分的词条如下：

杨过 $\vdash$np:杨过$'$；小龙女 $\vdash$np:小龙女$'$；心$_1$ $\vdash$n:心$_1'$；心$_2$ $\vdash$n:心$_2'$；连着 $\vdash$(((s\np)\np)\n)/n: $\lambda P\lambda Q\lambda w\lambda v.\ \exists x\,\exists y(Px\wedge Qy\wedge\text{poss}'xw\wedge\text{poss}'yv\wedge\text{连}'xy)$

此句的关键是"连着"的词条指派，这个指派要达到三个目的：一是和两个"心"组合后得到的结果"心连着心"应该具有谓词类型；二是体现出"杨过"与"心$_1$"的领属关系；三是体现出"小龙女"与"心$_2$"的领属关系。推演如图（3.）15.6 所示。

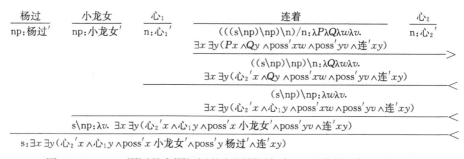

图（3.）15.6　谓语是主谓短语的主谓谓语句在 CCG 中的逻辑生成图

### 15.2.5 大主语 S$_1$ 是时间、处所词语的主谓谓语句

**语句 15.7** 济南的冬天，风景如画。

这个语句中，大主语 S$_1$ 是"济南的冬天"，表时间；而"风景如画"是主谓谓语部分，描述"济南的冬天"的状况。其中，"风景"为小主语，而"如"为小谓语中心词，"画"是"如"的宾语部分，"如画"是小谓语。整个句子的逻辑语义结构可表述为 $\exists x\,\exists y\,\exists z(Px\wedge Qy\wedge Hz\wedge\text{poss}'xa\wedge\text{poss}'yx\wedge Rzy)$。其中，谓词 $P$ 解释为"冬天"，$Q$ 解释为"风景"，$H$ 解释为"画"，poss$'$ 表示领有关系，$a$=昆明，$R$ 解释为"如"。整个公式解释为：存在 $x$，存在 $y$，存在 $z$，$x$ 是冬天，$y$ 是风景，$z$ 是画，济南有冬天，冬天有风景，且风景如画。下面给

---

① 设第一个"心"领属于"小龙女"、第二个"心"领属于"杨过"也是可以的，处理方法类似。

出它们的词条，见图（3.）15.7。

济南 ⊢np：济南′；的 ⊢(np/n)\np：$\lambda r \lambda P. \exists x(poss' xr \wedge Px)$；冬天 ⊢n：冬天′
风景 ⊢(s\np)/(s\np)：$\lambda Q \lambda x. \exists y(风景' y \wedge poss' yx \wedge Qy)$；
如 ⊢(s\np)/np：$\lambda P \lambda z. P(\lambda y. 如' zy)$；画 ⊢np：$\lambda H. \exists z(画' z \wedge Hz)$

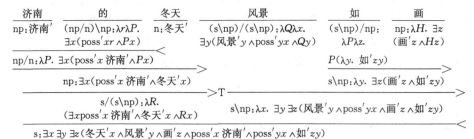

图（3.）15.7 $S_1$ 是时间词语的主谓谓语句在 CCG 中的逻辑生成图

句首是时间、处所词语的句子不都是主谓谓语句，仅当句首的时间、处所
词语作主语才是主谓谓语句；如果作状语，则是状语前置句，如"路上，我捡
到一块手表"。主谓谓语句的大主语是谓语的陈述对象，时间、处所词语前面一
般不能加介词"在"，状语句相反。

### 15.2.6　大主语 $S_1$ 是 P 的工具、材料、与事等的主谓谓语句

这类主谓谓语句的大主语在语义上用来说明谓语动词实施的工具、材料、
对象等。在"这把刀我切西瓜"中，"这把刀"表示切西瓜的工具；在"这块木
头张师傅用来做桌子"中，"这块木头"表示做桌子的材料；在"小王，我打招
呼了"中，"小王"是打招呼的与事。

**语句 15.8**　这把刀我切西瓜。

该语句的大主语 $S_1$ 是"这把刀"，后面的谓语部分"我切西瓜"是用来描
述和说明主语用途的，其中，"我"是小主语 $S_2$，"切西瓜"是小谓语 P，属于
典型的主谓谓语句。由于"这把刀"是"我切西瓜"的工具，因此，"切"将不
同于以前的谓词分析，我们将其分析为三元谓词。整句的逻辑语义是：我是用
这把刀来切西瓜的。该语句各成分的词条如图（3.）15.8 所示。

这把 ⊢np/n：ι；刀 ⊢n：刀′；我 ⊢np：我′；
西瓜 ⊢np：瓜′（"西瓜"在语义上已被转换成 np 范畴）；
切 ⊢((s\np)\np)/np：$\lambda r \lambda z \lambda x. 切' rxz$　（$切' rxz$ 表示 z 用 x 切 r）

| 这把 | 刀 | 我 | 切 | 西瓜 |
|---|---|---|---|---|
| np/n：ι | n：刀′ | np：我′ | ((s\np)\np)/np：$\lambda r \lambda z \lambda x. 切' rxz$ | np：瓜′ |

$$np：ι(刀')$$
$$(s\backslash np)\backslash np：\lambda z \lambda x. 切' 瓜' xz$$
$$s\backslash np：\lambda x. 切' 瓜' x 我'$$
$$s：切' 瓜' ι(刀') 我'$$

图（3.）15.8 $S_1$ 是 P 的工具的主谓谓语句在 CCG 中的逻辑生成图

### 15.2.7 谓语是计量关系的主谓谓语句

**语句 15.9** 培训费一年 8000 元。

在这个语句中，大主语 $S_1$ 为"培训费"，大谓语"一年 8000 元"用具体的计量方式来说明"培训费"的情况。其中，"一年"是小主语 $S_2$，"8000 元"是小谓语 P。该语句的逻辑语义是：一年的培训费 8000 元，其逻辑语义结构可以刻画为 $\exists x \exists z(Fx \wedge Yz \wedge \forall y(Ky \rightarrow (8000z)x/y))$。其中，$F$ 表示"是培训费"，$Y$ 解释为"元"，$K$ 表示"学期"，$/$ 表示"一"，即"每……"（当表示速度、频率或以数量单位来计量的事物时，往往用此表示）。整个公式解释为：存在 $x$、$z$，$x$ 是培训费，$z$ 是元，对于所有的 $y$ 来讲，如果 $y$ 是年，那么每年的培训费是 8000 元。

现在分析该语句的语义表达式和句法范畴的生成情况。"培训费"为类名词，其前面省略了存在量词，因此"∅ 培训费"的语义表达式为 $\lambda P.\exists x$(培训费$'x \wedge Px$)，其句法范畴为 s/(s\np)。"一年 8000 元"的完整语义是"一年的培训费是 8000 元"，因此"一年 8000 元"的语义表达式为：$\lambda x.\exists z$(元$'z \wedge \forall y$(年$'y \rightarrow (8000z)x/y)$)，其句法范畴为 s\np。这里"一"是关键，等同于全称量词，但是它不能仅仅表达为 $\forall y(Py \rightarrow Qy)$。当我们刻画"一年 8000 元"时，要加以变化，因为它的准确意思是"存在 $z$，$z$ 是元，那么，对于所有的 $y$ 来说，当 $y$ 是年的时候，一年的某东西是 8000 元"，这个意思用逻辑式可以表达为 $\lambda x.\exists z$（元$'z \wedge \forall y$(年$'y \rightarrow (8000z)x/y)$），由此，此处的"一"的逻辑式是 $\lambda P \lambda Q \lambda x.\forall y$($Py \rightarrow Qx/y)$)，意思是说，对于所有的 $y$ 来讲，如果 $y$ 是 $P$，那么每一个 $y$ 的 $x$ 就是 $Q$。把具体的意思代入，$P$ 就是"年"，$Q$ 就是"8000 元"，$x$ 就是"培训费"，而 $Qx/y$ 就是"一年的培训费 8000 元"，正好是句子的完整意思。该语句各成分的词条如图（3.）15.9 所示。

∅ 培训费 ⊢ s/(s\np):$\lambda P.\exists x$(培训费$'x \wedge Px$);8000 元 ⊢ s\np :$\lambda x.\exists z$(元$'z \wedge (8000z)r$); 年 ⊢ n:$\lambda y.$ 年$'y$; 一 ⊢ ((s\np)/(s\np))/n:$\lambda P \lambda Q \lambda x.\forall y(Py \rightarrow Qx/y)$

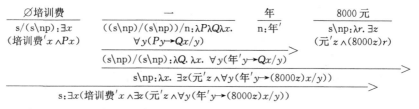

图（3.）15.9 谓语是计量关系的主谓谓语句在 CCG 中的逻辑生成图

### 15.2.8　大主语 $S_1$ 是谓语部分的关涉对象的主谓谓语句

**语句 15.10**　这个问题，小王、小明有不同看法。[①]

在这个语句中，"这个问题"为大主语，"小王、小明有不同看法"为大谓语，是一个主谓短语，说明主语的有关情况。现分析该语句的逻辑语义结构。这句话的语义其实是：小王和小明对这个问题有不同的看法。这儿需要用到三元谓词 $R$，即…对…有…；我们把"看法"作为通名处理；"不同"就是不一样。该语句的语义可以刻画为：$\exists z_1 \exists z_2 (Gz_1 \wedge Gz_2 \wedge Rz_1 \iota(c)a \wedge Rz_2 \iota(c)b \wedge z_1 \neq z_2)$。$\iota(c)=$ 这个问题，$G$ 解释为"看法"，$a=$ 小王，$b=$ 小明，整个公式解释为：对这个问题而言，小王对它有看法 $z_1$，小明对它有看法 $z_2$，且 $z_1 \neq z_2$。

现在分析这个语句各成分的语义表达式。该类主谓谓语句的大主语前加上"对，对于……的话"，就变成了句首状语句。在逻辑语义中，大主语也确实充当状语的角色，该语句的语义应该为：小王和小明对这个问题有不同看法。把"……对……有……"处理成三元谓词"有′"，有′$zxa$ 表示 $a$ 对 $x$ 有 $z$；由于"不同的看法"的逻辑语义很难看成是"不同的"和"看法"的简单组合，这里作整体处理，"不同的看法"译为：$\lambda P \lambda a \lambda b \lambda x. \exists z_1 \exists z_2$（看法′$z_1 \wedge$ 看法′$z_2 \wedge Pz_1xa \wedge Pz_2xb \wedge z_1 \neq z_2$）；"有不同的看法"的组合语义表达式为：$\lambda a \lambda b \lambda x. \exists z_1 \exists z_2$（看法′$z_1 \wedge$ 看法′$z_2 \wedge$ 有′$z_1xa \wedge$ 有′$z_2xb \wedge z_1 \neq z_2$）。该语句各成分的词条如图（3.）15.10 所示。

这个 $\vdash np/n : \iota$；问题 $\vdash n :$ 问题′；小王 $\vdash np :$ 小王′；

小明 $\vdash np :$ 小明′；……对……有…… $\vdash ((s\backslash np)\backslash np)\backslash np :$ 有′；

不同看法 $\vdash (((s\backslash np)\backslash np)\backslash np)\backslash(((s\backslash np)\backslash np)\backslash np) : \lambda P \lambda b \lambda a \lambda x . \exists z_1 \exists z_2$（看法′$z_1 \wedge$ 看法′$z_2 \wedge Pz_1xa \wedge Pz_2xb \wedge z_1 \neq z_2$）

| 这个 | 问题 | 小王 | 小明 | 有 | 不同看法 |
|---|---|---|---|---|---|
| $np/n:\iota$ | $n:$ 问题′ | $np:$ 小王′ | $np:$ 小明′ | $((s\backslash np)\backslash np)$ $\backslash np:$ 有′ | $(((s\backslash np)\backslash np)\backslash np)\backslash(((s\backslash np)\backslash np)\backslash np):$ $\lambda P \lambda b \lambda a \lambda x. \exists z_1 \exists z_2$（看法′$z_1 \wedge$ 看法′$z_2 \wedge Pz_1xa \wedge Pz_2xb \wedge z_1 \neq z_2$） |

———————>

$np:\iota$(问题′)

$((s\backslash np)\backslash np)\backslash np : \lambda b \lambda a \lambda x. \exists z_1 \exists z_2$（看法′$z_1 \wedge$ 看法′$z_2 \wedge$ 有′$z_1xa \wedge$ 有′$z_2xb \wedge z_1 \neq z_2$）<

$(s\backslash np)\backslash np : \lambda a \lambda x. \exists z_1 \exists z_2$（看法′$z_1 \wedge$ 看法′$z_2 \wedge$ 有′$z_1xa \wedge$ 有′$z_2x$ 小明′$\wedge z_1 \neq z_2$）<

$s\backslash np : \lambda x. \exists z_1 \exists z_2$（看法′$z_1 \wedge$ 看法′$z_2 \wedge$ 有′$z_1x$ 小王′$\wedge$ 有′$z_2x$ 小明′$\wedge z_1 \neq z_2$）<

$s : \exists z_1 \exists z_2$（看法′$z_1 \wedge$ 看法′$z_2 \wedge$ 有′$z_1 \iota$(问题′)小王′$\wedge$ 有′$z_2 \iota$(问题′)小明′$\wedge z_1 \neq z_2$）

图（3.）15.10　$S_1$ 是谓语部分的关涉对象的主谓谓语句在 CCG 中生成图

———————

[①]　可以把这个语句当成斜格成分话题化语句进行处理。

# 第三部分　汉语 CCG 研究的
# 计算机实现（汉语 CCGbank 的构建）

# 组合范畴语法的计算语言学价值

## 16.1　面向大规模自然语言处理的形式文法综述

### 16.1.1　语法形式化

**语法形式化**是具体描述语言句法规则的形式化系统。它们模拟语言使用者识别语法序列，生成新序列、在数学意义上准确地给序列赋予语义解释，语法形式化是一种规则重写的方法，它可以将这种能力授予计算系统。可以说，语法形式化就是由文法形式赋予语言可计算性。

对自然语言的形式化主要通过**形式语法**来实现。从某种意义上来讲，形式语法是架接语言表层字符串（例如，"我爱真理"）与具有意义的表达式（例如，逻辑表达式‖爱(我，真理)‖、谓词论元结构和依存图等）的桥梁。

形式语法通过定义基本对象（树、字符串和特征结构）以及从基本对象构成复杂对象的递归操作，提供能够表达并实现语言理论的语言。同时，语法的形式化通常会实施某种约束，例如捕获依存类型等。

一套**形式语法系统**指的是一个用来规定语言中有效语言字符串集合的元语言。在历史上，语法形式化的发展有两条进路：①获取语言字符串中潜在的语义或逻辑形式；②描绘字符串的**生成**，间接约束可能的语言字符串集合。

语法学家帕尼尼（Panini）在描述传统梵语的词形和句法规则时首先使用了语法形式化这一概念，在这很久之后巴克斯（Backus，1959）才再现了这种重写规则方法，用来刻画一个完全不同语言（即编程语言 ALGOL-58）的句法规则。

由于深受语法学家索绪尔的影响，结构语言学方法论将语言视为一种机械式系统，但是在描述的形式化系统中却避开了结构主义语言学。语法形式化的诞生（重生）始于波斯特（Emil Post）的范型系统（Post，1943），乔姆斯基的上下文无关语法（Chomsky，1957）以及爱裘凯维茨（Ajdukiewicz，1967）、巴-希勒尔（Bar-Hillel，1953）和兰贝克（Lambek，1958）三人不同的范畴语法。这些形式以数学的精确化方式刻画类似语言的形式系统最终都证明对自然语言自动解析是有效的。

组合范畴语法CCG（Steedman，2000）是爱裘凯维茨和巴-希勒尔所创立的范畴语法的后裔。范畴语法是词汇语法形式化（即理想情形下，与语言依赖的变体源唯一或主要取决于语言的词汇）的一个实例。范畴语法与上下文无关语法不同，上下文无关语法的实例会详细规定一系列的重写规则和生成规则，而范畴语法的实例只包含了词条到范畴的映射，加一些隶属于理论、与语言无关的核心操作规则。组合范畴语法的词汇化操作允许句法规则中的变化能在单个的词汇条目粒度中体现出来。

乔姆斯基（Chomsky，1957）观察到，上下文无关语法很难阐释类似动词主谓一致和被动的现象，他使用了一个转换设置，将深层结构树映射为表层结构树，从而改进了该理论。巴-希勒尔等（Bar-Hillel，et al.，1960）证明了在原生态范畴语法和上下文无关语法之间的弱生成能力的等价性，这与现代和当代语言学家的信念相一致：跨语言句法规则现象的分析研究需要的不仅仅是生成能力还远远不够的上下文无关语法。这使得大家对语法形式化的研究兴趣有所下降。

在20世纪80年代，计算语言学的成熟促使计算科学家寻求语法理论，通过语法形式化，由计算方法对语言进行操纵。波拉德（C. J. Pollard）等（Pollard，et al.，1987）将这些具体的优势表述如下：

基于合一算法的语言学研究有一个最重要的贡献，就是开发了一个通用的、从数学上精确的形式化序列，在其中，各种不同的理论（以及在一个特定的理论中对某一给定现象的不同假设）都能够被明确地建构、并被有意义地加以比较。

阿德斯和斯蒂德曼（Ades，et al.，1982）将哈里等（Curry，et al.，1958）的组合逻辑中的组合算子补充到了原生态范畴语法之中。所产生的语法被称为组合范畴语法CCG（Steedman，2000）。通过使用这些用于提升生成能力的组合算子，足以处理跨语言句法规则中的常见问题，包括：被动化、右节点提升以及成分并列等多种非转换现象。乔西（A. K. Joshi）等（Joshi，et al.，1990）的弱等价性证明将CCG所形成的形式化定位于由韦尔（D. J. Weir）（Weir，1988）定义的**适度上下文相关语法**中，与树邻接语法（Joshi，et. al.，1975）和线性索引语法等价。

## 16.1.2  大规模 NLP 中的典型形式语法

目前，尤其是从工程角度，有不少形式语法在大规模自然语言处理中得到广泛应用，其中典型的包括：词汇功能语法（lexical functional grammar，LFG）、中心语驱动短语结构语法（head-driven phrase structure grammar，HPSG）、词汇化树邻接语法（lexicalized tree adjoining grammar，LTAG）和组合范畴语法（CCG）。

HPSG 是一种词汇形式化，旨在解释短语结构、词汇和语义以及与语言相关或者无关的约束下的一般规则。HPSG 强调中心词在短语结构规则中的作用，根据中心语的次范畴化特征，就有可能十分方便地把中心语的语法信息与句子中其他成分的语法信息联系起来，使得整个句子中的信息以中心语为核心而串通起来，用复杂特征来表示句子的各种信息，为自然语言的计算机处理提供了方便。

LFG 依托短语结构语法已有的树结构，通过自底向上层层传递的方式，把词汇所负载的各种信息传播、汇集到上层节点中去，最终形成关于一个句子的完整的结构信息和功能信息描述。在构成成分结构时，在树形图的节点上，还附有"附加性功能等式"和"约束等式"。

LTAG 包括一组有限的初始树和辅助树，用一个 TAG 语法生成的自然语言的句子，就是从 S 类型的初始树开始，不断地进行替换和插接操作，直到所有带替换标记的节点都被替换了，所有带插接标记的节点都已经被插接了，最后得到的叶子节点序列就是句子集合。

CCG 是对范畴语法的扩展，基于范畴语法增添了函子范畴的组合运算，如前向和后向应用、组合和类型提升等。

以上四种形式语法在形式化框架、语言描述的模型、语法与语义的接口上都有许多异同。

### 16.1.2.1  形式化框架与方法

**HPSG 中所有的语言单位都是通过特征结构来表示的。**特征结构要描述语音、句法和语义的信息，把它们分别表示为［PHON］、［SYNSEM］。再把这些特征值结合起来，就可以确定语言单位的声音和意义之间在语法上的关系。语法也是以特征结构的方式来表示的，这些特征结构也就是语言单位的合格性的限制条件。**HPSG** 特别重视词汇的作用，词汇借助于合一的形式化方法，构成一个层级结构，在这个词汇层次结构中的信息可以相互流通和继承，在全部的句法信息中，词汇信息占了很大的比重，而真正的句法信息只占了不多的比例。在 HPSG 中，一个语法被视为一个原则集合，定义语言结构、一些通用成分和一些语言特定的词法。原则定义不同的语言描述层级的约束。

LFG 的句法表达分成两个层次：成分结构（c 结构）和功能结构（f 结构）。LFG 在每个层次都采用不同的形式化方式：对于成分采用树状结构，对于功能属性和次范畴化采取属性值（特征）矩阵。管辖是否合语法的原则既在单独的层次上，也跨层次，例如：约束结构到功能的对照或者论元的链接等。这种共描述的形式化架构能够包容结构之间的非同构，尤其是在表层结构中的词序变化和非连续性。对于成分和功能嵌入的非局部隔离，正如在远程依赖中，LFG 采用功能不确定性作为桥接 c 结构和 f 结构之间映射的论元实现的分离。

LTAG 包括一组有限的初始树和辅助树，在初始树中封装论元结构，利用树插接作为其主要的句法组合操作。由于初始树必须表达大量不同的结构，存在研究来寻找一种元语法的方法作为描述和分解 TAG 语法的通用框架，并未定义一个给定语言的可接受初始树集合提供一个抽象的语法描述层次。在 LTAG 中，由于树插接作为一般的组合装置，不需要额外装置来说明非局部依赖。然而，这种特定的递归方式使得在插接作为一种递归构造过程和插接作为语言修饰的结构指示出现不对称。

CCG 的形式化是通过范畴的毗邻以及组合来实现。CCG 以词汇为核心，采用少量的句法组合操作，如前向和后向应用、组合和类型提升。在 CCG 中，类型提升和组合规则能够完成大量的构造，包括长距离依赖。

### 16.1.2.2　对跨语言的模型和一些非局部依赖现象的描述

不同的语法形式化在表达和表征语言结构和泛化中具有不同的焦点。

在 HPSG 中，并没有单独用来表征一个子句的完整句法论元结构。论元结构在词法的 subcat 列表中定义，它直接与语义表征相联系。在句法组合过程中，subcat 列表在每个短语投射中被重新定义，来记录论元的饱和与实现。在这个结构中，复杂谓语的形成可以通过语法中的论元组合来定义，然而在词法中预先定义主要谓语的 subcat 列表，吸引合作谓词的论元进入它自己的论元列表中。HPSG 由原则驱动的形式化为跨语言句法描述提供形式化支持。泛化能够使用类型继承来定义，以及一般原则的语言特定参数（为成分顺序、格等）。

复杂谓语对于 LFG 提出特定的挑战：为了说明它们的单一属性，两个词法谓词需要被转化为单个谓词，并重新定义论元特征。对于成分和功能嵌入的非局部隔离，正如在远程依赖中，LFG 采用功能不确定性作为桥接 c 结构和 f 结构之间映射的论元实现的分离。LFG 的焦点是 f 结构作为语法描述的独立层次。因此这个理论链接语法功能概念到跨语言泛化。这包括论元实现在链接理论和在抽取和约束构造中观察的约束。不那么明显的是考虑成分和映射原则到 f 结构的泛化。多语言语法开发已经证明 f 结构能够对于从跨语言的角度对齐文法提供基础。

LFG 和 HPSG 都通过联合指向单个论元来描述并列中的论元共享。在 HPSG 中，它并列项编码在词条中：所有并列短语的未消去的论元都与在短语的次范畴列表中的论元共指。这使得共享主语的标准并列结构在并列的 VP 之外。在 LFG 中，并列 VP 之外实现的主语在短语的 f 结构中定义。

### 16.1.2.3　语法与语义的接口

HPSG 的语法与语义紧密结合，语法与语义约束都是统一地由表示式来描述，而表示式由特征结构统一表示。

LFG 的语法处理和语义是分离的。LFG 由于采用了分布式的投射架构，将基于上下文无关的表层成分编码和特征结构中的功能表征分离，能够单独地研究语法与语义。

LFG 和 LTAG 假定在语法和语义之间存在一个清晰的界限，将语法看成是一个独立的句法系统，然而 HPSG 和 CCG 并没有刻意从语法中区分出语义。

## 16.2　CCG 适用于计算语言学的特性

丘奇（Kenneth Church）于 2007 年在《语言技术中的语言学问题》（*Linguistic Issues in Language Technology*）杂志上发表了文章《远行的钟摆》（*A pendulum swung too far*）。文中通过整理、分析和研究自 1940 年以来关于自然语言处理的文章，发现了一个非常有趣的规律，即如果将自然语言处理的文献划分成"理性主义"和"经验主义"两大类的话，双方的优势局面出现连续振荡的现象，而且存在一个每二十年一个周期的规律。两大类研究的巅峰期分别是：①20 世纪 50 年代，由香农（Claude Shannon）、斯金纳（Burrhus Frederic Skinner）、弗斯（John Firth）和哈里斯（Zellig Harris）为代表的经验主义高峰时间；②20 世纪 70 年代由乔姆斯基、明斯基（Marvin Minsky）所主导的理性主义全盛时期；③20 世纪 90 年代由 IBM 语音团队、AT&T 贝尔实验室所引发的新一轮经验主义巅峰时代。

当然，对丘奇的研究，或许可以说，理性主义和经验主义并没有非常清晰的界定。此外，许多基于算法的统计和深度学习方法在传统分析数学的视角上是一种经验主义的做法，但是若将图灵机模型本身看成是一个理性主义产物，那么很多的所谓"经验主义"方法其实仍然不失为一种"理性主义"成果。姑且抛开对丘奇研究的一些争议，他的文章对当前学界的一些批判和反思是完全值得我们深思的：

（1）在实用主义的驱动下，计算语言学领域的教与学的工作向统计学极度倾斜，而逻辑、代数等基础学科却得不到应有的发展。

（2）在经验主义的诱惑下，学者倾向于采用统计学方法把唾手可得的低枝果实采摘下来，而极少地人愿意去攀登更具挑战性和科研风险的理性主义高峰，为人类的自然语言处理甚至人工智能开拓一条新的道路。

尽管已经过去十余年，丘奇所忧虑的问题却日益凸显。当今的计算技术发展日新月异，大数据技术甚至推动整个科学领域发生范式转换，形成所谓的"数据密集型科学研究"。在这种环境下，在整个计算语言学领域中，"经验主义"更是以绝对性、压倒性地优势浩荡前进，似乎只要在摩尔定律①、吉尔德定律②的指导下，只要计算机速度不断加快、存储容量不断扩充、网络速度不断提升，一切问题都会迎刃而解。

然而，事实并非如此。实事求是地讲，近些年，随着计算和网络速度与效率的提升，自然语言信息处理能力得到极大的改善，能够处理的语言信息容量、处理的速度和效率也取得了较大的突破。然而，正如丘奇所说，这些更多的是简单地应用新技术工具而唾手可得的，那些**计算语言学中的"硬核"问题**，如语义问题，**并未得到解决**。应该说，**如果不解决计算语言学中的"硬核"问题，那么我们在语言信息处理方面的成果只能是量变，而不能够形成质变**。（陈鹏，2016）

反观近些年来自然语言信息处理的"理性主义"路线，相比而言，这条研究路线冷清了许多，仅仅是少量的欧洲传统的自然语言逻辑学派和一些拥有坚定"理性主义"信念的研究者在从事这方面的工作。但是，在这中间，我们发

---

① 摩尔定律：集成电路的复杂度（可被间接理解为芯片上可容纳的晶体管数目）每两年增加一倍，性能也将提升一倍。

② 吉尔德定律：主干网带宽的增长速度至少是运算性能增长速度的三倍。

现出现了一条非常有趣且颇具价值的研究路径：它源于理性主义，但又不局限在理性主义，它将自身根基已经逐步蔓延到经验主义的土壤中，并从中吸取养分，在诸多的大规模自然语言应用中获得广泛地应用，同时还对于一些自然语言处理的"硬核"问题展开探索。这项研究就是基于组合范畴语法 CCG 的自然语言信息处理应用。

组合范畴语法 CCG 应该算作是 20 世纪末的理性主义产物，它在 20 世纪 80 至 90 年代开始出现，在 AB 演算基础上进行扩展而产生，其核心的扩展在于**组合**，即基于范畴语法增添了函子范畴的组合运算，从而增强了表达与描述能力。另一方面，由于组合规则与柯里的组合算子非常接近，因此，每个组合规则在分析过程中都具有一个语义解释，这样使得句法派生的同时，又能够构造谓词-论元结构。

从 2000 年以来，CCG 就已经广泛地应用在计算语言学的各个方面，可以说 CCG 是计算语言学中的一个全栈的模型，从自然语言的分析、转换到生成等各方面都得到普遍应用。之所以如此，主要有如下两大方面的原因。

(1) **在基于 CCG 的自然语言信息处理系统中，很好地协调了计算、规则和算法几方面的因素。**

现代的自然语言信息处理系统都可以抽象为一个三元组 $\langle R,C,O \rangle$，其中，$R$ 代表规则、$C$ 代表计算、$O$ 代表 Oracle。规则是整个语言信息中的内核，如上下文无关文法 CFG 或者 CCG；计算是在计算系统中实现的算法；$O$ 表示一些经验性的语料或者人为的干涉等。

三元组 $\langle R,C,O \rangle$ 中的三个部件相互协同，体现了计算语言学中理性主义与经验主义的调和。正如我国计算语言学家冯志伟所主张的，自然语言处理应该将理性主义与经验主义结合起来。在自然语言处理中，理性主义与经验主义各有优缺点，理性主义更贴近自然语言本身，更注重自然语言本身的规则与规律，能有效处理如句子中长距离的主语和谓语动词之间的一致关系，wh 移位等长距离依存关系问题；经验主义在大规模和工程化方面具有显著优势，结合强大的计算和信息处理能力，可以进行语言的自动学习和统计分析（冯志伟，2007）。

自然语言信息处理系统通常需要这三个部件之间的协同，同时也受到这三个部件之间的彼此约束。例如，如果系统采用了上下文相关文法（1 型文法），那么基于该文法，对自然语言进行分析过程的计算复杂性通常都是非多项式复杂性（non-deterministic polynominal，NP）。反过来，如果你选择一个计算复杂性较低的文法，例如正则文法（3型文法），那么又存在该文法在描述和表达能力上不够强的问题。详细地关联情况如表（3.）16.1所示。

表（3.）16.1　文法形式化与计算复杂性的关联

| 文法 ＼ 计算复杂度 | P | NP | 不可计算 |
|---|---|---|---|
| 3型文法 | √ | | |
| 2型文法 | √ | | |
| 1型文法 | | √ | |
| 0型文法 | | √ | |

注：在 R 中，存在乔姆斯基体系，从 0 型文法到 3 型文法，其中存在一个表达能力和计算能力的折中；在 C 中存在多项式可计算、指数可计算、不可计算的层次。

CCG 在规则与计算上做了一个很好的折中。CCG 在文法的描述和表达能力上是介于上下文无关文法（2型文法）和上下文相关文法（1型文法），属于一类**适度上下文相关文法**（Stabler，2004）。所谓的适度上下文相关语言具有如下特点：

① 有限的交叉依存。

② 连续增长，即如果存在一个界值 $k$，只要有两个语句之间的长度差异超过 $k$，那么必然存在一个语句，其长度介于这两个语句之间。

③ 分析的时间复杂度是多项式复杂度。

与此同时，要想系统发挥最佳作用，$\langle R,C,O \rangle$ 三个部件需要相互协同。例如，如果选择了一种上下文无关文法来描述自然语言，那么在对该语言进行分析时，需要设计一种多项式复杂性的计算算法，同时能够有效地进行消歧。甚至，如果可能地话，需要对上下文无关文法的模型进行概率化，引入一些优选机制来对生成规则进行排序，从而提高处理效率和扩展处理的规模。

除了很好地调和计算、算法和规则几个因素之外，CCG 本身具有一些非常有益于自然语言信息处埋的特性。

**（2）CCG 在文法形式化、语言与计算和逻辑语义等方面都具有非常有益于自然语言的计算机信息处理的特性。**

从计算语言学的视角来看，CCG 的优势主要可以从以下几个方面来阐述：

① 从语法理论方面来看，CCG 是词汇形式化的思路，词汇形式化是以词作为单位的形式化方法。在进行大规模的自然语言信息处理过程中，CCG 的词汇形式化能够在处理的信息的规模、计算效率和复杂性方面都有比较明显的优势。

② 从计算语言学方面来看，CCG 属于一类适度上下文相关文法。适度上下文相关文法在描述和表达能力上要明显优于上下文无关文法，能描述一些在自然语言中经常出现的交叉依存现象。分析适度上下文相关语言的时间复杂度通常是在多项式时间复杂度上，这对于计算而言是非常融洽的。

③ 从逻辑语义学方面来看，CCG 是一种组合性的文法。此外，句法与语义之间融洽的接口使得 CCG 在对自然语言的语义进行分析和计算时非常便捷。

### 16.2.1  词汇形式化以及适度上下文相关特性

CCG 是一种基于词汇的形式化理论，即 CCG 将自然语言生成过程凝缩在词条的范畴构造上（邹崇理，2011）。例如：

**规则 16.1**  S→NP VP；

VP→TV NP；

TV→{喜欢,爱,…}。

**规则 16.2**  喜欢 :=(S\NP)/NP。

规则 16.1 是一个上下文无关文法所表达的产生式规则，规则 16.2 是对单个词指派范畴。可以说通过规则 16.2 中所指派的词法范畴，捕获了规则 16.1 中的句法规则。

通过规则 16.2 中的句法范畴，将及物动词"喜欢"标识为一个函数，并说明了其论元的类型和方向以及结果的类型。例如："喜欢"作为一个函数，其从右边接受一个类型为 NP 的论元，同时计算结果的类型为 S\NP。

CCG 体现的是一种词本位的思想，形式化聚焦在词条上，而规则是相对简洁和紧致的。这种词汇形式化特性在自然语言信息处理上具有如下优势：

（1）**可以为每一种自然语言构建一个 CCG 范畴语料库。**

CCG 范畴语料库中的内容包括覆盖每一个词的范畴库（通常一个词汇对应 1 个或者多个范畴）、一些典型语句的加标记 CCG 范畴派生树库。

这样的 CCG 范畴语料库可以为自然语言处理提供如下用途：

① 作为词法-范畴字典，可以在语料库中检索和查找任何一个词所对应的范畴（当然，有可能出现多个范畴）。

② 作为自然语言分析过程中的训练语料和测试模型。在开发学习器和分析器的过程中，可以使用语料库进行学习器的训练语料，同时也作为测试分析器的精度和准确性的测试样本。

目前，已经有许多语种都开发出相应的 CCG 范畴语料库，有些是重新构建，有些是基于以往的一些语料库进行自动转换而来。例如：从宾州树库转换而得到的英语 CCGbank、汉语 CCGbank、德语 CCGbank，清华大学汉语树库转换而来的清华 CCGbank 等。

**（2）极大地促进大规模自然语言分析工程化的可行性。**

在基于文法的大规模自然语言分析应用中，普遍存在着歧义性问题，通常每一个句子成分都会对应大量的分析，从而使得解析空间爆炸式增长，极大地提升了各类复杂性，使得大规模应用难以实施与开展。

基于 CCG 的自然语言分析过程大致可以为分成两阶段：第一阶段是将句子中的词指派给词法范畴，第二个阶段便是使用 CCG 组合规则组合起这些范畴。在第一阶段中，由于有些词对应的可能范畴多达百个以上[①]，对应数十个范畴的词也非常普遍。因此，如果采取完全指派，那么大规模应用显然是行不通的。因此，在 CCG 范畴语料库基础上，采用了一种称为**超级标记器**的技术来减少范畴规模。

超级标记器是在进行自然语言分析之前，使用统计序列标记技术为语句中的每一个词都择优指派少量的词法范畴，其择优标准采取的是一种概率模型：

$$p(y|x) = \frac{1}{Z(x)} e^{\sum_i \lambda_i f_i(y,x)}$$

其中：$f_i$ 代表一种特征，$\lambda_i$ 是其对应的权重，$Z(x)$ 是一个规范化常量。语境是围绕目标词的 5 词的窗口，特征通过窗口内的每个词和每个词的词性来定义。

这种超级标记技术，极大地提高了分析的速度和效率。克拉克和柯冉（Clark，et al.，2007）的研究表明，采用超级标记技术的 CCG 分析器比一般分析器的速度提升了接近 80 倍。

关于自然语言究竟位于乔姆斯基形式文法的哪一个层级尚存在争议。首先，乔姆斯基本人否定自然语言是正则语言，但是他也不确认自然语言是否是上下文无关语言。有许多学者根据自然语言出现的一些复杂交叉依存的现象，认为自然语言必定是超越上下文无关语言，而接近于上下文相关语言。乔西在 1985 年对自然语言的形式化层次做了一个假设：**人类的自然语言是适度上下文相关的**。总之，虽然对自然语言究竟属于哪一形式语言层次尚未有定论，但大多数

---

① 例如，在一个从宾州汉语树库转换而来的汉语 CCGbank 中，"的"一词对应的范畴就有 181 个之多。

的学者还是倾向于人类自然语言应该介于上下文无关语言和上下文相关语言之间，类似于适度上下文相关语言。

　　CCG 就是一种适度上下文相关语法，其一个优势是处理一些内在于语言构造的远距离依赖现象，在使用 CCG 进行分析的时候，远距离依赖能够直接融入分析过程中，而不需要像其他一些分析器那样，在后处理阶段中再去处理远距离依赖。例如，在 CCG 中可以处理一些非常复杂的交叉依存现象，见语句 16.1 与图（3.）16.1。

**语句 16.1**　das mer d'chind em Hans es huus lönd hälfe aastriiche.
　　　　　　that we let the children help Hans paint the house
　　　　　　我们让孩子们帮助汉斯粉刷房间。

| das | mer | d'chind | em | es huus | lönd | hälfe | aastriiche |
|---|---|---|---|---|---|---|---|
| | | Hans | | | | | |
| NP | NP | NP | NP | ((S\NP)\NP)/VP | (VP\NP)/VP | VP\NP | |

$$>B^2_\times$$
$$(((S\backslash NP)\backslash NP)\backslash NP)/VP$$
$$>B_\times$$
$$(((S\backslash NP)\backslash NP)\backslash NP)\backslash NP$$
$$((S\backslash NP)\backslash NP)\backslash NP$$
$$(S\backslash NP)\backslash NP$$
$$S\backslash NP$$
$$S$$

图（3.）16.1　CCG 处理复杂的交叉依存现象[①]

类似语句 16.1 这种交叉依存是不能够由上下文无关文法来描述的。

　　**（3）适度上下文相关文法特性使得 CCG 在描述与表达能力和计算复杂度之间取得一个较好的折中。**

　　我们以基于 CCG 的移位-归约分析算法为例。在算法上，可以基于上下文无关文法的移位-归约算法进行改进和优化，增加操作符：{SHIFT，COMBINE，UNARY，FINISH}（Zhang，et al.，2011）。

　　**语句 16.2**　我爱真理。

　　语句 16.2 所基于 CCG 的移位-归约分析如图（3.）16.2 所示。

---

① 以下 CCG 生成树上将不标注最基本的函项组合原则＞和＜。

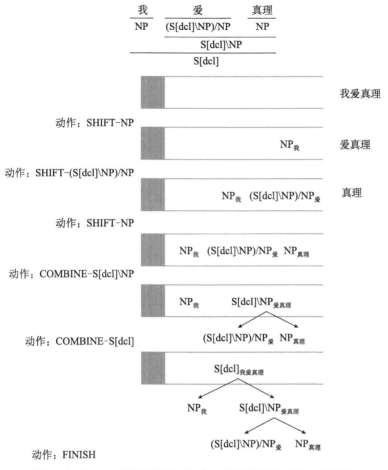

图（3.）16.2 "我爱真理"的基于 CCG 的移位归约分析示意

## 16.2.2 组合性以及句法与语义接口的融洽性

在计算语言学中，存在着一些"硬核"任务，或者说是最为困难的任务，其中之一就是对自然语言的语义分析，即将自然语言语句映射为表征其意义的形式化（通常是某种逻辑式）。

CCG 为句法提供非常直观的组合语义，使得句法与语义的接口是透明的。CCG 只需要在词条项中增加语义标记，并解释少量的组合规则，便能提供组合语义。CCG 透明的句法-语义接口，使得一个分析器能够直接或者间接地访问谓词-论元结构，不仅包括局部的，也包括远程依赖（由于并列、抽取和控制所带来）的。

CCG 的组合性以及句法与语义接口的融洽性使得分析、处理大规模自然语言的语义成为可能。

组合性原则是逻辑语义学的基本原则，是其基础和出发点。组合原则表现为函项的思想和句法与语义的对应，可以简单表述如下。

如果表达式 E 依据某个句法规则由部分 E1 和 E2 所构成，则 E 的意义 M(E) 是依据某个语义规则把 E1 的意义 M(E1) 和 E2 的意义 M(E2) 组合而获得的。

严格来讲，组合性原则意味：一个复合表达式的意义是其部分的意义和组合这些部分的句法运算的意义形成的函项。所以该原则又叫**意义的函项原则**。需要特别指出的是，复合表达式的意义不仅仅依靠其部分的意义，还取决于组合这些部分的句法运算的意义。借助下述同态映射的数学定义可以显示出组合性原则所要求的句法运算的意义：

**定义 16.1**　令 $\Gamma = \langle A，F \rangle$ 和 $\Delta = \langle B，G \rangle$ 都是代数，映射 $h$：$A \rightarrow B$ 是同态的，当且仅当，存在映射 $h'$：$F \rightarrow G$ 使得对所有 $f \in F$ 和所有 $a_1，a_2，\cdots，a_n \in A$ 都有

$$h(f(a_1,a_2,\cdots,a_n)) = h'(f)(h(a_1),\cdots,h(a_n))$$

其中 $\Gamma$ 是句法代数，$\Delta$ 是语义代数，$h$ 是满足组合性原则的意义指派。

CCG 直观地体现了意义组合性原则，其规则中语法与语义严格对应，如表（3.）16.2 所示。

**表（3.）16.2　CCG 中范畴与语义规则严格对应**

| 规则类型 | 范畴规则 | 对应的语义规则 | 缩写 |
|---|---|---|---|
| 应用 | $X/Y \quad Y \rightarrow X$ | $f a \rightarrow f a$ | $(>)$ |
| | $Y \quad X \backslash Y \rightarrow X$ | $a f \rightarrow f a$ | $(<)$ |
| 组合 | $X/Y \quad Y/Z \rightarrow X/Z$ | $f g \rightarrow \lambda x. f(g x)$ | $(>B)$ |
| | $Y \backslash Z \quad X \backslash Y \rightarrow X \backslash Z$ | $g f \rightarrow \lambda x. f(g x)$ | $(<B)$ |
| 类型提升 | $X \rightarrow T/(T \backslash X)$ | $A \rightarrow \lambda f. f a$ | $(>T)$ |
| | $X \rightarrow T \backslash Z \quad T \backslash (T/X)$ | $a \rightarrow \lambda f. f a$ | $(<T)$ |
| 替换 | $(X/Y)/Z \quad Y/Z \rightarrow X/Z$ | $f g \rightarrow \lambda x. f x(g x)$ | $(>S)$ |
| | $Y \backslash Z \quad (X \backslash Y) \backslash Z \rightarrow X \backslash Z$ | $g f \rightarrow \lambda x. f x(g x)$ | $(<S)$ |

CCG 通常可以进行句法与语义并行推演，例如：

**语句 16.3**　Utah borders Iaho

　　　　　　Utah：=NP：utah

　　　　　　Idaho：=NP：idaho

$$\text{borders}_:=(S\backslash NP)/NP\ :\lambda x.\lambda y.\ \text{borders}(y,x)$$

| Utah | borders | Idaho |
|---|---|---|
| NP:utah | $(S\backslash NP)/NP:\lambda x.\lambda y.\ \text{borders}(y,x)$ | NP:idaho |

$$S\backslash NP:\lambda y.\ \text{borders}(y,\ \text{idaho})$$
$$S:\text{borders}(\text{utah},\text{idaho})$$

近些年，在计算语言学中，语义分析是一个难点和热点问题。**语义分析方法**是将一个自然语言句子，按照特定的句法，解析成逻辑表达式，**基于这些逻辑表达式可以实现逻辑和知识操作，并构建相应的顶层应用**，例如自动问答系统和知识推理系统等。

CCG 在语义分析方面具有较好的优势，除了能够结合一些统计、机器学习的方法之外，CCG 能够进行一个规则映射。一方面，CCG 可以通过类似概率 CCG 的模型来解决歧义解析问题。另一方面，CCG 的句法与语义接口的融洽性非常有助于语义学习，例如策托莫伊尔等基于 CCG 开发了一个语义分析框架（Zettlemoyer, et al., 2012），在该框架中使用了一些规则，将逻辑式反向映射为范畴与语义，其规则为：

**规则 16.3**

(a) 对于一个常元 $c$，其输出的范畴是 NP：$c$。

(b) 对于一个一元谓词 $p$，其输出的范畴是

　　N：$\lambda x.\ p(x)$；

或者

　　$S\backslash NP$：$\lambda x.\ p(x)$；

　　N/N：$\lambda g.\lambda x.\ p(x)\wedge g(x)$。

(c) 对于一个二元谓词 $p$，其输出的范畴是

　　$(S\backslash NP)/NP:\lambda x.\lambda y.\ p(y,x)$；

　　$(S\backslash NP)/NP:\lambda x.\lambda y.\ p(x,y)$；

　　N/N:$\lambda g.\lambda \iota.\ p(x,c)\wedge g(x)$。

(d) 对于一个二元谓词 $p$ 和一个常元 $c$，其输出的范畴是

　　N/N:$\lambda g.\lambda x.\ p(x,c)\wedge g(x)$。

(e) 对于一元函数 $f$，其输出的范畴是

　　$NP/N:\lambda g.\ \text{argmax/min}(g(x),\lambda x.\ f(x))$

　　$S/NP:\lambda x.\ f(x)$。

例如，对于语句 16.3 中对应的逻辑式：borders（utah，idaho），由于 utah 和 idaho 都对应两个常元，所以有

NP：utah

NP：idaho

此外，borders 对应一个二元谓词，那么有

(S\NP)/NP：$\lambda x. \lambda y.$ borders$(y, x)$。

CCG 的反向映射不仅能够辅助大规模的语义学习，而且能够使得 CCG 作为机器翻译中的中介语言，实现由源语言到逻辑表达式，再由逻辑表达式到"范畴和语义词项"，再到目标语言的一个三阶段机器翻译的方法，这样的机器翻译将有可能使得"意义保真"。

## 16.3　CCG 的应用

语法-语义接口透明，并列现象和其他结构简易一致，语法分析算法有效实用，语法覆盖范围广，以及实用的语法分析器使得 **CCG 受到了很多自然语言处理系统的青睐，这包括生成、语义角色标注、回答和机器翻译。**

### 16.3.1　生成和实现

在黑盒概念中，语法分析指的是语言字符串到逻辑形式的映射，表层实现指的逻辑形式到自然语言字符串的**反向映射**。除了类似拉特纳帕希（Adwait Ratnaparkhi）（Ratnaparkhi，2000）的系统，它直接由逻辑形式映射到表层字符串，大多数的实现系统都用到了一些带有句法-语义结构的语法形式，来将任务分解为转化逻辑形式为语法形式框架（例如，LFG 中的 f 结构，CCG 中的范畴或 HPSG 中的属性-值矩阵），然后通过这些结构寻找可能的释义候选结果。

CCG 中协调现象的类型驱动型分析将规则类型赋值给类似论元簇、右节点提升联项和其他空位短语型非成分类型，这个特点引导怀特（M. White）和鲍德里奇（White，Baldridge，2003）使用 CCG 在生成系统中限制可能的语法实现空间。在他们的系统中，逻辑形式由来自混合逻辑形式依赖关系语义（HLDS）的表达式来表现，而表达式又与成对的词汇条目和 CCG 相联系，图表生成则被用于制造和实现候选对象（其逻辑形式涵盖了 HLDS 表达式输入术语）。

CCG 实现的进一步工作集中于从大幅词汇中提取生成词汇，同时避免繁重的人工注释工作。怀特等（White，et al.，2007）从英语 CCG 库的谓词-论元结构中提取得到了 HLDS 逻辑形式。埃斯皮诺萨（D. Espinosa）等（Espinosa，et al.，2008）随后证明超级标记方法极大提高了 CCG 类型词汇条目标记的效率和准确度，而这同样也能用于标记 CCG 类型图表实现准备中的逻辑形式。

### 16.3.2 超级标记

乔西和斯利尼瓦斯（B. Srinivas）(Joshi，et al.，1994）提出一种被称为"超级标记"的方法，能够极大降低多项式时间分析器中遇到的歧义性，这是通过提前运用一个线性时间标记程序给每个词汇条目输入值都赋上一个丰富的描述（超级标记）。基于对词汇依赖仅仅能够在本地语境下赋值的观察，超级标记"几乎完全解析了"输入值，从而使得解析器的决策区间更小、更集中。

虽然乔西和斯利尼瓦斯探讨的"丰富描述"是词汇化的树嫁接语法中的原始树，克拉克（S. Clark）(Clark，2002）证明了超级标记在 CCG 类标记中同样有效，他提出了将 β 机制应用于 C&C 解析器来控制超级标记的歧义性。从一个简单的最佳标记延伸到多标记，一个超级标记能够对所有处于 β 之内概率的类进行标记。

CCG 超级标记已经被用于作标记系统中的语义角色（Boxwell，et al.，2009），这很好地补充了语义角色标注（semantic role labeling，SRL）中通常使用的具有树状路径特点的解析器。波迟（A. Birch）等（Birch，et al.，2007）也在一个因子翻译模型中运用到了超级标记，通过加入超级标记特色提高了语言学记录的合理度。

### 16.3.3 问答

克拉克（S. Clark）等（Clark，et al.，2004）发现由华盛顿邮报文本学习得来的一个超级标记模型在问答中表现很差，这是因为在 CCG 库中 wh 问题，即 when（何时）、where（何地）、why（为何）的问题稀少，以至于一些类型认证（即 how（如何）、which（哪一个）也很稀少，或者甚至完全没有（例如 What 加名词的结构）。他们仅仅标记了 1171 个附带正确 CCG 类型的 What 或 What＋N 问题，而没有手动提供完全的 CCG 派生标记。在他们重新训练超级标记之后，在基于问题的数据集之上的词汇级别准确度从 84.8% 上升到了 98.1%。各个 C&C 版本继续开发并利用这一改进过的超级标记模型，将其并入到了几个 TREC 问答系统中。

策托莫伊尔和柯林斯（Zettlemoyer，Collins 2005）利用 CCG 中透明语法–语义接口使得 CCG 语法获得来自 GeoQuery 的数据，这便将输入问题转化为了逻辑形式。

### 16.3.4 OpenCCG 应用

与 CCG 相关的一些常见软件如表（3.）16.3 所示。

表（3.）16.3　常用的 CCG 软件

| 软件 | 语言 | 介绍 |
|---|---|---|
| OpenCCG | Java XML | 提供句子解析功能的系统，通过 GraphViz 工具可将详细的解析过程生成**可视化语义图** |
| StatCCG | | 统计 CCG 解析器 |
| C&C CCG 和 Supertagger | C++ | 自然语言文字处理工具，能够足够高效率进行大型的自然语言处理工作 |
| Ccg2sem | XML | 被设计成在一个附加的 C&C 解析器（基于 CCGbank），并实现了非常高的覆盖率 |
| AspCcgTk | | AspCcgTk 提供了试验台，用于以不同的理论 CCG 框架试验，而不需要制作特定的解析算法。AspCcgTk 还包含可视化由解析器发现 CCG 推导的模块 |
| NL2KR system | λ演算 | 该体统采用学习单词的新含义训练语料的初始词汇。然后用新学到的词汇来翻译新句子，使用一个 CCG 语法分析器来构造解析树 |

其中 OpenCCG 是应用较为广泛的系统。OpenCCG 系统支持 MMCCG 语法开发，并执行语句分析和实现，鲍德里奇将其广泛地运用于对话系统。埃斯皮诺萨等（Espinosa, et al., 2008）把这项工作扩展到 CCG 库，引导一个使用 OpenCCG 的语法，此语法支持大规模的语句实现。

OpenCCG 是由 Java 语言实现的，所有关于 OpenCCG 的规范都源自于 XML 语言，包含组合规则、词汇（词汇化的语法）、特征结构、LF、形态等。在掌握 XML 语言的基础上，要熟练使用层级处理和线性组织的标签（它们必须用</tag> 或者/封闭起来得到正确的嵌套）。

构建 OpenCCG 的 Java 部分使用所完成的脚本"ccg-build"；这个工程是 Windows 和 Unix 下的，但需要从顶层目录（build.xml 文件的位置）运行。如果一切是正确的，所有需要的软件包可见，这一行动将产生一个名为 openccg.jar 的文件。

OpenCCG 运行时的语法通常包含以下五个规范名称的基本的文件：grammar.xml、lexicon.xml、morph.xml、rules.xml、types.xml，这五个 xml 文件恰好构成了 OpenCCG 的语法构架，见表（3.）16.4。

表（3.）16.4　OpenCCG 中 xml 语义标签一览表

| 标签 | 含义 | 举例 |
|---|---|---|
| `<family>..` `</family>` | 定义词汇族 | `<family name="Noun" pos="N">`<br>:<br>`</family>` |
| `<entry>.. </en-try>` | 条目 | `<entry name="Primary">`<br>:<br>`</entry>` |
| `<complexcat>..` `</complexcat>` | 符合范畴 | `<complexcat>`<br>`<atomcat type="n"> </atomcat>`<br>`</complexcat>` |
| `<atomcat>..` `</atomcat>` | 原子范畴 | `<atomcat type="n">`<br>`</atomcat>` |
| `<fs>..</fs>` | 特征结构 | `<fs id="2">`<br>`<feat attr="num" val="sg"></fs>` |
| `<lf>..</lf>` | 逻辑形式 | `<lf>`<br>`<satop nomvar="X:sem-obj">`<br>`<prop name="[ * DEFAULT * ]"/>`<br>`</satop></lf>` |

## 1. grammar. xml

以 tiny 语法为例，在下方 tiny-grammar. xml 文件中，定义了语法 tiny 的名称和涉及其他文件的名称：

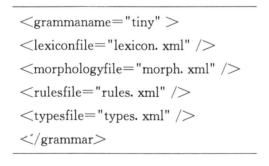

```
<grammaname="tiny" >
<lexiconfile="lexicon. xml" />
<morphologyfile="morph. xml" />
<rulesfile="rules. xml" />
<typesfile="types. xml" />
</grammar>
```

## 2. lexicon. xml

在 lexicon. xml 中定义了不同的词汇族，每一个词汇族相应会定义一个或者多个范畴。传统上，词汇的范畴语法每个词都有指定的范畴。在 OpenCCG 中，范畴被编入了关系到整组词汇的词汇族当中，这避免了在词典中反复给出相同的限定。词能与词汇族关联起来的最简单方法是通过词类：对于词来说，必须指定其词类，对于词汇族来说，必须为词指定一个为了适用于整个词汇族而必须具有的词类。为了调控一个词汇族的适用性，也可以将其声明为关闭状态。但是，封闭性的家族对于词类出现的每一个词不都是有效的，仅仅对于家族的成员有效。要注意，由于开放类词（特别是动词）经常是被列在封闭式家族成员当中的，而要为它们设计一个适当的范畴框架，封闭性家族是不会与开放类词的概念十分一致的。

（1）名词族。

```
<family name="Noun" pos="N">
<entry name="Primary">
    :
</entry>
</family>
```

（2）代词族。

```
<family name="ProNP" pos="Pro" closed="true">
<entry name="Primary">
    :
</entry>

<member stem="pro1"/>
<member stem="pro2"/>
<member stem="pro3f"/>
<member stem="pro3m"/>
<member stem="pro3n"/>
</family>
```

以上两个词汇族是（1）名词族和（2）代词族用 name 作为它们名字属性说明，它们有词类 N 和 Pro，分别由 pos 属性给出。在代名词 NP 族当中，closed="true"，表明其为封闭式词汇族。其成员有 pro1…pro3n，其中 pro1 是第一人称代词 I、we、me、us 的一个抽象词根。

在任一个族中，我们会用条目元素定义一个或者多个条目。每一个条目会定义一个伴随的特征结构和逻辑形式的范畴。通常给主条目命名为 Primary。下面有一个有多条目词汇族的例子（3）：

（3）多条目动词族。

---

&lt;family name＝"DitransitiveBeneficiaryVerbs" pos＝"V" closed＝"true"＞
&lt;entry name＝"DTV"＞
：
&lt;/entry＞
&lt;entry name＝"NP-PPfor"＞
：
&lt;/entry＞
&lt;member stem＝"buy"/＞
&lt;member stem＝"rent"/＞
&lt;/family＞

---

　　第一个条目关于双宾语动词，命名为 DTV，它可以指定有两个 NP 补语的动词范畴；第二个条目命名为 NP-PP，是一个以 PP（宾语补足语）作为范畴，这个范畴包含了以 NP 补语为首、后紧接 PP 宾语补足语的动词范畴。在这两种情况下，额外的补语在语义和推动两个条目建立一个独立的词汇族当中扮演了非常有益的角色。

　　有了条目，我们可以定义范畴，这个范畴可以是原子范畴，也可以是复合范畴（一个函数）。下方的例子说明了如何用原子元素定义一个原子范畴（4），将这个标签作为属性 type 的值：

（4）定义原子范畴。

---

&lt;family name＝"Noun" pos＝"N"＞
&lt;entry name＝"Primary"＞
&lt;atomcat type＝"n"＞
：
&lt;/atomcat＞
&lt;/entry＞
&lt;/family＞

---

　　用 fs 元素为原子范畴分配的特征结构。fs 元素有一个 id 的属性，当我们需要的时候就可以明确地应用到特征结构中。如下（5）所示：

（5）分配 fs。

```
<atomcat type="n">
<fs id="2"> .. </fs>
    :
</atomcat>
```

我们可以使用 fest 元素添加一个独立的特征。在这个最简单的形态中，feature 有一个属性 attr 和它的值 val（6）：

（6）独立特征。

```
<fs id="2">
<feat attr="num" val="sg"/>
</fs>
```

现在，假设并不是所有的名词都为单数形式，可以声明"num"的值为变量的进行如下定义（7）：

（7）名词数。

```
<atomcat type="n">
<fs id="2">
<feat attr="num"> <featvar name="NUM"/> </feat>
    :
</fs>
    :
</atomcat>
```

这里 featvar 元素指定了一个名为 NUM 的值为变量作为这个特征值。请注意，此特征规范作为一个隐含的声明，说明名词是有数量特性的。像这个例子，它和继承机制是统一默认交互的，稍后会在下面解释清楚。在基本范畴中，定义所有相关的特征。

条目还可以指定复合范畴，例如一个函数。为此，使用 complex cat 元素。这个元素实际上是一个列表，有序的枚举由 Steedman style 范畴给出的结果和参数。参数范畴可以是原子范畴也可以是复合范畴；但是结果范畴一定是原子范畴。

3. morph. xml

由于名词保留的情况下使用英文标记，这种情况要求及物动词的参数具有对决定名词能够出现在什么位置的影响。例如，第一人称代词 I 可以出现在主语的位置，而 me 可以出现在对象宾语的位置，不然则相反。

这很自然的引导我们在 morph. xml 文件中定义词的属性。对于每个词来说，必须给出其单词形式和词类，如下所示：

```
<complexcat>
<atomcat type="s">
<fs id="1"> .. </fs>
</atomcat>
<slash dir="\" mode="&lt;"/>
<atomcat type="np">
<fs id="2"> <feat attr="case" val="nom"/> .. </fs>
</atomcat>
<slash dir="/" mode="&gt;"/>
<atomcat type="np">
<fs id="3"> <feat attr="case" val="acc"/> .. </fs>
</atomcat>
  :
</complexcat>
```

# *17*

## 汉语 CCG 研究

### 17.1　范畴的构造与组合规则

#### 17.1.1　范畴

在 CCG 中，**范畴**指的是这样一个简洁描述：它能够和什么样的论元组合以及与该论元组合之后会生成什么，**换言之，就是它的**函数类型。

词汇化便成了从词汇条目到范畴的映射，意味着每个词汇条目寻求论元的行为。兰贝克（Lambek，1958）这样描述过词汇化的益处：

一个形式化语言的句子结构完全是由它的类型列表［词汇］决定的。

范畴构造的起点是原子范畴。在经典的 AB 范畴语法中，原子范畴集仅仅由 S（蒙太格语法中表示为真值类型 $t$）和 N（即表示实体的类型 $e$）构成。有了这两个基本的原子范畴，能够递归生成更复杂的范畴来建造词库，如：

**范畴赋值 17.1**（Lambek，1958）

John $\vdash$ N

never $\vdash$ (S\N)/(S\N)

walks $\vdash$ S\N

范畴的正式集合是由一个原子类集合组合而成的：

**定义 17.1**　给定一个有限的原子范畴类 $F$，集合 $C$ 是满足下列条件的最小集合：

(a) $F \subseteq C$；

(b) 如果 $X$，$Y \in C$，那么 $X/Y$，$X\backslash Y \in C$。

例如，如果 $F=$ {S, NP}，那么 $C$ 的元素例中包括原子 S 和原子 NP，以及 S\NP 和（NP\NP）\（NP\NP）。由原子范畴不断递归生成的对象被称为**函子**或**复合范畴**。

在任何一种复合范畴 $X/Y$ 或 $X\backslash Y$ 中，将 $Y$ 称为**论元范畴**，$X$ 为结果范畴；对任何 $X$ 类来说，其修饰范畴的形式为 $X/X$ 或 $X\backslash X$，被修饰成分不做变化。在汉语中，词类如形容词和副词拥有修饰功能，这是因为形容词和副词分别修饰名词和动词，如：

**范畴赋值 17.2** （a）规性 $\vdash$NP/NP；

（b）然后 $\vdash$(S\backslash NP)/(S\backslash NP)。

范畴声明它们的论元获取行为，而组合规则作用于范畴之上使两个范畴依据其规定形成新的范畴。

### 17.1.2　组合规则

组合规则给多个标记赋予主要类型，并基于输入符号的范畴来限制组合的类型。由于组合规则与哈里等（Curry，et al.，1958）的组合算子之间紧密相关，每个组合规则都有一个语义解释，这在语法分析过程中，允许语法派生同时构建谓词-论元结构（表（3.）17.1）。

表（3.）17.1　汉语 CCG 的规则

| 规则类型 | 规则 | 缩写 |
|---|---|---|
| 应用 | $X/Y \quad Y \rightarrow X$ | $(>)$ |
| | $Y \quad X\backslash Y \rightarrow X$ | $(<)$ |
| 组合 | $X/Y \quad Y/Z \rightarrow X/Z$ | $(>B)$ |
| | $Y\backslash Z \quad X\backslash Y \rightarrow X\backslash Z$ | $(<B)$ |
| | $X/Y \quad Y\backslash Z \rightarrow X\backslash Z$ | $(>B_{\times})$ |
| | $Y/Z \quad X\backslash Y \rightarrow X/Z$ | $(<B_{\times})$ |
| 类型提升 | $X \rightarrow T/(T\backslash X)$ | $(>T)$ |
| | $X \rightarrow T\backslash(T/X)$ | $(<T)$ |
| 替换 | $(X/Y)/Z \quad Y/Z \rightarrow X/Z$ | $(>S)$ |
| | $Y\backslash Z \quad (X\backslash Y)\backslash Z \rightarrow X\backslash Z$ | $(<S)$ |
| | $(X/Y)\backslash Z \quad Y/Z \rightarrow X/Z$ | $(>S_{\times})$ |
| | $Y/Z \quad (X\backslash Y)/Z \rightarrow X/Z$ | $(<S_{\times})$ |

### 17.1.2.1 应用规则($>$,$<$)

$$X/Y\ Y \to X \qquad (>)$$
$$Y\ X\backslash Y \to X \qquad (<)$$

应用规则适用于标准的函项范畴与其所寻找的论元范畴相毗连的情况。只包含这两条函项应用规则的范畴语法就是著名的 AB 语法,这是以最先提出该语法的两位语言/逻辑学家爱裘凯维茨(Ajdukiewicz,1967)和巴-希勒尔(Bar-Hillel,1953)的首字母命名的。这样的一种语法就等同于将生成规则整合在词汇中的短语结构语法。AB 语法和上下文无关文法的等价性由巴-希勒尔等(Bar-Hillel,et al.,1960)证明,这种范畴语法的形式化因为只包含两条函项应用规则,因此具有一定的局限性。

### 17.1.2.2 组合规则 Composition (B)

$$X/Y\quad Y/Z \to X/Z \qquad (>B)$$
$$Y\backslash Z\quad X\backslash Y \to X\backslash Z \qquad (<B)$$
$$X/Y\quad Y\backslash Z \to X\backslash Z \qquad (>B_\times)$$
$$Y/Z\quad X\backslash Y \to X/Z \qquad (<B_\times)$$

CCG 中的四条组合规则分为**调和规则**($>B$,$<B$)和**交叉规则**($>B_\times$,$<B_\times$)。

(a) 使用后向应用($<$)的规范派生

$$\cfrac{\cfrac{C\quad B\backslash C}{B}< \quad A\backslash B}{A}<$$

(b) 使用后向调和组合($<B$)的另一种括法

$$\cfrac{C\quad \cfrac{B\backslash C\quad A\backslash B}{A\backslash C}<}{A}<$$

(c) 使用前向应用($>$)的规范派生

$$\cfrac{A/B\quad \cfrac{B\backslash C\quad C}{B}>}{A}>$$

(d) 使用前向调和应用($>B$)的另一种括法

$$\cfrac{\cfrac{A/B\quad B/C}{A/C}>B\quad C}{A}>$$

一般而言,这两个交叉组合规则允许一个函项 $A\mid B$ 介于另外一个函项 $B\mid C$

和它的参数 $C$ 之间。拥有交叉组合规则的语法允许所有四种派生得到最高级范畴 $A$ 序列,因此交叉组合是一种能顺序置换的操作。

(a) 使用应用的规范派生

$$\cfrac{\cfrac{B/C \quad C}{B}>\quad A\backslash B}{A}<$$

(b) 使用后向交叉组合($<B_\times$)的成分重新排序

$$\cfrac{\cfrac{B/C \quad A\backslash B}{A/C}<B_\times \quad C}{A}>$$

(c) 使用应用的规范派生

$$\cfrac{A/B \quad \cfrac{C \quad B\backslash C}{B}<}{A}<$$

(d) 使用前向交叉组合($>B_\times$)的成分重新排序

$$\cfrac{C \quad \cfrac{A/B \quad B\backslash C}{A\backslash C}>B_\times}{A}<$$

斯蒂德曼(Steedman,2000)表明,正是交叉组合将 CCG 的生成能力由上下文无关提升到适度上下文相关,使之能够识别语言 $\{a^n b^n c^n d^n \mid n > 0\}$。

### 17.1.2.3　类型提升规则(T)

$$X \to T/(T\backslash X) \qquad\qquad (>T)$$
$$X \to T\backslash Z \quad T\backslash (T/X) \qquad (<T)$$

在只有应用的情景中,只有函项才能消耗它们的论元。而类型提升规则允许论元反过来消耗函项。

类型提升对于捕捉非规范论元获取行为是必要的,同时对于生成所谓的例如并列或者关系从句这样的"非成分"构造也同样必要,从 $A/B$ $B$ 或 $B$ $A\backslash B$ 到 $A$ 的派生是两种不同方式。类 $A/B$ 可直接通过向前应用消耗 $B$,或者,类 $B$ 类提升到 $A\backslash(A/B)$ 从左边消耗类 $A/B$。两种派生都能得到最高级类 $A$。

(a) 使用前向应用($>$)的规范派生

$$\cfrac{A/B \quad B}{A}>$$

(b) 使用后向类型提升($<T$)的另一种派生

$$\cfrac{A/B \quad \cfrac{B}{A\backslash(A/B)}<T}{A}<$$

(c) 使用后向应用(<)的规范派生

$$\frac{B \quad A\backslash B}{A} <$$

(d) 使用前向类型提升(>T)的另一种派生

$$\frac{\dfrac{B}{A/(A\backslash B)} > T \quad A\backslash B}{A} >$$

这种歧义被称为"伪歧义",因为(语法)解析器必须考虑多种形式不同但却会得到相同逻辑形式的派生(Wittenburg,1987)。这个发现让人认为 CCG 中的语法分析是不可行的,直到尹斯那(J. Eisner)(Eisner,1996)证明了只要对输入范畴的组合规则进行约束,就能确保解析器对每个等价的类只生成一个相应的成员,从而杜绝由类型提升和组合规则导致的"伪歧义"。

### 17.1.2.4 替换规则(S)

$$\begin{aligned}
(X/Y)/Z \quad Y/Z \quad &\rightarrow \quad X/Z \quad &&(>S)\\
Y\backslash Z \quad (X\backslash Y)\backslash Z \quad &\rightarrow \quad X\backslash Z \quad &&(<S)\\
(X/Y)\backslash Z \quad Y\backslash Z \quad &\rightarrow \quad X\backslash Z \quad &&(>S_\times)\\
Y/Z \quad (X\backslash Y)/Z \quad &\rightarrow \quad X/Z \quad &&(<S_\times)
\end{aligned}$$

这些与替换组合子 S 类似的组合规则由斯蒂德曼(Steedman,1987)和绍博尔奇(Szabolcsi,1989)提出,用来分析依附性间隙构造,一个依附性间隙常常出现能够组成供提取的孤岛位置上。替换规则的意义在于让一个范畴可以作为另外两个范畴的论元,这也是依附性间隙分析所期望的行为。

## 17.1.3 基本语句

汉语从根本上来说是一个孤立型的主语-动词-宾语(SVO)语言,汉语动词类的形状和方向性如表(3.)17.2 所示。

**表(3.)17.2 汉语的基本动词类**

| 汉语实例 | 范畴 | 动词类型 |
|:---:|:---:|:---:|
| 走 | S[dcl]\NP | 不及物动词 |
| 探索 | (S[dcl]\NP)/NP | 及物动词 |
| 给 | ((S[dcl]\NP)/NP)/NP | 双及物动词 |

注:在汉语 CCG 中,缺省有两个原子范畴——S 和 NP,此外,允许对范畴增加特征描述,例如,陈述句就对 S 范畴增加 dcl 特征 S[dcl]。

一个典型的汉语语句如语句 17.1 所示。

**语句 17.1**　甘肃省积极探索高风险业务。

| 甘肃省 | 积极 | 探索 | 高风险业务 |
|---|---|---|---|
| NP | (S\NP)/(S\NP) | (S[dcl]\NP)/NP | NP |

$$\text{S[dcl]\NP}$$
$$\text{S[dcl]\NP}$$
$$\text{S[dcl]}$$

显然，任何一种自然语言都不会仅仅遵从最为简单和规范的词序，作为形式语法，关键在于能够准确地描述自然语言中各种灵活的词汇、句法等各类现象。

使用 CCG 分析自然语言过程中，遇到一些特殊的语法现象时，通常会存在两种做法，一种是"范畴法"：根据所出现的特殊类型的词汇，建立与之对应的原子范畴或者赋予特定的范畴；另一种是"规则法"：增加一些特殊的规则。这两种方法的取舍要看具体的问题和相关的应用场景。

## 17.2　与名词短语相关的范畴分析

### 17.2.1　量词与数量短语

量词应该赋予什么范畴？能否与一般性的名词共享相同的范畴？仔细分析一下量词，我们发现，量词在组合方式方面与一般性的名词有着比较明显的区别：

（1）量词能够重叠使用来达到个别指称效果，而名词则不可以，例如：

**语句 17.2**　层层浪。

（2）与名词不同，量词仅仅接纳一个很小集合的修饰语。

**语句 17.3**　（a）一大套道埋。

　　　　　　（b）一整块鱼肉。

　　　　　　（c）一大张纸。

　　　　　　（d）两杆枪。

基于量词的特殊性和修饰语行为，我们引用了一个附加的**原子范畴 M**，这样地话，修饰量词的数词便具有（NP/NP）/M 的范畴，即

$$\text{两} \vdash (\text{NP/NP})/\text{M}$$

这就有了如下的 NP 结构：

**语句 17.4** 两杆枪。

$$\frac{\underline{两}\quad\quad\underline{杆}\quad\underline{枪}}{\underline{\frac{(NP/NP)/M\quad M\quad NP}{\underline{\frac{NP/NP}{NP}}}}}$$

当一个数量修饰一个名词时，量词必须出现。然而，当问题中的数为"一"且量词为具体时（如"一句"），该数量可以省略，例如：

**语句 17.5**

(a) 我去给你买一朵花。

(b) 我去给你买朵花。

显然语句 17.5（b）是符合语法的，那么如果采用之前的分析。

$$\frac{\underline{朵}\quad\underline{花}}{\underline{\quad M\quad NP\quad}}?$$

对这个现象的分析，存在两种可能：

(1) 范畴法：对量词指派另一个范畴。

(2) 规则法：构建一个一元规则：M→ NP/NP。

具体选择哪一种方案，需要结合具体的应用环境，在汉语 CCGbank 构建中，考虑到数据的稀疏性以及相关问题，我们采取的是规则法，示例如语句 17.6 所示。

**语句 17.6** 姚明是个 NBA 球员。

$$\frac{\underline{姚明}\quad\quad\underline{是}\quad\quad\quad\quad\underline{个}\quad\quad\underline{NBA}\quad\underline{球员}}{\frac{NP\quad (S[dcl]\backslash NP)/NP\quad M\quad NP/NP\quad NP}{...}}$$

| 姚明 | 是 | 个 | NBA | 球员 |
|---|---|---|---|---|
| NP | (S[dcl]\NP)/NP | M | NP/NP | NP |

对应推导：

个：NP/NP

NBA 球员：NP

个 NBA 球员：NP

是个 NBA 球员：S[dcl]\NP

姚明是个 NBA 球员：S[dcl]

### 17.2.2　形容词、量词与方位词短语

在汉语中，一些形容词只能作为名词修饰语，一些只能作为谓语，还有一些两者皆可。这些只能够直接修饰名词的形容词只携带名词修饰范畴 NP/NP，

那些作为谓语的携带范畴 S[dcl]\NP，同时它能够实现携带两个范畴的角色。

**语句 17.7** 蓝天

$$\frac{\frac{\text{蓝}}{\text{NP/NP}} \quad \frac{\text{天}}{\text{NP}}}{\text{NP}}$$

**语句 17.8** 澡堂的水滚烫

$$\frac{\frac{\text{澡堂的水}}{\text{NP}} \quad \frac{\text{滚烫}}{\text{S[dcl]\NP}}}{\text{S[dcl]}}$$

在汉语中，很多的动词的次范畴为 QP（量词短语——一个由数字修饰的 NP）和 LCP（localiser phrase，方位词短语），因此，为汉语的原子范畴添加 **QP 和 LCP**。

**语句 17.9**

（a）福建省乡镇企业总产值已［达二千三百八十一点五亿元人民币］$_{\text{V QP}}$。

（b）福州、厦门、泉州、漳州、莆田五地市乡镇企业经济总量［占全省百分之七十以上］$_{\text{V LCP}}$。

### 17.2.3 同位语

在汉语中，名词作为同位语主要有两种情况：一种是 NP-NP 同位：两个 NP 组成一个同位关系，其中两个同位语都指代同一实体（这与并列是有区别的）；另一种是 S-NP 同位：NP 和 S 的同位。例如：

**语句 17.10** ［咱们］$_{\text{NP}}$［工人］$_{\text{NP}}$有力量。

**语句 17.11** ［他什么都没说］$_{\text{S}}$［这一事实］$_{\text{NP}}$让我们所有人都很惊讶。

要分析以上两种同位现象，以前的规则是不够的，需要增加一些规则，例如：

**规则 17.1** （NP-NP 同位）

$$\text{NP NP} \rightarrow \text{NP}$$

**规则 17.2** （S-NP 同位）

$$\text{S NP} \rightarrow \text{NP}$$

显然，通过上面两个规则，便能有效分析相应的同位语法。当然，其中带来的一个问题就是这种规则引发大量的派生歧义。

小结一下，涉及名词短语的 CCG 范畴分析中，我们增加了 M、QP、LCP 三个原子范畴，如表（3.）17.3 所示。

表（3.）17.3　与汉语名词短语相关的原子范畴

| 原子范畴 | 含义 | 举例 |
|---|---|---|
| **M** | 量词 | 杆 |
| **QP** | 量词短语 | 二千三百八十一点五亿元人民币 |
| **LCP** | 方位词短语 | 全省百分之七十以上 |

与此同时，与名词短语相关的一些词性也指派了相应的范畴，如表（3.）17.4 所示。

表（3.）17.4　与汉语名词相关的形容词、数词的范畴指派

| 词性 | 指派范畴 | 举例 |
|---|---|---|
| 形容词 | NP/NP | 蓝天 |
| | S[dcl]\NP | 澡堂的水滚烫 |
| 数词 | (NP/NP)/M | 两 |

增加的规则，如表（3.）17.5 所示。

表（3.）17.5　与汉语名词短语相关的补充规则

| 增加的规则 | 分析的现象 |
|---|---|
| M→ NP/NP | 数词省略现象 |
| NP NP→ NP | NP-NP 同位 |
| NP→NP | S-NP 同位 |

# 17.3　与动词相关的范畴分析

## 17.3.1　动词短语

### 17.3.1.1　体态助词

一般的研究认为大多数汉语都缺乏词形或者语法的时标记，依赖于语境或者时间附加语来进行时区分。然而，尽管如此，汉语却具有丰富的体态标记，作为附于动词的标记。主要的体态标记包括：

（a）"了"，表示完成。

（b）"着"，表示进行。

（c）"过"，表示过去。

例如：

**语句 17.12** （a）我看了一本书。

（b）我看着这本书。

（c）我看过那本书。

体态助词通常紧跟着动词，对体态助词指派范畴 $(S\backslash NP)\backslash(S\backslash NP)$，即

$$[体态助词] \vdash (S\backslash NP)\backslash(S\backslash NP)$$

这样，语句 17.12（a）的 CCG 分析如下。

$$
\begin{array}{c}
\underline{\text{我}} \quad \underline{\text{看}} \quad \underline{\qquad\text{了}\qquad} <B_\times \quad \underline{\qquad\text{一}\qquad} \quad \underline{\text{本}} \quad \underline{\text{书}} \\
NP \quad (S\backslash NP)/NP \quad (S\backslash NP)\backslash(S\backslash NP) \quad (NP/NP)/M \quad M \quad NP \\
\underline{\qquad\qquad (S/NP)/NP \qquad\qquad} \qquad \underline{\qquad NP/NP \qquad} \\
\qquad\qquad \underline{\qquad NP \qquad} \\
\underline{\qquad\qquad\qquad S\backslash NP \qquad\qquad\qquad} \\
S
\end{array}
$$

尽管该体态助词范畴足以修饰及物动词 $(S\backslash NP)/NP$ 和不及物动词 $S\backslash NP$，但是当遇到双及物动词时，例如"给"$((S[dcl]\backslash NP)/NP)/NP$：

**语句 17.13** 他给了我那本书。

$$
\begin{array}{cc}
\underline{\qquad\qquad\text{给}\qquad\qquad} & \underline{\qquad\text{了}\qquad} \\
((S[dcl]\backslash NP)/NP)/NP & (S\backslash NP)\backslash(S\backslash NP)_?
\end{array}
$$

可以发现，要进行范畴分析，必须对原有的组合规则进行泛化，允许组合能够作用不止一个参数的函子，如双及物动词范畴。这种泛化的后向交叉组合 $(<B_\times{}^n)$ 允许任意数量和类型的右向参数传递到结果范畴：

$$(Y/Z)/\$_1 \quad X\backslash Y \rightarrow (X/Z)/\$_1 \qquad (<B_\times{}^n)$$

允许体态助词构成函子，能够吸收任意数量的右向参数。

**语句 17.14** 给了。

$$
\begin{array}{cc}
\underline{\qquad\qquad\text{给}\qquad\qquad} & \underline{\qquad\text{了}\qquad} \\
((S[dcl]\backslash NP)/NP)/NP & (S\backslash NP)\backslash(S\backslash NP) <B_\times{}^2 \\
\multicolumn{2}{c}{\underline{\qquad\qquad ((S[dcl]\backslash NP)/NP)/NP \qquad\qquad}}
\end{array}
$$

### 17.3.1.2 V+O 离合词

在汉语中的 V+O 离合词从概念上讲，似乎应该看成词，表达了一个比较

固定的完整的概念。从用法上讲，常作为一个词使用，即两个字挨着出现（这是所谓的"合"），但也可以拆开来不紧挨着出现（这是所谓的"离"）。例如：

**语句 17.15**　(a) 吃饭。

(b) 饭吃了吗?

(c) 吃了两顿饭。

在 CCG 分析中，为了区分 V+O 离合词和 V+N 短语组合，**引入一个新的原子范畴 O**，来表征 V-O 构造中的 O 元素。

$$[O] \vdash O$$

### 17.3.1.3　复合动词

在宾州汉语树库（Penn Chinese Treebank，PCTB）标记区分六类复合动词，如表（3.）17.6 所示。

表（3.）17.6　动词复合策略

| 标记 | 例子 |
| --- | --- |
| VRD(动补结构/有方向性) | 煮 熟 cook done |
| VCD(并列动词结构) | 投资 设厂 invest & build-factory |
| VSB(动词从属结构) | 规划 建设 plan then build |
| VPT(表潜在可能的动词结构) | 离 得 开 leave able away |
| VNV(V-不-V结构) | 去 不 去 go or not go |
| VCP(动词＋系动词结构) | 确认 为 confirm as |

1. 表潜在可能的动词结构 VPT

在这种构造中，一个复音动词收到中缀"得"或者"不"，产生动词复合含义。

**语句 17.16**　(a) 打得开局面。

(b) 打不开局面。

CCG 可能的两种分析是：

(1) 中缀助动词"得"或者"不"收集两边的动词论元。

(2) 将它看作一个原子词项。

第(1)种可能的分析是，如果由中缀助动词（"得"或"不"）驱动，那么，由于词根裂解为两个符号，词法变得更稀疏。每个被裂解的部分形成与原始词根不同的词项。

第(2)种分析是将整个结构看成是一个原子词项。我们采取这种分析方式，避免了第一种方法的词法歧义性问题。

2. V-不-V 构造 VNV

V-不-V 构造通过对动词应用中缀"不"，从而将陈述句构造为一个问句。

VNV 构造是析取问题构造的词法化：

**语句 17.17** （a）你吃不吃馒头？

（b）你看不看书？

（c）你玩不玩游戏？

双音节动词 $V_1V_2$ 参与构造，通过裂口和拷贝：$V_1$ －不 $V_1V_2$。尽管两种构造涉及中缀，V-不-V 构造与 VPT 构造有区别：

（a）V-不-V 牵头一个极性问句，而 VPT 仍牵头一个陈述句。

（b）V-不-V 涉及拷贝，而 VPT 中的 $V_2$ 的元素是补足语。

然而，我们认为融合 V-不-V 的内部结构到原子词项是最合适的分析，紧跟着同样的论元。在这种分析下，融合的 V-bu-V 词项携带极性问句特征[q]：

$$吃不吃 \vdash (S[q] \backslash NP)/S[dcl]$$

**3. 动补结构 VRD**

动补结构，即有动词和动结/方向补足语，它们可以给出动词行为的结果状态和位置，如语句 17.18 所示。

**语句 17.18** （a）建设成。

（b）保存完整。

动词动结复合是一类动词，它使用"得"或者"不"的中缀来形成动词潜在复合（在 PCTB 中标识为 VPT），一个由标记或者标记指南中反映出的事实。

**语句 17.19** （a）难死。

（b）叫哑。

尽管方向性结语（例如，过、进）和状态结语（例如，稳、紧）与它们在使用上是等同的，表"达成"含义的补足语"（例如，住、见）是"黏着词根"，附着于可以独立使用的动词。

**语句 17.20** 宝宝嗓子叫哑了。

| 宝宝 | 嗓子 | 叫 | 哑 | 了 |
|------|------|------|------|------|
| NP | NP | $S[dcl] \backslash NP$ | $(S \backslash NP) \backslash (S \backslash NP)$ | $S \backslash S$ |
| S/S | | | $S[dcl] \backslash NP$ | |
| | | | $S[dcl] \backslash NP$ | |
| | | | $S[dcl]$ | |
| | | | $S[dcl]$ | |
| | | | $S[dcl]$ | |

## 4. 动词并列 VCD

光杆动词的直接并列，中间没有介入并列词，如语句 17.21 所示。

**语句 17.21** 西北首家乡镇企业大厦建成开业。

直接的 CCG 表征保留分析，涉及如下的额外组合规则，它获取两个同类动词范畴，产生相同的动词范畴。

**规则 17.3**（光杆动词并列规则模式）

$$(S[dcl]\backslash NP)\$_1 \quad (S[dcl]\backslash NP)\$_1 \rightarrow (S[dcl]\backslash NP)\$_1$$

由于在汉语中许多词项类具有动词意义，包括许多介词和名词，规则 17.3 的应用成本比较高。例如，下面每对词语都包含动词和名词的含义，因此具有 V-V、V-N 和 N-N 的解读。

**语句 17.22** （a）批准同意。

　　　　　　（b）推介宣传。

除了引入规则 17.3 之外，还可以将光杆动词并列看成是一个词形操作。但这种方法的缺点是，所产生的序列复合动词带来稀疏性。

## 5. 动词从属结构 VSB

动词从属（VSB）与光杆并列动词（VCD）不同，其中 VCD 中动词之间存在明显的并列，而动词从属的两个动词展现一个清晰的修饰语-中心语关系，例如：

**语句 17.23** 介绍说。

将 VSB 看成是修饰语，其中第一个动词的范畴是 VP/VP，用来修饰第二个动词。

### 17.3.2 控制动词与情态动词

在一个嵌套的从句中，**控制动词的次范畴化**指的是主语和控制动词的论元是同指的。对于**主语控制动词**的例子（如"鼓励"），嵌套从句中的主语和控制动词的主语指代是同一个对象，对于**宾语控制动词**的情况（如"批准"），而嵌套从句的主语是与控制动词的补足语指代的对象是一样的。

一些主语控制动词，如"准备"，仅是嵌套从句的次范畴，另外的词，如"鼓励"，除了是嵌套从句的次范畴，也是 NP 的次范畴。

在组合范畴语法的分析中，主语和宾语控制是完全不同的构造，它们之间依赖关系相去甚远，仅仅通过中心词范畴建立起联系。这些依赖性通过中心词属于控制动词的那部分生成。

宾语控制从属于这个范畴：

$$鼓励 \vdash ((S[dcl]_n \backslash NP_y)/(S[dcl]_n \backslash NP_z))/NP_z$$

根据次范畴不同，主语控制动词从属于下列两个范畴之一：

$$准备 \vdash (S[dcl]_n \backslash NP_y)/(S[dcl]_n \backslash NP_y)$$

$$批准 \vdash ((S[dcl]_n \backslash NP_y)/(S[dcl]_n \backslash NP_z))/NP_y$$

尽管情态动词和双位置主语控制动词并不具有同一依赖性，但在宾州汉语树注释中这两者区别并不明显，根据基础理论，情态动词被视作 VP 的子范畴，在我们的分析中，情态动词和二价主语控制动词属于同一范畴：

$$应当 \vdash (S[dcl]_n \backslash NP_y)/(S[dcl]_n \backslash NP_y)$$

### 17.3.3 "被"字句

被字句分为两种结构：长"被"字句结构（例如语句 17.24（a））和短"被"字句结构（例如语句 17.24（b））。

**语句 17.24** （a）张三被李四打了。

（b）张三被打了。

#### 17.3.3.1 长"被"字句结构

在长"被"字句结构中，被字句的 NP 补足语与它的 VP 补足语的主语之间是共指的，这形成长距离依赖。

参考冯胜利（1997）对"被"字句的分析，被字句是 S 的次范畴，"被"的次范畴是一个宾语-空位的成分：

$$[空位 \ 长被] \vdash (S[dcl] \backslash NP_p)/(S[dcl]/NP_p)$$

$$[非空位 \ 长被] \vdash (S[dcl] \backslash NP)/S[dcl]$$

**语句 17.25** 张三被李四打了。

| 张三 | 被 | 李四 | 打 | 了 |
|---|---|---|---|---|
| NP | $(S[dcl] \backslash NP)/(S[dcl]/NP)$ | NP | $(S[dcl] \backslash NP)/NP$ | $(S \backslash NP)/(S \backslash NP)$ |

$$\cfrac{\cfrac{\cfrac{\text{NP}}{S/(S\backslash NP)}{>T} \quad \cfrac{(S[dcl]\backslash NP)/NP \quad (S\backslash NP)/(S\backslash NP)}{S[dcl]/NP}{>B}}{S[dcl]\backslash NP}}{\cfrac{S[cdl]\backslash NP}{S[dcl]}}$$

#### 17.3.3.2 短"被"字句结构

短"被"字句结构和长"被"字句结构表面上很类似，前者只是后者将施事 NP 删去的版本。

"被"的范畴在组合范畴语法中归于及物动词的子范畴，有着共同的中心语索引和及物动词的源主语。

$$<空位 \quad 短被> \vdash (S[cdl] \backslash NP_p)/((S[dcl] \backslash NP)/NP_p)$$

**语句 17.26** 张三被打了。

| 张三 | 被 | 打 |
|---|---|---|
| NP | $(S[dcl] \backslash NP_p)/((S[dcl] \backslash NP)/NP_p)$ | $(S[dcl] \backslash NP)/NP_y$ |

$$S[dcl] \backslash NP_p$$

$$NP$$

**语句 17.27** 张三被打断了一条腿。

因此，非空位短"被"字句结构的范畴是

$$<非空位 \quad 短被> \vdash (S[dcl] \backslash NP_p)/(S[dcl] \backslash NP)$$

### 17.3.4 "把"字句

"把"字句结构的特征是通过引入助动词"把"，将受事论元提升到动词之前的位置。例如，在下面的"把"字句中，受事论元"垃圾"成为"把"的补足语：

**语句 17.28** （a）我扔掉了垃圾。

（b）我把垃圾扔掉了。

不像"被"字句结构，"把"没有短句的形式，但是，"把"字句和长"被"字句结构都有空位和无空位的情形。在有空位的"把"字句中，就像是在被字句中，"把"和"被"的补足语与从句的空位是指代相同的。

**语句 17.29** 我把垃圾ᵢ扔掉了 $t_i$。

在无空位的形式下，在从句补足语部分没有空位，但是在"把"字句的补足语和从句动作的补足语部分之间的有着"关旨"的关系，让人联想起在非空位关系从句结构中，中心名词与子句之间的关系。

**语句 17.30** 把目光投向香港。

导致我们反对将被字句中 Bei＋NP 作为短语成分分析，同样也使我们反对"把"字句中对应的分析，否则就会制造如下的不自然语句：

**语句 17.31** 我把垃圾和把白纸扔在一起。

与长"被"字句结构相同的补足语结构的一致，我们提出下面"把"字句的两种范畴指派：

$$<空位 把> \vdash ((S[dcl]\backslash NP_a)/TV_{a,p})/NP_p$$

$$<非空位 把> \vdash ((S[dcl]\backslash NP_a)/(S[dcl]\backslash NP_a))/NP$$

小结一下，为了描述离合词，我们增加了一个原子范畴 O 来表征 V–O 构造中的宾语成分。并且针对光杆动词并列，引入新的范畴规则：

$$(S[dcl]\backslash NP) \$_1 (S[dcl]\backslash NP) \$_1 \to (S[dcl]\backslash NP) \$_1$$

# 17.4  标点与并列的范畴分析

## 17.4.1  并列现象

CCG 非常适合描述类似非成分并列和论元簇并列等并列现象。

1. 并列的语法

并列结构约束认为：并列在同种类型成分中是可能的。CSG 反映到 CCG 中是：在同类型范畴之间是可并列的。

**规则 17.4**（右分支二分并列）

$$X \, X[conj] \to X$$

$$conj \, X \to X[conj]$$

2. 并列词汇化

几个 CCG 分析，包括意大利 CCGbank 和多巴巴塔克（Toba Batak）的分析依赖于将并列分析指派一个并列词形如 $(X\backslash_* X)/_* X$ 的范畴，而不是依赖特定的类似规则 17.5 这样的组合规则。

并列词汇化除了规则最小化之外，另外的一个作用是通过词汇表达不同的并列词之间的区别。例如，在英语中，并列词 and 能够并列任意类型的并列项，然而，有些语言，类似日语这样的语言，则要求用不同的并列词并列不同的类型。

在汉语中，一些并列词，例如"并"，只能够并列 VP：

**语句 17.32**  在世界上率先研究成功，并具有国际先进水平。

在汉语中，主要并列词如表（3.）17.7 所示。

**表（3.）17.7  汉语中主要的并列词及并列项类型**

| 并列词 | 能并列的词类 |
|---|---|
| 和 he | 所有 |
| 与 yu | 所有 |
| 及 ji | 所有 |

| 并列词 | 能并列的词类 |
| --- | --- |
| 以及 yiji | 所有 |
| 并 bing | VP, IP |
| 或 huo | 所有 |
| 至 zhi | NP, QP |
| 而 er | VP, IP |
| 到 dao | QP, NP |
| 并且 bingqie | VP, IP |
| 又 you | VP |
| 也 ye | VP |
| 跟 gen | NP |

在词法化并列词分析中,指派到每个并列词的范畴编码所能够并列的并列项的类型,允许在词法中进行精细区分。

汉语中具有两个析取并列词,"还是"和"或者"。由"或者"分割的析取被解释为逻辑析取,而由"还是"分割的析取只能够被解释为选择问句,哪一个项使得命题为真,或者作为"无论"从句的补语。

**语句 17.33**

(a) 你喜欢绿色或者蓝色吗? 喜欢。

(b) 我喜欢绿色或者蓝色。

(c) 你喜欢绿色还是蓝色? 喜欢蓝色。

(d) * 我喜欢绿色还是蓝色。

(e) 无论贫穷还是富有,健康还是疾病。

"还是"强迫句子成为一个问句。

我们提出并列词"还是"灌输给它的并列项一个特征[whc],这样,动词必须携带范畴$(S[q]\backslash NP)/NP[whc]$。例如:

**语句 17.34** 你喜欢绿色还是蓝色?

| 你 | 喜欢 | 绿色 | 还是 | 蓝色 |
| --- | --- | --- | --- | --- |
| NP | $(S[q]\backslash NP)/NP[whc]$ | NP | $(NP[whc]\backslash NP)/NP$ | NP |
| | | | $NP[q]\backslash NP$ | |
| | | | $NP[whc]$ | |
| | | $S[q]\backslash NP$ | | |
| | | $S[q]$ | | |

这样,引入一个无论-从句的词,例如"无论",其范畴为 $(S/S)/NP$ [whc]。

类似汉语这样的语言,由于并列词对于不同并列项选择不同类型,其中的并列词语义有所不同，因此并列的词法分析更适用。

3. 右节点提升

右节点提升指的是在多个函项之间共享一个右论元。例如：

**语句 17.35** （a）草案也提出国家要禁止、限制出口珍贵木材。

（b）武装森林警察部队执行预防和扑救森林火灾的任务。

"禁止"与"限制"两个动词共享同一个论元："出口珍贵木材"。

右节点提升受到以下条件的约束，"并列节点所连接的元素必须出现在每个并列项中"。在 CCG 中，这是一个事实的推论，即在相互类似范畴的单元中进行并列操作。由于相同范畴的成分寻找相同的范畴，每个并列项具有相同范畴的事实确保每个并列项缺少的是同样类型的元素。

**语句 17.36** 预防和扑救森林火灾的任务。

| 预防 | 和 | 扑救 | 森林 | 火灾 | 的 | 任务 |
|---|---|---|---|---|---|---|
| (S[dcl]\NP)/NP | conj | (S[dcl]\NP)/NP | NP/NP | NP | (NP/NP)\(S[dcl]\NP) | NP |

$$((S[dcl]\backslash NP)/NP)[conj]$$
$$NP$$
$$(S[dcl]\backslash NP)NP$$
$$S[dcl]\backslash NP$$
$$NP/NP$$
$$NP$$

4. 论元簇并列

论元簇并列的构造，对偶 NP 和 NP 的量。

**语句 17.37** 开发油田三百五十个，气田一百一十个。

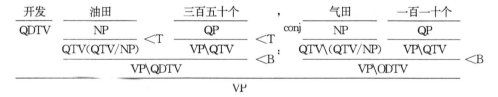

其中，缩写 $(S[dcl]\backslash NP)/QP = QTV$ 同时，$QTV/NP = QDTV$。由于两个联结词具有相同的范畴 $VP\backslash QDTV = VP\backslash((VP/QP)/NP)$，它们是并列的。论元簇消耗不及物动词 $QDTV = (VP/QP)$，饱和两个论元。

5. 不同类并列短语

不同类并列是一种在句法上类型不同的并列项之间的并列，例如：

**语句 17.38** 中国经济和利用外资。

考虑"利用外资"具有动词谓语形式，同时也是一个范畴为 NP 的函数。

采用二元类型变更规则：

**规则 17.5**（不同类并列规则模式）

$$\text{conj } Y \rightarrow X[\text{conj}]$$

其中 $X$ 和 $Y$ 是可以并列的不同类型。

下面是语句 17.38 的推演。

| 中国 | 经济 | 和 | 利用 | 外资 |
|------|------|-----|------|------|
| N/N | N | conj | $(S[\text{dcl}]\backslash NP)/NP$ | NP |

| | | | | |
|---|---|---|---|---|
| N | | | $S[\text{dcl}]\backslash NP$ | |
| NP | | | NP | |
| | | | NP[conj] | |
| | | NP | | |

## 17.4.2 标点符号

使用吸收分析来将标点符号附着在派生层次，使得修饰的范畴不变。

**规则 17.6**（标点符号吸收规则）

对于任何吸收的标点符号范畴 a，和任意范畴 $X$：

$$\text{a } X \rightarrow X$$
$$X \text{ a} \rightarrow X$$

表（3.）17.8 的符号是在汉语中候选的吸收标点。

**表（3.）17.8　汉语中候选的吸收范畴**

| 符号 | 描述 |
|------|------|
| ， | 逗号 |
| 。 | 句号 |
| [ | 左方括号 |
| ] | 右方括号 |
| " | 左双引号 |
| " | 右双引号 |
| ： | 冒号 |
| （ | 左圆括号 |
| ） | 右圆括号 |
| 《 | 左书名号 |
| 》 | 右书名号 |
| ； | 分号 |
| ？ | 问号 |
| ！ | 感叹号 |
| 〔 | 左双方括号 |
| 〕 | 右双方括号 |
| ' | 左单引号 |
| ' | 右单引号 |

1. 逗号作为语句修饰符

在汉语中，两个完整语句的并列蕴涵着第一个和第二个语句之间的因果关系，这种因果关系可能是反事实的，如语句 17.40 所示。

**语句 17.39** 没有和平环境，任何建设事业都无从谈起。

当两个语句由一个逗号隔开时，能够将逗号分析为引入语句修饰符的函子。

$$
\frac{\dfrac{\text{没有和平环境}}{\text{S[dcl]}} \quad \dfrac{,}{(\text{S/S})\backslash\text{S[dcl]}} \quad \dfrac{\text{任何事业都无从谈起}}{\text{S[dcl]}}}{\dfrac{\text{S/S}}{\text{S[dcl]}}}
$$

2. 括号

一个括号表达式是一个短语范畴，有对偶的标点符号封装短语，否则有在短语左侧的标点符号。

**语句 17.40** 一千一百九十四个 县（市）。

将括号解释为以开放标点符号中心，右边的标点符号吸收：

$$
\text{）:右吸收规则}
$$
$$
\text{（} \quad \vdash \quad (\text{NP}\backslash\text{NP})/\text{NP}
$$

**语句 17.41** 县（市）。

$$
\frac{\dfrac{\text{县}}{\text{NP}} \quad \dfrac{\text{（}}{(\text{NP}\backslash\text{NP})/\text{NP}} \quad \dfrac{\dfrac{\text{市}}{\text{NP}} \quad \text{）}}{\text{NP}}\text{RRB}}{\dfrac{\text{NP}\backslash\text{NP}}{\text{NP}}}
$$

## 17.5 句子层面的范畴分析

1. 是非疑问句

在汉语中，从一般陈述句构造一个是非疑问句的方法，是在句子结尾处增加一个疑问词"吗"。

汉语极性问题并不影响词序变化，也不作为嵌套短语，因此分析助动词"吗"作为从陈述语句到极性语句的函子。

**语句 17.42** 孩子们累吗？

| 孩子们 | 累 | 吗 | ? |
|---|---|---|---|
| NP | S[dcl]\NP | S[q]\S[dcl] | . |

$$S[dcl]$$

$$S[q]$$

$$S[q]$$

**2. 直接引用的语句**

通过选择前置直接引语可以应用话题化组合规则：

$$S[dcl] \rightarrow S(S/S[dcl])$$

还存在一类不连续的引语：

**语句 17.43** "我相信，"张三说，"你们会成功 。"

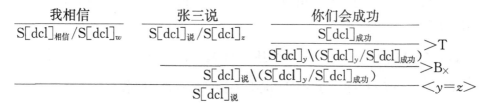

### 17.5.1 代词脱落

代词脱落指的是在论元位置中省略代词。在某些语言中代词脱落是符合语法的，如土耳其语、意大利语、阿拉伯语、日语、汉语普通话；而在另外一些语言中则不符合语法，如英语、法语、荷兰语、德语。允许出现代词脱落的语言对允许代词脱落的论元位置有不同的限制。意大利语不允许间接代词和宾语代词的脱落，而阿拉伯语只允许主语的代词脱落。

乔姆斯基将汉语划分为代词脱落语言，在汉语中，也确实出现不少的代词脱落现象，例如：

**语句 17.44** 下雨了。

**语句 17.45** 张三经常吹嘘。

**语句 17.46** 每个人都希望健康。

汉语中代词脱落有两个特征：

（1）它在脱落的论元类型上是更自由的，因为潜在的候选集合被语篇而非语法因素加以限制。

（2）因为汉语并不展现一致性，从句的主语和本身的主语所指代的东西一致。

从汉语 CCG 的分析来看，需要注意两点：① 汉语中描述性语句合适程度并不取决于动词，所有的动词都是候选者；② 所有动词的论元，并不仅是主语，都可以脱落。第①点指出只能预测特定动词的。论元脱落的转换可能生成不足，第②点指出，被选择的描述论元脱落机制必须有能力去除任何动词的论元。

分析代词脱落现象，仍然可以采取范畴法和规则法。

1. 范畴法

范畴法会根据动词脱落的论元来为动词指派不同的范畴。例如，一般的及物动词的规范范畴是（S[dcl]\NP）/NP，汉语主语脱落的及物动词的范畴是S[dcl]/NP。

$$\frac{\dfrac{\text{下}}{\text{S[dcl]/NP}} \quad \dfrac{\text{雨}}{\text{NP}}}{\text{S[dcl]}}$$

当然，这里只是针对一个具体的范畴进行歧义变化，也可以建立从动词的规范范畴转换为代词脱落的动词范畴的变换模式：

$$(\text{S[dcl]}\backslash \text{NP})\,\$\,1 \Rightarrow \text{S[dcl]}\,\$\,1$$

这种方法会导致数据稀疏问题：一个动词如果没有在语料库中涉及代词脱落结构，它将永远不会被指派代词脱落范畴。另外的问题是，在这种分析下，任何动词的任何论元都允许有代词脱落，对于有 $n$ 个论元的动词将会有 $2^n$ 种不同的范畴。

2. 规则法

分析代词脱落，也可以采取增加规则的方法，允许动词范畴在解析时候用它们代词脱落的对应形式进行重写。

**规则 17.7**（主语脱落规则）

$$(\text{S[dcl]}\backslash \text{NP})/\text{NP} \rightarrow \text{S[dcl]/NP}$$

使用一元规则将会增加分析器的歧义，因为每当分析器考虑一个规范动词范畴时，它就会产生代词脱落范畴。

## 17.5.2　关系从句的范畴分析

汉语的关系从句在汉语中较为普遍，例如：

**语句 17.47**

修饰名词的从句　　中心名词

我买　$t_i$　　的　　　书$_i$

gap　关系词

**语句 17.48**　我买的那本书很好看。

汉语关系从句的构造是**中心词后置**的。在语句 17.48 和语句 17.49 两个例子中，中心词"书"同指修饰名词的从句中的论元位置 $t_i$。特别地，关系从句的构造在汉语中也不排除多个层次：书有两个修饰语——"我买的"和"那本"，关系从句并不需要是最外层的。

除了上述的情况，依据空位的有无和关系词的出现与否，共有四种可能的关系从句构造方式。如表（3.）17.9 所示。

表（3.）17.9　关系从句的构造

| 空位 ＼ 关系词 | 不出现 | 出现 |
|---|---|---|
| 有 | 政府利用贷款 | 政府利用的贷款 |
| 无 | 政府利用贷款情况 | 政府利用贷款的情况 |

1. 无空位 vs. 有空位的"的"的构造

汉语的句型允许关系从句中心词和状语从句中的元素指代的不是同一对象。

**语句 17.49**

（a）交流便利的两地。

（b）俄军最后撤离德国的仪式在柏林举行。

$$[\text{无空位关系词}] \vdash (NP/NP)\backslash S[dcl]$$

2. 关系词出现 vs. 关系词不出现

汉语的关系从句也可以不出现显性关系词，例如：

**语句 17.50**　全省利用外国政府贷款。

为了描述这种情形，我们采用变更规则。

**规则 17.8**（空关系词类型变更规则）

$$S[dcl] \mid NP_y \rightarrow NP_y \mid *$$

**注**　（1）｜代表 \ 或者/两种情形；

（2）$NP_y \mid *$ 代表一个集合：$\{NP_y \mid NP_y, (NP_z \mid NP_z)_y \mid (NP_z \mid NP_z)_y, \cdots\}$。

| 全 | 省 | 利用 | 外国 | 政府 | 贷款 |
|---|---|---|---|---|---|
| whole | province | utilise | foreign | government | loan |
| NP/NP | NP | (S[dcl]\NP)/NP | (NP/NP)/NP/NP | (NP/NP)/NP/NP | NP/NP |

| | NP | | | | NP/NP |
|---|---|---|---|---|---|
| | S/(S\NP) | >T | | | |
| | S[dcl]/NP | | >B | | |
| | (NP/NP)/(NP/NP) | | TC | NP/NP | |
| | | | NP/NP | | |

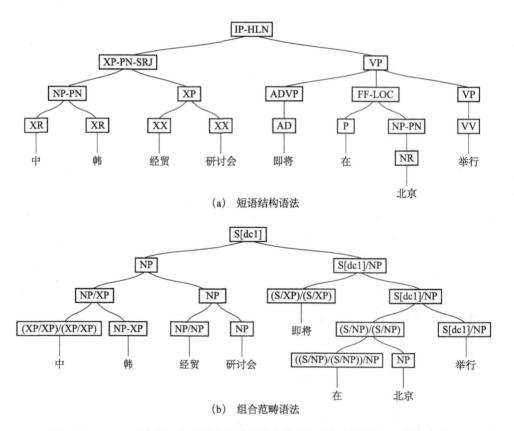

# 18
## 从宾州汉语树库转汉语 CCGbank

前面对于汉语语法的分析可作为汉语 CCG 结构人工分析的参考，但是利用计算机进行库转换可以无须消耗大量的人工分析而达到高质量的 CCG 树库。

## 18.1 介　　绍

先看图（3.）18.1 中的例子。

（a）　短语结构语法

（b）　组合范畴语法

图（3.）18.1　"中韩经贸研讨会即将在北京举行"的短语结构与组合范畴语法

　　故事始于两棵二叉树。图（3.）18.1（a）的二叉树是短语结构语法派生树，表现了词汇的阶层式组合增长："中韩"和"经贸研讨会"组成一个名词短语，然后"即将"和"在北京"与"举行"组成一个动词短语，最终得到一个完整的句子：中韩经贸研讨会即将在北京举行。

　　图中（b）的范畴算法 CG 派生树是对短语结构派生的一个重新标记。

　　对比（a）与（b），不难发现两棵派生树的结构相似，实际上都反映出句子的毗邻生成的逻辑关系。组合范畴语结中的范畴相对于短语结构语法中模糊的非终结符而言，描述性要强得多：范畴声明词汇如何组合其他词的范畴来形成更大的单元。

　　我们的工作就是通过基于短语结构语法的宾州汉语树库转换为基于组合范畴语法的汉语 CCGbank。

### 18.1.1　短语结构语法

　　短语结构语法是美国语言学家乔姆斯基在《句法结构》（Chomsky，1957）一书中提出的作为转换生成语法的一种语法模式。这种模式的基础是结构主义语言学的直接成分分析法。所不同的是，它是一个高度形式化的生成规则系统，由一系列的重写规则组成。

　　短语结构语法以结构语言学的直接成分分析法为基础对语言进行定义，从而给予语言中的句子以有用结构的数学系统，又称乔姆斯基文法，是 1957 年美国语言学家乔姆斯基创立的语言的转换生成理论的一部分。

#### 18.1.1.1　集合

　　为了从数学上进行分析，可以把一种语言看成是由有限个字母按照一定的文法规则从左到右线性排列组成的链的集合。这有限个字母组成字母表 $\Sigma$。由 $\Sigma$ 中的符号（字母）可能形成的所有链的集合（包括长度为 0 的链）用 $\Sigma^*$ 表示。既然一种语言是由一定的文法所产生，它只能是 $\Sigma^*$ 的一个子集。考察英文句子 The girl walks gracefully，从句法上分析，可以看成由下列步骤所形成：

〈句子〉→〈名词短语〉〈动词短语〉

　　　　→〈冠词〉〈名词〉〈动词短语〉

　　　　→ The〈名词〉〈动词短语〉

　　　　→ The girl〈动词短语〉

　　　　→ The girl〈动词〉〈副词〉

　　　　→ The girl walks〈副词〉

→ The girl walks gracefully.

其中，→的意思是"能够重写为"，即用→右边的符号代替→左边的符号。从符号〈句子〉出发，使用一系列重写规则可得到所需要的句子。对于上面的例子，重写规则是：

〈句子〉→〈名词短语〉〈动词短语〉

〈名词短语〉→〈冠词〉〈名词〉

〈动词短语〉→〈动词〉〈副词〉

〈冠词〉→ The

〈名词〉→ girl

〈动词〉→ walks

〈副词〉→ gracefully

### 18.1.1.2 符号

这里用了两种不同性质的符号，带有〈・〉的符号在最后的句子中并不出现，因此它们所组成的集合称为非终止符集 $N$，$N = \{$〈句子〉,〈名词短语〉,〈冠词〉,〈名词〉,〈动词〉,〈副词〉$\}$，而在最后句子中出现的符号组成的集合称为**终止符集**，亦即字母表 $\sum$，$\sum = \{$The，girl，walks，gracefully$\}$。非终止符集中的〈句子〉在导出整个句子的过程中有特殊的意义，称为**起始符** $S$。因此产生一种语言的文法 $G$ 可以用四元组表示，即 $G = \{\sum，N，P，S\}$，其中 $P$ 是形式为 $\alpha \rightarrow \beta$ 的重写规则或称产生式规则的集合。产生式规则中的 $\alpha$ 和 $\beta$ 是由非终止符和终止符所组成的链，但 $\alpha$ 中至少包含 $N$ 中的一个符号。

### 18.1.1.3 分类

按照产生式 $\alpha \rightarrow \beta$ 的不同形式，可把文法分成四种类型。产生式的两端无任何限制的为 **0 型文法**，产生 **0 型语言或称递归可数语言**。在产生式两端加上一些限制，又可分为三类文法：

（1）**上下文相关文法**（1 型）$\alpha_1 A \alpha_2 \rightarrow \alpha_1 \beta \alpha_2$，只有当非终止符 $A$ 的前后为 $\alpha_1$、$\alpha_2$ 的条件下，$A$ 才可以改写成 $\beta$。

（2）**上下文无关文法**（2 型），产生式的形式是 $A \rightarrow \beta$，左端为一个非终止符，右端没有限制。前面所述七条产生式规则就是这种文法的例子。上下文无关文法通过导出树产生句子。产生 The girl walks gracefully 的导出树。

（3）**有限状态文法或正则文法**（3 型），产生式规则为 $A \rightarrow aB$ 和 $A \rightarrow a$ 两种形式。其中 $A$、$B$ 为非终止符，$a$ 是终止符。

从 0 型文法到 3 型文法，在产生式规则上的限制形式是逐步增加的，所以它们所对应的语言有包含关系，即 0 型文法所产生的递归可数集真包含上下文相关语言，上下文相关语言真包含除了空链以外的上下文无关语言，上下文无关语言真包含 3 型文法产生的正则语言。这四种类型的文法所产生的语言可被相应的自动机所接受。

## 18.1.2　宾州汉语树库

宾州汉语树库（PCTB）是可以找到的有语法注释的汉语文献中最大的语料库。它的最新版本 PCTB 7.0 包括报刊、杂志、抄录的演讲稿、有影响力的出版社以及华语圈中的所有媒体。

PCTB 6.0 是本章中实验用到的语法树。它加强了语料库，加入了包括从 ACE 抄录的广播新闻的部分。因为文本类型的改变，许多系统无法兼容广播新闻的部分（Harper, et al., 2009）。

汉语中非长程依赖比英语更频繁。41% 的汉语 PTCB 句子包含一个可分离的实例，而英语中仅有 10%。大部分句子之间关联性很松散，仅仅是一些靠逗号分开的短语。松散的关联性会导致大量的分析歧义。因为也许一个词既可以作为连词，也可以作韵律词或限定词，随着句子长度的增加，将会导致大量的解析歧义。

### 18.1.2.1　PCTB 的标记集合

Penn 树标记集合的若干不同源于英语和汉语两种语言的类型不同。例如，宾州树库（Penn treebank，PTB）标记集合区分了名词的单复数（NNS）以及动词的形态（VBD），而 PCTB 标记集合都没有区分。

另一方面，PCTB 标记集通过它们 POS 标记区分了许多有多重功能的词语，例如"的"（DEC，DEG，DER），"被"字句的两种形态（LB 和 SB），其他标记仍简单地使用它们在 PTB 的对等语—副词（AD）、介词（P）、代词（PN）。

类似的，短语层级标记集合枚举了出现在内部节点上的标签。与 PTB 标记集和传统生成语法（NP，VP，PP）有很多相同的范畴，但是增加了汉语中心语短语的用法，例如方位词（LCP）和量词（CLP）。

屈折语的标签 IP 和 PTB 中的标签 S 是对等的。这个名字反映出生成语法的理论—句子是屈折（infl）中心语的短语映射。（Haegeman，1994）尽管在 PCTB 注释中不存在这样的中心语。

标签 LCP 是方位词的映射。出现在类似于英语 PP 的分布之中。在语句 18.1 中，尽管英语介词承载了整个语义，但是汉语中的对应结构却多了一个介词"在"语义部分是由方位词"上"体现的。

**语句 18.1** 在桌上。

标记 CLP 和 QP 在 NP 的注释中出现过多次。任何 NP 数量必须有量词的加入。量词处于名词和数词之间。PCTB 吸取了这一句法，使数词（CD）成为补语（CLP）映射为 QP，修改 NP，如语句 18.2 所示。

**语句 18.2** 数百家建筑公司。

含有句尾成分如疑问词"吗""呢"的句子，是以这些成分开头来分析的。它们是 CP 成分，关系词"的"也被当作 CP 成分分析。

### 18.1.2.2 短语和词语层级的标记

PTB 经常对 NP 内在结构不作分析。这造成许多 NP 没有正规的生成。这种生成方法的缺陷在于每一次关联的修改就会导致不同的生成规则，造成生成规则的冗余。

PCTB 通过限制注释中生成规则的结构来控制生成规则的冗余。第一个限制是短语和词语级标签的区分——短语级的标签被限制只能出现在内部节点上，词语级的标签被限制在树叶上。尽管在 PTB 中这种区别也出现，也把 POS 标签和语法标签相区别（Marcus，et al.，1994），但是词语级和短语级的标签在生成规则的右手边都可以自由得出现。

通过对生成规则的限制，至于词语级和短语级的标签都出现在规则右侧的问题，PCTB 采取了补语/修饰语区分的方法，以及生成规则降低句子稀疏性的办法，下一段将会描述生成规则中这些限制的方法。

### 18.1.2.3 生成的约束

PCTB 将它短语级的标记（NP、ADVP）和句子级的标记（NN、JJ 等）进行了区分。

中心语名词和它的变更在 NP 下是一对兄弟结点，NP 的内部结构左侧是不确切的。PCTB 形式的括号使修改的结构更为清晰，简单的生成过程 NP-RB JJ NNS 被解构成两个更为普遍的生成结构 NP-ADVP 和 NP-ADJP，造就了更精炼的生成规则。

另外，子节点的中心语结构被记录在其父节点和子节点的结构中。例如，一个生成规则中第一个子节点有一个词语级的标签，其他的子节点都会有短语级的标签（VV NP-VP）构成中心语优先结构。

同理，若一个生成规则的右边只有短语层级的标签，例如 ADVP-VP，喻示了修饰词的关系。这种约束的结果就是在分析中词语到短语层级标签的一元映射，对于保证映射规则的约束性是必需的。一元映射 NN-NP 可以修复这一衍生规则，中心语规则 NP-VP 直接反映了中心语规则。

区分补语和修饰语能够在后面的转换过程里简化组合范畴语法结构的覆盖。

### 18.1.3　CCGbank

第一个大规模的 CCG 语料库是由霍肯麦尔（Hockenmaier, et al., 2007）根据宾州树库自动转化而来的英语 CCG 库。在这个过程中，霍肯麦尔将 PTB 分析投射到了 CCG 派生上面，宾州树库中的标记也被投射到标准 CCG 的分析之中，包括提取和非成分并列现象、寄生空位现象，以及伴随位移，tough-移位和重 NP 替换等。

车等（Cha, et al., 2002）观察到韩语形态中的黏着语特性，开发了一个适合自由语序语言的统计学模型和图解析方法。霍肯麦尔（Hockenmaier, 2006）也根据基于依存语法的德语语料库 TIGER 转换得到了一个德语 CCG-bank。该语法捕捉了德语中子句/从句词序特点。巴斯（J. Bos）等（Bos, et al., 2009）从都灵大学意大利语树库中提取除了一个大规模的 CCG 语法。

表（3.）18.1 列出使用 CCG 进行语言分析的一些相关工作情况。

**表（3.）18.1　通过 CCG 分析过的语言片段**

| 研究文献 | 语种 | 是否大规模 | 类型变更规则 | 转换 | 特征 |
|---|---|---|---|---|---|
| Hoffman（1992） | 土耳其语 | 否 | 否 | 否 | 自由词序 |
| Akici（2005） | 土耳其语 | 是 | 否 | | 语素层级的范畴代词脱落 |
| (Cha, et al., 2002) | 韩语 | 否 | 否 | 否 | 词素级范畴 |
| (Hockenmaier, et al., 2007) | 英语 | 是 | 是 | 是 | |
| (Hockenmaier, et al., 2007) | 德语 | 是 | — | 是 | 扰乱；V2 词序 |
| (Bos, et al., 2009) | 意大利语 | 否 | 否 | 是 | 标点范畴化 |
| (Boxwell, Brew, 2010) | 阿拉伯语 | 是 | 是 | 是 | 代词脱落 |

## 18.2　汉语 CCGbank 转换系统的架构与设计

### 18.2.1　总体框架

汉语 CCGbank 转换系统的框架如图（3.）18.2 所示。

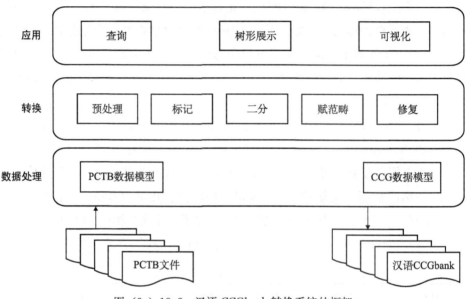

图（3.）18.2　汉语 CCGbank 转换系统的框架

转换系统在架构上可以分为三层，包括数据处理层、转换层和应用层，其中：

1. 数据处理层

对宾州汉语树库（PCTB）和汉语 CCGbank 的处理，具体的功能包括：从文件系统中读入 PCTB 文件，同时将读入的文件依据 PCTB 的标签集构建 PCTB 的派生树，并在程序中建立相应的数据模型与对象；通过文件系统输出汉语 CCGbank，具体的包括构建 CCGbank 的数据模型，并进行输入与输出。

2. 转换层

转换层核心就是实现 PCTB 到 CCG 的转换，具体的核心算法和功能模块包括预处理、标记、二分、赋范畴和修复。

3. 应用层

应用层主要是基于 CCGbank 的应用。主要的应用包括：查询、树形展示以及其他可视化模块。查询指的是可以获得具体某个汉语词的范畴（通常会有多个）。树形展示可以将 CCGbank 中的派生树以树状图形的方式进行展示。

### 18.2.2　数据处理模块

语料库处理的核心流程见图（3.）18.3。

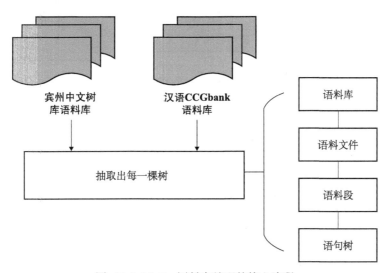

图（3.）18.3　语料库处理的核心流程

在转换系统中的数据处理部分，核心处理的是语料库，包括转换前的宾州汉语树库和转换后的汉语 CCGbank 库。**在转换过程中，围绕的核心数据是一个语句，反映出来是一棵句法树（宾州树库中的一棵短语结构句法树转换成汉语 CCGbank 后，便是一棵组合范畴语法树）。因此，在数据处理的过程中，核心是将每一棵语句树从语料库中抽取出来，通常包括如下几个步骤：**

（1）从文件系统中读取语料库（通常是多个文件目录的形式）。

（2）依据语料库的文件编码规则，抽取文件编号，处理语料文件。

（3）读取语料文件，抽取语料段（宾州汉语树库就是一篇报道作为一个语料段，并赋予特定的编号）。

（4）从语料段中，抽取每一个语句树。

根据上述语料库处理的需求，在系统实现过程中，主要设计的类图如图（3.）18.4 所示。

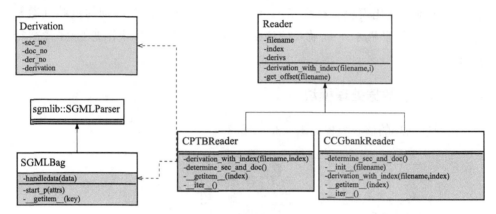

图（3.）18.4　转换系统的数据处理模块核心类图

在转换系统中，涉及对多个语料库的读写，例如：宾州汉语树库和已转换后的汉语 CCG 树库等。对语料库的读入过程，抽象出一个基类 Reader，如图（3.）18.5 所示。

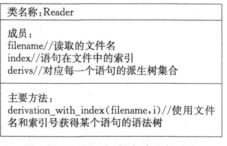

图（3.）18.5　语料库读取的基类

继承 Reader，构建宾州汉语树库的读取类 CTBReader 和 CCGbank 的读取类 CCGbankReader（系统的这种架构保证我们的系统可以扩展，构建其他类型的语料库的读取类）。Reader 的子类主要需要重写 Reader 的 derivation_with_index 函数。

在 CTBReader 中重写的 derivation_with_index 方法中，核心处理宾州树库的语法标签，以语句 18.3 为例。

**语句 18.3**　中国建筑业对外开放呈现新格局。

该语句在宾州树库的短语结构如图（3.）18.6 所示。

```
<S ID=32>
 ((IP-HLN (IP-SBJ (NP-SBJ (NP-PN (NR 中国))
                 (NP (NN 建筑业)))
          (VP (PP (P 对)
                  (NP (NN 外)))
```

```
                  (VP (VV 开放))))
          (VP (VV 呈现)
              (NP-OBJ (ADJP (JJ 新))
                      (NP (NN 格局))))))
</S>
```

图（3.）18.6　短语结构信息

首先，通过定位<S>和</S>两个标签，分别以这两个标签作为起始和终止，然后获得这两个标签内的内容，这部分的内容就是就是一个语句。

然而，从语句中抽取单个词汇，抽取的规则是以"（"和"）"为分隔符，例如，上例中分割后的符号列表 TokenList 为

["("，"("，"IP-HLN"，"("，"IP-SBJ"，"("，"NP-SBJ"，"("，"NP-PN"，"("，
"NR"，"中国"，")"，")"，"("，"NP"，"("，" NN"，"建筑业"，")"，")"，")"，…….]

接着，根据词汇列表，进行树解析，解析过程中需要建立核心的数据结构用以描述解析树：

（1）节点（非叶子）node，如图（3.）18.7 所示。

```
struct node
{
    char tag[];//节点的标签,例如"NP"
    struct node kids[];//子节点,可有多个
    struct node parent;//父节点,如果是根节点,可为空
}
```

图（3.）18.7　node 结构体

（2）叶子节点 leaf，如图（3.）18.8 所示。

```
struct leaf
{
    char tag[];//节点的标签,例如"NP"
    char lex[];//节点的词汇,例如"中国"
    struct node parent;//父节点
}
```

图（3.）18.8　leaf 结构体

基于以上数据结构，树解析的算法如图（3.）18.9 所示。

```
算法:宾州汉语树库的解析
输入:符号列表 TokenList
输出:一棵解析树

cptbParse(TokenList)
{
    struct node partree;
    struct leaf leafnode;
    tok = TokenList. next();
    while(tok not include ')')
        if (tok include '(')
        {
            partree. tag = tok;
            partree. kids. append(cptbParse(Tokenlist));//使用递归
        }
        else
            leafnode. lex = Tokenlist. next();
}
```

图（3.）18.9　树解析算法

解析算法采用递归方式，时间复杂度为 $O(N)$，对符号列表采取一次线性遍历，当读取到"（"符号，表示需要构建子树（进行递归操作），当读取到')'符号时候，表明一次弹出栈的操作，直到读取到叶子节点为止。

另外，值得一提的是，在节点（非叶子）node 和叶子节点 leaf 的核心数据结构基础上，封装一个 Derivation 类，用来刻画每一棵语句树。

在 CCGbankReader 中也重写的 derivation _ with _ index 方法，大致流程与 CTBReader 中重写的 derivation _ with _ index 方法大致相似，有所区分的是对标签的处理部分。

## 18.2.3　转换模块

汉语 CCGbank 的转换是这样一个过程：基于语料处理后的 PCTB 树，生成一棵符合组合范畴语法规范的 CCG 树。应该说，PCTB 树与 CCG 树之间存在较大的差异，要实现这样的转换，需要经过一系列的处理过程。图（3.）18.10 勾勒出了主要的转换阶段。

图（3.）18.10 展示了我们转换算法需要经历的五个主要步骤。

1. 过滤（预处理）

PCTB 和 CCG 在词汇、短语层面都存在差异，在使用 PCTB 树进行转换之前，需要采取预处理来修正 PCTB 的符号，从原先形式化中分离或组合字符。

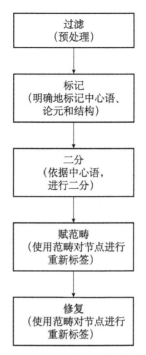

图（3.）18.10　CCGbank 的转换算法流程

2. 标记

PCTB 是区分中心语和论元，但是在 PCTB 的标引中并没有将中心语/修饰语/补语明确标出，尤其是中心语信息在给出的生成规则结构中没有明确的标引。这意味着一旦该结构产生了转换，这种结构信息将会丢失，因此为了保留 PCTB 中的语句成分与结构信息，用于转换和生成 CCG 树，需要对 PCTB 树明确标引出中心语、论元与结构。

3. 二分

在 PCTB 的形式化描述中，中心语和其所有的补语都作为兄弟节点呈现，从树的形式化描述来看，实际上是以一棵多叉树的形式来描述。然而，在 CCG 中，所有组合规则都是二元的，因此所派生出的 CCG 树是一棵二叉树，为了便于操作，需要将 PCTB 树进行二分操作。

4. 赋范畴

已经作过预处理的二叉树中，每个叶子节点都具有一个按照短语结构语法所给出的词性，由于目标是生成 CCG 树，因此需要将带有 PCTB 式的词性标注转换为 CCG 的范畴标注。经过转换后的树，应该是一个符合规范验证的 CCG 树，即一棵符合语法的 PCTB 树，在转换成为 CCG 树后，应该也能够通过 CCG

组合规则，最终运算形成一个合规的语句（S）范畴。

5. 修复

经过上述的转换过程之后，基本从一棵 PCTB 树转换成 CCG 树，但是仍会存在一些遗留的问题，例如可能还包含语迹。这样，需要进行相应的修复操作。

根据上述转换模块的需求，我们在系统实现过程中，主要设计的类图如图（3.）18.11 所示。

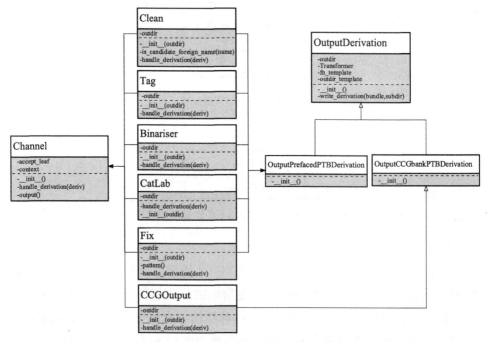

图（3.）18.11 转换模块的核心类图

我们所设计的转换模块，在设计模式中采取管道模式，即将每个转换阶段都设计成一个管道，管道的入口端对接上一个阶段管道的输出（当然第一个管道的输入和最后一个管道的输出例外）。因此，我们定义了一个所有转换阶段的基类 Channel，如图（3.）18.12 所示。

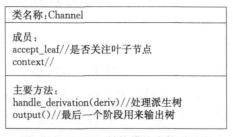

图（3.）18.12 转换模块中管道基类

根据处理阶段，分别设计不同的类，同时继承基类 Channel：Clean 类对应预处理阶段；Tag 类对应标记阶段；Binariser 类对应二分阶段；CatLab 类对应于赋范畴阶段；Fix 类对应修复阶段。不同的阶段的核心处理流程主要在重写 handle_derivation（deriv）方法。

### 18.2.4　应用模块

转换系统的应用模块主要是指对转换好的 CCGbank 的一些应用，例如：进行一些范畴统计；将转换好的 CCGbank 通过图形化或者其他可视化的方式进行展现；结合一些 Web 工具进行网页展现等。如图（3.）18.13 所示。

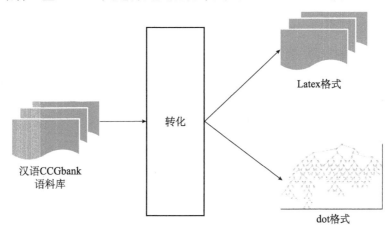

图（3.）18.13　CCGbank 的应用示例之一：可视化展示

## 18.3　汉语 CCGbank 核心转换算法

在汉语 CCGbank 转换系统中，核心模块是转换模块，而其中最为重要的是相关的转换算法，整个转换算法按照预处理　标记—二分—赋范畴—修复五个阶段进行处理，每一个阶段在实现过程中都以管道的形式：上一个阶段的输出作为下一阶段的输入，同时输入与输出都是语法树，如图（3.）18.14 所示。

| 算法:汉语 CCGbank 转换算法管道 |
| --- |
| 输入:PCTB 树 T |
| PREPROCESS(T) |
| MARK(T) |
| BINARISE(T) |
| CATLAB(T) |
| FIX(T) |

图（3.）18.14　汉语 CCGbank 转换算法管道

### 18.3.1　预处理阶段

预处理阶段的算法如图（3.）18.15 所示。

---
算法：预处理算法

---
输入：PCTB 树 T

---
for node∈ NODES(T)do
    if node. TAG∈{VCD,VNV,VPT} then
        merge children of node into a single token with the tag of node
    if node is a leaf and contains an interpunct( · )then
        split node's lexical item on the interpunct
    repair projections or functional tags on node
Endfor

---

图（3.）18.15　预处理阶段算法

预处理阶段根据影响后续阶段的方式来修正标引。预处理算法阶段有三个修改复合动词的策略：动词并列结构（VCD）、V-的 de/不 bu-V 结构（VNV）。

1. 中缀词形

不相毗连的语素是一些语素标记，这些语素标记不能处理为词根和语素的毗连。不能看成是一种词根和词素的非重叠连接。

汉语中的两个结构涉及：V-的/不-V 结构和 VNV 结构。在 PCTB 的表示中，使用中缀词粘合在三个符号中间。这两种结构通常被看成是词形操作（图（3.）18.16）。

$$\frac{\text{LHS}}{\text{L}} \qquad \frac{\text{Infix}}{(\text{O}\backslash. \text{L})/. \text{R}} \qquad \frac{\text{RHS}}{\text{R}}$$
$$\frac{\text{O}\backslash. \text{L}}{\text{O}}$$

图（3.）18.16　PCTB 中中缀粘合生成图

2. 光杆动词的并列

我们将在 VCD 节点下进行词项融合。这样为并列光杆动词建立单个符号。如图（3.）18.17 所示。

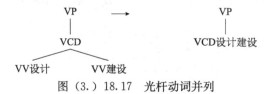

图（3.）18.17　光杆动词并列

3. 对外国人名的规范化

在宾州汉语树库中，对外国人名的标记并没有遵循汉语标点符号的国标（GB/

T 15834—1995），而是将整个外国人名看成是一个词，没有考虑间隔符（·）。

在预处理过程中，将外国人名依据间隔符拆开，并组合成一个新的标签 NP-PH，如图（3.）18.18 所示。

图（3.）18.18　外国人名的预处理

除此之外，对一些遗漏的和不正确的一元投射进行了预处理。

### 18.3.2　标记阶段

标记阶段的算法使用一个标记来表示 PCTB 中的每个内部节点，同时算法也考虑一些需要特殊中心结构的汉语语法，如括号、话题化和论元簇并列等。

为 PCTB 的节点增加标记，明确区分补足语/附加语，这有助于从 PCTB 转化为汉语 CCGbank。增加的标记如表（3.）18.2 所示。

表（3.）18.2　为 PCTB 节点增加的标记

| 标记 | 含义 |
| --- | --- |
| a | 修饰语 |
| h | 补语中的中心语 |
| l | 中心语的左补语 |
| r | 中心语的右补语 |
| t | 空位话题 |
| T | 非空位话题 |
| n | 名词中心语的修饰语 |
| N | 名词中心语 |
| c | 并列中的连词 |
| C | 并列中的合取 |
| & | ETC 节点 |
| @ | 论元簇中的论元 |
| p | 括号 |

标记算法核心在于匹配结构模式来进行相应的标记，主要的树模式包括：

1. 括号模式

如果某个节点在 PCTB 中的短语句法标记为 PRN（即：为括号），那么为该节点增加标记 'p'，同时为该节点的第一个子节点增加标记 'h'。

2. IP 模式

如果某个节点是 IP，且其中心语为动词 VP，那么 IP 的子节点 VP 增加标记 'h'，另个一个子节点增加标记 'l'。

### 3. VSB 模式

如果某个节点是 VSB，那么将其第一个子节点增加标记 'h'，其余部分增加标记 'r'。

### 4. VCP 模式

如果某个节点是 VCP，那么将其第一个子节点增加标记 'h'，另一个子节点增加标记 'a'。

### 5. VRD 模式

如果某个节点是 VRD，那么将其第一个子节点增加标记 'h'，另一个子节点增加标记 'r'。

### 6. 并列模式

在并列模式中，还分为如下几种情况：

（1）如果节点是 XP 形式，那么第一个子节点增加标记 'c'，第二个子节点不增加任何标记，最后一个子节点增加标记 '&'，其余子节点增加标记 'c'；

（2）如果节点是 UCP 形式，那么第一个子节点增加标记 'C'，第二个子节点不增加任何标记，最后一个子节点增加标记 '&'，其余子节点增加标记 'C'。

### 7. HP 模式

如果某个节点是 HP，那么分成两种情况判断：

（1）第一个子节点为 H（中心语），那么将第一个子节点增加标记 'h'，另一个子节点增加标记 'r'；

（2）最后一个子节点为 H（中心语），那么将最后一个子节点增加标记 'h'，而其余部分子节点增加标记 'l'。

### 8. 论元簇模式

如果节点是论元簇，那么将每一个节点都增加一个标记 '@'。

### 9. 缺省（万能）模式

如果哪种模式都匹配不上，可以缺省将最后一个节点增加标记 'h'，其余部分增加标记 'l' 节点的标签与结构与每个配置顺序对比。如果匹配，就应用对应的标记。

## 18.3.3 二分阶段

依据标记算法中所明确的中心语结构，树被二分使得中心语寻找它们的论元，并有修饰语来寻找中心语。在汉语中，可能存在左 VPs（中心语起始短语）分支结构和 NPs，ADJPs 和 ADVPs 的右分支结构。

由于在 PCTB 中，短语层次的标签从不出现在叶子节点上，因此包含许多从词层次的标记到短语层次的标记的一元投射，如图（3.）18.19 所示。

| NP | ADVP | ADJP | QP | CLP | DP | VP |
|----|------|------|----|-----|----|----|
| NN | RB | JJ | CD | M | DT | VV |

图（3.）18.19　从词标记到短语标记的一元投射

整个一元投射表如下（表（3.）18.3）。

表（3.）18.3　一元投射的模式表

| 模式 | 模式 |
|------|------|
| NP<Nx | QP<M｜QP |
| VP<Vx｜AD｜PP｜QP｜LCP｜NP | PP<P |
| ADJP<JJ｜AD｜NN｜OD | CP<IP |
| ADVP<AD｜CS｜NN | INTJ<IJ |
| NP-MNR｜NP-PRP<Nx | LST<OD｜CD |
| NP-PN<NR | PRN<PU |
| CLP<M | LST<PU |
| LCP<LC | DNP<QP |
| DP<DT｜OD | NP*<Nx |
| FLR｜FW<* | |

由于 CCG 文法并不区分词和短语层面的范畴，这些一元投射必须在我们使用 CCG 范畴标记每棵树节点之前坍塌。所谓的坍塌一个一元投射指的是对一个标记短语层次的范畴的节点，使用具有词层次的范畴的子节点来替换；父节点继承子节点的标记。

1. 最后的标点尽可能放在树的高节点上

对于任何其最右边孩子皆为标点符号的节点，二分算法必须将标点尽可能地放置高处。如图（3.）18.20 所示。

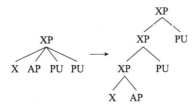

图（3.）18.20　标点的二分处理

将标点放置的尽可能高是为了减少语料中的标点吸收规则的数量。

2. 提升成对的标点

二分算法可以提升成对表达，如图（3.）18.21 所示。

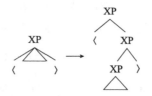

图（3.）18.21　成对符号的提升

汉语中的成对符号如表（3.）18.4 所示。

表（3.）18.4　汉语中的成对符号表

| 成对符号 | 描述 |
|---|---|
| " " | 双引号 |
| 【】 | 方括号 |
| （） | 括号 |
| ( ) | ASCII 括号 |
| ' ' | 单引号 |
| 《》 | 书名号 |
| 〈〉 | 单书名号 |

## 18.3.4　赋范畴阶段

在此阶段之前，已经依据中心语，将 PCTB 树重构为二叉树。以自顶而下的方式对节点进行赋予范畴：首先对根节点映射一个 CCG 范畴。映射规则如表（3.）18.5 所示。

表（3.）18.5　PCTB 中根节点的映射规则

| PCTB 标签 | 含义 | 范畴 |
|---|---|---|
| IP | 语句 | S[dcl] |
| CP | 带有补语的语句 | S[dcl] |
| CP—Q | 是非问句 | S[q] |

对于其他的范畴指派的映射规则如表（3.）18.6 所示。

表（3.）18.6　PCTB 中其他标记的映射规则

| PCTB 的标签 | 范畴 |
|---|---|
| NP | NP |
| PN | NP |
| DT | NP |
| NT | NP |
| NN | BareN |
| NR | BareN |
| FRAG | S[frg] |
| IP | S[dcl] |

续表

| PCTB 的标签 | 范畴 |
|---|---|
| CP-Q | S[q] |
| ADVP | (S\NP)/(S\NP) |
| AD | (S\NP)/(S\NP) |
| VP | S[dcl]\NP |
| VA | S[dcl]\NP |
| VV | S[dcl]\NP |
| VE | S[dcl]\NP |
| VSB | S[dcl]\NP |
| VRD | S[dcl]\NP |
| VCD | S[dcl]\NP |
| VNV | S[dcl]\NP |
| CC | conj |
| CD | QP |
| OD | QP |
| ADJP | NP/NP |
| JJ | NP/NP |
| CLP | M |
| DP-TPC | NP |
| DP | NP |
| DNP | NP/NP |
| FW | NP |
| CP-PRD | NP |
| CP-OBJ | S[dcl] |
| CP-CND | S/S |
| CP-ADV | S/S |

赋范畴算法如图（3.）18.22 所示。

---

算法：赋范畴算法

输入：PCTB 树 T

---

if node does not have a category then
　　map node's POS tag to a category
if node is a leaf then
　　return node
match node against the schemata in Table 4. 11 in turn
if a matching schema is found then
　　label node using the matching schema
else
　　label node as per left adjunction ▷ treat unrecognized configurations as left
adjunction
call CATLAB recursively on the children of node
return node

---

图（3.）18.22　赋范畴算法

　　算法负责将 CCG 原子注入所形成标记衍生中，通过从 PCTB 标签集中映射到 CCG 原子。例如，通过注入原子 QP，标签过程将形如 QP * 的 PCTB 标签映射到原子 QP。当没有匹配任何模式的时候，进行回溯标记。

经过范畴标引，节点都被赋予了 CCG 范畴。然而，涉及移位现象的结构必须被重塑为 CCG 所需的无语迹分析。紧接着，从根节点处开始，根据如表（3.）18.7 所示的模式进行节点及子节点的标记匹配。

表 (3.) 18.7　节点及子节点的标记匹配模式

| 关系 | 模式 | 关系 | 模式 |
|---|---|---|---|
| 述谓结构 | $C$ / $L$ $C\backslash L$ | 左吸收 | $C$ / PU $C$ |
| 左附加 | $C$ / $C/C{:}a$ $C$ | 右吸收 | $C$ / $C$ PU |
| 右附加 | $C$ / $C$ $C\backslash C{:}a$ | 并列 | $C$ / $C{:}a$ $C[conj]$ |
| 中心语前置 | $C$ / $C/R{:}h$ $R$ | 部分并列 | $C[conj]$ / $conj$ $C{:}c$ |
| 中心语后置 | $C$ / $L$ $C\backslash L{:}h$ | 同位 | $NP$ / $XP{:}A$ $NP$ |

### 18.3.5　修复阶段

修复阶段的算法如图（3.）18.23 所示。

| 算法　语迹消去算法，　FIX(T) |
|---|
| 输入：PCTB 树 T |
| for node 2　NODES(T) do<br>　for pattern；fixer 2 patterns do<br>　　if pattern matches node then<br>　　　apply fixer to node |

图 (3.) 18.23　语迹消去算法

1. 结构之间的交互

在结构的可行性只由所涉及的范畴来确定的意义下，CCG 是模块化的。例如，汉语关系子句结构由关系词"对"的范畴（NP/*）/（S[dcl]|NP）来确定。正是"的"的范畴对于参与结构的其他成分的范畴提出句法需求。

范畴 S[dcl]\NP 可以以多种方式衍生。一种具有主语空位的陈述句如图（3.）18.24 所示。

| 喝 | 啤酒 | 的 | 人 |
|---|---|---|---|
| (S[dcl]\NP)/NP | NP | (NP/NP)\(S[dcl]\NP) | NP |

$$S[dcl]\backslash NP$$

$$NP/NP$$

$$NP$$

图 (3.) 18.24　"喝啤酒的人"范畴解析

不考虑内部结构，只要它产生范畴 S[dcl]/NP，语法预测此结构是符合语法的。如图（3.）18.25 所示。

| 被 | 逮捕 | 的 | 犯人 |
|---|---|---|---|
| (S[dcl]\NP)/((S[dcl]\NP)/NP) | (S[dcl]\NP)/NP | (NP/NP)\(S[dcl]\NP) | NP |

$$S[dcl]\backslash NP$$

$$NP/NP$$

$$NP$$

图 (3.) 18.25　"被逮捕的犯人"范畴解析

由于语句可能包含多种非局部依赖（NLD）类型，因此语迹消去过程的作用顺序可能会影响分析结果。表（3.）18.8 是在转换过程中所用的语迹消去过程，其中多个过程可同时使用。

表 (3.) 18.8　转换过程中所用的语迹消去过程

| 过程 | 举例 |
|---|---|
| 长"被"字句 | 我的钱包被他抢走了。 |
| 短"被"字句 | 城市被雨困住。 |
| 空位"把"字句 | 我把那封信送给你。 |
| 空位话题化 | 那部电影我还没看。 |
| 非空位话题化 | 水果我喜欢哈密瓜。 |
| 论元簇并列 | 我给你三块钱，你弟弟两块钱。 |
| 主语抽取 | 卖蔬菜的人。 |
| 宾语抽取 | 人家卖的蔬菜。 |
| 代词脱落 | 卖的蔬菜。 |

关于过程作用顺序，可以考虑如下原则（语迹消去过程作用原则）：如果构造 $X$ 能够产生用于构造 $Y$ 的结果，那么构造 $X$ 的分析应该先于构造 $Y$。

例如，被字句能够产生结果 S[dcl]\NP，它可以作为关系从句构造的补语。因此被字句的语迹消去过程应该先于关系从句的构造。同样，在双及物动词的主语代词脱落能够产生结果 S[dcl]/NP，它可以用作关系从句构造中的宾语空位从句，因此代词脱落的分析应该先于从句构造。

2. 范畴修复

语迹消去算法的关键过程是树重塑操作之后调整范畴，从而确保所生成的树保持有效的范型 CCG 派生。

范畴修复应用到子树的类型提升（>T)NP，作用在组合（>B)来产生所期望的父范畴 S[dcl]/NP，恢复派生的有效性。

范畴修复的算法如图（3.）18.26 所示。

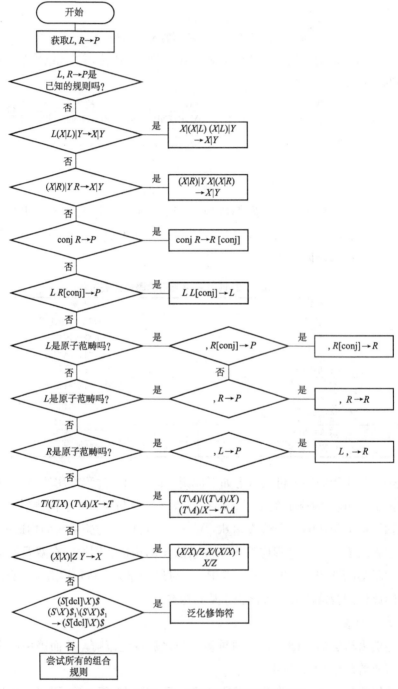

图（3.）18.26　范畴修复的算法流程图

算法采用自底而上的方式。范畴修复算法中的每一个 if 语句尽力去合一节点及其子节点的范畴。如果合一成功，算法将重写节点和其子节点的范畴。例如，图（3.）18.27。

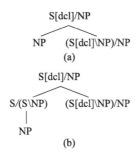

图（3.）18.27　使用类型提升进行范畴修复的举例

例如，在图（3.）18.27（a）中的局部语境下，它引入一个未识别的组合规则：

$$NP \quad (S[dcl]\backslash NP)/NP \rightarrow S[dcl]/NP$$

为了修复派生，算法采用类型提升，产生有效的子树图（3.）18.27（b）。

3. 泛化修饰语范畴（图（3.）18.28）

```
算法:泛化修饰语范畴算法

输入:带有标记的树的根节点

for node∈ NODES(root) do
    L,R,P   the context of node
    if L R → P is a candidate for (<Bₓⁿ)then
        node.CAT   BXCOMP-GEN(n,L,R)
    else if L R → P is a candidate for (<Bₓ)then
        node.CAT   BXCOMP-GEN (L;R)
```

图（3.）18.28　泛化修饰语范畴算法

## 18.3.6　举例

下面以宾州汉语树库中的一个例句为例，展示 CCGbank 转换算法过程。

原文如语句 18.4 所示。

**语句 18.4**　去年，福州、厦门、泉州、漳州、莆田五地市乡镇企业经济总量占全省百分之七十以上。

该例句在 PCTB 中的树状表示如图（3.）18.29 所示。

```
<S ID=261>
((IP (IP (NP-TMP (NT 去年))
    (PU ,)
    (NP-SBJ (NP (NP-PN-APP (NR 福州)
                (PU 、)
                (NR 厦门)
                (PU 、)
                (NR 泉州)
                (PU 、)
                (NR 漳州)
                (PU 、)
                (NR 莆田))
            (QP (CD 五))
            (NP (NN 地)
                (NN 市)))
        (NP (NN 乡镇)
            (NN 企业)
            (NN 经济)
            (NN 总量)))
    (VP (VV 占)
        (LCP-OBJ (NP (DP (DT 全))
            (NP (NN 省)))
            (LCP (QP (CD 百分之七十))
            (LC 以上)))))
    (PU 。)))
</S>
```

图 (3.) 18.29　例句的 PCTB 树形表示

## 1. 标记

经过标记算法处理后，例句转化为图 (3.) 18.30 和图 (3.) 18.31。

```
((IP <-1> (IP <-1> (NP-TMP:a <-1> (NT 去年))(PU ,)(NP-SBJ:l <-1> (NP:a <-1>
(NP-PN-APP:A <-1> (NR:c 福州)(PU 、)(NR:c 厦门)(PU 、)(NR:c 泉州)(PU 、)(NR:c 漳
州)(PU 、)(NR:c 莆田))(QP:a <-1> (CD 五))(NP:r <-1> (NN:n 地)(NN:N 市)))(NP:h
<-1> (NN:n 乡镇)(NN:n 企业)(NN:n 经济)(NN:N 总量)))(VP:h <-1> (VV:h 占)(LCP-
OBJ:r <-1> (NP:a <-1> (DP:a <-1> (DT 全))(NP:h <-1> (NN 省))(LCP:h <-1>
(QP:l <-1> (CD 百分之七十))(LC:h 以上)))))(PU 。)))
```

图 (3.) 18.30　例句经过标记后的结果

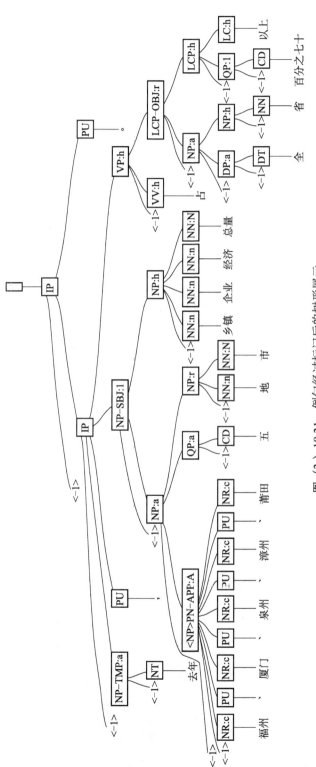

图 (3.) 18.31　例句经过标记后的树形展示

### 2. 二分

经过标记之后，对此进行二分，转化为图（3.）18.32 和图（3.）18.33。

((IP <0> (IP <1> (NT-TMP:a <0> (NT-TMP:a 去年)(PU,))(IP <1> (NP-SBJ:l <1> (NP:a <1> (NP-PN-APP:A <1> (NR:c 福州)(NP-PN-APP <1> (PU、)(NP-PN-APP <1> (NR:c 厦门)(NP-PN-APP <1> (PU、)(NP-PN-APP <1> (NR:c 泉州)(NP-PN-APP <1> (PU、)(NP-PN-APP <1> (NR:c 漳州)(NP-PN-APP <1> (PU、)(NR:c 莆田))))))))(NP <1> (CD:a 五)(NP:r <1> (NN:n 地)(NN:N 市))(NP:h <1> (NN:n 乡镇)(NP <1> (NN:n 企业)(NP <1> (NN:n 经济)(NN:N 总量)))))(VP:h <0> (VV:h 占)(LCP-OBJ:r <1> (NP:a <1> (DT:a 全)(NN:h 省))(LCP:h <1> (CD:l 百分之七十)(LC:h 以上))))))(PU。)))

图（3.）18.32　例句在二分后的结果

### 3. 赋范畴

在二分之后，赋予范畴，转化为图（3.）18.34 和图（3.）18.35。

((IP <0> {S[dcl]} (IP <1> {S[dcl]} (NT-TMP:a <0> {S/S} (NT-TMP:a {S/S} 去年)(PU {,} ,))(IP <1> {S[dcl]} (NP-SBJ:l <1> {NP} (NP:a <1> {NP/NP} (NP-PN-APP:A <1> {NP} (NR:c {NP} 福州)(NP-PN-APP <1> {NP[conj]} (PU {,} 、)(NP-PN-APP <1> {NP} (NR:c {NP} 厦门)(NP-PN-APP <1> {NP[conj]} (PU {,} 、)(NP-PN-APP <1> {NP} (NR:c {NP} 泉州)(NP-PN-APP <1> {NP[conj]} (PU {,} 、)(NP-PN-APP <1> {NP} (NR:c {NP} 漳州)(NP-PN-APP <1> {NP[conj]} (PU {,} 、)(NR:c {NP} 莆田)))))))))(NP <1> {NP} (CD:a {NP/NP} 五)(NP:r <1> {NP} (NN:n {NP/NP} 地)(NN:N {NP} 市))(NP:h <1> {NP} (NN:n {NP/NP} 乡镇)(NP <1> {NP} (NN:n {NP/NP} 企业)(NP <1> {NP} (NN:n {NP/NP} 经济)(NN:N {NP} 总量)))))(VP:h <0> {S[dcl]\NP} (VV:h {(S[dcl]\NP)/LCP} 占)(LCP-OBJ:r <1> {LCP} (NP:a <1> {LCP/LCP} (DT:a {(LCP/LCP)/(LCP/LCP)} 全)(NN:h {LCP/LCP} 省))(LCP:h <1> {LCP} (CD:l {QP} 百分之七十)(LC:h {LCP\QP} 以上))))))(PU {,} 。)))

图（3.）18.34　例句在赋范畴后的结果

### 4. 修复（图（3.）18.36 和图（3.）18.37）

((IP <0> {S[dcl]} (IP <1> {S[dcl]} (NT-TMP:a <0> {S/S} (NT-TMP:a {S/S} 去年)(PU {,} ,))(IP <1> {S[dcl]} (NP-SBJ:l <1> {NP} (NP:a <1> {NP/NP} (NP-PN-APP:A <1> {NP} (NR:c {NP} 福州)(NP-PN-APP <1> {NP[conj]} (PU {,} 、)(NP-PN-APP <1> {NP} (NR:c {NP} 厦门)(NP-PN-APP <1> {NP[conj]} (PU {,} 、)(NP-PN-APP <1> {NP} (NR:c {NP} 泉州)(NP-PN-APP <1> {NP[conj]} (PU {,} 、)(NP-PN-APP <1> {NP} (NR:c {NP} 漳州)(NP-PN-APP <1> {NP[conj]} (PU {,} 、)(NR:c {NP} 莆田)))))))))(NP <1> {NP} (CD:a {NP/NP} 五)(NP:r <1> {NP} (NN:n {NP/NP} 地)(NN:N {NP} 市))(NP:h <1> {NP} (NN:n {NP/NP} 乡镇)(NP <1> {NP} (NN:n {NP/NP} 企业)(NP <1> {NP} (NN:n {NP/NP} 经济)(NN:N {NP} 总量)))))(VP:h <0> {S[dcl]\NP} (VV:h {(S[dcl]\NP)/LCP} 占)(LCP-OBJ:r <1> {LCP} (NP:a <1> {LCP/LCP} (DT:a {(LCP/LCP)/(LCP/LCP)} 全)(NN:h {LCP/LCP} 省))(LCP:h <1> {LCP} (CD:l {QP} 百分之七十)(LC:h {LCP\QP} 以上))))))(PU {,} 。)))

图（3.）18.36　例句在修复后的结果

### 5. 产生最终的组合范畴语法 CCG 树（图（3.）18.38 和图（3.）18.39）

(<T S[dcl] 0 2> (<T S[dcl] 1 2> (<T S/S 0 2> (<L S/S NT NT 去年 S/S>)(<L ,PU PU , ,>))(<T S[dcl] 1 2> (<T NP 1 2> (<T NP/NP 1 2> (<T NP 1 2> (<L NP NR NR 福州 NP>)(<T NP[conj] 1 2> (<L ,PU PU 、 ,>)(<T NP 1 2> (<L NP NR NR 厦门 NP>)(<T NP[conj] 1 2> (<L ,PU PU 、 ,>)(<T NP 1 2> (<L NP NR NR 泉州 NP>)(<T NP[conj] 1 2> (<L ,PU PU 、 ,>)(<T NP 1 2> (<L NP NR NR 漳州 NP>)(<T NP[conj] 1 2> (<L ,PU PU 、 ,>)(<L NP NR NR 莆田 NP>)))))))))(<T NP 1 2> (<L NP/NP CD CD 五 NP/NP>)(<T NP 1 2> (<L NP/NP NN NN 地 NP/NP>)(<L NP NN NN 市 NP>)))(<T NP 1 2> (<L NP/NP NN NN 乡镇 NP/NP>)(<T NP 1 2> (<L NP/NP NN NN 企业 NP/NP>)(<T NP 1 2> (<L NP/NP NN NN 经济 NP/NP>)(<L NP NN NN 总量 NP>)))))(<T S[dcl]\NP 0 2> (<L (S[dcl]\NP)/LCP VV VV 占 (S[dcl]\NP)/LCP>)(<T LCP 1 2> (<T LCP/LCP 1 2> (<L (LCP/LCP)/(LCP/LCP) DT DT 全 (LCP/LCP)/(LCP/LCP)>)(<L LCP/LCP NN NN 省 LCP/LCP>))(<T LCP 1 2> (<L QP CD CD 百分之七十 QP>)(<L LCP\QP LC LC 以上 LCP\QP>)))))))(<L ,PU PU 。 ,>))

图（3.）18.38　例句的最终 CCG 结果

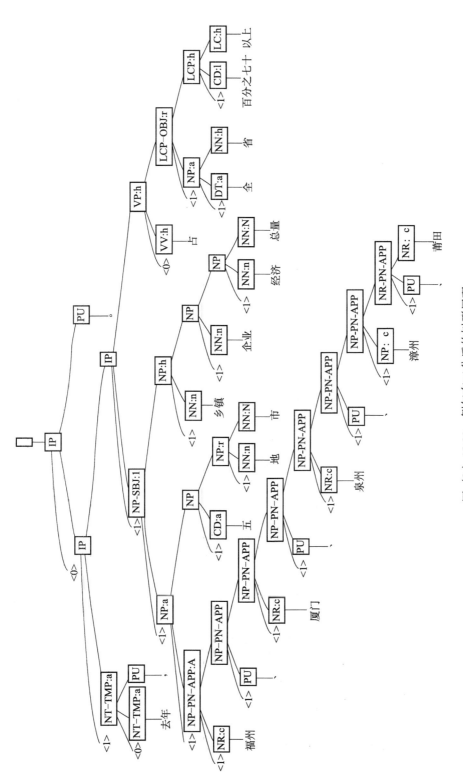

图 (3.) 18.33　例句在二分后的树形展现

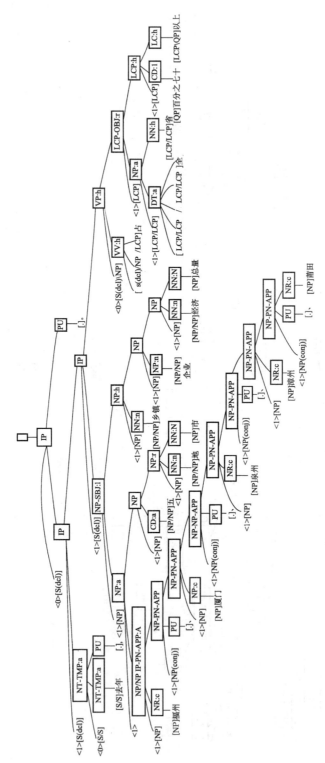

图 (3.) 18.35　例句在赋范范畴后的树形展示

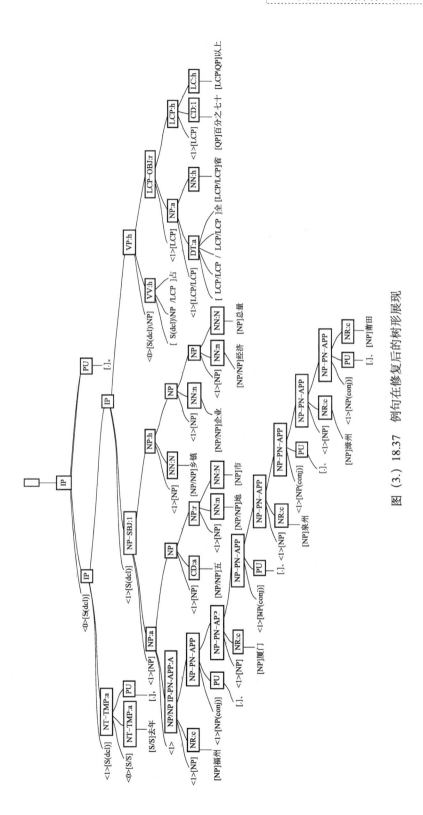

图 (3.) 18.37　例句在修复后的树形展现

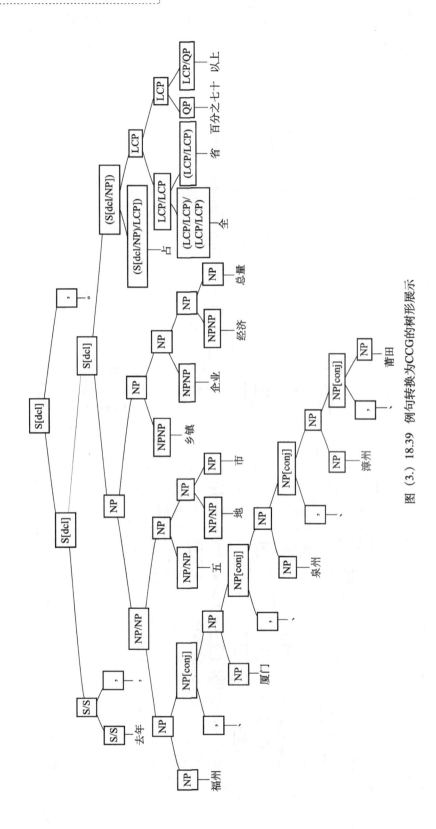

图 (3.) 18.39 例句转换为CCG的树形展示

## 18.4  汉语 CCGbank 的统计与分析

根据统计（表（3.）18.9），我们转换系统共产生符合语法的 CCG 派生树共 25694 棵，即 25694 个语句，722790 汉语词例。

**表（3.）18.9  汉语 CCG 与其他树库的对比**

| 统计项 ＼ 树库 | 宾州 CCG 库 | 清华 CCG 库 | 汉语 CCGbank |
|---|---|---|---|
| 词例 | 75669 词条（929552 词例） | 100 万汉语词例 | 46085 词条（722790 汉语词例） |
| 语句 | 48934 | 45000 | 25694 |

我们的 CCGbank 的总体情况如表（3.）18.10 所示。

**表（3.）18.10  汉语 CCG 的统计**

| CCGbank 的统计维度 | 数量 |
|---|---|
| 语句 | 25694 |
| 范畴 | 1293 |
| 词例 | 46085 |
| 规则例 | 2483 |

从语句数来看，汉语 CCGbank 成功转换的语句数量 25694 个语句。从范畴来看，汉语 CCGbank 共有 1293 个范畴。从词例来看，汉语 CCGbank 共有 46085 个词例。从规则例来看，汉语 CCGbank 共有 2483 个。

1. 范畴统计

汉语 CCGbank 语料库包含 25694 个句子语料，其中范畴共有 1293 个。其中原子范畴约有 25 个，复合范畴约有 1268 个。常见原子范畴在汉语 CCGbank 中出现的频次见表（3.）18.11。

**表（3.）18.11  常见原子范畴出现次数**

| 范畴名称 | 出现次数 |
|---|---|
| NP | 525872 |
| S [dcl] | 253606 |
| M | 20568 |
| QP | 20224 |
| conj | 18466 |
| LCP | 15337 |

2. 词例统计

汉语 CCGbank 语料库包含词例共有 46085 个。

范畴数量个数最多的十个词如表（3.）18.12 所示。

表（3.）18.12　范畴个数最多的前十个词语

| 词例 | 范畴个数 | 出现次数 |
|---|---|---|
| 的 | 181 | 38354 |
| 在 | 97 | 9622 |
| 是 | 79 | 7680 |
| 一 | 76 | 6086 |
| 到 | 69 | 1842 |
| 有 | 61 | 3784 |
| （ | 57 | 935 |
| 上 | 53 | 2232 |
| 为 | 52 | 2366 |
| 了 | 51 | 6164 |
| 对 | 49 | 2760 |

3. 规则例统计

汉语 CCGbank 语料库包含规则例共有 2483 个。按照规则的类型，规则例的分布情况如表（3.）18.13 所示。

表（3.）18.13　规则例按照类型的分布

| 规则类型 | 规则例数量 |
|---|---|
| 应用规则 | 1182 |
| 组合规则 | 202 |
| 类型提升规则 | 43 |
| 替换规则 | 2 |
| 其他 | 1054 |

在我们所转换的汉语 CCGbank 中，展现出比较突出的范畴歧义性问题。经过统计，在我们所生成的汉语 CCGbank 中，前 50 名最具歧义性的词汇（其范畴数量最多）如表（3.）18.14 所示。

表（3.）18.14　最具范畴歧义性的前 50 个汉语词

| 范畴数量 | 词 | 出现的次数 | 范畴数量 | 词 | 出现的次数 |
|---|---|---|---|---|---|
| 181 | 的 | 38354 | 45 | 以 | 1859 |
| 97 | 在 | 9622 | 45 | 前 | 918 |
| 79 | 是 | 7680 | 45 | 这 | 3408 |
| 76 | 一 | 6086 | 43 | 下 | 702 |
| 69 | 到 | 1842 | 43 | 等 | 991 |
| 61 | 有 | 3784 | 42 | 要 | 1734 |
| 57 | （ | 935 | 42 | 三 | 930 |
| 53 | 上 | 2232 | 41 | 中 | 2322 |
| 52 | 为 | 2366 | 41 | 不 | 3497 |
| 51 | 了 | 6164 | 40 | 由 | 779 |
| 49 | 对 | 2760 | 40 | 多 | 1103 |
| 48 | 来 | 1551 | 39 | 就 | 2385 |
| 46 | 从 | 1237 | 39 | 后 | 919 |

续表

| 范畴数量 | 词 | 出现的次数 | 范畴数量 | 词 | 出现的次数 |
|---|---|---|---|---|---|
| 38 | 两 | 1957 | 31 | 自 | 191 |
| 38 | 每 | 659 | 30 | —— | 269 |
| 37 | 还 | 1637 | 30 | 同 | 460 |
| 37 | ， | 48546 | 30 | 给 | 389 |
| 37 | 说 | 2936 | 29 | 第一 | 727 |
| 37 | 也 | 3159 | 29 | 被 | 1353 |
| 34 | 如 | 229 | 28 | 包括 | 386 |
| 34 | 二 | 255 | 27 | 将 | 2494 |
| 33 | 像 | 197 | 27 | 用 | 447 |
| 33 | 全 | 993 | 26 | 时 | 869 |
| 33 | 没有 | 1026 | 26 | 经 | 117 |
| 33 | 大 | 1846 | 26 | 地 | 794 |

其中"的"在 CCGbank 中的范畴多达 181 个，具体的范畴列在附录 2 中。"的"的歧义性主要有两方面的原因：

第一，"的"是非常典型的多义字。"的"是汉语的关系词，可以出现在空位和非空位的情形下；它也是泛化修饰助动词等等，每种含义都需要不同的范畴。

第二，典型的"X 的 Y"构造，根据 X 和 Y 的范畴不同，"的"会产生不同的范畴。

此外，根据规则例的统计，我们发现应用规则共有 1182，占总数 2483 的 47.6%，可以看出在汉语中，词语毗邻方式主要采用应用方式。而替换规则数量只有 2 个。

# 参考文献

陈鹏 . 2016. 组合范畴语法（CCG）的计算语言学价值 . 重庆理工大学学报：社会科学版，30（8）：5 - 11.

丁胜彬 . 2009. 范畴语法在自然语义分析中的应用 . 电脑知识与技术，5（27）：7728 - 7729.

方立 . 2003. 范畴语法 . 外国语言文学，（3）：19 - 28.

冯胜利 . 1997. 管约理论与汉语的被动句//黄正德 . 中国语言学论丛（第一辑）. 北京：北京语言大学出版社：1 - 28.

冯志伟 . 2001. 范畴语法 . 语言文字应用，（3）：100 - 110.

冯志伟 . 2007. 自然语言处理中的理性主义和经验主义//2007 年全国民族语言文字信息学术研讨会论文集 .

韩玉国 . 2005. 范畴语法与汉语非连续结构研究 . 北京：北京语言大学博士学位论文 .

李可胜，邹崇理 . 2013. 基于句法和语义对应的汉语 CCG 研究 . 浙江大学学报（人文社会科学版），43（6）：132 - 140.

陆俭明 . 2010. 汉语语法语义研究新探索（2000—2010 演讲集）. 北京：商务印书馆 .

满海霞 . 2013a. 组合范畴语法与其计算性特征 . 毕节学院学报，31（6）：50 - 56.

满海霞 . 2013b. 汉语把字句及相关句式的 CCG 计算 . 湖北大学学报，40（6）：42 - 49

秦莉娟，周昌乐 . 2001. 面向范畴语法分析的汉语词库的构造及实现 . 中文信息学报，15（3）：16 - 21.

宋彦，黄昌宁，揭春雨 . 2012. 中文 CCG 树库的构建 . 中文信息学报，26（3）：3 - 8.

孙红举 . 2008. "范畴语法"及其在汉语中的应用 . 现代语文，（6）：9 - 11.

夏年喜，邹崇理 . 2009. 论类型逻辑语法的多种表述 . 哲学研究，（11）：119 - 125.

姚从军 . 2012. 组合范畴语法研究述评 . 哲学动态，（10）：103 - 105.

姚从军 . 2014. 组合范畴语法 CCG 与汉语谓词缺失现象的处理 . 安徽大学学报，38（4）：29 - 35.

姚从军 . 2015. 组合范畴语法 CCG 与汉语空代词现象的处理 . 湖北大学学报，42（4）：45 - 49.

姚从军，邹崇理 . 2015. 面向信息处理的汉语形容词谓语句的组合范畴语法分析 . 四川师范大学学报，42（6）：91 - 97.

于江生 . 2001. 句法范畴的代数结构与演绎系统 . 中文信息学报，15（2）：9 - 15.

张秋成 . 2007. 类型-逻辑语法研究 . 北京：中国人民大学出版社 .

周强，王俊俊，陈丽欧 . 2012. 构建大规模的汉语事件知识库 . 中文信息学报，26（3）：86 - 91.

邹崇理 . 2000. 自然语言逻辑研究 . 北京：北京大学出版社 .

邹崇理.2001. 自然语言逻辑的多元化发展及对信息科学的影响. 哲学研究，(1)：48 - 54.

邹崇理.2006a. 从语言到逻辑-范畴类型逻辑序列. 重庆工学院学报，20 (4)：1 - 7.

邹崇理.2006b. 多模态范畴逻辑研究. 哲学研究，(9)：115 - 121.

邹崇理.2008. 范畴类型逻辑. 北京：中国社会科学出版社.

邹崇理.2011. 关于组合范畴语法 CCG. 重庆理工大学学报，25 (8)：1 - 5.

邹崇理.2012. 多模态范畴类型逻辑. 安徽师范大学学报，40 (6)：661 - 667.

Ades A E, Steedman M. 1982. On the order of words. Linguistics and Philosophy, 4 (4)：517 - 558.

Ajdukiewicz K. 1967. Syntactic connexion// McCall S. Polish Logic. Oxford：Oxford University Press：207 - 231.

Akici R. 2005. Automatic induction of a CCG grammar for Turkish//ACL Student Research Workshop, Association for Computational Linguistics：73 - 78.

Backus J W. 1959. The syntax and semantics of the proposed international algebraic language of the Zurich ACM-GAMM Conference//Proceedings of the International Conference on Information Processing. UNESCO：125 - 132.

Baldridge J. 2002a. Lexically specified derivational control in combinatory categorial grammar. PhD. thesis. University of Edinburgh.

Baldridge J, Kruijff G J M. 2002b. Coupling CCG and hybrid logic dependency semantics// Proceedings of ACL, Philadelphia, Pennsylvania：319 - 326.

Bar-Hillel Y, Gaifman C, Shamir E. 1960. On categorial and phrase-structure grammars. Bulletin of the Research Council of Israel, 9 (9)：1 - 16.

Bar-Hillel Y, Gaifman C, Shamir E. 1961. On categorical and phrase structure grammars. Zeitschrift für Phonetik. Sprachweissenshaft und Kommunikationsforschung, 14：143 - 172.

Bar-Hillel Y. 1953. A quasi-arithmetrical notation for syntactic description. Language, 29 (1)：47 - 58.

Bierner G. 2001. Alternative phrase：Theoretical analysis and practical applications. Ph. D. thesis, Division of Informatics, University of Edinburgh.

Birch A, Osborne M, Koehn P. 2007. CCG supertags in factores translation models//Proceedings of the Second Workshop on Statistical Machine Translation. Vol. 2：9 - 16.

Bloomfield L. 1933. Language. New York：Henry Holt.

Bos J. 2005. Towards wide-coverage semantic interpretation//Proceedings of Sixth International Workshop on Computational Semantics/WCS-6：42 - 53.

Bos J, Bosco C, Mazzei A. 2009. Converting a dependency treebank to a categorial grammar treebank for Italian//Passarotti M. eds. Proceedings of the Eighth International Workshop on Treebanks and Linguistic Theories (TLT8)：27 - 38.

Boxwell A, Dennis M, Chris B. 2009. Brutus: A semantic role labeling system incorporating CCG, CFG, and dependency features//Proceedings of the Joint Conference of the 47th Annual Meeting of the ACL and the 4th International Joint Conference on Natural Language Processing of the AFNLP. Vol. 1: 37 - 45.

Bozsahin C. 2002. The combinatory morphemic lexicon. Computational Linguistics, 28 (2): 145 - 176.

Cha J, Lee G, Lee J. 2002. Korean combinatory categorial grammar and statistical parsing. Computers and the Humanities, 36 (4): 431 - 453.

Chomsky N. 1957. Syntactic Structures. Hague: Mouton.

Chomsky N. 1959. On certain formal properties of grammars. Information and Control, 2 (2): 137 - 167.

Chomsky N. 1961. The Algebraic Theory of Context-free Language. Amesterdam: North-Holland Pub. Co.

Church K. 2011. A pendulum swung too far. Linguistic Issues in Language Technology, 6 (5): 1 - 27.

Clark S. 2002. Supertagging for combinatory categorial grammar//Proceedings of the 6th International Workshop on Tree Adjoining Grammars and Related Frameworks (TAU + 6): 101 -106.

Clark S, Steedman M, Curran J. 2004. Object-extraction and question-parsing using CCG//Proceedings of the SIGDAT Conference on Empirical Methods in Natural language Processing (EMNLP' 04): 111 - 118.

Clark S, Curran J. 2007. Wide-coverage efficient statistical parsing with CCG and log-linear models. Computational Linguistics, 33 (4): 493 - 552.

Curry H, Feys R. 1958. Combinatory Logic, volume I. Amsterdam: North-Holland Press.

Dowty D. 1982. Grammatical relations and montague grammar. //Jaconson P, Geoffery K P. eds. The Nature of Syntactic Presentation. Vol. 15. Berlin: Springer Netherlands: 79 - 130.

Došen K. 1992. A brief survey of frames for the Lambek calculus. Logik und Grunlagen Mathematik, 38: 179 - 187.

Eisner J. 1996. Efficient normal-form parsing for combinatory categorial grammar//Proceedings of the 34th annual meeting of the Association for Computational Linguistics: 79 - 86.

Espinosa D, White M, Mehay D. 2008. Hypertagging: Supertagging for surface realization with CCG//Proceedings of the 46th Annual Meeting of the Association for Computational Linguistics: Human Language Technologies (ACL-08: HLT) . Vol. 46: 183 - 191.

Foret A, Ferré S. 2010. On categorial grammars as logical information systems. Lecture Notes in Computer Science. 5986 (3): 225 - 240.

Gazdar G. 1981. Unbounded dependencies and coordinate structure. Lingusitic Inquiry. 12 (12):

155 - 184.

Gazdar G. 1982. Phrase structure Grammar//Jaconson P, Geoffery K P. eds. The Nature of Syntactic Presentation. Vol. 15. Berlin: Springer Netherlands: 131 - 186.

Geach P T. 1970. A program for syntax. Synthese, 22 (1): 3 - 17.

Haegemann L. 1994. Introduction to Government and Binding Theory. Oxford, Cambridge: Blackwell.

Harper M, Huang Z. 2009. Chinese statistical parsing. https: //pdfs. semanticscholar. org/b84d/b61bf5ffba650f40de655b8174283be107b2. pdf. [2017 - 02 - 07].

Hassan H, Sima'an K, Way A. 2007. Supertagged phrase-based statistical machine translation// Proceedings of the 45th Annual Meeting of the Association for Computational Linguistics (ACL'07), Prague, Czech Republic: 288 - 295.

Hefny A, Hassan H, Bahgat M. 2011. Incremental combinatory categorial grammar and its derivations//Gelbukh A F. ed. Computational Linguistics and Intelligent Text Processing: 12th International Conference, CICLing 2011. Vol. 6608. Berlin: Springer: 96 - 108.

Hepple M. 1994. A general framework for hybrid substructural categorial logics. Technical Report, Institute for Research in Cognitive Science, University of Pennsylvania: 14 - 94.

Hockenmaier J, Steedman M. 2005. CCGbank: user's manual. Technical Reports, University of Illinois, Urbana-Champaign.

Hockenmaier J, Steedman M. 2007. CCG bank: A corpus of CCG derivations and dependency structures extracted from the Penn treebank. Computational Linguistics, 33 (3): 355 - 396.

Hoffman B. 1992. A CCG approach to free word order languages//The Proceedings of Annual Meeting of the ACL Student Session: 300 - 302.

Huang C N, Song Y. 2015. Chinese CCGbank construction from tsinghua Chinese treebank. Journal of Chinese Linguistics Monograph Series. No. 25: Linguistic Corpus and Corpus Linguistics in the Chinese Context. Hong Kong: Chinese University of Hong Kong Press: 274 - 311.

Joshi A K, Leon L, Masako T. 1975. Tree adjunct grammars. Journal of Computer and System Sciences, 10 (1): 136 - 163.

Joshi, A K. 1985. Tree adjoining grammars: How much context-sensitivity is necessary for characterizing structural descriptions? //Dowty D, Karttunen L, Zwicky A. eds. Natural Language Processing: Theoretical, Computational and Psychological Perspective. New York: Cambridge University Press: 206 - 250.

Joshi A K, Vijay S, Weir D. 1990. The Convergence of mildly context-sensitive grammar formalisms. Technical Report No. MS-CIS-90-O1. Department of Computer and Information Science, University of Pennsylvania.

Joshi A K, Srinivas B. 1994. Disambiguation of super parts of speech (or supertags): Almost parsing//Proceedings of the 15th Conference on Computational Linguistics (COLING) . Vol 1: 154 - 160.

Jäger G. 2005. Anaphora and Type Logical Grammar. New York: Springer.

Kamp H, Reyle U. 1993. From Discourse to Logic. Dordrecht: Kluwer.

Kinyon A, Prolo C. 2002. Identifying verb arguments and their syntactic function in the Penn Treebank//Proceedings of the third International Conference on Language Resources and E-valuation (LREC) . Vol. 3: 1982 - 1987.

Lambek J. 1958. The mathematics of sentence structure. American Mathematical Monthly, 65 (3):154 - 170.

Marcus M, Santorini B, Marcinkiewicz M. 1994. Building a large annotated corpus of English: The Penn treebank. Computational Linguistics, 19 (2): 313 - 330.

McConville M. 2003. The lexicon in combinatory categorial grammar. PhD Proposal, Institute for Communicating and Collaborative Systems, School of Informatics, University of Edinburgh.

Moortgat M. 1997. Categorial type logic. //van Benthem J, ter Meulen A. eds. Handbook of Logic and Language. Amesterdam: Elsevier Science Publisher: 93 - 177.

Moot R. 2002. Proof nets for linguistic analysis. Ph. D. thesis, University of Utrecht.

Nakamura H. 2014. A categorial grammar account of information packaging in Japanese// McCready E. ed. Formal Approaches to Semantics and Pragmatics. Berlin: Springer Nether-lands: 181 - 203.

Palmer M, Gildea D, Kingsbury P. 2005. The pcoposition bank: An annotated corpus of semantic roles. Computational Linguistics, 31 (1): 71 - 105.

Pollard C J, Sag I A. 1987. Information-Based Syntax and Semantics. vol. 1. Stanford: CSLI.

Post E L. 1943. Formal reductions of the general combinatorial decision problem. American Jour-nal of Mathematics, 65 (2): 197 - 215.

Ratnaparkhi A. 2000. Trainable methods for surface natural language generation//Proceedings of the 1st North American Chapter of the Association for Computational Linguistics Conference: 194 - 201.

Ross J R. 1970. Gapping and the order of constituents//Bierwisch M, Heidolph K. eds. Progress in Linguistics. Hague: Mouton Press: 242 - 259.

Ross J R. 1986. Constraints on Variables in Syntax. Cambridge: MIT Press.

Schüller P. 2013. Flexible CCG parsing using the CYK algorithm and answer set programming// Cabalar P, Son T C. eds. Logic Programming and Nonmonotonic Reasoning. Berlin: Springer:499 - 511.

Shieber S. 1985. Evidence against the context-freeness of natural language. Linguistics and Philosophy, 8 (3): 333 – 343.

Stabler E. 2004. Varieties of crossing dependencies: Structure dependence and mild context sensitivity. Cognitive Science, 28: 699 – 720.

Steedman M. 1987. Combinatory grammars and parasitic gaps. Natural Language and Linguistic Theory, 5 (3): 403 – 439.

Steedman M. 1988. Combinators and grammars//Oehrle R, Bach E, Wheeler D. eds. Categorial Grammars and Natural Language Structures. Vol. 90. Berlin: Springer: 417 – 442.

Steedman M. 1990. Gapping as constituent coordination. Linguistics and Philosophy, 13 (2): 207 – 263.

Steedman M. 1991. Structure and intonation. Language, 66 (2): 266 – 272.

Steedman M. 1996. Surface Structure and Interpretation. Cambridge: MIT Press.

Steedman M. 1999. Categorial grammar//Wilson R, Keil F. eds. The MIT Encyclopedia of the Cognitive Sciences. Cambridge: MIT Press: 101 – 103.

Steedman M. 2000. The Syntacitic Process. Cambridge: MIT Press.

Steedman M. 2012. Taking Scope: The Natural Semantics of Quantifiers. Cambridge: MIT Press.

Szabolcsi A. 1989. Bound variables in syntax (are there any?)//Bartsch R, van Benthem J, van Emde Boas P. eds. Semantics and contextual expression. Dordrecht: Foris Publications: 295 – 318.

Tse D, Curran J R. 2010. Chinese CCGbank: Extracting CCG derivations from the Penn Chinese treebank//Proceedings of the 23rd International Conference on Computational Linguistics. Vol. 23: 1083 – 1091.

Villavicencio A. 2002. The acquisition of a unification-based generalised categorial grammar. Ph. D. Thesis, University of Cambridge.

Weir D J. 1988. Characterizing mildly context-sensitive grammar formalisms. Ph. D. thesis, University of Pennsylvania.

Wells R S. 1947. Immediate constituents. Language, 23 (2): 81 – 177.

White M, Baldridge J. 2003. Adapting chart realization to CCG//Proceedings of the Ninth European Workshop on Natural Language Veneration (EWNLG) .

White M, Rajkumar R, Martin S. 2007. Towards broad coverage surface realization with CCG//Proceedings of the Workshop on Using Corpora for NLG: Language Generation and Machine Translation (UCNLG+MT) .

Wittenburg K. 1987. Predictive combinators: A method for efficient processing of combinatory categorial grammars//Proceedings of the 25th Annual Meeting of the Association for Computational Linguistics: 73 – 80.

Xia F. 1999. Extracting tree adjoining grammars from bracketed corpora//Proceedings of the 5th Natural Language Processing Pacific Rim Symposium (NLPRS-99). Vol. 5: 112 – 125.

Zamansky A, Francez N, Winter Y. 2006. A "natural logic" inference system using the Lambek calculus. Journal of Logic, Language and Information, 15 (3): 273 – 295.

Zettlemoyer L S, Collins M. 2007. Online learning of relaxed CCU grammars for parsing to logical form//Proceedings of the 2007 Joint Conference on Empirical Methods in Natural Language Processing and Computational Natural Language Learning. Vol. 18: 678 – 687.

Zettlemoyer L S, Collins M. 2005. Learning to map sentences to logical form: Structured classification with probabilistic categorial grammars//Proceedings of the Twenty-First Conference on Uncertainty in Artificial Intelligence: 658 – 666.

# 附录1

## 宾州汉语树库（PCTB）的标签集

### A1.1　词性标签 Part-Of-Speech tags（33）

| 标记 | 中文解释 |
| --- | --- |
| AD | 副词 |
| AS | 体态词，体标记（例子：了，在，着，过） |
| BA | "把"，"将"的词性标记 |
| CC | 并列连词，"和" |
| CD | 数字，"一百" |
| CS | 从属连词（例子：若，如果，如……） |
| DEC | "的"词性标记 |
| DEG | 联结词"的" |
| DER | "得" |
| DEV | 地 |
| DT | 限定词，"这" |
| ETC | 等，等等 |
| FW | 例子：ISO |
| IJ | 感叹词 |
| JJ | Noun-modifier other than nouns |
| LB | 例子：被，给 |
| LC | 定位词（例子："里"） |
| M | 量词（例子："个"） |
| MSP | 例子："所" |
| NN | 普通名词 |
| NR | 专有名词 |
| NT | 时序词，表示时间的名词 |
| OD | 序数词（例子："第一"） |
| ON | 拟声词（例子："哈哈"） |
| P | 介词 |
| PN | 代词 |
| PU | 标点 |
| SB | 例子："被，给" |
| SP | 句尾小品词（例子："吗"） |
| VA | 表语形容词（例子："红"） |
| VC | 系动词（例子："是"） |
| VE | "有" |
| VV | 其他动词 |

## A1.2 句法标记（23）

### A1.2.1 短语句法标记（17）

| 标记 | 英语解释 | 中文解释 |
|------|----------|----------|
| ADJP | Adjective phrase | 形容词短语 |
| ADVP | Adverbial phrase headed by AD（adverb） | 由副词开头的副词短语 |
| CLP | Classifier phrase | 量词短语 |
| CP | Clause headed by C（complementizer） | 由补语引导的补语从句 |
| DNP | Phrase formed by "XP＋DEG" | |
| DP | Determiner phrase | 限定词短语 |
| DVP | Phrase formed by "XP＋DEV" | |
| FRAG | fragment | |
| IP | Simple clause headed by I（INFL 或其曲折成分） | |
| LCP | Phrase formed by "XP＋LC" | LC 位置词 |
| LST | List marker | 列表标记，如 "—" |
| NP | Noun phrase | 名词短语 |
| PP | Preposition phrase | 介词短语 |
| PRN | Parenthetical | 括号 |
| QP | Quantifier phrase | 量词短语 |
| UCP | unidentical coordination phrase | 非对等同位语短语 |
| VP | Verb phrase | 动词短语 |

### A1.2.2 动词复合标记（6）

| 标记 | 英文解释 | 中文解释 |
|------|----------|----------|
| VCD | Coordinated verb compound | 并列动词复合，例子：<br>"（VCD（VV 观光）（VV 游览））" |
| VCP | Verb compounds formed by VV＋VC | 动词＋是，例子：<br>"（VCP（VV 估计）（VC 为））" |
| VNV | Verb compounds formed by A-not-A or A-one-A | "（VNV（VV 看）（CD 一）（VV 看））"<br>"（VNV（VE 有）（AD 没）（VE 有））" |
| VPT | Potential form V-de-R or V-bu-R | V-de-R，V 不 R<br>"（VPT（VV 卖）（AD 不）（VV 完））"<br>"（VPT（VV 出）（DER 得）（VV 起））" |
| VRD | Verb resultative compound | 动词结果复合，<br>"（VRD（VV 反映）（VV 出））"<br>"（VRD（VV 卖）（VV 完））" |
| VSB | Verb compounds formed by a modifier ＋ a head | 定语＋中心词<br>"（VSB（VV 举债）（VV 扩张））" |

## A1.2.3 功能标记 (26)

| 标记 | 英语解释 | 中文解释 |
|---|---|---|
| ADV | Adverbial | 副词的 |
| APP | Appositive | 同位的 |
| BNF | Beneficiary | 受益 |
| CND | Condition | 条件 |
| DIR | Direction | 方向 |
| EXT | Extent | 范围 |
| FOC | Focus | 焦点 |
| HLN | Headline | 标题 |
| IJ | Interjective | 插入语 |
| IMP | Imperative | 祈使句 |
| IO | Indirect object | 间接宾语 |
| LGS | Logic subject | 逻辑主语 |
| LOC | Locative | 处所 |
| MNR | Manner | 方式 |
| OBJ | Direct object | 直接宾语 |
| PN | Proper nouns | 专有名词 |
| PRD | Predicate | 谓词 |
| PRP | Purpose or reason | 目的或理由 |
| Q | Question | 疑问 |
| SBJ | Subject | 主语 |
| SHORT | Short term | 缩略形式 |
| TMP | Temporal | 时间 |
| TPC | Topic | 话题 |
| TTL | Title | 标题 |
| WH | Wh-phrase | Wh 短语 |
| VOC | Vocative（special form of a noun, a pronoun or an adjective used when addressing or invoking a person or thing） | 呼格 |

## A1.2.4 空范畴标记 (7)

| 标记 | 英文解释 | 中文解释 |
|---|---|---|
| * OP * | operator | 在关系结构中的操作符 |
| * pro * | dropped argument | 丢掉的论元 |
| * PRO * | used in control structures | 在受控结构中使用 |
| * RNR * | right node raising | 右部节点提升的空范畴 |
| * T * | trace of A'-movement | A'移动的语迹，话题化 |
| * | trace of A-movement | A 移动的语迹 |
| * ? * | other unknown empty categories | 其他未知的空范畴 |

# "的" 在汉语 CCGbank 中的范畴

| |
|---|
| NP\QP |
| ((NP/NP)/(NP/NP))\QP |
| ((NP\NP)/NP)\S[dcl] |
| ((NP/NP)\NP)\S[dcl] |
| ((NP/S)/(NP/S))\S[dcl] |
| ((NP\NP)/(NP/NP))\NP |
| (NP/NP)\QP |
| (((S/S)/S)/((S/S)/S))\S[dcl] |
| NP\(S[dcl]\NP) |
| S\(S[dcl]/NP) |
| ((S\NP)/(S\NP))\PP |
| (NP/NP)\(S/NP) |
| (NP/NP)/(NP/NP) |
| (((S\NP)/(S\NP))/(S\NP))\(S[dcl]\NP) |
| (PP/NP)\(S[dcl]\NP) |
| ((NP/NP)/(NP/NP))/((NP/NP)/(NP/NP)) |
| (NP/NP)\(S[dcl]\NP) |
| ((NP\(S\NP))/(NP\(S\NP)))\(S[dcl]\NP) |
| ((( NP/NP )/( NP/NP ))/(( NP/NP )/( NP/ NP )))\(S[dcl]/NP) |
| NP\(S[dcl]/NP) |
| ((S/S)/NP)\S[dcl] |
| (S\NP)\(S\NP) |
| ((NP/NP)/NP)\NP |
| ((S/S)/(S/S))\(S[dcl]\NP) |
| (((((S\NP)/(S\NP))/((S\NP)/(S\NP)))/(((S\NP)/(S\NP))/((S\NP)/(S\NP))))\NP |
| (((S\NP)/(S\NP))/((S\NP)/(S\NP)))\(S[dcl]/NP) |
| (S\QP)\(S\QP) |
| ((NP/NP)/(NP/NP))\PP |
| NP\PP |
| (((S\NP)/(S\NP))/((S\NP)/(S\NP)))\NP |
| (NP/NP)\PP |
| (S/S)\(NP/NP) |
| (S/NP)\(S[dcl]\NP) |
| ((NP/NP)/(NP/NP))\(S[dcl]/NP) |
| (QP/QP)\PP |
| NP\S[dcl] |
| (((S/S)/(S/S))/((S/S)/(S/S)))\LCP |
| (QP/QP)\(NP/NP) |
| (LCP/LCP)\S[dcl] |
| ((NP/NP)\(NP/NP))\NP |
| ((S/S)/(S/S))\(NP/NP) |
| (QP/NP)\(S[dcl]\NP) |
| (((S/S)/S)/((S/S)/S))\(NP/NP) |
| (((NP/NP)/( NP/NP ))/(( NP/NP )/( NP/NP )))\NP |
| (S/S)\PP |
| ((QP/NP)/(QP/NP))\(S[dcl]\NP) |
| NP\LCP |
| ((NP/NP)/(NP/NP))\(S[dcl]\NP) |
| NP/NP |
| ((S/S)/(S/S))\QP |
| (LCP/LCP)\NP |
| (NP/NP)\S[dcl] |
| ((S/(S\NP))/(S/(S\NP)))\S[dcl] |
| S\S |
| S[q]\S[dcl] |
| ((S\LCP)/(S\LCP))\(S[dcl]\NP) |
| (QP/NP)\(S\NP) |
| ((NP/NP)/(NP/NP))\LCP |
| ((NP/NP)\QP)\NP |
| (S\NP)/(S\NP) |
| ((NP/NP)/QP)\NP |
| (((NP/NP)/(NP/NP))/((NP/NP)/(NP/NP)))\S[dcl] |
| (NP/(S\NP))\NP |
| ((((S\NP)/(S\NP))/(S\NP))/(((S\NP)/(S\NP))/(S\NP)))\(S[dcl]\NP) |
| (((S/S)\NP)/S)\(((S/S)\NP)/S) |
| (S/S)/NP |
| (((S\NP)/(S\NP))/((S\NP)/(S\NP)))\(S[dcl]\NP) |
| (NP/NP)\(S[dcl]/NP) |
| ((NP/NP)\(NP/NP))\(S[dcl]\NP) |
| ((S/S)/(S/S))\PP |
| (QP/NP)\NP |
| (QP/QP)\S |
| (NP/NP)/NP |

续表

S[dcl]\S[dcl]

(S/(S\NP))\LCP

((S/(S\NP))/(S/(S\NP)))\(S[dcl]/NP)

((S/(S\NP))/(S/(S\NP)))\PP

(QP/QP)\NP

(S/(S\NP))\NP

(S/S)\(S/S)

((S\NP)/QP)\LCP

(QP/QP)\LCP

(((NP/NP)\NP)\NP)\NP

((S\QP)/(S\QP))\(S[dcl]\NP)

(NP/NP)\(NP/NP)

(S/S)\(S[dcl]\NP)

(S/S)\S[dcl]

(QP/QP)\QP

(QP/QP)\(S[dcl]\QP)

NP\(S\NP)

NP\(NP\NP)

(S/NP)\S[dcl]

(NP/NP)\((S[dcl]\NP)/M)

(((S/S)/(S/S))/((S/S)/(S/S)))\(S[dcl]\NP)

S/S

((S\NP)/NP)\(NP/NP)

((S\NP)/(S\NP))\LCP

((LCP/LCP)/(LCP/LCP))\NP

((S/S)/(S/S))\(S[dcl]/NP)

(((S/S)\NP)/((S/S)\NP))\(S[dcl]\NP)

(((S\NP)/(S\NP))/QP)\NP

NP\NP

((S/S)/NP)\NP

((NP/NP)/(NP/NP))\(S\NP)

(QP/QP)\(S[dcl]/NP)

(NP/NP)\M

((NP/NP)/(NP/NP))\NP

(((S\LCP)/NP)/((S\LCP)/NP))\NP

((S/S)/(S/S))\S[dcl]

((S\S)/(S\S))\PP

((NP/NP)/(NP/NP))\(NP/NP)

(S/(S\NP))\(NP/NP)

(NP/NP)\(S[dcl]\QP)

((NP/NP)/(NP/NP))\((S[dcl]\NP)/NP)

(((S/S)/(S/S))/((S/S)/(S/S)))\(S[dcl]/NP)

((NP/NP)/(NP/NP))\(S[dcl]\NP)

((S\NP)/(S\NP))\QP

((NP/NP)/(NP/NP))\S[dcl]

((((S/S)\NP)/((S/S)\NP))/(((S/S)\NP)/((S/S)\NP)))\S[dcl]

((NP/NP)\NP)\(S[dcl]\NP)

(((S/S)/S)/((S/S)/S))\LCP

(((S/S)\NP)/(S\NP))\(((S/S)\NP)/(S\NP))

((NP\S)/(NP\S))\NP

((S/S)/(S/S))\LCP

((S\NP)/(S\NP))\NP

(NP\NP)\NP

((NP/NP)\QP)\M

(((S\NP)/(S\NP))/((S\NP)/(S\NP)))\QP

(((NP/NP)/(NP/NP))/((NP/NP)/(NP/NP)))\(S\NP)

(S/S)\(S[dcl]/NP)

((S\NP)/(S\NP))\((S\NP)/((S\NP)\(S\NP)))

((S/S)\(S/S))/NP

((S\NP)/(S\NP))/(S\NP)

S\(S[dcl]\NP)

(((S\NP)/(S\NP))/((S\NP)/(S\NP)))\(NP/NP)

((S\NP)/(S\NP))\(S[dcl]/NP)

((S/S)/(S/S))\NP

((NP\S)/(NP\S))\(S[dcl]/NP)

((S\NP)/(S\NP))\((S\NP)/((S\NP)\(S\NP)))

(S/NP)\NP

(NP/NP)\((S\NP)/(S\NP))

(((S\NP)/(S\NP))/((S\NP)/(S\NP)))\LCP

((NP/NP)\NP)\NP

(((S/S)/S)/NP)\S[dcl]

((NP/NP)\QP)\(S[dcl]\NP)

(S[dcl]\NP)\(S[dcl]\NP)

((S\S)/(S\S))\(S[dcl]\NP)

((S\S)\NP)\((S\S)\NP)

(QP/NP)\LCP

(NP/NP)\LCP

(NP/NP)\NP

((NP\S)/(NP\S))\(S[dcl]\NP)

((S\NP)/(S\NP))/((S\NP)/(S\NP))

((S\NP)/(S\NP))\(NP/NP)

((S\NP)/(S\NP))\(S[dcl]\NP)

(NP/NP)\(S\NP)

(((NP/NP)/(NP/NP))/((NP/NP)/(NP/NP)))\(S[dcl]\NP)

((NP/NP)\NP)\((S[dcl]\NP)/NP)

(QP/QP)\S[dcl]

(S/S)\QP

(QP/QP)\(S[dcl]\NP)

(S/(S\NP))\(S/(S\(S\NP)))

((S\NP)\(S\NP))/NP

| | |
|---|---|
| ((((S\NP)/(S\NP))/(S\NP))/(((S\NP)/(S\NP))/(S\NP)))\S[dcl] | (((S\NP)/(S\NP))/((S\NP)/(S\NP)))\PP NP\(NP[dcl]/NP) |
| ((((S/S)\S)/((S/S)\S))/(((S/S)\S)/((S/S)\S)))\(S[dcl]\NP) | ((QP/QP)/(QP/QP))\S[dcl] |
| (S/(S\NP))\(S[dcl]/NP) | ((QP/QP)/(QP/QP))\NP |
| ((S\NP)/(S\NP))\S[dcl] | NP\(NP/NP) |
| (NP/NP)\(((S[dcl]\NP)/NP) | NP\((S[dcl]\NP)/NP) |
| S[dcl] | (((S\NP)/(S\NP))/((S\NP)/(S\NP)))\S[dcl] |
| (LCP/LCP)\(NP/NP) | (((S\NP)/(S\NP))/NP)\(((S\NP)/(S\NP))/NP) |
| ((QP/QP)/(QP/QP))\(S[dcl]\NP) | (S/S)\NP |
| ((S/(S\NP))/(S/(S\NP)))\NP | |

# 汉英术语、人名对照表

AB 演算                     Ajdukiewicz-Bar-Hillel calculus

|  |  |
|---|---|
| AB 演算 | Ajdukiewicz-Bar-Hillel calculus |
| C（缩并规则） | contraction rule |
| CCG 词库 | CCG Lexicon |
| CCG 树库 | CCGbank |
| CCG（组合范畴语法） | combinatory categorial grammar |
| CG（范畴语法） | categorial grammar |
| CTL（范畴类型逻辑） | categorial type logic |
| DRS（话语表现结构） | discourse representation structure |
| DRT（话语表现理论） | Discourse Representation Theory |
| GPSG（广义的短语结构语法） | generalized phrase structure grammar |
| GQT（广义量词理论） | generalized quantifier theory |
| HCTL（混合的范畴类型系统） | hybrid categorial type logic |
| HLDS(混合逻辑形式依赖关系语义) | hybrid logic dependency semantics |
| M（单调性规则） | monotonicity rule |
| MG（蒙太格语法） | Montague grammar |
| MMCCG（多模态组合范畴语法） | multi-modal combinatory categorial grammar |
| P（交换规则） | permutation rule |
| PSG（短语结构语法） | phrase structure grammar |
| POS（词类） | part of speech |
| T 约定 | convention T |
| TLG（类型逻辑语法） | type logical grammar |
| TVP（及物动词短语） | transitive verb phrase |
| vB 演算 | van Benthem Calculus |
| 阿德斯 | Ades，A. |
| 埃斯皮诺萨 | Espinosa，D. |

| | |
|---|---|
| 单体模型 | mono-sorted model |
| 倒装 | inversion |
| 等渗性 | tonicity propertie |
| 动词提前 | verb fronting |
| 动词子范畴框架 | verb subcategorization frame |
| 动名词 | gerunds |
| 动态逻辑 | dynamic logic |
| 短语结构规则 | phrase structure rules |
| 对称范畴语法 | symmetric categorial grammar |
| 对偶的伽罗瓦联结 | dual Galois connection |
| 多森 | Došen，K. |
| 多体模型 | multi-sorted model |
| 多重论元集 | multiset |
| | |
| 二叉化 | binarization |
| 二叉树 | binary tree |
| | |
| 范本特姆 | van Benthem，J. |
| 范畴不同类的并列结构 | unlike coordinate phrase |
| 范畴逻辑 | categorial logic |
| 非系动词谓语结构 | zero-copula |
| 非连续的直接成分 | discontinuous immediate constituent |
| 非连续结构 | non-continuous constituent |
| 非外围提取 | non peripheral abstraction |
| 非直接成分组合 | NCC（non-constituent conjunction） |
| 费尔默 | Fillmore，C. |
| 分布解读 | distributive reading |
| 分词动词短语 | participial phrases |
| 分裂结构 | cleft |
| 分析器 | parser |
| 否定倒装 | negative inversion |
| 弗雷格 | Frege，G. |

| | |
|---|---|
| 弗斯 | Firth, J. |
| 福特 | Foret A. |
| 附加语/辅助成分 | adjunct |
| 复数 | plurals |
| 副语言特征 | paralinguistic features |
| | |
| 盖兹达 | Gazdar, G. |
| 格赖斯 | Grice, H. P. |
| 格里辛 | Grishin, V. N. |
| 格瑞系统 | Grail system |
| 格语法 | case grammar |
| 根岑表述 | Gentzen representation |
| 关联规则 | linkage rule |
| 关系从句 | relative clause |
| 广义的向后同向复合规则 | generalized backward composition |
| 广义的向前同向复合规则 | generalized forward composition |
| 广义量词 | generalized quantifier |
| | |
| 哈里 | Curry, Haskell |
| 哈里-霍华德对应 | Curry-Howard correspondence |
| 哈里-霍华德同构 | Curry-Howard isomophism |
| 哈里斯 | Harris, Z. |
| 海菲力 | Hefny, A. |
| 涵义 | sinn |
| 函项复合规则 | functional composition |
| 函项应用规则 | functional application |
| 函子范畴 | functor category |
| 合并规则 | 见 并列关系结构 |
| 核心论元 | core argument |
| 黑普 | Hepple, M. |
| 洪堡特 | Humboldt, W. von |
| 洪堡特问题 | Humboldt's problem |

| | |
|---|---|
| 话题化/话题句 | topicalization |
| 怀特海 | Whitehead，A. N. |
| 混合子结构逻辑 | hybrid substructural logic |
| 霍肯麦尔 | Hockenmaier，J. |
| | |
| 伽罗瓦联结 | Galois connection |
| 基南 | Keenan，E. |
| 基于合一的广义范畴语法 | unification-based generalized categorial grammar |
| 吉奇规则 | Geach rule |
| 计算系统 | computational system |
| 寄生语缺 | parasitic gaps |
| 加贝 | Gabbay，D. |
| 加标演绎系统 | labelled deductive system |
| 加扰词序 | scrambled orders |
| 贾格尔 | Jäger，G. |
| 简单断定句 | simple declarative sentences |
| 交叉复合规则 | crossing/crossed composition |
| 交叉依存 | cross dependency |
| 交互规则 | interaction rule |
| 焦点 | focus |
| 金耶 | Kinyon，A. |
| 紧致的双线性逻辑 | compact bilinear logic |
| 局部倒装 | locative inversion |
| 局部域 | local domain |
| 聚合语义 | collective reading |
| 绝对支配 | exhaustively dominates |
| | |
| 开 CCG 系统 | OpenCCG system |
| 坎普 | Kamp，H. |
| 柯冉 | Curran，J. |
| 克拉克 | Clark，S. |
| 克里普克 | Kripke，S. |

| | |
|---|---|
| 祈使句 | imperatives |
| 乔姆斯基 | Chomsky，N. |
| 乔姆斯基层级 | Chomsky hierarchy |
| 乔西 | Joshi，A. K. |
| 丘奇 | Church，K. |
| | |
| 塞尔 | Searle，J. R. |
| 删除 | deletion |
| 上下文敏感语法 | context-sensitive grammar |
| 上下文无关语法 | context-free grammar |
| 绍博尔奇 | Szabolcsi，A. |
| 舍尔博 | Shieber，S. |
| 渗透 | percolate |
| 省略 | ellipsis |
| 省略倒装 | elliptical inversion |
| 事件的类 | kind of event |
| 事件语义学 | event semantics |
| 事态 | eventuality |
| 适度上下文敏感语法 | mildly context-sensitive |
| 适度上下文自由文法 | mildly context free grammar |
| 受事 | patient |
| 舒勒 | Schüller，P. |
| 斯蒂德曼 | Steedman，M. |
| 斯金纳 | Skinner，B. F. |
| 斯科伦函项 | Skolem function |
| 斯穆里安 | Smullyan |
| 斯坦福解析器 | Stanford parser |
| 所有格 | possessive NP |
| 索绪尔 | Saussure，F. de |
| | |
| 塔斯基 | Tarski，A. |
| 探试程序 | heuristic procedure |

| | |
|---|---|
| 特斯 | Tse，D. |
| 提升 | raising |
| 条件倒装 | conditional inversion |
| 同位语 | appositive |
| 同位语外置 | extraposition of appositives |
| 统制 | government |
| 推导程序 | derivational procedure |
| | |
| 外延 | denotation |
| 威尔 | Wells，R. S. |
| 唯实主义 | realism |
| 伪歧义 | spurious ambiguity |
| 谓词倒装 | predicative fronting |
| 无界依存关系 | unbounded dependency |
| | |
| 西尼卡 | Sinica |
| 线性逻辑 | linear logic |
| 相干逻辑 | relevant logic |
| 香农 | Shannon，C. |
| 向后交叉复合规则 | Backward crossing composition |
| 向后交叉置换规则 | Backward crossing substitution |
| 向后交叉置换规则 | forward crossing substitution |
| 向后类型提升规则 | Backward type-raising |
| 向后同向复合规则 | Backward composition |
| 向后同向置换规则 | Backward substitution |
| 向前交叉复合规则 | forwardcrossing composition |
| 向前类型提升规则 | forward type-raising |
| 向前同向复合规则 | forward composition |
| 向前同向置换规则 | forward substitution |
| 小句 | small clauses |
| 小句辅助成分 | clausal adjunct |
| 新戴维森分析法 | Neo-Davidsonian analysis |

| | |
|---|---|
| 新生公式 | active formula |
| 形容词谓语句 | adjective predicate sentence |
| | |
| 雅各布森 | Jacobson，P. |
| 言语 | parole |
| 言语行为理论 | speech act theory |
| 意谓 | denote，denotation |
| 意义对应论 | correspondence theory of meaning |
| 有界依存关系 | bounded dependency |
| 有名无实的组合 | phantom constituent |
| 有穷可读性 | finite reading property |
| 右差算子 | right difference operator |
| 右分叉 | right-branching |
| 右节点提升 | right node lifting/raising |
| 余积算子 | coproduct operator |
| 语法形式化 | grammar formalism |
| 语迹 | trace |
| 语缺 | gapping |
| 语缺句 | gapping sentence |
| 语谓行为 | locutionary act |
| 语效行为 | perlocutionary act |
| 语言 | langue |
| 语言的可学习性 | learnability of language |
| 语言官能 | innated language faculty |
| 语言库藏 | linguistic inventory |
| 语义预设 | semantic presupposition |
| 语义障 | semantic barrier |
| 语用预设 | pragmatic presupposition |
| 语旨行为 | illocutionary act |
| 预设 | presupposition |
| 预设的投射 | projection of presupposition |
| 原生态组合范畴语法 | standard CCG |
| | |
| 扎曼斯基 | Zamansky，A. |

| | |
|---|---|
| 展示逻辑 | display logic |
| 召回率 | recall |
| 照应 | anaphora |
| 真值 | truth |
| 真值条件 | truth conditions |
| 真值条件语义学 | truth conditional semantics |
| 正则语法 | regular grammar |
| 支配 | dominant |
| 直接成分 | immediate constituent |
| 直接引语倒装 | direct speech inversion |
| 直觉主义逻辑 | substructural logics |
| 直觉主义演算 | intuitionistic calculus |
| 指称 | Bedeutung/reference |
| 指称方式 | mode of reference |
| 指谓 | 见"外延" |
| 中村裕昭 | Nakamura Hiroaki |
| 中心词域 | headed domain |
| 中心语 | head |
| 重型 NP 移位 | heavy NP-shift |
| 主目毗连 | arguments adjacent |
| 主谓谓语句 | subject-predicate predicate sentence |
| 主语省略 | pro-drop |
| 驻留性 | conservativity |
| 准确率 | precision |
| 子结构逻辑层级 | substructural hierarchy of logics |
| 子句投射 | clausal projection |
| 子树 | treelet |
| 组合透明原则 | The Principle of Combinatory Transparency |
| 组合性原则 | principle of compositionality |
| 组合子 | combinator |
| 左差算子 | left difference operator |
| 左分叉 | left-branching |